Windows PowerShell 自动化运维大全

徐鹏◎编著

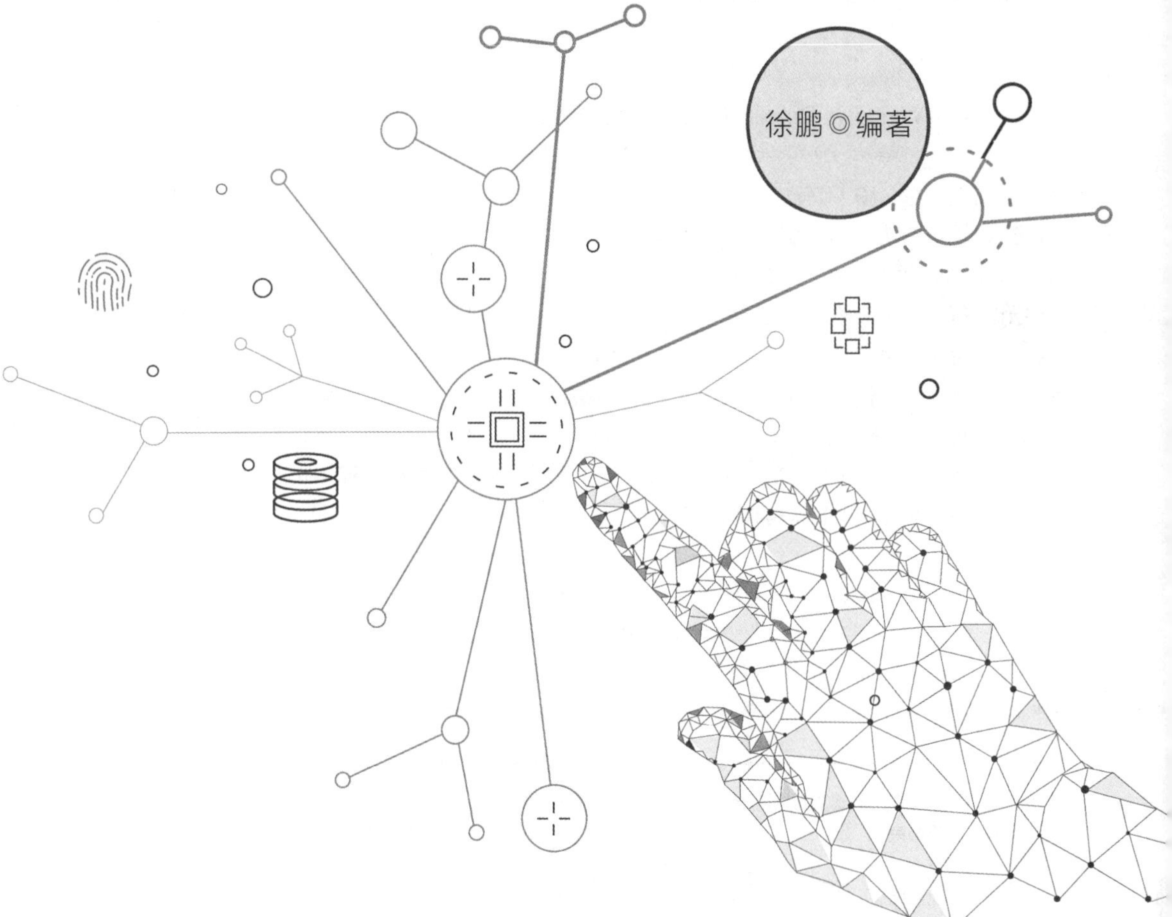

北京大学出版社
PEKING UNIVERSITY PRESS

内 容 提 要

本书以 PowerShell 基础知识为主，围绕 PowerShell 各类不同的知识和重点需要掌握的技能进行讲解，为读者深入学习 PowerShell 打好坚实的基础。

本书从基础的 PowerShell 命令开始，先后讲述了基础命令、模块、脚本的编写等相关知识。同时为了让大家更快地理解和掌握 PowerShell 的环境配置和编写，我们使用系统内置的 PowerShell ISE 开发环境进行 PowerShell 代码的开发和运行。为了照顾很多基础薄弱的读者，在进行代码案例演示时都使用了 15 行以内的代码。

本书可作为学校培训与企业培训的基础学习教程和工具书，相信通过本书的学习，读者可以更快地理解 PowerShell 在日常生活及企业内的应用，为读者在自动化运维的道路上助力。

图书在版编目（CIP）数据

Windows PowerShell自动化运维大全 / 徐鹏编著. — 北京：北京大学出版社，2023.3
ISBN 978-7-301-33418-8

Ⅰ. ①W… Ⅱ. ①徐… Ⅲ. ①Windows操作系统 Ⅳ. ①TP316.7

中国版本图书馆CIP数据核字（2022）第179681号

书　　名 Windows PowerShell自动化运维大全
WINDOWS POWERSHELL ZIDONGHUA YUNWEI DAQUAN
著作责任者 徐　鹏　编著
责 任 编 辑 王继伟　吴秀川
标 准 书 号 ISBN 978-7-301-33418-8
出 版 发 行 北京大学出版社
地　　址 北京市海淀区成府路205 号　100871
网　　址 http://www. pup. cn　　新浪微博：@ 北京大学出版社
电 子 信 箱 pup7@ pup. cn
电　　话 邮购部 010-62752015　发行部 010-62750672　编辑部 010-62570390
印 刷 者 河北文福旺印刷有限公司
经 销 者 新华书店
787毫米×1092毫米　16开本　30.25印张　811千字
2023年3月第1版　2023年3月第1次印刷
印　　数 1—3000册
定　　价 119.00 元

前言

Preface

回想第一次接触 PowerShell，大约是 11 年前。那时在做邮件升级相关的项目，批量任务不再能够通过 GUI 图形界面进行处理，进行服务器设置和用户管理的过程中需要大量使用 PowerShell 脚本。当时觉得 PowerShell 很难理解，需要搜索很多资料才能明白命令到底有什么作用，以及如何在 Exchange 中使用 PowerShell 完成各类任务。时间到了 2013 年的某一个夏日，百无聊赖，从 MSDN 上下载了一个 PowerShell 脚本，开始理解这个脚本的编写方法和理论，突然间脑袋就开窍了，发现 PowerShell 其实还蛮有意思。我也是从那时候开始使用 PowerShell 解决在各类运维场合中碰到的问题，也逐步开始在个人博客中更新 PowerShell 的技术类文章。慢慢地，国内的资料和内容已经不再能够满足我对 PowerShell 的理解和兴趣，于是开始在国外的知识网站和视频网站深度学习 PowerShell 的相关知识。这里相对来说比较遗憾的是，有关 PowerShell 的中文资料和视频资料很少，有一些国人翻译的 PowerShell 的书也是晦涩难懂，阅读起来非常困难。

在阅读了很多资料和视频之后，我就萌生了一个想法，是不是可以针对国内学习 Windows 的朋友们出一套有关 PowerShell 的整体课程和视频呢？说干就干，从开始准备 PPT 资料到着手录制 PowerShell 的视频。由于之前一直没有录制视频的技巧，也没有设备，因此走了很多弯路，但很幸运的是整套视频课程出来了，并且在 51CTO 上线了。整套视频的内容包含了 PowerShell 基础知识入门篇、中级代码编写篇和高级生态应用篇。

在 2020 年，有一位出版社的朋友在网上看到我的视频后，和我提到目前 Python 内容的书很多，关于 Linux 系统自动化运维的书也有很多，但是比较可惜的是，Windows 自动化运维方向的书籍基本是空白，然后她就鼓励我出一本 PowerShell 的书来填补 Windows 自动化运维市场的空白。出书的念头我以前也有过，但是一想到一本书从无到有，还是没有太多把握，也需要花费大量的精力。在第一次沟通后，我觉得自己还没有准备好，但经过一段时间仔细地思考，我觉得这也许可以对自己将近 20 年的 IT 行业经验做一个很好的总结，于是决定从零开始完成这本书的创作。

写作最难的部分就是坚持，为了完成书的撰写，必须做好完整的计划和规划。在写作过程中也会经常被各种杂事打断，到了最后快要交稿的时候，我制订了一个详细的计划，最终完成这本书的写作。能够写完这本书，首先要感谢自己的坚持，同时也要感谢朋友们的鼓励。不过最需要感谢的是那些视频学习网站的学员朋友们，是他们的认可才能让这本书真正出炉。通过写书，我又将 PowerShell 的知识重新捋了一遍，知识分享让我可以达到知识的第三层次，这里所讲的知识层次介绍如下。

- 第一层次：因工作需要去学习；
- 第二层次：深入理解后录视频分享；

• 第三层次：写成相关内容的书籍。

技术类的书一般读起来都相对枯燥，为了让大家能够循序渐进地学习到相关的知识，我们引入了两个卡通形象：小铭和小博。小博是小铭的师傅，而小铭是初入职场的小萌新。在书的关键位置，他们将会通过对话的方式探讨相关知识点。

小铭

小博

本书配套的视频课程已经上线 51CTO 平台，视频中大部分内容与书中的内容保持一致。如果大家觉得单看书理解起来有难度，可以通过微信扫描下方左侧二维码直达我的在线 PowerShell 系列课程。

本书附赠全书案例源代码及课后习题参考答案，读者可以扫描下方右侧二维码关注“博雅读书社”微信公众号，输入本书 77 页的资源下载码，即可获得下载学习资源。

PowerShell在线视频课程

博雅读书社

学习路程漫漫，但是我们只要开始，每天哪怕只前进一小步，积累久了也是学习的一大步。千里之行始于足下，对于没有接触过 PowerShell 的朋友，学习入门可能会有一些困难，为了方便大家能够及时得到帮助或相互交流，欢迎加入 PowerShell 学习交流群，我将定期在群内分享学习的思路和案例，帮助大家更深入地理解 PowerShell，欢迎扫描下图的二维码入群互助学习。

PowerShell 学习交流群

最后希望大家能够针对本书提出宝贵意见，从而让我在下一本书或者再版本书时能够进行修正。本书适合各类 IT 行业人员阅读，但是以下人员更适合阅读本书。

• AD 管理员；
• Exchange 管理员；
• PowerShell 脚本开发人员；
• .Net 开发人员。

最后希望大家能活学活用书本中的知识，在 PowerShell 自动化运维的道路上一路狂奔，谢谢大家！

徐鹏

目　录

Contents

第 1 章　走进 PowerShell 的自动化运维的世界......1

1.1　程序语言的发展......2

1.2　什么是解释型语言......3

1.3　CMD 让人欢喜让我忧......4

1.4　Python　意外入局......5

1.5　PowerShell 入局......6

1.6　PowerShell VS Python......8

1.7　利用 PowerShell 快速脱单......10

1.8　利用 PowerShell 实现 IT 自动化运维......14

1.9　章节回顾......17

第 2 章　PowerShell 发展历史及环境定制......18

2.1　PowerShell 版本发展历史......19

2.2　PowerShell 内置版本升级......21

2.3　PowerShell 7.1 版本安装......22

2.4　PowerShell 7.1 环境配置......23

2.5　PowerShell 版本分支......25

2.6　PowerShell 交互环境的进入方式......26

2.7　PowerShell 命令与脚本运行方式......28

2.8　PowerShell 脚本执行策略......31

2.9　PowerShell 执行策略的范围......32

2.10 定制 PowerShell 执行环境 33
2.11 章节回顾 37
2.12 练习与知识巩固 37

第 3 章 PowerShell 的 Provider 38

3.1 PowerShell 中的骨架 Provider 39
3.2 PowerShell 原生系统 Provider 介绍 40
3.3 第三方 Provider 的安装与启用 46
3.4 PowerShell 第三方常用 Provider 47
3.5 PowerShell Provider 快捷方式 PSDriver 50
3.6 章节回顾 52
3.7 练习与知识巩固 53

第 4 章 PowerShell Cmdlet 命令与帮助 54

4.1 PowerShell Cmdlet 定义 55
4.2 PowerShell Cmdlet 基本参数 57
4.3 PowerShell Cmdlet 高级参数 63
4.4 PowerShell Cmdlet 常用命令 70
4.5 PowerShell Cmdlet 帮助更新 82
4.6 PowerShell Cmdlet 获取帮助 84
4.7 PowerShell Cmdlet 别名定义 88
4.8 章节回顾 90
4.9 练习与知识巩固 90

第 5 章 PowerShell 管理单元和模块 92

5.1 PowerShell 管理单元 PSSnapin 93
5.2 PowerShell 管理单元加载 93
5.3 PowerShell 管理单元导出与导入 95
5.4 PowerShell 管理单元的卸载 95
5.5 PowerShell 的模块 95
5.6 PowerShell 模块中的 Manifest 文件 98
5.7 PowerShell 模块在线安装 99

5.8 PowerShell 离线安装模块 108
5.9 PowerShell 模块的移除与卸载 110
5.10 章节回顾 112
5.11 练习与知识巩固 112

第 6 章 PowerShell 的对象 114

6.1 PowerShell 对象 115
6.2 PowerShell 对象的属性 116
6.3 PowerShell 对象的方法 120
6.4 PowerShell 自定义对象的创建 122
6.5 PowerShell 自定义对象属性的添加 124
6.6 PowerShell 自定义对象方法的添加 127
6.7 章节回顾 129
6.8 练习与知识巩固 130

第 7 章 PowerShell 管道符 131

7.1 PowerShell 管道符是什么 132
7.2 PowerShell 管道符值传递模式 134
7.3 PowerShell 管道符的属性名传递模式 136
7.4 PowerShell 管道符实现批量操作 139
7.5 PowerShell 管道符左过滤 140
7.6 PowerShell 右过滤 Where 子语句 143
7.7 章节回顾 145
7.8 练习与知识巩固 146

第 8 章 PowerShell 的基本数据类型 147

8.1 什么是基本数据类型 148
8.2 基本数据类型之整型 148
8.3 基本数据类型之浮点型 149
8.4 基本数据类型之字符型 150
8.5 基本数据类型之 Math 类型 151
8.6 基本数据类型之字符串型 153

8.7 基本数据类型之日期时间类型 154
8.8 基本数据类型之布尔型 155
8.9 基本数据类型之 .Net 静态类型 156
8.10 基本数据类型之 Switch 类型 157
8.11 PowerShell 数据类型转换 158
8.12 章节回顾 159
8.13 练习与知识巩固 160

第 9 章 PowerShell 组合数据类型 161

9.1 什么是 PowerShell 组合数据类型 162
9.2 PowerShell 组合数据类型之数组类型 162
9.3 PowerShell 组合数据类型之哈希表类型 171
9.4 PowerShell 扩展组合类型之 XML 格式 176
9.5 PowerShell 扩展组合类型之 JSON 格式 178
9.6 章节回顾 179
9.7 练习与知识巩固 180

第 10 章 PowerShell 运算符与操作符 181

10.1 整型数据操作符与运算符 182
10.2 浮点型数据操作符与运算符 184
10.3 字符型数据的运算符与操作符 187
10.4 逻辑型数据的运算符与操作符 192
10.5 逻辑型数据的布尔运算 203
10.6 数组类型数据的运算符与操作符 205
10.7 哈希表数据类型的运算符与操作符 207
10.8 章节回顾 208
10.9 练习与知识巩固 209

第 11 章 PowerShell 流程管理 210

11.1 什么是 PowerShell 流程管理 211
11.2 PowerShell 简单的流程处理 IF 211
11.3 PowerShell 流程处理嵌套 IF 处理 212

11.4 PowerShell 流程处理之 Switch 处理 213
11.5 PowerShell 流程处理之 While 循环 218
11.6 PowerShell 流程处理之 Do...While 循环 221
11.7 PowerShell 流程处理之 Do...Until 循环 224
11.8 PowerShell 流程处理之 For 循环 224
11.9 PowerShell 流程处理之 ForEach 对象轮询 227
11.10 章节回顾 235
11.11 练习与知识巩固 236

第 12 章 PowerShell 集成开发环境 237

12.1 PowerShell 集成开发环境 238
12.2 PowerShell ISE——优秀的内置开发平台 240
12.3 PowerShell ISE 快捷工具栏 251
12.4 PowerShell ISE 扩展——自定义菜单定制 257
12.5 PowerShell ISE 常用附加组件（Add-On） 261
12.6 利用 PowerShell ISE 进行脚本编写 266
12.7 PowerShell IDE 推荐开发工具——VS Code 282
12.8 PowerShell IDE 开发环境中执行环境的切换 290
12.9 章节回顾 293
12.10 练习与知识巩固 293

第 13 章 PowerShell 参数与变量 294

13.1 什么是 PowerShell 变量 295
13.2 PowerShell 特殊变量 $_ 296
13.3 PowerShell 特殊变量 $? 298
13.4 PowerShell 变量的单引号与双引号 299
13.5 PowerShell 中的转义字符 299
13.6 PowerShell 中与变量有关的 Cmdlet 300
13.7 PowerShell 变量命名最佳实践 300
13.8 PowerShell 环境中默认参数 301
13.9 章节回顾 308
13.10 练习与知识巩固 309

第 14 章　PowerShell 的错误处理 310
14.1　PowerShell 中的错误 311
14.2　PowerShell 错误捕获 Try...Catch...Finally 313
14.3　PowerShell 多重错误处理 315
14.4　PowerShell 错误信息保存——$Error 信息获取 316
14.5　PowerShell 异常的抛出——Throw 317
14.6　章节回顾 318
14.7　练习与知识巩固 319
第 15 章　PowerShell 的数据格式化处理 320
15.1　什么是数据的格式化处理 321
15.2　PowerShell 数据显示输出 322
15.3　PowerShell 数据的多向输出 331
15.4　PowerShell 数据 Select 选择输出 332
15.5　PowerShell 实现数据排序 336
15.6　PowerShell 数据统计功能 339
15.7　PowerShell 数据分组功能 340
15.8　章节回顾 342
15.9　练习与知识巩固 343
第 16 章　PowerShell 的数据输入与输出 344
16.1　PowerShell 数据的输入与输出 345
16.2　PowerShell 交互式环境数据输入——Read-Host 346
16.3　PowerShell 弹框实现数据输入 347
16.4　PowerShell 的文本数据输入——Get-Content 348
16.5　PowerShell 的文本数据匹配输入——Select-String 352
16.6　PowerShell CSV 数据的输入——Import-CSV 355
16.7　PowerShell 读入层次数据 XML 文件 358
16.8　PowerShell 读入层次数据 Json 语句 360
16.9　PowerShell 无规则内容输出——Set-Content 361
16.10　PowerShell 文件数据输出 Out-File 362

16.11 PowerShell 格式化数据输出 Export-CSV 363
16.12 PowerShell 输出为 HTML 文件 365
16.13 PowerShell 以栅格化数据输出 366
16.14 PowerShell 将数据输出到日志中 367
16.15 章节回顾 370
16.16 练习与知识巩固 371

第 17 章 理解和编写 PowerShell 函数 372

17.1 什么是 PowerShell 函数 373
17.2 PowerShell 函数的形参和实参 375
17.3 PowerShell 函数参数的强制类型定义 376
17.4 PowerShell 函数强制参数定义 377
17.5 PowerShell 函数位置参数 378
17.6 PowerShell 函数 Switch 参数 379
17.7 PowerShell 函数参数值限制 380
17.8 PowerShell 函数参数匹配 381
17.9 PowerShell 函数参数集定义 381
17.10 PowerShell [CmdletBinding] 函数高级功能启用 383
17.11 PowerShell 函数的管道符支持 388
17.12 构建 PowerShell 脚本函数 390
17.13 章节回顾 394
17.14 练习与知识巩固 395

第 18 章 PowerShell Job 和 Scheduled Job 管理 396

18.1 什么是 PowerShell Job 397
18.2 PowerShell 的 Job 类型和结构 398
18.3 PowerShell 的 BackGround Job 创建 399
18.4 PowerShell 的 Job 状态获取 403
18.5 PowerShell 的 Job 等待 405
18.6 PowerShell Job 的停止与删除 406
18.7 PowerShell Job 的 Debug 406

18.8 PowerShell 的 Scheduled Job 的创建 408
18.9 PowerShell 的 Scheduled Job 的管理 411
18.10 章节回顾 416
18.11 练习与知识巩固 416

第 19 章 PowerShell 的远程管理 418

19.1 什么是 PowerShell 远程访问 419
19.2 启用 PowerShell 的远程访问 420
19.3 远程访问命令 Enter-PsSession 的应用 422
19.4 一对多命令执行 Invoke-Command 425
19.5 章节回顾 432
19.6 练习与知识巩固 432

第 20 章 PowerShell Web Access 433

20.1 什么是 PowerShell Web Access 434
20.2 PowerShell Web Access 的架构与结构 435
20.3 PowerShell Web Access 的访问权限控制 436
20.4 PowerShell Web Access 的部署准备 437
20.5 PowerShell Web Access 的部署 439
20.6 PowerShell Web Access 配置 441
20.7 章节回顾 446

附录 1 PowerShell 常见案例分享 447
附录 2 PowerShell 扩展知识 456
后 记 472

第1章

走进PowerShell 的自动化运维的世界

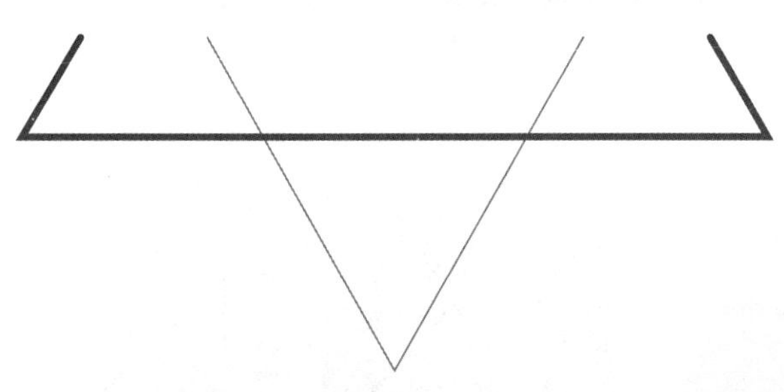

1.1 程序语言的发展

数千年的人类发展历史是从农耕社会向工业社会的自然演进过程，中华上下五千年历史中，有关机器帮助人们大幅提高生产力的事情也不少。春秋战国时期的鲁班是一个能工巧匠，也是传说中的“木匠之祖”。《墨子》中有一段关于鲁班的记载：“公输子削竹木以为鹊，成而飞之，三日不下。”也就是说，传说中的鲁班做了一只木雀，这只木雀能够在天上飞行三日且中途不落地，这是目前历史上有关自动运行机器的最早记载，图 1.1 所示为后人依据记载制作的样品。

图1.1　鲁班木雀样品

《三国志・后主传》中提到诸葛亮发明了木牛流马车，木牛流马车厉害的地方在于，它可以根据需要暂停和恢复行走，这也是中国历史上有关自动运行机器的神奇传说，图 1.2 所示为后人依据记载复原的样品。

图1.2　木牛流马车原型

随着社会和技术的进步，计算机的发展快速改变着我们的世界。当第一台计算机出现的时候，相信大家都没有想到它会改变世界的发展进程。当时发明计算机是为了进行一些复杂的科学计算，从来没有想过计算机能够如比尔・盖茨的想法一样，出现在每个人的桌面上，工作、娱乐、休闲现在都已经无法离开它。PC 能够走入千家万户，软件发展的推动可以说功不可没。而软件的发展靠的是什么呢？其实靠的是百花齐放的各类编程语言，从最开始出现的低级语言 Fortran（相信这是大龄程序男的噩梦），到目前大家常用的高级语言 Python，编写程序不再困难。现在的程序开始逐渐 AI 化，很多代码已经可以交由计算机进行具体的编写，将来要做的事情变成如何让程序自动学习和优化代码。

在早期代码的开发是一个非常复杂的系统工程，通常一个大型业务系统中一个功能需要上百人一起投入才可以完成，后续还需要将完整的代码实现编写和编译。

如果需要实现程序代码的快速迭代，编译型语言基本上是不可能完成的，所有的可运行程序都需要将大量的源代码编译成目标应用程序。如果发布过程不顺畅或出现错误，诊断和重新发布又是一个漫长的过程。为了解决编译型程序编译过程难和发布周期长的问题，市面上出现了另外一类语言执行模式，也就是解释型语言。互联网时代对应用迭代要求非常高，而解释型语言与互联网时代的需求非常契合，现在做网站开发、App 开发基本上都是使用解释型语言。下面这张图是 2021 年 1 月 Tiobe 网站发布的当前编程语言排行榜，从图 1.3 中我们能够看到，解释型语言是编程语言发展的未来。

Jan 2021	Jan 2020	Change	Programming Language	Ratings	Change
1	2	↑	C	17.38%	+1.61%
2	1	↓	Java	11.96%	-4.93%
3	3		Python	11.72%	+2.01%
4	4		C++	7.56%	+1.99%
5	5		C#	3.95%	-1.40%
6	6		Visual Basic	3.84%	-1.44%
7	7		JavaScript	2.20%	-0.25%
8	8		PHP	1.99%	-0.41%
9	18	↑↑	R	1.90%	+1.10%
10	23	↑↑	Groovy	1.84%	+1.23%
11	15	↑↑	Assembly language	1.64%	+0.76%
12	10	↓	SQL	1.61%	+0.10%
13	9	↓↓	Swift	1.43%	-0.36%
14	14		Go	1.41%	+0.51%
15	11	↓↓	Ruby	1.30%	+0.24%
16	20	↑↑	MATLAB	1.15%	+0.41%
17	19	↑	Perl	1.02%	+0.27%
18	13	↓↓	Objective-C	1.00%	+0.07%
19	12	↓↓	Delphi/Object Pascal	0.79%	-0.20%
20	16	↓↓	Classic Visual Basic	0.79%	-0.04%

图1.3　2021年1月计算机编程语言排名

虽然目前编译型语言相比解释型语言使用频率高一些，但语言发展趋势已经非常明显：未来的世界属于解释型语言。这里特别要说明的是 Python，Python 已经出现且默默无闻了很多年。随着 Java 被 Oracle 收购，Python 迎来了一波新的发展周期，如果去求职，你说没有听说过 Python，机会很可能会从你身边溜走。

1.2 什么是解释型语言

解释型语言不同于编译型语言，编译型语言是完成程序代码的编写之后编译，编译完成后再执行，而解释型语言是边解释边执行，执行效率虽然没有编译型语言高，但是胜在迭代速度很快。解释型语言发展周期也相对比较长，现在关于谁是第一个解释型语言，大家比较公认 Matlab。Matlab 最早出现在 1984 年，它最早应用于数据建模领域，大大推动了整个数据建模行业的发展。Matlab 之所以能够发展，得益于它是解释型语言，因为在进行研究的过程中，我们需要不断修改相应的数据计算方法和参数，通过修改这些参数可以直观地看到其对结果的影响。而编译型程序在解决这个问题上通常会比较难，而且需要大量的时间进行调试和编译。基于此目标，团队的成员就自己构建了一套语言体系，Matlab 应运而生。

后来随着互联网的发展，解释型语言开始大行其道。HTML、XML、Javascript 开始蓬勃发展，成为当前互联网行业发展所需要的标准语言。可以说 HTML 的出现开启了互联网时代，而 XML 和 Javascript 的出现推动了互联网的疯狂发展，Ajax 的出现与发展也是解释型语言发展的一个结果。

随着类似于《魔兽世界》这样的游戏越来越流行，更多的解释型语言（Python、Ruby）应用到端游和手游的自动化执行。解释型语言已经超越编译型语言，随时改随时执行的特性让程序能够跟着自己不同的定义参数随时执行，编译型语言的特点明显已经跟不上时代，图 1.4 所示为调侃 Matlab 的情形。

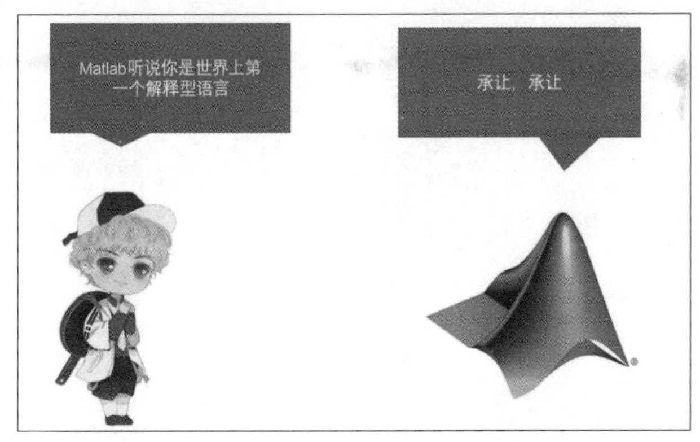

图1.4　调侃世界上出现的第一个解释型语言

对于大部分运营 Linux 的朋友来说，都对 B Shell 或 C Shell 命令非常熟悉，用它们编写 BAT 或 CMD 脚本信手拈来。这也造成了另外一种结果，就是很多人忽略了微软为了实现运维自动化而推出的替换 CMD Shell 的 PowerShell，虽然 PowerShell 已经问世很多年，而且微软已经推动多个产品深度集成 PowerShell。我们熟悉的 AD、Exchange、SCCM 和 SQL Server 等产品都使用 PowerShell 来实现自动化管理任务。CMD Shell 也慢慢地走出历史，但是为了兼容早期的各类编写的代码，微软依然在最新的系统版本中保留了 CMD Shell 环境。

1.3 CMD 让人欢喜让我忧

传统的黑色背景和白字体是我们最早认识的 Shell 环境。我依然记得 1.0 的 DOS 启动后可以进行打字和玩游戏操作。随着时间和技术的发展，CMD Shell 慢慢地被边缘化，但是为了兼容早期编写的 BAT 代码，CMD Shell 依然受到各个版本的支持。现在的 Windows 10 系统依然存在 CMD Shell，作为早期 BAT 和 CMD 的可兼容脚本的运行基础。通常来说，CMD Shell 具有以下特点。

- 背景单一，怎么调整都不好看。
- 命令不是自然语言，是纯粹的各类不同命令，比较难记忆。
- 命令参数无法支持 Tab 键，需要认真记忆参数。

CMD Shell 存在的诸多问题，让脚本编写人员无法快速理解和学习自动化运维，从而使写脚本成为一件非常痛苦的事情，你看图 1.5 中小铭就开始向师傅抱怨 CMD Shell 难懂了。

```
for /f "tokens=1,2,3,4,5,6 delims=," %a in (information.csv) do dsadd user "cn=%d,ou=HR,dc=contoso,dc=co
m" -samid %d -upn %f@contoso.com -ln %b -fn %c -pwd %e -disabled yes
```

图1.5　小铭向师傅抱怨CMD Shell难懂

这是一条在活动目录中添加用户的方法，在执行这条命令的时候，相信 60%~70% 的 IT 管理人员看起来非常费劲。为了解决问题，很多人不求甚解就直接运行命令，结果反复地出现错误信息。执行这条命令的时候，很多人可能不清楚 %a、%b、%c 分别代表什么，看起来都非常难懂，在传统的 CMD Shell 模式下我们进行命令编写确实是一个非常痛苦的过程。另外由于 CMD Shell 非常封闭，在进行脚本编写的时候，我们在与其他的对象进行交互时如果没有相应的命令对应，将无法在 CMD 中调用相应的目标接口进行命令执行。

举例说明，现在外部网站有个接口，我们希望通过 CMD Shell 推送数据到外部网站的接口，你会发现，默认的 CMD Shell 没有这样的命令完成数据的具体推送。而目前网站回馈的信息很多时候都是 XML 或 Json 格式，这也是学习 CMD Shell 一个比较大的难点。

1.4　Python 意外入局

如果我问大家，当前互联网上最火的语言是什么，相信大家都会毫不犹豫地告诉我是 Python。大家一定在网页、微信公众号、微博或者其他的社交媒体上经常看到这样的一些文章，或者看过如图 1.6 所示的双蟒蛇图标。Python 能够火到半边天，其实还是在 Java 被 Oracle 收购后才真正爆发。Java 后续的版本商用需要支付给 Oracle 一笔不菲的费用，导致整个开源社区转向，选择开源免费的语言进行代码的开发，Python 就这么意外地从默默无闻走到前台，收获了亿万个粉丝。

Python 改变你的生活
Python 改变你的工作
Python 改变你的世界

图1.6　社交软文中关于Python的介绍

你会发现到处都是 Python 改变世界的宣传，这是当前解释型语言发展的缩影，也是互联网发展带来的红利，那 Python 到底能做啥呢？相信大家都看到过宣传学习 Python 的理由。

- 能够快速实现服务器服务状态的获取。
- 能够自动生成 Word。
- 能够将数据自动写入 Excel。

毫无疑问，Python 的出现让我们认识了一个新世界，任何重复性事情都可以通过自动化的手段和方法来实现，代码可能就几行。它将以前需要非常多的时间来做的重复性工作通过自动化运维的工具来实现，效率直接提升 *N* 倍。

但是我相信有人和我一样存在一些疑惑：如果有一天，在计算机环境里面没有 Python，也不能安装 Python，我们还能批量地执行任务吗？ Python 再火，它也有一定的限制。目前的系统并没有内置 Python 解释语言，都需要人为安装 Python 解释程序。从企业内部管理角度来看，软件安装得越多，内部风险越大。

从另外一个层面上理解，Python 很多库都是第三方的库，这些库虽然经过验证，但是在实际运行过程中也会存在一定的安全风险。

我们有没有办法解决这个问题呢？一般来说系统内置的平台有个好处，就是它的更新会随着系统更新而更新，但是 Python 目前并没有集成在各类系统中。这时候我们就需要一个系统内置的解释平台替代 Python，于是 Windows 平台内置的 PowerShell 给了我们这个选择。

1.5 PowerShell入局

PowerShell 语言出现在 Windows 平台上已经相当久了，从 Windows 7 出来后就内置了 PowerShell 1.0 版本。在当前 Windows 平台自动化运维概念的驱使下，掌握了 PowerShell 语言就真正掌握了 Windows 平台的自动化运维。很多人目前没有意识到 PowerShell 可以胜任这么多任务。你可能不会编程序，但是也可以使用 PowerShell。你可能对 CMD Shell 比较头疼，但是 PowerShell 的自然语言模式可以让你更加简单地完成工作。PowerShell 能够完成以下工作。

- 定时监控服务器状态。
- 实现办公自动化。
- 实现数据库的数据写入。
- 结合 PowerBI 可以实现企业微监控看板。

……

看到这些能力，你会不会对学习 PowerShell 有所期待呢？当看完本书，相信你可以从另外一个角度去发现 PowerShell 自动化运维之美，将重复性执行的任务编程作为可以定期自动化执行的脚本。

PowerShell 的出现，让管理员们看到微软比较大的变化，每一条命令都非常类似于自然语言。命令的执行过程中不知道参数，直接按 Tab 键就可以显示出来。脚本写起来非常方便，命令的执行也变得非常简单，而且 PowerShell 可以直接调用微软相关程序的接口。试想一下，上面提到的批量创建用户的命令，如果改为 PowerShell 来编写，我们会发现如图 1.7 所示的简洁美。

```
$userlist=import-csv c:\window\log.txt
foreach($user in $userlist)
{

new-aduser -name $user.name -department $user.department

}
```

图1.7　基于PowerShell的简洁代码

相信很多朋友一定会惊讶，PowerShell 写法竟然如此简单！而且看起来比较规范，也比较容易理解，相比起来 CMD Shell 太难懂了。PowerShell 的出现解决了 CMD Shell 给管理员带来的一些困扰和难题，这些难题都是使用 CMD Shell 编写代码过程中经常碰到的问题。

- 语句可读性差：PowerShell 自然语言，很容易理解。
- 多语言支持：支持多语言编码的编写和数据输出，让乱码不再出现。
- 命令使用更加简洁：动词 + 名词的方式让用户理解起来更加简单。
- 引入了语句块模式：按照语句块的要求来实现代码总体编写。
- 更接近于 .Net 的框架语言：语法规范和习惯与 .Net 编程语言相近。
- 面向对象进行操作：所有的操作都是面向对象处理。

下面这张图片显示了 PowerShell 可以支持和处理的业务场景，来看看是不是有你需要的内容。PowerShell 针对微软系列产品提供的天然支持让编写脚本更加简单，安全、无毒、无害成为 Windows 编写脚本过程的标配，图 1.8 所示为 PowerShell 支持的管理方向和对象。

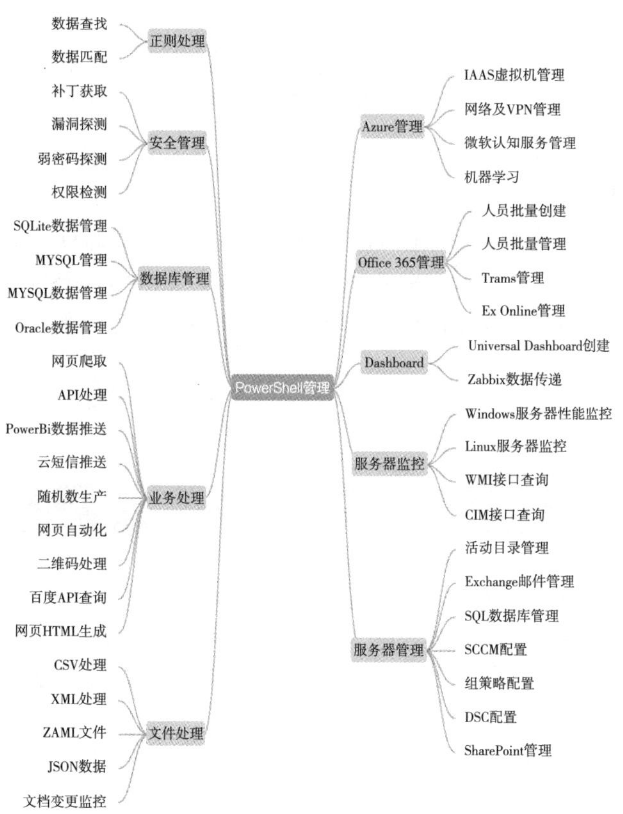

图1.8　PowerShell支持的管理对象和方向

PowerShell 作为一个不算太热门的语言，目前在国内的关注度也不是很高，但是非常意外的是在 Tiobe 的编程语言 Index 指数中，排在了第 38 位，这也是一个相当不错的成绩，图 1.9 所示为 PowerShell 编程语言位于 Tiobe Index 的排名位置（2021 年 9 月）。

Position	Programming Language	Ratings
21	SAS	0.77%
22	PL/SQL	0.74%
23	Julia	0.73%
24	Scratch	0.71%
25	Dart	0.62%
26	Rust	0.61%
27	ABAP	0.57%
28	D	0.54%
29	Prolog	0.48%
30	Fortran	0.46%
31	COBOL	0.42%
32	Ada	0.40%
33	Transact-SQL	0.40%
34	Scala	0.39%
35	VHDL	0.38%
36	Lisp	0.37%
37	Lua	0.37%
38	PowerShell	0.35%

图1.9　Tiobe Index 中PowerShell 位置

PowerShell 完善了 CMD Shell 在多个方向的不足，成为新一代的平台标准语言。讲了这么多 PowerShell 语言的优势，有朋友一定会有疑问，我学了 Python，不用学习 PowerShell 了吧？这里的回答是：当然还要学习！为什么呢？原因非常简单，PowerShell 对微软产品的兼容性相比 Python 强太多，在没有 Python 的环境下 PowerShell 就是不二选择。那么 PowerShell 和 Python 到底有些什么不同，它们可以一起使用吗？我相信很多人都会有这种困扰，接下来讲解 Python 和 PowerShell 的差别。

1.6 PowerShell VS Python

Python 和 PowerShell 作为解释型语言，与我们传统的编译性语言有太多的不同，Python 和 PowerShell 都是边解释边执行。而 Java 和 C 传统语言都是一次编译完毕后执行，这是 Python 和 PowerShell 与传统编程语言最大的不同。解释型语言通常来说，源代码都直接在文件中，通过修改源代码，直接利用解释环境进行解释执行。

上面是 Python 和 PowerShell 相同的功能，那么它们有什么具体的不同呢？我们来依据实际的应用场景和功能开发方向来详细了解下不同点。

1.6.1 执行环境要求

- Python 的解释和执行是通过安装 Python 的解释环境来进行，如果系统中没有 Python 解释环境，则无法实现 Python 代码的执行。
- PowerShell 在 Windows 的客户端和服务器端都默认集成。

1.6.2 解释环境

- Python 对版本的限制非常严格，有些第三方库的代码需要限定的版本才能执行，太高版本反而会出现问题，这也是 Python 目前发展过程中一个很大的问题。
- PowerShell 一般是当前服务器默认的版本，低版本系统开发的代码能够无缝地被高版本解释环境解释并执行。

1.6.3 第三方模块调用

- Python 第三方库需要使用 PIP Install 安装相关的模块，然后通过引入模块的方式引入第三方模块调用对象和方法。
- PowerShell 第三方库通过在线或离线安装，在 PowerShell 3.0 之后的版本我们不需要引入模块，依据执行命令自动加载第三方库内函数。

1.6.4 第三方模块数

- Python 第三方库为数众多，目前大部分的库除了发布在 GitHub 之外，使用较多的库大都会发布在 Pypi.org。
- PowerShell 第三方库相比 Python，数量上会少很多，目前我们可以通过 https://www.powershellgallery.com/ 进行第三方库的访问及下载安装。

1.6.5 编辑工具

- Python 编辑工具可以说无处不在，我们可以通过记事本进行安装，常规的 Python 编写工具包含 Atom、IDLE、VSCode 及 Jupiter。
- PowerShell 编写工具目前市面上较少，但是如果我们对命令足够熟悉，依然可以通过记事本来进行编辑，而市面上常用的 IDE 开发环境是 PowerShell ISE，目前 PowerShell ISE 集成在所有的 Windows 操作系统里面。从 Windows Server 2008 和客户端系统 Windows 7 开始，我们都可以通过 ISE 进行代码的编写。当然也有一些第三方工具供我们选择，如 PowerShell Studio、VSCode，都可以实现常规 PowerShell 脚本编写。

1.6.6 执行方式

- Python 的执行方式是将脚本保存在文件夹，再调用 Python 环境执行脚本。
- PowerShell 的执行方式是将 PowerShell 脚本保存为 .psl 格式文件，调用 PowerShell 命令进行执行，PowerShell 脚本与 C# 同源，C# 的程序调用 PowerShell 可以直接封装在程序中。

1.6.7 命令补全

- Python 中的命令仅仅在通过 import 库之后，才可以使用命令补全功能补全需要使用的命令。
- PowerShell 的命令补全功能将自动进行所有模块数据的轮询，自动加载所有符合规则的命令。

通过讨论 PowerShell 和 Python 的不同，你是否已经了解到 PowerShell 和 Python 的异同点了呢？做 IT 的人单身的挺多的，而业务部门的小姐姐挺多的，我们如何利用 IT 部门的优势，帮助业务部门实现快速目标，获得小姐姐的青睐呢？这里给大家分享 3 个实际生活和工作的 PowerShell 案例。有人说 Python 也可以做啊，但是凭借 PowerShell 简单自然的语法，同时和很多系统环境天生集成，用 PowerShell 来实现功能你会发现：天哪，真是简单，比 Python 还要简单！

1.7 利用PowerShell 快速脱单

PowerShell 的应用场景非常多，鉴于做 IT 的单身人士非常多，而我们很多 HR、行政、业务之类的人员需要批量处理的任务又非常多，下面模拟几个在公司里面能够帮助女生的几个场景，大家可以认真学习，这将是脱离单身的最好机会了，如图 1.10 所示。

图1.10 PowerShell助你早日脱单

1.7.1 用情感打动女神，PowerShell 帮你追女神

试想你打算追求某女生，但高傲的她给你提了一个条件：如果你能每天早上给她发一封今天的问候邮件，连续发 100 天，她就答应尝试和你交往下。如果是你，你会怎么做？你真的会每天早上 9 点到公司打开计算机，然后发送今天的表白：今天是第一天告白。如果真是这样，假如有一天你忘记了，“女神”就离你而去了。如果真的希望追到你的心目中的“女神”，你的邮件应该是为她量身定制的，你要了解她的个性，了解她喜欢什么，也要让她觉得你是一个幽默的人。为了让自己不至于唐突，又是工作上的合作伙伴，最好的方式是发邮件，如果你每天早上和她问好，并让她每天开心不重样，那么恭喜你，你离脱离单身生活不远了，我们定制的邮件内容包含如下的内容。

- 每日星座：今天星座话语，让小姐姐知道今天应该做什么，避免做啥。
- 每日花语：今天适合的花言花语，让小姐姐知道今天适合的花有哪些。
- 每日颜色：今日特别贴心的颜色，让小姐姐知道今天颜色中哪些颜色特别贴心。
- 今日一笑：让“女神”开心，你的机会将多一些。

想追到心目中的“女神”吗？努力学好 PowerShell 吧，PowerShell 在处理方法上相比 Python 简单很多，这里给大家分享第一版本代码。图 1.11 为初版实现的效果，目前没有加入 CSS 和 HTML 内容效果，因此略显单调，你可以按照自己的需求将这个界面设计得粉色系一点。

亲爱的美女：
今天是2021年02月04日，希望今天有个好心情。

今天天气

天气 ：晴
温度 ：19
风力 ：2级
风向 ：东南风

今日颜色

今日幸运色 ：青色

今日运势

今天的运势 ：运势四平八稳，而且还保持着上升的势头，你能够拥有一些运气的关照。时机为你提供了很多的机会，能够适当地大展拳脚，会有事半功倍的成果。而且你的实力也会让更多的人看到，赢得更多的掌声与肯定。

图1.11　PowerShell 发送邮件

注：代码仅供参考，详细代码请见“附录 1/ 案例 1”。

1.7.2　帮助 HR 小姐姐动态建立个人文件夹

铁打的营盘流水的兵，公司的人来来去去，很多时候需要为新入职的员工建立属于新员工自己的文件夹，如果当天入职的员工只有 10 来个，建立文件夹很简单，如果当天入职的员工有 100 个，建立文件夹将变成一个艰难的任务。对于这类需要重复执行的任务我们有没有更好的方法来实现？

通常来说 HR 小姐姐面对这样一些常规需求表示无聊又无奈，但是这样的事情又是必须做的。小姐姐想偷懒又来求助 IT 了，怎么样把这个无聊又无奈的事情变得有效率？帮助小姐姐并不难，只要一行脚本就能实现，先来看看图 1.12 的一句话脚本。

```
import-csv c:\userlist.csv|foreach{new-item -ItemType Directory -Path $_.dirname}
```

图1.12　PowerShell 一行语句建立N个文件夹

而这个脚本只需要小姐姐提供一个 Excel 表，表里面有姓名就可以了。我们利用这样一份文件就可以几秒钟之内生成小姐姐要的文件，是不是感觉非常惊喜？不需要像 Python 一样使用各类圆点的实现方法，也不需要执行类的导入操作，使用起来简单、高效。当然，还可以玩一点更加高级的，比如将文件放在一个目录下就会被自动执行，执行完了后自动删除文件，并且记录相关的执行日志到数据库中，是不是显得很高端？其实做起来也是非常简单的。

注：代码仅供参考，不要用来做坏事哦。详细代码请参考“附录 1/ 案例 2”。

1.7.3 为运营小姐姐做个自动生成二维码的脚本

一般互联网公司里面运营助理也是女生，运营助理有时会加班到很晚，而且她通常做的事情也是重复性很强的事情。做 IT 有个好处，学会 PowerShell 之后，一切都变得非常简单，比 Python 实现简单多了。试想运营小姐姐有表 1.1 这样的表格，需要基于这个表格生成不同需要的二维码。

表1.1 需要批量生成二维码的网站

网站名称	网站网址	备注
百度	https://www.baidu.com	
新浪	https://www.sina.com	
腾讯	https://www.qq.com	
Bilibili	https://www.bilibili.com	
今日头条	https://www.toutiao.com	
腾讯邮箱	https://mail.qq.com	
环球网	https://www.huanqiu.com	
网易	https://www.163.com	

实际上的网址可能比表中多得多，运营小姐姐希望一次性生成这些网址的二维码。当然有些企业可能有草料二维码会员，但是如果没有呢？不会 Python 的话有没有更加简单的方法呢？ PowerShell 只要一行代码就可以实现如图 1.13 所示的二维码图片。

```
New-qrcodetext -text https://www.baidu.com
```

图1.13 生成百度网站访问二维码

这里实现的是 QR 二维码的显示，如何完成运营小姐姐给你布置的工作呢？最终执行代码在“附录 1/ 案例 3”中，你看图 1.14 小铭多开心，也希望全天下的 IT 人员都能早日脱单。

图1.14　小铭帮助小姐姐后开心的表情

1.7.4　为心仪小姐姐快速整理相册

小姐姐的相片实在太多了，将近一万张，这有点太夸张了，小姐姐眼神迷茫地看着我说："能不能帮我整理下照片，我想让照片能够按照照片的拍摄日期来进行分类，按照拍摄的年 / 月 / 日进行分类，可以吗？"相信面对小姐姐的问题，你心里已经开始小鹿乱撞了，这个太容易实现了。但是应该怎么做呢？接下来我们就来分析下小姐姐的需求，使用 PowerShell 实现她的这个梦想，将照片按照年 / 月 / 日进行分类。

实现这个功能之前，我们要分析下这个功能的要求，需要了解在 Windows 中的每个对象都有的一些可用的属性，如图 1.15 所示。

- 创建时间：图片对象的创建时间。
- 修改时间：图片对象上一次修改时间。
- 访问时间：图片对象上一次访问时间。

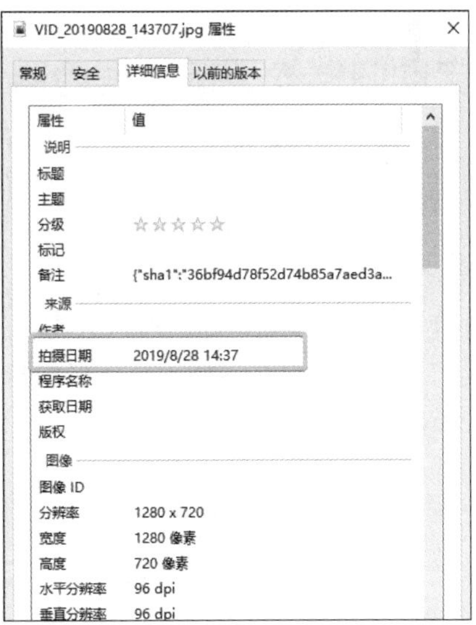

图1.15　文件中常规的属性信息

其实在每张照片中都存在 Exif 信息，Exif 信息中保存了照片的拍摄日期，但是 Exif 信息获取相对比较难。照片拷贝过来没有修改过，我们可以通过修改时间（创建时间是创建在本地的时间，对于没有进行修改过的文件，使用修改时间相对比较合理）来获取照片的相关信息，就可以知道照片的拍摄日期，通过获取拍摄日期就可以进行分类了。如何利用 PowerShell 获取相关的访问数据呢？执行下面的命令获取如图 1.16 所示的常规文件基本数据。

```
Get-ChildItem -path "路径" |ft name, LastWriteTime
```

```
Name           : file.html
Length         : 245346
CreationTime   : 2021/2/15 13:27:06
LastWriteTime  : 2021/2/15 13:36:39
LastAccessTime : 2021/2/25 11:59:32
Mode           : -a----
```

图1.16　常规文件基本数据

是不是有解决问题的思路了？那就开始进行 PowerShell 脚本编写吧，整个脚本的编写并不难，难的是如何创建符合要求的文件夹和如何移动文件到相应的文件夹。

注：代码仅供参考，详细代码请参考“附录 1/ 案例 4”。

1.8 利用PowerShell 实现IT自动化运维

当然 PowerShell 不光能帮你解决单身问题，更重要的是可以帮你更高效地完成一些日常工作中的任务。以前需要花很长时间做的事情，现在花费的时间以秒计算，还可以以任务方式实现运行自动化，从而让自己能够有更多的时间自我发展。

1.8.1 自动归档 5 天前数据内容

在日常的工作中，经常会碰到需要整理文件的问题。就像上面提到的照片管理一样，也会有文件管理上的问题。针对文件服务器上的内容如何实现定期归档，这其实是很多管理员都会碰到的问题，文件服务器放了多年，相信很多文件是孤立文件且多年没有人员访问过，针对这些文件我们是不是可以进行处理呢？专业的归档软件很贵，在企业内部是否有比较简单的方案实现如果文件 5 天内没有人访问，我们就将其自动归档到另外一台服务器上呢？其实这个问题使用 PowerShell 解决非常容易，我们只需要根据文件的一个值来判断其上一次被访问的时间点，就是如图 1.17 所示的文件的 LastAccessTime 属性。

```
Name           : QRCodeGenerator.2.3.nupkg
Length         : 62229
CreationTime   : 2021/2/26 10:45:46
LastWriteTime  : 2021/2/26 10:45:46
LastAccessTime : 2021/2/26 10:45:46
Mode           : -a----
```

图1.17　文件的LastAccess Time属性

接下来就可以通过这个属性结合计算的结果，来获取到底多少文件在 5 天内没有人访问的信息，命令很简单，执行如图 1.18 所示的脚本就可以完成了。

```
Get-ChildItem |where liastaccesstime -lt (get-date).adddays(-5)
```

```
1  Get-childitem |where liastaccesstime -lt (get-date).adddays(-5)

-a----        2017/12/10     12:48       10862789 IMG_8913.JPG
-a----          2019/7/5     15:32        4657180 IMG_8916.JPG
-a----          2019/7/5     15:40        5245813 IMG_8922.JPG
-a----          2019/7/5     15:40        5758780 IMG_8923.JPG
-a----        2015/10/27     10:47       57264152 MVI_7523.MOV
-a----        2015/10/27     10:48       42464280 MVI_7524.MOV
-a----        2015/10/27     10:49        4998004 MVI_7525.MOV
-a----        2015/10/27     10:50      210473784 MVI_7526.MOV
```

图1.18　获取5天以上无人访问文件

获取相应的文件记录之后，我们就可以将这些文件归档到需要的目录中了。整体脚本将在附录中给出，基于代码可以制作自己想要的脚本。

注：代码仅供参考，详细代码请参考“附录 1/ 案例 5”。

1.8.2　PowerShell 批量实现即时基金净值获取

抓取网页数据和数据爬网，现在大家都认为是 Python 做的事情，其实如果爬取的数据相对比较规范，爬取的内容相对固定，我们也可以通过 PowerShell 来进行爬网操作。相比 Python 的语法和规则，PowerShell 太简单了。作为基金定投人员，对于每日基金数据的走向当然是比较关心，有没有方法每天收集一次基金的数据呢？这里以东方财富网的基金数据为例，主要获取如图 1.19 所示的网页基金净值即时变化部分。

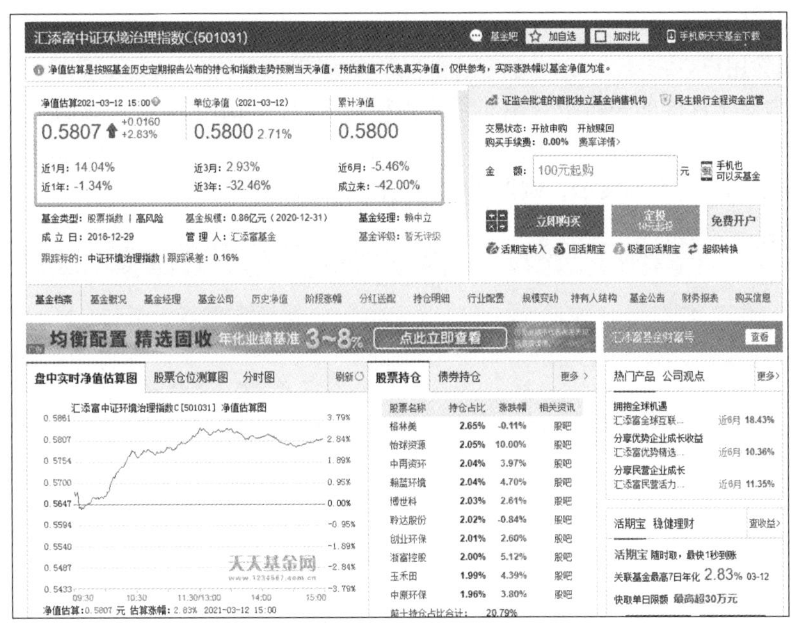

图1.19　网页中的获取基金即时净值

PowerShell 有两个常用命令用于 Web 数据访问和获取。

```
Invoke-webrequest 获取 Web 网页的数据
Invoke-restmethod 通过 Rest API 的调用
```

经过分析，我们获取即时数据是基于 API 进行的，这里我们使用 Invoke-WebRequest 来查询相应的数据内容，最终的数据如图 1.20 所示。

```
http://fundgz.1234567.com.cn/js/151001.js
```

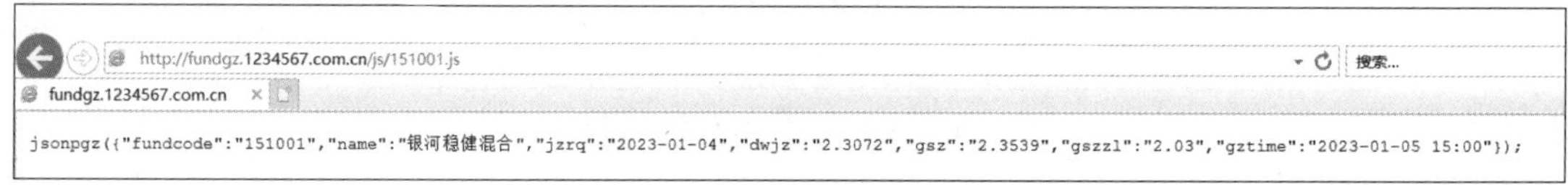

图1.20　网页打开后的即时基金净值

接下来编写 PowerShell 代码实现即时基金净值的获取，相应的脚本代码请参考“附录 1/ 案例 6”。

1.8.3　PowerShell 自动生成报告

在日常的工作中，如果能够自动生成一个报告，是不是感觉会比较好？相信这也是每个 IT 经理或管理员的梦想，每天早上打开计算机，能够接收到来自 PowerShell 自动生成的报告，了解过去一天我们的服务器健康状况，是一件非常惬意的事。PowerShell 自动生成报告的内容如下。

- 所有服务器的补丁更新状况。
- 服务器过去一天中日志的主要错误。
- 服务器过去一天中日志的主要警告。
- 活动目录新增用户。
- 活动目录删除用户。

相信 IT 经理对于这样的一份报告是非常感兴趣的，因为利用这些信息我们可以掌控全局，也能够尽早根据数据的异常预测服务器的状况，而这样的报告完全可以由 PowerShell 自动生成，还可以比较酷炫地实现相关的数据展示，做得非常漂亮，如图 1.21 所示。

name	company	handlecount
AlibabaProtect		728
ApplicationFrameHost	Microsoft Corporation	664
audiodg		218
browser_broker	Microsoft Corporation	446
CamRecorder		950
CastSrv	Microsoft Corporation	322
chrome	Google LLC	161
chrome	Google LLC	272
chrome	Google LLC	471
chrome	Google LLC	142
chrome	Google LLC	259
chrome	Google LLC	221
chrome	Google LLC	393
chrome	Google LLC	259
chrome	Google LLC	1168
ChsIME		288
ChsIME		1672
conhost		140

图1.21　酷炫地实现相关的数据展示

这个报表的实现也借助了第三方 PowerShell 库 EnhancedHtml2，实现基于 CSS 文件的格式优化，相信利用一份这样的报告，升职加薪不再是梦。具体的代码在附录中，大家可以参考“附录 1/ 案例 7”具体代码的写法制作属于自己的报告。

1.9 章节回顾

这是本书的第一章，也是带大家进入 PowerShell 最开始的一步。本章主要让大家理解 PowerShell 在日常生活和工作中如何能够帮助我们快速地完成一些批量化的任务。这些基于 PowerShell 的脚本执行任务不光能帮大家告别单身生活，也能够在工作中帮你突出闪光点，从而游刃有余。

PowerShell 在很多产品中带来的优势，能够让你在未来自动化运维的道路上越走越远。将来 Python 的各个版本和 UiPath 的各个版本将兼容 PowerShell 代码执行，这也意味着 PowerShell 的发展前景是非常明朗的。

第2章 PowerShell 发展历史及环境定制

PowerShell 从诞生以来发展了多个版本，现在的 PowerShell 不光可以运行在 Windows 的客户端和服务器端，最新的 PowerShell Core 版本也可以运行在 macOS 和 Linux 环境中。PowerShell 执行环境还能进一步优化。如何让 PowerShell 看起来更有意思，让 PowerShell 执行命令效率更高，就是本章需要和大家一起讨论的内容。

2.1 PowerShell 版本发展历史

PowerShell 从最初的 1.0 版本到本书写作时的 7.3 版本，已经经历了多个版本的迭代和更新。有句话说得好：如果你想了解一个人，就了解他的过去。PowerShell 其实也一样，通过了解 PowerShell 的过去版本，也就明白了当前 PowerShell 为什么有这个功能，或者为什么没有这个功能。接下来让我们一起走入 PowerShell 的发展历史，看一下 PowerShell 经历了怎样的发展走到今天。

2.1.1 1.0 版本功能与特性

发布日期：2006 年 11 月

命令数量：129 条

PowerShell 1.0 作为 Windows Vista 的组件发布，后来 PowerShell 1.0 for Windows XP 和 PowerShell for Windows Server 2003 也先后发布。Windows Server 2008 作为可选组件集成在系统中。

2.1.2 2.0 版本功能与特性

发布日期：2009 年 7 月 22 日

命令数量：624 条

PowerShell 2.0 以组件的方式集成在 Windows 7 和 Windows Server 2008 R2 的平台，同时发布了 Windows Server 2003 SP2 和 Windows XP3 的安装包。2.0 版本在 1.0 版本的基础上增加了许多功能，增加的功能如下所示。

- 远程执行功能：可以通过一台集中管理管控计算机管控运行在各台服务器的运行程序和结果。
- 后台 Job：任务在后台操作，能够避免执行命令的时候都在前台执行。
- 步进式管道功能：支持 BeginProcessing()、ProcessRecord() 和 EndProcessing() 三个不同阶段。
- 模块功能支持：通过增加或导入模块增加额外的 PowerShell Cmdlet 运行。
- 事件支持：2.0 版本开始支持 WMI 系统事件的监听、转发及操作。
- PowerShell 集成开发环境：PowerShell 集成开发环境的出现让代码的开发更加简单。
- PowerShell 新操作符支持：支持 -split 和 -join 操作符。
- 错误处理机制：支持使用 Try-Catch-Finally 进行错误处理。
- 块注释功能：支持 PowerShell 的块注释功能。

2.1.3 3.0 版本功能与特性

发布日期：2012 年 8 月 1 日

命令数量：1000 多条

PowerShell 3.0 版本默认集成在 Windows 8.0 和 Windows Server 2012 系统中，同时发布了面向 Windows 7 SP1、Windows Server 2008 SP1 和 Windows Server 2008 R2 SP1 版本的安装包。PowerShell 3.0 在早期升级的版本中提供了升级安装包，升级安装包基于 WMF 3.0 的框架进行了升级。PowerShell 命令相比早期版本，大幅度扩充了 Cmdlet，在 3.0 的版本中提供了 1000 多条 Cmdlet。同时在 PowerShell 3.0 中提供了如下的更新功能。

- 定期执行 Job（Schedule Job）：相比后台 Job 功能，可以基于计划时间来进行 Job 的执行。
- 支持 Session 级别的可用性：PowerShell 在 3.0 版本开始支持 Session 级别的可用性，网络断开后支持重连功能。
- 代码智能提示：在 ISE 中进行代码编写时增加了智能提示，让脚本编写更为流畅。
- 管理任务委派：管理员可以将管理任务委派给不具有管理权限的用户执行相关的脚本。
- 帮助文档更新：针对本地的帮助文档更新，我们可以采用 Update-Help 命令更新文档。
- 模块自动加载：PowerShell 3.0 后的版本不用预先加载模块，可以通过命令自动进行模块加载。

2.1.4 4.0 版本功能与特性

Windows PowerShell 4.0 直接集成在 Windows 8.1 和 Windows Server 2012 R2 系统中，同时 Windows 7 SP1、Windows 2008 R2 SP1 和 Windows Server 2012 可以通过安装更新安装包的方式升级 Windows PowerShell 4.0，PowerShell 4.0 更新了以下功能。

- DSC 支持：支持 DSC 设置和配置分发。
- 默认执行策略变更：在 Windows Server 版本中，执行策略变更为 Remote-Sign。
- 保存帮助：支持分布式帮助的保存，用户可以直接将帮助保存在能够联网的计算机上，再通过命令执行将帮助下载到其他的计算机。
- 网络诊断：可以诊断物理机器或虚拟机的交换机设备。
- Where 筛选和 ForEach 轮询功能：提供了 Where 筛选功能，同时也提供了 ForEach 函数进行对象的轮询。

2.1.5 5.0 版本功能与特性

Windows PowerShell 5.0 内置在 Windows 10 RTM 版本中，发布时间是 2016 年 2 月 24 日。其他各个版本操作系统可以通过安装 WMF 5.0 来实现 PowerShell 环境的升级，它的更新版本功能如下。

- 支持面向对象语言：Class 的引入让管理员可以实现面向对象的编程。
- 引入 PowerShell 生态圈：基于 PowerShell 5.0 版本，PowerShell 开始构建类似于 Python 的生态圈网站功能，基于 Nuget .NET 环境实现第三方模块的快速下载和安装。

2.1.6 5.1 版本功能与特性

在 Windows 10 周年更新版和 Windows Server 2016 中集成了 PowerShell 5.1 版本。PowerShell 5.1 发布日期为 2017 年 1 月 19 日。如果是其他版本系统，都可以通过安装更新包将 PowerShell 版本升级到 PowerShell 5.1。PowerShell 5.1 版本提供了以下的功能。

- 加入本地用户管理模块。
- PowerShell 从 5.1 版本开始分成两个版本：桌面版和 Core 版本。

2.1.7 6.0 Core 版本功能与特性

微软在 2016 年 8 月 16 日发布了 PowerShell 6.0 版本，真正实现了产品的跨平台，可以在 Windows、 macOS 及 Linux 系统中运行 PowerShell Core 6.0 版本，这是一个重要的特性更新。在 PowerShell Core 6.0 版本，微软发布了两个小版本更新，分别如下。

- PowerShell Core 6.1 版本集成在 Windows Server 2019 版本中，提供了 1900 多条命令。
- PowerShell Core 6.2 版本在性能、Bug 修复及本地语言支持方面提供了增强功能。

2.1.8 7.0 Core 版本功能与特性

相比早期版本，PowerShell 7.0 提供了比较多的新功能，相比之前的版本功能增强。当然目前 PowerShell 的功能还不是特别完整，我们期待微软能够尽快更新。

- 支持 ForEach 并行任务：在 ForEach 命令中通过 -Parallel 参数将目前的任务并行处理。
- 内置模块兼容性增强：在与内置 Windows 模块的兼容性方面，几乎与 Windows PowerShell 不相上下。
- 连接操作符（|| &&）：支持条件管道符功能。
- 跨平台 DSC（Desired state configuration，期望状态配置）：支持在不同的平台接收 DSC 配置信息。

本书将会以 PowerShell 5.1 版本为执行环境，少量的命令将在 PowerShell Core 7.0 版本执行，如命令需要运行在 PowerShell Core 7.0 版本，将会做特殊说明。

2.2 PowerShell 内置版本升级

本书将会以 PowerShell 5.1 为基准版本。在学习本书之前，记得检查下当前系统的 PowerShell 版本。执行如图 2.1 所示的查询变量，可以查询出当前 PowerShell 版本。

```
$psversiontable
```

```
PS C:\Users\Administrator> $psversiontable

Name                           Value
----                           -----
PSVersion                      5.1.17763.771
PSEdition                      Desktop
PSCompatibleVersions           {1.0, 2.0, 3.0, 4.0...}
BuildVersion                   10.0.17763.771
CLRVersion                     4.0.30319.42000
WSManStackVersion              3.0
PSRemotingProtocolVersion      2.3
SerializationVersion           1.1.0.1
```

图2.1 PowerShell 获取版本的命令

如果查询的版本比 5.1 版本要低，意味着你的版本需要升级了。升级到 5.1 版本的过程比较简单，完成 .Net 4.5 版本安装之后，就可以通过安装 WMF 5.1 更新 PowerShell 版本，具体链接为 https://www.microsoft.com/en-us/download/details.aspx?id=54616，安装过程如图 2.2 所示。

升级完成后，重新执行 $psversiontable 命令确认当前版本是否为 PowerShell 5.1，图 2.3 所示为 PowerShell 版本获取命令。

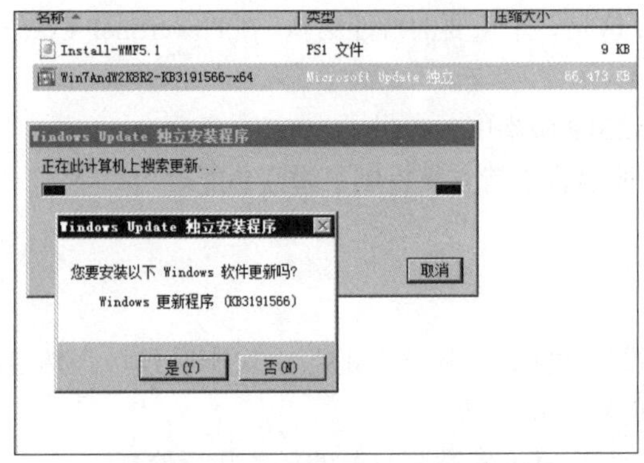

图2.2 PowerShell 的版本升级

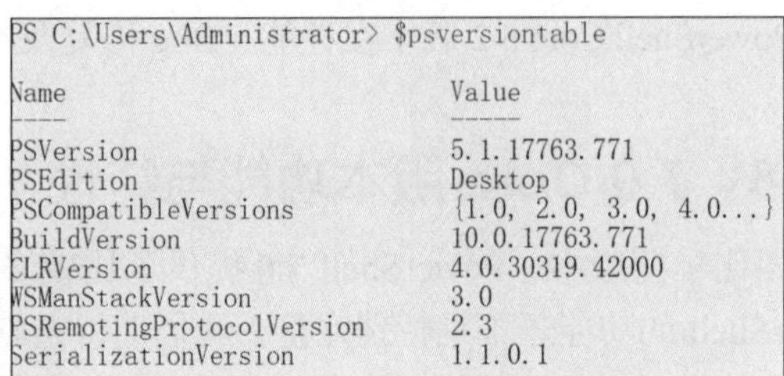

图2.3 PowerShell的版本获取

2.3 PowerShell 7.1 版本安装

当前以下操作系统支持 PowerShell 7.1 版本的安装，非 Windows 系统支持的版本和要求有一定的限制。

- Windows 8.1/10 (including ARM64)
- Windows Server 2012 R2, 2016, 2019, and Semi-Annual Channel (SAC)
- Ubuntu 16.04/18.04/20.04 (including ARM64)
- Ubuntu 19.10 (via Snap package)
- Debian 9/10
- CentOS and RHEL 7/8
- Fedora 30
- Alpine 3.11+ (including ARM64)
- macOS 10.13+

需要注意的是，Windows 7 由于生命周期支持策略不再受到支持，其他版本更新到 PowerShell 7.1 需要如下的组件支持。

- Windows 10 Universal C Runtime

Windows 10 Universal C Runtime 的下载网址如下：https://www.microsoft.com/en-us/download/details.aspx?id=50410。

- .Net 4.8 版本支持

.Net 4.8 下载网址如下：https://dotnet.microsoft.com/download/dotnet-framework/net48。

在完成 PowerShell 7.1 安装之前的准备条件之后，就可以进行 PowerShell 的安装，本书写作时最新版本是 7.1.2，PowerShell 最新版本的下载地址位于 GitHub。图 2.4 所示为安装 PowerShell 7.1。

```
https://github.com/PowerShell/PowerShell/releases/download/v7.1.2
```

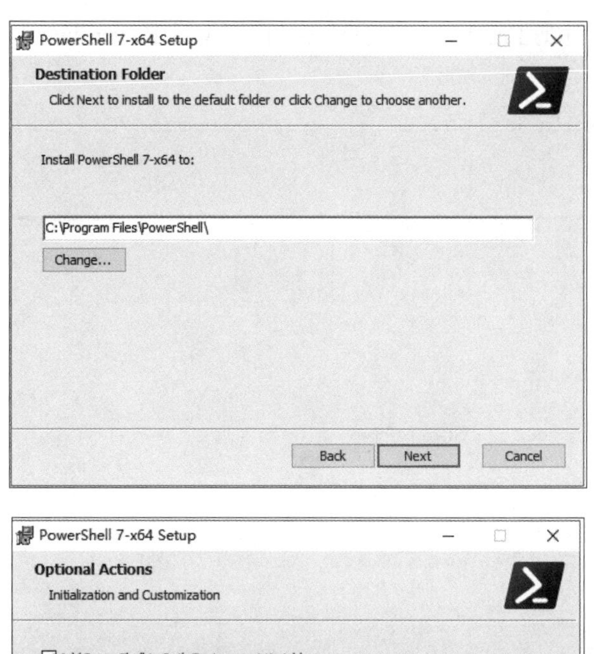

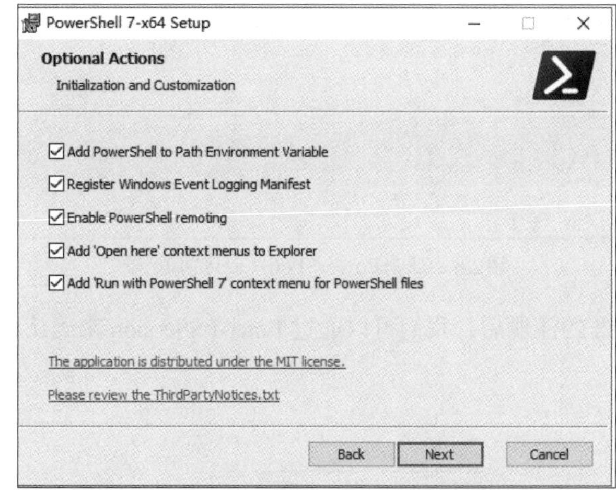

图2.4　安装PowerShell 7.1

这里注意勾选需要进行配置的选项，然后单击 Next 完成 PowerShell 7.1 版本的安装。

2.4 PowerShell 7.1 环境配置

在 PowerShell 7.1 安装完成后，默认情况下打开 PowerShell 会直接进入系统内置的 PowerShell，如果希望通过远程连接或者 PowerShell Web Access 进入 PowerShell 7 环境的界面，就需要进行环境的再配置，才能实现 PowerShell 7.1 的环境连接。如果需要为外部的环境提供连接，则按照如下的步骤来配置 WS-Man 的端点。

（1）导航到 C:\Program Files\PowerShell\7，图 2.5 所示为如何进入 PowerShell 7.1 的安装目录。

图2.5　进入PowerShell 7.1安装目录

（2）执行如下脚本注册 EndPoint，会自动创建配置文件 PowerShell.7，图 2.6 所示为注册成功的结果。

```
.\Install-PowerShellRemoting.ps1 -PowerShellHome "C:\Program Files\Power
Shell\7\"
```

```
PS C:\Program Files\PowerShell\7> .\Install-PowerShellRemoting.ps1 -PowerShellHome "C:\Program Files\PowerShell\7\"
详细信息: PowerShellHome: C:\Program Files\PowerShell\7\
详细信息: Using PowerShell Version: 7.1.1
详细信息: 正在目标"项: C:\Program Files\PowerShell\7\pwrshplugin.dll 目标:
C:\Windows\System32\PowerShell\7.1.1\pwrshplugin.dll"上执行操作"复制文件"。
详细信息: Created Plugin Config File: C:\Windows\System32\PowerShell\7.1.1\RemotePowerShellConfig.txt

Get-PSSessionConfiguration PowerShell.7.1.1


Name          : PowerShell.7.1.1
PSVersion     : 7.0
StartupScript :
RunAsUser     :
Permission    : BUILTIN\Administrators AccessAllowed

详细信息: PowerShellHome: C:\Program Files\PowerShell\7\
详细信息: Using PowerShell Version: 7
详细信息: 正在目标"项: C:\Program Files\PowerShell\7\pwrshplugin.dll 目标:
C:\Windows\System32\PowerShell\7\pwrshplugin.dll"上执行操作"复制文件"。
详细信息: Created Plugin Config File: C:\Windows\System32\PowerShell\7\RemotePowerShellConfig.txt

Get-PSSessionConfiguration PowerShell.7
Name          : PowerShell.7
PSVersion     : 7.0
StartupScript :
RunAsUser     :
Permission    : BUILTIN\Administrators AccessAllowed

Restarting WinRM to ensure that the plugin configuration change takes effect.
This is required for WinRM running on Windows SKUs prior to Windows 10.
警告: 正在等待服务"Windows Remote Management (WS-Management) (winrm)"停止...
警告: 正在等待服务"Windows Remote Management (WS-Management) (winrm)"停止...
警告: 正在等待服务"Windows Remote Management (WS-Management) (winrm)"停止...
警告: 正在等待服务"Windows Remote Management (WS-Management) (winrm)"停止...
```

图2.6　注册PowerShell 7.1 访问端点

（3）完成 PowerShell 的注册后，我们可以通过 Enter-PSSession 来确认是否可以进入 PowerShell 7.1，如图 2.7 所示。

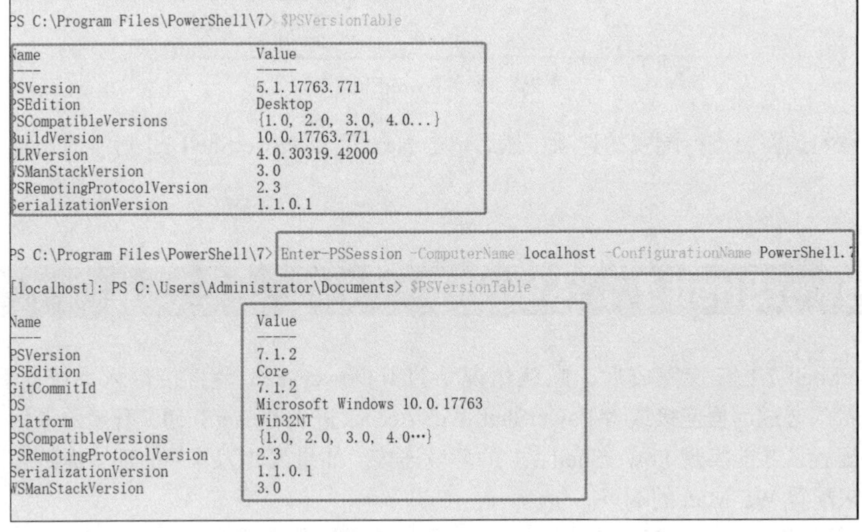

图2.7　使用Enter-PSSession判断是否安装完成

2.5 PowerShell 版本分支

从 PowerShell 的整体发展路线来看，PowerShell 在 5.0 版本之后分支为两个版本。图 2.8 所示为 PowerShell 目前的分支版本发展过程。

- PowerShell Desktop
  当前各个版本系统的 PowerShell 内置版本，执行命令是 PowerShell 开启 PowerShell 平台。
- PowerShell Core
  适用于多个平台和系统，不再局限于 Windows 系统，macOS 和 Linux 目前有限地支持 PowerShell Core，执行命令为 Pwsh 开启 PowerShell 7.0 的平台。

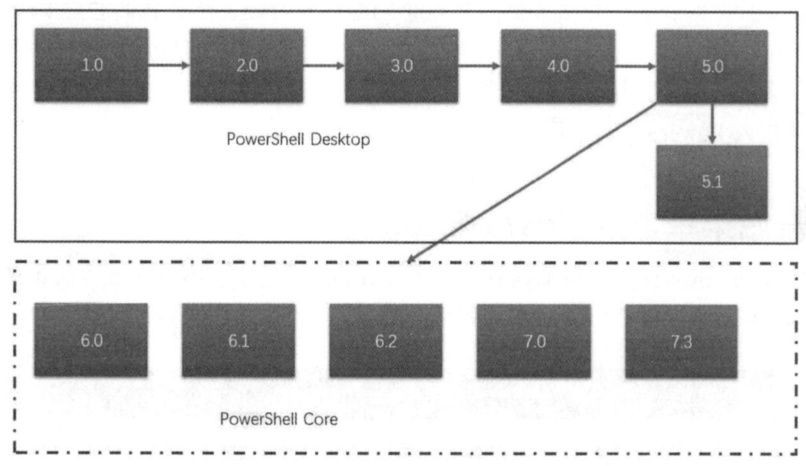

图2.8　PowerShell版本发展过程

PowerShell Desktop 版本中目前最高版本为 PowerShell 5.1，PowerShell 5.1 目前支持的操作系统版本如下。

- Windows 7，内置 PowerShell 2.0，可升级到 5.1 版本。
- Windows Server 2008 R2，内置 PowerShell 2.0，可升级到 5.1 版本。
- Windows Server 2012，内置 PowerShell 3.0，可升级到 5.1 版本。
- Windows Server 2012 R2，内置 PowerShell 4.0，可升级到 5.1 版本。
- Windows 8，内置 PowerShell 3.0，可升级到 5.1 版本。
- Windows 8.1，内置 PowerShell 4.0，可升级到 5.1 版本。
- Windows 10，内置 PowerShell 5.0，可升级到 5.1 版本。
- Windows Server 2016，内置 PowerShell 5.0，可升级到 5.1 版本。
- Windows Server 2019，内置 PowerShell 5.1。

截至本书写作时，PowerCore 最新版本为 7.3.0，目前除 Windows 之外，还有一些其他的系统也支持 PowerShell，微软的目标是基于 PowerShell Core 的开源版本实现跨平台的支持，目前能够支持 PowerShell Core 版本的操作系统如下。

- Ubuntu 16.04/18.04/20.04 (including ARM64)
- Ubuntu 19.10 (via Snap package)

- Debian 9/10
- CentOS and RHEL 7/8
- Fedora 30
- Alpine 3.11+ (including ARM64)
- macOS 10.13+

2.6 PowerShell交互环境的进入方式

PowerShell 是什么？我相信很多人会觉得这个问题比较奇怪，难道我们通过 PowerShell 命令进入的环境不是 PowerShell 吗？这其实是对 PowerShell 的误解，我们通过命令打开的 PowerShell 不是 PowerShell，而是与用户实际交互的一个界面，而开启 PowerShell 交互环境有多种方法，接下来给大家介绍几种进入 PowerShell 的不同方法。

2.6.1 从开始菜单进入 PowerShell

在搜索框中输入 PowerShell，目前搜索到的 PowerShell 命令是系统 Desktop 版本的 PowerShell。这里直接按照图 2.9 所示的方式以普通用户模式打开 PowerShell Desktop 版本。

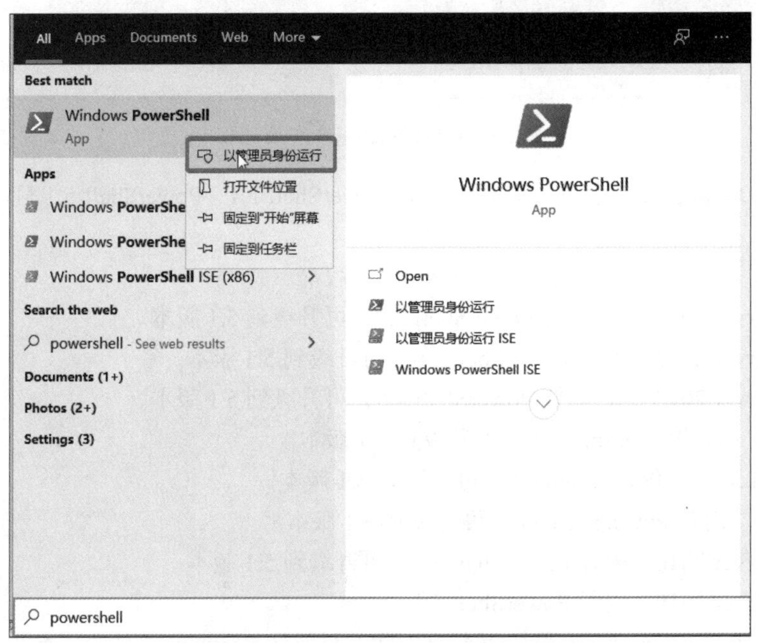

图2.9　通过搜索方式进入PowerShell界面

这时如果我们希望打开 PowerShell Core 的环境，该怎么办呢？在这个场景下直接输入 Pwsh，就可以获取 PowerShell Core 的环境。输入命令后，在弹出的界面中选择 PowerShell 7.0 版本，就可以进入如图 2.10 所示的 PowerShell Core 的环境。

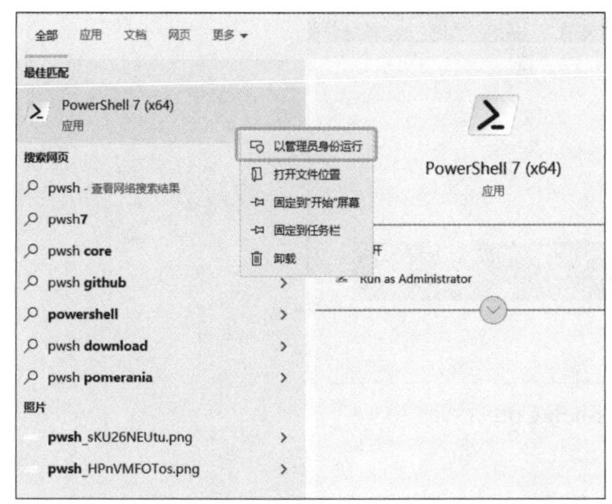

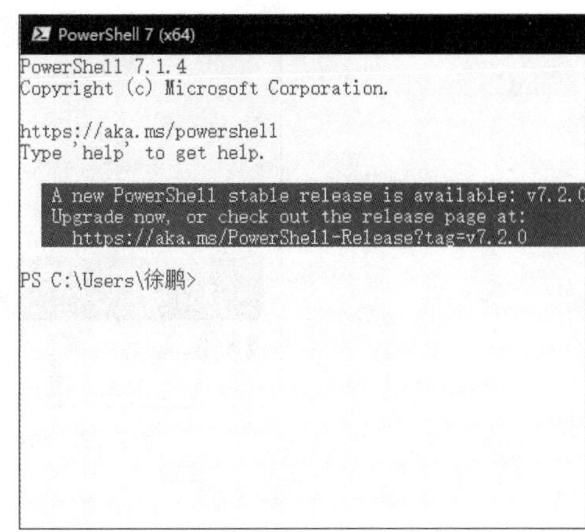

图2.10　PowerShell Core 执行环境

2.6.2　CMD Shell 开启 PowerShell

我们可以在 CMD Shell 中输入 PowerShell 命令，进入 PowerShell 的交互环境，但是和直接进入的 PowerShell 的界面不同，这个界面是全黑色的，但是大家其实能够发现，它已经进入如图 2.11 所示的 PowerShell 交互界面。

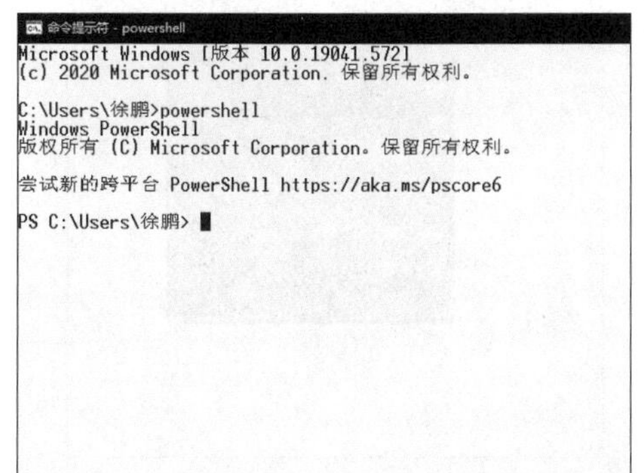

名称	状态	12% CPU	35% 内存	0% 磁盘	0% 网络
应用 (6)					
Google Chrome (14)		8.0%	1,225.7 ...	0 MB/秒	0 Mbps
Microsoft Word (2)		0.3%	128.9 MB	0.1 MB/秒	0 Mbps
Windows 命令处理程序 (2)		0%	27.2 MB	0 MB/秒	0 Mbps
Windows PowerShell		0%	26.4 MB	0 MB/秒	0 Mbps
命令提示符 - powershell		0%	0.8 MB	0 MB/秒	0 Mbps
Windows 资源管理器		0%	39.2 MB	0 MB/秒	0 Mbps
记事本		0%	2.2 MB	0 MB/秒	0 Mbps
任务管理器		0.1%	27.3 MB	0 MB/秒	0 Mbps

图2.11　CMD Shell开启PowerShell

我们能够从进程看出，PowerShell 的进程是 CMD Shell 衍生出来的进程，而不是单独启动的进程，这和单独启动 PowerShell 不同。在 PowerShell 环境中运行和执行脚本，有很多 GUI 界面没有的优势。

- 控制台程序非常轻量，可以快速地加载而不需要耗费太多资源。
- 不需要任何非 .Net 之外的资源。
- 可以实现任务的批量化操作。

当然这里也可以直接进入 PowerShell Core 的版本，只需要在 CMD Shell 中输入 Pwsh，就可以进入如图 2.12 所示的 PowerShell Core 的界面。

图2.12　PowerShell Core 界面

2.6.3 Terminal 开启 PowerShell

Terminal 不是 Windows 系统内置的软件，我们需要通过微软商店或 GitHub 的网站下载相应的 Terminal 程序。安装完成后在开始菜单中搜索 Terminal，Terminal 相比默认的 PowerShell 交互界面，提供了更加友好的管理和交互体验，我们可以在同一界面管理 Linux Shell 和 PowerShell。如果大家仔细看的话会发现，图 2.13 所示的界面中同时存在 PowerShell Desktop 和 PowerShell Core 的版本。

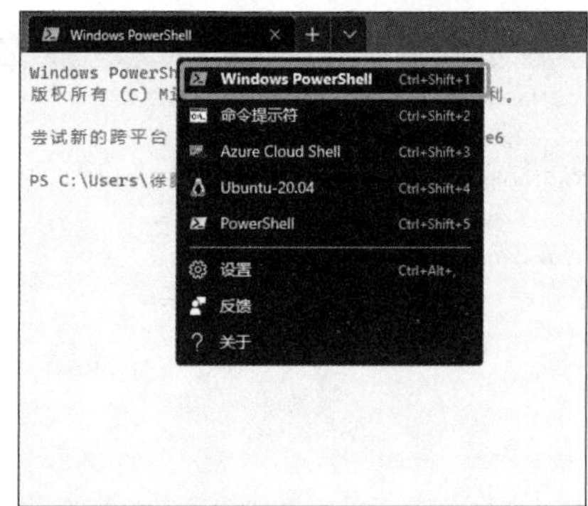

图2.13　Terminal 开启PowerShell功能

打开 Windows Terminal 界面之后，Terminal 将默认打开 PowerShell 交互界面，当然 Terminal 提供了更多的功能。

注：Windows Terminal 的安装和配置请参考“附录 2/ 扩展知识 1”。

2.7 PowerShell 命令与脚本运行方式

PowerShell 依据管理任务的不同，提供了不同的命令执行方式。比如我们初学 PowerShell 就很适合使用交互式界面，如果针对定期任务执行，就必须使用计划任务来实现脚本的执行。

2.7.1　PowerShell 的交互式执行

作为 PowerShell 的命令初学者，如果对 PowerShell 命令不熟悉，最好的实现环境就是通过交互式命令的方式获取命令执行的结果，能够通过交互环境执行命令后立即返回。对于新手来说，图 2.15 所示的 PowerShell 交互界面无疑是非常友好的。

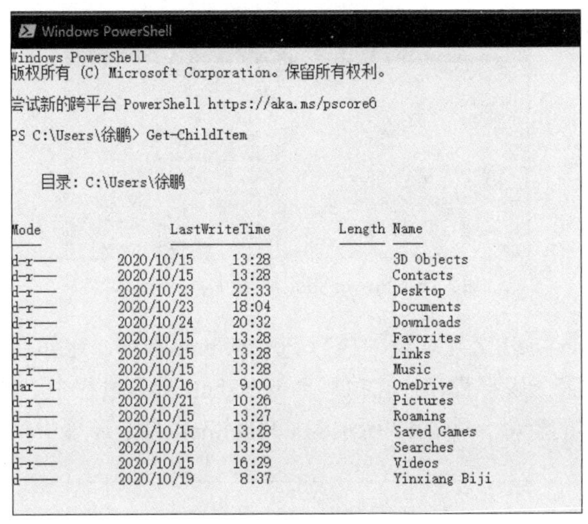

图2.14　PowerShell 交互界面

当我们慢慢熟悉 PowerShell 的命令行之后，希望基于 PowerShell 进行脚本开发来实现当前的各类管理任务，ISE 集成开发环境就能帮助我们了。ISE 集成开发环境默认集成在所有的 Windows 8.1 之后各个版本的系统中。直接用它来运行 PowerShell 实现脚本开发，效率相当高，图 2.15 所示为 ISE 集成开发环境。

```
Windows PowerShell ISE
File  Edit  View  Tools  Debug  Add-ons  Help
Untitled1.ps1*
$list=Get-ChildItem
foreach($l in $list)
{
$l
}

d-r---    2020/10/15    13:28    Contacts
d-r---    2020/10/23    22:33    Desktop
d-r---    2020/10/23    18:04    Documents
d-r---    2020/10/24    20:32    Downloads
d-r---    2020/10/15    13:28    Favorites
d-r---    2020/10/15    13:28    Links
d-r---    2020/10/15    13:28    Music
dar--l    2020/10/16     9:00    OneDrive
d-r---    2020/10/21    10:26    Pictures
d-----    2020/10/15    13:27    Roaming
d-r---    2020/10/15    13:28    Saved Games
d-r---    2020/10/15    13:29    Searches
```

图2.15　PowerShell ISE集成开发环境

2.7.2　PowerShell 脚本的运行

还有一类场景，这一类场景不是基于 PowerShell 的代码开发，而是基于已有的脚本代码进行执行。当我们拿着别人的脚本，应该如何运行呢？如果这个脚本是定期任务，这些脚本的执行方式又是怎样的呢？这就涉及如何运行这个脚本文件了。

1. 命令行模式运行脚本

如果当前执行命令的脚本在 PowerShell 环境下执行，整个执行会比较简单，我们只需要在 PowerShell 环境中输入相应的路径即可运行，如果是当前文件夹下的程序，需要使用“.\ 脚本 . ps1”才能运行相关的程序，执行方式如图 2.16 所示。

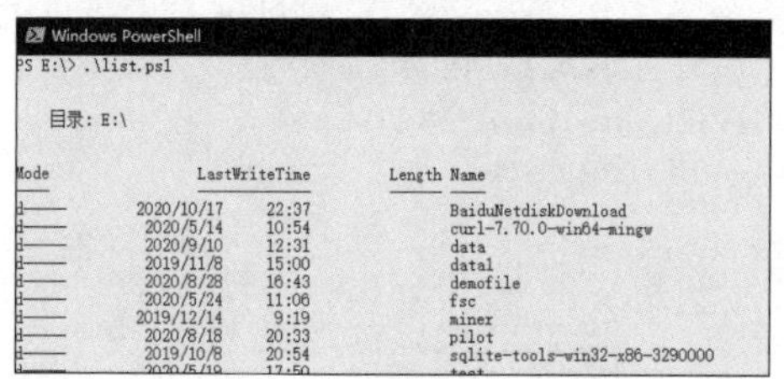

图2.16　PowerShell环境中执行脚本

如果我们不是在 PowerShell 交互环境中执行 PowerShell 脚本，比如在 Command 环境下执行脚本，这时执行脚本就必须带上解释程序。在执行 PowerShell 脚本过程中必须带上 PowerShell 命令，才能进行 PowerShell 脚本的解释，图 2.17 所示为 CMD Shell 命令环境中执行 PowerShell 脚本。

```
C:\Users\徐鹏>powershell e:\list.ps1

    目录: C:\Users\徐鹏

Mode                 LastWriteTime         Length Name
----                 -------------         ------ ----
d-r---        2020/10/15     13:28                3D Objects
d-r---        2020/10/15     13:28                Contacts
d-r---        2020/10/23     22:33                Desktop
d-r---        2020/10/23     18:04                Documents
d-r---        2020/10/24     20:32                Downloads
d-r---        2020/10/15     13:28                Favorites
d-r---        2020/10/15     13:28                Links
d-r---        2020/10/15     13:28                Music
dar--l        2020/10/16      9:00                OneDrive
d-r---        2020/10/21     10:26                Pictures
d-----        2020/10/15     13:27                Roaming
d-r---        2020/10/15     13:28                Saved Games
d-r---        2020/10/15     13:29                Searches
```

图2.17　CMD Shell命令环境中执行PowerShell脚本

2. 计划任务执行PowerShell 脚本

脚本的优势在于可以以非常简单的方式执行，而计划任务可以实现简单的重复。结合 PowerShell 和计划任务，就可以实现 PowerShell 任务的重复执行，PowerShell 注册任务的步骤可以由 PowerShell 自己的命令来完成，图 2.18 所示为通过 PowerShell 命令执行的计划任务。

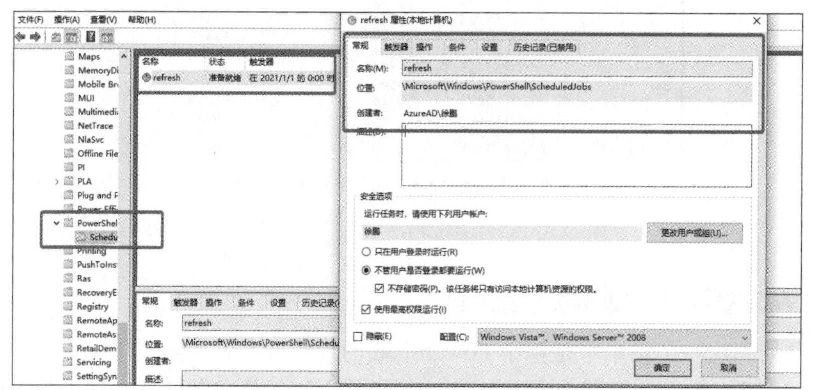

图2.18　通过PowerShell 命令执行的计划任务

2.8 PowerShell 脚本执行策略

PowerShell 为了防止恶意的 PowerShell 代码在计算机执行，在 PowerShell 5.1 后的版本中 PowerShell 的默认运行环境是 RemoteSigned，就是经过远程验证过的 PowerShell 脚本能够执行。

在实际的脚本应用过程中，我们经常会将策略修改为 Unrestricted，这其实是一种非常危险的行为，在企业内如果是经常使用的脚本，建议使用证书完成脚本签名操作。在进行 PowerShell 脚本执行过程中包含了如下的不同策略。执行策略修改的时候需要注意，当前开启的 PowerShell 是不是以管理员模式开启，如果不是以管理员模式开启，则会提示如图 2.19 所示的权限不足的情况。

```
PS C:\Users\徐鹏> set-ExecutionPolicy -ExecutionPolicy AllSigned

执行策略更改
执行策略可帮助你防止执行不信任的脚本。更改执行策略可能会产生安全风险，如 https:/go.microsoft.com/fwlink/?LinkID=135170
中的 about_Execution_Policies 帮助主题所述。是否要更改执行策略?
[Y] 是(Y)  [A] 全是(A)  [N] 否(N)  [L] 全否(L)  [S] 暂停(S)  [?] 帮助 (默认值为“N”): y
set-ExecutionPolicy : 对注册表项“HKEY_LOCAL_MACHINE\SOFTWARE\Microsoft\PowerShell\1\ShellIds\Microsoft.PowerShell”的
访问被拒绝。 要更改默认(LocalMachine)作用域的执行策略，请使用“以管理员身份运行”选项启动 Windows PowerShell。要更改当
前用户的执行策略，请运行 "Set-ExecutionPolicy -Scope CurrentUser"。
所在位置 行:1 字符: 1
+ set-ExecutionPolicy -ExecutionPolicy AllSigned
+ ~~~~~~~~~~~~~~~~~~~~~~~~~~~~~~~~~~~~~~~~~~~~~~
    + CategoryInfo          : PermissionDenied: (:) [Set-ExecutionPolicy], UnauthorizedAccessException
    + FullyQualifiedErrorId : System.UnauthorizedAccessException,Microsoft.PowerShell.Commands.SetExecutionPolicyComma
   nd
PS C:\Users\徐鹏>
```

图2.19　不以管理员模式修改会出现权限不足的错误

2.8.1 AllSigned 执行策略

当我们设置所有的执行策略之后，所有的代码均会验证是否经过可信任的证书颁发者签名，所有经过签名的用户将被允许执行。没有经过数字签名的脚本会出现如图 2.20 所示的提示，将不允许执行没有经过签名的脚本。

```
PS C:\WINDOWS\system32> Set-ExecutionPolicy -ExecutionPolicy AllSigned

执行策略更改
执行策略可帮助你防止执行不信任的脚本。更改执行策略可能会产生安全风险，如 https:/go.microsoft.com/fwlink/?LinkID=135170
中的 about_Execution_Policies 帮助主题所述。是否要更改执行策略?
[Y] 是(Y)  [A] 全是(A)  [N] 否(N)  [L] 全否(L)  [S] 暂停(S)  [?] 帮助 (默认值为“N”): y
PS C:\WINDOWS\system32> e:
PS E:\> .\获取文件.ps1
.\获取文件.ps1 : 无法加载文件 E:\获取文件.ps1。未对文件 E:\获取文件.ps1 进行数字签名。无法在当前系统上运行该脚本。有关
运行脚本和设置执行策略的详细信息，请参阅 https:/go.microsoft.com/fwlink/?LinkID=135170 中的 about_Execution_Policies。
所在位置 行:1 字符: 1
+ .\获取文件.ps1
+ ~~~~~~~~~~~~~
    + CategoryInfo          : SecurityError: (:) [], PSSecurityException
    + FullyQualifiedErrorId : UnauthorizedAccess
PS E:\>
```

图2.20　如果脚本没有经过签名则不允许执行

2.8.2 ByPass 执行策略

当执行策略设置为 ByPass 的时候，所有代码均执行，并且不会有任何提示。

2.8.3 Default 默认的执行策略

当执行策略设置为默认策略时，Windows 客户端系统将不允许执行脚本，服务器端执行的脚本使用 RemoteSigned 策略。

2.8.4 RemoteSigned

所有 PowerShell 脚本在执行之前都需要经过数字签名，默认的服务器执行策略就是 RemoteSigned。

2.8.5 Restricted

如果执行策略是 Restricted，则我们不会执行任何一个脚本，默认的所有 Windows 客户端的策略都是 Restricted。所有的执行范围可以定义的策略如果都没有定义，则 Windows 客户端的执行策略就是 Restricted。

2.8.6 Unrestricted

一般自己编写的代码不会通过可信任发布者验证，这时为了让我们的脚本顺利执行，通常需要将策略设置为 Unstricted。从 PowerShell 6.0 开始，非 Windows 系统默认为 Unstricted 并且不可以更改。Windows 系统设置为 Unrestricted 执行策略后，所有执行的脚本在执行过程中会提示，但不会阻止脚本的执行。

2.9 PowerShell 执行策略的范围

在系统中，不同的用户和不同的计算机有自己的执行策略。而这些执行策略也存在执行的范围，通过执行 Get-ExecutionPolicy-List 可以查看到 PowerShell 执行的范围，图 2.21 所示为当前系统中的策略范围和执行策略。

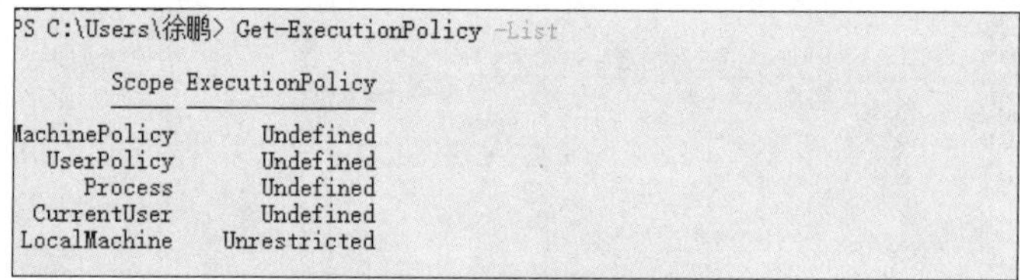
```
PS C:\Users\徐鹏> Get-ExecutionPolicy -List

        Scope ExecutionPolicy
        ----- ---------------
MachinePolicy       Undefined
   UserPolicy       Undefined
      Process       Undefined
  CurrentUser       Undefined
 LocalMachine    Unrestricted
```

图2.21 执行策略设置

从上面我们可以看到，当前的 PowerShell 的执行策略范围如下。

- MachinePolicy：由组策略定义的本机执行策略。
- UserPolicy：由组策略定义的用户执行策略。
- Process：针对当前 PowerShell 会话的执行策略。
- CurrentUser：针对当前的用户定义的执行策略。
- LocalMachine：针对的是当前计算机的执行策略。

如果希望针对不同的范围设定不同的执行策略，我们同样是通过 Set-ExecutionPolicy 跟上 Scope 参数设定脚本执行范围，图 2.22 所示为执行策略范围设定。

```
Set-ExecutionPolicy -executionPolicy unrestricted -scope currentuser
```

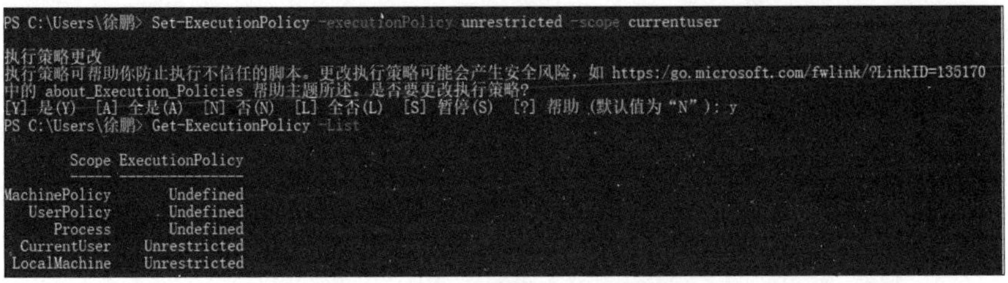

```
PS C:\Users\徐鹏> Set-ExecutionPolicy -executionPolicy unrestricted -scope currentuser

执行策略更改
执行策略可帮助你防止执行不信任的脚本。更改执行策略可能会产生安全风险，如 https:/go.microsoft.com/fwlink/?LinkID=135170
中的 about_Execution_Policies 帮助主题所述。是否要更改执行策略?
[Y] 是(Y)  [A] 全是(A)  [N] 否(N)  [L] 全否(L)  [S] 暂停(S)  [?] 帮助 (默认值为 "N"): y
PS C:\Users\徐鹏> Get-ExecutionPolicy -List

        Scope ExecutionPolicy
        ----- ---------------
MachinePolicy       Undefined
   UserPolicy       Undefined
      Process       Undefined
  CurrentUser    Unrestricted
 LocalMachine    Unrestricted
```

图2.22　PowerShell 执行策略设定

这些策略范围如果出现冲突，以 MachinePolicy 策略范围的执行级别为最高，它将会覆盖所有后面的策略。

2.10　定制 PowerShell 执行环境

打开 PowerShell 的执行环境会发现，它永远是蓝底白字的风格，有些朋友比较喜欢类似 Atom 这样的暗黑系风格，标准界面是不是可以按照自己的需求做一些更改呢？答案是肯定的，这里我们可以依据需求来设定 PowerShell 交互环境的风格，图 2.23 所示为当前执行环境。

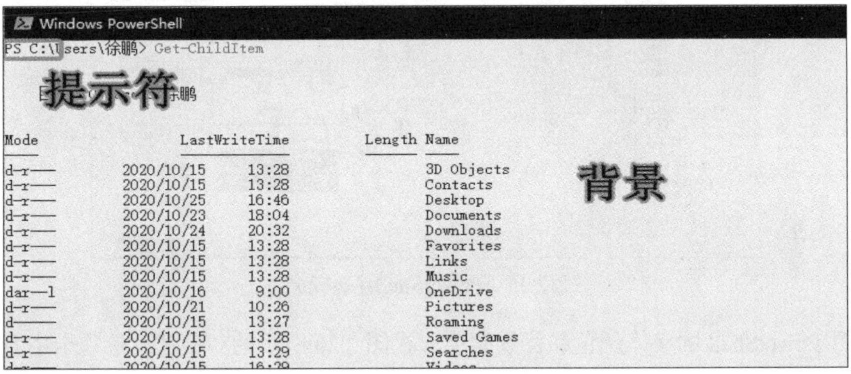

```
Windows PowerShell
PS C:\Users\徐鹏> Get-ChildItem
提示符                                              背景

Mode                LastWriteTime         Length Name
----                -------------         ------ ----
d-r---        2020/10/15     13:28                3D Objects
d-r---        2020/10/15     13:28                Contacts
d-r---        2020/10/25     16:46                Desktop
d-r---        2020/10/23     18:04                Documents
d-r---        2020/10/24     20:32                Downloads
d-r---        2020/10/15     13:28                Favorites
d-r---        2020/10/15     13:28                Links
d-r---        2020/10/15     13:28                Music
dar--l        2020/10/16      9:00                OneDrive
d-r---        2020/10/21     10:26                Pictures
d-----        2020/10/15     13:27                Roaming
d-r---        2020/10/15     13:28                Saved Games
d-r---        2020/10/15     13:29                Searches
```

图2.23　当前执行环境界面

2.10.1　字体与背景配置

先从最基础的字体和颜色开始定制。直接单击标题栏左边的 PowerShell 图标，然后单击“属性”开始基础配置的定制，这里可以定义的内容很多，包含并且不限于以下内容的定制。

- 字体：PowerShell 界面显示的英文及非英文字体设置。
- 字号：PowerShell 界面中显示的字体的大小。
- 背景：PowerShell 界面背景设定。
- 缓冲区：允许 PowerShell 执行后最长结果。
- 光标：光标格式设定。

单击 PowerShell 左上角的按钮，然后选择如图 2.24 所示的属性设置。

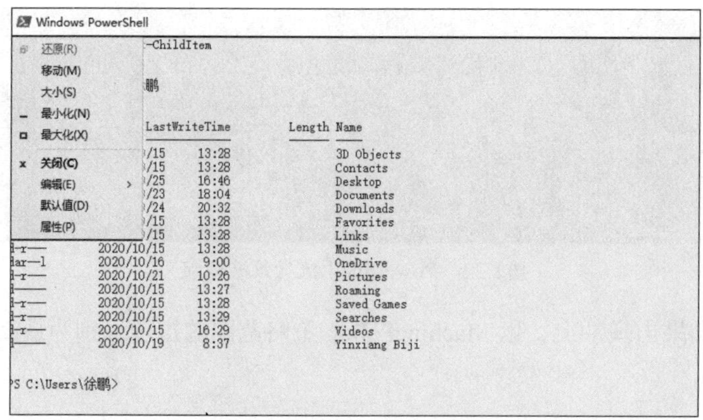

图2.24　PowerShell的属性

先来看下文字和颜色如何进行修改。在 PowerShell 的属性对话框中单击“字体”标签，进行字体和大小的修改。PowerShell 运行环境支持 TrueType 字体，字体设定选项可参考图 2.25。

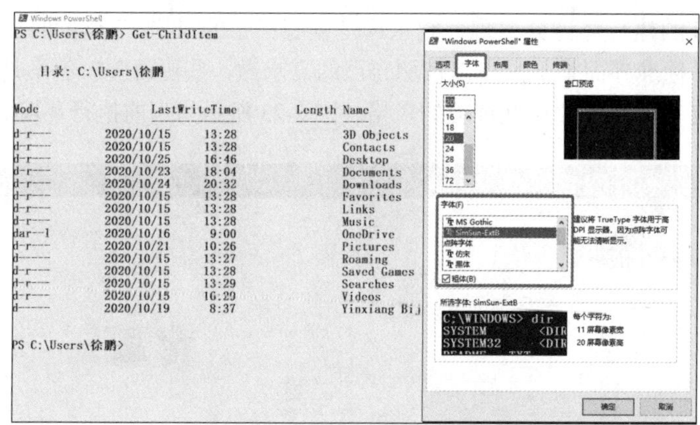

图2.25　PowerShell字体设定

如何设置 PowerShell 的字体颜色和背景颜色？在图 2.26 所示的“颜色”选项卡中直接设置相关的颜色即可。

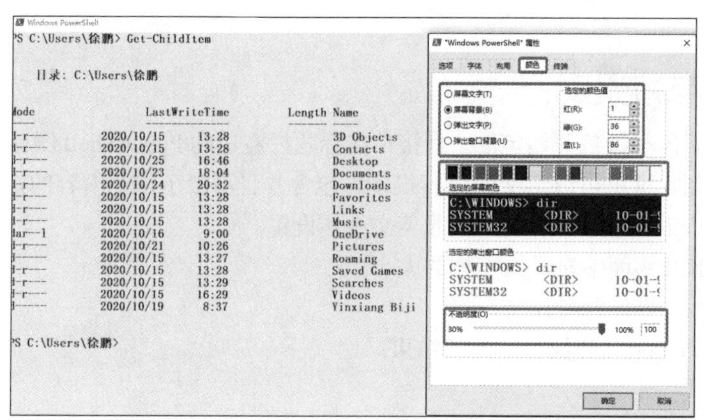

图2.26　PowerShell的“颜色”选项卡设定

如果希望针对 PowerShell 命令的窗口设定相应的宽度和高度，则需要在“布局”选项卡中完成相应的设定。在布局页面中我们可以设置宽度和高度来完成 PowerShell 的整体布局选项，这里还可以设置 PowerShell 的缓冲区，图 2.27 所示为“布局”选项卡中的相关设定。

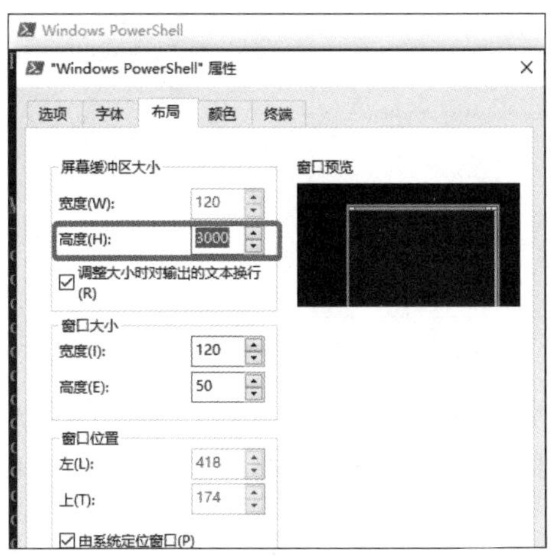

图2.27　“布局”选项卡中的相关设定

缓冲区是什么意思？其实是执行命令过程中的保留命令和数据的数量，如果结果返回的数量太多，超过缓冲区设置的数量，最终将保留最后 3000 行数据的内容。如果希望命令执行后的结果集能够显示更多的数据，则必须调整缓冲区的高度来容纳更多的数据显示。

2.10.2　配置文件

前面提到的 PowerShell 配置属于当前环境配置，一旦关闭了 PowerShell，这些设置都会失效，如果希望这些配置长久生效，该怎么办呢？这就需要使用 PowerShell 的配置文件，PowerShell 在当前机器上存在 4 个配置文件，这 4 个配置文件针对的是 4 种不同的场景生效，如下表所示。

PowerShell配置文件运用场景

配置文件类型	配置文件路径
当前用户，当前主机	$PROFILE.CurrentUserCurrentHost, or $PROFILE
所有用户，当前主机	$PROFILE.AllUsersCurrentHost
当前用户，所有主机	$PROFILE.CurrentUserAllHosts
所有用户，所有主机	$PROFILE.AllUsersAllHosts

对于普通开发者来说，使用最为频繁的配置文件是当前用户（当前主机）和所有用户（当前主机）。当前用户（当前主机）模式针对的是计算机的当前使用用户生效，而所有用户（当前主机）针对的是当前计算机中所有用户都生效的配置文件。需要注意的是，这两种场景的配置文件地址是不同的，下面为两个配置文件的不同路径。

- $PROFILE：当前用户当前主机的配置文件。
- $PROFILE.AllUsersCurrentHost：当前主机所有用户的配置文件。

在第一次进行文件的配置过程中，PowerShell 会提示你是否进行文件创建。图 2.28 所示为第 1 次使用配置文件的提示，记事本会提示是否创建新的配置文件。

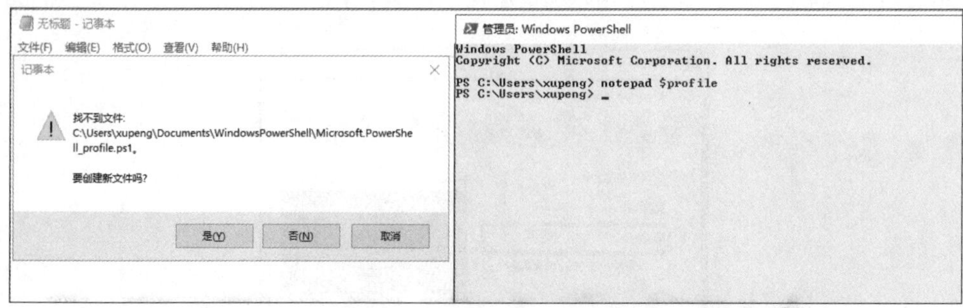

图2.28　第1次使用配置文件的提示

PowerShell 的配置文件可以记录任何内容，例如函数、别名等相关的配置。这里通过一个简单的案例来说明如何设置配置文件为 PowerShell 添加提示符，大家可以通过图 2.29 所示的脚本来完成 Power Shell 提示的设置。

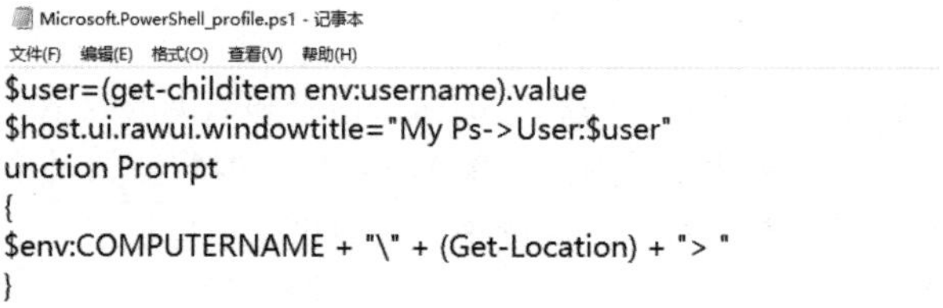

Microsoft.PowerShell_profile.ps1 - 记事本

文件(F) 编辑(E) 格式(O) 查看(V) 帮助(H)

```
$user=(get-childitem env:username).value
$host.ui.rawui.windowtitle="My Ps->User:$user"
unction Prompt
{
$env:COMPUTERNAME + "\" + (Get-Location) + "> "
}
```

图2.29　PowerShell的配置文件

如果希望优化当前脚本的执行环境，可以关注“附录 2/ 扩展知识 2”中的扩展知识。

当然，配置文件设置得越多，PowerShell 的启动速度会越慢。如果希望以忽略当前的配置文件加载 PowerShell，我们可以执行如下的命令来实现无配置文件方式加载 PowerShell，具体操作如图 2.30 所示。在执行无配置启动后，配置文件中的所有配置设置都不会生效，这也是需要特别留意的。

```
powerShell-noprofile
```

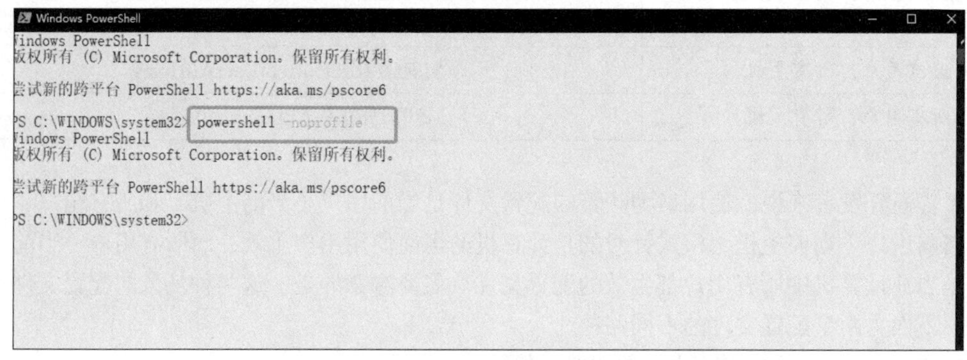

图2.30　PowerShell 以无配置文件方式启动

2.11 章节回顾

本章先和大家介绍了 PowerShell 解释环境版本的发展路径，了解了 PowerShell 的整体发展历程，同时介绍了每个大的演进版本提供的主要功能更新和新增命令。由于本书提供的所有 PowerShell 的执行环境都是基于 PowerShell 5.1，因此也提供了其他非 5.1 版本升级到 5.1 版本的具体步骤，让大家将环境统一升级到 5.1 的版本。

对于从来没有使用过 PowerShell 的朋友来说，如何进入 PowerShell 交互环境进行命令的执行和交互，是学习 PowerShell 过程中碰到的第一个问题。我们也介绍了几种进入 PowerShell 交互环境的方式，让大家理解 PowerShell 和其他 Shell 之间的关系。

对于没有运行过 PowerShell 脚本的朋友来说，如何执行既有的 PowerShell 脚本，也是必须了解的知识，我们在本章中和大家分享了如何执行网上下载的既有脚本，通过修改执行策略完成脚本执行的知识。

最后分享了定制 PowerShell 执行环境的相关知识，通过 PowerShell 运行环境的定制，在 PowerShell 中实现背景、执行环境及字体的定义。希望大家通过学习本章知识，掌握 PowerShell 的环境定制。

2.12 练习与知识巩固

1. PowerShell 当前分为哪两个大版本？
2. PowerShell Desktop 目前的最新版本是哪个？
3. PowerShell 在以下哪个系统不是内置组件（　　）。

   A. Windows XP　　B.Windows 7　　C. Windows 8.1　　D.Windows 10
4. 如果目前是 .Net 4.0 环境，能否安装 PowerShell 7.1？
5. 如何连接服务器的 PowerShell 7.1 的执行环境？
6. PowerShell 环境中是否支持 CMD Shell 命令？
7. 如果 PowerShell 执行策略为 Allsigned，它将允许执行什么样的脚本？
8. macOS 支持 PowerShell 吗，如果支持的话支持哪个版本？
9. PowerShell 无配置启动的命令是什么？

第3章 PowerShell 的Provider

很多朋友第一次看到 Provider 时觉得很难理解这样一个概念，其实 PowerShell 的 Provider 是一个相对简单的概念，如何定义 PowerShell 的 Provider？可以用一句话给它下一个定义：

PowerShell Provider 是基于 .Net 运行的一个框架，它可以让数据以特殊的方法保存在 PowerShell 中，让你能够直接查看或管理这些数据。

你可以通过类似访问文件的方式来访问系统的 Provider，所有的 Provider 都可以通过 PowerShell 的命令进行访问和修改。

3.1 PowerShell中的骨架 Provider

看到 Provider 这个单词，相信很多管理员都会将它翻译成中文：提供者。将 Provider 翻译成“提供者”非常符合它的定位，因为在 PowerShell 中存在着各种各样的对象，当然这些对象都是相应的生成对象的提供者。在 PowerShell 中需要访问文件、注册表和环境对象，而这些对象对于 PowerShell 来说属于不同的类别，这些不同的类别由不同的 Provider 提供。如何来理解这个概念呢？当需要创建一个目录或者创建一个文件时，我们所针对的就是文件系统的 Provider。针对这些文件的任何操作，如创建、修改、删除，都是基于文件系统 Provider 提供的对象定义及针对对象所定义的属性和方法。在 PowerShell 中 Provider 是一个非常重要的概念，虽然默认情况下很少针对 Provider 直接操作，但是在很多时候需要基于 PowerShell 的 Provider 创建相关的对象，PowerShell Provider 就像骨架，撑起整个 PowerShell 的运行环境和对象。图 3.1 所示为非常形象的骨架模型。

图3.1　非常形象的骨架模型

在 PowerShell Provider 中有个非常重要的概念 PSDriver，PSDriver 是 Provider 加载之后可以建立到 PowerShell Provider 环境的快捷方式。在建立 PSDriver 时我们需要抛弃已有的系统磁盘的概念，可以实现如图 3.2 所示多字符的盘符设定。

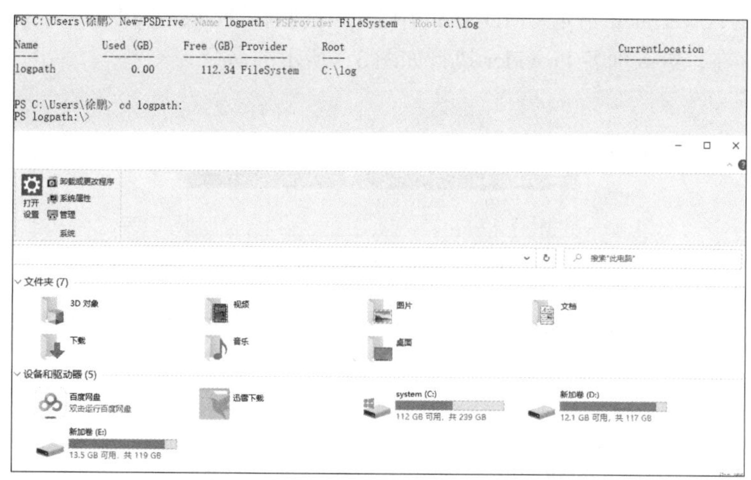

图3.2　PowerShell中的PSDriver 无字符数量限制

注：建立的 PSDriver 只能在 PowerShell 中使用，如果脱离了 PowerShell 执行环境，其他的 Shell 都无法使用 PowerShell 的 PSDriver，在 PowerShell 中创建的磁盘快捷路径不会出现在 PowerShell 之外的环境。

在新装的计算机中打开 PowerShell，默认有 8 个可用的 Provider。

- 别名：系统中的别名对象。

- 证书：在证书存储中存储的证书对象，包含用户和计算机证书。
- 环境：计算机的环境变量。
- 文件系统：计算机最为常用的对象，在多数情况下都是在文件系统中进行文件的创建、删除、修改等操作。
- 功能函数：构建在 PowerShell 环境中的 PowerShell 可调用的功能函数。
- 注册表：PowerShell 的注册表可操作对象。
- 变量：在 PowerShell 中的变量和相关的参数获取。
- WSMan：PowerShell 应用的 Web Service 管理对象。

Provider 根据需要可以安装相关的模块。模块的安装将扩展当前的 Provider，但需要注意的是模块不一定会有 Provider，而 Provider 一定是在系统中加载了模块或管理单元。PowerShell Provider 根据相应的模块或管理单元的加载而自动加载。

3.2 PowerShell 原生系统Provider介绍

在系统安装完成后，默认存在以下的 Provider，帮助我们实现对象的管理，接下来我们来分享下系统内置的 Provider。

3.2.1 别名 Alias Provider

别名是 PowerShell 中一类用来标记其他命令的对象，通常来说是为了标记命令中比较长的函数或命令，也可以在 PowerShell 指定 CMD Shell 中命令的别名。PowerShell 命令或函数的别名都会在别名 Provider 中存在，进入别名 Provider 执行如图 3.3 所示的命令。

```
CD Alias:
```

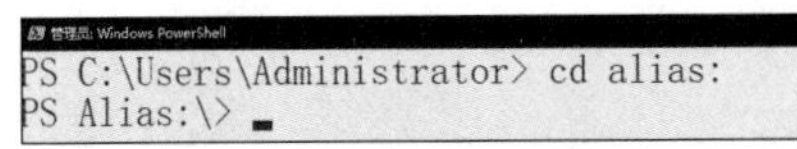

图3.3 进入别名Provider

进入 Alias 的 Provider 之后，通过执行图 3.4 所示的 Get-ChildItem 能够查到 Alias Provider 中所有可用 Alias。

```
PS Alias:\> Get-ChildItem

CommandType     Name                                    Version    Source
-----------     ----                                    -------    ------
Alias           % -> ForEach-Object
Alias           ? -> Where-Object
Alias           ac -> Add-Content
Alias           asnp -> Add-PSSnapin
Alias           cat -> Get-Content
Alias           cd -> Set-Location
Alias           CFS -> ConvertFrom-String               3.1.0.0    Microsoft.PowerShell.Ut...
Alias           chdir -> Set-Location
Alias           clc -> Clear-Content
Alias           clear -> Clear-Host
Alias           clhy -> Clear-History
Alias           cli -> Clear-Item
Alias           clp -> Clear-ItemProperty
Alias           cls -> Clear-Host
Alias           clv -> Clear-Variable
Alias           cnsn -> Connect-PSSession
```

图3.4 获取当前可用的Alias别名

在我当前系统中存在 162 个别名，别名的数据依据不同版本的操作系统安装软件或模块的数量增加而增加。相信在你系统看到的 PowerShell 别名的数量一定不同于图 3.5 所示的数量。

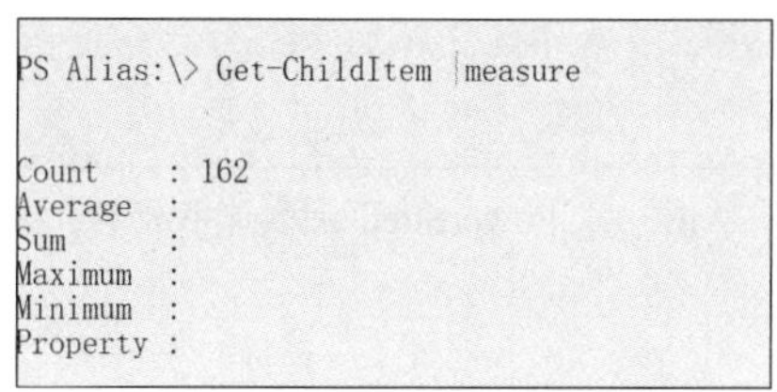

```
PS Alias:\> Get-ChildItem |measure


Count    : 162
Average  :
Sum      :
Maximum  :
Minimum  :
Property :
```

图3.5　在当前系统的别名数量

3.2.2　证书 Certificate Provider

证书 Certificate 是进行证书操作的 Provider，我们通常的证书存储、添加及删除可以通过这个 Provider 来实现，可以通过如下的命令进入证书的 Provider，如图 3.6 所示为进入证书 Provider 的方式。

```
Cd cert:
```

```
Windows PowerShell
版权所有 (C) Microsoft Corporation。保留所有权利。

尝试新的跨平台 PowerShell https://aka.ms/pscore6

PS C:\WINDOWS\system32> powershell -noprofile
Windows PowerShell
版权所有 (C) Microsoft Corporation。保留所有权利。

尝试新的跨平台 PowerShell https://aka.ms/pscore6

PS C:\WINDOWS\system32> cd cert:
```

图3.6　进入证书Provider

在进入证书的 Provider 之后，可以通过执行如图 3.7 所示的命令获取当前证书 Provider 的用户和计算机证书存储节点。

```
Get-ChildItem
```

```
PS Cert:\> Get-ChildItem


Location   : CurrentUser
StoreNames : {SmartCardRoot, Root, Trust, AuthRoot...}

Location   : LocalMachine
StoreNames : {TestSignRoot, ClientAuthIssuer, Root, TrustedDevices...}
```

图3.7　获取当前的证书路径

如果希望获取到当前的用户证书和计算机证书节点的证书，可以通过以下命令来获取到相应的计算机中所存储的证书对象，执行结果如图 3.8 所示。

```
Get-ChildItem .\currentuser\my
Get-ChildItem  .\\LocalMachine\my
```

```
PS Cert:\> Get-ChildItem  .\CurrentUser\my

   PSParentPath:Microsoft.PowerShell.Security\Certificate::CurrentUser\my

Thumbprint                                Subject
----------                                -------
F42BB9CE67C8B3814EE17CE1AEEA1E80CB77C763  CN=4d6cf839-de11-48a7-90a4-5246ab28fa54

PS Cert:\>
```

图3.8　PowerShell 获取证书指纹

3.2.3　环境变量 Environment Provider

环境变量是当前系统的各类不同的系统环境变量，包含操作系统名称、系统版本和临时目录环境等，我们可以通过如图 3.9 所示的命令进入环境变量 Provider。

```
CD env:
```

```
PS Cert:\> cd env:
PS Env:\>
```

图3.9　进入环境变量Provider

在环境变量的 Provider 中如果想获取系统中所有必要的变量，可以通过如图 3.10 所示的命令来实现环境变量的查询。

```
Get-ChildItem
```

```
PS Env:\> Get-ChildItem

Name                           Value
----                           -----
ALLUSERSPROFILE                C:\ProgramData
APPDATA                        C:\Users\徐鹏\AppData\Roaming
CommonProgramFiles             C:\Program Files\Common Files
CommonProgramFiles(x86)        C:\Program Files (x86)\Common Files
CommonProgramW6432             C:\Program Files\Common Files
COMPUTERNAME                   DESKTOP-9VJB88R
ComSpec                        C:\WINDOWS\system32\cmd.exe
DriverData                     C:\Windows\System32\Drivers\DriverData
HOMEDRIVE                      C:
HOMEPATH                       \Users\徐鹏
LOCALAPPDATA                   C:\Users\徐鹏\AppData\Local
LOGONSERVER                    \\DESKTOP-9VJB88R
NUMBER_OF_PROCESSORS           8
OneDrive                       C:\Users\徐鹏\OneDrive
OneDriveConsumer               C:\Users\徐鹏\OneDrive
OS                             Windows_NT
Path                           C:\WINDOWS\system32;C:\WINDOWS;C:\WINDOWS\System32\Wbem;C:\WINDOWS\System32\WindowsPo...
PATHEXT                        .COM;.EXE;.BAT;.CMD;.VBS;.VBE;.JS;.JSE;.WSF;.WSH;.MSC;.CPL
PROCESSOR_ARCHITECTURE         AMD64
PROCESSOR_IDENTIFIER           Intel64 Family 6 Model 142 Stepping 10, GenuineIntel
PROCESSOR_LEVEL                6
PROCESSOR_REVISION             8e0a
ProgramData                    C:\ProgramData
ProgramFiles                   C:\Program Files
ProgramFiles(x86)              C:\Program Files (x86)
ProgramW6432                   C:\Program Files
PSModulePath                   C:\Users\徐鹏\Documents\WindowsPowerShell\Modules;C:\Program Files\WindowsPowerShell\...
PUBLIC                         C:\Users\Public
SESSIONNAME                    Console
SystemDrive                    C:
SystemRoot                     C:\WINDOWS
TEMP                           C:\Users\徐鹏\AppData\Local\Temp
TMP                            C:\Users\徐鹏\AppData\Local\Temp
USERDOMAIN                     DESKTOP-9VJB88R
USERDOMAIN_ROAMINGPROFILE      DESKTOP-9VJB88R
USERNAME                       徐鹏
USERPROFILE                    C:\Users\徐鹏
windir                         C:\WINDOWS
```

图3.10　查询当前系统的环境变量

3.2.4　文件系统 FileSystem Provider

文件系统是目前系统使用最为频繁的 Provider，进行文件内容读取和写入，都需要使用文件

Provider 提供的对象进行交互。所有 PowerShell 窗口默认进入的 Provider 都是文件系统 Provider，进入文件系统的 Provider 也非常简单，直接使用图 3.11 所示的命令就可以进入文件系统的 C 盘。

```
CD C:
```

```
PS Env:\> cd c:
PS C:\WINDOWS\system32>
```

图3.11 进入文件Provider

在文件系统中，同样可以使用 Get-ChildItem 获取图 3.12 所示当前环境文件对象中的文件对象集合。

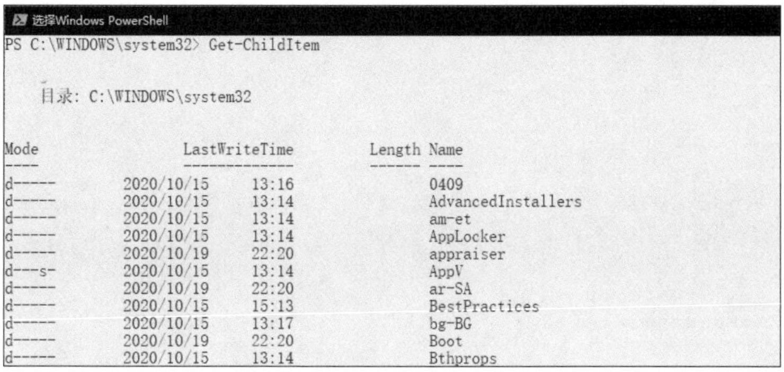

```
选择Windows PowerShell
PS C:\WINDOWS\system32> Get-ChildItem

    目录: C:\WINDOWS\system32

Mode                LastWriteTime         Length Name
----                -------------         ------ ----
d-----        2020/10/15     13:16                0409
d-----        2020/10/15     13:14                AdvancedInstallers
d-----        2020/10/15     13:14                am-et
d-----        2020/10/15     13:14                AppLocker
d-----        2020/10/19     22:20                appraiser
d---s-        2020/10/15     13:14                AppV
d-----        2020/10/19     22:20                ar-SA
d-----        2020/10/15     15:13                BestPractices
d-----        2020/10/15     13:17                bg-BG
d-----        2020/10/19     22:20                Boot
d-----        2020/10/15     13:14                Bthprops
```

图3.12 获取当前目录子集

3.2.5 功能函数 Function Provider

功能函数指的是当前 PowerShell 中的功能函数，不同于 PowerShell 常规功能的 Cmdlet，功能函数是一组以执行某个特定任务的代码集合。Function Provider 的内容是扁平的，不像文件有二级目录功能，可以通过图 3.13 所示的命令进入 Function 的 Provider 中。

```
CD Function:
```

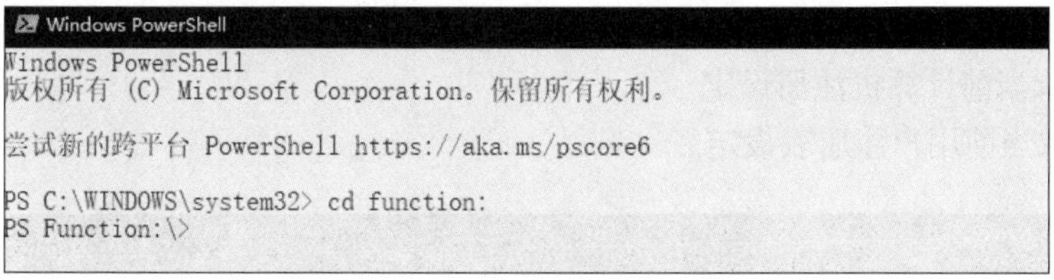

```
Windows PowerShell
Windows PowerShell
版权所有 (C) Microsoft Corporation。保留所有权利。

尝试新的跨平台 PowerShell https://aka.ms/pscore6

PS C:\WINDOWS\system32> cd function:
PS Function:\>
```

图3.13 进入PowerShell Function

如果希望了解在当前系统有哪些 Function 可以供调用，同样可以执行图 3.14 所示的命令 Get-ChildItem 来获取可用的 Function 功能函数。

```
Get-ChildItem
```

```
PS Function:\> Get-ChildItem

CommandType     Name                              Version    Source
-----------     ----                              -------    ------
Function        A:
Function        B:
Function        C:
Function        cd..
Function        cd\
Function        Clear-Host
Function        ConvertFrom-SddlString            3.1.0.0    Microsoft.PowerShell.Utility
Function        D:
Function        E:
Function        F:
Function        Format-Hex                        3.1.0.0    Microsoft.PowerShell.Utility
Function        G:
Function        Get-FileHash                      3.1.0.0    Microsoft.PowerShell.Utility
Function        Get-Verb
Function        H:
Function        help
Function        I:
Function        Import-PowerShellDataFile         3.1.0.0    Microsoft.PowerShell.Utility
Function        ImportSystemModules
Function        J:
Function        K:
Function        L:
Function        M:
Function        mkdir
Function        more
Function        N:
Function        New-Guid                          3.1.0.0    Microsoft.PowerShell.Utility
Function        New-TemporaryFile                 3.1.0.0    Microsoft.PowerShell.Utility
Function        O:
Function        oss
Function        P:
Function        Pause
Function        prompt
Function        PSConsoleHostReadLine             2.0.0      PSReadline
Function        Q:
Function        R:
```

图3.14　获取当前系统中可用的Function功能函数

当前获取到的函数均可以直接在 PowerShell 环境中执行，PowerShell 中可以执行的功能函数将在加载模块或管理单元后更新在 Function 的 Provider 中。

3.2.6　注册表 Registry Provider

注册表也是管理员常用的管理工具之一，作为服务器管理底层的组件，注册表的键值提供系统内所有的软件、硬件、程序、配置等信息来源，而且在注册表的 Provider 下，管理员也可以进行注册表键值的创建、修改、删除等操作。注册表的 Provider 一共存在两个入口，分别对应当前计算机和当前用户，图 3.15 所示为进入注册表 Provider 的方法。

- HKLM：获取当前计算机注册设定。
- HKCU：获取当前用户注册表设定。

图3.15　进入注册表方法

进入注册表 Provider 之后，执行如图 3.16 所示的命令，即可查询出当前键路径下的键值或键值对。

```
Get-ChildItem
```

```
PS HKLM:\system> Get-ChildItem

    Hive: HKEY_LOCAL_MACHINE\system

Name                           Property
----                           --------
ActivationBroker
ControlSet001
ControlSet002
DriverDatabase                 Version        : 167772160
                               SchemaVersion  : 65536
                               Architecture   : 9
                               UpdateDate     : {176, 189, 222, 96...}
                               SetupStatus    : 0
                               SystemRoot     : C:\Windows
                               OemInfMap      : {255, 248}
HardwareConfig                 LastConfig : {552e2d6d-9b7a-4599-9698-a93c95910afa}
                               LastId     : 17
```

图3.16　当前键路径下的键值对获取

在注册表的 Provider 中，可以通过 PowerShell 命令完成注册表键值的创建、修改和删除等操作。

3.2.7　变量 Variable Provider

变量 Provider 获取当前系统中各类变量的值，除了系统环境变量的参数和值之外，变量的值还涵盖了 PowerShell 的首选项配置和在当前 Session 所创建的变量。变量的 Provider 进入方式如图 3.17 所示。

```
CD variable:
```

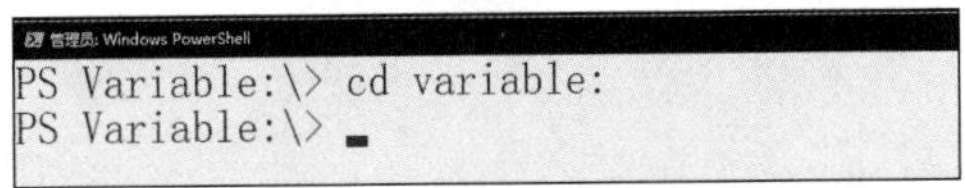
```
PS Variable:\> cd variable:
PS Variable:\>
```

图3.17　进入变量Provider

变量的 Provider 同样没有子集，只有单一层级。可以通过图 3.18 所示的方式进入变量的 Provider 进行数据获取。

```
PS Variable:\> cd variable:
PS Variable:\> Get-ChildItem

Name                           Value
----                           -----
$                              variable:
?                              True
^                              cd
args                           {}
ConfirmPreference              High
ConsoleFileName
DebugPreference                SilentlyContinue
Error                          {找不到路径“Variable:\variable”，因为该路径不存在。，找不到驱动器。...
ErrorActionPreference          Continue
ErrorView                      NormalView
ExecutionContext               System.Management.Automation.EngineIntrinsics
false                          False
FormatEnumerationLimit         4
HOME                           C:\Users\Administrator
Host                           System.Management.Automation.Internal.Host.InternalHost
InformationPreference          SilentlyContinue
input                          System.Collections.ArrayList+ArrayListEnumeratorSimple
MaximumAliasCount              4096
MaximumDriveCount              4096
MaximumErrorCount              256
MaximumFunctionCount           4096
MaximumHistoryCount            4096
```

图3.18　当前系统的变量值

3.2.8 Web 服务管理 WS-Man Provider

WS-Man 的全称是 Web Service Management，WS-Man 的管理服务是当前系统中的 Web 服务管理界面。早期系统会通过 WMI 进行数据获取，主要是采用了 RPC 协议，RPC 协议采用了 135 端口进行数据获取，微软为了规避 135 端口获取数据带来的风险，推出 WS-Man，利用连接主机的 Web 服务来进行服务器管理，通过 WS-Man 除可以简化服务器管理之外，还提高了服务器管理的安全性。通过图 3.19 所示的 PowerShell 命令进入 WS-Man 的管理界面。

```
CD WSMan：
```

```
DESKTOP-9VJB8SR\Variable:\> cd wsman:
DESKTOP-9VJB8SR\WSMan:\> ls
```

图3.19 进入WS-Man的Provider

想了解 WS-Man 的详细设置，同样可以通过 Get-ChildItem 获取相关的设置，执行如图 3.20 所示的 Get-ChildItem 命令，可以得到当前 WS-Man 的可配置项。

```
PS WSMan:\localhost> ls

   WSManConfig:Microsoft.WSMan.Management\WSMan::localhost

Type            Name                       SourceOfValue   Value
----            ----                       -------------   -----
System.String   MaxEnvelopeSizekb                          500
System.String   MaxTimeoutms                               60000
System.String   MaxBatchItems                              32000
System.String   MaxProviderRequests                        4294967295
Container       Client
Container       Service
Container       Shell
Container       Listener
Container       Plugin
Container       ClientCertificate
```

图3.20 获取当前WS-Man的可配置项

以上介绍就是系统内置的几个 Provider，当然在实际的使用场景中，不同的模块导入将会有不同的 Provider 载入。

3.3 第三方Provider的安装与启用

在实际的应用场景中，程序和模块提供的 Provider 远远超过了系统默认的 Provider 数量。部分模块和管理单元构建了可用的 Provider，让系统管理员基于 PowerShell 的 Provider 更加快速地完成相应命令的执行。PowerShell 中 Provider 随着模块加载而载入，这里通过执行如图 3.21 所示的 Get-PsProvider 命令能够获取当前系统中默认加载的 Provider。

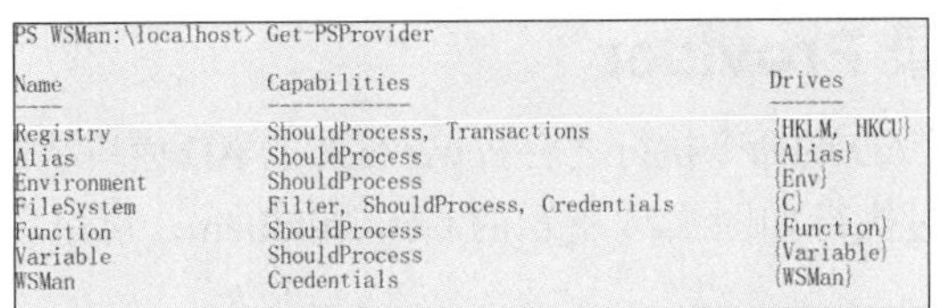

```
PS WSMan:\localhost> Get-PSProvider

Name                 Capabilities                                  Drives
----                 ------------                                  ------
Registry             ShouldProcess, Transactions                   {HKLM, HKCU}
Alias                ShouldProcess                                 {Alias}
Environment          ShouldProcess                                 {Env}
FileSystem           Filter, ShouldProcess, Credentials            {C}
Function             ShouldProcess                                 {Function}
Variable             ShouldProcess                                 {Variable}
WSMan                Credentials                                   {WSMan}
```

图3.21　获取当前系统默认加载的Provider

默认情况下第三方的 Provider 不会加载到当前的 PowerShell 中，我们需要通过 Import-module 命令加载相关的模块之后，相关的 Provider 才会被加载进来。这里以活动目录模块为例，图 3.22 所示是在我们执行完成活动目录的获取用户命令之后获取的 Provider。

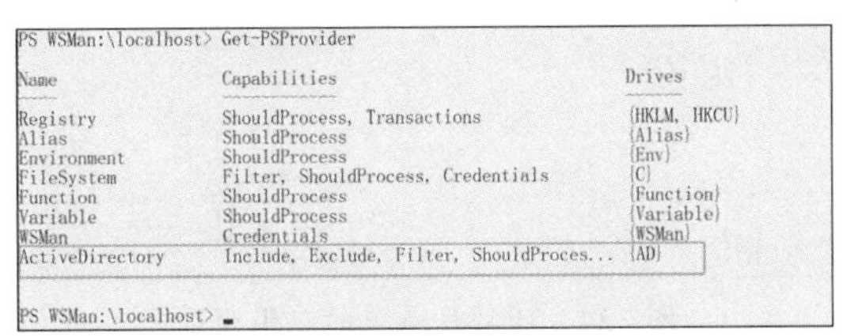

```
PS WSMan:\localhost> Get-PSProvider

Name                 Capabilities                                  Drives
----                 ------------                                  ------
Registry             ShouldProcess, Transactions                   {HKLM, HKCU}
Alias                ShouldProcess                                 {Alias}
Environment          ShouldProcess                                 {Env}
FileSystem           Filter, ShouldProcess, Credentials            {C}
Function             ShouldProcess                                 {Function}
Variable             ShouldProcess                                 {Variable}
WSMan                Credentials                                   {WSMan}
ActiveDirectory      Include, Exclude, Filter, ShouldProces...     {AD}

PS WSMan:\localhost>
```

图3.22　加载活动目录后的Provider

那么如何在当前的Provider中将活动目录Provider禁用呢？很简单，将当前的模块通过如图3.23所示的命令将活动目录模块移除。模块移除之后，活动目录的 Provider 将自动进行禁用。

```
Remove-module activedirectory
```

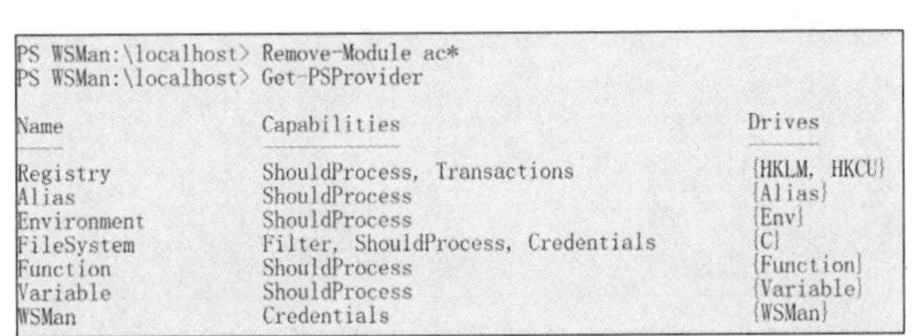

```
PS WSMan:\localhost> Remove-Module ac*
PS WSMan:\localhost> Get-PSProvider

Name                 Capabilities                                  Drives
----                 ------------                                  ------
Registry             ShouldProcess, Transactions                   {HKLM, HKCU}
Alias                ShouldProcess                                 {Alias}
Environment          ShouldProcess                                 {Env}
FileSystem           Filter, ShouldProcess, Credentials            {C}
Function             ShouldProcess                                 {Function}
Variable             ShouldProcess                                 {Variable}
WSMan                Credentials                                   {WSMan}
```

图3.23　移除活动目录模块后Provider自动被卸载

当然还有另外一种方式，可以将当前 PowerShell 的 Provider 卸载，也就是关闭当前的 PowerShell 窗口。

3.4　PowerShell 第三方常用Provider

这里有个概念需要做一个澄清，导入第三方模块不一定有 Provider。在很多场景下，模块和 PowerShell 管理单元的导入并不一定会带来新的 PowerShell Provider 导入。微软的产品大部分管理单元和模块都有相应的 Provider。

3.4.1 AD 活动目录 Provider

活动目录安装完成，在 AD 的命令执行之后 PowerShell 的 AD 模块就被加载，同时 AD 的 Provider 也相应地被加载进来，通过执行如图 3.24 所示的 Get-ChildItem，可以获取当前活动目录中的应用分区。

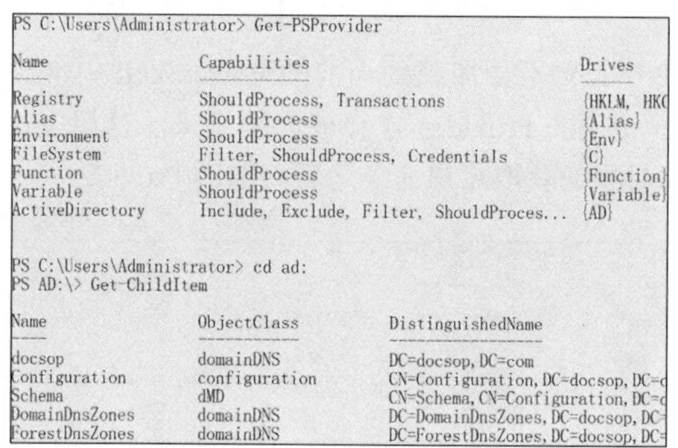

图3.24 活动目录中的应用分区

在活动目录 Provider 中，我们可以在这里获取所有可用的 PowerShell 命令，这里可以通过执行如图 3.25 所示的命令获取载入当前 PowerShell 的可用命令。

```
Get-command -module activedirectory
```

```
[localhost]: PS C:\Users\Administrator\Documents> Get-Command -Module activedirectory

CommandType     Name                                              Version    Source
-----------     ----                                              -------    ------
Cmdlet          Add-ADCentralAccessPolicyMember                   1.0.1.0    activedirectory
Cmdlet          Add-ADComputerServiceAccount                      1.0.1.0    activedirectory
Cmdlet          Add-ADDomainControllerPasswordReplicationPolicy   1.0.1.0    activedirectory
Cmdlet          Add-ADFineGrainedPasswordPolicySubject            1.0.1.0    activedirectory
Cmdlet          Add-ADGroupMember                                 1.0.1.0    activedirectory
Cmdlet          Add-ADPrincipalGroupMembership                    1.0.1.0    activedirectory
Cmdlet          Add-ADResourcePropertyListMember                  1.0.1.0    activedirectory
Cmdlet          Clear-ADAccountExpiration                         1.0.1.0    activedirectory
Cmdlet          Clear-ADClaimTransformLink                        1.0.1.0    activedirectory
Cmdlet          Disable-ADAccount                                 1.0.1.0    activedirectory
Cmdlet          Disable-ADOptionalFeature                         1.0.1.0    activedirectory
Cmdlet          Enable-ADAccount                                  1.0.1.0    activedirectory
Cmdlet          Enable-ADOptionalFeature                          1.0.1.0    activedirectory
Cmdlet          Get-ADAccountAuthorizationGroup                   1.0.1.0    activedirectory
```

图3.25 载入活动目录Provider后的可用命令

3.4.2 SQL Server Provider

完成 SQL Server 服务安装或者 SQL Server 模块的安装部署之后，SQL Provider 在模块加载后将自动被加载进来，通过导入 SQL Server 模块，可以实现如图 3.26 所示的 SQL Provider 加载。

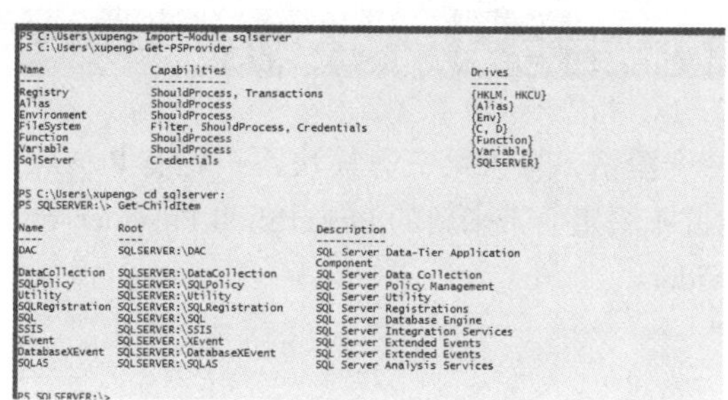

图3.26 加载模块后的SQL Server Provider

我们可以通过执行 cd sqlserver: 命令进入 SQL 的 PSDriver 中，在 SQL 的 Provider 中也存在如图 3.27 所示的很多配置项目，这些配置项目可以依据需要进行数据库服务器的再配置。

```
PS C:\Users\xupeng> Import-Module sqlserver
PS C:\Users\xupeng> Get-PSProvider

Name          Capabilities                           Drives
----          ------------                           ------
Registry      ShouldProcess, Transactions            {HKLM, HKCU}
Alias         ShouldProcess                          {Alias}
Environment   ShouldProcess                          {Env}
FileSystem    Filter, ShouldProcess, Credentials     {C, D}
Function      ShouldProcess                          {Function}
Variable      ShouldProcess                          {Variable}
SqlServer     Credentials                            {SQLSERVER}


PS C:\Users\xupeng> cd sqlserver:
PS SQLSERVER:\> Get-ChildItem

Name            Root                          Description
----            ----                          -----------
DAC             SQLSERVER:\DAC                SQL Server Data-Tier Application
                                              Component
DataCollection  SQLSERVER:\DataCollection     SQL Server Data Collection
SQLPolicy       SQLSERVER:\SQLPolicy          SQL Server Policy Management
Utility         SQLSERVER:\Utility            SQL Server Utility
SQLRegistration SQLSERVER:\SQLRegistration    SQL Server Registrations
SQL             SQLSERVER:\SQL                SQL Server Database Engine
SSIS            SQLSERVER:\SSIS               SQL Server Integration Services
XEvent          SQLSERVER:\XEvent             SQL Server Extended Events
DatabaseXEvent  SQLSERVER:\DatabaseXEvent     SQL Server Extended Events
SQLAS           SQLSERVER:\SQLAS              SQL Server Analysis Services


PS SQLSERVER:\>
```

图3.27　SQL Provider中的配置项目

在 SQL Provider 载入之后，我们可以通过执行如图 3.28 所示的命令获取支持 SQL 操作的 PowerShell 命令。

```
Get-command -module sqlserver
```

```
PS C:\Users\xupeng> get-command -Module sqlserver

CommandType     Name                                        Version     Source
-----------     ----                                        -------     ------
Alias           Decode-SqlName                              21.1.18179 sqlserver
Alias           Encode-SqlName                              21.1.18179 sqlserver
Function        Invoke-SqlNotebook                          21.1.18179 sqlserver
Function        SQLSERVER:                                  21.1.18179 sqlserver
Cmdlet          Add-RoleMember                              21.1.18179 sqlserver
Cmdlet          Add-SqlAvailabilityDatabase                 21.1.18179 sqlserver
Cmdlet          Add-SqlAvailabilityGroupListenerStaticIp    21.1.18179 sqlserver
Cmdlet          Add-SqlAzureAuthenticationContext           21.1.18179 sqlserver
Cmdlet          Add-SqlColumnEncryptionKeyValue             21.1.18179 sqlserver
Cmdlet          Add-SqlFirewallRule                         21.1.18179 sqlserver
Cmdlet          Add-SqlLogin                                21.1.18179 sqlserver
Cmdlet          Backup-ASDatabase                           21.1.18179 sqlserver
Cmdlet          Backup-SqlDatabase                          21.1.18179 sqlserver
```

图3.28　SQL Server模块支持命令

3.4.3　MDT Provider

MDT 是微软的操作系统部署工具，通过微软的桌面部署工具可以实现操作系统的部署。当系统加载了MDT进行系统部署的操作模块之后，我们能够发现MDT的Provider在模块加载后被加载进来。MDT Provider 如图 3.29 所示。

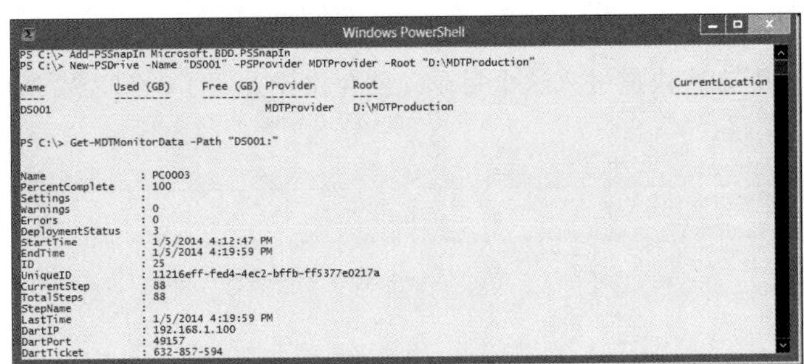

```
Windows PowerShell
PS C:\> Add-PSSnapIn Microsoft.BDD.PSSnapIn
PS C:\> New-PSDrive -Name "DS001" -PSProvider MDTProvider -Root "D:\MDTProduction"

Name      Used (GB)   Free (GB) Provider    Root                 CurrentLocation
----      ---------   --------- --------    ----                 ---------------
DS001                           MDTProvider D:\MDTProduction


PS C:\> Get-MDTMonitorData -Path "DS001:"


Name              : PC0003
PercentComplete   : 100
Settings          :
Warnings          : 0
Errors            : 0
DeploymentStatus  : 3
StartTime         : 1/5/2014 4:12:47 PM
EndTime           : 1/5/2014 4:19:59 PM
ID                : 25
UniqueID          : 11216eff-fed4-4ec2-bffb-ff5377e0217a
CurrentStep       : 88
TotalSteps        : 88
StepName          :
LastTime          : 1/5/2014 4:19:59 PM
DartIP            : 192.168.1.100
DartPort          : 49157
DartTicket        : 632-857-594
```

图3.29　MDT Provider

3.4.4 Dell Application Provider

还有一些特殊的模块和应用在加载后也会有相应的 Provider 加载，这里我们以 DELL 的应用程序 Provider 为例，Dell 基于自有应用程序也开发了兼容 PowerShell 的 Provider，让管理员能够非常方便地使用 Dell 的 Provider 进行各类脚本的开发。这类的应用也非常广泛，可以通过 Dell 软件官网看到类似的 Provider 引用案例，如图 3.30 所示。

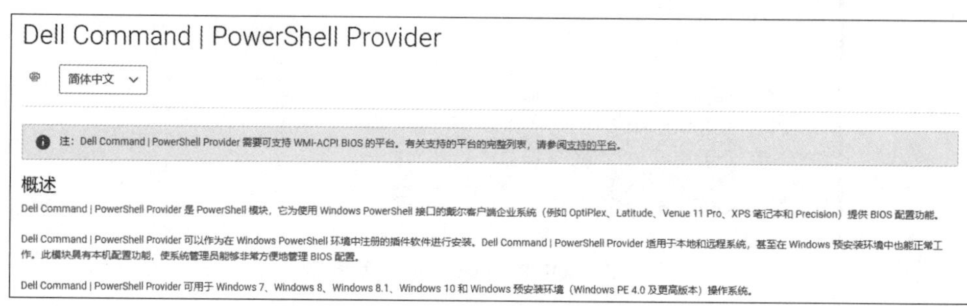

图3.30　Dell各类应用提供的PowerShell Provider

3.5 PowerShell Provider快捷方式PSDriver

谈了这么多 PowerShell Provider，相信大家关于 Provider 已经有了一些基本的概念。这里还是需要澄清一点，Provider 是 PowerShell 的骨架，但是它是一个概念，而这个概念的实现方式是载入 Provider 之后生成的对象。那随之产生了另外一个问题，我们如何快速访问这些 PSProvider 产生的对象呢？例如，现在需要基于 PowerShell 去一个注册表设置，但是每一次都要手动写入一长串的路径，这是一件非常痛苦的事情。试想如果每次进入注册表的 Office 路径，都要输入如图 3.31 所示的很长一段路径，你会不会崩溃？

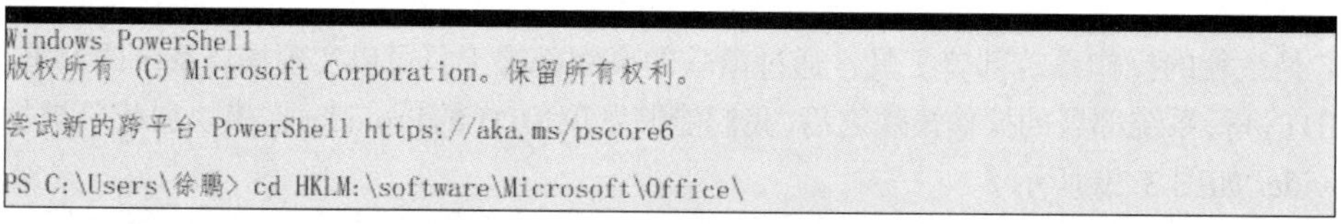

```
Windows PowerShell
版权所有 (C) Microsoft Corporation。保留所有权利。

尝试新的跨平台 PowerShell https://aka.ms/pscore6

PS C:\Users\徐鹏> cd HKLM:\software\Microsoft\Office\
```

图3.31　进入PowerShell的Office路径

如果可以通过以下方式快速进入这个目录，就会比较方便了，图 3.32 所示为使用建立好的 PSDriver 快速进入这个路径。

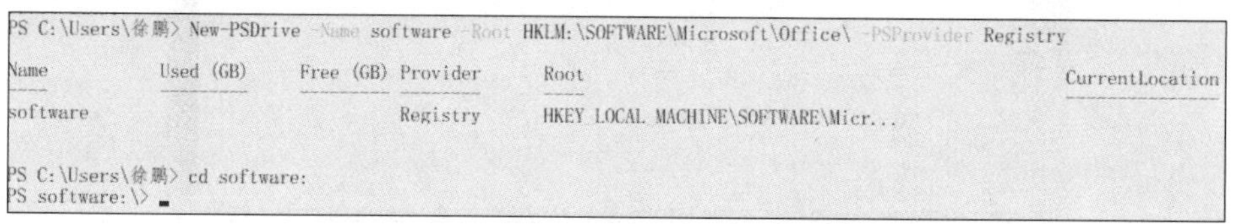

图3.32　通过PSDriver快速进入Provider对象

建立新的自定义的 PSDriver 对象也是非常简单的，直接运行如下的命令来建立到目标的自定义 PSDriver。

```
New-PSDriver
New-PSDrive [-Name] 名称 [-PSProvider] 提供程序 [-Root] 路径 [-DescriptIon] 描述
```

接下来通过几个案例，让大家理解下如何创建 PowerShell PSDriver 来快速访问自定义的 Power Shell 的 Provider 对象。

3.5.1　建立基于文件系统的 PSDriver

使用 PowerShell 进行 PSDriver 的最大好处是盘符不再受到字符长度的限制，我们可以定义任意长度的 PSDriver 来满足对盘符名词的需求。图 3.33 所示为相应的盘符名词定义。

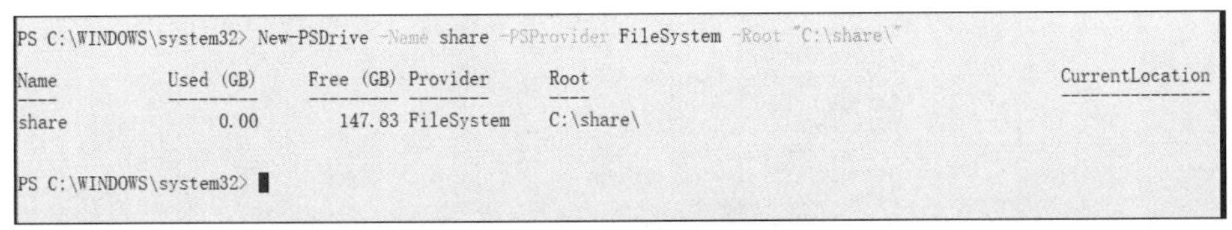

```
PS C:\WINDOWS\system32> New-PSDrive -Name share -PSProvider FileSystem -Root "C:\share\"

Name           Used (GB)     Free (GB) Provider      Root                                               CurrentLocation
----           ---------     --------- --------      ----                                               ---------------
share               0.00        147.83 FileSystem    C:\share\

PS C:\WINDOWS\system32>
```

图3.33　定义任意长度的盘符

完成名称为 share 的 PSDriver 的建立之后，可以通过 cd share: 方式快速地进入 c:\share 目录。日常管理中需要很长的进入路径的时候，就可以建立如图 3.34 所示的 PSDriver 快速进入需要的目录。

```
选择Windows PowerShell
PS C:\WINDOWS\system32> cd share:
PS share:\>
```

图3.34　进入自定义PSDriver

3.5.2　建立基于注册表的 PSDriver

当需要对某个注册表键或者键值对进行频繁操作的时候，将目录写完整是一件很麻烦的事情，也增加了出错的概率。这个时候基于相关的注册表访问路径建立 PSDriver，既减少了出错的概率，也能提升编码的效率。这里是建立到注册表的 hklm:\software\microsoft PSDriver，执行如图 3.35 所示的命令来实现相应的快捷路径的建立。

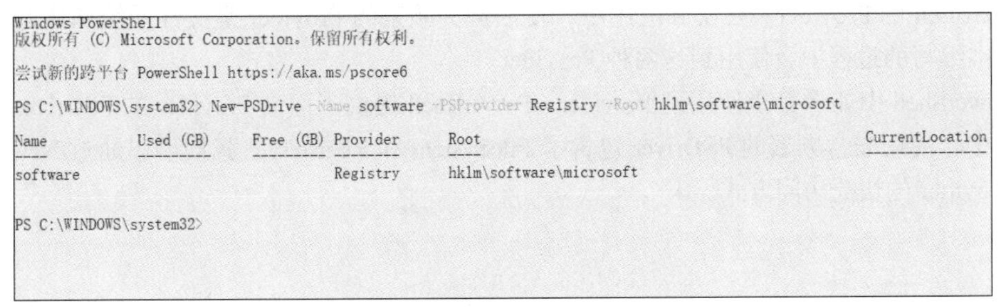

```
Windows PowerShell
版权所有 (C) Microsoft Corporation。保留所有权利。

尝试新的跨平台 PowerShell https://aka.ms/pscore6

PS C:\WINDOWS\system32> New-PSDrive -Name software -PSProvider Registry -Root hklm\software\microsoft

Name           Used (GB)     Free (GB) Provider      Root                                               CurrentLocation
----           ---------     --------- --------      ----                                               ---------------
software                               Registry      hklm\software\microsoft

PS C:\WINDOWS\system32>
```

图3.35　建立到注册表的PSDriver

通过 cd software: 进入 hklm:\software 就变得非常简单了，在这里建立自己想要的键值，图 3.36 所示为直接进入相应的 PSDriver。

```
PS C:\WINDOWS\system32> cd software:
PS software:\> Get-ChildItem


    Hive: hklm\software\microsoft


Name                           Property
----                           --------
.NETFramework                  Enable64Bit : 1
                               InstallRoot : C:\Windows\Microsoft.NET\Framework64\
                               UseRyuJIT   : 1
AccountsControl
Active Setup                   DisableRepair : 1
                               JITSetupPage  : file://C:\Windows\web\iejit.htm
ActiveSync                     AllowMailTruncation                  : 0
                               AutoConfigureAADAllowed              : 0
                               BodyTruncation                       : 51200
                               CalendarAgeFilter                    : 7
                               ConversationMode                     : 0
                               CtrlLogMaxSize                       : 256000
                               DefaultAutdHeartbeatIncrement        : 5
                               DefaultCalendarEnabled               : 1
                               DefaultContactsEnabled               : 1
                               DefaultFeedsEnabled                  : 1
                               DefaultInitialAutdHeartbeat          : 15
                               DefaultMailEnabled                   : 1
                               DefaultMaxAutdHeartbeat              : 28
```

图3.36　直接进入自定义PSDriver

这里和大家分享了文件系统和注册表的 PSDriver 的建立方式，当然还有其他的 PSDriver 的建立方式，只要涉及需要进行路径式访问的环境，都可以通过这样的方式进行自定义 PSDriver 的建立。

3.6 章节回顾

本章主要和大家分享了整个 PowerShell 中最为核心的概念：Provider。Provider 在 PowerShell 中相当于骨架，所有 PowerShell 的对象和对象的方法都是在 Provider 中进行定义。

系统提供了 8 个默认的 Provider，这些 Provider 是系统默认针对的对象，同时在对象中提供了相应的方法。在 PowerShell 中可以根据需要增加第三方 Provider，Provider 不需要手动增加，只需要导入模块和 PowerShell 管理单元，即可加载相应的 Provider。

如果不再需要使用 Provider，可以关闭当前的 PowerShell Session，也可以通过卸载模块的方式卸载 PowerShell 的 Provider。在实际应用中，使用最为频繁的 Provider 是文件系统和注册表，大部分进行脚本编写的过程中会使用到这两种 Provider。

在 PowerShell 中如果希望使用到 Provider，PowerShell 提供了面向 Provider 的 PSDriver，在实际使用过程中，使用非常频繁的 PSDriver 包含了 FileSystem 和 Registery，我们可以通过 New-PSDriver 建立到 Provider 的快捷访问方式。

3.7 练习与知识巩固

1. PowerShell 默认的Provider 有哪些?
2. 通过什么方式加载第三方Provider?
3. 如果希望卸载Provider， 通过什么方式可以实现?
4. 如何进入注册表的Provider?
5. PowerShell建立文件PSDriver 的名称有字数限制吗?
6. 如何获取环境Provider的参数值?

第4章 PowerShell Cmdlet命令与帮助

Cmdlet 是 PowerShell 可以执行的最小单位，PowerShell 内置的 Cmdlet 在不同的 PowerShell 版本下提供的命令数量不同。在安装和部署其他 PowerShell 的模块后，Cmdlet 将继续增加。

4.1 PowerShell Cmdlet 定义

有些读者可能是第一次看到这个单词：Cmdlet。在 PowerShell 出现之前大家习惯使用 CMD Shell 中的命令进行过程的操作，比如使用 mkdir 命令进行文件夹的创建，使用 copy 命令进行文件的复制。在 PowerShell 出现以后，命令结构和模式发生了很大的变化，为了区别在传统的 CMD Shell 执行的命令，我们将在 PowerShell 中执行的命令称为 Cmdlet。Cmdlet 的执行必须在 PowerShell 环境中，在 CMD Shell 中执行 Cmdlet 的命令，会出现如图 4.1 所示的错误。

```
选择命令提示符
Microsoft Windows [版本 10.0.19041.572]
(c) 2020 Microsoft Corporation. 保留所有权利。

C:\Users\徐鹏>get-childitem
'get-childitem' 不是内部或外部命令，也不是可运行的程序
或批处理文件。

C:\Users\徐鹏>
```

图4.1　Cmdlet无法在CMD Shell环境中执行

这是因为 Cmdlet 相比传统的 CMD 命令，它是基于 .Net 框架进行重构的命令。这就意味着执行 PowerShell Cmdlet，必须有 .Net 环境支持，脱离 .Net 执行环境支持，执行 PowerShell Cmdlet 会直接报错。

4.1.1 CMD 命令对比 Cmdlet

那传统的 CMD 命令和 Cmdlet 除执行环境不同之外，还有什么差别呢？接下来我们通过对比 CMD 命令和 Cmdlet，来让大家了解下其他的具体差别。

- Cmdlet 是 .Net 类的实例化，不是单独执行的命令。
- Cmdlet 是经过 .Net 类实例化编译后的可执行程序。
- Cmdlet 本身不负责错误处理、数据输出等操作，这些操作交由 PowerShell 本身的运行环境处理。
- Cmdlet 通过管道进行对象的处理，而不是文本数据流，同时可以将 Cmdlet 执行的结果作为对象传递到管道。
- Cmdlet 是面向记录的操作，因为 Cmdlet 一次只能面对一个对象实现处理。

4.1.2 PowerShell 环境中可以执行的命令

在 PowerShell 环境中除了可以执行一些 PowerShell 的 Cmdlet 之外，还可以部分执行如下的命令或脚本。如果一个命令既是 PowerShell Cmdlet 别名，也是 CMD Shell 中的命令，命令执行之后优先执行为 PowerShell Cmdlet 命令。

- Cmdlet 命令：PowerShell 中的所有 Cmdlet 都支持直接执行。
- CMD 命令：支持传统的 CMD Shell 里面除了别名之外的所有命令功能。
- 别名命令：基于 PowerShell 构建的 Cmdlet 的别名。
- Bat 脚本：支持 CMD Shell 可用的脚本。
- VBS 脚本：支持 VBS 脚本的命令执行。
- Function：支持 PowerShell Function 功能函数。

这里以 Set 为例，Set 在 CMD Shell 中是获取系统中的参数变量，但是我们在 PowerShell 中的

功能是设置变量。在执行相同命令时结果是完全不同的，图 4.2 所示为 CMD 环境中执行的 Set 和 PowerShell 环境中执行的 Set 命令的对比。

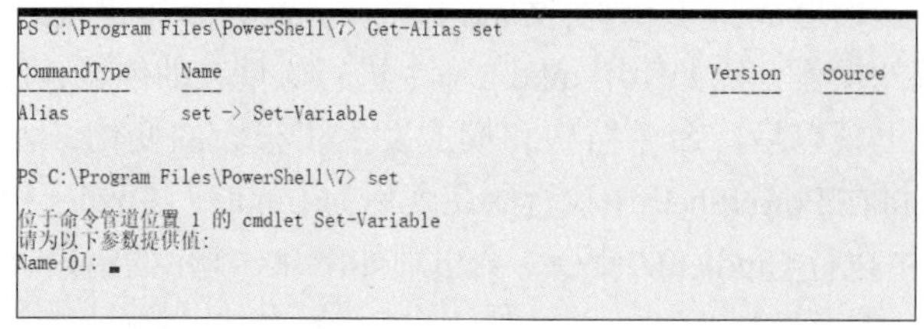

```
PS C:\Program Files\PowerShell\7> Get-Alias set

CommandType     Name                                               Version    Source
-----------     ----                                               -------    ------
Alias           set -> Set-Variable


PS C:\Program Files\PowerShell\7> set

位于命令管道位置 1 的 cmdlet Set-Variable
请为以下参数提供值:
Name[0]:
```

```
C:\Users\徐鹏>set
ALLUSERSPROFILE=C:\ProgramData
APPDATA=C:\Users\徐鹏\AppData\Roaming
CommonProgramFiles=C:\Program Files\Common Files
CommonProgramFiles(x86)=C:\Program Files (x86)\Common Files
CommonProgramW6432=C:\Program Files\Common Files
COMPUTERNAME=DESKTOP-9VJB88R
ComSpec=C:\WINDOWS\system32\cmd.exe
DriverData=C:\Windows\System32\Drivers\DriverData
FPS_BROWSER_APP_PROFILE_STRING=Internet Explorer
FPS_BROWSER_USER_PROFILE_STRING=Default
HOMEDRIVE=C:
HOMEPATH=\Users\徐鹏
LOCALAPPDATA=C:\Users\徐鹏\AppData\Local
LOGONSERVER=\\DESKTOP-9VJB88R
NUMBER_OF_PROCESSORS=8
OneDrive=C:\Users\徐鹏\OneDrive
OS=Windows_NT
Path=C:\WINDOWS\system32;C:\WINDOWS;C:\WINDOWS\System32\Wbem;C:\WINDOWS\Syst
on Files\Intel\WirelessCommon\;C:\Program Files\dotnet\;C:\Program Files\Win
ts\;C:\Users\徐鹏\AppData\Local\Programs\Python\Python38\;C:\Users\徐鹏\AppD
mon\;C:\Users\徐鹏\AppData\Local\Programs\Fiddler;C:\Users\徐鹏\AppData\Loca
PATHEXT=.COM;.EXE;.BAT;.CMD;.VBS;.VBE;.JS;.JSE;.WSF;.WSH;.MSC
POWERSHELL_DISTRIBUTION_CHANNEL=MSI:Windows 10 Enterprise
PROCESSOR_ARCHITECTURE=AMD64
PROCESSOR_IDENTIFIER=Intel64 Family 6 Model 142 Stepping 10, GenuineIntel
PROCESSOR_LEVEL=6
PROCESSOR_REVISION=8e0a
```

图4.2　CMD环境和PowerShell环境中的Set命令对比

4.1.3 PowerShell Cmdlet 的特点

Cmdlet 命令相比传统的 CMD 命令，更加人性化和语言自然化。如果 PowerShell 不采用别名的情况下，它的所有 Cmdlet 都满足“动词 + 名词”格式。“动词 + 名词”这样的结构让管理员理解命令变得更加简单，当前 PowerShell 环境中支持哪些 PowerShell 命令呢？我们可以通过如图 4.3 所示的 Get-Command 命令来查看当前 PowerShell 支持哪些命令。

```
Cmdlet          Start-Job                                          3.0.0.0    Microsoft.PowerShell.Core
Cmdlet          Start-OSUninstall                                  3.0        Dism
Cmdlet          Start-Process                                      3.1.0.0    Microsoft.PowerShell.Management
Cmdlet          Start-Service                                      3.1.0.0    Microsoft.PowerShell.Management
Cmdlet          Start-Sleep                                        3.1.0.0    Microsoft.PowerShell.Utility
Cmdlet          Start-Transaction                                  3.1.0.0    Microsoft.PowerShell.Management
Cmdlet          Start-Transcript                                   3.0.0.0    Microsoft.PowerShell.Host
Cmdlet          Start-VM                                           2.0.0.0    Hyper-V
Cmdlet          Start-VMFailover                                   2.0.0.0    Hyper-V
Cmdlet          Start-VMInitialReplication                         2.0.0.0    Hyper-V
Cmdlet          Start-VMTrace                                      2.0.0.0    Hyper-V
Cmdlet          Stop-AppvClientConnectionGroup                     1.0.0.0    AppvClient
Cmdlet          Stop-AppvClientPackage                             1.0.0.0    AppvClient
Cmdlet          Stop-Computer                                      3.1.0.0    Microsoft.PowerShell.Management
Cmdlet          Stop-DtcDiagnosticResourceManager                  1.0.0.0    MsDtc
Cmdlet          Stop-Job                                           3.0.0.0    Microsoft.PowerShell.Core
Cmdlet          Stop-Process                                       3.1.0.0    Microsoft.PowerShell.Management
Cmdlet          Stop-Service                                       3.1.0.0    Microsoft.PowerShell.Management
Cmdlet          Stop-Transcript                                    3.0.0.0    Microsoft.PowerShell.Host
Cmdlet          Stop-VM                                            2.0.0.0    Hyper-V
Cmdlet          Stop-VMFailover                                    2.0.0.0    Hyper-V
Cmdlet          Stop-VMInitialReplication                          2.0.0.0    Hyper-V
Cmdlet          Stop-VMReplication                                 2.0.0.0    Hyper-V
Cmdlet          Stop-VMTrace                                       2.0.0.0    Hyper-V
Cmdlet          Suspend-BitsTransfer                               2.0.0.0    BitsTransfer
Cmdlet          Suspend-Job                                        3.0.0.0    Microsoft.PowerShell.Core
Cmdlet          Suspend-Service                                    3.1.0.0    Microsoft.PowerShell.Management
Cmdlet          Suspend-VM                                         2.0.0.0    Hyper-V
Cmdlet          Suspend-VMReplication                              2.0.0.0    Hyper-V
Cmdlet          Switch-Certificate                                 1.0.0.0    PKI
Cmdlet          Sync-AppvPublishingServer                          1.0.0.0    AppvClient
Cmdlet          Tee-Object                                         3.1.0.0    Microsoft.PowerShell.Utility
Cmdlet          Test-AppLockerPolicy                               2.0.0.0    AppLocker
```

图4.3　PowerShell中的Cmdlet格式

相信大家能够发现，命令都是非常固定的格式。动词可以定义为行为，而行为一定要有目标，目标这里就是定义的名词。“动词 + 名词”结构构成了 PowerShell 的 Cmdlet 的组成方式，而且这种定义与人的自然语言很相似。这种结构让使用者通过前面的动词就能猜测出行为，大家能猜出下面使用非常频繁的单词代表的意思吗?

- New：新建对象使用的动词。
- Remove：删除对象使用的动词。
- Set：设置对象使用的动词。
- Get：获取对象使用的动词。
- Update：更新对象使用的动词。

4.2 PowerShell Cmdlet 基本参数

Cmdlet 属于非常标准的“动词 + 名词”结构，对比 CMD 命令，你一定惊叹于它的强大，除了标准的自然语言结构，Cmdlet 也有一些自有特性。

4.2.1 Cmdlet 属性

PowerShell 的 Cmdlet 将 .Net 的类标记为 Cmdlet，所有的 Cmdlet 执行的对象结果有基类，这些基类中也会属性，在 Cmdlet 的执行结果数据类型中有很多不同类型的属性。这部分内容将会在对象章节分享给大家。

4.2.2 Cmdlet 参数类型

Cmdlet 参数用于进行数据获取或者执行操作中的属性定义，通过这些参数定义，我们可以执行特定的操作或者获取特定的基于参数定义的结果。PowerShell 参数依据功能要求和定义，分为以下不同类型，这些类型在使用过程中存在不同的场景。

- Mandatory：强制参数是在 PowerShell 中必须设定的参数。
- Named：Named 参数使用最为频繁，通常用于特定属性的定义。
- Position：基于位置的参数类型，使用较少，容易出错，不建议使用。
- Switch：基于 Switch 开关参数定义，通常用于二元操作。

1. 参数类型之强制类型参数

强制类型参数在 Cmdlet 中比较常见，基本上新建、更新、配置等命令都需要针对特指的对象执行操作，这时就需要强制输入一个参数来确定针对的对象是谁。例如，需要创建文件，文件名称就是 Cmdlet 强制类型参数。当我们使用 New-Item 创建新文件的时候，很多参数不一定是必需的，但是文件名称参数是必需的，像这样在执行命令时必须强制输入的参数我们称之为强制类型参数，如图 4.4 所示。

```
-Name <System.String>
    Specifies the name of the new item. You can specify the name of the new item in the Name or Path parameter value, a
    nd you can specify the path of the new item in Name or Path value. Items names passed using the Name parameter are
    created relative to the value of the Path parameter.

    是否必需?                    True
    位置?                        named
    默认值                   None
    是否接受管道输入?            True (ByPropertyName)
    是否接受通配符?              False
```

图4.4　PowerShell的强制类型参数

强制类型定义中如果不输入参数，将会导致整个命令执行失败，例如，我们直接输入新建文件命令，会出现要求输入参数，其实就是强制参数，这时候如果忽略输入强制类型参数的定义，将会出现如图 4.5 所示的直接报错提示。

```
New-Item
```

```
PS C:\WINDOWS\system32> new-item

位于命令管道位置 1 的 cmdlet New-Item
请为以下参数提供值:
Path[0]:
New-Item : 无法将参数绑定到参数"Path"，因为该参数为空数组。
所在位置 行:1 字符: 1
+ new-item
+ ~~~~~~~~
    + CategoryInfo          : InvalidData: (:) [New-Item], ParameterBindingValidationException
    + FullyQualifiedErrorId : ParameterArgumentValidationErrorEmptyArrayNotAllowed,Microsoft.PowerShell.Commands.NewIt
   emCommand
```

图4.5　不输入强制参数导致执行出错

2. 参数类型之Named 命名参数

Named 类型参数是进行相关属性设置的必要参数，例如，我们新建一个文件，它的路径和文件名都是 Named 的参数。这里选择 Name 参数作为文件名称创建在当前路径下，图 4.6 所示为新建文件 Cmdlet 的使用场景。

```
New-Item -name abc-path c:\log -itemtype file
```

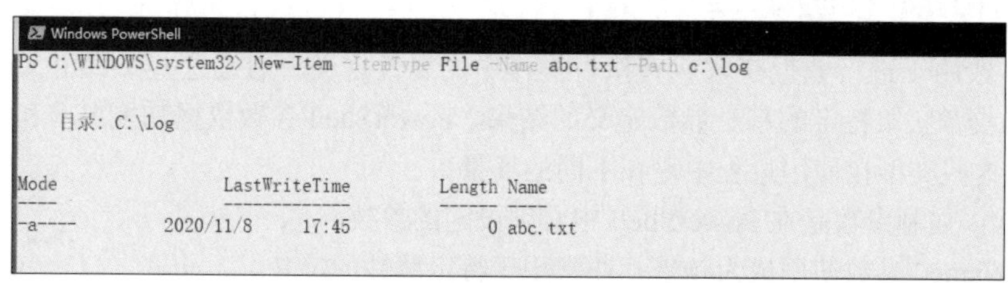

```
Windows PowerShell
PS C:\WINDOWS\system32> New-Item -ItemType File -Name abc.txt -Path c:\log

    目录: C:\log

Mode                 LastWriteTime         Length Name
----                 -------------         ------ ----
-a----          2020/11/8     17:45              0 abc.txt
```

图4.6　新建文件过程中使用的Named参数

在这个例子中，存在着如下 3 个不同的参数类型。

- ItemType：定义对象的数据类型。
- Name：定义对象名称。
- Path：定义对象创建的目录路径。

前面提到了在使用新建（New）、修改（Set）、删除（Remove）等一系列命令时通常都会存在强制类型参数。

查询类的 PowerShell 命令的多数参数都是可选参数，这些可选的参数就是我们提到的 Named 参数。例如，使用 Get-ChildItem 获取当前路径下的所有文件，这时命令执行可以不带任何参数。

```
Get-ChildItem
```

可选参数意味着可以带参数，也可以不带相应的参数。通常来说，不带特定 Named 参数的查询结果通常都是结果集，而带有 Named 参数的多数结果都是针对特定对象。Named 参数类型的使用意味着进行参数值定义的时候，必须通过“- 参数名称”来指定参数的值。图 4.7 所示为通过 Get-Help 获取参数中基于 Named 命名的参数类型。

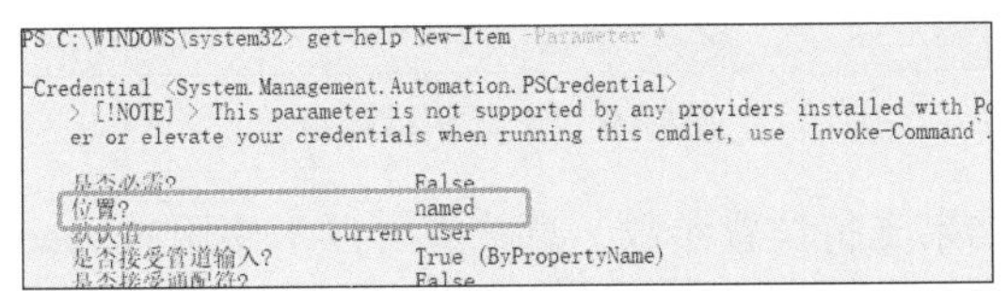

图4.7　PowerShell Cmdlet的Named参数

3. 参数类型之Position位置参数

Position 是用来进行参数集位置定义的类型，Cmdlet 除了基于 Named 的参数定义外，也支持基于位置的参数定义。在定义了位置的 Cmdlet 中，参数的输入与位置有关。如何确定一个命令支持 Position 位置参数呢？其实也非常简单，通过查询命令的具体参数就可以了解到 Cmdlet 中是否有支持以位置定义的参数。图 4.8 所示为查询命令参数后的结果，这里的 Path 就是支持以位置来定义的参数。

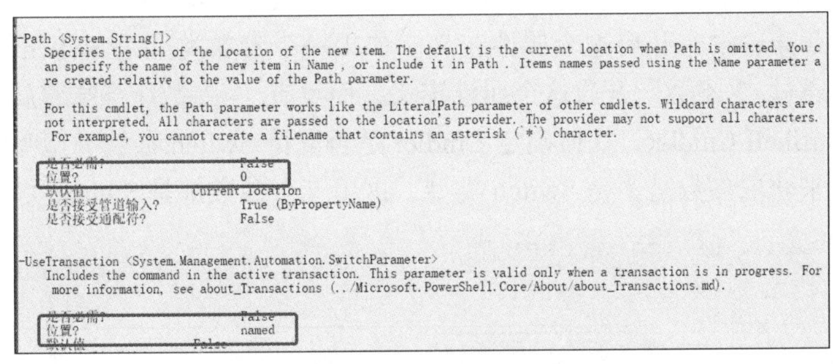

图4.8　PowerShell以位置定义的参数

在大多数场景中，我们不推荐使用位置参数进行参数值指定，如果有参数没有值或者没有按照位置设置参数，结果就会发生一些意外的错误。

接下来给大家分享使用 Position 位置定义参数值的案例，通过 Copy-Item 方式进行数据复制，然后通过如下的命令来确定函数参数的位置定义。

```
Get-Help Copy-Item -parameter *
```

参数的位置参数从 0 开始进行定义，0 位 Path 是第一个参数，也就是如图 4.9 所示的源文件路径。

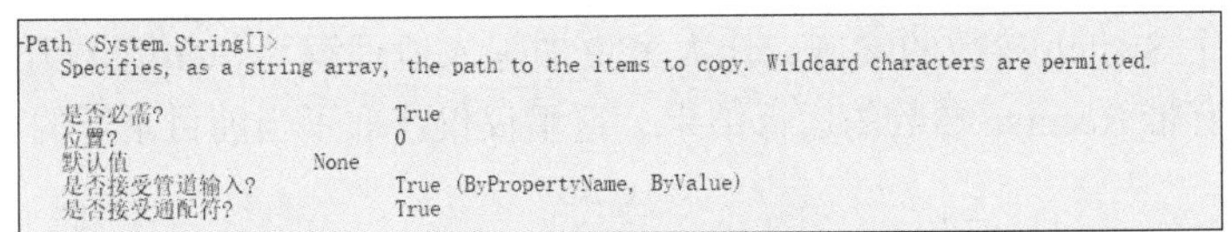

图4.9　复制源文件路径

支持的位置第二个参数是 Destination，这里可以看到如图 4.10 所示的第二个参数位置位于 1，这个参数指定对象复制的目标路径。

```
-Destination <System.String>
    Specifies the path to the new location. The default is the current directory.

    To rename the item being copied, specify a new name in the value of the Destination parameter.

    是否必需?                    False
    位置?                        1
    默认值                Current directory
    是否接受管道输入?            True (ByPropertyName)
    是否接受通配符?              False
```

图4.10　复制目标路径

在 PowerShell 命令中如果支持位置参数，意味着可以不使用 Named 参数的场景，而直接将参数的值写在相应的位置。如图 4.11 所示，我们既可以使用 Named 命名参数指定复制的对象位置，也可以使用位置参数来定义复制的源和目标。

```
PS C:\WINDOWS\system32> Copy-Item C:\log\abc.txt c:\log\cde.txt
PS C:\WINDOWS\system32> Copy-Item -Path C:\log\abc.txt -Destination c:\log\cde.txt
```

图4.11　使用Named参数和位置参数复制

完成结果对比之后，你会发现两种操作的效果一模一样。

4. 参数类型之Switch 参数

Switch 参数类型用来进行基于开关参数的属性定义，当跟上 Switch 之后，意味着开启属性定义，如果没有跟上，则意味着没有开启这个属性定义。如果一个参数类型是 Switch 开关类型，在执行 Cmdlet 过程中可以通过“- 参数”开启这个属性定义，而没有“- 参数”意味着属性处于关闭状态。如果给你一个 PowerShell Cmdlet，如何确定 Cmdlet 是否支持 Switch 参数类型呢？这个还是使用如图 4.12 所示的命令来获取参数是不是 Switch 类型，这里三个参数都是 Switch 类型数据。

```
Get-Help Get-ChildItem -parameter *
```

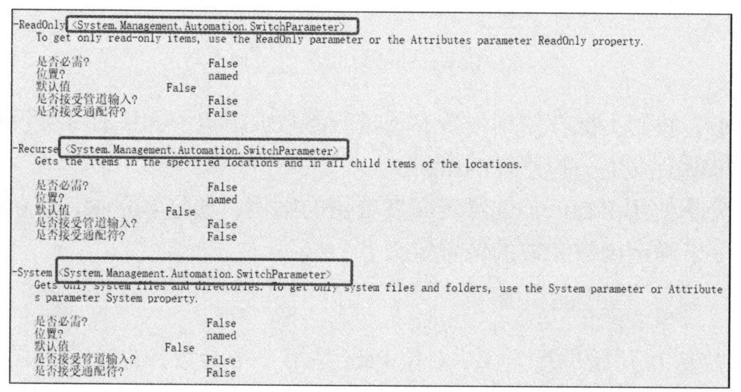

```
-ReadOnly <System.Management.Automation.SwitchParameter>
    To get only read-only items, use the ReadOnly parameter or the Attributes parameter ReadOnly property.

    是否必需?                    False
    位置?                        named
    默认值                False
    是否接受管道输入?            False
    是否接受通配符?              False

-Recurse <System.Management.Automation.SwitchParameter>
    Gets the items in the specified locations and in all child items of the locations.

    是否必需?                    False
    位置?                        named
    默认值                False
    是否接受管道输入?            False
    是否接受通配符?              False

-System <System.Management.Automation.SwitchParameter>
    Gets only system files and directories. To get only system files and folders, use the System parameter or Attribute
    s parameter System property.

    是否必需?                    False
    位置?                        named
    默认值                False
    是否接受管道输入?            False
    是否接受通配符?              False
```

图4.12　获取命令支持Switch类型参数

接下来分享一个 Switch 参数的案例，让大家更加深入地理解 Switch 参数开关的使用。图 4.13 为函数执行过程没有带 Recurse 参数的运行结果，这里仅仅获取了当前目录下的一级文件和目录。

```
Get-ChildItem
```

```
PS C:\log> Get-ChildItem

    目录: C:\log

Mode                LastWriteTime         Length Name
----                -------------         ------ ----
d-----        2020/11/9     13:06                abc
d-----        2020/11/9     13:07                fogy
-a----        2020/11/8     17:45              0 abc.txt
-a----        2020/11/7     17:19          31701 blog.png
-a----        2020/11/8     17:45              0 cde.txt
-a----        2020/11/9     13:07              0 fog
```

图4.13　函数执行没有带Recurse

如果希望将当前目录下的所有目录和文件都列出来，就需要跟上 Switch 类型的 Recurse 参数来实现文件下一级目录的递归访问，图 4.14 命令使用 Recurse 完成目的文件递归访问。

```
PS C:\WINDOWS\system32> Get-ChildItem c:\log -Recurse

    目录: C:\log

Mode                LastWriteTime         Length Name
----                -------------         ------ ----
d-----       2020/11/10     22:59                abc
d-----        2020/11/9     13:07                fogy
-a----        2020/11/8     17:45              0 abc.txt
-a----        2020/11/7     17:19          31701 blog.png
-a----        2020/11/8     17:45              0 cde.txt
-a----        2020/11/9     13:07              0 fog

    目录: C:\log\abc

Mode                LastWriteTime         Length Name
----                -------------         ------ ----
-a----        2020/11/8     17:45              0 cde.txt
-a----        2020/11/9     13:07              0 fog
```

图4.14　使用Recurse参数完成文件递归访问

这里的 Recurse 就是 Switch 类型的参数。使用了 Switch 参数之后，它的效果等同于布尔型的 $True 操作。使用布尔型我们需要定义结果为 $True 或 $False，而使用 Switch 参数就简化了相关的步骤，直接利用 Switch 类型的开关就可以了，减少了因为输入错误数据导致命令无法正常执行的概率。

5. 参数集功能

实际在使用 PowerShell Cmdlet 过程中，会有不同的业务场景。例如，我们在创建一个新的文件对象过程中，可以基于路径创建，也可以基于文件名创建，类似的应用场景其实在 PowerShell 中会经常出现。Cmdlet 在不同的场景下需要不同类型的参数，这类参数在不同的应用场景下通常互斥，不能使用在同一场景中。

PowerShell 为了解决这个问题推出了参数集的概念，Cmdlet 参数集功能基于不同的场景可以应用不同的参数集合，为了讲解清楚参数集的概念，接下来我们以两个 Cmdlet 为具体案例来分享参数集的使用。

以 New-Item 为例，如图 4.15 所示，我们的命令可以应用于两个不同场景：场景 1 是在当前目录下使用名称创建相应的文件，场景 2 是直接给出相应的文件目录，在这个场景下我们不需要跟上 Name，也可以创建文件对象。

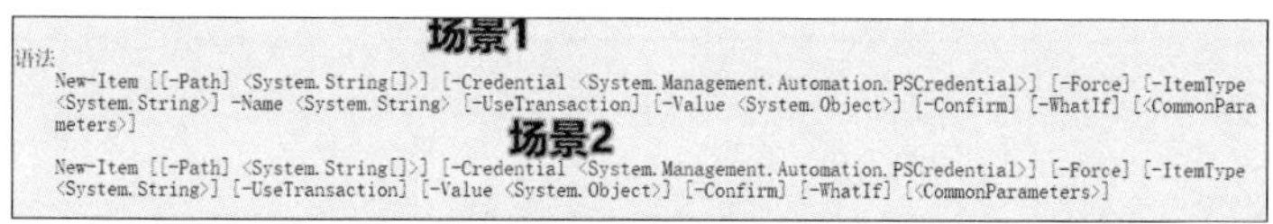

场景1

```
语法
    New-Item [[-Path] <System.String[]>] [-Credential <System.Management.Automation.PSCredential>] [-Force] [-ItemType
    <System.String>] -Name <System.String> [-UseTransaction] [-Value <System.Object>] [-Confirm] [-WhatIf] [<CommonPara
    meters>]
```

场景2

```
    New-Item [[-Path] <System.String[]>] [-Credential <System.Management.Automation.PSCredential>] [-Force] [-ItemType
    <System.String>] [-UseTransaction] [-Value <System.Object>] [-Confirm] [-WhatIf] [<CommonParameters>]
```

图4.15　New-Item的使用场景

另外一个使用参数集的命令是 Get-Eventlog，Get-Eventlog 命令基于不同的使用场景，也会有不同的参数集。

这里提到的第一个场景是列出当前系统中所有的日志功能列表，这里可以看到，图 4.16 列出了所有系统中日志的类别。

```
PS C:\WINDOWS\system32> Get-EventLog -List

  Max(K) Retain OverflowAction        Entries Log
  ------ ------ --------------        ------- ---
  20,480      0 OverwriteAsNeeded      11,342 Application
  20,480      0 OverwriteAsNeeded           0 HardwareEvents
     512      7 OverwriteOlder              0 Internet Explorer
  20,480      0 OverwriteAsNeeded           0 Key Management Service
     128      0 OverwriteAsNeeded          74 OAlerts
                                              Security
  20,480      0 OverwriteAsNeeded      24,676 System
  15,360      0 OverwriteAsNeeded       2,491 Windows PowerShell
```

图4.16　系统日志类别

另外一类场景就是获取特定日志类别中的日志，例如，图 4.17 列出了所有应用程序日志内容。

```
PS C:\WINDOWS\system32> Get-EventLog -LogName application

   Index Time          EntryType   Source                 InstanceID Message
   ----- ----          ---------   ------                 ---------- -------
   11342 11月 11 14:24 Information VSS                          8224 由于空闲超时，VSS 服务将关闭。...
   11341 11月 11 14:22 Information SecurityCenter                 15 已成功将 Windows Defender 状态更新为 SECURITY_P...
   11340 11月 11 14:22 Information Software Protecti...   1073758208 安排软件保护服务在 2120-10-18T06:22:04Z 时重新...
   11339 11月 11 14:21 Information Software Protecti...   3221241866 脱机下级迁移成功。
   11338 11月 11 14:21 Information SecurityCenter                 15 已成功将 Windows Defender 状态更新为 SECURITY_P...
   11337 11月 11 14:21 Information ESENT                         326 svchost (6492,D,50) DS_Token_DB: The database e...
   11336 11月 11 14:21 Information ESENT                         105 svchost (6492,D,0) DS_Token_DB: The database en...
   11335 11月 11 14:21 Information ESENT                         302 svchost (6492,U,98) DS_Token_DB: 数据库引擎已成...
   11334 11月 11 14:21 Information ESENT                         301 svchost (6492,R,98) DS_Token_DB: The database e...
   11333 11月 11 14:21 Information ESENT                         301 svchost (6492,R,98) DS_Token_DB: The database e...
   11332 11月 11 14:21 Information ESENT                         300 svchost (6492,R,98) DS_Token_DB: 数据库引擎正在...
   11331 11月 11 14:21 Information ESENT                         102 svchost (6492,P,98) DS_Token_DB: 数据库引擎(10....
   11330 11月 11 14:06 Information BrYNSvc                         0 无法找到源 "BrYNSvc" 中事件 ID "0" 的说明。 本...
   11329 11月 11 14:06 Information BrYNSvc                         0 无法找到源 "BrYNSvc" 中事件 ID "0" 的说明。 本...
   11328 11月 11 14:05 Information Windows Error Rep...         1001 故障存储段 LKD_0x141_Tdr:6_IMAGE_igdkmd64.sys_G...
   11327 11月 11 14:02 Information SecurityCenter                 15 已成功将 Windows Defender 状态更新为 SECURITY_P...
   11326 11月 11 14:02 Information BrYNSvc                         0 无法找到源 "BrYNSvc" 中事件 ID "0" 的说明。 本...
   11325 11月 11 13:46 Information Software Protecti...   1073758208 安排软件保护服务在 2120-10-18T05:46:47Z 时重新...
   11324 11月 11 13:46 Information Software Protecti...   3221241866 脱机下级迁移成功。
   11323 11月 11 12:51 Information Windows Error Rep...         1001 故障存储段 ，类型 0...
   11322 11月 11 12:37 Information gupdate                         0 无法找到源 "gupdate" 中事件 ID "0" 的说明。 本...
   11321 11月 11 11:40 Information Windows Error Rep...         1001 故障存储段 LKD_0x141_Tdr:6_IMAGE_igdkmd64.sys_G...
   11320 11月 11 11:39 Information Windows Error Rep...         1001 故障存储段 ，类型 0...
   11319 11月 11 11:23 Information Software Protecti...   1073758208 安排软件保护服务在 2120-10-18T03:23:43Z 时重新...
```

图4.17　获取日志中的内容

接下来我们通过 Get-Help Get-Eventlog 来查看命令所支持的参数集功能，这里可以看到如图 4.18 所示的具体使用场景。

```
语法
    Get-EventLog [-LogName] <System.String> [[-InstanceId] <System.Int64[]>] [-After <System.DateTime>] [-AsBaseObject]
     [-Before <System.DateTime>] [-ComputerName <System.String[]>] [-EntryType {Error | Information | FailureAudit | Su
    ccessAudit | Warning}] [-Index <System.Int32[]>] [-Message <System.S... Newe...st
    em.String[]>] [-UserName <System.String[]>] [<CommonParameters>]

    Get-EventLog [-AsString] [-ComputerName <System.String[]>] [-List] [<CommonParameters>]
```

场景1：获取日志详细内容

场景2：列出日志信息

图4.18　Get-Eventlog 支持的参数集使用场景

至此所有的 PowerShell Cmdlet 的基本属性都已经讲解完毕了。这里分享的案例不多，大家需要举一反三，根据内容提示反复学习，争取掌握 PowerShell 中 Cmdlet 的基本属性功能。

4.2.3　Cmdlet 方法

严格意义上，Cmdlet 本身就是方法，因此 Cmdlet 方法的这种说法严格意义上不是非常严谨，这里提到的 Cmdlet 方法指的是执行 Cmdlet 后的结果支持的方法。

4.3　PowerShell Cmdlet高级参数

在 PowerShell 执行环境中有部分命令支持高级参数，什么是高级参数呢？其实高级参数就是 PowerShell 命令中除了可以引用的基本参数之外，额外可以提供其他功能的高级参数。通常进行以 New、Set、Remove、Update 为动词的命令支持这些参数，这些高级参数各有各的用处，各有各的特点。以下为所有的 Cmdlet 支持的高级参数，大家可以依据自己需要选择可用的高级参数。

- Verbose：显示命令执行的详细信息。
- Debug：显示命令执行过程中的 Debug 信息。
- ErrorAction：指定命令出现错误后的处理方式。
- ErrorVariable：重新定向错误信息到变量。
- InformationAction：在命令输出相应的信息后的处理方法。
- InformationVariable：记录命令输出的信息到参数中。
- OutVariable：将执行结果在传递到管道符的同时输出到参数。
- OutBuffer：定义结果每次输出到管道符右边的数量。
- PipelineVariable：在管道符中进行数据传递的过程中同时保存为变量。
- WarningAction：在命令出现警告时的处理方式。
- WarningVariable：重新定义警告信息到变量。
- Whatif：实现命令的模拟执行。
- Confirm：在需要再次确认的过程中确定是否再次确认。

相信刚看到这些高级参数一定会比较蒙，别着急，我们讲解部分命令的使用方法和功能。

4.3.1　Verbose 高级参数

在 Cmdlet 执行过程中如果希望了解命令详细的执行过程，可以在命令中开启 Switch 参数的 Verbose 选项。这里的 Verbose 显示的信息，是在函数执行过程中通过 Write-Verbose 写入的相关信息，在命令执行过程中如果没有写入任何的 Verbose 信息，则执行过程中没有反馈信息，当我们执行 Get-ChildItem-Verbose，则无任何特别的详细信息输出，详细操作如图 4.19 所示。

在有 Verbose 参数的命令执行过程中，使用 Verbose 参数能够显示出命令执行过程中的 Write-Verbose 写入的信息。下面我们以如下命令分享执行过程，下面的命令写入了操作详细信息，具体的反馈信息如图 4.20 所示。

```
Remove-item c:\log\file1.png -verbose
```

```
PS C:\Users\徐鹏> Get-ChildItem -Verbose

    目录: C:\Users\徐鹏

Mode                 LastWriteTime         Length Name
----                 -------------         ------ ----
d-----        2020/11/19      9:39                .android
d-----          2021/2/7      9:04                .vscode
d-r---        2020/10/15     13:28                3D Objects
d-r---        2020/10/15     13:28                Contacts
d-r---          2021/2/5     21:39                Documents
d-r---         2021/2/10     15:58                Downloads
d-r---        2020/10/15     13:28                Favorites
d-r---        2020/10/15     13:28                Links
d-----        2020/11/24     10:08                Microsoft
d-r---        2020/10/15     13:28                Music
dar--l          2021/2/9     10:53                OneDrive
```

图4.19 无Verbose信息输出

```
PS C:\Users\徐鹏> remove-item -Path C:\log\file1.txt -verbose
详细信息: 正在目标“C:\log\file1.txt”上执行操作“删除文件”。
PS C:\Users\徐鹏>
```

图4.20 有Verbose信息输出

4.3.2 Debug 高级参数

在默认的 PowerShell 执行环境中，Debug 首选项被设置为 Silent Continue，也就是执行过程中不会输出任何 Debug 信息。但是我们可以在命令执行过程中使用 Switch 类型的 Debug 参数，开启调试之后，在命令中写入的 Write-Debug 信息得到的结果可以实现调试信息的输出，具体操作如图 4.21 所示。

```
PS C:\Users\徐鹏> Update-Help -Debug
调试: Found engine module: Microsoft.PowerShell.Management, eefcb906-b326-4e99-9f54-8b4bb6ef3c6d.

确认
是否继续执行此操作?
[Y] 是(Y)  [A] 全是(A)  [H] 终止命令(H)  [S] 暂停(S)  [?] 帮助 (默认值为“Y”):
```

图4.21 Debug调试日志输出

这里需要注意的是，当前所有 Debug 日志输出的信息全部都是通过 Write-Debug 信息写出来的，如果本身在默认的命令和脚本中没有相应的调试输出信息，将不会输出任何信息。如果命令中有较多的 Debug 信息提供，则非常有代表性。图 4.22 所示为 Debug 信息开启后的状态，其中只要涉及调试信息，输出的结果都会停下来等待进一步操作。

```
PS C:\Users\徐鹏> Update-Help -Debug
调试: Found engine module: Microsoft.PowerShell.Management, eefcb906-b326-4e99-9f54-8b4bb6ef3c6d.

确认
是否继续执行此操作?
[Y] 是(Y)  [A] 全是(A)  [H] 终止命令(H)  [S] 暂停(S)  [?] 帮助 (默认值为“Y”): y
调试: Found engine module: Microsoft.PowerShell.Utility, 1da87e53-152b-403e-98dc-74d7b4d63d59.

确认
是否继续执行此操作?
[Y] 是(Y)  [A] 全是(A)  [H] 终止命令(H)  [S] 暂停(S)  [?] 帮助 (默认值为“Y”): y
调试: Found engine module: Microsoft.PowerShell.Diagnostics, ca046f10-ca64-4740-8ff9-2565dba61a4f.
```

图4.22 命令开启Debug后的信息状态

4.3.3　ErrorAction 参数

ErrorAction 参数是用来指定命令或脚本执行出现错误后的操作，在 PowerShell 环境默认存在 ErrorActionPreference 参数来定义当前命令或脚本出现错误后的操作。这个操作是当前的 PowerShell 的全局设定，我们可以在命令行中使用 ErrorAction 参数覆盖 PowerShell 默认的 ErrorActionPreference 参数，让命令能够执行当前的操作，以当前执行的命令提供的执行参数为准。通常来说，ErrorAction 参数提供了以下操作。

- Continue：继续执行，错误信息将被加入 $Error 变量。
- Ignore：忽略错误并且继续执行，在 $Error 变量中不会有错误信息记录。
- Inquire：出现错误后会询问是否继续执行，错误信息被加入 $Error 变量。
- SilentContinue：执行错误不会停止执行，也不会显示错误，错误信息被放入 $Error 变量。
- Stop：出现错误立即停止执行，不会继续执行其他代码。

这里的 ErrorAction 究竟是什么样子的操作呢？我们以一个案例来分析下 ErrorAction 的参数定义和命令执行，默认情况下 $ErrorActionPreference 的参数值为如图 4.23 的 Continue。当参数设置为 Continue 则会出现错误后报错，并且能够继续执行当前脚本。也就是出现错误后报错，并且继续执行。

```
PS C:\Users\徐鹏> $ErrorActionPreference
Continue
```

图4.23　$ErrorActionPreference 设置

接下来我们在 PowerShell ISE 界面中执行如下的代码，目前 ErrorActionPrefrence 的参数设置为 Continue，由于 d:\log 目录不存在，命令将持续执行并且会报出错误信息，如图 4.24 所示。

```
New-item -itemtype file d:\log\file1.txt
New-item -itemtype file d:\log\file2.txt
```

```
Windows PowerShell ISE
文件(F) 编辑(E) 视图(V) 工具(T) 调试(D) 附加工具(A) 帮助(H)
无标题1.ps1* ×
New-item -itemtype file d:\log\file1.txt
New-item -itemtype file d:\log\file2.txt

PS C:\Users\徐鹏> New-item -itemtype file d:\log\file1.txt
New-item -itemtype file d:\log\file2.txt

New-item : 未能找到路径“D:\log\file1.txt”的一部分。
所在位置 行:1 字符: 1
+ New-item -itemtype file d:\log\file1.txt
+ ~~~~~~~~~~~~~~~~~~~~~~~~~~~~~~~~~~~~~~~~
    + CategoryInfo          : WriteError: (D:\log\file1.txt:String) [New-Item], DirectoryNotFoundException
    + FullyQualifiedErrorId : NewItemIOError,Microsoft.PowerShell.Commands.NewItemCommand

New-item : 未能找到路径“D:\log\file2.txt”的一部分。
所在位置 行:2 字符: 1
+ New-item -itemtype file d:\log\file2.txt
+ ~~~~~~~~~~~~~~~~~~~~~~~~~~~~~~~~~~~~~~~~
    + CategoryInfo          : WriteError: (D:\log\file2.txt:String) [New-Item], DirectoryNotFoundException
    + FullyQualifiedErrorId : NewItemIOError,Microsoft.PowerShell.Commands.NewItemCommand
```

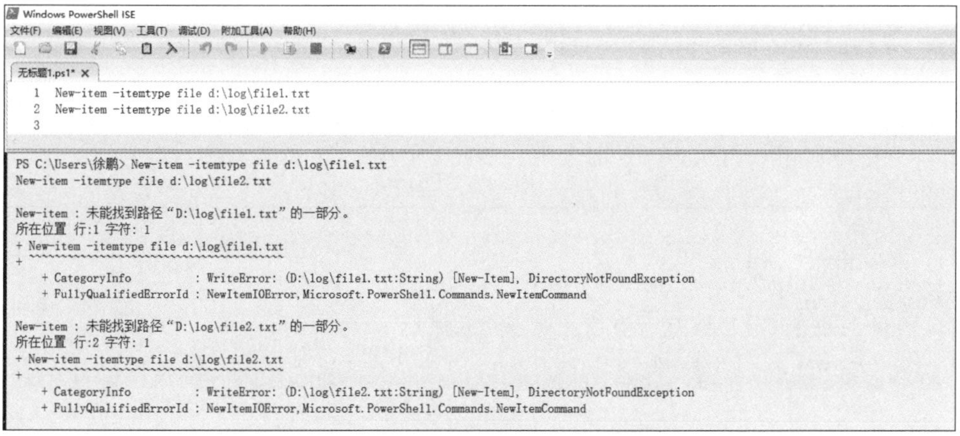

图4.24　出错后有报错信息但是继续执行

在默认执行策略条件下，我们对命令做一些小修改，在命令执行过程中引用 ErrorAction 参数并且设置为 SilentContinue。在同样的条件下执行命令来看下结果，图 4.25 所示为命令执行后的结果，这里并没有出现任何错误提示。

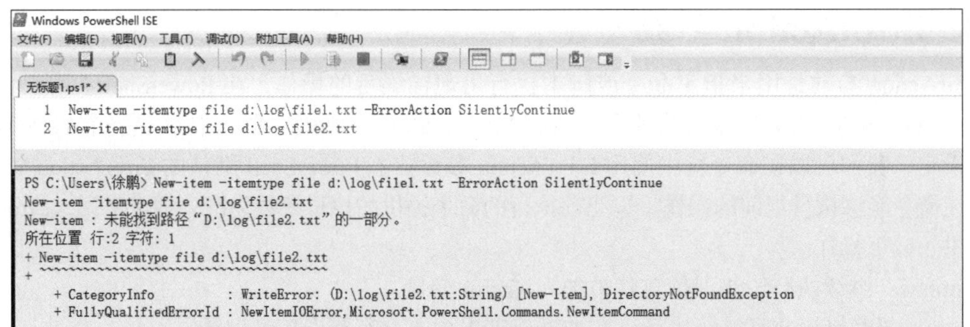

图4.25　有错误处理和没有错误处理命令执行后对比结果

对比下两条命令的执行情况，第一个使用了 ErrorAction 的命令定义静默执行，命令即使出现错误，也不会出现任何提示。第二个命令没有使用 ErrorAction 参数重新指定错误后的操作处理，出现错误后立即显示错误信息。这里可以非常明显地看到两条命令执行的差别，但是两条命令的相同点在于都将错误变量的内容写入了 $Error 变量中。

4.3.4 ErrorVariable 错误变量

在 PowerShell 的命令执行过程中一旦出现错误，所有的错误都会被写入 $Error 变量中，久而久之，这个变量存储的信息将是惊人得大，有时候为了解决问题或者进行错误的 Debug，就希望命令出现错误的时候能够将错误内容输出到我们定义的变量。当前支持的变量输出的方式有以下两种。

- 以覆盖的方式输出错误到变量。
- 以累加的方式输出错误到变量。

这里同样以上面的案例为例，d:\log 不存在，在目录下创建文件基本上一定会出错，输出错误信息到自定义的错误变量，最近的命令执行错误的信息将会保存在如图 4.26 所示的自定义错误变量中。

```
New-item -itemtype file d:\log\file1.txt -ErrorVariable custerror
```

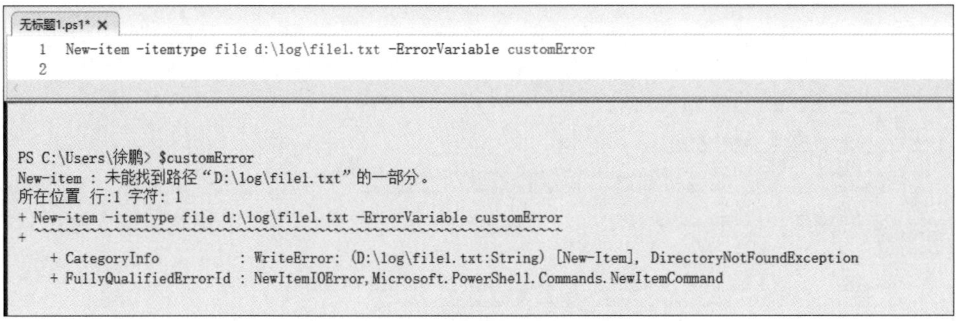

```
无标题1.ps1*
1 New-item -itemtype file d:\log\file1.txt -ErrorVariable customError
2

PS C:\Users\徐鹏> $customError
New-item : 未能找到路径"D:\log\file1.txt"的一部分。
所在位置 行:1 字符: 1
+ New-item -itemtype file d:\log\file1.txt -ErrorVariable customError
+
    + CategoryInfo          : WriteError: (D:\log\file1.txt:String) [New-Item], DirectoryNotFoundException
    + FullyQualifiedErrorId : NewItemIOError,Microsoft.PowerShell.Commands.NewItemCommand
```

图4.26　自定义错误变量信息保存

这时候如果希望将命令执行错误的信息以累加的方式保存到错误变量中，需要在变量之前加入"+"。只要当前 PowerShell Session 没有结束，所有的错误信息将会被累加输出到当前 PowerShell 自定义错误变量中。错误信息结果如图 4.27 所示。

```
New-item -itemtype file d:\log\file1.txt -ErrorVariable +custerror
New-item -itemtype file d:\log\file2.txt -ErrorVariable +custerror
```

```
无标题1.ps1* ×
1  New-item -itemtype file d:\log\file1.txt -ErrorVariable +customError
2  New-item -itemtype file d:\log\file2.txt -ErrorVariable +customError
3

PS C:\Users\徐鹏> $customError
New-item : 未能找到路径“D:\log\file2.txt”的一部分。
所在位置 行:2 字符: 1
+ New-item -itemtype file d:\log\file2.txt -ErrorVariable customError
+ ~~~~~~~~~~~~~~~~~~~~~~~~~~~~~~~~~~~~~~~~~~~~~~~~~~~~~~~~~~~~~~~~~~~
    + CategoryInfo          : WriteError: (D:\log\file2.txt:String) [New-Item], DirectoryNotFoundException
    + FullyQualifiedErrorId : NewItemIOError,Microsoft.PowerShell.Commands.NewItemCommand

New-item : 未能找到路径“D:\log\file1.txt”的一部分。
所在位置 行:1 字符: 1
+ New-item -itemtype file d:\log\file1.txt -ErrorVariable +customError
+ ~~~~~~~~~~~~~~~~~~~~~~~~~~~~~~~~~~~~~~~~~~~~~~~~~~~~~~~~~~~~~~~~~~~~
    + CategoryInfo          : WriteError: (D:\log\file1.txt:String) [New-Item], DirectoryNotFoundException
    + FullyQualifiedErrorId : NewItemIOError,Microsoft.PowerShell.Commands.NewItemCommand

New-item : 未能找到路径“D:\log\file2.txt”的一部分。
所在位置 行:2 字符: 1
+ New-item -itemtype file d:\log\file2.txt -ErrorVariable +customError
+ ~~~~~~~~~~~~~~~~~~~~~~~~~~~~~~~~~~~~~~~~~~~~~~~~~~~~~~~~~~~~~~~~~~~~
    + CategoryInfo          : WriteError: (D:\log\file2.txt:String) [New-Item], DirectoryNotFoundException
    + FullyQualifiedErrorId : NewItemIOError,Microsoft.PowerShell.Commands.NewItemCommand
```

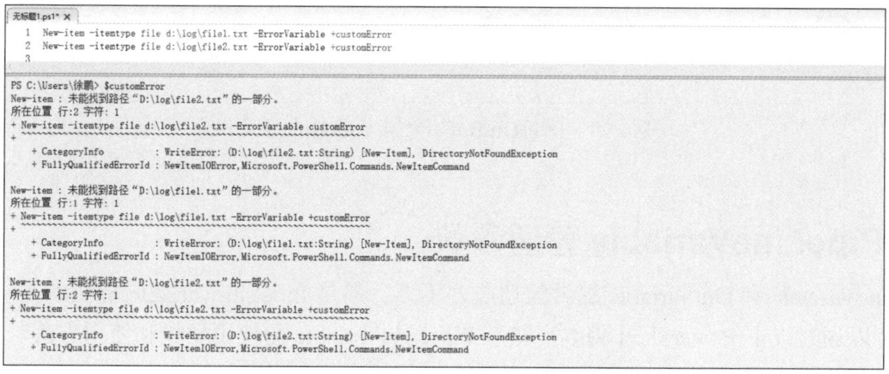

图4.27 以累加的方式显示错误信息记录

4.3.5 OutVariable 结果输出

OutVariable 的功能与 Tee-Object 功能类似，它的作用是将当前的命令执行结果输出到定义的变量中，在命令结果传到管道的同时将结果保存到 PowerShell 变量中。下面的命令就是将执行文件删除之前，将所有的文件保存到变量 filelist 中，如果希望知道删除的具体的文件，可以输入如图 4.28 的变量获取结果。

```
Get-ChildItem -Path C:\log\ -OutVariable Filelist |Remove-Item
```

```
Untitled2.ps1* ×
1  Get-ChildItem -Path C:\log\ -OutVariable Filelist |Remove-Item

PS C:\Users\徐鹏> $Filelist

    目录: C:\log

Mode                LastWriteTime         Length Name
----                -------------         ------ ----
-a----        2021/2/10     20:45              0 file2.txt
-a----        2021/2/10     20:45              0 file3.txt
-a----        2021/2/10     20:45              0 file4.txt
```

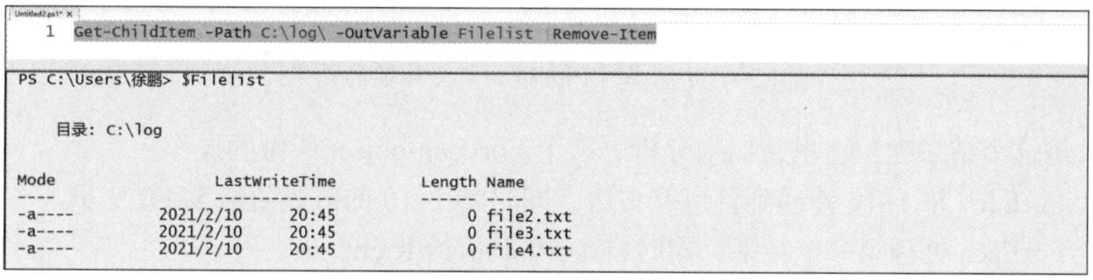

图4.28 获取删除文件列表

4.3.6 OutBuffer 输出 Buffer 定义

在 PowerShell 中 OutBuffer 使用的场景比较少，Outbuffer 属性主要用来限制每次管道符传递的对象数量。默认条件下，Outbuffer 一次传递一个对象到管道符右边的变量。但如果希望一次传递两个数据，可以设定 OutBuffer 参数值为 1。

接下来我们以一个案例说明 OutBuffer 参数的使用，由于使用的场景不多，大家可以找一些相关的资料了解下这个参数的使用。

```
1..4 | ForEach-Object { Write-Host "$($_): First"; $_} -OutBuffer 1 |
ForEach-Object { Write-Host "$($_): Second" }
```

为什么执行的结果如图 4.29 所示？相信你会有所疑惑，原因就是这里一次传递的数据有两个。

```
1: First
2: First
1: Second
2: Second
3: First
4: First
3: Second
4: Second
```

图4.29 使用OutBuffer之后数据输出结果

4.3.7 PipeLineVariable 管道参数

PipeLineVariable 和 OutVariable 提供的功能差不多，但是 PipeLineVariable 提供的是管道符的中间变量。可以通过以下 PowerShell 脚本来熟悉 PipeLineVariable 的使用场景和使用方法。

```
1..10 | ForEach-Object -PipelineVariable Left -Process { $_ } |
ForEach-Object -PV Right -Process { 1..10 } |
ForEach-Object -Process { "$Left * $Right = " + ($Left*$Right) }
```

在这个案例中有两个参数，Left 参数值是左边管道符传递过来的 1~10 的数值，而 Right 是在管道符右边执行的 10 个数据。使用了 PipeLineVariable 定义之后，执行完成最终的结果如图 4.30 所示。

```
1 * 1 = 1
1 * 2 = 2
1 * 3 = 3
1 * 4 = 4
1 * 5 = 5
1 * 6 = 6
1 * 7 = 7
1 * 8 = 8
1 * 9 = 9
1 * 10 = 10
2 * 1 = 2
2 * 2 = 4
```

图4.30 执行基于PipeLine定义参数的结果

为什么是这个结果呢？这里我们来分析下三个 ForEach-object 所做的操作。

- 第一个 ForEach 将 1~10 传递到管道符右边，同时将 1~10 的值赋值给 $Left 变量。
- 第二个 ForEach 处理第一个结果，同时将 1~10 赋值给 Right。
- 第三个 ForEach 将变量 $Left 和 $Right 按照顺序相乘。

4.3.8 WarningAction 警告后的操作

WarningAction 是指执行 PowerShell 命令出现警告之后的操作，在 PowerShell 默认环境中存在 WarningPreference 参数定义命令执行过程中出现警告后的操作。如果希望在当前命令中出现警告后执行特殊的操作，就需要在 PowerShell 命令中使用 WarningAction 参数定义出现警告后的操作，这个操作将覆盖 PowerShell 环境下默认的 WarningPreference 操作。WarningAction 参数中支持的操作如下。

- Continue：继续执行，命令会显示警告信息并且继续执行。
- Inquire：出现警告后会询问是否继续执行。
- SilentContinue：出现命令警告后不显示错误并且继续执行。

- Stop：出现警告后立即停止执行，不会继续执行其他代码。

通常来说，警告信息用于排错，如果不能确定命令执行过程，可以使用 Switch 参数定义警告之后的操作。

4.3.9　WarningVariable 出现警告后的变量

在默认情况下，PowerShell 的警告信息不会输出，也没有类似错误一样的参数记录警告信息。如果在执行命令过程中希望将警告信息记录下来，可以使用 WarningVariable 定义警告信息保存的变量。默认情况下定义的变量将采用覆盖的方式进行数据保存，如果希望警告数据以累加方式保存在变量中，只需要在变量前面加上“+”即可。这些警告信息是 Cmdlet 或 Function 在编写过程中利用 Write-Warning 命令写入的。

```
New-item c:\log -warningVariable warn
New-item c:\log -warningVariable +warn
```

4.3.10　Whatif 假设参数

Whatif 分析在数学计算领域中是基于条件的模拟测试，用于模拟改变条件后的结果。在 Power Shell 命令中，也支持这样的模拟操作。模拟操作的主要目的是了解命令执行结果，执行的结果将以执行信息显示执行的整个过程。通过命令的 Whatif 参数，可以了解执行的步骤是否与预期相符。这里需要注意的是，不是所有的命令都支持 Whatif 操作，支持 Whatif 操作命令多为配置改变的命令，例如，以 New、Set、Update 等动词修改特定属性或者创建对象的命令都支持 Whatif 操作。图 4.31 所示为新建对象的模拟操作。

```
New-item -Path c:\log\abc.txt -Whatif
```

```
PS C:\Users\徐鹏> New-item -Path c:\log\abc.txt -WhatIf
WhatIf: 正在目标“目标: C:\log\abc.txt”上执行操作“创建文件”。
PS C:\Users\徐鹏>
```

图4.31　新建对象模拟操作

如果希望知道命令是否支持 Whatif 操作，可以使用 Get-Help 命令来了解命令是否支持 Whatif 操作，图 4.32 所示为确定命令是否支持 Whatif 操作。

```
Get-Help New-item -parameter Whatif
```

```
PS C:\Users\徐鹏> get-help New-Item -Parameter whatif

-WhatIf <System.Management.Automation.SwitchParameter>
    Shows what would happen if the cmdlet runs. The cmdlet is not run.

    是否必需?                    False
    位置?                        named
    默认值                False
    是否接受管道输入?            False
    是否接受通配符?              False
```

图4.32　获取命令是否支持Whatif操作

4.3.11 Confirm 确认参数

Confirm 参数是用来确认命令执行操作的再确认，默认情况下，命令执行过程是否需要再确认取决于 PowerShell 中的 ConfirmPreference 的值。如果希望在 PowerShell 执行过程中改变再确认选项，可以通过 Confirm 参数替换 ConfirmPreference 首选项的值。在实际的命令中，如果希望了解目前 PowerShell 命令是否支持 Confirm 参数，我们可以通过 Get-Help -Parameter 获取 Confirm 的参数设定，图 4.33 所示为 New-Item 的 Confirm 参数。

```
Get-Help Cmdlet -parameter confirm
```

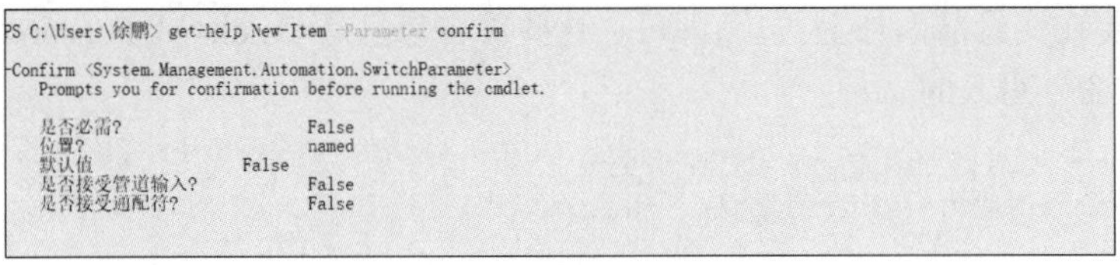

```
PS C:\Users\徐鹏> get-help New-Item -Parameter confirm

-Confirm <System.Management.Automation.SwitchParameter>
    Prompts you for confirmation before running the cmdlet.

    是否必需?                    False
    位置?                        named
    默认值                  False
    是否接受管道输入?            False
    是否接受通配符?              False
```

图4.33　命令中的Confirm 参数

4.4 PowerShell Cmdlet 常用命令

在 PowerShell 中有哪些 Cmdlet 命令会频繁使用？来看看如图 4.34 所示的 PowerShell Cmdlet 脑图，这是管理员们使用非常频繁的命令。我们接下来将和大家一起分享部分命令的具体使用方法。

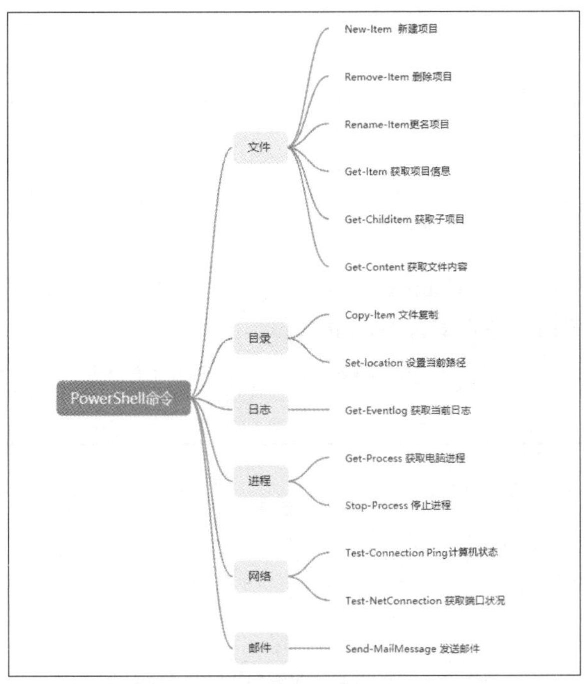

图4.34　Cmdlet常规系统命令

4.4.1 New-Item 新建项目

在 PowerShell 中 New-Item 可以说是使用频率相当高的命令，它的目标是新建，我们可以通过 New-Item 命令建立文件、目录、注册表等对象。它的使用方法如图 4.35 所示。

```
PS C:\WINDOWS\system32> get-help New-Item

名称
    New-Item

摘要
    Creates a new item.

语法
    New-Item [[-Path] <System.String[]>] [-Credential <System.Management.Automation.PSCredential>] [-Force] [-ItemType
    <System.String>] -Name <System.String> [-UseTransaction] [-Value <System.Object>] [-Confirm] [-WhatIf] [<CommonPara
    meters>]

    New-Item [[-Path] <System.String[]>] [-Credential <System.Management.Automation.PSCredential>] [-Force] [-ItemType
    <System.String>] [-UseTransaction] [-Value <System.Object>] [-Confirm] [-WhatIf] [<CommonParameters>]
```

图4.35 New-Item命令使用方法

我们可以利用 New-Item 建立文件，命令操作非常简单，图 4.36 所示为创建文件的具体方法。

```
New-item -name myfile.txt -itemtype file
```

```
PS C:\log> New-Item -Name myfile.txt -ItemType File

    目录: C:\log

Mode                LastWriteTime         Length Name
----                -------------         ------ ----
-a----        2020/11/12     20:07              0 myfile.txt
```

图4.36 创建文件的具体方法

也可以利用 New-Item 命令进行目录的建立，执行如图 4.37 所示的命令可以完成目录的建立。

```
New-item -name log -itemtype directory
```

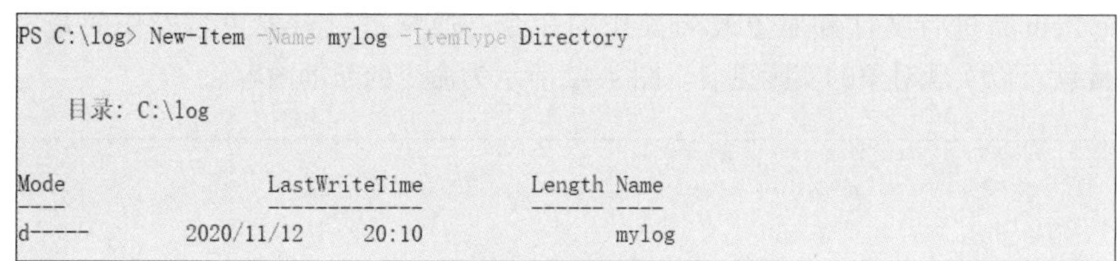

图4.37 新建目录命令

如果希望建立相对应的注册表键和注册表键值对，可以通过 New-Item 命令来建立，执行如图 4.38 所示的命令，即可完成注册表对象的建立。

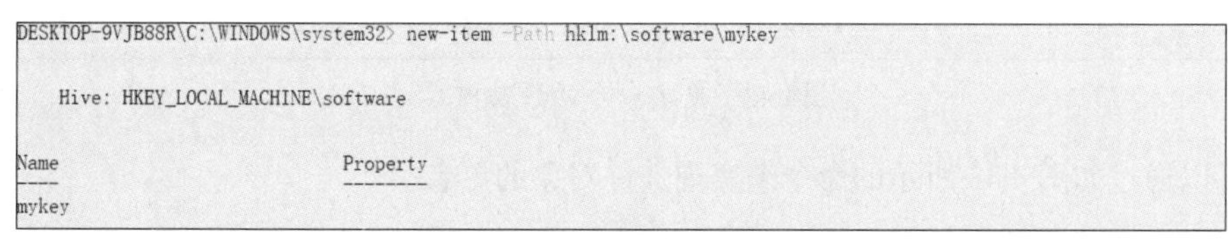

图4.38 新建注册表对象

4.4.2 Remove-Item 删除项目

如果需要删除文件、目录和注册表键值，可以通过 Remove-Item 命令来实现，图 4.39 所示为删除单一文件命令。

```
Remove-item -path c:\log\myfile.txt
```

```
Remove-Item -Path c:\log\myfile.txt
```

图4.39 删除单一文件命令

我们也可以使用 Remove-Item 删除文件目录，如图 4.40 所示。

```
Remove-item -path c:\log\abc
```

```
DESKTOP-9VJB88R\C:\WINDOWS\system32> Remove-Item -Path C:\log\abc\

确认
C:\log\abc\ 处的项具有子项，并且未指定 Recurse 参数。如果继续，所有子项均将随该项删除。是否确实要继续?
[Y] 是(Y)  [A] 全是(A)  [N] 否(N)  [L] 全否(L)  [S] 暂停(S)  [?] 帮助 (默认值为"Y"):
```

图4.40 删除文件目录

如果希望删除注册表键值的话，可以使用如图 4.41 所示的 Remove-Item 命令删除注册表键值对。

```
Remove-item -path hklm:\software\mykey
```

```
Remove-item -path hklm:\software\mykey
```

图4.41 删除注册表键值对

4.4.3 Rename-Item 更名项目

Rename-Item 是进行文件和对象改名操作的命令，通常进行对象更名操作的是文件，利用 Rename-Item 就可以实现对象的实际更名。图 4.42 所示为命令的帮助内容。

```
DESKTOP-9VJB88R\C:\WINDOWS\system32> get-help Rename-Item

名称
    Rename-Item

摘要
    Renames an item in a PowerShell provider namespace.


语法
    Rename-Item [-NewName] <System.String> [-Credential <System.Management.Automation.PSCredential>] [-Force] -LiteralP
    ath <System.String> [-PassThru] [-UseTransaction] [-Confirm] [-WhatIf] [<CommonParameters>]

    Rename-Item [-Path] <System.String> [-NewName] <System.String> [-Credential <System.Management.Automation.PSCredent
    ial>] [-Force] [-PassThru] [-UseTransaction] [-Confirm] [-WhatIf] [<CommonParameters>]
```

图4.42 更名命令的帮助内容

我们可以通过如图 4.43 所示的命令来实现文件对象的更名。

```
Rename-Item -path abc.txt -newname def.txt
```

```
DESKTOP-9VJB88R\C:\log> Rename-Item -Path abc.txt -NewName cdef.txt
DESKTOP-9VJB88R\C:\log> ls


    目录: C:\log


Mode                 LastWriteTime         Length Name
----                 -------------         ------ ----
d-----        2020/11/10     22:59                abc
d-----         2020/11/9     13:07                fogy
d-----        2020/11/12     20:10                mylog
-a----         2020/11/7     17:19          31701 blog.png
-a----         2020/11/8     17:45              0 cde.txt
-a----         2020/11/8     17:45              0 cdef.txt
-a----         2020/11/9     13:07              0 fog
```

图4.43　文件对象更名

4.4.4　Get-Item 获取对象信息

很多朋友会将 Get-Item 和 Get-ChildItem 混淆，其实这两个命令的功能完全不同。如果希望获取目标的数据类型及属性相关信息，可以通过执行 Get-Item 实现属性及相关信息的获取。如果希望了解文件对象的目标和属性，通过执行如图 4.44 所示的命令可以实现。

```
Get-item -path c:\log
```

```
PS C:\WINDOWS\system32> get-item hklm:\software


    Hive: HKEY_LOCAL_MACHINE


Name                           Property
----                           --------
software


PS C:\WINDOWS\system32> Get-Item c:\log
```

图4.44　获取当前文件对象属性

Get-Item 也可以获取注册表信息，通过执行 Get-Item 跟上注册表键值路径，就可以获取到相关的注册表信息，执行如图 4.45 所示的 Get-Item hklm:\software 命令，可以加载 Hive 路径，同时也可以获取 Software 键值对应的属性。

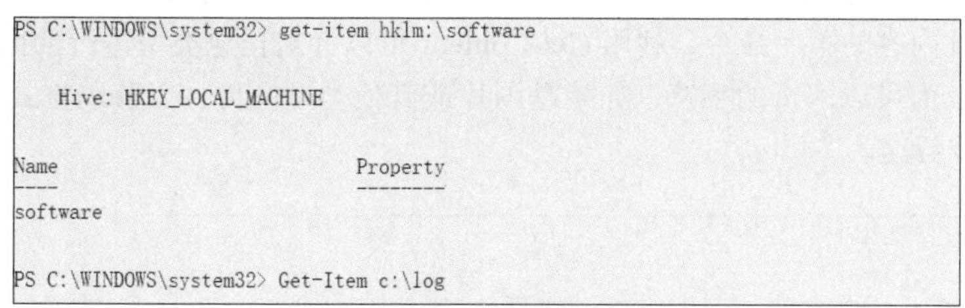

```
PS C:\WINDOWS\system32> get-item hklm:\software


    Hive: HKEY_LOCAL_MACHINE


Name                           Property
----                           --------
software


PS C:\WINDOWS\system32> Get-Item c:\log
```

图4.45　获取当前注册表属性

4.4.5　Get-ChildItem 获取子目录文件

Get-ChildItem 是 PowerShell 中使用相对比较频繁的命令，用来实现对象中的子集获取。以文件对象为例，通过 Get-ChildItem 获取文件夹下的文件数据，完成数据执行后数据的对象为文件系统，文件系统支持的属性和方法都会受到支持，图 4.46 所示为支持的属性和方法。

```
$result=Get-ChildItem c:\log
```

```
PS C:\> $result=Get-ChildItem c:\log
PS C:\> $result |Get-Member

   TypeName:System.IO.FileInfo

Name                MemberType     Definition
----                ----------     ----------
LinkType            CodeProperty   System.String LinkType{get=GetLinkType;}
Mode                CodeProperty   System.String Mode{get=Mode;}
Target              CodeProperty   System.Collections.Generic.IEnumerable`1[[System.String, mscorlib, Version=..
AppendText          Method         System.IO.StreamWriter AppendText()
CopyTo              Method         System.IO.FileInfo CopyTo(string destFileName), System.IO.FileInfo CopyTo(s..
Create              Method         System.IO.FileStream Create()
CreateObjRef        Method         System.Runtime.Remoting.ObjRef CreateObjRef(type requestedType)
CreateText          Method         System.IO.StreamWriter CreateText()
Decrypt             Method         void Decrypt()
Delete              Method         void Delete()
```

图4.46　文件对象支持的属性和方法

使用 Get-ChildItem 命令也可以获取到函数功能的对象，我们通过 Get-ChildItem 进行数据获取，获取当前函数的子属性都是函数类型，如图 4.47 所示的结果为函数子对象支持的属性和方法。

```
PS C:\> cd function:
PS Function:\> Get-ChildItem |Get-Member

   TypeName:System.Management.Automation.FunctionInfo

Name                MemberType     Definition
----                ----------     ----------
Equals              Method         bool Equals(System.Object obj)
GetHashCode         Method         int GetHashCode()
GetType             Method         type GetType()
ResolveParameter    Method         System.Management.Automation.ParameterMetadata ResolveParameter(string name)
ToString            Method         string ToString()
PSDrive             NoteProperty   PSDriveInfo PSDrive=Function
PSIsContainer       NoteProperty   bool PSIsContainer=False
PSPath              NoteProperty   string PSPath=Microsoft.PowerShell.Core\Function::A:
PSProvider          NoteProperty   ProviderInfo PSProvider=Microsoft.PowerShell.Core\Function
CmdletBinding       Property       bool CmdletBinding {get;}
CommandType         Property       System.Management.Automation.CommandTypes CommandType {get;}
DefaultParameterSet Property       string DefaultParameterSet {get;}
Definition          Property       string Definition {get;}
Description         Property       string Description {get;set;}
HelpFile            Property       string HelpFile {get;}
Module              Property       psmoduleinfo Module {get;}
```

图4.47　函数子对象支持的方法和属性

4.4.6　Get-Content 获取文件内容

当我们希望获取当前文件内容的时候，可以有多种不同方法进行内容数据的获取。Get-Content 可以说是获取文件内容的第一命令，利用 Get-Content 可以针对任意类型进行数据获取，如果是文本内容，直接读取为可以解析的字符，如果是图片或其他类型文件，以节码方式读取。图 4.48 所示为文件内容命令帮助。

```
PS C:\WINDOWS\system32> get-help Get-Content

名称
    Get-Content

摘要
    Gets the content of the item at the specified location.

语法
    Get-Content [-Path] <System.String[]> [-ReadCount <System.Int64>] [-TotalCount <System.Int64>] [-Tail <System.Int32
    >] [-Filter <System.String>] [-Include <System.String[]>] [-Exclude <System.String[]>] [-Force] [-Credential <Syste
    m.Management.Automation.PSCredential>] [-Delimiter <System.String>] [-Wait] [-Raw] [-Encoding {ASCII | BigEndianUni
    code | BigEndianUTF32 | Byte | Default | OEM | String | Unicode | Unknown | UTF7 | UTF8 | UTF32}] [-Stream <System.
    String>] [-UseTransaction] [<CommonParameters>]

    Get-Content -LiteralPath <System.String[]> [-ReadCount <System.Int64>] [-TotalCount <System.Int64>] [-Tail <System.
    Int32>] [-Filter <System.String>] [-Include <System.String[]>] [-Exclude <System.String[]>] [-Force] [-Credential <
    System.Management.Automation.PSCredential>] [-Delimiter <System.String>] [-Wait] [-Raw] [-Encoding {ASCII | BigEndi
    anUnicode | BigEndianUTF32 | Byte | Default | OEM | String | Unicode | Unknown | UTF7 | UTF8 | UTF32}] [-Stream <Sy
    stem.String>] [-UseTransaction] [<CommonParameters>]
```

图4.48　获取文件内容命令帮助

如果文件内容是基本的文件格式，如 CSV 或 TXT 等类型的数据，可以通过 Get-Content 的命令直接获取相应的内容，图 4.49 所示为获取文件内容的命令执行方式。

```
Get-content c:\log\abc.txt
```

```
PS C:\WINDOWS\system32> Get-Content c:\log\cde.txt
hello
This Is PowerShell
PS C:\WINDOWS\system32>
```

图4.49　直接获取文件内容的命令执行方式

而对于一些不能直接读取的数据，如 Word 文档，Excel 文档或其他的二进制执行文件，我们使用 Get-Content 命令是否可以直接读取呢？当然也是可以的，图 4.50 所示为读取的二进制数据。

```
PS C:\WINDOWS\system32> Get-Content C:\log\blog.png -Encoding Byte
137
80
78
71
13
10
26
10
0
0
0
13
73
72
68
82
0
0
16
4
0
0
16
```

图4.50　读取二进制数据

4.4.7　Copy-Item 文件复制

Copy-Item 的功能是实现文件的复制，这里利用 Copy-Item 功能实现数据从源到目标路径的复制。图 4.51 所示为命令相关的帮助内容。

```
PS C:\WINDOWS\system32> get-help Copy-Item

名称
    Copy-Item

摘要
    Copies an item from one location to another.

语法
    Copy-Item [[-Destination] <System.String>] [-Confirm] [-Container] [-Credential <System.Management.Automation.PSCre
    dential>] [-Exclude <System.String[]>] [-Filter <System.String>] [-Force] [-FromSession <System.Management.Automati
    on.Runspaces.PSSession>] [-Include <System.String[]>] -LiteralPath <System.String[]> [-PassThru] [-Recurse] [-ToSes
    sion <System.Management.Automation.Runspaces.PSSession>] [-UseTransaction] [-WhatIf] [<CommonParameters>]

    Copy-Item [-Path] <System.String[]> [[-Destination] <System.String>] [-Confirm] [-Container] [-Credential <System.M
    anagement.Automation.PSCredential>] [-Exclude <System.String[]>] [-Filter <System.String>] [-Force] [-FromSession <
    System.Management.Automation.Runspaces.PSSession>] [-Include <System.String[]>] [-PassThru] [-Recurse] [-ToSession
    <System.Management.Automation.Runspaces.PSSession>] [-UseTransaction] [-WhatIf] [<CommonParameters>]
```

图4.51　文件复制命令帮助

使用 Copy-Item 命令有两个位置参数，其中的第零号位置就是源文件，第一位是目标文件路径和名字。提供两个参数就可以完成从源文件到目标文件的复制操作，图 4.52 所示为相关的操作步骤和方法。

```
PS C:\log> Copy-Item fog fog1
PS C:\log> ls


    目录: C:\log


Mode                LastWriteTime         Length Name
----                -------------         ------ ----
d-----        2020/11/10     22:59                abc
d-----         2020/11/9     13:07                fogy
d-----        2020/11/12     20:10                mylog
-a----         2020/11/7     17:19          31701 blog.png
-a----        2020/11/14     10:17             25 cde.txt
-a----         2020/11/8     17:45              0 cdef.txt
-a----         2020/11/9     13:07              0 fog
-a----         2020/11/9     13:07              0 fog1
```

图4.52　Copy-Item 复制文件操作

4.4.8　Set-Location 设置当前路径

在 Command 命令中如果希望转换目录，都是通过 CD 进行目录转换，在 PowerShell 中，依然可以这么做，但是这个 CD 是不是 change-directory，可以通过 Get-Alias 来看下是不是这个命令，图 4.53 所示为获取 Set-Location 命令。

图4.53　获取CD命令所代表的别名

这里可以发现，CD 不再是单一命令，而是 Set-Location PowerShell 命令的别名，通过 Set-Location 变更当前的目录。更改当前目录使用的是 Set-Location c:\log 命令，图 4.54 所示为相关的操作。

图4.54　设置当前执行脚本路径

4.4.9　Get-Eventlog 获取当前日志状态

日志系统是系统中非常重要的功能，当需要进行问题诊断、事件查询等操作的时候，日志查询是一个非常重要的功能标准。日常针对日志操作也是管理员最为频繁的功能操作之一。对日志的查询操作是通过 PowerShell Get-Eventlog Cmdlet 来进行的，图 4.55 所示为当前的 Get-Eventlog 命令的操作。

```
PS C:\log> get-help Get-EventLog

名称
    Get-EventLog

摘要
    Gets the events in an event log, or a list of the event logs, on the local computer or remote computers.

语法
    Get-EventLog [-LogName] <System.String> [[-InstanceId] <System.Int64[]>] [-After <System.DateTime>] [-AsBaseObject]
     [-Before <System.DateTime>] [-ComputerName <System.String[]>] [-EntryType {Error | Information | FailureAudit | Su
    ccessAudit | Warning}] [-Index <System.Int32[]>] [-Message <System.String>] [-Newest <System.Int32>] [-Source <Syst
    em.String[]>] [-UserName <System.String[]>] [<CommonParameters>]

    Get-EventLog [-AsString] [-ComputerName <System.String[]>] [-List] [<CommonParameters>]
```

图4.55　获取Get-Eventlog 命令的帮助内容

如果大家希望知道当前日志系统提供的日志记录，可以通过如图 4.56 所示的命令来获取当前系统支持的日志名称。所有当前可用的日志列表如下。

```
PS C:\Users\徐璐> Get-EventLog -List

  Max(K) Retain OverflowAction        Entries Log
  ------ ------ --------------        ------- ---
  20,480      0 OverwriteAsNeeded      25,645 Application
  20,480      0 OverwriteAsNeeded           0 HardwareEvents
     512      7 OverwriteOlder              0 Internet Explorer
  20,480      0 OverwriteAsNeeded           0 Key Management Service
     128      0 OverwriteAsNeeded         391 OAlerts
     512      7 OverwriteOlder             28 On-premises data gateway service
     512      7 OverwriteOlder             90 OneApp_IGCC
                                              Security
  20,480      0 OverwriteAsNeeded      47,457 System
  15,360      0 OverwriteAsNeeded       1,867 Windows PowerShell
```

图4.56　获取当前系统可用的日志列表

如果希望查找相关的日志，我们需要知道日志的名称，日志名称决定了如何获取内容类别，图 4.57 所示为获取相关的安全日志操作。

```
ESKTOP-9VJB88R\C:\WINDOWS\system32> Get-EventLog -LogName Security |where {$_.timegenerated -gt (get-date).AddDays(-5)

  Index Time          EntryType   Source                 InstanceID Message
  ----- ----          ---------   ------                 ---------- -------
 191826 11月 15 13:22 SuccessA... Microsoft-Windows...         5379 已读取凭据管理器凭据。...
 191825 11月 15 13:22 SuccessA... Microsoft-Windows...         5379 已读取凭据管理器凭据。...
 191824 11月 15 13:22 SuccessA... Microsoft-Windows...         5379 已读取凭据管理器凭据。...
 191823 11月 15 13:22 SuccessA... Microsoft-Windows...         5379 已读取凭据管理器凭据。...
 191822 11月 15 13:22 SuccessA... Microsoft-Windows...         5379 已读取凭据管理器凭据。...
 191821 11月 15 13:22 SuccessA... Microsoft-Windows...         5379 已读取凭据管理器凭据。...
 191820 11月 15 13:22 SuccessA... Microsoft-Windows...         5379 已读取凭据管理器凭据。...
 191819 11月 15 13:22 SuccessA... Microsoft-Windows...         5379 已读取凭据管理器凭据。...
 191818 11月 15 13:22 SuccessA... Microsoft-Windows...         5379 已读取凭据管理器凭据。...
 191817 11月 15 13:22 SuccessA... Microsoft-Windows...         5379 已读取凭据管理器凭据。...
 191816 11月 15 13:22 SuccessA... Microsoft-Windows...         5379 已读取凭据管理器凭据。...
 191815 11月 15 13:22 SuccessA... Microsoft-Windows...         5379 已读取凭据管理器凭据。...
 191814 11月 15 13:22 SuccessA... Microsoft-Windows...         5379 已读取凭据管理器凭据。...
 191813 11月 15 13:22 SuccessA... Microsoft-Windows...         5379 已读取凭据管理器凭据。...
 191812 11月 15 13:22 SuccessA... Microsoft-Windows...         5379 已读取凭据管理器凭据。...
```

图4.57　系统安全日志数据获取

4.4.10　Get-Process 获取计算机进程

在 PowerShell 中使用 Get-Process 获取的是系统进程对象，通过 Get-Process 命令获取到系统中当前运行的进程，使用 Get-Process 命令有多种不同的方式可以进行进程获取。在使用 Get-Process 的过程中没有跟上任何参数，则结果为当前所有进程，结果的类型为 Process 进程类型。图 4.58 所示为获取系统进程对象命令。

```
Get-Process
```

```
PS C:\> Get-Process

Handles  NPM(K)    PM(K)      WS(K)     CPU(s)     Id  SI ProcessName
-------  ------    -----      -----     ------     --  -- -----------
    138      12     1884       8372              5572   0 abcEBService
    241      15     2508      14756       0.27  15180   1 ABCSafePop
    551      39   204920     125080   1,777.36  12652   1 APlayer
    418      24    17176      33640       0.36  12668   1 ApplicationFrameHost
    133      10     1492       6528              4788   0 AsLdrSrv
    158      12     1768       8880       0.11   8280   1 ATKOSD2
   1096      17    96180      25976   1,503.78  10592   0 audiodg
    470      23     5872      29788       0.13  14472   1 backgroundTaskHost
    173      13     1724      10016       0.14  14780   1 BrCcUxSys
    213      13     1968      10208       0.27  14484   1 BrCtrlCntr
    257      16     8468      22056       4.38  14764   1 BrStMonW
    243      15     4036      13116             14892   0 BrYNSvc
    289      23    96608     148788      17.81    172   1 chrome
    229      15    21160      43624       1.53    304   1 chrome
    289      20    38652      77776       2.92   2424   1 chrome
    283      20    50348      88872       3.25   4216   1 chrome
    325      21    61040     105328      16.23   5156   1 chrome
    288      20    39000      80068       3.64   6760   1 chrome
    273      16     6924      20444       1.84   8320   1 chrome
   3503      70   179628     283752     743.42   8612   1 chrome
    341      22    60692      97664       4.56  10408   1 chrome
    279      19    28380      73408       4.28  11300   1 chrome
    250       9     1696       7680       0.19  12508   1 chrome
```

图4.58　获取系统进程对象命令

如果希望获取到特定名称的进程，可以在 Get-Process 后面跟上特定的进程名称来获取特定进程对象信息。图 4.59 所示为获取特定进程对象方法。

```
Get-Process notepad
```

```
Windows PowerShell
版权所有 (C) Microsoft Corporation。保留所有权利。

尝试新的跨平台 PowerShell https://aka.ms/pscore6

PS C:\Users\徐鹏> Get-Process notepad

Handles  NPM(K)    PM(K)      WS(K)     CPU(s)     Id  SI ProcessName
-------  ------    -----      -----     ------     --  -- -----------
    239      13     3096      14672       0.34   3784   1 notepad


PS C:\Users\徐鹏> Get-Process notepad |Get-Member


   TypeName:System.Diagnostics.Process
```

图4.59　获取特定进程对象方法

4.4.11　Stop-Process 停止进程

Stop-Process Cmdlet 命令的作用是停止特定对象进程，在实际使用过程中 Stop-Process 很少单独使用，它通常和 Get-Process 命令一起使用，用于特定进程的终止。单独使用 Stop-Process 可以进行已有进程终止，如果进程本身不存在，则可能发生如图 4.60 所示的执行错误。

```
Stop-Process -name notepad
```

```
PS C:\Users\徐鹏> Stop-Process notepad
Stop-Process : 无法绑定参数“InputObject”。无法将“System.String”类型的“notepad”值转换为“System.Diagnostics.Proces
s”类型。
所在位置 行:1 字符: 14
+ Stop-Process notepad
+
    + CategoryInfo          : InvalidArgument: (:) [Stop-Process], ParameterBindingException
    + FullyQualifiedErrorId : CannotConvertArgumentNoMessage,Microsoft.PowerShell.Commands.StopProcessCommand

PS C:\Users\徐鹏> Stop-Process -name notepad
```

图4.60　停止不存在的进程会直接报错

Get-Process 支持管道输入，如果希望停止一系列名称的进程对象，则可以通过 Get-Process 传入管道符右边的数据完成批量的进程停止。图 4.61 所示为相关的操作方法。

```
PS C:\Users\徐鹏> Get-Process -Name notepad

Handles  NPM(K)    PM(K)      WS(K)     CPU(s)     Id  SI ProcessName
-------  ------    -----      -----     ------     --  -- -----------
    246      13     2808      14616       0.06   5596   1 notepad
    244      13     2728      14624       0.08   8444   1 notepad
    246      13     2816      14672       0.13  15840   1 notepad


PS C:\Users\徐鹏> Get-Process -Name notepad |Stop-Process
PS C:\Users\徐鹏>
```

图4.61 批量暂停系统进程操作

4.4.12 Test-Connection Ping 计算机状态

相信大家都使用过 Ping 来获取到目标的返回时间，例如，我们通常使用 Ping 来获取计算机到 www.baidu.com 的时间，使用如图 4.62 所示的命令来获取到百度具体时间。

```
PS C:\Users\徐鹏> ping www.baidu.com

正在 Ping www.a.shifen.com [14.215.177.38] 具有 32 字节的数据:
来自 14.215.177.38 的回复: 字节=32 时间=21ms TTL=55
来自 14.215.177.38 的回复: 字节=32 时间=20ms TTL=55
来自 14.215.177.38 的回复: 字节=32 时间=20ms TTL=55
来自 14.215.177.38 的回复: 字节=32 时间=21ms TTL=55
```

图4.62 获取当前地址到百度地址的具体时间

PowerShell 中有 Test-Connection，同样可以获取当前的地址到目标地址的结果。相比 Ping 的方式，Test-Connection 获取的数据相对更加灵活，图 4.63 所示为我们直接获取当前 Ping 过程中的值。

```
PS C:\> (Test-Connection -ComputerName www.baidu.com -Count 1) |ft ResponseTime,BufferSize,ReplySize

ResponseTime BufferSize ReplySize
------------ ---------- ---------
          20         32        32
```

图4.63 更加灵活地获取Ping的值

相信通过 PowerShell 的 Test-Connection 命令，能够帮助我们更加方便容易地实现 Ping 值结果的获取。

4.4.13 Test-NetConnection 获取端口状况

这个命令功能非常强大，替换了之前我们在 Cmdshell 中的 3 个命令。包含上面提到的 Ping、Telnet 和 Tracert，都可以使用 Test-NetConnection 来进行操作。我们先来看下 Test-NetConnection 帮助内容和操作，图 4.64 所示为 Test-NetConnection 的帮助内容。

```
PS C:\> get-help Test-netConnection

名称
    Test-NetConnection

摘要
    Displays diagnostic information for a connection.

语法
    Test-NetConnection [[-ComputerName] <String>] [-CommonTCPPort] {HTTP | RD
    P | SMB | WINRM} [-InformationLevel {Quiet | Detailed}] [<CommonParameter
    s>]

    Test-NetConnection [[-ComputerName] <String>] [-Hops <Int32>] [-Informati
    onLevel {Quiet | Detailed}] [-TraceRoute] [<CommonParameters>]

    Test-NetConnection [[-ComputerName] <String>] [-InformationLevel {Quiet |
     Detailed}] -Port <Int32> [<CommonParameters>]

    Test-NetConnection [-ConstrainInterface <UInt32>] [-ConstrainSourceAddres
    s <String>] -DiagnoseRouting [<CommonParameters>]
```

图4.64 Test-NetConnection的帮助内容

使用这条命令可以显示 Ping 的状态实现，这里给大家分享一下如何实现 Ping 命令的案例。图 4.65 所示为命令执行结果，这里会发现执行的结果和上面提到的命令完全不同，命令仅仅会执行一次，并且得到相应的 Ping 的结果。

```
Test-NetConnection -computername www.baidu.com
```

```
PS C:\> Test-NetConnection -ComputerName www.baidu.com


ComputerName           : www.baidu.com
RemoteAddress          : 14.215.177.38
InterfaceAlias         : WLAN
SourceAddress          : 192.168.1.109
PingSucceeded          : True
PingReplyDetails (RTT) : 23 ms
```

图4.65 执行Ping命令的结果

如果希望了解到目标网络中的特定端口是否能够正常通信，我们可以使用如图 4.66 所示的命令来验证端口是否通畅，这和我们早期使用的 Telnet 命令非常相似。

```
Test-NetConnection -ComputerName www.baidu.com -port 80
```

```
PS C:\> Test-NetConnection -ComputerName www.baidu.com -Port 80


ComputerName     : www.baidu.com
RemoteAddress    : 14.215.177.39
RemotePort       : 80
InterfaceAlias   : WLAN
SourceAddress    : 192.168.1.109
TcpTestSucceeded : True
```

图4.66 验证端口状态是否通畅

还有一个场景验证当前主机到目标主机的路由状况，这个也是通过 Test-NetConnection 来实现的，这里可以通过如图 4.67 所示的命令来实现当前 IP 到目标的路由状况，通过结果我们可以获取目标经过的路由和总共花费的时间。

```
PS C:\> Test-NetConnection -ComputerName www.baidu.com -TraceRoute


ComputerName           : www.baidu.com
RemoteAddress          : 14.215.177.39
InterfaceAlias         : WLAN
SourceAddress          : 192.168.1.109
PingSucceeded          : True
PingReplyDetails (RTT) : 32 ms
TraceRoute             : 192.168.1.1
                         192.168.48.1
                         192.168.1.1
                         100.64.0.1
                         61.154.238.114
                         117.30.24.209
                         0.0.0.0
                         113.96.5.162
                         219.135.96.94
                         121.14.67.138
                         0.0.0.0
                         0.0.0.0
                         14.215.177.39
```

图4.67　验证本地到目标地址的路由

4.4.14　Send-MailMessage 发送邮件

谈到这个命令，我们不能不说 CMD 时代进行邮件测试的痛苦经历。在那个时代我们测试靠的都是如图 4.68 所示的 Telnet，Telnet 测试邮件中只要错了一个命令，整行命令都会作废。而 Send-MailMessage 能够非常完美地帮助我们解决这个问题。

```
220 nuget.docsop.com Microsoft ESMTP MAIL Service ready at Sat, 18 Dec 2021 12:36:44 +0000
helo
250 nuget.docsop.com Hello [27.154.24.214]
mail from:justoso@       qq.com
501 5.1.7 Invalid address
```

图4.68　痛苦的Telnet邮件测试

现在解放管理员的 PowerShell 命令来了，也就是 Send-MailMessage。目前所有的 Windows 平台都集成了 Send-MailMessage 命令，可以执行如图 4.69 所示的 PowerShell 命令完成邮件系统测试。有了它完全可以忘记 Telnet 命令测试邮件状态的痛苦经历。

```
Send-MailMessage -From xupeng@docsop.com -SmtpServer 52.187.161.2 -Port 25
-Subject "测试邮件" -Body  "这是一封 测试邮件" -to xupeng@docsop.com
```

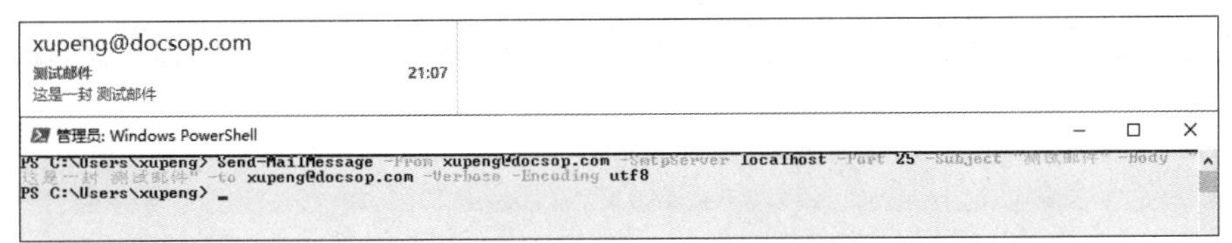

图4.69　邮件系统发送测试

经常会有朋友提到一个问题，我的邮件服务器究竟有没有被匿名中继？这个问题其实解决起来比较容易，我们可以执行如图 4.70 所示的代码完成匿名邮件功能测试。匿名中继的特点就是外部通过服务器可以直接发到外部，下面就是执行脚本代码。通过执行结果我们可以发现，当前的 SMTP

服务器是拒绝匿名中继。

```
Send-MailMessage -From 10853913@qq.com -SmtpServer localhost -Port 25 -Sub
ject "测试邮件" -Body  "这是一封 测试邮件" -to 10853913@qq.com
```

```
1  Send-MailMessage -From 10853913@qq.com -SmtpServer localhost -Port 25 -Subject "测试邮件" -Body  "这是一封 测试邮件" -to 10853913@qq.com

PS C:\Windows\system32> Send-MailMessage -From 10853913@qq.com -SmtpServer localhost -Port 25 -Subject "测试邮件" -Body  "这是一封 测试邮件" -to 1(
Send-MailMessage : 邮箱不可用。 服务器响应为:5.7.54 SMTP; Unable to relay recipient in non-accepted domain
所在位置 行:1 字符: 1
+ Send-MailMessage -From 10853913@qq.com -SmtpServer localhost -Port 25 ...
+ ~~~~~~~~~~~~~~~~~~~~~~~~~~~~~~~~~~~~~~~~~~~~~~~~~~~~~~~~~~~~~~~~~~~~~~~~~
    + CategoryInfo          : InvalidOperation: (System.Net.Mail.SmtpClient:SmtpClient) [Send-MailMessage], SmtpFailedRecipientException
    + FullyQualifiedErrorId : SmtpException,Microsoft.PowerShell.Commands.SendMailMessage
```

图4.70　服务器匿名中继测试

4.5 PowerShell Cmdlet帮助更新

作为新手来说，很多朋友都不知道 Cmdlet 的执行和操作步骤，我们该去哪里找到这些命令的帮助呢？除了在命令行模式下显示出来，能不能以窗口模式显示命令的帮助呢？PowerShell 相比其他的各类脚本语言，PowerShell 帮助文件是一个非常大的优势。完整而可靠的 PowerShell 帮助文件能够帮助代码编写人员大大降低学习 PowerShell 的成本。我们可以通过多种方式获取 PowerShell 的 Cmdlet 帮助，但是如果是一台新的计算机，执行帮助命令会提示你需要更新帮助，主要原因是本机目前没有这些帮助文件，接下来将和大家分享下如何更新命令帮助文件。

4.5.1 在线更新本地所有模块帮助

在所有裸装的计算机中，获取任何一条命令的帮助都会提示需要更新帮助文件。执行帮助文件的方法都比较简单，直接执行如图 4.71 所示的命令，即可实现所有模块和命令的帮助文件的更新。这些文件将保存在系统目录中，执行更新需要管理员权限。

```
Update-Help
```

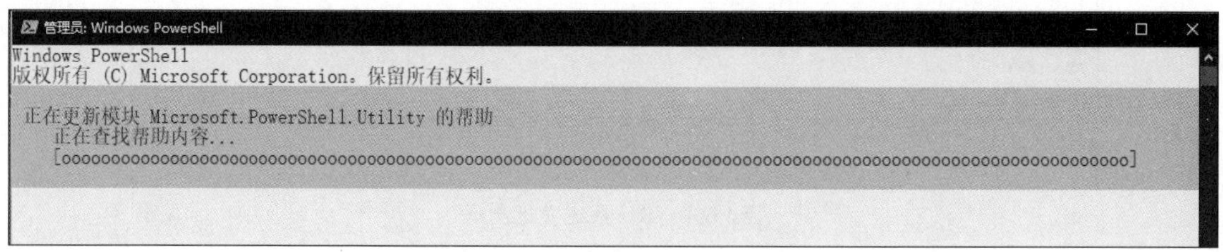

图4.71　执行全部模块的帮助更新

执行 Update-Help 命令后，本地所有模块中的命令帮助文件都将会被更新。

4.5.2　更新特定模块帮助

如果希望更新某一特定模块的命令帮助，则在 Update-Help 命令中加上模块名字即可。执行如图 4.72 所示的命令，可以实现模块帮助文件的更新。

```
Update-Help -Module 模块名称
```

```
PS C:\WINDOWS\system32> update-help -Module tls

正在更新模块 TLS 的帮助
   正在查找帮助内容...
   [                                                              ]
```

图4.72　特定模块命令帮助更新

4.5.3　更新特定语言版本文件

如果存在特定语言的模块文件更新，可以使用如图 4.73 所示的命令进行更新，这里更新的是英文版本的命令帮助。

```
Update-Help -UICulture en-US
```

```
PS C:\WINDOWS\system32> update-help -UICulture en-US

正在更新模块 Microsoft.PowerShell.Management 的帮助
   正在查找帮助内容...
   [                                                              ]
```

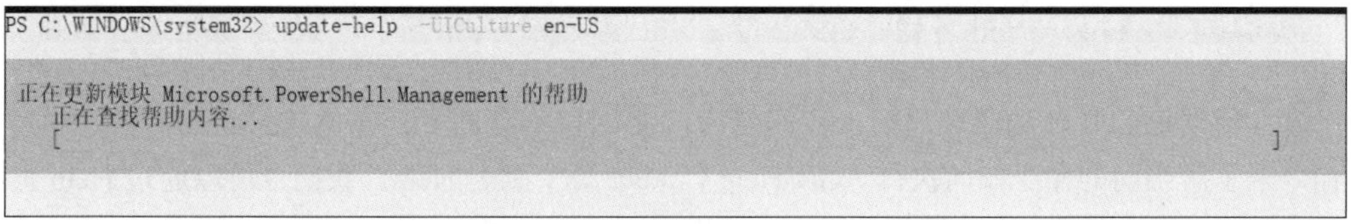

图4.73　更新特定语言模块文件

4.5.4　使用离线下载方案更新帮助文件

离线更新模块和命令也是企业内部需要进行的操作，企业内所有的服务器出于安全原因，不允许访问到互联网进行命令帮助文件的更新，这时如何更新企业内部的服务器的帮助文件呢？这就是离线更新帮助文件的使用场景。

离线更新帮助文件分为以下两个步骤。

```
Save-Help -DestinationPath \\Server01\Share\PSHelp
# 将帮助文件保存到 Server01 的服务器
Invoke-Command -ComputerName (Get-Content Servers.txt) -ScriptBlock {Up
date-Help -SourcePath \\Server01\Share\PSHelp}
# 根据需要将下载的文件更新到服务器的帮助缓存文件
```

图 4.74 所示为 PowerShell 更新场景，我们可以通过 PowerShell 进行帮助文件分发，这里使用一台可以上网的机器进行命令帮助更新，然后远程执行命令，即可应用到其他服务器。

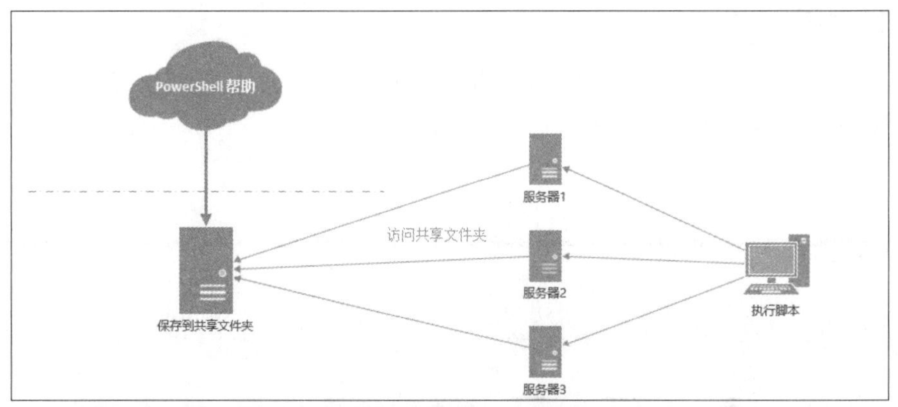

图4.74 离线更新PowerShell命令

如果需要实现相应的架构并完成帮助文件的发布，必须满足以下的条件。

- 执行保存帮助文件的客户端需要能够上网。
- 帮助文件可以保存在服务器或共享文件夹中。
- 更新帮助服务器，需要能够访问到存储帮助文件的共享文件夹。

4.6 PowerShell Cmdlet 获取帮助

完成本地帮助的更新和保存之后，我们就可以使用这些帮助了，在 PowerShell 中可以通过 Get-Help 命令来了解当前的命令如何执行。Get-Help Cmdlet 有个别名 Help，我们也可以通过 Help 命令来进行。Get-Help 提供多个命令执行帮助和命令帮助显示方式，可以满足大家在各种不同的模式下实现帮助的显示。接下来针对不同的参数提供的不同业务场景来给大家分享下 Get-Help 的命令。

获取命令行的帮助有多种显示方式，你可以找到合适的方式获取命令帮助。

4.6.1 无参数命令帮助

如果我们使用 Get-Help 后面跟上命令的方式，结果数据将会以摘要方式显示命令帮助。图 4.75 所示为命令无参数帮助内容的显示，这里会显示一些基本的摘要信息，包含并且不限于如下内容：

- 命令名称
- 命令执行摘要
- 命令具体语法
- 命令具体说明
- 命令相关链接
- 命令备注信息

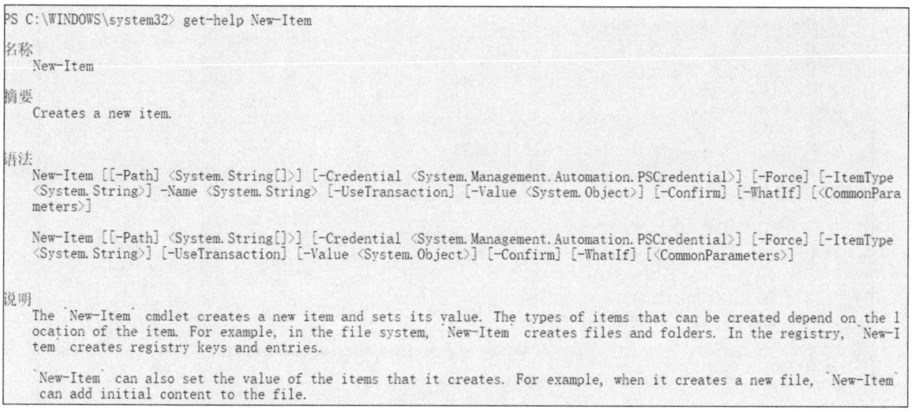

```
PS C:\WINDOWS\system32> get-help New-Item

名称
    New-Item

摘要
    Creates a new item.


语法
    New-Item [[-Path] <System.String[]>] [-Credential <System.Management.Automation.PSCredential>] [-Force] [-ItemType
    <System.String>] -Name <System.String> [-UseTransaction] [-Value <System.Object>] [-Confirm] [-WhatIf] [<CommonPara
    meters>]

    New-Item [[-Path] <System.String[]>] [-Credential <System.Management.Automation.PSCredential>] [-Force] [-ItemType
    <System.String>] [-UseTransaction] [-Value <System.Object>] [-Confirm] [-WhatIf] [<CommonParameters>]


说明
    The `New-Item` cmdlet creates a new item and sets its value. The types of items that can be created depend on the l
    ocation of the item. For example, in the file system, `New-Item` creates files and folders. In the registry, `New-I
    tem` creates registry keys and entries.

    `New-Item` can also set the value of the items that it creates. For example, when it creates a new file, `New-Item`
    can add initial content to the file.
```

图4.75　无参数帮助内容显示

4.6.2　详细参数命令帮助

当使用 Get-Help Cmdlet（命令）的时候带上 Detailed 参数，则会在命令的帮助内容中显示如图 4.76 所示的具体信息，将包含名称、摘要、语法、说明、参数等信息。

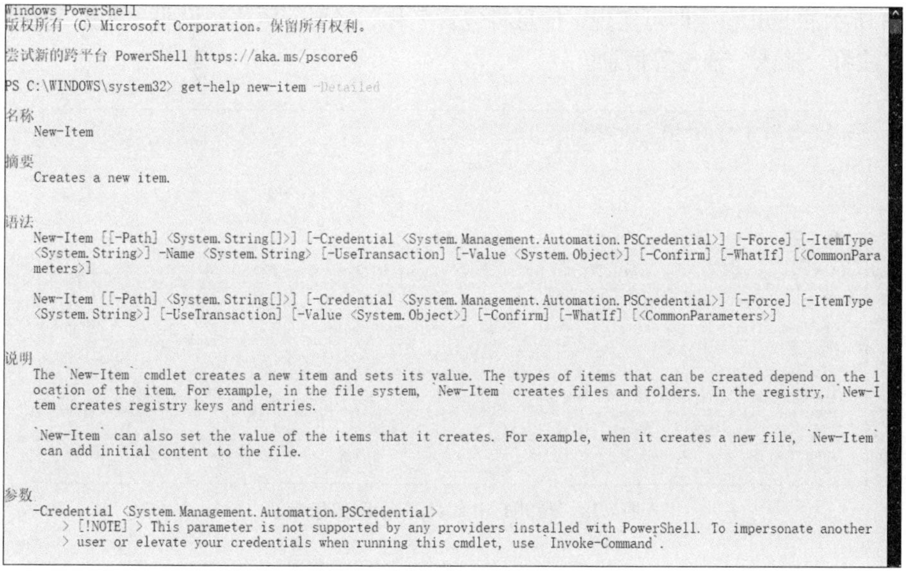

```
Windows PowerShell
版权所有 (C) Microsoft Corporation。保留所有权利。

尝试新的跨平台 PowerShell https://aka.ms/pscore6

PS C:\WINDOWS\system32> get-help new-item -Detailed

名称
    New-Item

摘要
    Creates a new item.


语法
    New-Item [[-Path] <System.String[]>] [-Credential <System.Management.Automation.PSCredential>] [-Force] [-ItemType
    <System.String>] -Name <System.String> [-UseTransaction] [-Value <System.Object>] [-Confirm] [-WhatIf] [<CommonPara
    meters>]

    New-Item [[-Path] <System.String[]>] [-Credential <System.Management.Automation.PSCredential>] [-Force] [-ItemType
    <System.String>] [-UseTransaction] [-Value <System.Object>] [-Confirm] [-WhatIf] [<CommonParameters>]


说明
    The `New-Item` cmdlet creates a new item and sets its value. The types of items that can be created depend on the l
    ocation of the item. For example, in the file system, `New-Item` creates files and folders. In the registry, `New-I
    tem` creates registry keys and entries.

    `New-Item` can also set the value of the items that it creates. For example, when it creates a new file, `New-Item`
    can add initial content to the file.


参数
    -Credential <System.Management.Automation.PSCredential>
        > [!NOTE] > This parameter is not supported by any providers installed with PowerShell. To impersonate another
        > user or elevate your credentials when running this cmdlet, use `Invoke-Command`.
```

图4.76　使用Detailed参数获取信息

4.6.3　案例参数命令帮助

在命令帮助中如果仅仅需要示例，就可以用命令跟上 Examples 参数来实现命令的案例介绍。以 New-Item 为例，可以得到使用 New-Item 的各类案例，使用 Examples 参数将显示如图 4.77 所示的具体信息。

```
PS C:\WINDOWS\system32> get-help new-item -Examples

名称
    New-Item

摘要
    Creates a new item.

    ------ Example 1: Create a file in the current directory ------

    New-Item -Path . -Name "testfile1.txt" -ItemType "file" -Value "This is a text string."

    ---------------- Example 2: Create a directory ----------------

    New-Item -Path "c:\" -Name "logfiles" -ItemType "directory"

    ----------------- Example 3: Create a profile -----------------

    New-Item -Path $profile -ItemType "file" -Force

    > [!NOTE] > When you create a file using this method, the resulting file is encoded as UTF-8 without a > byte-order
    -mark (BOM).
    ---- Example 4: Create a directory in a different directory ----

    New-Item -ItemType "directory" -Path "c:\ps-test\scripts"
```

图4.77　案例帮助具体信息

4.6.4 完整参数命令帮助

在 Get-Help 的参数中，Full 参数将显示命令中的所有内容。它除显示参数和案例之外，同样也会显示命令的描述、输入输出数据类型和一些其他的内容。如果需要最为完整的命令使用帮助，使用如图 4.78 所示的 Full 参数即可实现，信息将包含名称、摘要、语法、说明、参数、案例、备注、相关链接、注释、输入、输出等信息。

```
PS C:\WINDOWS\system32> get-help new-item -Full

名称
    New-Item

摘要
    Creates a new item.

语法
    New-Item [[-Path] <System.String[]>] [-Credential <System.Management.Automation.PSCredential>] [-Force] [-ItemType
    <System.String>] -Name <System.String> [-UseTransaction] [-Value <System.Object>] [-Confirm] [-WhatIf] [<CommonPara
    meters>]

    New-Item [[-Path] <System.String[]>] [-Credential <System.Management.Automation.PSCredential>] [-Force] [-ItemType
    <System.String>] [-UseTransaction] [-Value <System.Object>] [-Confirm] [-WhatIf] [<CommonParameters>]


说明
    The `New-Item` cmdlet creates a new item and sets its value. The types of items that can be created depend on the l
    ocation of the item. For example, in the file system, `New-Item` creates files and folders. In the registry, `New-I
    tem` creates registry keys and entries.

    `New-Item` can also set the value of the items that it creates. For example, when it creates a new file, `New-Item`
    can add initial content to the file.
```

图4.78　使用Full参数显示的具体数据

4.6.5 获取命令参数

在执行 PowerShell 命令的过程中可能不知道当前的 Cmdlet 存在哪些参数问题，参数是强制类型还是可选类型，参数是否支持管道符，相信大家在第一时间拿到命令的时候都会很迷糊，就使用 Get-Help-Full 进行查找，但是 Full 开关的内容实在太多而找不到重点，这时 Parameter 参数就有它的用武之地了。当希望获取当前命令的参数时，可以利用 Get-Help Cmdlet-Parameter* 来获取所有当前 Cmdlet 的参数，图 4.79 所示为 New-Item Cmdlet 拥有的所有参数类型详细定义，这里会列出所有参数信息。

```
PS C:\WINDOWS\system32> get-help new-item -Parameter *

-Credential <System.Management.Automation.PSCredential>
    > [!NOTE] > This parameter is not supported by any providers installed with PowerShell. To impersonate another > us
    er or elevate your credentials when running this cmdlet, use `Invoke-Command`.

    是否必需?                    False
    位置?                        named
    默认值                   Current user
    是否接受管道输入?            True (ByPropertyName)
    是否接受通配符?              False


-Force <System.Management.Automation.SwitchParameter>
    Forces this cmdlet to create an item that writes over an existing read-only item. Implementation varies from provid
    er to provider. Even using the Force parameter, the cmdlet cannot override security restrictions.

    是否必需?                    False
    位置?                        named
    默认值                   False
    是否接受管道输入?            False
    是否接受通配符?              False
```

图4.79　获取命令参数相关内容

如果希望获取当前特定的参数的相关介绍，可以通过 Parameter 参数设置特定的参数名称，图 4.80 所示为特定的参数获取。

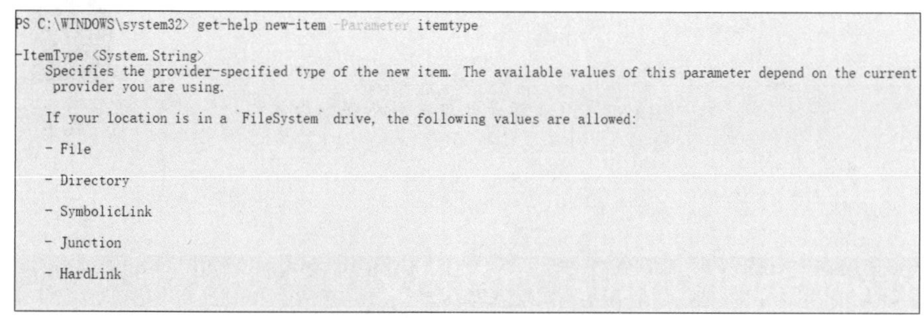

```
PS C:\WINDOWS\system32> get-help new-item -Parameter itemtype

-ItemType <System.String>
    Specifies the provider-specified type of the new item. The available values of this parameter depend on the current
     provider you are using.

    If your location is in a `FileSystem` drive, the following values are allowed:

    - File

    - Directory

    - SymbolicLink

    - Junction

    - HardLink
```

图4.80　获取特定参数的设定

4.6.6　以窗口方式显示帮助信息

目前所有命令的帮助显示结果都是在 PowerShell 交互环境中显示，有些朋友觉得显示的内容非常不直观。PowerShell 预留了以窗口方式显示命令帮助的信息，这时可以调用窗口显示命令帮助信息，我们只需要在 Get-Help Cmdlet 参数后面跟上 ShowWindow 参数就可以了。参数显示的内容等同于执行命令跟上的 Full Swith 参数，图 4.81 所示为通过窗口显示帮助信息内容。

```
Windows PowerShell
PS C:\WINDOWS\system32> get-help new-item -ShowWindow
PS C:\WINDOWS\system32>

New-Item Help
Find: [          ] Previous  Next                Settings
Synopsis
    Creates a new item.

Description
    The `New-Item` cmdlet creates a new item and sets its value. The types of items
that can be created depend on the location of the item. For example, in the file
system, `New-Item` creates files and folders. In the registry, `New-Item` creates
registry keys and entries.

    `New-Item` can also set the value of the items that it creates. For example,
when it creates a new file, `New-Item` can add initial content to the file.
```

图4.81　获取命令帮助具体信息

4.6.7 以网页方式显示帮助信息

在帮助内容的所有参数中，还有一个很特别的参数，就是以在线网页方式打开帮助文件。以网页显示帮助文件的内容与 Full 开关相同，这里显示的内容是在微软的帮助文档库里面的。如果希望了解最新的命令，我们可以使用微软在线文档库查询 Cmdlet 的用法，在线文档库的内容都是最新的帮助内容，而本地帮助文档库如果没有使用 Update-Help 进行更新，则会一直保持前一次更新的帮助内容。使用在线文档库的方式显示帮助也非常简单，可以直接通过 Switch 参数 online 实现网页方式展示 Cmdlet 的帮助内容。图 4.82 所示为在线网页方式显示 PowerShell 命令帮助内容。

图4.82 以网页方式显示命令帮助内容

4.7 PowerShell Cmdlet 别名定义

在 PowerShell 中存在一些名字特别长或者特别难以理解的命令，这时可以给命令起别名来替代原有的 Cmdlet，帮助大家更快地理解和使用命令。别名仅仅是将命令以另外一个名称替代，参数使用依然遵循原来的 Cmdlet 命令。定义别名的方式也非常简单，直接使用 Set-Alias 命令就可以完成别名的建立，如图 4.83 所示。

```
Set-alias listall Get-ChildItem
```

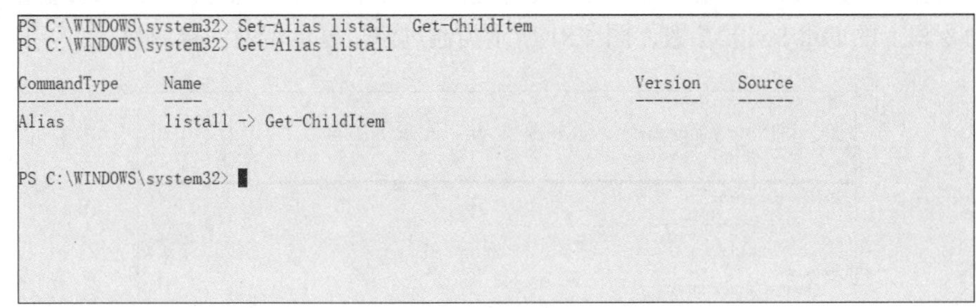

图4.83 给命令设置别名

完成别名设置后，别名参数和定义的命令与原来的参数相符，图 4.84 所示为别名设置后的参数定义结果。

```
PS C:\WINDOWS\system32> listall -Recurse

    目录: C:\WINDOWS\system32

Mode                 LastWriteTime         Length Name
----                 -------------         ------ ----
d-----          2020/10/15     13:16                0409
d-----          2020/10/15     13:14                AdvancedInstallers
d-----          2020/10/15     13:14                am-et
d-----          2020/10/15     13:14                AppLocker
d-----          2020/10/19     22:20                appraiser
d---s-          2020/10/15     13:14                AppV
d-----          2020/10/19     22:20                ar-SA
d-----          2020/10/15     15:13                BestPractices
d-----          2020/10/15     13:17                bg-BG
d-----          2020/10/19     22:20                Boot
d-----          2020/10/15     13:14                Bthprops
d-----          2020/10/15     13:14                CatRoot
d-----          2020/11/12     12:14                catroot2
d-----          2020/10/15     13:14                CodeIntegrity
d-----          2020/10/15     13:16                Com
d-----          2020/11/12     10:40                config
d---s-          2020/10/15     13:14                Configuration
```

图4.84　别名设置完成后的参数

设置别名仅仅在当前 Session 中生效，如果关闭 PowerShell 的窗口，则当前定义的 Alias 别名就会消失。如果希望别名能够永久保存，即使关闭 PowerShell 窗口或者关闭计算机，都可以保留别名，这时候我们需要在配置文件中添加设置别名命令实现别名的永久保存。在配置文件中保留了别名之后，不管是否关闭当前的 PowerShell Session 或者重启服务器，别名都将永远保留，图 4.85 所示为将别名操作保留在配置文件中。

```
*Microsoft.PowerShell_profile.ps1 - 记事本
文件(F) 编辑(E) 格式(O) 查看(V) 帮助(H)
$user=(get-childitem env:username).value
$host.ui.rawui.windowtitle="My Ps->User:$user"
Function Prompt
{
$env:COMPUTERNAME + "\" + (Get-Location) + "> "
}

set-alias listall get-childitem
```

图4.85　在配置文件中保存别名设置

在 PowerShell 中有两个非常特殊的别名，这两个别名和其他别名完全不同，其他别名都是以字符进行定义，而这两个别名是以字符替代，图 4.86 所示为这两个别名。

- %：ForEach-Object 语句的别名。
- ?：Where-Object 语句的别名。

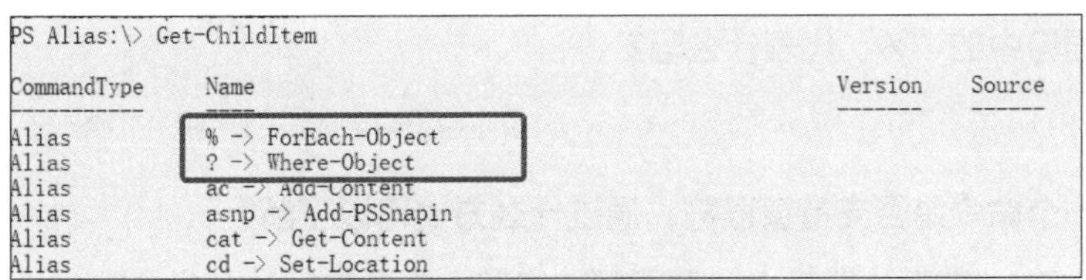

```
PS Alias:\> Get-ChildItem

CommandType     Name                               Version    Source
-----------     ----                               -------    ------
Alias           % -> ForEach-Object
Alias           ? -> Where-Object
Alias           ac -> Add-Content
Alias           asnp -> Add-PSSnapin
Alias           cat -> Get-Content
Alias           cd -> Set-Location
```

图4.86　PowerShell中的特殊别名

4.8 章节回顾

本章给大家分享了 PowerShell 的最小运行单元 Cmdlet，Cmdlet 虽然是最小运行单元，但是里面的知识真的非常多，我们先从 PowerShell 的命令格式开始谈起，后面分享比较多的 PowerShell 命令在不同的场景下的常用参数，通常使用的基本类型包含如下的参数类型。

- 强制类型参数
- 命名参数
- 位置参数
- Switch 参数

讲完基本的参数类型之后，再和大家分享命令的高级参数。如果命令属于对象查询类命令，则可能不会有这些高级参数，但如果是新建、设置、更新、删除的动词，则大部分命令支持如下的参数。

- Verbose
- Debug
- ErrorAction
- ErrorVariable
- OutVariable
- OutBuffer
- PipelineVariable
- WarningAction
- WarningVariable
- Whatif
- Confirm
- InformationAction
- informationVariable

讲完高级参数之后，和大家分享了使用非常频繁的 14 个 PowerShell 命令。本章最后和大家分享了 PowerShell 帮助部分内容，包含帮助的获取、更新及命令帮助的获取。

4.9 练习与知识巩固

1. 你能看懂下面语句中的“%”代表什么吗?

```
"abcd"-match"ab[cd]""abcadwe"|Select-String"ab[cd]"|%matches
```

2. 如果你想知道一个命令是否支持管道符，通过什么方式可以了解?

3. 在裸安装PowerShell的新计算机上，获取帮助之前，需要执行什么命令?

4. 想要查看PowerShell Cmdlet的演示案例，你该怎么获取帮助（以New-Item为例）?

5. 如果希望别名永远存在，我们应该怎么设置？

6. 如果希望获取当前运行的进程，该执行什么命令？

7. 如果希望PowerShell命令将执行错误后的提示信息都保存到变量CmdletError中，如何进行定义？

8. 什么是Switch 参数，如何判断一个命令包含Switch 参数？

9. 如何利用窗口的方式显示PowerShell 命令的帮助？

10. 如果希望模拟一个命令的运行情况，在执行命令过程中需要使用什么参数？

第5章 PowerShell管理单元和模块

所谓“他山之石，可以攻玉”，Python 之所以能够发展得这么快，也需要感谢成千上万的开发人员做出的贡献，PowerShell 的开源脚本网站 PowerShell Gallery 也有非常多的人贡献了自己编写的脚本，如果自己不会编写脚本，引用他人写的脚本也能帮助自己快速成长。

5.1 PowerShell管理单元PSSnapin

PowerShell Snapin 又称为 PowerShell 管理单元，它是包含 PowerShell Provider 和命令集合的 .Net 程序集合。在 Windows PowerShell 系统中包含了一组默认的管理单元，如果需要了解当前的可用管理单元，可以执行如图 5.1 所示的命令来获取当前已经加载的 PSSnapin。

```
Get-pssnapin
```

```
PS C:\WINDOWS\system32> Get-PSSnapin

Name        : Microsoft.PowerShell.Core
PSVersion   : 5.1.19041.610
Description :
```

图5.1　获取PowerShell 管理单元

PowerShell 管理单元的概念与模块非常相似，也非常容易混淆。管理单元需要通过安装可执行程序来进行安装，安装后就可以实现管理单元的调用，而 PowerShell 属于轻量型应用，大部分不需要通过安装程序进行安装。当前需要 PowerShell 管理单元进行管理的产品其实并不多，大部分之前使用管理单元的产品都开始慢慢走向模块化，例如，活动目录、数据库、SCCM、SCOM 等微软产品都使用模块进行管理。

微软未来的产品中 PowerShell 管理单元将逐步淡化，越来越多的产品将通过 PowerShell 的模块进行管理。但是现在管理单元在某些产品中依然存在，主要是为了兼容早期产品，相信随着模块化和轻量化产品的普及，管理单元将逐渐走向没落。从管理方法上来说，PowerShell 管理单元和模块的管理方式没有任何差别。

5.2 PowerShell 管理单元加载

使用 PowerShell 管理单元管理的产品越来越少，微软中支持 PowerShell 管理单元的产品也只有 Exchange。最早支持 PowerShell 管理单元的 Exchange 版本是 Exchange Server 2007，目前 Exchange Server 最新版本是 Exchange Server 2019，但是管理 Exchange Server 依然需要 PowerShell 管理单元。一旦需要使用支持 Exchange 的 PowerShell 命令，就必须通过 Add-PsSnapin 命令将 PowerShell 管理单元加载。

5.2.1 获取已经注册的管理单元

获取已经加载的管理单元，我们可以通过 Get-PsSnapin 完成，但是如何获取当前的 PowerShell 可以加载但是没有加载的 PowerShell 命令呢？这个就需要通过如图 5.2 所示的命令来获取当前已经注册在本机的管理单元。

```
Get-PsSnapin-registered
```

由于以管理单元加载的命令不多，这里以 Exchange Server 为例。Exchange Server 安装完成后，我们可以通过如下命令获取已经注册的管理单元。

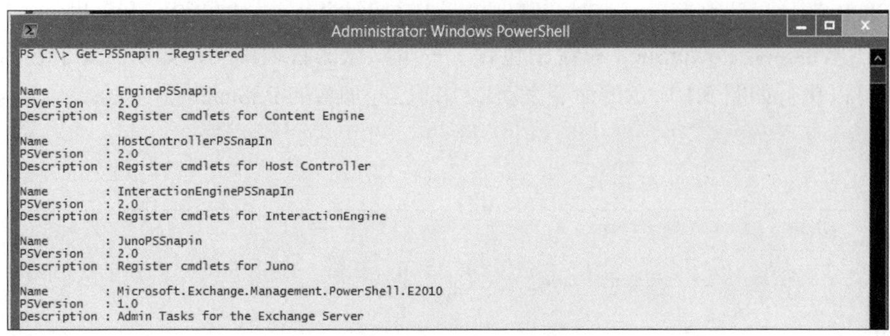

图5.2　获取已经注册的管理单元

5.2.2 PowerShell 管理单元的加载

管理单元的加载相比模块来说会麻烦一些，从 PowerShell 3.0 开始只要运行了模块内任何一个命令，PowerShell 模块都可以自动加载进来。但是管理单元必须通过手动加载来实现，所有管理单元内的命令必须管理单元加载后才能运行。图 5.3 所示为通过加载管理单元命令将 Exchange Server 的 PowerShell 管理单元加载到当前 PowerShell 的环境中，这是管理单元与模块目前来说最大的不同。

```
PS C:\> Add-PSSnapin  Microsoft.Exchange.Management.PowerShell.E2010
PS C:\> Get-PSSnapin -Registered |Add-PSSnapin_
```

图5.3　通过命令加载管理单元

5.2.3 PowerShell 管理单元命令

完成 PowerShell 管理单元的加载之后，可以通过 Get-Command 命令获取当前管理单元中执行的 PowerShell 命令，在 Get-Command 后面跟上 PsSnapin 参数，可以获取定义的 PowerShell 管理单元命令，图 5.4 所示为管理单元可执行命令的获取。

```
PS C:\> Get-Command -PSSnapin Microsoft.Exchange.Management.PowerShell.E2010

CommandType     Name                                         ModuleName
-----------     ----                                         ----------
Cmdlet          Accept-ConsumerCalendarSharingInvitation     Microsoft.Exchange.Management.PowerShell.E2010
Cmdlet          Add-ADPermission                             Microsoft.Exchange.Management.PowerShell.E2010
Cmdlet          Add-AgentTrafficTypeSubscription             Microsoft.Exchange.Management.PowerShell.E2010
Cmdlet          Add-AggregateMailboxOperation                Microsoft.Exchange.Management.PowerShell.E2010
Cmdlet          Add-AvailabilityAddressSpace                 Microsoft.Exchange.Management.PowerShell.E2010
Cmdlet          Add-ComplianceCaseMember                     Microsoft.Exchange.Management.PowerShell.E2010
Cmdlet          Add-ConsumerMailboxFolderPermission          Microsoft.Exchange.Management.PowerShell.E2010
Cmdlet          Add-ContentFilterPhrase                      Microsoft.Exchange.Management.PowerShell.E2010
Cmdlet          Add-DatabaseAvailabilityGroupServer          Microsoft.Exchange.Management.PowerShell.E2010
Cmdlet          Add-DistributionGroupMember                  Microsoft.Exchange.Management.PowerShell.E2010
Cmdlet          Add-DlpPolicyCollection                      Microsoft.Exchange.Management.PowerShell.E2010
Cmdlet          Add-eDiscoveryCaseAdmin                      Microsoft.Exchange.Management.PowerShell.E2010
Cmdlet          Add-FederatedDomain                          Microsoft.Exchange.Management.PowerShell.E2010
```

图5.4　管理单元加载后的可执行命令获取

5.3 PowerShell 管理单元导出与导入

对于 PowerShell 来说，需要特别注意管理单元的加载仅仅针对当前活动的 PowerShell 生效，如果关闭了当前加载管理单元的 PowerShell，将无法在其他的 PowerShell 交互环境中使用管理单元。也就是说，PowerShell 管理单元在窗口关闭的那一刻自动卸载了。如果希望在所有的 PowerShell 交互环境中直接加载 Exchange 管理单元，我们就需要在 PowerShell 的配置文件中加载 Exchange 的管理单元，图 5.5 所示为管理单元配置文件信息，这里将当前已经注册的管理单元全部加载到 PowerShell 中来了。

```
*Microsoft.PowerShell_profile.ps1 - 记事本
文件(F)  编辑(E)  格式(O)  查看(V)  帮助(H)
get-pssnapin -registered |add-pssnapin
```

图5.5　配置文件加载所有的PowerShell管理单元

如果当前的管理单元加载了特定的 PowerShell 管理单元，我们不希望所有的内容都加载进来的话，这里可以将当前的 PowerShell 控制台信息文件导出为 PSC1 文件，将来如果希望这样的环境可以随时重新调用，以下命令可以实现管理单元的导出。

```
Export-Console c:\console\MyConsole.psc1
```

保存后的 PowerShell 控制台文件可以随时按照需要进行调用，也可以用于 PowerShell 远程连接环境或者使用 PowerShell WebAccess 的调用。如果希望异机调用，则必须保证重用之前系统已经安装了管理单元所必须依靠的组件和程序，确定安装完成后就可以通过 PowerShell 命令跟上相应的配置控制台文件加载 Exchange 的管理单元。

```
PowerShell.exe -psconsolefile NewConsole.psc1
```

5.4 PowerShell 管理单元的卸载

PowerShell 管理单元的卸载包含两种不同的场景：一种是临时卸载，另一种是永久卸载。我们可以采用如下的命令来完成 PowerShell 的临时卸载。

```
Remove-PSsnapin 管理单元名称
```

如果希望永久地卸载管理单元，我们可以将当前的 PowerShell 窗口关闭。

5.5 PowerShell 的模块

PowerShell 中的模块和管理单元是非常相似的概念，很多管理员搞不清楚这两者的差别，差别其实非常小，但是从系统底层来看，差别在于系统耦合度，当需要管理与系统结合得非常紧密的时候，比如有非常多的 exe 和 Dll 文件需要调用，这个时候就需要管理单元来实现业务的正常管理，当业务的耦合度和系统没有那么强，则使用模块进行管理。微软的大部分业务已经从紧耦合度向松耦合度过渡，目前大部分业务都是使用模块进行管理，图 5.6 所示为紧耦合和松耦合在结构上的不同。

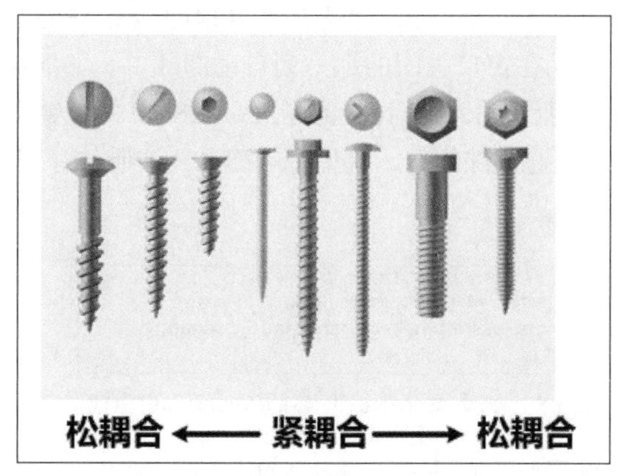

图5.6　松耦合与紧耦合

如果希望从系统层面来理解管理单元和模块的差别，可以通过图 5.7 来获取答案。

图5.7　管理单元和模块在系统结构上的不同

管理单元相比模块，更接近系统的底层驱动层。管理单元需要安装和应用，对于系统环境的要求就比较高。而模块更加轻量化，我们可以在任何平台安装相关的模块，相比管理单元，对于环境的要求更少，对于业务的兼容性也比管理单元好很多。

5.5.1 PowerShell 获取已经加载的模块

如果希望获取当前 PowerShell 已经加载的模块，可以直接使用 Get-Module 命令获取当前已经加载的模块命令，默认情况下系统不会自动加载第三方模块，图 5.8 所示为没有加载第三方模块信息。

```
PS C:\Users\徐鹏> Get-Module

ModuleType Version    Name                                ExportedCommands
---------- -------    ----                                ----------------
Manifest   3.1.0.0    Microsoft.PowerShell.Management     {Add-Computer, Add-Content, Checkpoint-Computer, Clear-Con...
Manifest   3.1.0.0    Microsoft.PowerShell.Utility        {Add-Member, Add-Type, Clear-Variable, Compare-Object...}
Script     2.0.0      PSReadline                          {Get-PSReadLineKeyHandler, Get-PSReadLineOption, Remove-PS...
```

图5.8　获取当前已加载的模块信息

这里如果我们执行了 QRCodeGenerator 模块中的命令，那么 QRCodeGenerator 模块将会被自动加载进来。图 5.9 所示为加载模块后的所有信息。

```
PS C:\> Get-Module

ModuleType Version    Name                                ExportedCommands
---------- -------    ----                                ----------------
Manifest   3.1.0.0    Microsoft.PowerShell.Management     {Add-Computer, Add-Content, Checkpoint-Computer, Clear-Con..
Manifest   3.1.0.0    Microsoft.PowerShell.Utility        {Add-Member, Add-Type, Clear-Variable, Compare-Object...}
Script     2.0.0      PSReadline                          {Get-PSReadLineKeyHandler, Get-PSReadLineOption, Remove-PS..
Script     2.6.0      QRCodeGenerator                     {New-PSOneQRCodeGeolocation, New-PSOneQRCodeText, New-PSOn..
```

图5.9　加载QRcodeGenerator 模块后的信息

如果希望更加深入地了解加载模块的更详细信息，包含模块的路径、模块版本和模块的类型，可以通过执行"Get-Module |FL"命令清楚地了解加载到PowerShell 环境的模块中的具体信息，图 5.10 所示为安装模块的具体信息，包括模块名称、模块安装路径、模块描述、模块版本等。

```
PS C:\> Get-Module -All |fl


Name              : Microsoft.PowerShell.Commands.Management.dll
Path              : C:\WINDOWS\Microsoft.Net\assembly\GAC_MSIL\Microsoft.PowerShell.Commands.Management\v4.0_3.0.0.0__3
                    1bf3856ad364e35\Microsoft.PowerShell.Commands.Management.dll
Description       :
ModuleType        : Binary
Version           : 3.0.0.0
NestedModules     : {}
ExportedFunctions :
ExportedCmdlets   : {Add-Content, Clear-Content, Clear-ItemProperty, Join-Path...}
ExportedVariables :
ExportedAliases   : {gin, gtz, stz, scb...}

Name              : Microsoft.PowerShell.Commands.Utility.dll
Path              : C:\WINDOWS\Microsoft.Net\assembly\GAC_MSIL\Microsoft.PowerShell.Commands.Utility\v4.0_3.0.0.0__31bf
                    3856ad364e35\Microsoft.PowerShell.Commands.Utility.dll
Description       :
ModuleType        : Binary
Version           : 3.0.0.0
NestedModules     : {}
ExportedFunctions :
ExportedCmdlets   : {New-Object, Measure-Object, Select-Object, Sort-Object...}
ExportedVariables :
ExportedAliases   : CFS
```

图5.10　已经加载的模块具体信息

5.5.2 PowerShell 获取已经安装模块

在进行模块部署过程中，我们有几类不同的部署方式：方法 1 是通过 Install-Module 命令来完成模块的安装，方法 2 是将模块下载到本地解压缩。方法 1 安装的模块我们可以通过如下的命令来获取，图 5.11 所示为命令执行后的结果。

```
Get-Installedmodule
```

```
PS C:\> Get-InstalledModule

Version    Name                              Repository           Description
-------    ----                              ----------           -----------
2.1.0.1    EnhancedHTML2                     PSGallery            EnhancedHTML2 module from free ebook Creating HT...
1.0        ISEScriptAnalyzerAddOn            PSGallery            Script Analyzer helps you to analyze the script ...
3.4.1      ISEScriptingGeek                  PSGallery            Functions and add-ons for the Windows PowerShell...
2.7.1.9    ISESteroids                       PSGallery            Extension for PowerShell ISE 3.0 and better
5.0.4      Pester                            PSGallery            Pester provides a framework for running BDD styl...
1.5.0      PsISEProjectExplorer              PSGallery            Provides a tree view that enables to index and e...
1.19.1     PSScriptAnalyzer                  PSGallery            PSScriptAnalyzer provides script analysis and ch...
1.3.1.0    ScriptBrowser                     PSGallery            Script Browser helps you search, download and ma...
3.0.1      Selenium                          PSGallery            Web automation using the Selenium Web Driver
```

图5.11　通过Install-Module命令安装模块列表

如果希望更加深入地了解已经安装的 PowerShell 模块的各类信息，包含模块的路径、模块版本和模块的类型，可以通过执行“Get-InstalledModule |FL”命令清楚地了解加载到 PowerShell 环境的模块中的具体信息，图 5.12 所示为安装模块的具体信息，包括模块名称、模块安装路径、模块描述、模块版本等。

```
PS C:\Users\徐鹏> Get-InstalledModule |fl


Name                       : MicrosoftPowerBIMgmt
Version                    : 1.2.1026
Type                       : Module
Description                : Microsoft Power BI PowerShell - All cmdlets for Microsoft Power BI
Author                     : Microsoft Corporation
CompanyName                : PowerBI-PowerShell
Copyright                  : Copyright (c) Microsoft Corporation. All rights reserved.
PublishedDate              : 2021/7/8 16:51:46
InstalledDate              : 2021/10/9 22:41:58
UpdatedDate                :
LicenseUri                 : https://github.com/Microsoft/powerbi-powershell/blob/master/LICENSE
ProjectUri                 : https://github.com/Microsoft/powerbi-powershell
IconUri                    :
Tags                       : {PowerBI}
Includes                   : {Function, RoleCapability, Command, DscResource...}
PowerShellGetFormatVersion :
ReleaseNotes               : Enable interactive login for PowerShell Core.
Dependencies               : {}
RepositorySourceLocation   : https://www.powershellgallery.com/api/v2
Repository                 : PSGallery
PackageManagementProvider  : NuGet
```

图5.12 获取通过Install-Module安装模块

5.6 PowerShell 模块中的Manifest 文件

如果你有一个自己编写的模块希望在 PowerShellGallery 进行发布，有一个非常重要的前提：你的模块中有非常详细的 Manifest 文件，用于模块内容的具体说明。在进行对内或对外发布过程中如果没有 Manifest 文件，一定会失败，图 5.13 所示为发布模块失败后的结果。

```
PS C:\> Publish-Module -Name filemod -Repository internal
Publish-Module : 无法发布模块“filemod”，因为它没有模块清单文件。发布之前，请运行 New-ModuleManifest -Path <路径名> 创
建包含元数据的模块清单。
所在位置 行:1 字符: 1
+ Publish-Module -Name filemod -Repository internal
+ ~~~~~~~~~~~~~~~~~~~~~~~~~~~~~~~~~~~~~~~~~~~~~~~~~
    + CategoryInfo          : InvalidOperation: (filemod:String) [Publish-Module], InvalidOperationException
    + FullyQualifiedErrorId : InvalidModuleToPublish,Publish-Module
```

图5.13 无Manifest文件发布模块失败

通常 Manifest 文件位于模块文件夹的最高层级目录，用来进行模块的具体描述，例如，作者、发布日期、发布根路径、是否有基本模块需要安装等信息。可以通过命令创建 Manifest 文件，文件中的 Author 和 Description 是必选参数。如果有任何需要修改的地方，我们可以进入 Manifest 文件中进行修改，创建完成的文件如图 5.14 所示。

```
New-ModuleManifest -Path C:\ Modules\filemod\file.psd1 -Author "徐鹏" -Description "模块的功能是创建文件" -rootmodule "filemod.psm1"
```

```
文件(F) 编辑(E) 格式(O) 查看(V) 帮助(H)
#
# 模块 "filemod" 的模块清单
#
# 生成者: 徐鹏
#
# 生成时间: 2021/2/28
#

@{

# 与此清单关联的脚本模块或二进制模块文件。
# RootModule = ''

# 此模块的版本号。
ModuleVersion = '3.0'

# 支持的 PSEditions
# CompatiblePSEditions = @()

# 用于唯一标识此模块的 ID
GUID = 'fb00534c-4e53-4be5-a7d9-7e2c9de15b64'
```

图5.14　生成模块的Manifest清单文件

完成 Manifest 文件的创建和修改之后，我们就可以使用 Publish-Module 命令发布 PowerShell 模块到 PowerShellGallery 网站或内部的共享文件夹，图 5.15 所示为发布过程。

```
PS C:\WINDOWS\system32> Publish-Module -Name filemod -Repository internal
PS C:\WINDOWS\system32>
```

图5.15　将模块发布到内部仓库地址

在内部发布完成 PowerShell 模块之后，可以在内部的共享文件夹看到如图 5.16 所示的 Nuget 封装后的模块文件包。

QRCodeGenerator.2.3.nupkg	2021/2/26 10:45	NUPKG 文件	61 KB
filemod.3.0.nupkg	2021/2/28 9:34	NUPKG 文件	5 KB

图5.16　封装后的模块文件包

当然 Manifest 还有更多可以编辑的内容，大家可以参考如下的链接获取 Manifest 可编辑字段，这里是基于 7.1 版本提供的 Manifest 文件。

```
https://docs.microsoft.com/en-us/powershell/scripting/developer/module/
how-to-write-a-powershell-module-manifest?view=powershell-7.1
```

5.7　PowerShell 模块在线安装

PowerShell 模块的安装包含在线安装和离线安装两种模式，在线安装模式下模块的来源可以是 PowerShell Gallery，也可以是企业内部注册的自定义仓库，只要能够通过 Nuget 正常获取并且正常安装的模块文件就称之为在线安装模式。在线安装模式最大的优势在于，所有的模块安装都可以实现自动化，不再需要手动干预。离线安装指的是某些模块无法通过正常在线安装方式进行模块安装，离线安装方式需要将封装后的模块文件从网络上下载之后解压到模块相应的路径，PowerShell 通过自动加载模块的方式实现模块的载入。在在线安装模块的模式下，可以根据不同的安装需求设定不同的安装来源，如果 PowerShell 注册的仓库有多个，我们在进行模块安装的过程中必须手动指定安装仓库。PowerShell 环境中默认只存在一个安装源，就是 PowerShellGallery.com 网站，这里通过 Get-PSRepository 命令可以获取如图 5.17 所示的当前已经注册的仓库地址。

```
PS Alias:\> Get-PSRepository

Name                      InstallationPolicy   SourceLocation
----                      ------------------   --------------
PSGallery                 Untrusted            https://www.powershellgallery.com/api/v2
```

图5.17　获取当前的PowerShell 仓库地址

5.7.1　第三方模块 Nuget 网站的注册

基于企业内部的安全性和扩展性需求，可能需要注册第三方 PowerShell 仓库。这个仓库可能会在局域网内部，目前 PowerShell 支持的仓库地址如下所述。

- PowerShell Gallery 网站仓库。
- 互联网上第三方 PowerShell 仓库，类似于 MyNuget 网站。
- 局域网内部的 PowerShell 模块仓库。

如果需要注册的是企业外网第三方仓库，通常企业外网是通过 RestAPI 进行数据的注册和获取，这里以 www.nuget.org 的仓库地址作为案例，注册的结果如图 5.18 所示。

```
Register-PSRepository -Name Nuget -sourceLocation "http://www.nuget.org/
api/v2" -InstallationPolicy Trusted
```

```
Register-PSRepository -Name Nuget -sourceLocation http://www.nuget.org/api/v2 -InstallationPolicy Trusted
```

图5.18　注册互联网上的Nuget网址

这里稍微提一下注册仓库的命令 Register-PSRepository，当前命令执行的参数如下。

- name：设定仓库名称。
- SourceLocation：安装 PowerShell 模块来源地址。
- PublishLocation：发布 PowerShell 模块地址。
- InstallationPolicy：模块的安装策略，目前有信任和非信任两种策略。

仓库注册完成后，可以执行 Get-PSRepostory 命令查询当前已经注册成功的 PowerShell 仓库，当前支持的仓库结果如图 5.19 所示。

```
Get-PsRepository
```

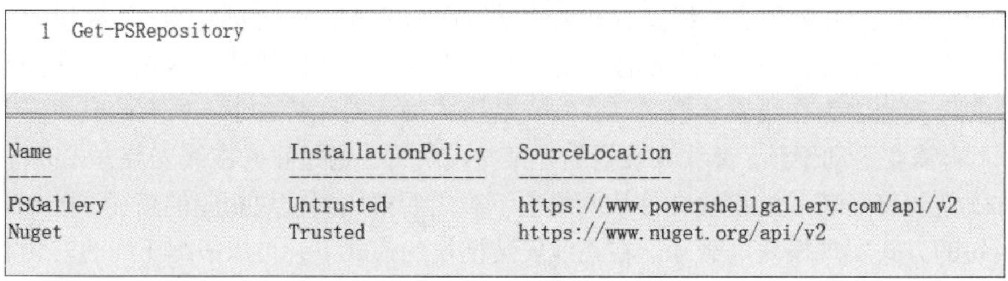

```
1  Get-PSRepository

Name                InstallationPolicy   SourceLocation
----                ------------------   --------------
PSGallery           Untrusted            https://www.powershellgallery.com/api/v2
Nuget               Trusted              https://www.nuget.org/api/v2
```

图5.19　获取当前的PowerShell 仓库

5.7.2 第三方 PowerShell 模块的安装

完成 PowerShell 在线仓库注册之后，就可以进行模块的安装了。模块安装非常简单，通过如下命令即可找到所对应的模块进行安装，如果这些模块是针对全局的模块，就必须使用管理员进行模块的安装，安装结果如图 5.20 所示。

```
Install-module moduleName
```

```
Install-Module -Name pester -Repository PSGallery -AllowClobber -force

1.2.1026     MicrosoftPowerBIMgmt.Workspaces     PSGallery     Microsoft Power BI PowerShell -
1.4.7        PackageManagement                   PSGallery     PackageManagement (a.k.a. OneGe
5.3.1        Pester                              PSGallery     Pester provides a framework for
2.2.5        PowerShellGet                       PSGallery     PowerShell module with commands
2.6.0        QRCodeGenerator                     PSGallery     creates QR codes offline
21.1.18256   SqlServer                           PSGallery     This module allows SQL Server c
```

图5.20 第三方模块的安装

在安装模块过程中，不知道模块的名字，但是没有名字就没法安装，该去哪里找呢？很多朋友肯定就会想到百度，其实这里百度不太好用，微软给大家提供了两种不同的方法来查找需要的模块。

1. PowerShell Gallery网站

PowerShell Gallery 对于 PowerShell 来说就像 PYPI 和 Python 的关系，非常多的 PowerShell 爱好者和代码编写者基于分享的精神，将自己编写的 PowerShell 脚本贡献给社区用户。用户不再需要自己重复编写代码，直接将文件下载下来就可以使用，图 5.21 所示为 PowerShell Gallery 网站。

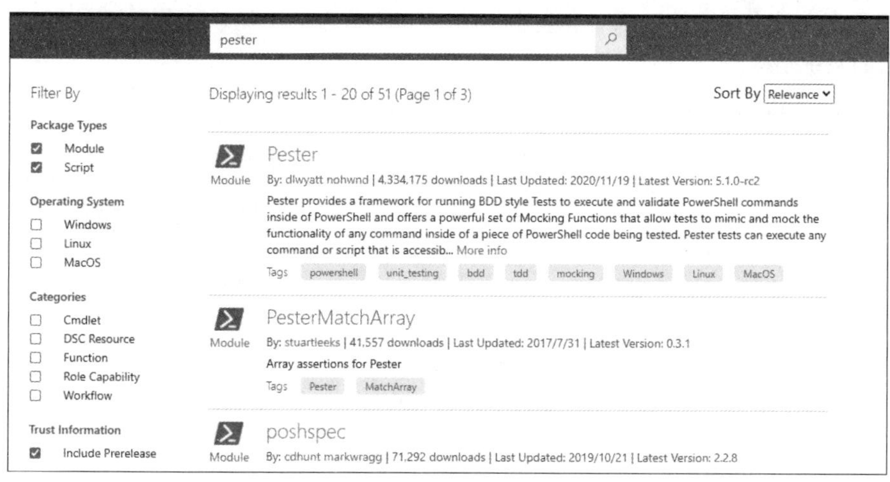

图5.21 PowerShell Gallery 网站获取需要模块

2. Find-Module 查询模块

除了直接浏览 PowerShell Gallery 网站之外，我们还可以通过 Find-Module 查找需要的 PowerShell 模块，目前支持以通配符方式查找满足需要的模块。Find-Module 命令使用 Repository 参数来指定希望查找模块的仓库，图 5.22 所示为通过 Find-Module 命令获取当前仓库中所有符合要求的模块。

```
PS C:\> Find-Module -Repository psgallery "ad*"

Version              Name                                 Repository
-------              ----                                 ----------
5.2.7.2              ADAL.PS                              PSGallery
1.0.0                ADDefaultLocationDsc                 PSGallery
10.2.1               AdminToolbox                         PSGallery
1.6.2                AdminToolbox.ActiveDirectory         PSGallery
2.12.4               AdminToolbox.Networking              PSGallery
1.8.2                AdminToolbox.Exchange                PSGallery
4.7.2                AdminToolbox.EndpointManagement      PSGallery
6.3.1.0              AdmPwd.PS                            PSGallery
```

图5.22　通过Find-Module查找符合条件的模块

5.7.3　构建企业内的模块中心——文件夹方式

当然在企业里面不是所有的客户端或服务器都能访问到外网，这时就存在一个问题：如果我们希望在企业内部构建 PowerShell 仓库，是否能让所有其他的服务器或客户端都能通过这个仓库进行模块的安装？答案是肯定的。大多数企业为了安全，没有开放服务器和客户端对外部 PowerShell 仓库的访问。针对个别 PowerShell 模块，可以将模块下载下来进行安装，但是如果模块数量较多怎么办？答案就是建立内部的 PowerShell 仓库，接下来就和大家分享下如何建立内部的 PowerShell 的仓库。

这里的方法也有两种：第一种方式是通过构建 Nuget 网站实现模块的发布和安装，第二种方式是使用内部共享文件夹实现模块的发布和获取。这里我们给大家分享的是第二种方式，即共享目录方式进行脚本的发布和安装。通过共享文件夹服务器进行仓库的部署相对比较简单，共享文件夹服务器的仓库部署模式是以 UNC 路径进行模块的部署。在进行共享文件夹的模块部署中，基于域环境能够实现共享文件夹式的快速部署和发布。图 5.23 所示为文件服务器模式下的 PowerShell 模块获取及发布的系统架构。

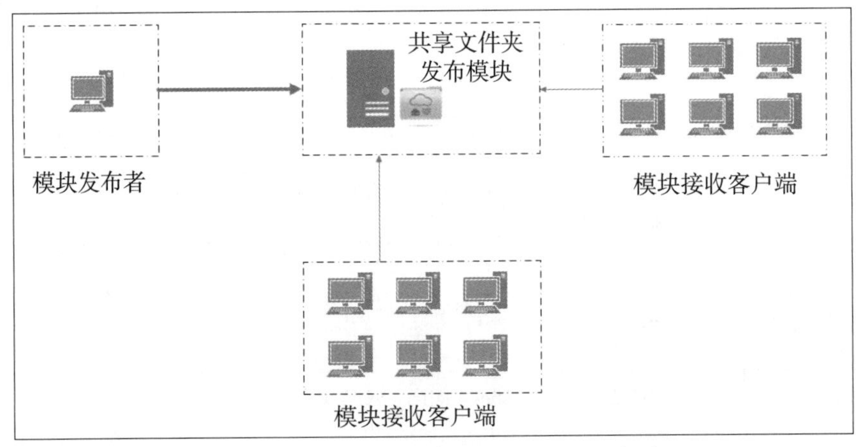

图5.23　PowerShell 基于共享文件夹方式发布模块

构建完内部模块仓库后，企业内的其他计算机都可以通过内部共享文件夹完成模块的部署与安装，当然前提是每个客户端都注册 PowerShell 仓库地址，通过 Install-Module 命令获取共享文件夹内的模块并进行安装。我们可以通过如下的命令完成企业内共享目录的注册，图 5.24 所示为注册内部共享目录的方法和命令。

```
Register-PSRepository -Name FileShareRepo -SourceLocation '\\server1\
FileShare' -InstallationPolicy Trusted
```

```
1  Register-PSRepository -PublishLocation "\\localhost\FileShare" -InstallationPolicy Trusted -Name FileShareRepo -SourceLocation "\\localhost\FileShare"

----
Nuget          Trusted      https://www.nuget.org/api/v2
PSGallery      Untrusted    https://www.powershellgallery.com/api/v2
FileShareRepo  Trusted      \\localhost\FileShare
```

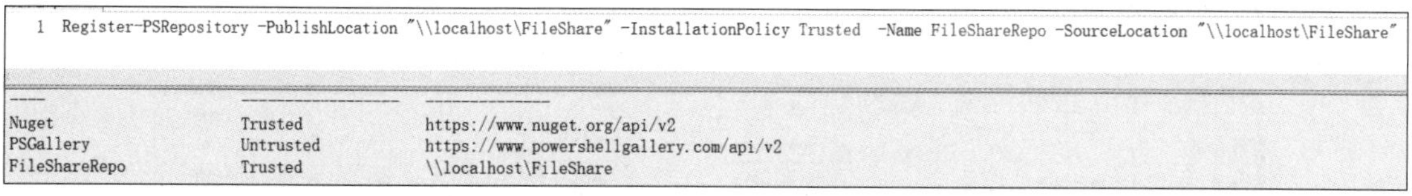

图5.24 PowerShell 内部文件夹仓库注册

由于新的 PowerShell 仓库是自定义的仓库地址，需要在每台客户端进行注册。如果有域环境，可以通过组策略完成脚本的发布，在仓库最终注册完成之后，用户计算机就可以通过共享文件夹方式进行模块的安装和注册。这里需要注意的是，能够发布的模块文件必须具有完整的 Manifest 文件，前面和大家分享了 Manifest 文件的构造方式，可以基于 New-ModuleManifest 命令构建符合发布的 PowerShell 的模块文件。将文件保存在模块的根目录下，就可以使用 Publish-Module 进行模块发布。这里发布一个测试模块，发布的操作和结果如图 5.25 所示。

```
Publish-Module -Name TestModule -Repository FileShareRepo
```

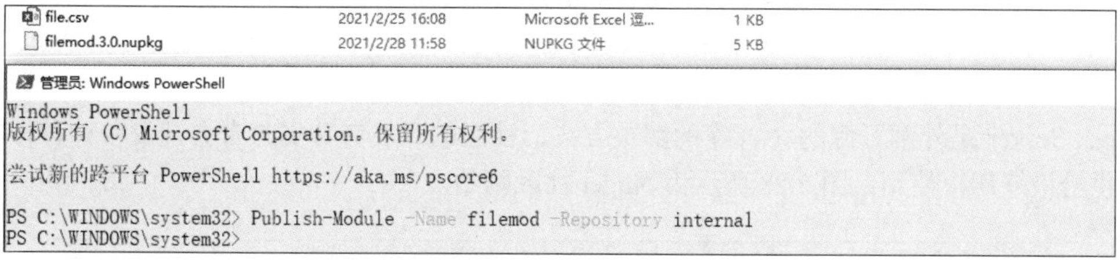

```
file.csv             2021/2/25 16:08   Microsoft Excel 逗...   1 KB
filemod.3.0.nupkg    2021/2/28 11:58   NUPKG 文件              5 KB

管理员: Windows PowerShell
Windows PowerShell
版权所有 (C) Microsoft Corporation。保留所有权利。

尝试新的跨平台 PowerShell https://aka.ms/pscore6

PS C:\WINDOWS\system32> Publish-Module -Name filemod -Repository internal
PS C:\WINDOWS\system32>
```

图5.25 将模块发布到内部的文件夹

默认情况下模块都包含有 PowerShell 的 Manifest 文件，因此都可以利用 Publish-Module 正常发布相应的模块文件。但如果是自己开发的模块，很可能并没有编写 Manifest 文件，我们需要按照前面的内容来进行 PowerShell 模块 Manifest 的创建，创建完成后就可以进行模块文件的发布了。模块发布之后就被 Nuget 自动打包成了 Nupkg 文件，所有客户端只要安装了 Nuget，都可以使用 Install-Module 命令安装来自 PowerShell 的 Repository 的模块文件，只要注册了仓库的客户端，都可以通过命令 Install-Module 直接完成模块的安装，图 5.26 所示为通过内部文件夹仓库安装文件。

```
Install-module -name filemod -repository internal
```

```
PS C:\WINDOWS\system32> Install-Module -name filemod -Repository internal
PS C:\WINDOWS\system32> Get-Module -name filemod |fl


Name              : filemod
Path              : C:\Users\徐鹏\Documents\WindowsPowerShell\Modules\filemod\filemod.psd1
Description       : 模块的目标是创建文件，删除文件，保存文件和更新文件
ModuleType        : Manifest
Version           : 3.0
NestedModules     : {}
ExportedFunctions :
ExportedCmdlets   :
ExportedVariables :
ExportedAliases   :
```

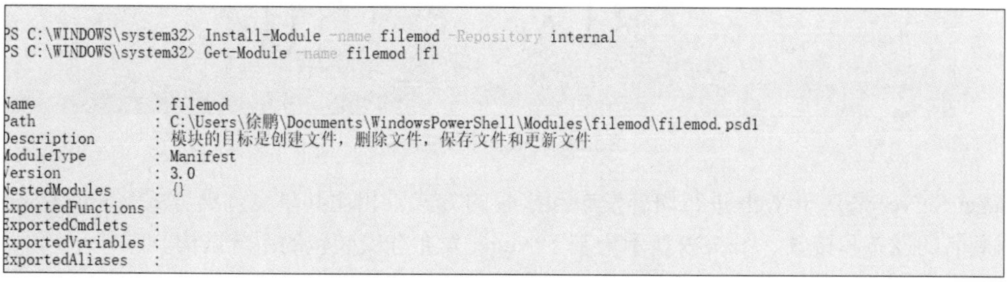

图5.26 使用内部仓库安装模块

完成相应的模块安装之后，可以通过执行下面的命令来验证模块是否正常安装。图 5.27 所示为安装模块完成后的验证结果。

```
Get-InstalledModule
```

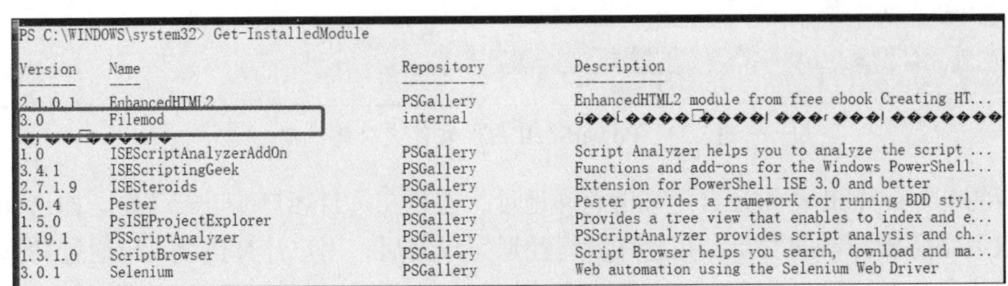

图5.27　验证安装模块是否成功

5.7.4　构建基于 Nuget Server 的企业模块中心

使用文件夹模式进行模块的发布和安装存在一定的限制，如果没有域环境，我们每次执行的时候需要提供相应的 Credential 凭据，这也是非常不方便的地方。另外，企业内对于 139 和 445 这样的高危端口也不会开放访问，为了解决这样的问题，我们提供了另外一种方案：基于 Web 服务的 Nuget 企业内部部署方案。

Nuget Server 是外部开源的 .Net 库的解决方案，社区的开发者和贡献者会开发各种各样的开源模块提供给最终用户使用，图 5.28 所示为 Nuget 社区网站。

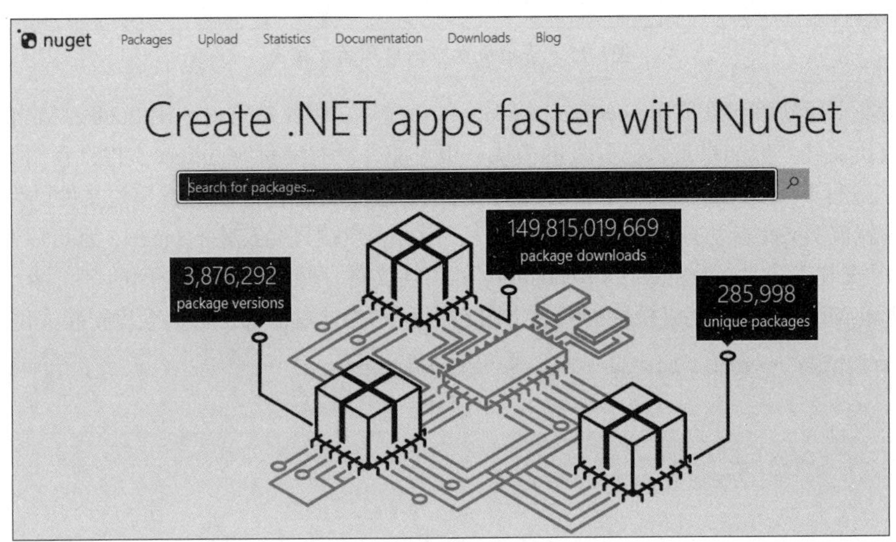

图5.28　Nuget社区网站

Nuget Server 是基于 Web 进行内容发布和接收的方式，相比共享文件夹方式，Nuget Server 能够提供匿名的发布和接收。图 5.29 所示为基于 Nuget 发布和安装包的系统结构。

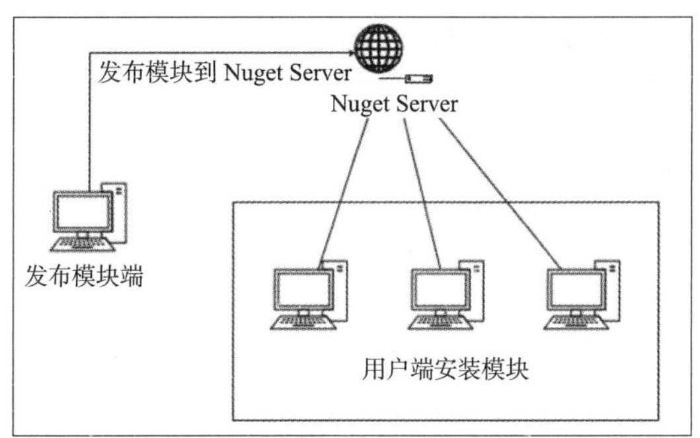

图5.29　Nuget Server 部署结构

那么究竟如何部署 Nuget Server，才能实现模块的发布和安装呢？其实非常简单，只要在我们内部的 IIS 网站上部署一个空的 Nuget Server 网站即可。目前较新的 Nuget Server 版本是 3.4.1，与之相对应的版本是 Windows Server 2016。我们可以在 Windows Server 2016 版本的服务器上安装 IIS 服务器，同时将 .NET 4.5 的组件完全安装。完成部署和安装后确定下 IIS 服务器的状态，图 5.30 所示为安装和配置完成后的 IIS 网站。

图5.30　IIS配置完成后的网站

完成配置后我们开始安装 VS Studio，目前最新版本为 VS Studio 2022，我们可以通过安装 Community 版本进行部署和安装，安装的时候注意下需要支持传统的 .NET 网站。安装完成后它会提示是否创建 .NET Core 网站，这时需要注意必须创建传统的 .Net Web application，图 5.31 所示为创建新的 ASP.Net Web 应用程序界面。

图5.31　新建ASP.NET Web应用程序

为当前网站安装 Nuget Server 版本之后，删除 Web.Config 文件中如图 5.32 所示的 .Net 4.6 的编译代码，这行代码如果不删除，将会出现重复环境的错误。

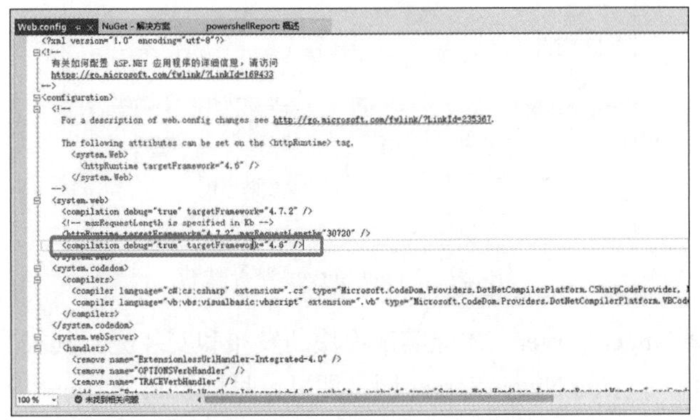

图5.32　删除编译环境4.6的环境解释

接下来为相关的 API 访问添加相应的 Key，主要是为了将来进行模块发布的时候能够得到验证，图 5.33 所示为 Web.Config 文件中关于 APIKey 的设定。

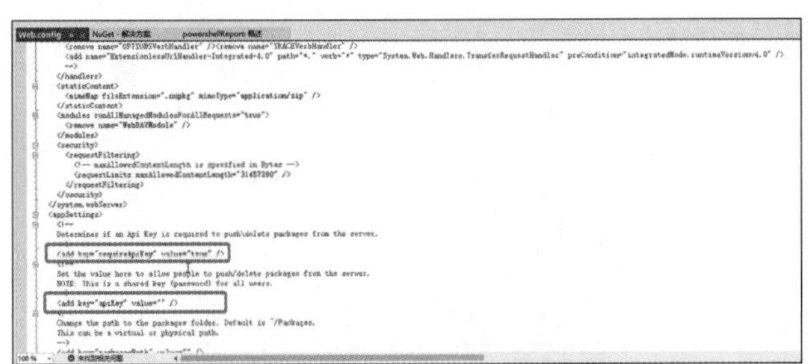

图5.33　API 访问Key的设定

将当前的 ASP.NET 程序拷贝到 IIS 根网站中，然后直接打开当前网站，就可以看到如图 5.34 所示的网站内容。

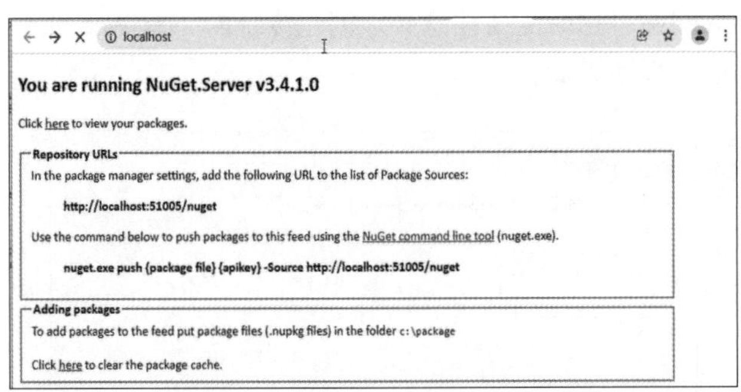

图5.34　默认Nuget网站界面

完成 Nuget 网站的架设之后，我们就需要将网站注册为 PowerShell 的仓库，注册仓库使用如图 5.35 所示的命令完成。

图5.35　注册Nuget网站作为发布和安装路径

这里使用 Publish-Module 将模块发布到 Nuget Server，使用如图 5.36 所示的命令即可轻松完成。

图5.36　将模块发布到Nuget Server

发布完成后，所有的模块内容均被正常地发布在 Nuget 的模块中心文件夹中，图 5.37 所示为发布后生成的文件。

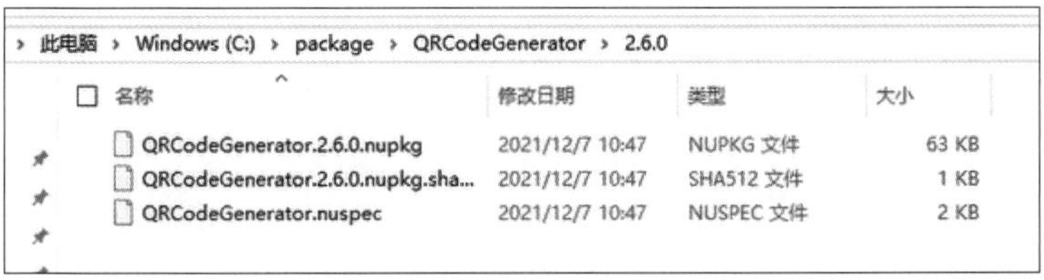

› 此电脑 › Windows (C:) › package › QRCodeGenerator › 2.6.0

名称	修改日期	类型	大小
QRCodeGenerator.2.6.0.nupkg	2021/12/7 10:47	NUPKG 文件	63 KB
QRCodeGenerator.2.6.0.nupkg.sha...	2021/12/7 10:47	SHA512 文件	1 KB
QRCodeGenerator.nuspec	2021/12/7 10:47	NUSPEC 文件	2 KB

图5.37　生成的NUPKG文件

在 Nuget Server 的网页中，我们可以接收到所有 Nuget Server 的 Feeds，图 5.38 所示为网页内所有发布的模块内容。

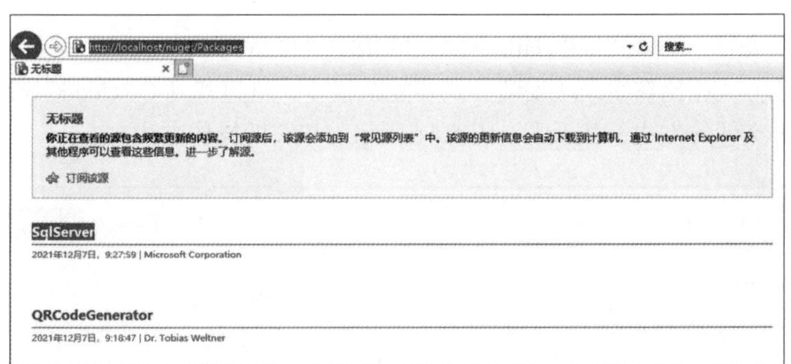

图5.38　网页内显示的已经发布的模块内容

在没有安装相应模块的客户端，我们注册仓库之后就可以使用如图 5.39 所示的 Install-Module 命令安装相应的模块。

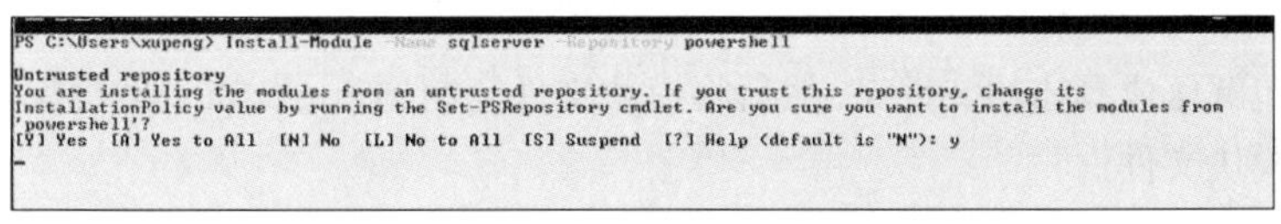

图5.39　通过Install-Module命令安装模块

到这一步，相信大家对于如何通过 Nuget Server 实现模块的安装和部署已经非常了解了，这也是 Nuget Server 给我们带来便利的地方，不需要验证而且发布也非常简单。

5.8 PowerShell 离线安装模块

在某些业务场景下，开发人员并没有将 PowerShell 的模块发布到 PowerShell Gallery 网站，而只将项目建立在 GitHub 网站。这时模块不能通过 Install-Module 命令实现模块的部署和安装。有些只在 GitHub 发布的内容，我们无法通过 Install-Module 来安装模块，这里以 QRCodeGenerator 为案例，给大家分享如何通过离线安装的方式进行模块安装。在 PowerShellGallery 上发布的 QRCode-Generator 的版本是 2.2，而在 GitHub 上发布的 QRCodeGenerator 网站上发布的版本是 2.4.1，最新版本提供了 New-QRtext 命令的文本参数支持，图 5.40 所示为 GitHub 上的 QRCodeGenerator 的模块网址。

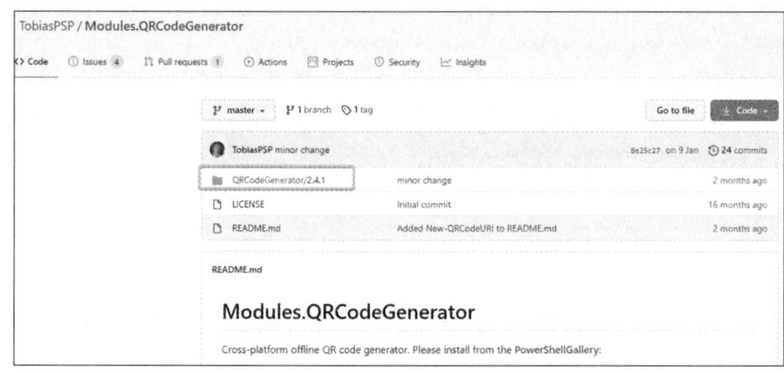

图5.40　GitHub上的QRCodeGenerator 模块

注：在本书完成后，PowerShell Gallery 网站的版本也更新到了 2.4.1。

离线模块安装方式相比在线模块安装方式要复杂很多，这里找到 QRCodeGenerator 项目网站，将模块以下载 ZIP 文件的方式下载下来，图 5.41 所示为相关的操作方法。

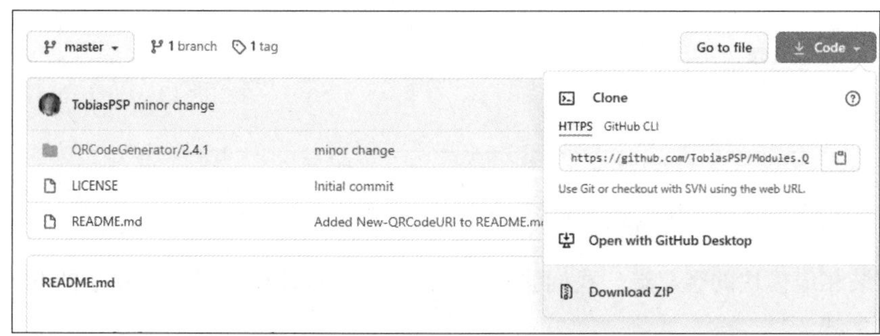

图5.41　将模块下载下来

这里将压缩包解压成具体的文件夹，然后将模块文件复制到 PowerShell 的模块文件夹中。图 5.42 所示为解压后的模块文件。

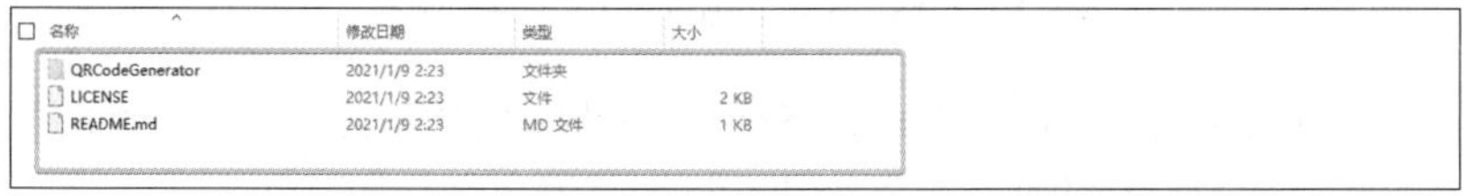

图5.42　将模块压缩后解压成普通文件夹

确认下 PowerShell 模块所在的路径，$PSModulePath 为当前模块所对应的路径，这里包含了当前用户当前计算机模块和当前计算机所有用户的模块路径。图 5.43 所示为系统提供的模块路径。

```
PS C:\WINDOWS\system32> $env:psmodulepath
C:\Users\徐鹏\Documents\WindowsPowerShell\Modules;C:\Program Files\WindowsPowerShell\Modules;C:\WINDOWS\system32\Windows
PowerShell\v1.0\Modules
PS C:\WINDOWS\system32>
```

图5.43　系统中提供的模块具体路径

将所有文件解压，并且拷贝解压后的模块文件到 PowerShell 模块文件夹中。图 5.44 所示为 QRCode Generator 解压后的模块文件夹。

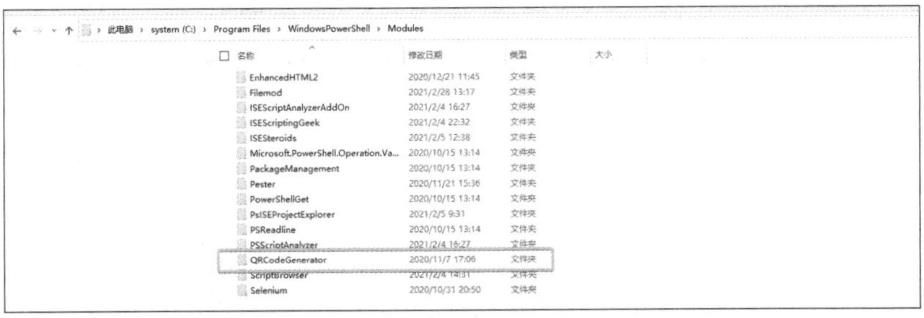

```
← → ˅ ↑ › 此电脑 › system (C:) › Program Files › WindowsPowerShell › Modules

名称                                   修改日期             类型      大小
EnhancedHTML2                          2020/12/21 11:45     文件夹
Filemod                                2021/2/28 13:17      文件夹
ISEScriptAnalyzerAddOn                 2021/2/4 16:27       文件夹
ISEScriptingGeek                       2021/2/4 22:32       文件夹
ISESteroids                            2021/2/5 12:38       文件夹
Microsoft.PowerShell.Operation.Va...   2020/10/15 13:14     文件夹
PackageManagement                      2020/10/15 13:14     文件夹
Pester                                 2020/11/21 15:36     文件夹
PowerShellGet                          2020/10/15 13:14     文件夹
PsISEProjectExplorer                   2021/2/5 9:31        文件夹
PSReadline                             2020/10/15 13:14     文件夹
PSScriptAnalyzer                       2021/2/4 16:27       文件夹
QRCodeGenerator                        2020/11/7 17:06      文件夹
ScriptBrowser                          2021/2/4 14:31       文件夹
Selenium                               2020/10/31 20:50     文件夹
```

图5.44　解压后的模块文件夹

将解压后的模块文件夹复制到模块目录之后，可以通过 Get-Command 命令来查看模块中的命令是否正确地加载进来，图 5.45 所示为获取加载后模块的命令。

```
PS C:\WINDOWS\system32> Get-Command -Module QRCodeGenerator

CommandType     Name                                Version    Source
-----------     ----                                -------    ------
Alias           New-QRCodeGeolocation               2.3        QRCodeGenerator
Alias           New-QRCodeText                      2.3        QRCodeGenerator
Alias           New-QRCodeTwitter                   2.3        QRCodeGenerator
Alias           New-QRCodeVCard                     2.3        QRCodeGenerator
Alias           New-QRCodeWifiAccess                2.3        QRCodeGenerator
Function        New-PSOneQRCodeGeolocation          2.3        QRCodeGenerator
Function        New-PSOneQRCodeText                 2.3        QRCodeGenerator
Function        New-PSOneQRCodeTwitter              2.3        QRCodeGenerator
Function        New-PSOneQRCodeVCard                2.3        QRCodeGenerator
Function        New-PSOneQRCodeWifiAccess           2.3        QRCodeGenerator
```

图5.45　获取解压后模块的命令

这里我们发现，模块中的命令都顺利加载进来了。如果希望模块在系统启动之后就预加载到系统中，可以在 PowerShell 配置文件中使用 Import-Module 命令，通过模块引入的方式预加载 QRCode Generator 模块。图 5.46 所示为在 PowerShell 配置文件中载入模块的方法。

```
*Microsoft.PowerShell_profile.ps1 - 记事本
文件(F)  编辑(E)  格式(O)  查看(V)  帮助(H)
import-module qrcodegenerator
```

图5.46　配置文件预加载模块

5.9　PowerShell 模块的移除与卸载

当模块通过 Install-Module 命令进行部署和安装完毕后，模块在默认情况下就被部署在当前用户或当前系统中，调用命令不再需要预先加载命令，而是直接执行模块中的命令，就可以实现相应模块的加载。这里需要注意的是，模块的加载和移除是基于 Session 的，如果模块加载后将模块移除，只会影响到当前的 PowerShell Session。

5.9.1 PowerShell 模块的移除

加载模块命令是 Import-Module，如果希望在当前的 PowerShell Session 中移除模块，我们需要使用什么命令呢？在当前 Session 移除模块的命令是 Remove-Module，但是需要注意的是，如果模块并没有加载进来就执行移除模块命令，将会出现如图 5.47 所示的错误。

```
PS C:\> Remove-Module qrcodegenerator
Remove-Module : 没有删除任何模块。请确认要删除的模块的规范正确，并且运行空间中存在这些模块。
所在位置 行:1 字符: 1
+ Remove-Module qrcodegenerator
+
    + CategoryInfo          : ResourceUnavailable: (:) [Remove-Module], InvalidOperationException
    + FullyQualifiedErrorId : Modules_NoModulesRemoved,Microsoft.PowerShell.Commands.RemoveModuleCommand
```

图5.47　移除没有加载的模块将会出错

这里需要注意的是：模块卸载不代表模块被系统删除，只是将模块从当前 Session 移除。相信有些朋友会产生疑问，如果我不再需要这个模块，希望将当前的模块从系统中删除，有什么方法吗，是不是将模块文件的目录删除就可以了呢？这其实是两种不同的场景，接下来两节对应了这两个场景的操作。

5.9.2 Install-Module 命令安装模块的卸载

通过 Install-Module 安装完成模块后，所有已经安装的模块可以通过如图 5.48 所示的命令完成已安装模块的查询。

```
Get-InstalledModule
```

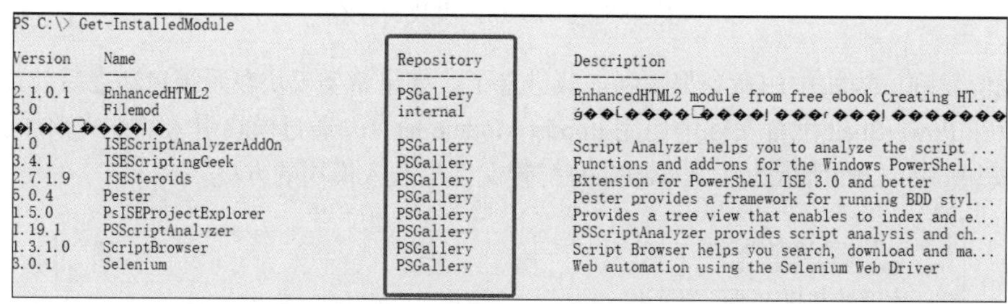

PS C:\> Get-InstalledModule

Version	Name	Repository	Description
2.1.0.1	EnhancedHTML2	PSGallery	EnhancedHTML2 module from free ebook Creating HT...
3.0	Filemod	internal	[illegible]
[illegible]			
1.0	ISEScriptAnalyzerAddOn	PSGallery	Script Analyzer helps you to analyze the script ...
3.4.1	ISEScriptingGeek	PSGallery	Functions and add-ons for the Windows PowerShell...
2.7.1.9	ISESteroids	PSGallery	Extension for PowerShell ISE 3.0 and better
5.0.4	Pester	PSGallery	Pester provides a framework for running BDD styl...
1.5.0	PsISEProjectExplorer	PSGallery	Provides a tree view that enables to index and e...
1.19.1	PSScriptAnalyzer	PSGallery	PSScriptAnalyzer provides script analysis and ch...
1.3.1.0	ScriptBrowser	PSGallery	Script Browser helps you search, download and ma...
3.0.1	Selenium	PSGallery	Web automation using the Selenium Web Driver

图5.48　查询已经安装的模块

这些安装好的模块如何进行删除呢？操作很简单，只要执行如下的命令反安装模块，所有的模块将会在路径下消失得干干净净，图 5.49 为反安装后的模块路径。

```
Uninstall-Module -name filemod
```

名称	修改日期	类型	大小
EnhancedHTML2	2020/12/21 11:45	文件夹	
ISEScriptAnalyzerAddOn	2021/2/4 16:27	文件夹	
ISEScriptingGeek	2021/2/4 22:32	文件夹	
ISESteroids	2021/2/5 12:38	文件夹	
Microsoft.PowerShell.Operation.Va...	2020/10/15 13:14	文件夹	
PackageManagement	2020/10/15 13:14	文件夹	
Pester	2020/11/21 15:36	文件夹	
PowerShellGet	2020/10/15 13:14	文件夹	
PsISEProjectExplorer	2021/2/5 9:31	文件夹	
PSReadline	2020/10/15 13:14	文件夹	
PSScriptAnalyzer	2021/2/4 16:27	文件夹	
QRCodeGenerator	2020/11/7 17:06	文件夹	
ScriptBrowser	2021/2/4 14:31	文件夹	
Selenium	2020/10/31 20:50	文件夹	

图5.49　反安装后的模块路径

5.9.3　手动安装模块的卸载

另外一类我们称为手动安装类型模块，这类模块需要从 GitHub 或者其他的源码网站下载相应的模块文件，解压缩后拷贝到 PowerShell 的模块目录中。这类模块是手动安装模块，将不会出现在安装模块列表中。

```
Get-installedModule
```

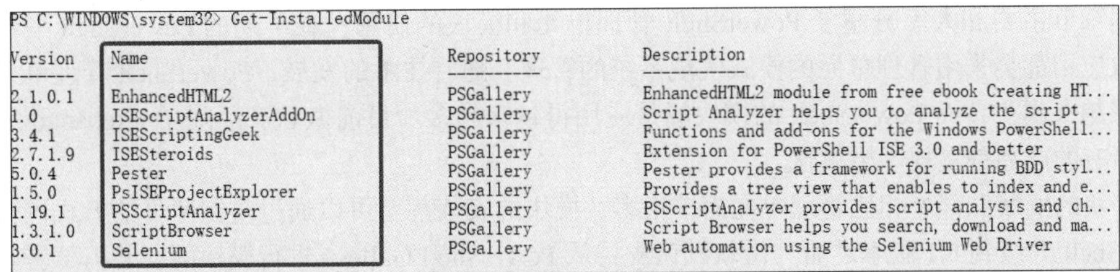

```
PS C:\WINDOWS\system32> Get-InstalledModule

Version    Name                       Repository    Description
-------    ----                       ----------    -----------
2.1.0.1    EnhancedHTML2              PSGallery     EnhancedHTML2 module from free ebook Creating HT...
1.0        ISEScriptAnalyzerAddOn     PSGallery     Script Analyzer helps you to analyze the script ...
3.4.1      ISEScriptingGeek           PSGallery     Functions and add-ons for the Windows PowerShell...
2.7.1.9    ISESteroids                PSGallery     Extension for PowerShell ISE 3.0 and better
5.0.4      Pester                     PSGallery     Pester provides a framework for running BDD styl...
1.5.0      PsISEProjectExplorer       PSGallery     Provides a tree view that enables to index and e...
1.19.1     PSScriptAnalyzer           PSGallery     PSScriptAnalyzer provides script analysis and ch...
1.3.1.0    ScriptBrowser              PSGallery     Script Browser helps you search, download and ma...
3.0.1      Selenium                   PSGallery     Web automation using the Selenium Web Driver
```

图5.50　获取已经安装的模块

在这里并不会看到所有非命令安装的模块，这里所有不是通过 Nuget 安装的模块，均不会出现在已经安装的模块列表中。但是你会发现模块实实在在地就在我们系统的模块目录下，如图 5.51 所示。

› 此电脑 › system (C:) › Program Files › WindowsPowerShell › Modules

名称	修改日期	类型	大小
EnhancedHTML2	2020/12/21 11:45	文件夹	
ISEScriptAnalyzerAddOn	2021/2/4 16:27	文件夹	
ISEScriptingGeek	2021/2/4 22:32	文件夹	
ISESteroids	2021/2/5 12:38	文件夹	
Microsoft.PowerShell.Operation.Va...	2020/10/15 13:14	文件夹	
PackageManagement	2020/10/15 13:14	文件夹	
Pester	2020/11/21 15:36	文件夹	
PowerShellGet	2020/10/15 13:14	文件夹	
PsISEProjectExplorer	2021/2/5 9:31	文件夹	
PSReadline	2020/10/15 13:14	文件夹	
PSScriptAnalyzer	2021/2/4 16:27	文件夹	
QRCodeGenerator	2020/11/7 17:06	文件夹	
ScriptBrowser	2021/2/4 14:31	文件夹	
Selenium	2020/10/31 20:50	文件夹	

图5.51　确认QRCodeGenerator是否存在

针对这样的手动安装模块，我们可以直接通过如图 5.52 所示的删除操作将模块从当前模块路径删除，模块将会顺利地从系统中删除。

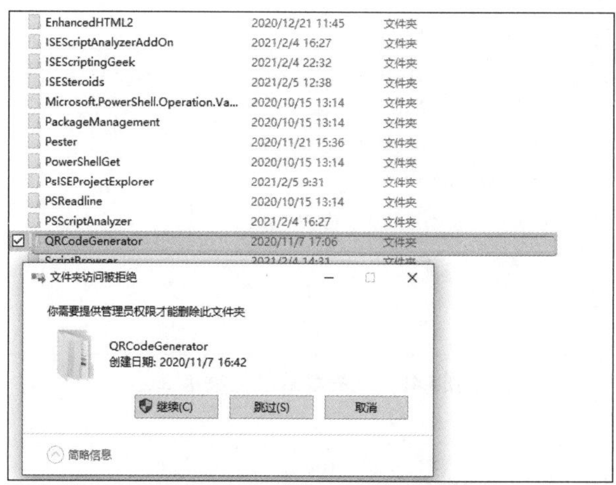

图5.52　手动删除自解压模块

5.10 章节回顾

本章节主要和大家分享了 PowerShell 管理单元和模块的使用，在早期的 PowerShell 平台中，大多数应用都会采用管理单元的模式实现系统的管理。随着技术的发展，PowerShell 管理单元使用的场景越来越少，而 PowerShell 的模块场景应用得越来越多。目前微软产品除了 Exchange 之外，其他所有的产品都实现了模块化。

模块的安装和部署相比管理单元简单很多，模块的安装甚至可以通过复制拷贝的方式进行，在 PowerShell 升级到 5.1 版本之后，微软默认支持从 PowerShell Gallery 进行模块的安装与部署。当然我们也可以注册非微软官方提供的 PowerShell Gallery 进行 PowerShell 模块的获取和安装。

如果希望构建企业内部的 PowerShell 仓库，可以有两种不同的方式来实现，书中我们介绍了使用两种不同的模式安装 PowerShell 模块，希望两种不同的安装方式能够满足大家在构建私有 PowerShell 库的需求。当需要的模块没有办法通过 Install-Module 进行在线安装，还有没有其他办法？可以手动使用模块的离线安装方式实现模块的安装。可以通过 Unistall-Module 方式自动删除不需要的模块和文件，但是手动安装的模块只能自己手动从模块路径中删除了。

5.11 练习与知识巩固

1. 什么是PowerShell 管理单元，目前微软还有哪个产品采用管理单元模式进行产品管理？

2. 如何实现PowerShell 管理单元和模块的预加载？

3. 如何获取当前通过Install-Module安装的模块列表？

4. 模块的Manifest 文件是用来干什么的？

5. 如何注册外部的PowerShell Repository?

6. 注册第三方Repository后，如何通过第三方仓库进行PowerShell模块的部署?

7. 企业内部构建PowerShell 仓库，可以采用哪两种方式?

8. 如何卸载已经安装的PowerShell模块?

9. 如何卸载手动部署的PowerShell 模块?

10. 通过什么参数可以获取系统的模块路径?

第6章 PowerShell 的对象

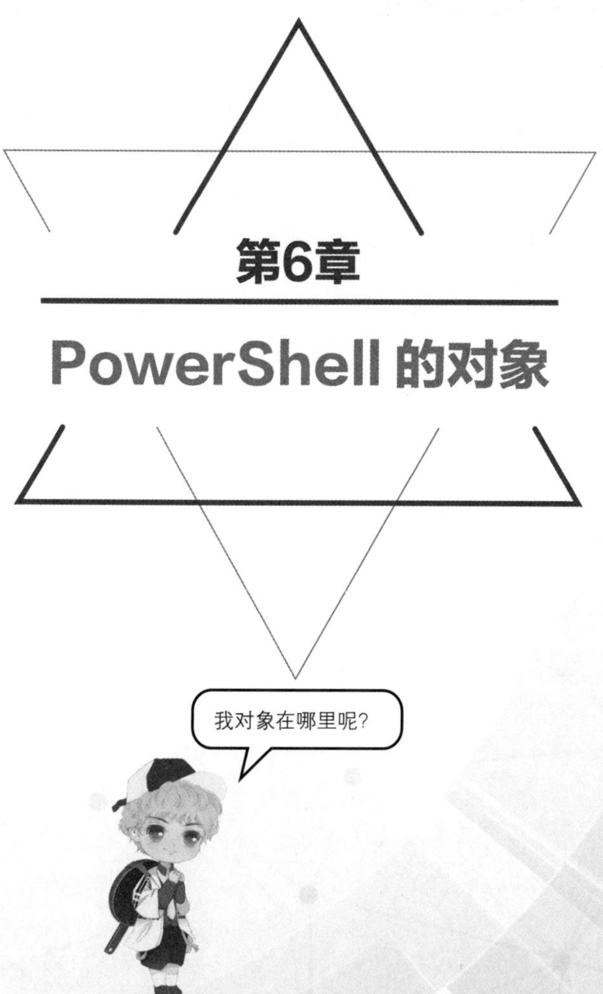

在 PowerShell 中，无处不在体现一个概念，这个概念是什么呢？就是对象。对象是面向对象的语言中非常重要的概念，PowerShell 的底层是 .Net，也是面向对象的语言，因此它继承了面向对象语言的语法特性。但是很多人在使用 PowerShell 语言的时候会觉得有些疑惑，到底什么是 PowerShell 对象，它的使用方式和其他语言有什么不同呢？如果你有这些疑惑的话，请跟着我一起来认真学习本章吧。

6.1 PowerShell 对象

在自然界中经常可以听到一个概念：万物皆对象。这是对现实世界的最好描述，但是对象都有些什么特性呢？有属性和方法。这里以如图 6.1 所示的非常可爱的宠物兔子为例子进行说明。

图6.1　可爱的萌兔兔

给你一分钟，如何来描述这个可爱的兔子呢？这时候就给兔子打上一些标签，这些标签就是我们所说的属性。属性是我们描述对象必不可少的元素，我们可以基于属性定义如下。

- 动物名称：兔兔
- 耳朵：两只
- 前腿：两只
- 样子：小小的
- 可爱吗：萌萌哒
- 可以抱吗：可以

这些兔子的标签也就是我们所提到的属性，属性是我们评判一个对象必不可少的元素。但是兔子除了描述对象的属性之外，它还会存在一些动作。这些动作包括并不限于如下内容。

- 跑：兔子用两条腿跑
- 跳：兔子可以跳得很远
- 吃：兔子爱吃萝卜

我们通过这样的一个典型案例来给大家普及对象的概念及它的属性和方法，当前自然界的万事万物是不是都有这些特点呢？大到一栋房子、一架飞机，小到笔记本电脑、桌子等都有它既有的特点和动作。

回到 PowerShell 上来，PowerShell 也是有这么一个对象，能够帮助我们理解 PowerShell 创建对象后所需要进行的操作。 目前我们可以通过多种方法创建 PowerShell 对象 : 可以自行创建各种不同类型的 PowerShell 对象，也可以通过定义 PowerShell 变量指向到当前的 PowerShell 对象进行引用。

在 PowerShell 中可以按照自己的需求定义出不同的对象，包含自定义 PowerShell 对象、系统各类不同的 VB 类、系统中的 .Net 类，都可以按照自己的需求进行定义和调用，图 6.2 所示就是基于 New-Object 命令定义出的不同的数据类型。

```
PS C:\Users\徐鹏> $obj=New-Object System.Threading.AbandonedMutexException
PS C:\Users\徐鹏> $obj=New-Object System.Data.AcceptRejectRule
PS C:\Users\徐鹏> $obj=New-Object psobject
PS C:\Users\徐鹏> $obj=New-Object -TypeName psobject
PS C:\Users\徐鹏>
```

图6.2　在PowerShell中定义各类不同的对象

每一个 PowerShell 对象都有自己的属性和方法。文件的对象有文件对象的属性及方法，进程对象有进程对象的属性与方法。在 PowerShell 的运行环境中存在各类不同的对象，这些对象都有它们独有的属性和方法。当需要引用一个系统中不存在的对象，这个时候怎么办呢，只能自己建立这个对象。通常来说自己定义的这个对象没有属性，但是有方法，这个方法来源于所有对象的基类 Object 类。完成对象的创建之后，使用 Get-Member 方法能够了解当前的对象拥有哪些方法和属性，图 6.3 所示为相应的基类属性和方法。

```
PS C:\> $psobject=New-Object -TypeName psobject
PS C:\> $psobject |Get-Member

   TypeName:System.Management.Automation.PSCustomObject

Name        MemberType Definition
----        ---------- ----------
Equals      Method     bool Equals(System.Object obj)
GetHashCode Method     int GetHashCode()
```

图6.3　创建自定义对象并获取当前对象的基类属性和方法

为了让对象建立得有意义，就必须让创建的对象有属性和方法。如何知道当前的对象有什么属性和方法呢，如何为创建的对象添加相应的属性和方法呢？本章将会带大家一起来了解下属性和方法的获取及创建方法，这里先和大家分享下如何获取当前创建好的对象已有属性和方法。

6.2 PowerShell 对象的属性

在 PowerShell 环境中获取的所有对象都包含了相应的属性，这些属性有些是我们的固定属性，比如对象的创建人、对象的创建时间，这些都是对象所拥有的用来描述自身的特点，我们称为属性。在各类面向对象开发的语言中，属性为描述这些对象的特点，PowerShell 中的对象也是如此。如果希望了解 PowerShell 中的对象有多少属性，我们可以通过执行 Get-Member 的方法来获取 PowerShell 创建对象的属性和方法，图 6.4 所示为进程对象所支持的属性和方法。

```
Get-Process |Get-Member
```

```
PS C:\> Get-Process |Get-Member |sort-object -Property MemberType

   TypeName:System.Diagnostics.Process

Name                          MemberType    Definition
----                          ----------    ----------
SI                            AliasProperty SI = SessionId
VM                            AliasProperty VM = VirtualMemorySize64
WS                            AliasProperty WS = WorkingSet64
PM                            AliasProperty PM = PagedMemorySize64
Handles                       AliasProperty Handles = Handlecount
Name                          AliasProperty Name = ProcessName
NPM                           AliasProperty NPM = NonpagedSystemMemorySize64
PeakWorkingSet                Property      int PeakWorkingSet {get;}
PeakWorkingSet64              Property      long PeakWorkingSet64 {get;}
PeakVirtualMemorySize         Property      int PeakVirtualMemorySize {get;}
PeakVirtualMemorySize64       Property      long PeakVirtualMemorySize64 {get;}
PriorityBoostEnabled          Property      bool PriorityBoostEnabled {get;set;}
PrivateMemorySize64           Property      long PrivateMemorySize64 {get;}
PrivilegedProcessorTime       Property      timespan PrivilegedProcessorTime {get;}
PriorityClass                 Property      System.Diagnostics.ProcessPriorityClass PriorityClass {get;set;}
PrivateMemorySize             Property      int PrivateMemorySize {get;}
PeakPagedMemorySize64         Property      long PeakPagedMemorySize64 {get;}
NonpagedSystemMemorySize      Property      int NonpagedSystemMemorySize {get;}
NonpagedSystemMemorySize64    Property      long NonpagedSystemMemorySize64 {get;}
```

图6.4　进程对象支持的属性和方法

PowerShell 命令生成的任何对象都可以通过 Get-Member 获取对象的属性。属性用来描述这些对象特点，在生成对象时如果希望获取属性的话，需要在对象后面跟上一个“.”，后面再跟上对象的属性，就可以获取到如图 6.5 所示的属性值。

```
PS C:\> (get-process -name notepad).name
notepad
PS C:\> (get-process -name notepad).Handle
3564
PS C:\> (get-process -name notepad).ProcessName
notepad
PS C:\>
```

图6.5　获取对象的属性值

注意：属性名称不是方法，我们不能在属性后添加 ()，添加 () 之后，所有的属性就会以方法方式运行，结果就会出错，提示没有此方法。

PowerShell 对象的属性不只是单一的属性，目前 PowerShell 对象有多重属性，这些属性分别是什么呢？我们接下来详细讲解 PowerShell 对象有哪些属性。

6.2.1　Property 属性

通常来说，对象默认存在的 Property 属性都来自父级别对象，通常自定义 PowerShell 对象是没有 Property 属性的。这里可以看到如图 6.6 所示的数据对象中的 Property 都来自创建类型中的基类，也就是在创建对象中如果是基于基类创建的对象，是存在 Property 属性的。

```
PS C:\WINDOWS\system32> $obj=New-Object System.Diagnostics.Process
PS C:\WINDOWS\system32> $obj |Get-Member |where MemberType -eq property


   TypeName:System.Diagnostics.Process

Name                    MemberType Definition
----                    ---------- ----------
BasePriority            Property   int BasePriority {get;}
Container               Property   System.ComponentModel.IContainer Container {get;}
EnableRaisingEvents     Property   bool EnableRaisingEvents {get;set;}
ExitCode                Property   int ExitCode {get;}
ExitTime                Property   datetime ExitTime {get;}
Handle                  Property   System.IntPtr Handle {get;}
HandleCount             Property   int HandleCount {get;}
HasExited               Property   bool HasExited {get;}
Id                      Property   int Id {get;}
MachineName             Property   string MachineName {get;}
MainModule              Property   System.Diagnostics.ProcessModule MainModule {get;}
```

图6.6　创建对象后的Property属性属于基类属性

这里不能为对象添加 Property 属性，如果强行为对象添加 Property 属性，则会出现如图 6.7 所示的错误结果。

```
PS C:\> $obj |Add-Member -MemberType Property -Name "abc" -Value "cde"
Add-Member : 无法添加类型为“Property”的成员。请为 MemberTypes 参数指定其他类型。
所在位置 行:1 字符: 7
+ $obj |Add-Member -MemberType Property -Name "abc" -Value "cde"
+
    + CategoryInfo          : InvalidOperation: (:) [Add-Member], InvalidOperationException
    + FullyQualifiedErrorId : CannotAddMemberType,Microsoft.PowerShell.Commands.AddMemberCommand
```

图6.7　添加Property属性会出现错误结果

6.2.2 AliasProperty 属性

AliasProperty 为别名属性，别名属性和 Cmdlet 的别名一样，为当前的属性提供了另外一个别名参考值。通常在对象中需要进行成员计数，计数多用 Count，但是在大多数命令中也可能会用到 Length ，而这里的 Length 是 Count 的别名属性。图 6.8 所示为别名属性的定义值。

```
PS C:\> (Get-ChildItem).Length
12
PS C:\> (Get-ChildItem).Count
12
```

图6.8 别名属性

针对自定义创建的对象，我们可以为这个对象添加别名的属性。别名属性的添加非常简单，只需要使用 Add-Member 命令即可添加相应的属性，图 6.9 所示为为对象添加属性操作。

```
PS C:\> $obj |Add-Member -MemberType AliasProperty -Value MachineName -Name "电脑"
PS C:\> $obj |Get-Member


   TypeName:System.Diagnostics.Process

Name                       MemberType     Definition
----                       ----------     ----------
Handles                    AliasProperty  Handles = Handlecount
Name                       AliasProperty  Name = ProcessName
NPM                        AliasProperty  NPM = NonpagedSystemMemorySize64
PM                         AliasProperty  PM = PagedMemorySize64
SI                         AliasProperty  SI = SessionId
VM                         AliasProperty  VM = VirtualMemorySize64
WS                         AliasProperty  WS = WorkingSet64
电脑                       AliasProperty  电脑 = MachineName
```

图6.9 为当前对象添加属性操作

6.2.3 NoteProperty 属性

NoteProperty 是 PowerShell 对象添加最多的属性，它提供了当前属性的静态计算能力，帮助我们计算出对象的某一个特定的值。图 6.10 所示为文件对象所提供的 NoteProperty 属性值。

```
ToString            Method          string ToString()
PSChildName         NoteProperty    string PSChildName=.esd_auth
PSDrive             NoteProperty    PSDriveInfo PSDrive=C
PSIsContainer       NoteProperty    bool PSIsContainer=False
PSParentPath        NoteProperty    string PSParentPath=Microsoft.PowerShell.Core\FileSystem::C:\Users\徐鹏
PSPath              NoteProperty    string PSPath=Microsoft.PowerShell.Core\FileSystem::C:\Users\徐鹏\.esd_auth
PSProvider          NoteProperty    ProviderInfo PSProvider=Microsoft.PowerShell.Core\FileSystem
```

图6.10 文件对象提供的NoteProperty属性值

如何在自定义对象中添加 NoteProperty 值呢？图 6.11 所示为添加 NoteProperty 的具体操作，这里我们添加创建时间的 NoteProperty 属性。

```
PS C:\> $obj=New-Object psobject
PS C:\> $obj |Add-Member -MemberType NoteProperty -Value (get-date).ToString("yyyy-MM-dd hh:mm:ss") -Name "创建时间具体"

PS C:\> _
```

图6.11 添加NoteProperty属性

我们可以查看下当前提供的 NoteProperty 属性，这里存在刚才建立的属性，图 6.12 所示为相关的属性。

```
PS C:\> $obj|Get-Member


   TypeName:System.Management.Automation.PSCustomObject

Name         MemberType    Definition
----         ----------    ----------
Equals       Method        bool Equals(System.Object obj)
GetHashCode  Method        int GetHashCode()
GetType      Method        type GetType()
ToString     Method        string ToString()
创建时间具体 NoteProperty string 创建时间具体=2021-12-23 08:11:23
```

图6.12　自定义对象的NoteProperty属性

这里由于是静态属性，需要特别注意的是，它一旦设定了就不会变更，在多次获取相应的属性值之后你会发现，其实属性值没有任何变化，图 6.13 所示为相应的属性功能体现。

```
PS C:\> $obj.创建时间具体
2021-12-23 08:11:23
PS C:\> $obj.创建时间具体
2021-12-23 08:11:23
PS C:\> $obj.创建时间具体
2021-12-23 08:11:23
```

图6.13　静态属性设定之后不会再变化

6.2.4　CodeProperty 属性

代码属性与静态属性不同，代码属性中关于属性的定义基于 .Net 的语言。微软官方文档中也没有提到这部分内容，其他的资料就更少了，此处我们不再赘述。

6.2.5　ScriptProperty 属性

脚本属性与静态属性不同，静态属性一旦设定了之后它的值将不会再改变。而代码属性则在每一次调用时的值都会不同，这是代码属性与静态属性最大的不同。图 6.14 所示为进程对象的代码属性。

```
Company          ScriptProperty System.Object Company {get=$this.Mainmodule.FileVersionInfo.CompanyName;}
CPU              ScriptProperty System.Object CPU {get=$this.TotalProcessorTime.TotalSeconds;}
Description      ScriptProperty System.Object Description {get=$this.Mainmodule.FileVersionInfo.FileDescri...
FileVersion      ScriptProperty System.Object FileVersion {get=$this.Mainmodule.FileVersionInfo.FileVersion;}
Path             ScriptProperty System.Object Path {get=$this.Mainmodule.FileName;}
Product          ScriptProperty System.Object Product {get=$this.Mainmodule.FileVersionInfo.ProductName;}
ProductVersion   ScriptProperty System.Object ProductVersion {get=$this.Mainmodule.FileVersionInfo.Product...
```

图6.14　进程对象的代码属性

我们也可以非常方便地为自定义对象添加代码属性，代码属性和静态属性最大的差别在于，脚本属性每次执行完毕之后，它的属性值都会有所变化，具体的脚本属性添加步骤如图 6.15 所示。

```
$obj=New-Object psobject
$obj |Add-Member -MemberType ScriptProperty -Name "访问时间" -Value {(get-date).ToString("yyyy-MM-dd HH:mm:ss")}
```

图6.15　代码属性的添加

这里每次调用属性的值我们都会发现，属性值发生了变化，这就是脚本属性和静态属性最大的差别，图 6.16 所示为执行脚本属性的结果。

```
PS C:\> $obj.访问时间
2021-12-23 08:45:38

PS C:\> $obj.访问时间
2021-12-23 08:45:40

PS C:\> $obj.访问时间
2021-12-23 08:45:41
```

图6.16　脚本属性的执行结果

6.3 PowerShell 对象的方法

PowerShell 对象的属性和方法，是 PowerShell 对象中两个重要的特性，前面和大家已经分享了属性，接下来就需要了解对象的另外一个重要特性：方法。什么是方法呢？举一个现实世界中非常简单的例子，作为一台电视来说，以下的操作都属于方法。

- 打开电源
- 关闭电源
- 更换频道

如果大家细心的话，就可以发现上面的都是动作。在 PowerShell 中各类不同的对象都会有相应的方法，这里以 Process 进程对象为例，图 6.17 所示为名称是 notepad 的 Process 进程对象。

```
$notepadProcess=Get-Process -name notepad
```

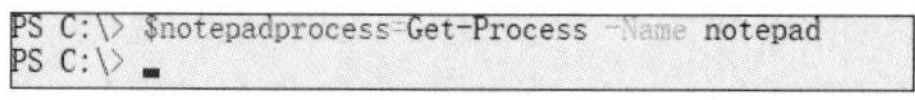

图6.17　获取Process对象

Process 进程支持什么样的方法呢？可以在对象中通过 Get-Member 进行方法的获取。图 6.18 所示为通过 get-Member 命令获取对象的方法。

```
$notepadProcess |get-Member
```

```
Kill                      Method    void Kill()
GetLifetimeService        Method    System.Object GetLifetimeService()
BeginErrorReadLine        Method    void BeginErrorReadLine()
WaitForExit               Method    bool WaitForExit(int milliseconds), void WaitForExit()
WaitForInputIdle          Method    bool WaitForInputIdle(int milliseconds), bool WaitForInputIdle()
ToString                  Method    string ToString()
Refresh                   Method    void Refresh()
Start                     Method    bool Start()
BeginOutputReadLine       Method    void BeginOutputReadLine()
Equals                    Method    bool Equals(System.Object obj)
Dispose                   Method    void Dispose(), void IDisposable.Dispose()
CreateObjRef              Method    System.Runtime.Remoting.ObjRef CreateObjRef(type requestedType)
GetType                   Method    type GetType()
InitializeLifetimeService Method    System.Object InitializeLifetimeService()
GetHashCode               Method    int GetHashCode()
CloseMainWindow           Method    bool CloseMainWindow()
CancelErrorRead           Method    void CancelErrorRead()
CancelOutputRead          Method    void CancelOutputRead()
Close                     Method    void Close()
```

图6.18　获取Process对象的方法

对于已经生成的 PowerShell 对象，可以直接调用方法实现相关的方法操作。这里的 $notepad-Process 对象可以执行 .Kill() 的方法将当前进程关闭。需要注意的是，PowerShell 对象获取属性和调用执行方法是完全不同的，获取属性的方法采用“对象 . 属性”，方法的执行采用“对象 . 方法 ()”。图 6.19 所示为执行 Kill() 方法终止当前进程中的 notepad 进程，执行之后记事本的进程被终止，记事本程序被关闭。

```
PS C:\> $notepadprocess.Kill()
PS C:\>
```

图6.19　Process对象的Kill()方法

PowerShell 对象可以创建属性，当然也可以创建方法。在 PowerShell 中有三种不同的方法，这些方法有什么特点呢？我们接下来就和大家一起分享下 PowerShell 对象中的方法。

6.3.1　Method 方法

与属性中的 Property 一样，默认的 Method 也是从基类继承下来的方法。我们也不能为 PowerShell 对象创建 Method 方法，图 6.20 所示为 Process 对象的 Method 方法。

```
PS C:\> $process=Get-Process
PS C:\> $process |Get-Member


   TypeName:System.Diagnostics.Process

Name                    MemberType      Definition
----                    ----------      ----------
Handles                 AliasProperty   Handles = Handlecount
Name                    AliasProperty   Name = ProcessName
NPM                     AliasProperty   NPM = NonpagedSystemMemorySize64
PM                      AliasProperty   PM = PagedMemorySize64
SI                      AliasProperty   SI = SessionId
VM                      AliasProperty   VM = VirtualMemorySize64
WS                      AliasProperty   WS = WorkingSet64
Disposed                Event           System.EventHandler Disposed(System.Object, System.EventArgs)
ErrorDataReceived       Event           System.Diagnostics.DataReceivedEventHandler ErrorDataReceived(Sy
Exited                  Event           System.EventHandler Exited(System.Object, System.EventArgs)
OutputDataReceived      Event           System.Diagnostics.DataReceivedEventHandler OutputDataReceived(S
BeginErrorReadLine      Method          void BeginErrorReadLine()
BeginOutputReadLine     Method          void BeginOutputReadLine()
CancelErrorRead         Method          void CancelErrorRead()
CancelOutputRead        Method          void CancelOutputRead()
Close                   Method          void Close()
CloseMainWindow         Method          bool CloseMainWindow()
```

图6.20　Process对象的Method方法

为对象添加任何的 Method 方法都会出错，提示不能为 PowerShell 对象添加 Method 方法。图 6.21 为添加 Method 方法后出错的提示。

```
PS C:\> $process |Add-Member -MemberType Method -Name "当前时间" -value {get-date}
Add-Member : 无法添加类型为“Method”的成员。请为 MemberTypes 参数指定其他类型。
所在位置 行:1 字符: 11
+ $process |Add-Member -MemberType Method -Name "当前时间" -value {get-date ...
+
    + CategoryInfo          : InvalidOperation: (:) [Add-Member], InvalidOperationException
    + FullyQualifiedErrorId : CannotAddMemberType,Microsoft.PowerShell.Commands.AddMemberCommand

PS C:\>
```

图6.21　为对象添加Method方法后出错

6.3.2 CodeMethod 方法

在 PowerShell 的对象中，很少会使用到 CodeMethod 方法，微软各类网站中也很少有 Code Method 方法。个人认为可能是在这里直接部署一些 C# 方法，涉及 C# 和 VB 语言开发。我们就不在本书中和大家讨论有关 CodeMethod 方法，但是需要了解 PowerShell 是支持将代码部署到 PowerShell 方法的。

6.3.3 ScriptMethod 方法

PowerShell 对象中的 ScriptMethod 是使用最为频繁的一种方法，我们可以给任何一个 PowerShell 对象非常方便地添加 ScriptMethod 方法。在对象中除了基类对象之外，其他的方法多数都是 Script Method 方法，我们在后面将给大家分享如何在自定义对象中添加 ScriptMethod 方法。

6.4 PowerShell 自定义对象的创建

PowerShell 的编译底层是 .Net 语言，因此 .Net 各个类对象都可以通过 PowerShell 进行创建，创建的对象都继承于 .Net 类。如果希望建立的类不属于任何现有的 .Net 类对象，我们该如何创建这个自定义对象呢？这里使用的就是 New-object 的 PowerShell 命令。

```
New-object object
```

通过上面的 PowerShell 命令可以创建一个空对象，这个对象创建后没有赋予任何属性，也没有赋予任何的方法，只是从概念上创建了一个不指向任何地址的指针。通过 Get-Member 查询方法和属性，只能看见四个方法，这四个方法来自 .Net 基类 Object。当需要获取相关的属性，却发现属性为空，这也意味着基类 Object 是没有属性的，图 6.22 所示为建立空的类型命令。

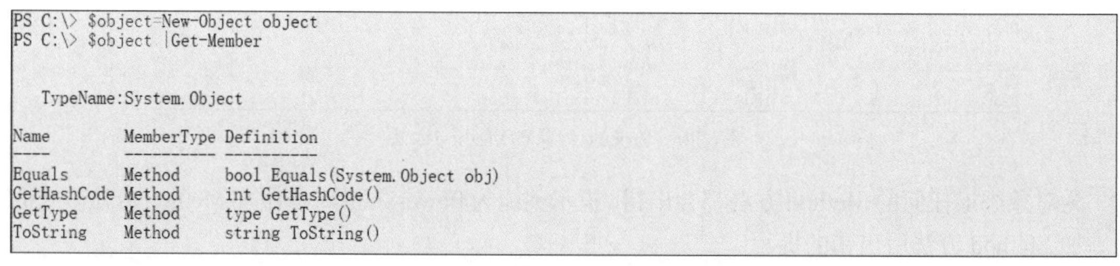

```
PS C:\> $object=New-Object object
PS C:\> $object |Get-Member


   TypeName:System.Object

Name        MemberType Definition
----        ---------- ----------
Equals      Method     bool Equals(System.Object obj)
GetHashCode Method     int GetHashCode()
GetType     Method     type GetType()
ToString    Method     string ToString()
```

图6.22　建立空类型的对象

在 PowerShell 中，如果希望创建在 PowerShell 中可用的自定义对象，就必须建立相应的 Power Shell 对象。这里通过标记类型名称为 Psobject 来定义自定义的 PowerShell 对象，我们通过如下命令创建 PowerShell 自定义对象。

```
$cutomerObject=New-object psobject
```

完成对象的建立后，可以通过 Get-Member 获取对象的类型。如图 6.23 所示，我们通过 Get-Member 获取对象类型，发现当前的对象是自定义对象类型。

```
PS C:\> $customerObject=New-Object psobject
PS C:\> $customerObject |Get-Member

   TypeName:System.Management.Automation.PSCustomObject

Name        MemberType Definition
----        ---------- ----------
Equals      Method     bool Equals(System.Object obj)
GetHashCode Method     int GetHashCode()
GetType     Method     type GetType()
ToString    Method     string ToString()
```

图6.23 创建PowerShell自定义对象

如果希望在 PowerShell 对象中创建特定的 .Net 类，可以直接创建，图 6.24 所示为创建空的进程对象的方法。

```
PS C:\> New-Object -TypeName System.Diagnostics.Process

Handles  NPM(K)    PM(K)      WS(K)     CPU(s)     Id  SI ProcessName
-------  ------    -----      -----     ------     --  -- -----------
               0        0          0

PS C:\>
```

图6.24 创建空的PowerShell进程对象

但是有一类 PowerShell 对象，如果直接使用会报错。这些对象需要导入 .Net 类才能够正常地创建 PowerShell 对象，才能够完整地创建 .Net 类型，下面的案例就是通过创建 .Net 类实现屏幕状态的获取。

```
Add-Type -AssemblyName System.Windows.Forms
$screen=[System.Windows.Forms.Screen]::AllScreens
```

在 PowerShell 中存在大量的需要创建 .Net 类的场景，针对 .Net 对象属性和方法的创建，需要深入理解 .Net 程序开发的机制，MSDN 开发文档是少不了的。图 6.25 所示为加载了系统中的窗体方法后实现系统截屏功能的方法。

```
PS C:\> Add-Type -AssemblyName System.Windows.Forms
PS C:\> $screen=[System.Windows.Forms.Screen]::AllScreens
PS C:\> $screen |Get-Member

   TypeName:System.Windows.Forms.Screen

Name         MemberType Definition
----         ---------- ----------
Equals       Method     bool Equals(System.Object obj)
GetHashCode  Method     int GetHashCode()
GetType      Method     type GetType()
ToString     Method     string ToString()
BitsPerPixel Property   int BitsPerPixel {get;}
Bounds       Property   System.Drawing.Rectangle Bounds {get;}
DeviceName   Property   string DeviceName {get;}
Primary      Property   bool Primary {get;}
WorkingArea  Property   System.Drawing.Rectangle WorkingArea {get;}
```

图6.25 System.Windows.Form类的引入

上面提到的类型就是我们在进行 PowerShell 对象创建的时候可能会遇到的场景，但是在实际的对象创建过程中，大概率还是创建空的 PowerShell 对象。创建方法如图 6.26 所示。

```
PS C:\> $obj=New-Object psobject
PS C:\>
```

图6.26 空的PowerShell自定义类型

这个自定义创建的对象类型具有什么可用的方法和属性吗？经过实际查看会发现，当前的自定义对象只有四个从基类继承的方法，没有任何属性，图 6.27 所示为自定义对象的方法和属性的获取。

```
PS C:\> $obj|Get-Member

   TypeName:System.Management.Automation.PSCustomObject

Name        MemberType Definition
----        ---------- ----------
Equals      Method     bool Equals(System.Object obj)
GetHashCode Method     int GetHashCode()
GetType     Method     type GetType()
ToString    Method     string ToString()
```

图6.27　自定义对象的方法和属性的获取

接下来将会基于创建的 $obj 对象进行自定义属性和方法的添加，大家可以继续向后阅读。

6.5 PowerShell 自定义对象属性的添加

上面和大家分享了如何创建 PowerShell 自定义对象，完成对象的创建之后如果不添加其他属性和方法，这个对象就没有任何用处。我们需要为对象添加自定义属性和方法，对象的属性和方法都可以使用 Add-Member 来实现。

```
Add-member-membertype 成员类型 -name" 名字 "-value 值
```

在进行属性添加的过程中，使用 Add-Member 可以添加多种属性和方法。由于默认的 Property 继承自基类。只能添加下面四种属性，而目前使用较多的属性主要是注释属性和脚本代码属性。

- AliasProperty：别名属性。
- CodeProperty：代码属性。
- NoteProperty：注释属性。
- ScriptProperty：脚本代码属性。

6.5.1 PowerShell 对象添加别名属性

为什么要使用别名属性？别名是为了更好地描述对象的属性，使用相近字让大家快速熟悉 PowerShell 对象的属性，例如文件对象有一个属性是 Length，Length 对于很多朋友来说是描述长度的属性，如果这个时候将属性添加一个别名属性 FileSize，是不是可以让用户更方便地理解？这里以一个案例给大家分享如何添加对象的别名，图 6.28 所示为添加别名属性的方法。

```
$fileitem=Get-Item c:\log\file.txt
$fileitem |add-member -membertype aliasproperty -name Filesize -value length
```

```
PS C:\Users\Administrator> $fileitem=Get-ChildItem -Path C:\log\groupname.txt
PS C:\Users\Administrator> $fileitem |Add-Member -MemberType AliasProperty -Name fileSzie -Value length -
Force
```

图6.28　为属性添加别名

在别名属性添加了之后，可以通过对象直接调用相关属性，是不是更加符合我们对文件的定义呢？图 6.29 所示为添加别名后的效果，这里会发现添加别名的功能和原属性完全相同。

```
PS C:\Users\Administrator> $fileitem.fileSzie
50
PS C:\Users\Administrator> $fileitem.Length
50
```

图6.29　对象获取别名属性

如果你不理解别名属性的工作原理，如图 6.30 所示给了大家答案。

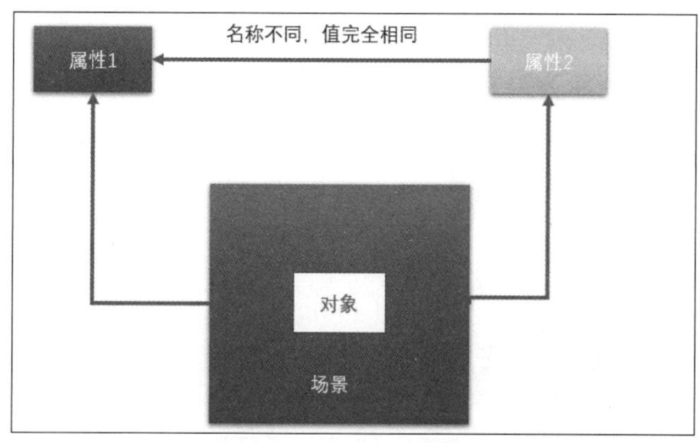

图6.30　为对象添加别名属性

6.5.2　PowerShell 添加代码（脚本）属性

代码属性中所有的属性都是通过计算获取的动态属性，代码属性都是基于当前属性计算得出的结果，每次进行属性获取的过程中属性值都会不同。怎么理解这个问题呢？这里以一个对象为例，Accesstime 属性是代码属性，值为当前时间，图 6.31 所示为对象的代码属性。

```
PS C:\> $obj.accesstime
2021-12-25 21:35:10
PS C:\> $obj.accesstime
2021-12-25 21:35:11
PS C:\> $obj.accesstime
2021-12-25 21:35:12
PS C:\> $obj.accesstime
2021-12-25 21:35:13
PS C:\> _
```

图6.31　PowerShell的代码属性

接下来以文件创建天数的代码属性为例给大家分享下代码属性的添加方法。这里添加了 Caltime 用来计算当前文件创建日期和当前日期的间隔，来了解当前的文件创建了多少天。

```
$fileitem=Get-Item c:\log\file.txt
$caltime={((get-date)-[datetime]$this.creationtime).days}
$fileitem|add-memberadd-member -MemberType ScriptProperty -Name "创建天数"
-Value $caltime
```

通过添加代码属性，可以动态地获取需要进行计算的属性。在这个例子中，添加代码属性计算了从文件创建日期到今天为止创建的天数。这里通过直接调用创建天数可以计算文件创建好后距离当前的日期有多少天。图 6.32 所示为获取属性“创建天数”的结果。

```
PS C:\VIDEO> $fileitem |fl

PSPath          : Microsoft.PowerShell.Core\FileSystem::C:\VIDEO\Fringe.S05E06.mp4
PSParentPath    : Microsoft.PowerShell.Core\FileSystem::C:\VIDEO
PSChildName     : Fringe.S05E06.mp4
PSDrive         : C
PSProvider      : Microsoft.PowerShell.Core\FileSystem
PSIsContainer   : False
创建天数        : 16
Mode            : -a----
```

图6.32　对象的创建天数的代码属性

代码属性的值根据当前的环境变化而变化，当前这个案例的创建天数属性将随着获取属性的时间不同而发生变化，图 6.33 所示为对象属性随着环境变化而发生的情况。

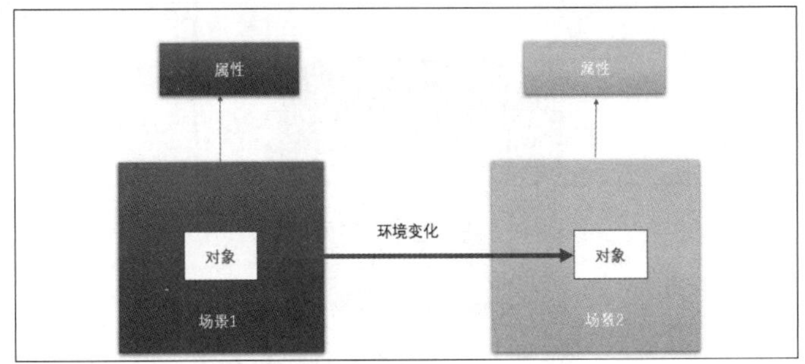

图6.33　属性值随着环境变化而变化

6.5.3　PowerShell 添加注释属性

注释属性相比代码属性，主要的差别在于注释属性属于静态属性。静态属性的值在进行对象赋值的时候就已经确定，不会因为每次调用的时间不同而发生变化。注释属性是 PowerShell 对象属性中使用最频繁的一类属性。图 6.34 所示为对象的 NoteProperty 属性值的创建，这些对象的注释属性创建后就不再发生变化。

```
PS C:\> $obj.accesstime
2021-12-25 22:09:09
PS C:\> $obj.accesstime
2021-12-25 22:09:09
PS C:\> $obj.accesstime
2021-12-25 22:09:09
```

图6.34　accessTime属性创建后不再变化

那么如何添加自定义对象的静态 NoteProperty 属性呢？接下来通过一个非常简单的例子和大家分享下如何建立注释属性，这里通过 Add-Member 添加了静态属性“创建人”，图 6.35 所示为函数执行结果。

```
$fileItem=$Get-Item c:\log\abc.txt
$FileItem |add-member -membertype noteproperty -name "创建人" -value
$fileItem. GetAccessControl().owner
```

```
PS C:\VIDEO> $FileItem |add-member -membertype noteproperty -name "创建人" -value $fileItem.GetAccessControl().owner
PS C:\VIDEO> $fileitem |fl *


PSPath          : Microsoft.PowerShell.Core\FileSystem::C:\VIDEO\Fringe.S05E06.mp4
PSParentPath    : Microsoft.PowerShell.Core\FileSystem::C:\VIDEO
PSChildName     : Fringe.S05E06.mp4
PSDrive         : C
PSProvider      : Microsoft.PowerShell.Core\FileSystem
PSIsContainer   : False
创建天数        : 17
创建人          : DESKTOP-9VJBS8R\徐鹏
```

图6.35　函数执行结果

代码完成执行后创建人属性被创建，而创建人的值被定义为 NoteProperty。用户查询注释属性会发现，注释属性在赋值那之后都不会因为环境再发生变化，如果希望属性修改，我们需要删除现有属性后重新创建属性才会变化。图 6.36 所示为 NoteProperty 的描述。

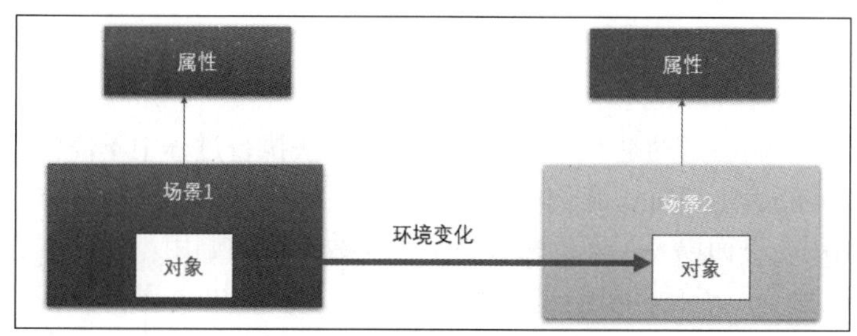

图6.36　NoteProperty属性值定义

6.6　PowerShell 自定义对象方法的添加

在我们建立了 PowerShell 对象之后，添加的属性是描述对象的标签。对于 PowerShell 对象来说，只有属性肯定不够，还需要给我们的对象提供执行方法。建立的空对象会有一些继承于 Object 的方法。但在实际应用场景中需要添加一些可以调用的其他方法，这就是 PowerShell 自定义对象的方法。图 6.37 所示为 PowerShell 对象的默认方法，这些方法都是继承的基类的方法。

```
PS C:\WINDOWS\system32> $obj=New-Object psobject
PS C:\WINDOWS\system32> $obj |Get-Member


   TypeName:System.Management.Automation.PSCustomObject

Name        MemberType Definition
----        ---------- ----------
Equals      Method     bool Equals(System.Object obj)
GetHashCode Method     int GetHashCode()
GetType     Method     type GetType()
ToString    Method     string ToString()
```

图6.37　PowerShell 自定义对象的方法

在完成了 PowerShell 自定义对象的创建之后，就可以使用 Add-Member 命令来为自定义对象添加可以使用的方法，目前 PowerShell 自定义对象可以添加以下几类方法。

- Method：执行方法，系统基类方法，不能手动添加。
- CodeMethod：代码执行方法，基于 VC 或 VB 部署的代码方法。
- ScriptMethod：脚本执行方法，代码为 PowerShell 脚本。

在多数情况下 PowerShell 添加自定义方法是 ScriptMethod 脚本，通过添加代码脚本为 PowerShell 对象添加可以执行的方法。CodeMethod 基本上没有什么使用场景，本书不会讨论如何添加 CodeMethod 方法。

```
Object | Add-Member -MemberType scriptMethod -Name methodName -Value
{Script Mthod}
```

在实际的 PowerShell 方法调用中，ScriptMethod 的有参数调用和无参数调用，这两个场景调用有什么不同，在代码的编写上是不是也有什么区别呢？接下来就给大家分享下这部分内容。

6.6.1 PowerShell 对象的无参数方法调用

PowerShell 的无参数调用指的是 PowerShell 对象中方法执行过程中不需要传递参数，这一类方法通常用于对象的固定行为。例如，我们希望将一个运行的进程关闭，或者将一个文件删除，都是属于无参数方法的调用，下面以一个案例来分享下无参数方法的调用。

大家都知道 Ping 命令用于目标机器进行连通性分析，如果 Ping 通，代表本地到目标的机器连通性良好，如果无法 Ping 通，则代表到目标机器无法 Ping 通，这段代码怎么写呢？大家可以先自己写一下，写完后参考以下示例代码。

```
$Computer=New-Object psobject
$Computer |Add-Member -MemberType NoteProperty -Name name -Value "localhost"
$Computer| Add-Member -memberType ScriptMethod  -Name "Ping" -Value {Test-
Connection -ComputerName $this.Name -Quiet  -Count 1 } -Force
```

执行完成这一段脚本定义之后，创建的对象多了一个属性和一个方法。执行完成后，为自定义的对象添加了 Name 属性，Name 属性为对象的名称属性。在代码中代表了需要进行 Ping 的机器地址，后续添加了 Ping 的方法来实现对目标机器的 Ping 操作。对自定义对象添加了自定义方法之后，如何才能调用这个方法呢？PowerShell 中对象的属性赋值采用“对象 . 属性”，而采用“对象 . 方法 ()”进行相应的方法调用，下面是这个对象的属性值赋值和方法调用的使用案例。

```
$computer.name="192.168.32.1"
$computer.ping()
```

定义完属性之后，通过调用 Ping 的方法得到如图 6.38 所示的结果。

```
PS C:\Users\徐鹏> $Computer.Ping()
True
```

图6.38　调用Ping之后执行的结果

为什么是 True 呢？这里执行得到的结果是 True 的原因在于代码设置了 Quite 参数。Quite 参数会将执行的结果进行判断，如果 Ping 值能够正常返回，则结果为 True，否则为 False。如果我们希望得到不是 True 结果的话，需要将代码做一些具体的修改。

```
$Computer=New-Object psobject
$Computer |Add-Member -MemberType NoteProperty -Name name -Value "localhost"
```

```
$Computer| Add-Member -memberType ScriptMethod  -Name "Ping" -Value
{Test-Connection -ComputerName $this.Name  -Count 1 } -Force
```

重新执行 Ping 方法之后，我们会发现结果有了变化，图 6.39 所示为相关的操作。

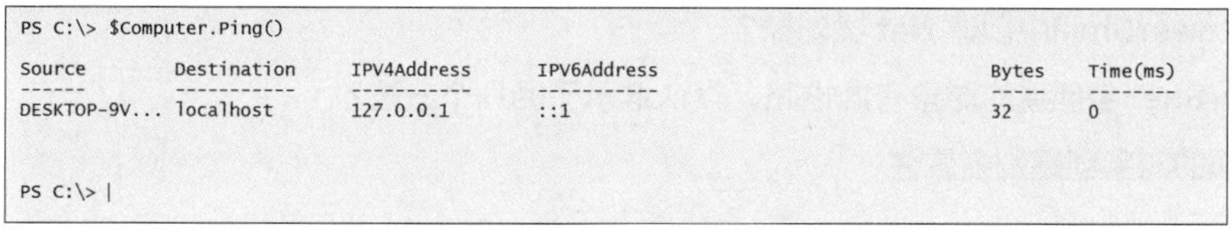

```
PS C:\> $Computer.Ping()

Source        Destination     IPV4Address      IPV6Address                                   Bytes    Time(ms)
------        -----------     -----------      -----------                                   -----    --------
DESKTOP-9V... localhost       127.0.0.1        ::1                                           32       0


PS C:\> |
```

图6.39　对象执行Ping值后的结果

6.6.2　PowerShell 对象的有参数方法调用

在实际的业务场景中，大多数都是有参数的调用。如何为PowerShell对象添加有参数的方法呢？其实逻辑上依然没有太大的差别，我们在执行的代码中写入 Parameter 参数就可以，下面的方法就是实现两个参数的累加，感觉是不是有点难？其实代码实现起来非常简单，参考代码和执行结果如图 6.40 所示。

```
$number=new-object psobject
$number|Add-Member -MemberType  ScriptMethod  calculate {Param([int]$A,
[int]$B)  return $A+$b }
$number.calculate(3,4)
```

```
PS C:\> $number.calculate(3,4)
7

PS C:\> $number.c
```

图6.40　有参数对象方法的调用

6.7　章节回顾

本章和大家一起分析了 PowerShell 中非常重要的概念：对象。对象在面向对象的编程语言中是一个非常普通的概念，PowerShell 的底层基于 .Net 构建，毫无疑问也是支持面向对象的编程。本章开篇和大家一起分享了 PowerShell 对象的创建，在 PowerShell 中可以实现各类不同的 .Net 类的对象创建，也可以实现 PowerShell 自定义对象的创建。

接下来和大家分享了如何在 PowerShell 中创建相关对象后添加相应的属性和方法。自定义对象的属性通常有别名属性、注释属性和代码属性三种，而添加的方法严格说来也有普通方法、代码方法和脚本方法三类，在实际的应用场景中，脚本方法是最为常见的一种，也是我们重点分享给大家的内容。

在定义对象的自定义方法过程中，可以建立有参数调用和无参数调用，在实际的应用过程中，有参数调用的环境非常少。大部分在进行方法定义的时候都采用属性传参的方式来实现无外部参数输入的调用。

6.8 练习与知识巩固

1. 在PowerShell中如何创建PowerShell对象？

2. 如何在PowerShell中创建.Net 类对象？

3. 在PowerShell中创建的对象有属性吗，默认继承了哪几个方法？

4. 请为下面的对象创建别名属性。

```
$process=Get-Process notepad
```

为 Process 对象添加中文名称为“进程名称”的别名属性，属性名称指向 ProcessName。

5. 请为下面的对象创建别名属性。

```
$fileitem=Get-Item c:\log\file.txt
```

为 Fileitem 对象创建属性名称为“修改周期”的代码属性，用来计算从上一次修改时间到今天的天数。

6. 请为下面的对象创建注释属性。

```
$fileitem=Get-Item c:\log\file.txt
```

为 Fileitem 对象创建属性名称为“创建人”的注释属性，用来显示文件的创建人。

7. 请为下面的对象创建代码方法。

```
$fileitem=Get-Item c:\log\file.txt
```

为 Fileitem 对象添加“自删除”方法，调用后删除自己。

8. 请为对象创建代码方法：

```
$obj=new-object psobject
```

为 obj 创建两个属性，再创建一个代码方法，用于实现两个属性相加。

第7章 PowerShell 管道符

相信很多朋友都见过管道符，但是没有办法用一个非常标准的语言来进行描述，下面用一张图，给大家进行讲解。

大家可以把烤箱左边称为数据，这些即将进入烤箱的鸡都是一个个数据。烤箱右边可以看成一个个的数据处理结果，烤箱烤的过程可以看成数据处理的过程。那进入烤箱的那个门就可以称为管道符了，因为进入门我们就可以进行烤箱的黑箱操作。将这道门看成管道符，就发现可以实现批量的对象操作。管道符就是实现多重对象的批量操作，在 PowerShell 中其实也是这样，在本章通过对 PowerShell 管道的讲解，让大家对批量设置的操作了解得更加深入，同时利用最少和最简单的代码来实现批量完成任务。

7.1 PowerShell 管道符是什么

前面通过一张图给大家粗略普及了管道符的概念，那么在 PowerShell 中管道符到底是什么呢？这个时候有些会 VBS 的朋友可能会想起 VBS 对于对象的处理，在 VBS 中是没有管道符这样的概念的，而在 DOS 环境下进行 CMD Shell 存在管道符“|”。在处理 VBS 的对象时需要使用 ForEach 的方法来实现对象的轮询，PowerShell 继承了 DOS 的管道符功能，在处理数据或对象比较多的时候，PowerShell 仅仅需要一行代码就可以实现对象的处理。这样的方式你期待吗？在 PowerShell 中，管道符和 DOS 环境完全一致，采用的是符号“|”方式进行数据传递，管道符在 Windows 平台和 Linux 平台应用非常广泛，相信熟悉 DOS 命令和 Linux 的 Bash 脚本的朋友，一定了解符号“|”所代表的含义，图 7.1 所示为管道符的表现形式。

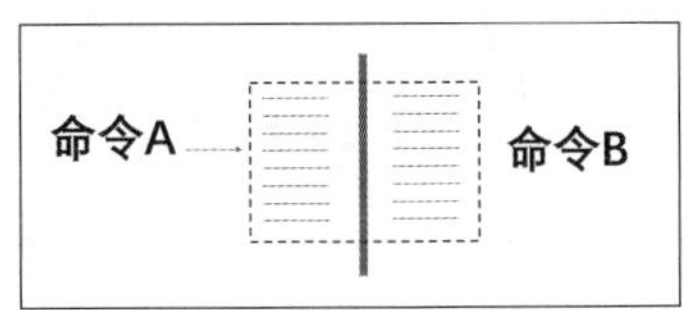

图7.1 管道符的表现形式

这里先以 PowerShell 命令 Get-Service 来熟悉下管道进行数据传递的机制，需要清楚一个非常重要的概念，不是所有的数据右边都能够接收的。

```
"ServerA","ServerB","ServerC" |get-service
```

这里左边的数据全部都是服务器名称，如果这个时候传递的是服务器名称，会不会得到正确的结果呢？我们认为会，很可惜结果是不会，到底是什么原因导致这个执行结果会出错呢？我们来详细地分析下，如图 7.2 所示为一个比较明确的分析方法。

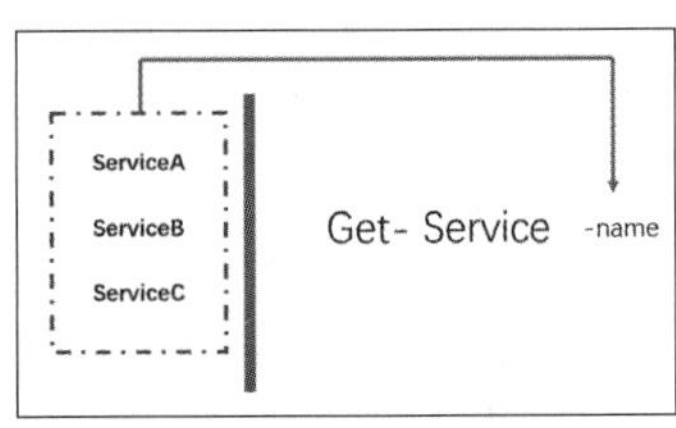

图7.2 管道依次传递数据

Get-Service 是查询服务状态的命令，可以通过命令查询服务的状态。在上面这个场景中，通过管道符分别将 ServerA、ServerB 和 ServerC 三个数据传递到 Get-Service 命令中来检查所对应的服务器服务状态 。

上面的一条命令可以拆分为三条命令来执行，其实际执行顺序如下。

```
Get-service -name ServerA
Get-Service -name ServerB
Get-Service -name ServerC
```

三条命令执行的结果会是什么样子呢？毫无疑问，一定会出现如图 7.3 所示的错误。

```
PS C:\Users\徐鹏> "localhost","127.0.0.1","DESKTOP-ES7BCAK"|Get-Service
Get-Service : 找不到任何服务名称为“localhost”的服务。
所在位置 行:1 字符: 44
+ "localhost","127.0.0.1","DESKTOP-ES7BCAK"|Get-Service
+                                           ~~~~~~~~~~~
    + CategoryInfo          : ObjectNotFound: (localhost:String) [Get-Service], ServiceCommandException
    + FullyQualifiedErrorId : NoServiceFoundForGivenName,Microsoft.PowerShell.Commands.GetServiceCommand

Get-Service : 找不到任何服务名称为“127.0.0.1”的服务。
所在位置 行:1 字符: 44
+ "localhost","127.0.0.1","DESKTOP-ES7BCAK"|Get-Service
+                                           ~~~~~~~~~~~
    + CategoryInfo          : ObjectNotFound: (127.0.0.1:String) [Get-Service], ServiceCommandException
    + FullyQualifiedErrorId : NoServiceFoundForGivenName,Microsoft.PowerShell.Commands.GetServiceCommand

Get-Service : 找不到任何服务名称为“DESKTOP-ES7BCAK”的服务。
所在位置 行:1 字符: 44
+ "localhost","127.0.0.1","DESKTOP-ES7BCAK"|Get-Service
+                                           ~~~~~~~~~~~
    + CategoryInfo          : ObjectNotFound: (DESKTOP-ES7BCAK:String) [Get-Service], ServiceCommandException
    + FullyQualifiedErrorId : NoServiceFoundForGivenName,Microsoft.PowerShell.Commands.GetServiceCommand
```

图7.3　命令执行后出现错误

为什么会这样呢？这里我们需要非常清楚的是，这里的管道符支持的数据传递的值不是服务器名，而是服务名。我们通过 Get-Help 来查看如图 7.4 所示的参数支持管道符传递的是什么参数。

```
Get-Help get-service -parameter *
```

```
-InputObject <System.ServiceProcess.ServiceController[]>
    Specifies ServiceController objects representing the services to be retrieved. Enter a variable that contains the objects, or type a command or expression that gets the objects. Y
    ou can also pipe a service object to this cmdlet.

    是否必需?                    False
    位置?                        named
    默认值              None
    是否接受管道输入?            True (ByValue)
    是否接受通配符?              False


-Name <System.String[]>
    Specifies the service names of services to be retrieved. Wildcards are permitted. By default, this cmdlet gets all of the services on the computer.

    是否必需?                    False
    位置?                        0
    默认值              None
    是否接受管道输入?            True (ByPropertyName, ByValue)
    是否接受通配符?              True
```

图7.4　Get-Service 支持的通配符传递参数

在 PowerShell 实际的应用场景中，必须注意的是，能够接受管道符不需要带参数的传递仅仅适用于一类参数，就是能够接受的 ByValue 方式进行管道符传递的数据。

问题由如何传递变成了传递什么，如何确定通过管道符直接传递能传递什么呢？为了让大家更好地理解，这里依然使用 Get-Service 作为案例来给大家分享下如何确定参数是管道符右边命令可以接受的值。

```
Get-Help Get-Service -parameter *
```

这里可能会有人看得头有点蒙，ByValue 和 ByPropertyName 分别是什么意思呢？后面会给大家分享这两种方式的区别，这里大家需要知道的是，在 ByPropertyName 和 ByValue 都支持的情况下，将优先支持以 ByValue 的方式进行值传递，图 7.5 所示为当前的 Get-Service 命令支持的传递模式。

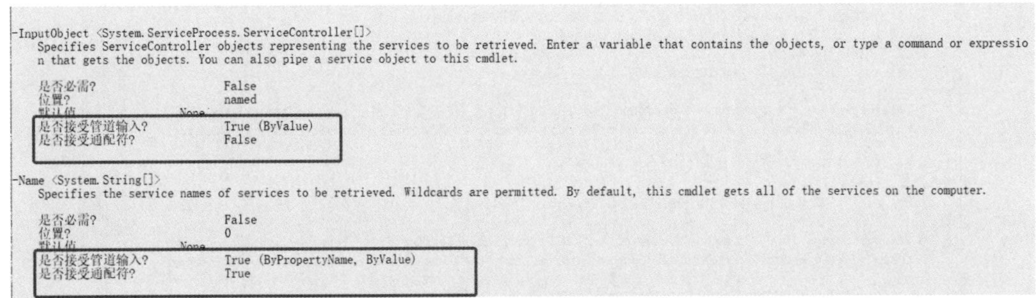

```
-InputObject <System.ServiceProcess.ServiceController[]>
    Specifies ServiceController objects representing the services to be retrieved. Enter a variable that contains the objects, or type a command or expressio
    n that gets the objects. You can also pipe a service object to this cmdlet.

    是否必需?                    False
    位置?                        named
    默认值                 None
    是否接受管道输入?            True (ByValue)
    是否接受通配符?              False

-Name <System.String[]>
    Specifies the service names of services to be retrieved. Wildcards are permitted. By default, this cmdlet gets all of the services on the computer.

    是否必需?                    False
    位置?                        0
    默认值                 None
    是否接受管道输入?            True (ByPropertyName, ByValue)
    是否接受通配符?              True
```

图7.5　Get-Service 命令支持管道传递的参数

在管道符进行数据传递的过程中仅支持单一数据类型传递，这里可以看出有两个支持值传递的类型的参数。

- InputObject：输入的参数支持管道符传过来的服务类型对象。
- Name：支持通过字符串进行数据传递。

如果属性支持值传递，意味着在使用管道符过程中将会通过值传递的模式传递到相应的属性。而其他的支持管道的参数都是支持 ByPropertyName，图 7.6 所示为支持属性传递的参数。

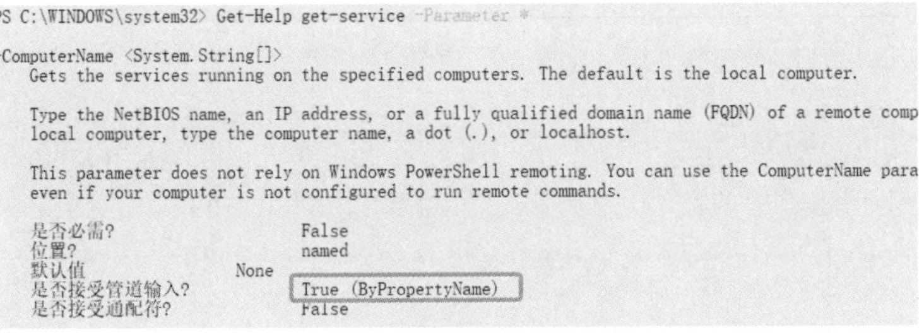

```
PS C:\WINDOWS\system32> Get-Help get-service -Parameter *

-ComputerName <System.String[]>
    Gets the services running on the specified computers. The default is the local computer.

    Type the NetBIOS name, an IP address, or a fully qualified domain name (FQDN) of a remote comp
    local computer, type the computer name, a dot (.), or localhost.

    This parameter does not rely on Windows PowerShell remoting. You can use the ComputerName para
    even if your computer is not configured to run remote commands.

    是否必需?                    False
    位置?                        named
    默认值                 None
    是否接受管道输入?            True (ByPropertyName)
    是否接受通配符?              False
```

图7.6　支持属性传递的参数

7.2 PowerShell 管道符值传递模式

PowerShell 的管道符支持两种不同的数据传递模式，这两种传递模式都是受到 PowerShell 命令支持的值传递方式。

- ByValue：值传递模式。
- ByPropertyName：属性名传递。

这两种传递方式差别在哪里呢？其实差异在于传递的方式和传递的内容。如果选择参数支持值传递，管道符左边的数据通过值的类型匹配到相对应的参数。这一点要特别注意，因为传递过程中可能会有两个支持值传递的参数，而值传递过程中它会有特定的数据类型定义来支持相应的值传递。例如，上面提到 Get-Service 的 Name 参数支持值传递，InputObject 参数也支持值传递，但是两个参数支持的数据类型毫无疑问不一致。我们可以看到如图 7.7 所示的管道符类型，当管道符左边的数据是 Process 类型，则数值传递到了 InputObject，管道符左边的数据是字符串类型，则数值传递到了 Name 参数。

```
-InputObject <System.ServiceProcess.ServiceController[]>
    Specifies ServiceController objects representing the services to be retrieved. E
    bjects, or type a command or expression that gets the objects. You can also pipe

    是否必需?                    False
    位置?                        named
    默认值               None
    是否接受管道输入?            True (ByValue)
    是否接受通配符?              False

-Name <System.String[]>
    Specifies the service names of services to be retrieved. Wildcards are permitted
    of the services on the computer.

    是否必需?                    False
    位置?                        0
    默认值               None
    是否接受管道输入?            True (ByPropertyName, ByValue)
    是否接受通配符?              True
```

图7.7 ByValue的数据类型定义

接下来我们来看下如何使用这两个参数接收来自管道符左边的对象，这里通过构建服务类型来实现服务对象的获取。图 7.8 所示为基于 ServiceProcess 对象进行服务获取。

```
PS C:\> $obj=Get-Service -Name WalletService
PS C:\> $obj|Get-Service

Status   Name               DisplayName
------   ----               -----------
Stopped  WalletService      WalletService
```

图7.8 获取ServiceProcess名称

在得到 $Obj 对象后，这里通过 Get-Member 来了解下是什么数据类型，可以看到数据类型为 ServiceProcess 类型。这个数据也就是默认的如图 7.9 所示的 ServiceProcess 类型，这个对象被传递到了管道符右边的 InputObject 对象。

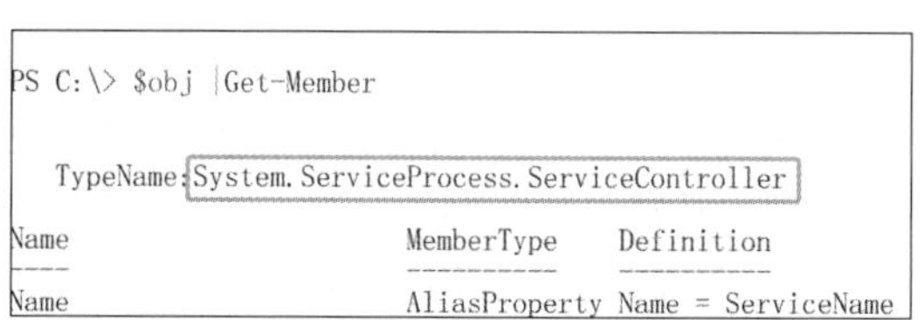

```
PS C:\> $obj |Get-Member

   TypeName:System.ServiceProcess.ServiceController

Name                MemberType    Definition
----                ----------    ----------
Name                AliasProperty Name = ServiceName
```

图7.9 对象为ServiceController类型

而字符串类型为默认的 Name 参数所能够接收的参数，这里的 Name 参数指的是服务名称，不是计算机名称，这一点需要特别注意。如果传进去的是如图 7.10 所示的计算机名称，结果毫无疑问将会出现错误。

```
"serviceA","ServiceB","ServiceC" |Get-Member
```

```
PS C:\WINDOWS\system32> "serviceA","serviceb","ServiceC"|Get-Member

  TypeName:System.String
```

图7.10 将字符串传递到管道符右边

这里能够看到管道符左边的数据是字符串类型，如果以字符串传递到管道符右边的 Get-Service 命令，这时 Get-Service 的 Name 参数会和字符串匹配。如果这时传递过去的是计算机名称，就得到了错误的结果，图 7.11 所示为 Name 参数的内容。

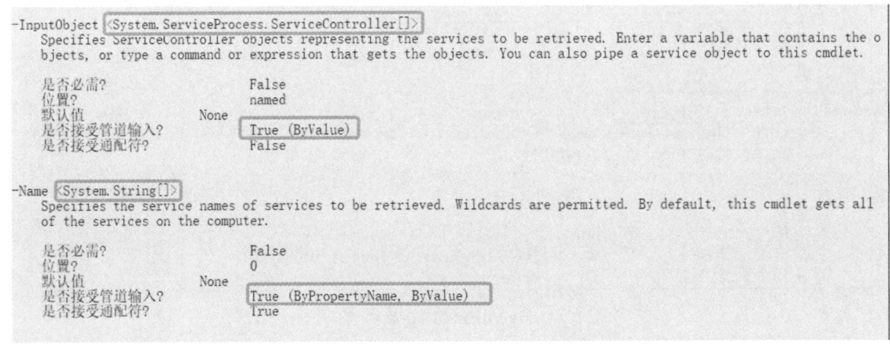

```
-InputObject <System.ServiceProcess.ServiceController[]>
    Specifies ServiceController objects representing the services to be retrieved. Enter a variable that contains the o
    bjects, or type a command or expression that gets the objects. You can also pipe a service object to this cmdlet.

    是否必需?                    False
    位置?                        named
    默认值               None
    是否接受管道输入?            True (ByValue)
    是否接受通配符?              False

-Name <System.String[]>
    Specifies the service names of services to be retrieved. Wildcards are permitted. By default, this cmdlet gets all
    of the services on the computer.

    是否必需?                    False
    位置?                        0
    默认值               None
    是否接受管道输入?            True (ByPropertyName, ByValue)
    是否接受通配符?              True
```

图7.11　Name参数支持字符串格式数据传递

这时如果传递过去的数据是服务名称，就能得到比较正确的结果了，下面同样是字符串的内容，这个名称是服务名称。执行的结果如图 7.12 所示。

```
PS C:\> "WinRM","XboxNetApiSvc","XboxGipSvc" |Get-Service

Status   Name               DisplayName
------   ----               -----------
Stopped  WinRM              Windows Remote Management (WS-Manag...
Stopped  XboxNetApiSvc      Xbox Live 网络服务
Stopped  XboxGipSvc         Xbox Accessory Management Service
```

图7.12　Get-Service支持的Name属性

Name 参数支持属性名称和值传递两种方式，而且它支持的类型也是字符串类型，因此可以确定通配符传递过来的数据匹配到了 Get-Service 的 Name 参数。这里需要特别注意的是，在进行值传递的过程中，PowerShell 仅仅支持一个值传递，例如，支持通过服务名传递或者以服务类型的对象传递，进行值传递过程不需要使用参数进行匹配，但需要类型匹配。这是需要特别注意的是，就像上面的这个案例中，通过参数传过来的数据在 Name 属性匹配之后，不再支持属性名传递。

7.3　PowerShell 管道符的属性名传递模式

属性名传递和值传递其实从本质上是一样的，只是在传递过程中匹配方式不同，当进行值传递的时候，仅仅是将值通过管道符传递到管道符右侧的 PowerShell 命令进行匹配。但是进行属性名传递的时候，传过去的不仅仅是单一数据值，而是将整个数组传递给 PowerShell 命令，就形成了以属性名传递的数据传递方式。听起来非常拗口，如何理解属性名数据传递呢?

这里构建一个数据文件，数据的内容包含了 ItemType 和 Name 两列用于 New-Item 命令的使用方法，图 7.13 所示为包含了文件名和文件类型的文件。

```
file.txt - 记事本
文件(F)  编辑(E)  格式(O)  查看(V)  帮助(H)
itemtype,name
file,a.txt
directory,b
file,c.txt
file,d.txt
file,e.txt
```

图7.13　包含文件名和文件类型的文本文件

接下来在 PowerShell 中执行命令将这些值导入后，通过管道符传递给 New-Item 命令，图 7.14 所示为命令执行结果，相对应的文件和目录均已经创建成功，这就是使用 PropertyName 进行传递的基本案例。

```
file.txt
b
a.txt
c.txt
d.txt
e.txt
```

```
PS F:\> Import-Csv -Path .\file.txt |New-Item


    目录: F:\


Mode                 LastWriteTime         Length Name
----                 -------------         ------ ----
-a----        2021/12/26     11:47             28 a.txt
d-----        2021/12/26     11:47                b
-a----        2021/12/26     11:47             28 c.txt
-a----        2021/12/26     11:47             28 d.txt
-a----        2021/12/26     11:47             28 e.txt
```

图7.14　通过ByPropertyName方式传递数据

但是需要注意的是，不是所有的命令都支持 ByPropertyName 属性，这里以 Get-Service 命令为例。如果管道符是一个数组，这里只有 ComputerName 这一列。文件内容如图 7.15 所示。

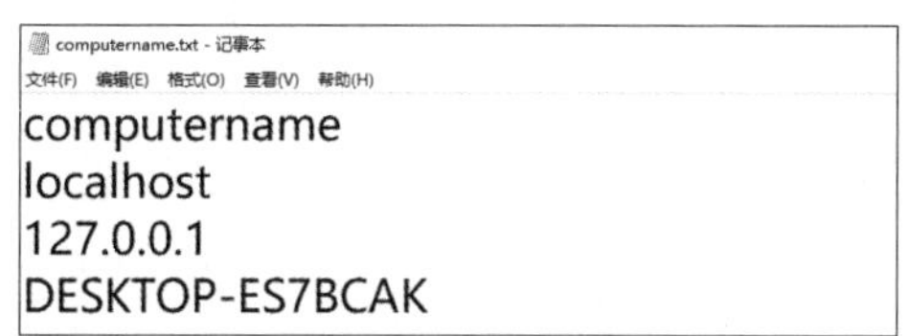

```
computername.txt - 记事本
文件(F)  编辑(E)  格式(O)  查看(V)  帮助(H)
computername
localhost
127.0.0.1
DESKTOP-ES7BCAK
```

图7.15　ComputerName文件

完成数据内容的导入之后，当前的数据就是如图 7.16 所示的数组文件。

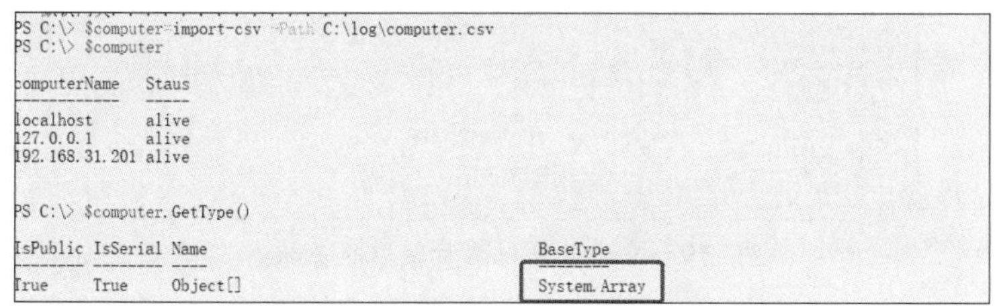

```
PS C:\> $computer=import-csv -Path C:\log\computer.csv
PS C:\> $computer

computerName   Staus
------------   -----
localhost      alive
127.0.0.1      alive
192.168.31.201 alive

PS C:\> $computer.GetType()

IsPublic IsSerial Name                                     BaseType
-------- -------- ----                                     --------
True     True     Object[]                                 System.Array
```

图7.16　数据内容支持的数组文件

如果在这一步直接将数据传递给 Get-Service 命令，执行的结果会出错，原因很简单，虽然这里的 ComputerName 是 BypropertyName 的属性，但是这里的 Name 也是 ByProperty 属性，同时也是值属性，它会将数据优先以值方式进行传递，最终结果如图 7.17 所示出现类似的报错。

```
PS C:\> import-csv F:\computername.txt |Get-Service
Get-Service : 找不到任何服务名称为"@{computername=localhost}"的服务。
所在位置 行:1 字符: 33
+ import-csv F:\computername.txt |Get-Service
+
    + CategoryInfo          : ObjectNotFound: (@{computername=localhost}:St
    + FullyQualifiedErrorId : NoServiceFoundForGivenName,Microsoft.PowerShe

Get-Service : 找不到任何服务名称为"@{computername=127.0.0.1}"的服务。
所在位置 行:1 字符: 33
+ import-csv F:\computername.txt |Get-Service
+
    + CategoryInfo          : ObjectNotFound: (@{computername=127.0.0.1}:St
    + FullyQualifiedErrorId : NoServiceFoundForGivenName,Microsoft.PowerShe
```

图7.17 直接传递出现错误

那问题来了，在这种情况下如何将左边的哈希表和右边的命令进行属性对应呢？这其实是将左边数据值传递到管道符右边的命令属性对应上，才能让管道符右边的命令能够顺利执行，图 7.18 为通过管道符进行对象传递。

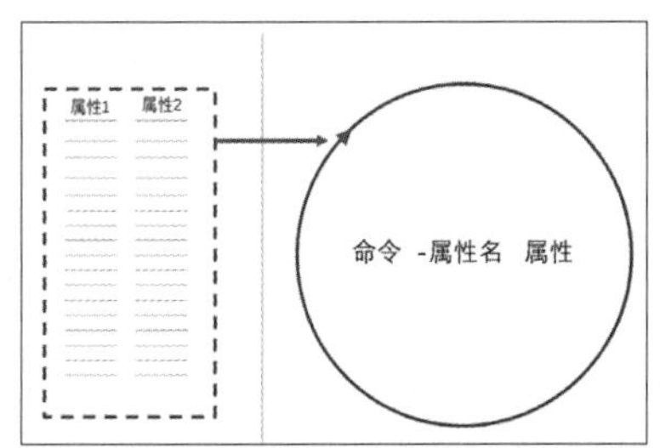

图7.18 管道符传递单一对象属性

现在产生了一个新的问题，就是左边数据是一个数据集合，而右边只有一个命令，如何实现管道符左边的命令和右边的命令一一对应呢？这时需要多次运行管道符右边的命令循环，这里通过使用 ForEach 的方法来实现数据集合的循环。有关 ForEach 的数据循环，在后面会有一章专门来讨论，大家先理解这是一个循环概念即可。这里使用了 ForEach 进行轮询，将对象逐个进行传递，图 7.19 所示为获取计算机的服务状态。

```
Import-csv c:\log\computerlist.csv |foreach {get-service -computername
$_.computername}
```

```
PS C:\> import-csv -Path C:\log\computer.csv|foreach{get-service -ComputerName $_.computername }

Status   Name               DisplayName
------   ----               -----------
Running  AarSvc_5d2ee       AarSvc_5d2ee
Running  abcEBService       abcEBService
Stopped  AJRouter           AllJoyn Router Service
Stopped  ALG                Application Layer Gateway Service
Stopped  AppIDSvc           Application Identity
Running  Appinfo            Application Information
Stopped  AppMgmt            Application Management
Stopped  AppReadiness       App Readiness
Stopped  AppVClient         Microsoft App-V Client
Running  AppXSvc            AppX Deployment Service (AppXSVC)
Running  ASLDRService       ASLDR Service
Stopped  AssignedAccessM... AssignedAccessManager 服务
Running  ASUS Flip Service  ASUS Flip Service
Running  AudioEndpointBu... Windows Audio Endpoint Builder
```

图7.19 基于计算机名称获取服务状态

命令执行的结果是按照计算机名称的顺序列出当前计算机中的服务列表，这个命令究竟是如何执行的呢？其实是基于不同的计算机名称执行了三个命令。

```
Get-service -computername localhost
Get-service -computername 127.0.0.1
Get-Serivce -computername 192.168.31.201
```

最终将三个目标的服务器服务状态全部轮询，这个例子就是非常典型的利用属性名传递的标准使用方法，与值传递相比，一个比较大的不同地方在于，值传递不需要进行属性指定，而如果是属性传递，则需要指定传递的属性对应的列。在属性名传递的过程中需要使用 ForEach 函数进行对象集合轮询，在进行命令属性指定的过程中，同时需要指定参数所接收的管道符传过来的基于属性名传递的数据。

这个案例通过传过来的 Computername 属性值与当前命令的 ComputerName 参数进行匹配，最终完成获取所定义的服务器的所有服务状态的获取。

PowerShell 的管道符虽然使用的场景比较多，但是管道符使用的场景无外乎两类：
- 进行任务的批量操作；
- 数据的过滤和筛选。

7.4 PowerShell 管道符实现批量操作

在理解了管道符的值传递和属性名传递的概念之后，接下来可以利用管道符来实现批量的操作。在进行管道符的批量操作过程中，进行值传递还是属性名传递取决于命令和使用的场景。下面以管道符传递新建文件，文件的名称由 CSV 文件中的两列组合而成。文件内容如图 7.20 所示。

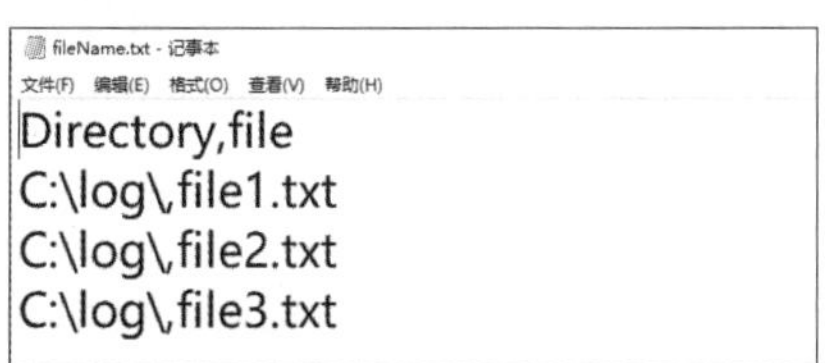

```
Directory,file
C:\log\,file1.txt
C:\log\,file2.txt
C:\log\,file3.txt
```

图7.20　文件内容

这里需要将两个属性通过管道符传递，就不符合值传递的规则，所以使用属性名传递。属性名传递到管道符右边后，将两个属性组合成文件路径，使用 New-Item 进行文件的创建，图 7.21 所示为执行的过程和结果。

```
Import-csv -path c:\file.csv | foreach{$filepath=$_.directory+$_.file ;  new-item $filepath }
```

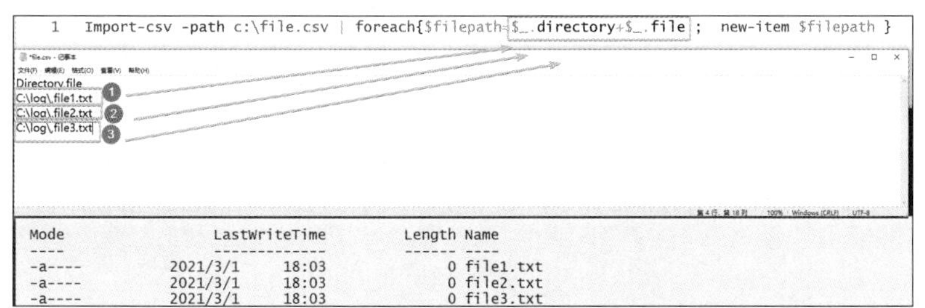

图7.21　利用文件和管道符组合创建文件名

执行过程中通过属性名传递将管道符左边的数组数据传递到管道符右边来实现文件名称计算，计算后最终结果用于文件基于路径的创建。这里其实也可以直接利用值传递的方式完成文件的创建。图 7.22 所示为 New-Item 命令支持传递的类型和值。

```
-Value <System.Object>
    Specifies the value of the new item. You can also pipe a value to `New-Item`.

    是否必需?                    False
    位置?                        named
    默认值                  None
    是否接受管道输入?            True (ByPropertyName, ByValue)
    是否接受通配符?              False
```

图7.22　New-Item支持传递的类型和值

如果管道符传递的数据能够通过值传递的模式进行数据传递，就必须满足值传递过程中管道符两边的数据类型完成一致的前提要求。这里以 Stop-Process 命令为例，来给大家演示通过值传递的方式传递数据，Stop-Process 命令支持的管道符传递的数据类型为 Process 进程对象类型，图 7.23 所示为管道符值传递的数据类型。

```
-InputObject <System.Diagnostics.Process[]>
    Specifies the process objects to stop. Enter a variable that contains the objects, or type a command or expression that gets the objects.

    是否必需?                    True
    位置?                        0
    默认值                  None
    是否接受管道输入?            True (ByValue)
    是否接受通配符?              False
```

图7.23　管道符传递的进程对象类型

这里支持通过值进行传递的属性是 Process 的类型，只要通过管道符传递的数据是 Process 类型，那么就能够以值传递的方式进行进程关闭。图 7.24 所示为停止进程操作。

```
PS C:\> Get-Process -Name notepad |Stop-Process -Verbose
详细信息: 正在目标“notepad (4012)”上执行操作“Stop-Process”。
详细信息: 正在目标“notepad (6080)”上执行操作“Stop-Process”。
详细信息: 正在目标“notepad (14712)”上执行操作“Stop-Process”。
详细信息: 正在目标“notepad (15792)”上执行操作“Stop-Process”。
PS C:\>
```

图7.24　利用管道符批量停止进程

7.5 PowerShell 管道符左过滤

相信有一部分读者朋友看到这个问题又会迷糊，过滤还分左过滤和右过滤，怎么来理解这个左过滤和右过滤呢？其实这个问题理解起来还比较容易，管道符左边数据进行过滤称为左过滤，管道符右边进行数据的过滤称为右过滤。这两种过滤方式最终的目标都是实现数据的过滤，但是过滤的方式完全不同。从效率来看，左过滤的效率要明显高于右过滤，图 7.25 所示为管道符左过滤和右过滤的对比。

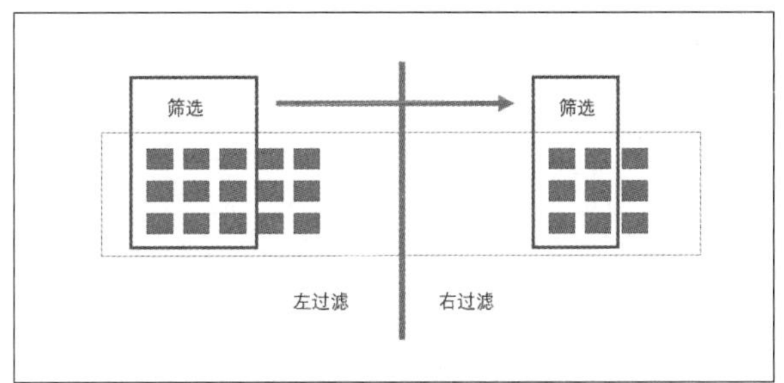

图7.25　管道符提供的左过滤和右过滤方法

图 7.25 中左过滤和右过滤是在同一个场景下的不同筛选方式，场景中的左过滤是基于命令本身数据筛选方式，场景中的右过滤是基于 PowerShell 中的 Where 子语句进行结果筛选，图 7.26 所示为典型的右过滤使用场景。

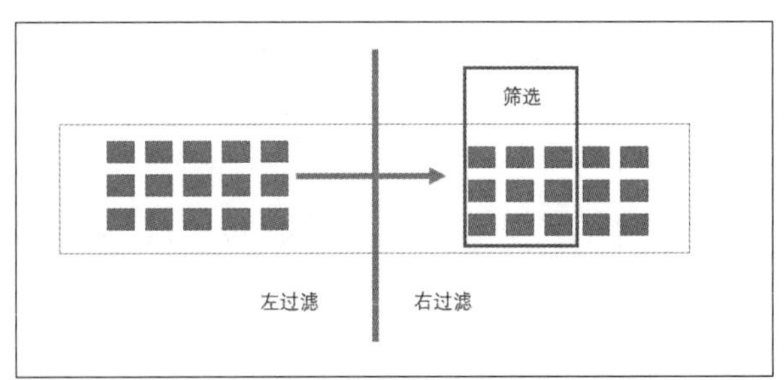

图7.26　使用Where子语句实现数据的右过滤

图 7.26 中左边的数据集通过管道传到管道符右边，再交由 Where 子语句进行数据的过滤，这种模式我们称为右过滤。左过滤和右过滤通常来说可以同时使用，由左过滤进行初步筛选之后的数据可以再通过右过滤的方式进行再一次筛选。听上去是不是感觉有点难以理解，其实也不复杂，大家仔细研究下面的案例之后就能够明白左过滤和右过滤的区别。

7.5.1　Include 参数

Include 是 PowerShell 左过滤中非常常见的参数关键字，有多个 PowerShell 会用到这个关键字来进行数据的再筛选。例如，我们可以使用 Get-ChildItem 命令来获取需要保存的数据类型的数据集，图 7.27 所示为 Get-ChildItem 的 Include 关键字。

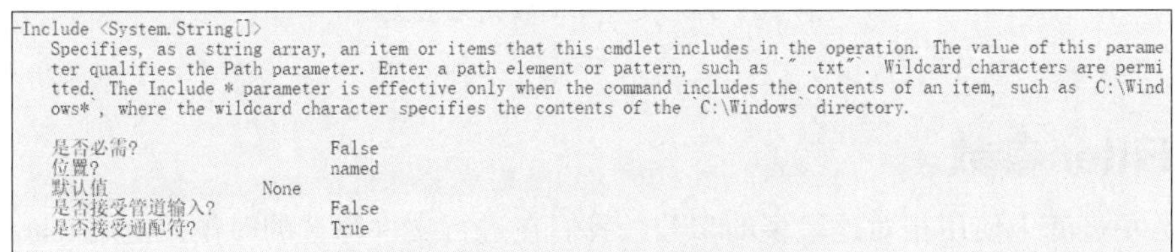

```
-Include <System.String[]>
    Specifies, as a string array, an item or items that this cmdlet includes in the operation. The value of this parame
    ter qualifies the Path parameter. Enter a path element or pattern, such as `*.txt`. Wildcard characters are permi
    tted. The Include * parameter is effective only when the command includes the contents of an item, such as `C:\Wind
    ows*`, where the wildcard character specifies the contents of the `C:\Windows` directory.

    是否必需?                    False
    位置?                        named
    默认值                  None
    是否接受管道输入?            False
    是否接受通配符?              True
```

图7.27　使用Include 参数的功能

这里给大家演示一下 Include 关键字的功能，通过 Include 关键字将当前数据中满足条件的内容保存下来，图 7.28 所示为 Get-ChildItem 的 Include 参数设置了保留的内容。

```
PS C:\Windows\System32> Get-ChildItem .\* -Include "*.txt"

    目录: C:\Windows\System32

Mode                 LastWriteTime         Length Name
----                 -------------         ------ ----
-a----          2021/8/6     21:24           1370 ThirdPartyNoticesBySHS.txt
-a----         2019/12/7     23:53           6658 VmChipset Third-Party Notices.txt
-a----         2019/12/7     17:10           1649 WindowsCodecsRaw.txt
```

图7.28 Include参数保留了所有的txt文件

7.5.2 Exclude 参数

Exclude 是排他性参数，通过 Exclude 参数实现文件类型或文件夹的排他。与 Include 不同的地方在于，Include 是保留性筛选，而 Exclude 是排他性筛选。排他性筛选是将当前符合排他性的元素排除在外，保留排他元素没有的数据，图 7.29 所示为 Get-ChildItem 的 Exclude 参数介绍。

```
-Exclude <System.String[]>
    Specifies, as a string array, a property or property that this cmdlet excludes from the operation. The value of thi
    s parameter qualifies the Path parameter. Enter a path element or pattern, such as ` .txt` or `A `. Wildcard charac
    ters are accepted.

    A trailing asterisk (` `) in the Path * parameter is optional. For example, `-Path C:\Test\Logs` or `-Path C:\Test\
    Logs\ `. If a trailing asterisk (` ) is included, the command recurses into the Path parameter's subdirectories. W
    ithout the asterisk (` `), the contents of the Path * parameter are displayed. More details are included in Example
     5 and the Notes section.

    是否必需?                    False
    位置?                        named
    默认值                 None
    是否接受管道输入?            False
    是否接受通配符?              True
```

图7.29 Get-ChildItem的Exclude参数

下面这条命令是我们将当前数据集的结果的排他保留，依然使用 Get-ChildItem 为例，这里的数据排除了所有后缀名为 png 的文件，结果如图 7.30 所示。

```
Get-ChildItem -path c:\log -exclude "*.png"
```

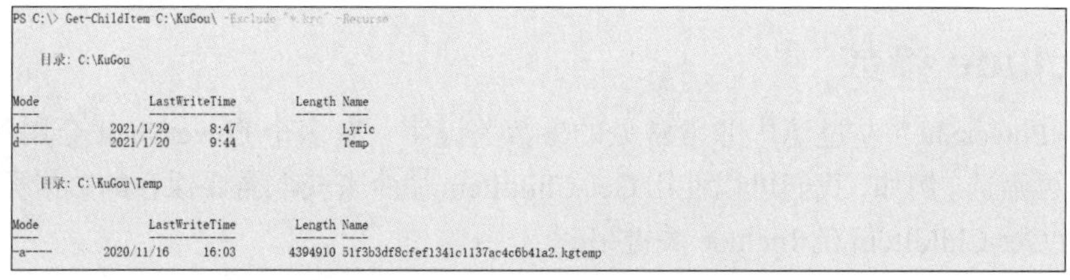

```
PS C:\> Get-ChildItem C:\KuGou\ -Exclude "*.krc" -Recurse

    目录: C:\KuGou

Mode                 LastWriteTime         Length Name
----                 -------------         ------ ----
d-----         2021/1/29      8:47                Lyric
d-----         2021/1/20      9:44                Temp

    目录: C:\KuGou\Temp

Mode                 LastWriteTime         Length Name
----                 -------------         ------ ----
-a----        2020/11/16     16:03        4394910 51f3b3df8cfef1341c1137ac4c6b41a2.kgtemp
```

图7.30 排除文件中的特定后缀文件

7.5.3 Filter 参数

Filter 是左过滤中使用相对比较多的参数，我们在进行文件筛选的时候，使用 Filter 保留经过 Filter 筛选后的结果。在进行活动目录用户和组筛选的过程中，我们同样使用到 Filter 函数来实现相应的数据筛选，图 7.31 所示为相应的功能说明。

```
-Filter <System.String>
    Specifies a filter to qualify the Path parameter. The FileSystem (../Microsoft.PowerShell.Core/About/about_FileSyst
    em_Provider.md)provider is the only installed PowerShell provider that supports filters. Filters are more efficient
     than other parameters. The provider applies filter when the cmdlet gets the objects rather than having PowerShell
    filter the objects after they're retrieved. The filter string is passed to the .NET API to enumerate files. The API
     only supports `*` and `?` wildcards.

    是否必需?                    False
    位置?                        1
    默认值                   None
    是否接受管道输入?            False
    是否接受通配符?              True
```

图7.31　Filter参数说明

下面以 Get-Childitem 为具体案例，获取当前文件夹中符合要求的文件列表。Filter 参数用来实现数据过滤功能，Filter 基于当前的数据筛选满足条件的数据。图 7.32 所示为筛选后缀为 .krc 的文件。

```
Get-ChildItem -path c:\log  -filter "*.krc"
```

```
PS C:\> Get-ChildItem C:\KuGou\ -Filter "*.krc" -Recurse

    目录: C:\KuGou\Lyric

Mode                LastWriteTime         Length Name
----                -------------         ------ ----
-a----        2021/1/17      9:09           8133 BLACKPINK、Selena Gomez - Ice Cream (with Selena Gomez)-4698d47ec28b1e48fac626b74098f5c8-47767233-00000000.
                                                 krc
-a----        2021/1/17      9:09           2472 Cartoon、Futuristik、Mikk Mäe、Cartoon - C U Again-00ed7a2be39821f56b0a7956bdeddc77-49771629-00000000.krc
-a----        2021/1/17      9:09           3671 Czarina - I Miss You-93a4c1f44519ad2f496df95dbda2f8d4-40573837-00000000.krc
-a----        2021/1/17      9:09           5233 Fifth Harmony、Kid Ink - Worth It-ba2aec0882c03bd967976735a745c098-33741513-00000000.krc
-a----        2021/1/17      9:09           4353 Gummy - You Are My Everything-0bcba6288697e02637389f29f92c6c07-27334092-00000000.krc
-a----        2021/1/17      9:09           1175 HEST - What Lovers Do-8a34c10534870d6f061a976188f7292c-49269278-00000000.krc
-a----        2021/1/17      9:09           2451 Jillian Rae - Wayward One-949cdc26f3959fe2f2441a4571ab34a7-48344897-00000000.krc
-a----        2021/1/17      9:09           6698 KDA、田小娟、美延、Bea Miller、Wolftyla - THE BADDEST-979fb72871c104575370ffcbc530557c-47614497-00000000.kr
                                                 c
```

图7.32　筛选后缀为.krc的文件

7.6　PowerShell 右过滤Where子语句

PowerShell 左过滤是命令直接进行数据筛选，右过滤是结合 Where 语句实现符合条件的结果集进行筛选，左边的数据可以是正常的对象集合，也可以是经过左过滤筛选后的对象集合。这里没有使用命令直接左过滤数据，而使用了 Where 子语句来实现相同的功能，图 7.33 所示为使用 Where 语句实现文件后缀名筛选来获取所有 png 结尾的数据。

```
Get-ChildItem |where name -notlike "*.png"
```

```
PS C:\log> Get-ChildItem |where name -notLike "*.png"

    目录: C:\log

Mode                LastWriteTime         Length Name
----                -------------         ------ ----
d-----        2020/12/1     15:10                abc
d-----        2020/11/9     13:07                fogy
d-----       2020/11/12     20:10                mylog
d-----       2020/11/24     20:03                nuget
d-----       2020/11/17     17:21                pic
-a----       2020/11/25     19:29          44629 2020-11-25-19-29-48.jpg
-a----       2020/12/22     14:01              0 abc.css
-a----       2020/12/21     15:37          34372 abc.txt
-a----       2020/12/21     16:34         161002 cousibaike.txt
-a----       2020/12/22     14:18           2670 meinv.html
-a----       2020/12/22     20:46            256 web.txt
```

图7.33　使用Where语句实现文件筛选

我们发现既然左过滤和右过滤都可以进行筛选，为什么需要进行右过滤，在什么时候适用 PowerShell 的右过滤 Where 子语句呢？当然是因为左过滤和右过滤都有相应的优缺点，接下来会给大家分享下这两点。

7.6.1 使用右过滤考量点

有左过滤的时候使用左过滤还是右过滤，这里面临着不同的选择，这些考量因素是什么呢？下面分别就不同角度讨论这些问题。

- 不是所有命令都支持左过滤参数。

能够支持 Filter 的命令其实不多，也就意味着支持 Filter 筛选的命令其实不多，这时无法实现命令的左过滤。所有的数据都会通过管道传递到管道符的右边，如果需要进行筛选，则必须使用 Where 子语句来实现数据的筛选。

- 左过滤的过滤条件有限。

左过滤进行过滤的条件通常只有限定的几个，比如针对文件的左过滤，只针对文件名和属性等少数条件可以进行过滤，但是右过滤可以将条件扩展到任何一个属性。Where 子语句的引入让所有可以进行计算的属性都能用来筛选，扩充了过滤条件来实现多条件过滤。

- 左过滤语法规则复杂。

在大多数情况下，左过滤的语法规则相比 Where 子语句更加复杂，需要进行过滤条件的规则查询，而使用右过滤则更加简单。在实际进行筛选的数据量比较大的时候需要特别注意，如果能够在管道符进行左过滤，尽量使用左过滤来完成数据筛选。从执行效率来看，左过滤的执行效率相比右过滤要高很多。

7.6.2 使用右过滤的效率问题

左过滤有这么多问题，我都用右过滤方式可行吗？当然能够在管道符左边过滤，就尽量采用左过滤的方式，不能使用左过滤的方式进行数据过滤时才会选择右过滤，主要原因还是右过滤的方式会消耗大量如下的资源。

- 结果集需要大量的内存存储。
- 结果集中的单个元素需要大量的资源计算。
- 筛选的结果也需要大量的系统资源保存。

使用右过滤进行数据筛选的时候，如果数据大到超过一个量级，数据的操作和查询会变得异常缓慢，计算和统计及筛选需要耗费大量的资源。在多数应用场景中，Where 子语句通常是用来进行数据的筛选，而不是执行的结果。它是后续执行命令管道的输入，如果数据需要经过多个管道，将会产生无比巨大的数据集，耗费较多的资源。

7.6.3 右过滤数据后的格式

Where 语句不会改变过滤后对象的数据类型，从 Where 子语句左边传过来的对象的类型是什么，经过筛选后同样会将类型传递到管道符的右边。在这个例子当中，使用 Stop-Process 为何能够终止记事本的进程，原因也非常简单。因为通过 Get-Process 进程获取的对象经过 Where 子语句进行进程筛选之后依然是进程类型，这时筛选的数据通过管道符传递到右边命令，直接终止了记事本进程。图 7.34 所示为通过 Where 进行数据筛选后的对象的类型，这里可以发现进程对象在进行传递过程中类型不会发生变化。

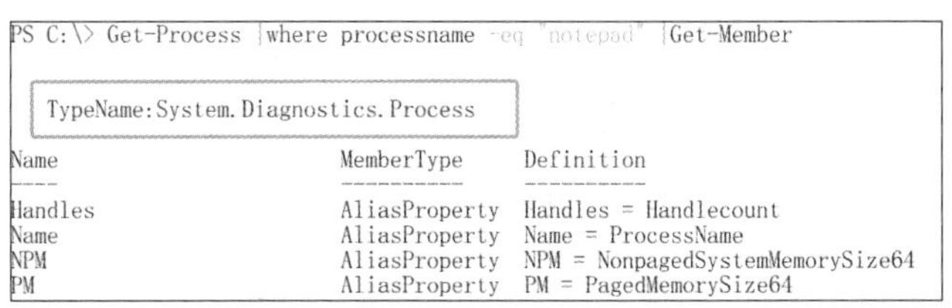

图7.34　进程对象类型传递

我们通过管道符进行筛选后的数据依然是管道符前面的命令结果集合的数据类型，这也意味着数据通过 Where 子语句进行筛选之后，对象类型不会发生变化。Where 子语句本身不会改变数据集合的数据类型，这也意味着对象在进行筛选操作之后，对象的属性和方法可以通过管道符进行传递。

7.7 章节回顾

本章和大家一起分享了 PowerShell 的管道符的功能，管道符对于脚本语言来说是非常重要的一个概念，当需要批量地对对象进行操作的时候，管道符可以说必不可少。

在 PowerShell 中，管道符传递数据有两种不同的方式。

- ByValue：根据值进行数据传递模式。
- ByPropertyName：根据属性名称进行数据传递模式。

这两种数据传递模式存在明显的差异，值传递方式在一个命令之中只接收一个属性有值传递模式，而针对属性名传递可以有多个不同参数接收，这里需要使用 ForEach 命令进行属性名传递，同时需要指定接收数据的属性名称。

同时在这一章中也和大家分享了 PowerShell 进行数据的左过滤和右过滤的场景，让大家了解在什么时候可以实现左过滤，什么时候进行数据的右过滤。PowerShell 的右过滤子语句 Where 能够帮助用户实现相关对象的数据筛选。

这里大家需要记住下面的图 7.35，因为在 Where 子语句中，对象不会因为 Where 子语句的筛选操作而改变 PowerShell 对象集合的类型，这一点是必须牢记的。

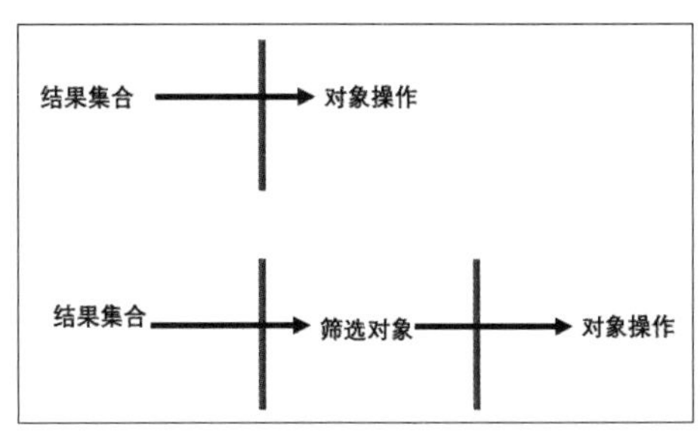

图7.35　PowerShell 过滤不会改变对象类型

7.8 练习与知识巩固

1. DOS中的管道符包含哪些?

2. PowerShell的管道符的数据传递模式有哪两种，它们有什么区别?

3. PowerShell一旦通过管道符传递多个数据，这种传递适用的是哪种传递模式?

4. 以下PowerShell命令执行会出错，出错的原因是什么?

```
Newfile.csv 格式如下：
路径
C:\log\file1.txt
C:\log\file2.txt
C:\log\file3.txt
执行如下命令创建新文件 :
Import-csv .\newfile.txt |New-Item
```

5. 如果需要针对一个对象进行多个值设置，这时通过管道符传递的模式是值传递还是属性传递?

6. 在实际的应用场景中，我们不推荐使用左过滤的原因是什么?

7. 执行下面的命令会产生什么结果?

```
Get-Process |stop-process
```

8. 管道符传递过程中对象的类型是否会发生变化?

第8章 PowerShell的基本数据类型

很多朋友迫不及待地想进行脚本的编写了，但是这里小铭要给大家泼一泼冷水，光了解上面的知识还远远不够哦，想要达到正常的脚本编写水平，我们还需要有一些 PowerShell 的基本编程知识。熟悉和理解这些知识后，再进行脚本的编写，就能事半功倍了。

在前面我们已经理解了对象和它的意义，建立对象之后必须赋予相对应的属性和方法才有意义，如何描述对象就必须使用数据值来定义了。虽然 PowerShell 目前是弱类型语言，不需要在变量定义的时候标记数据的类型，但如果能够深入理解 PowerShell 的数据类型，将加深对 PowerShell 的理解。

从广义角度来看，PowerShell 包含两种类型。

- 基本数据类型；
- 组合数据类型。

接下来两章我们将分别从基本数据类型和组合数据类型的角度来分享在 PowerShell 中的数据类型知识，本章先给大家分享基本数据类型的知识。

8.1 什么是基本数据类型

在计算机的概念中，每一个计算机产生出来的对象其实都可以称为一个数据，数据在计算机的交互界面中，可能有字符串、整数、小数、时间、日期等呈现方式。而在面向计算机应用的底层语言中，针对每个数据都有相应的数据类型定义，我们称之为基本数据类型。在 PowerShell 中存在非常多的基本数据类型，下面列出相关的基本数据类型。

- 整型：Int
- 浮点型：Float/Double
- 字符型：Char
- 字符串型：String
- 日期时间型：DateTime
- 布尔型：Boolean
- 数学计算：Math
- 静态类型：.Net 类型

在 PowerShell 中常用的数据类型就是上面提到的这些类型，大部分时候 PowerShell 变量都不需要像 C 语言和 Java 等强类型语言进行预先定义。变量根据数据能够自动匹配相关的数据类型，但是对于某些特殊类型（字节类型），由于特殊性，需要进行强制类型定义才能使用相关的类型。

8.2 基本数据类型之整型

数字是世界上最为伟大的发明之一，而整数可以说是更加让人不可思议地伟大，人类发明整数用来计数和统计。在 PowerShell 中，可以通过简单的方式进行数据赋值，例如，下面的语句可以进行整数赋值。

```
$a= 100
```

也可以通过强制类型声明来赋值 PowerShell 变量，下面的方式通过强制类型定义，实现 PowerShell 变量仅仅用来存放整数类型，此时赋值其他类型的时候 PowerShell 将会自动将数据进行四舍五入，下面来看下这个例子就明白了。

```
[int]$a=100
$a=3.14
$a=3.87
```

这里第一行进行了变量的整数类型的定义，这时候赋值的是带有两位小数的结果，会不会自动删除小数呢？图 8.1 所示为命令执行的最终结果，这里会发现小数点没有被保留下来。

```
PS C:\WINDOWS\system32> [int]$a=100
PS C:\WINDOWS\system32> $a=3.14
PS C:\WINDOWS\system32> $a
3
PS C:\WINDOWS\system32> $a=3.78
PS C:\WINDOWS\system32> $a
4
PS C:\WINDOWS\system32>
```

图8.1　定义为强制类型之后小数被自动四舍五入

这里可以看到，当将数据类型设置为整型之后，所有的小数将会被四舍五入。但如果将字符串强制赋值为整型，结果就会出错，这个是基于 PowerShell 的自动类型转换机制。图 8.2 所示为强制将字符串转化为数值过程中出现的错误提示。

```
PS C:\WINDOWS\system32> $a="str"
无法将值“str”转换为类型“System.Int32”。错误:“输入字符串的格式不正确。”
所在位置 行:1 字符: 1
+ $a="str"
+ ~~~~~~~~
    + CategoryInfo          : MetadataError: (:) [], ArgumentTransformationMetadataException
    + FullyQualifiedErrorId : RuntimeException

PS C:\WINDOWS\system32> $a='s'
无法将值“s”转换为类型“System.Int32”。错误:“输入字符串的格式不正确。”
所在位置 行:1 字符: 1
+ $a='s'
+ ~~~~~~
    + CategoryInfo          : MetadataError: (:) [], ArgumentTransformationMetadataException
    + FullyQualifiedErrorId : RuntimeException
```

图8.2　强制将字符串转换为数值将会出错

如果在使用过程中希望使用弱类型定义，则不需要在变量之前进行强类型声明。如果声明成整型，则可能会发生转换错误或错误的数据截断。

8.3 基本数据类型之浮点型

浮点型属于计算机语言，按照常规的定义，可以称它为小数。小数的发明让人类可以实现圆的定义和展示。在 PowerShell 中同样可以在定义的时候兼容各类非小数类型，而直接采用如下的定义方式。

```
$a=3.1415926
```

但是在某些场景下，我们输入的可能是强类型的数据，比如在进行函数定义时输入的是某类小数，而不能是其他的类型的时候，可以采用如下的定义来实现变量的强制类型定义。

```
[float]$a=3.1415
[double]$a=3.1415926535
```

小数可以采用两种方式进行定义，有些朋友可能会问，这两种方式差异在哪里呢？我们用[Float]定义的数据接收一个长值就了解差别了，小数长度超过 6 位数将被截断，如图 8.3 所示。

```
PS C:\WINDOWS\system32> $a=3.1415926535
PS C:\WINDOWS\system32> $a
3.141593
```

图8.3　float 信息

当定义的变量类型是浮点型的时候，赋值整数将会自动转换为浮点型。如果赋值为 [Float] 类型，则自动转换为 [Float] 类型，如果是 [Double] 类型，则自动转换成 [Double] 类型，图 8.4 所示为自动将数值转换为 Double 类型。

```
PS C:\WINDOWS\system32> [double]$a=4
PS C:\WINDOWS\system32> $a |Get-Member

   TypeName:System.Double

Name        MemberType Definition
----        ---------- ----------
CompareTo   Method     int CompareTo(System.Object value), int CompareTo(double value), int IComparable.CompareTo(Sy...
Equals      Method     bool Equals(System.Object obj), bool Equals(double obj), bool IEquatable[double].Equals(doubl...
GetHashCode Method     int GetHashCode()
GetType     Method     type GetType()
GetTypeCode Method     System.TypeCode GetTypeCode(), System.TypeCode IConvertible.GetTypeCode()
ToBoolean   Method     bool IConvertible.ToBoolean(System.IFormatProvider provider)
ToByte      Method     byte IConvertible.ToByte(System.IFormatProvider provider)
ToChar      Method     char IConvertible.ToChar(System.IFormatProvider provider)
ToDateTime  Method     datetime IConvertible.ToDateTime(System.IFormatProvider provider)
ToDecimal   Method     decimal IConvertible.ToDecimal(System.IFormatProvider provider)
```

图8.4　自动将数值转换为Double类型

在遇到不能转换成小数数据的时候，PowerShell 将直接抛出如图 8.5 所示的转换异常错误。

```
PS C:\WINDOWS\system32> $a='str'
无法将值“str”转换为类型“System.Double”。错误:“输入字符串的格式不正确。”
所在位置 行:1 字符: 1
+ $a='str'
+ ~~~~~~~~
    + CategoryInfo          : MetadataError: (:) [], ArgumentTransformationMetadataException
    + FullyQualifiedErrorId : RuntimeException
```

图8.5　字符串转换错误

8.4 基本数据类型之字符型

字符型和字符串型虽然差了一个字，但是数据类型可以说差得就很远了。在早期的 C 语言时代，由于需要进行单一的字符判断，那时候使用字符型情况会比较多，PowerShell 也保留了这种类型来进行参数定义。字符型也需要进行强制类型定义，否则将会被视为字符串型，图 8.6 所示为字符串型支持的方法。

```
PS C:\> $a='a'
PS C:\> $a |Get-Member

   TypeName:System.String

Name             MemberType            Definition
----             ----------            ----------
Clone            Method                System.Object Clone(), System.Object ICloneable.Clone()
CompareTo        Method                int CompareTo(System.Object value), int CompareTo(string strB), int IComparab...
Contains         Method                bool Contains(string value)
CopyTo           Method                void CopyTo(int sourceIndex, char[] destination, int destinationIndex, int co...
EndsWith         Method                bool EndsWith(string value), bool EndsWith(string value, System.StringCompari...
Equals           Method                bool Equals(System.Object obj), bool Equals(string value), bool Equals(string...
GetEnumerator    Method                System.CharEnumerator GetEnumerator(), System.Collections.IEnumerator IEnumer...
GetHashCode      Method                int GetHashCode()
GetType          Method                type GetType()
```

图8.6　字符串型支持的方法

在进行 Char 型定义的时候，同时被赋予强制类型定义，得到的数据才会是 Char 型，这一点需要特别注意，图 8.7 所示为 Char 型数据支持的方法。

```
[char]$a='a'
$a |get-member
```

```
PS C:\> [char]$a='a'
PS C:\> $a
a
PS C:\> $a|Get-Member

   TypeName:System.Char

Name        MemberType Definition
----        ---------- ----------
CompareTo   Method     int CompareTo(System.Object value), int CompareTo(char value), int IComparable.CompareTo(Syst...
Equals      Method     bool Equals(System.Object obj), bool Equals(char obj), bool IEquatable[char].Equals(char other)
GetHashCode Method     int GetHashCode()
GetType     Method     type GetType()
GetTypeCode Method     System.TypeCode GetTypeCode(), System.TypeCode IConvertible.GetTypeCode()
```

图8.7　Char型数据支持的方法

当进行强制类型定义之后，参数将会被强制转换为字符型定义。但如果本身的数据类型无法转换成字符型，则会发生如图 8.8 所示的转换失败而抛出异常。

```
PS C:\> $a="abcde"
无法将值 "abcde" 转换为类型 "System.Char"。错误: "字符串的长度只能为一个字符。"
所在位置 行:1 字符: 1
+ $a="abcde"
+
    + CategoryInfo          : MetadataError: (:) [], ArgumentTransformationMetadataException
    + FullyQualifiedErrorId : RuntimeException
```

图8.8　字符串转字符转换失败

原因比较简单，主要是因为字符型只接收一个字符，长度超过了一个字符就会报错。另外，除了字符串型转换失败之外，还有 ASCII Code 转换失败的情况。当 ASCII 码转换失败的时候同样也会报错，图 8.9 所示为标准 ASCII 出错提示。

```
PS C:\> $a=290
PS C:\> $a
G
PS C:\> $a=65560
无法将值 "65560" 转换为类型 "System.Char"。错误: "值对于字符太大或太小。"
所在位置 行:1 字符: 1
+ $a=65560
+
    + CategoryInfo          : MetadataError: (:) [], ArgumentTransformationMetadataException
    + FullyQualifiedErrorId : RuntimeException
```

图8.9　当超过ASCII码最高值会出错

在定义为 Char 型之后，字符数据将不能高于两个字节，也就是 65 536，这一点需要大家特别注意。

8.5 基本数据类型之Math类型

在 PowerShell 中有一类非常特别的数据类型，就是 PowerShell 的数学函数类型，用来实现 PowerShell 的数学计算，接下来列举一些常用的数学函数在 PowerShell 中的具体应用。

8.5.1 PI 值运算

PI 值是数学计算中使用非常频繁的一个数值，通常来说 PI 用来计算很多以圆为具体场景的情况，图 8.10 所示为圆的面积计算结果。

```
[float]$round=read-host "请输入半径"
$square=[math]::pi*$round*$round
write-host "圆的面积为 $square"
```

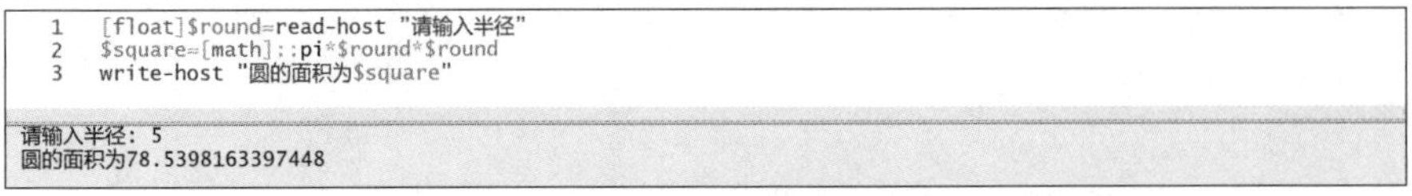

```
[float]$round=read-host "请输入半径"
$square=[math]::pi*$round*$round
write-host "圆的面积为$square"
```

```
请输入半径: 5
圆的面积为78.5398163397448
```

图8.10　圆的面积计算结果

8.5.2　幂运算 Pow

幂运算是数学运算中使用场景非常多的一种运算方式，调用幂运算也是非常简单的，直接调用 Pow 函数来进行输入值的运算，图 8.11 所示为幂运算的计算结果。

```
[int]$digit=read-host "请输入数值"
$Doubleresult=[math]::pow($digit,3)
$squareResult=[math]::pow($digit,1/2)
write-host $Doubleresult
write-host $squareResult
```

```
[int]$digit=read-host "请输入数值"
$Doubleresult=[math]::pow($digit,3)
$squareResult=[math]::pow($digit,1/2)
write-host $Doubleresult
write-host $squareResult
```

```
请输入数值: 9
729
3
```

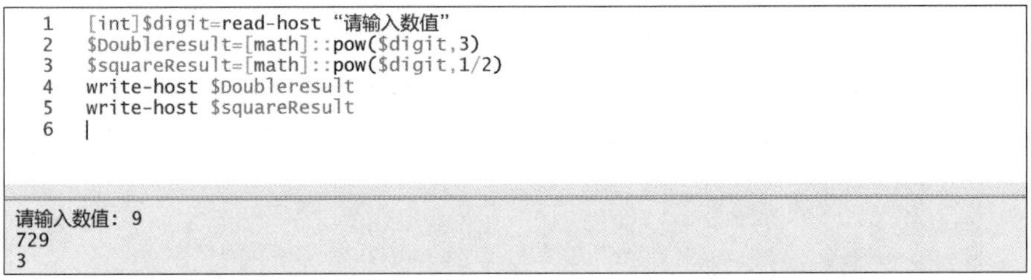

图8.11　PowerShell 幂运算的结果

8.5.3　四舍五入 Round

四舍五入是基于提供的数值位数进行数据舍入，四舍五入在大多数场景操作的对象是小数，当然也可以为整数，图 8.12 为小数四舍五入的计算结果。

```
$a=12.348
[math]::Round($a,2)
[math]::Round($a,0)
```

```
$a=12.348
[math]::Round($a,2)
[math]::Round($a,0)
```

```
12.35
12
```

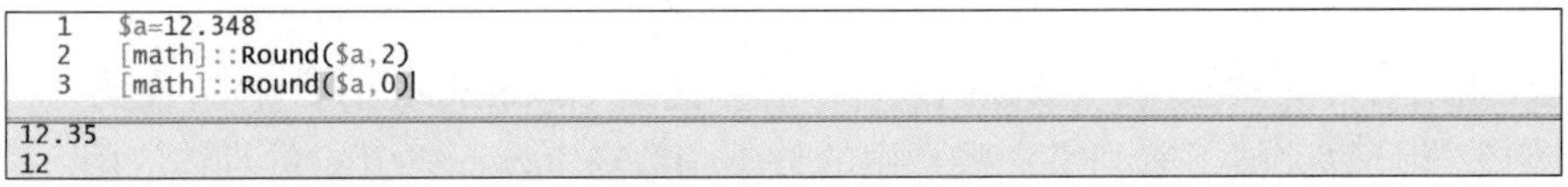

图8.12　Round针对小数的四舍五入计算

8.5.4　平方根运算 Sqrt

平方根运算 Sqrt 属于幂运算中一类相对比较特殊的运算，我们也可以使用幂运算结合小数来执行平方根运算，图 8.13 所示为平方根运算结果。

```
$a=4
```

```
[math]::sqrt($a)
```

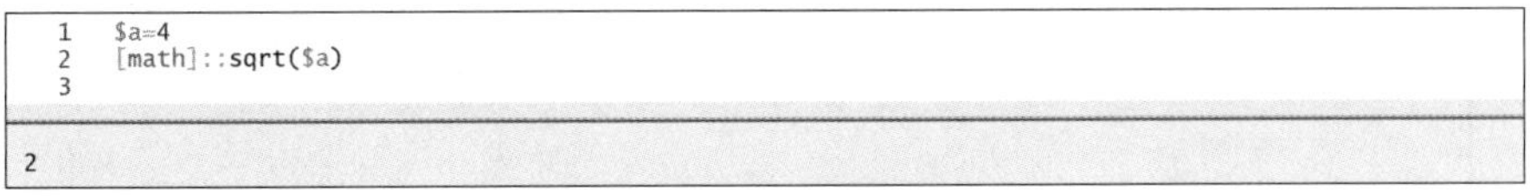

```
$a=4
[math]::sqrt($a)

2
```

图8.13　数据的平方根运算

8.5.5　三角函数运算 Sin()、Cos() 和 Tan()

相信大家都在初中学习过三角函数的运算，但是现在你还记得吗？PowerShell 提供了三角函数的具体使用，图 8.14 所示为三角函数的计算结果。

```
[math]::sin(90)
[math]::cos(90)
[math]::tan(90)
```

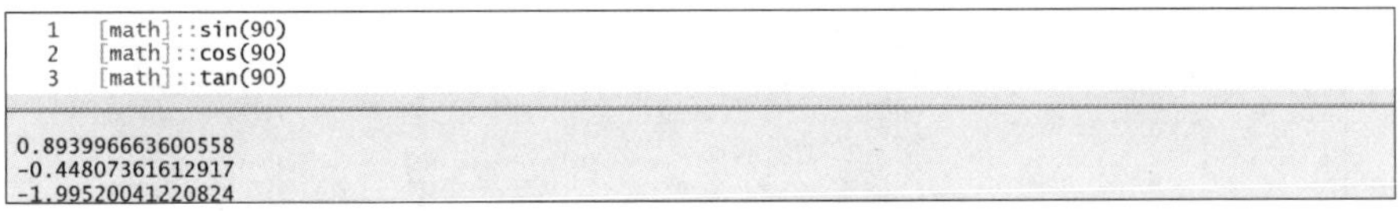

```
[math]::sin(90)
[math]::cos(90)
[math]::tan(90)

0.893996663600558
-0.44807361612917
-1.99520041220824
```

图8.14　三角函数的计算结果

8.5.6　对数计算 Log10()

对数运算是以 10 为底数进行数据的对数计算，图 8.15 所示为典型的对数运算。

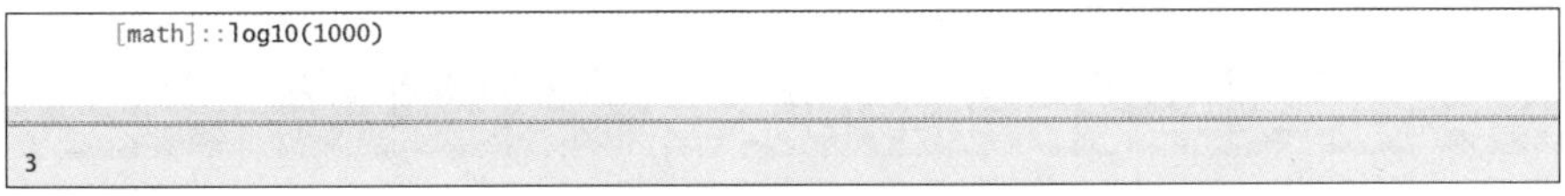

```
[math]::log10(1000)

3
```

图8.15　对数运算结果

在实际的应用场景中，Math 数据运算相对比较少，但是在特殊的场景下也会有用到，所以这里就给大家稍微介绍一下。

8.6　基本数据类型之字符串型

字符串型是目前使用最为广泛的类型，当我们没有给数字进行定义时，所有的数字描述的都是字符。当给这些数字字符赋予了定义之后，整数就成了整数，小数就成了小数，而字符串依然是字符串。

在 PowerShell 中字符串的概念也相同，所有的数据全部都可以转换为字符串。字符串的定义也非常简单，$a="PowerShell"。如果希望采用强制类型定义字符串，可以采用如图 8.16 所示的操作来实现字符串的强制类型定义，[string]$a="PowerShell"。

```
PS C:\WINDOWS\system32> [string]$a="powershell"
PS C:\WINDOWS\system32> $a
powershell
PS C:\WINDOWS\system32> $a|Get-Member


   TypeName:System.String

Name             MemberType      Definition
----             ----------      ----------
Clone            Method          System.Object Clone(), System.Object ICloneable.Clone()
CompareTo        Method          int CompareTo(System.Object value), int CompareTo(string strB), int IComparab...
Contains         Method          bool Contains(string value)
CopyTo           Method          void CopyTo(int sourceIndex, char[] destination, int destinationIndex, int co...
EndsWith         Method          bool EndsWith(string value), bool EndsWith(string value, System.StringCompari...
Equals           Method          bool Equals(System.Object obj), bool Equals(string value), bool Equals(string...
GetEnumerator    Method          System.CharEnumerator GetEnumerator(), System.Collections.IEnumerator IEnumer...
```

图8.16　字符串强制类型定义

当赋值的内容不是字符串型的时候，PowerShell 会尝试进行类型转换，如果无法转换，则会发生转换失败而抛出转换异常，图 8.17 所示为其他类型自动转换成字符串的方法。

```
PS C:\WINDOWS\system32> [string]$a="abc"
PS C:\WINDOWS\system32> $a=1
PS C:\WINDOWS\system32> $a=3.14159
PS C:\WINDOWS\system32> $a |Get-Member


   TypeName:System.String

Name             MemberType      Definition
----             ----------      ----------
Clone            Method          System.Object Clone(), System.Object ICloneable.Clone()
CompareTo        Method          int CompareTo(System.Object value), int CompareTo(string strB), int IComparab...
Contains         Method          bool Contains(string value)
CopyTo           Method          void CopyTo(int sourceIndex, char[] destination, int destinationIndex, int co...
EndsWith         Method          bool EndsWith(string value), bool EndsWith(string value, System.StringCompari...
Equals           Method          bool Equals(System.Object obj), bool Equals(string value), bool Equals(string...
GetEnumerator    Method          System.CharEnumerator GetEnumerator(), System.Collections.IEnumerator IEnumer...
```

图8.17　将数值转换为字符串的方法

当然字符串型数据有非常多的执行方法，我们将在运算符和操作符部分与大家一起分享下字符串型数据的执行方法。

8.7 基本数据类型之日期时间类型

在 PowerShell 中日期时间类型也是很常见的一类数据类型，由于日期时间类型在 PowerShell 中也是强类型，我们必须在日期时间类型数据前面跟上日期时间类型定义，否则数据将会被解释成字符串，这一点必须要注意。如图 8.18 所示，数据看起来是日期，其实是字符串。

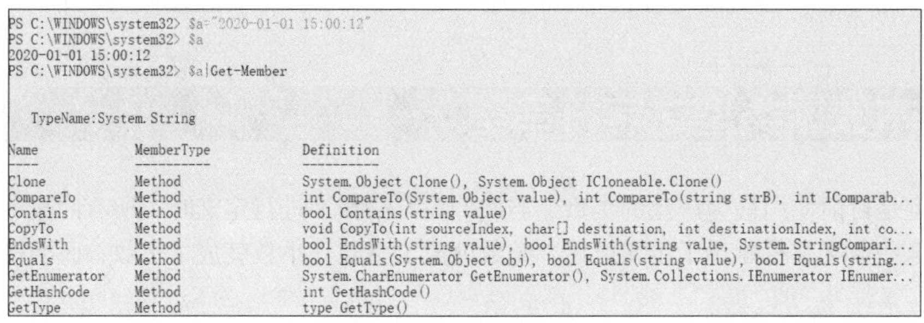

```
PS C:\WINDOWS\system32> $a="2020-01-01 15:00:12"
PS C:\WINDOWS\system32> $a
2020-01-01 15:00:12
PS C:\WINDOWS\system32> $a|Get-Member


   TypeName:System.String

Name             MemberType      Definition
----             ----------      ----------
Clone            Method          System.Object Clone(), System.Object ICloneable.Clone()
CompareTo        Method          int CompareTo(System.Object value), int CompareTo(string strB), int IComparab...
Contains         Method          bool Contains(string value)
CopyTo           Method          void CopyTo(int sourceIndex, char[] destination, int destinationIndex, int co...
EndsWith         Method          bool EndsWith(string value), bool EndsWith(string value, System.StringCompari...
Equals           Method          bool Equals(System.Object obj), bool Equals(string value), bool Equals(string...
GetEnumerator    Method          System.CharEnumerator GetEnumerator(), System.Collections.IEnumerator IEnumer...
GetHashCode      Method          int GetHashCode()
GetType          Method          type GetType()
```

图8.18　字符串数据

上面的格式虽然是日期时间定义，但是进行类型判断的时候会发现结果和预期的不同，结果竟然是字符串型。如果希望值的定义是日期时间类型，如何进行转换呢？在使用强制类型定义的过程中，需要注意强制类型定义的数据必须满足日期时间的类型定义，如图 8.19 所示。

```
PS C:\> [datetime]$a='2020-01-01 15:00:00'
PS C:\> $a|Get-Member

   TypeName:System.DateTime

Name              MemberType     Definition
----              ----------     ----------
Add               Method         datetime Add(timespan value)
AddDays           Method         datetime AddDays(double value)
AddHours          Method         datetime AddHours(double value)
AddMilliseconds   Method         datetime AddMilliseconds(double value)
AddMinutes        Method         datetime AddMinutes(double value)
AddMonths         Method         datetime AddMonths(int months)
AddSeconds        Method         datetime AddSeconds(double value)
AddTicks          Method         datetime AddTicks(long value)
AddYears          Method         datetime AddYears(int value)
```

图8.19 日期时间类型强制定义方法

当数据不符合日期时间定义的格式，将数据进行强转的过程中将会直接抛出异常，图 8.20 所示为不符合日期时间格式的数据在转换后出错。

```
PS C:\> [datetime]$a='2020-21-31 15:00:00'
无法将值“2020-21-31 15:00:00”转换为类型“System.DateTime”。错误:“该字符串未被识别为有效的 DateTime。”
所在位置 行:1 字符: 1
+ [datetime]$a='2020-21-31 15:00:00'
+
    + CategoryInfo          : MetadataError: (:) [], ArgumentTransformationMetadataException
    + FullyQualifiedErrorId : RuntimeException

PS C:\>
```

图8.20 不符合日期时间格式要求的数据执行结果出错

8.8 基本数据类型之布尔型

布尔型在 PowerShell 中通常用来进行流程处理，有以下两种不同的方式可以将数据转换为布尔型。

```
直接赋值为 $true 和 $false
将为 Boolean 强类型
```

在 PowerShell 环境中实现布尔型的赋值非常简单，直接采用如图 8.21 所示的方式实现布尔型数据的赋值。

```
PS C:\> $bool=$true
PS C:\> $bool|Get-Member

   TypeName:System.Boolean

Name        MemberType Definition
----        ---------- ----------
CompareTo   Method     int CompareTo(System.Object obj), int CompareTo(bool value), int IComparable.CompareTo(System...
Equals      Method     bool Equals(System.Object obj), bool Equals(bool obj), bool IEquatable[bool].Equals(bool other)
GetHashCode Method     int GetHashCode()
GetType     Method     type GetType()
GetTypeCode Method     System.TypeCode GetTypeCode(), System.TypeCode IConvertible.GetTypeCode()
ToBoolean   Method     bool IConvertible.ToBoolean(System.IFormatProvider provider)
ToByte      Method     byte IConvertible.ToByte(System.IFormatProvider provider)
```

图8.21 实现布尔型数据的赋值

PowerShell 也支持 Boolean 强制类型定义来实现数据类型的转换，在进行布尔型定义的时候需要进行强制类型转换，通过强制类型转换能够将数据强制转换为布尔型，才可以得到需要的布尔型的数据，图 8.22 所示为强制转换成布尔型的操作。

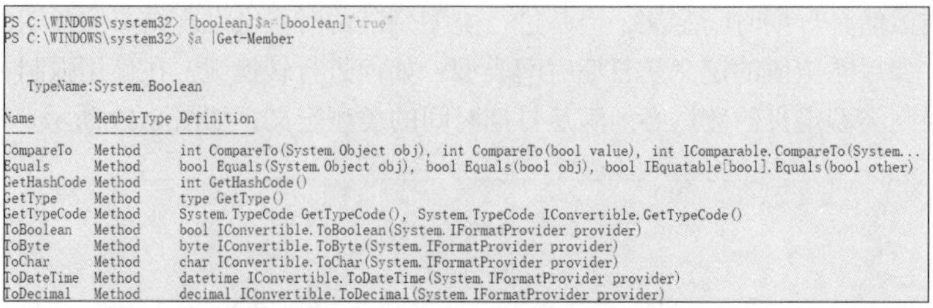

```
PS C:\WINDOWS\system32> [boolean]$a=[boolean]"true"
PS C:\WINDOWS\system32> $a |Get-Member

   TypeName:System.Boolean

Name        MemberType Definition
----        ---------- ----------
CompareTo   Method     int CompareTo(System.Object obj), int CompareTo(bool value), int IComparable.CompareTo(System...
Equals      Method     bool Equals(System.Object obj), bool Equals(bool obj), bool IEquatable[bool].Equals(bool other)
GetHashCode Method     int GetHashCode()
GetType     Method     type GetType()
GetTypeCode Method     System.TypeCode GetTypeCode(), System.TypeCode IConvertible.GetTypeCode()
ToBoolean   Method     bool IConvertible.ToBoolean(System.IFormatProvider provider)
ToByte      Method     byte IConvertible.ToByte(System.IFormatProvider provider)
ToChar      Method     char IConvertible.ToChar(System.IFormatProvider provider)
ToDateTime  Method     datetime IConvertible.ToDateTime(System.IFormatProvider provider)
ToDecimal   Method     decimal IConvertible.ToDecimal(System.IFormatProvider provider)
```

图8.22　强制转换成布尔型数据

在变量被定义为强类型布尔型数据之后，将不能其他类型的数据。除了布尔型的 $True 和 $False 值，其他的值将不被接收，强制赋值则会出现如图 8.23 所示的错误。

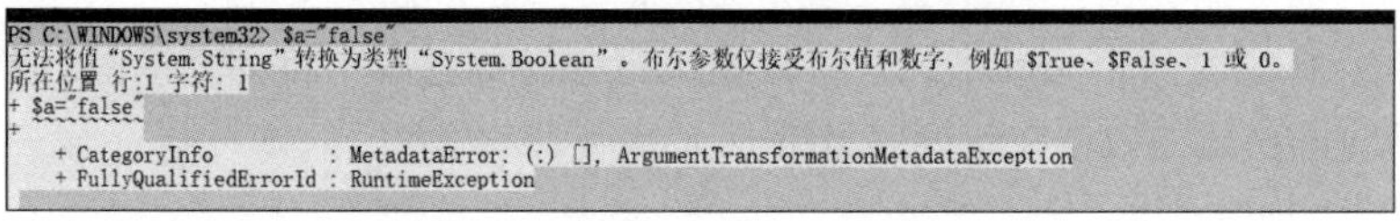

```
PS C:\WINDOWS\system32> $a="false"
无法将值 "System.String" 转换为类型 "System.Boolean"。布尔参数仅接受布尔值和数字，例如 $True、$False、1 或 0。
所在位置 行:1 字符: 1
+ $a="false"
+ ~~~~~~~~~~
    + CategoryInfo          : MetadataError: (:) [], ArgumentTransformationMetadataException
    + FullyQualifiedErrorId : RuntimeException
```

图8.23　强制类型赋值后出现转换错误

布尔型通常用来进行条件的判断，类似于 If、While 及 For 循环场景的使用。

8.9 基本数据类型之.Net静态类型

在 PowerShell 应用场景中内置的类型可能无法满足要求，需要额外创建一些 .Net 静态类型来实现一些功能。PowerShell 也可以创建 .Net 静态数据类型，创建之后，创建的类型拥有 .Net 类的属性和方法。在 PowerShell 中常用的 .Net 数据类型如下。

- IO.FileStream：文件系统。
- Net.Dns：网络的 DNS 数据类型。
- TimeZoneInfo：时区信息。
- Collections：集合类型。
- Text：文本数据类型。
- DirectoryServices：目录服务类型。
- Text.RegularExpressions.Regex：正则表达式类型。

不同于 PowerShell 内置变量的定义，在 PowerShell 中进行 .Net 类型定义，必须使用静态类型定义方式，通常进行类型定义的方法有下面两类。

- .Net 强制类型定义：创建空的 .Net 类型过程中指定强制类型定义。
- 指定 .Net 类型对象：指定创建的 PowerShell 对象定义为现有的对象结果。

这里分享下 .Net 静态类型的创建，下面的静态类型是非常典型的系统 IO 类型，这里创建的 .Net 的系统 IO 类型方法如图 8.24 所示。

```
$my10MBFile = New-Object System.IO.FileStream 'C:\Temp\my10MBFile.abc',
Create, ReadWrite
$my10MBFile.SetLength(10MB)
```

```
$my10MBFile.Close()
```

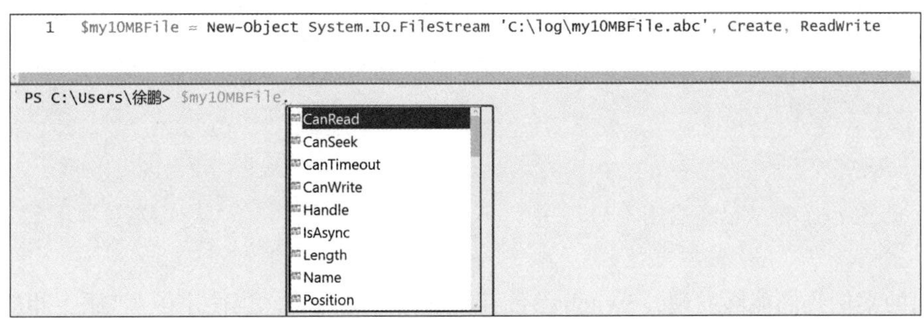

图8.24　创建.Net 静态IO类型对象

使用 .Net 强制类型定义和 PowerShell 基本数据类型是相同的方法，直接在类型前面定义 .Net 数据类型，就可以实现强制类型定义，图 8.25 所示为 PowerShell 中 .Net 类型的强制定义。

```
$remoteName = 'mailServerName'
$remoteIP = [System.Net.DNS]::Resolve($remoteName).AddressList | Where-Ob
ject { $_.AddressFamily -eq 'interNetwork' } | Select-Object -ExpandProp
erty IPAddressToString
```

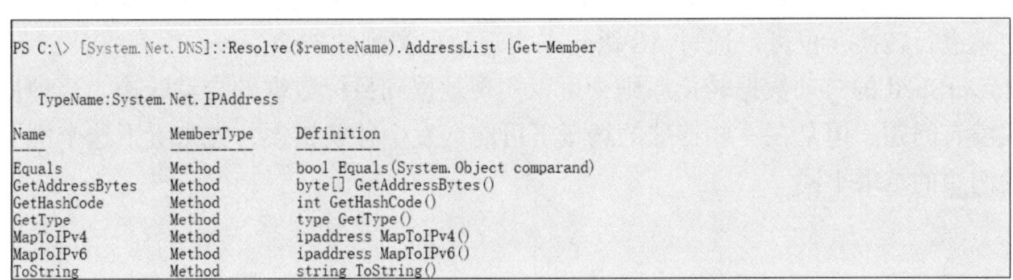

图8.25　PowerShell 强制类型定义数据

8.10　基本数据类型之Switch 类型

相信很多人看到这里会觉得有点头晕，从来没听说过 PowerShell 有 Switch 类型，它不是用来做流程管理的吗，它是什么类型的数据呢？按照定义来说，它其实就是布尔型的另外一种表现形式。

在 PowerShell 中如果直接使用 Switch 类型进行结果获取，可能会得到如图 8.26 所示的最终数据结果。

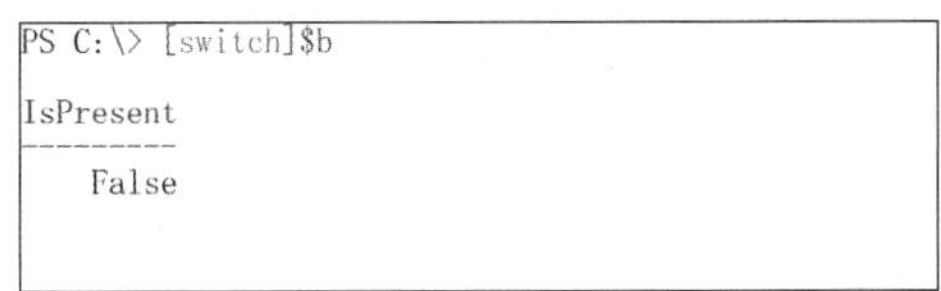

图 8.26　获取Switch 类型数据

严格来说，我们不能直接通过 Switch 进行 PowerShell 数据类型的定义，但是作为编写脚本函数参数，可以判断是否调用相应的参数。Switch 类型数据与布尔型的数据类型非常相似，但是又略有不同，这里以一个简单的例子分享下 Switch 的使用场景。

```
Parameter(
[switch] bool
)
If($bool.ispresent)
{
Write-host "bool 参数已经启用 "
}
```

从上面的案例我们能够发现，Switch 参数其实就像灯的开关，当使用了 "-" 跟上相应的参数定义参数类型，相当于将灯开启。没有引用参数，则意味着灯没有打开。Switch 类型虽然不能算作基础数据类型，但是它主要使用在函数中的参数定义。

8.11 PowerShell 数据类型转换

PowerShell 可以用来实现基于不同需求的数据格式转换，而且数据转换有多种方式，可以直接使用类型定义进行转换，也可以通过 AS 语句来实现数据类型的转换。

基于 PowerShell 的自动数据转换原则，可以实现数据到目标数据的自动转换，这种自动转换在大多数时候没有问题。但是在一些特殊的场景下可能会发生转换错误，先来看下这个例子，执行结果可能和我们想的结果不同。

```
[int](3/2)
```

大家这时候猜想结果会是什么，我们执行的结果如图 8.27 所示。

```
PS C:\WINDOWS\system32> [int](3/3)
2
PS C:\WINDOWS\system32>
```

图8.27　执行结果等于2

相信很多朋友觉得这是不是计算机出现故障了，为什么结果不是 1 而是 2 呢？接下来看下相应的步骤分析。

（1）整数相除。

2 和 3 都是整数，相除的结果是 1.5，基于 PowerShell 的自动数据类型转换，结果就是 1.5 了。

（2）四舍五入取整。

使用 [Int] 进行数据取整的时候，自动地将数据转换为 2 了，所以 [int](3/2) 结果就是 2 了。

PowerShell 的自动转换数据格式简化了人员操作，但是也会带来一些意外的问题，这时候需要特别注意，以下的计算都将会实现数据格式的转换。

- 整型与浮点型（双精度型）计算会自动转换为浮点型（双精度型）。
- 字符串与浮点型相加，浮点型会自动转换为字符型。
- 字符型与整型相加，整型会自动转换为字符型。

如果数据不能自动转换，就只能通过手动数据类型转换进行相应的数据转换，手动数据类型转换的时候有三种以下不同的方法实现。

- [类型] 变量 = 数据。
- 变量 =[类型] 数据。
- 变量 = 数据 -as [类型]。

从通用角度来看，第一种方式使用得最多，但是出现的问题也最多，这个时候相当于将数据强制转换为变量类型的数据。第一种类型转换的方式在大多数场景下没有问题，但是在进行 [boolean] 类型定义的时候会出现转换问题，图 8.28 所示为转换出错的结果。

```
PS C:\WINDOWS\system32> [boolean]$a="false"
无法将值“System.String”转换为类型“System.Boolean”。布尔参数仅接受布尔值和数字，例如 $True、$False、1 或 0。
所在位置 行:1 字符: 1
+ [boolean]$a="false"
+
    + CategoryInfo          : MetadataError: (:) [], ArgumentTransformationMetadataException
    + FullyQualifiedErrorId : RuntimeException
```

图8.28　布尔型数据转换出错

其他的各种类型都会自动地进行数据类型转换。后面两种数据转换类型是等价的类型转换，我们可以采用变量 =[类型] 数据的方式，也可以通过变量 = 数据 -as [类型] 的方式。但是我们需要特别注意，浮点型和整型相互转换，这里可能会出现一些隐藏的意想不到的问题。

还有一类比较特殊的数据类型是 Char 型，Char 型的数据之所以特殊，在于它只支持整数类型的数据转换为 Char 型，浮点和字符串型数据将不能转换为 Char 型，如果强制转换，则会直接报错。整型转换为 Char 型有数据范围限制，这是必须注意的一个问题，就是 Char 支持的最大整数值为 65 535，超过这个值将会出现转换失败，图 8.29 所示为 Char 型执行出错的结果。

```
PS C:\WINDOWS\system32> [char]65536
无法将值“65536”转换为类型“System.Char”。错误:“值对于字符太大或太小。”
所在位置 行:1 字符: 1
+ [char]65536
+
    + CategoryInfo          : InvalidArgument: (:) [], RuntimeException
    + FullyQualifiedErrorId : InvalidCastIConvertible
```

图8.29　Char型执行出错的结果

8.12 章节回顾

本章我们和大家一起分享了 PowerShell 的各类基本数据类型，这些类型在 PowerShell 中非常常见，经常需要进行相关的基本类型数据的运算和操作。

基本数据类型包含如下。

- 整型
- 浮点型
- 字符型
- 字符串型
- 日期时间型

- 布尔型
- Math 数学计算
- .Net 静态类型
- Switch（函数使用）

在 PowerShell 中常见的基本数据类型主要是前面几种。在实际应用场景中，除了基本的数据类型，可能还会用到 .Net 的一些静态类，在 PowerShell 中应用 .Net 类型不像 PowerShell 的内置数据类型那么简单，这些静态类型需要大家通过相关的网站去理解相关的用法。

本章和大家分享的这些基本数据类型都是在实际的应用场景中非常常用的，希望大家能够仔细地阅读本章，完成章节练习。

8.13 练习与知识巩固

1. 什么是强类型变量，什么是弱类型变量，它们有些什么差别?

2. 运行下面的脚本后，执行的结果是什么?

```
$a=1.234567890987654321
$a=[float]$a
Write-host $a
```

3. 运行下面的脚本后，执行的结果是什么?

```
$a="abcdefg"
$a.substring(2,2)
```

4. 如果希望使用Math 数学函数类型，需要使用什么修饰符定义?

5. 如果希望定义日期时间类型，必须遵循什么原则?

6. 在PowerShell中布尔型的定义有哪几种?

7. 下面哪些话是正确的?

①整型能够自动转换成字符型
②整型能够自动转换成浮点型
③整型能够和字符型相乘
④字符型能够和整型相乘
⑤布尔型能够自动转换成整型

第9章

PowerShell 组合数据类型

相信大部分人看到这个题目会觉得有些蒙，组合数据类型是一个什么类型的数据呢？单看前面学习的基本数据类型都明白，但组合数据类型是什么样子？它有啥特点？不明白也没关系，本章将详细地讨论组合数据类型及其相关概念。

9.1 什么是PowerShell组合数据类型

很多朋友第一次接触到组合数据类型这一概念，一定会问一个问题，什么是数组，它和单一数据有什么差别呢？可以肯定的是你接触过这样的数据。如果简单描述一个人的身高，下面我们可以通过以下格式描述一个人的身高，即“张三：156cm”。但是如果需要描述的是一批人的身高呢？描述他们的平均身高是一个值，可以采用与上面一样的方法进行描述，即“平均身高：160cm”。如果需要描述他们每个人的身高，应该怎么描述呢？

- 张三：167cm，李四：157cm，王五：167cm，赵六：159cm。

对比下描述单一的属性值，描述一批人就需要多个对象，将对象一一赋值之后组合起来就叫作组合数据。在 PowerShell 中利用组合数据可以描述多个对象或对象多个属性，我们通常可以按照下面的方式来进行组合数据描述。

- @(1，2，3，4，5)：定义多个整型元素，组合为数组。
- @{name=" 张三 "; gender=" 男 "; age=4}：定义对象的属性类型，组合为哈希表。

在 PowerShell 中，第一种类型称为数组（Array）类型，第二种类型称为哈希表类型。这两种数据类型是在 PowerShell 中最为常用的组合数据类型。组合数据类型相比普通数据类型，拥有更多的方法和属性。本章将会和大家一起来深入讨论 PowerShell 中的组合数据类型：数组类型和字典类型（哈希表）。

相比简单数据类型，组合数据类型包含了更多元素。各个元素的数据类型可以是单一的数据类型，也可以是不同的数据类型。

9.2 PowerShell 组合数据类型之数组类型

9.2.1 PowerShell 数组类型定义

在 PowerShell 中数组类型是非常常见的一种组合数据类型，数组类型的定义非常简单，目前可以采用两种方式定义数组。

方法 1：数据之间以“,”号分隔，可以定义已有元素的数组。$a 参数定义完成后，我们通过 $a 的 GetType() 方法就可以了解到 $a 是数组类型，图 9.1 所示为非空数组类型定义。

```
$a=1,2,3,4,5
```

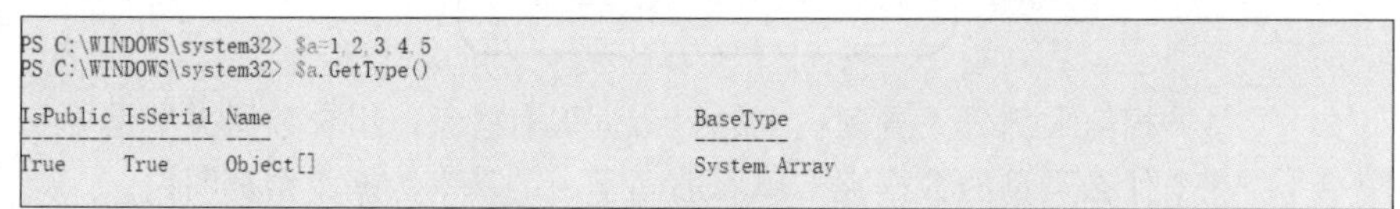

图9.1　非空数组类型定义（1）

方法 2：以“@()”定义，通过这种方式可以定义空数组。执行变量 $a 的 getType() 方法，依然发现数据的类型是 Array 类型，图 9.2 所示为非空数组类型定义的第二种方法。

```
$a=@(1,2,3,4,5)
```

```
PS C:\WINDOWS\system32> $a=(1,2,3,4,5)
PS C:\WINDOWS\system32> $a.GetType()

IsPublic IsSerial Name                                     BaseType
-------- -------- ----                                     --------
True     True     Object[]                                 System.Array
```

图9.2　非空数组类型定义（2）

空的数组建立需要在“()”前面加上“@”，这是建立空数组的必要条件，如果不加上“@”，就会抛出如图 9.3 所示的异常。

```
PS C:\Users\徐鹏> $a=1,2,3,4,5
PS C:\Users\徐鹏> $a.Add(6)
使用“1”个参数调用“Add”时发生异常:“集合的大小是固定的。”
所在位置 行:1 字符: 1
+ $a.Add(6)
+ ~~~~~~~~~
    + CategoryInfo          : NotSpecified: (:) [], MethodInvocationException
    + FullyQualifiedErrorId : NotSupportedException
```

图9.3　空数组必须加上“@”

9.2.2　PowerShell 数组强制类型定义

在 PowerShell 中数组数据类型也可以是多个不同数据类型的组合，数组中的任意一个元素可以是基本数据类型中的任何类型，弱类型定义下如图 9.4 所示的数组中的内容都是允许的。这里可以看到数据中有整型、字符串型和布尔型，都在一个数组中。

```
PS C:\WINDOWS\system32> $a="a",1,$true,3
PS C:\WINDOWS\system32> $a
a
1
True
3
PS C:\WINDOWS\system32> $a.GetType()

IsPublic IsSerial Name                                     BaseType
-------- -------- ----                                     --------
True     True     Object[]                                 System.Array
```

图9.4　弱类型数组

如果希望所有的数组内容是单一数据类型，就需要对数组类型进行强制类型定义，强制类型定义通过如下两种方式可以实现。

方法 1：定义空数组实现强制类型定义。

定义 PowerShell 对象的强类型通过 [类型] 变量进行数组定义，进行强制类型定义也是一样的方式，图 9.5 所示为强类型空数组建立。

```
PS C:\WINDOWS\system32> [int[]]$a=@()
PS C:\WINDOWS\system32> $a.GetType()

IsPublic IsSerial Name                                     BaseType
-------- -------- ----                                     --------
True     True     Int32[]                                  System.Array
```

图9.5　强类型空数组建立

方法 2：基于现有的数组数据进行强制类型定义。

如果当前数据全部是同一类型的数据，可以实现数组的强制类型定义，强制定义后所有的数据将尝试把数据转换为定义的数值类型。如果数据不是同一类型，则可能发生如图 9.6 所示的错误。

```
PS C:\WINDOWS\system32> [int[]]$a=1,2,3,4,5,6,7
PS C:\WINDOWS\system32> $a+="a"
无法将值 "a" 转换为类型 "System.Int32"。错误: "输入字符串的格式不正确。"
所在位置 行:1 字符: 1
+ $a+="a"
+
    + CategoryInfo          : MetadataError: (:) [], ArgumentTransformationMetadataException
    + FullyQualifiedErrorId : RuntimeException

PS C:\WINDOWS\system32> $a+=8
PS C:\WINDOWS\system32> $a
1
2
3
4
5
6
7
8
```

图9.6　数组强制类型定义后的数值

9.2.3 PowerShell 数组增加成员

在 PowerShell 中定义数组的大小都是固定的，这是 PowerShell 设计上定义好的。我们如果在数组上使用内置的方法添加成员，就会提示如图 9.7 所示的数组类型的长度是固定的错误。

```
$a=1,2,3,4,5
$a.add(6)
```

```
PS C:\Users\徐鹏> $a=1,2,3,4,5
PS C:\Users\徐鹏> $a.Add(6)
使用 "1" 个参数调用 "Add" 时发生异常: "集合的大小是固定的。"
所在位置 行:1 字符: 1
+ $a.Add(6)
+
    + CategoryInfo          : NotSpecified: (:) [], MethodInvocationException
    + FullyQualifiedErrorId : NotSupportedException
```

图9.7　数组类型长度固定

如果我们无法改变数组长度，就无法添加元素了吗？其实还是可以的，但是需要注意的是，数组不再是原来的数组，而是创建了另外一个数组，图 9.8 所示为基于旧数据生成新数组。

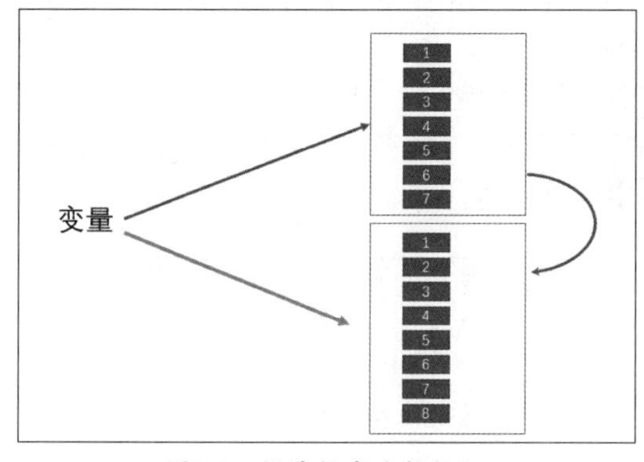

图9.8　扩展长度为新数组

在 PowerShell 对数组的定义中，数组长度是固定的。但这并不意味着不能进行新的数组创建，新的数组中将旧的数组元素加上新数据，再重新赋值到变量，所有数据依次填充进去。在变量定义为数组类型之后，使用“+”添加数据成员组成一个新的数组。新的数组重新赋值给变量，这时变量就重新指向新生成的数据，上面的案例使用“+”扩充之后，重新赋值给变量 $a，$a 的结果就顺利指向 (1,2,3,4,5,6,9) 了，图 9.9 所示为元素扩展之后的结果。

```
PS C:\WINDOWS\system32> $a=$a+9
PS C:\WINDOWS\system32> $a
1
2
3
4
5
6
9
9
```

图9.9　扩展元素后的变量结果

9.2.4　PowerShell 数组元素定位

由于数组是典型的组合数据类型，数组成员中的类型可以是相同的数据类型，也可以是不同的数据类型。那么如何定位和引用数组的元素呢？ PowerShell 数组成员获取和其他的语言基本相同，通过“[]”进行数据获取，默认情况下数据索引的编号从 0 开始到最后一个值。

在 PowerShell 中数组定位和其他语言略有不同的是，在 PowerShell 中不会存在数组上限的问题，当突破数组上限之后依然可以进行元素的定位，只是这个时候元素的值为空，也就是说 PowerShell 中没有明确的数组索引边界，图 9.10 所示为数组索引的方法和定位。

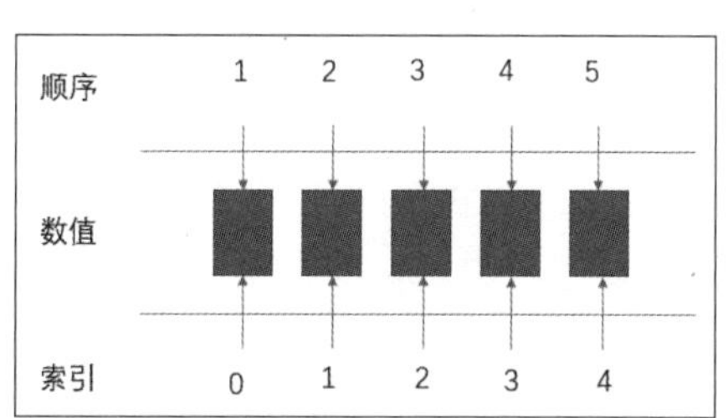

图9.10　数组元素的索引

如何来理解这个概念呢？让我们来以一个简单的数据为例：$a=(1,2,3,4,5)。完成数组定义之后，这里通过 $a[0] 获取第一个值 1，通过 $a[1] 获取第二个值 2，最后一个元素的索引是 4，值为 5。当数组索引超过了 4 之后，数组索引 5 的数据也依然不会报错数组越界，而是显示为空值，这也是 PowerShell 语言关于数组的一个特点，图 9.11 所示为数组的索引方法。

图9.11　数组的索引方法

PowerShell 也支持数组的负索引，什么是负索引呢？就是数组的索引小于零，这也是脚本型语言才有的特点，编译型语言不支持负索引，图 9.12 所示为负索引所引用的具体场景。

顺序
1
2
3
4
5
数值
索引
-5
-4
-3
-2
-1

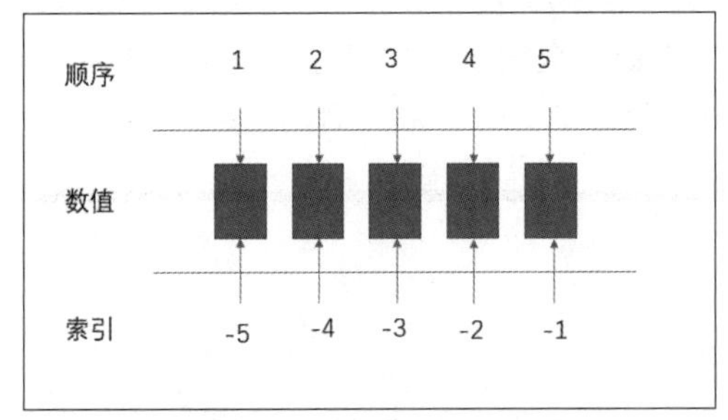

图9.12　数组的负索引定位

为了让大家更清楚地了解这些定位的概念，我们先定义一个如图 9.13 所示的数组 $a=1,2,3,4,"1","a"。

PS C:\> $a=1,2,3,4

图9.13　定义标准数组

正向引用任何一个数组中的元素都是非常简单的操作，这里直接通过数组名接上 "[]"，就可以实现相应位置元素的定位，图 9.14 所示为数组元素的定位实例。

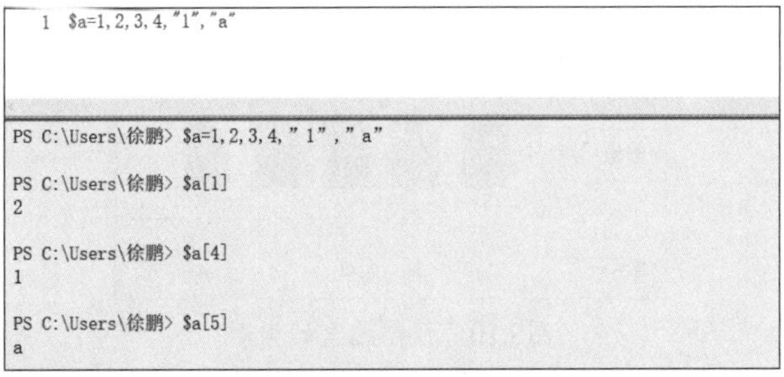

1 $a=1,2,3,4,"1","a"
PS C:\Users\徐鹏> $a=1,2,3,4,"1","a"
PS C:\Users\徐鹏> $a[1]
2
PS C:\Users\徐鹏> $a[4]
1
PS C:\Users\徐鹏> $a[5]
a

图9.14　数组元素定位

在数组中如果希望以负索引的方式进行数据定位，比如我们希望获取数组的最后一个值，可以使用的负索引为 $a[-1]，如果希望获取倒数第二个值，则使用 $a[-2]。在进行负索引的时候，索引值也没有边界。这里甚至可以使用 $a[-1000] 也依然不会出错，这是解释型语言非常突出的特点，Python 其实也是如此，图 9.15 所示为相应的操作结果。

PS C:\> $a[-1]
a
PS C:\> $a[-5]
2
PS C:\> $a[-1000]
PS C:\>

图9.15　PowerShell的负索引

9.2.5　PowerShell 数组元素切片

在 PowerShell 中数据的切片也是经常使用的一个概念，到底什么是数据切片呢？其实可以把它想象成一串数据，例如，我们希望拿到从第一个到第四个位置的数据，或者从倒数第一个到倒数第三个数据，这就是数据切片功能，图 9.16 所示为切片功能解释。

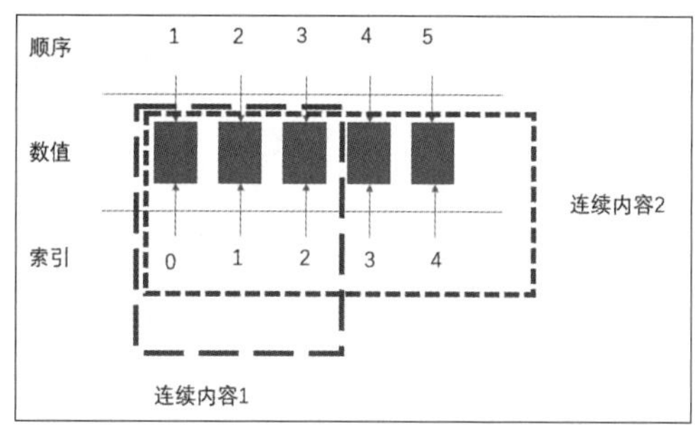

图9.16　数据切片功能

这时候如果使用“[0..4]”这样的切片，就是获取从数组的第一个数据到第五个数据的连续数据。数组元素支持连续数据定义，下面的三组数据呈现方式都是标准的连续数据生成方式。

- 1..5：生成连续的 1 到 5 的数据。
- –1..–5：生成连续的 –1 到 –5 的数据。
- –3..3：生成连续的 –3 到 3 的数据。

这三组数据生成的数据格式是什么样子呢？图 9.17 所示为这三个连续数据生成命令执行的数据生成结果。

```
PS C:\> 1..5
1
2
3
4
5
PS C:\> -1..-5
-1
-2
-3
-4
-5
PS C:\> -3..3
-3
-2
-1
0
1
2
3
```

图9.17　生成连续的整数数据

利用这样的格式生成连续的数据，在数组引用过程中，这些连续生成的数值将作为数组的引用索引实现数组元素的连续引用。是不是觉得很难理解呢？还是以一个实际的案例给大家分享下切片的具体概念，先来定义一个数组：$a=1,2,3,4,5。希望能够一下子列出所有数组的数据，可以通过如下的格式引用来实现这个功能：$a[0..4]，图 9.18 所示为数组引用结果。

```
PS C:\WINDOWS\system32> $a=1,2,3,4,5
PS C:\WINDOWS\system32> $a[0..4]
1
2
3
4
5
```

图9.18　数组引用结果

如果希望将第 1 到 3 个元素列出来，$a[0..2] 就可以实现如图 9.19 所示的最终数据结果。

```
PS C:\> $a[0..2]
1
2
3
PS C:\>
```

图9.19 获取从第1到第3个元素

如果需要反向输出数据的结果，使用 $a[4..0] 就可以实现如图 9.20 所示的倒序输出功能。

```
PS C:\WINDOWS\system32> $a[4..0]
5
4
3
2
1
```

图9.20 数据倒序输出

在 PowerShell 中也能够支持负切片，通过 $a[−1..−5] 同样也可以实现如图 9.21 所示的倒序输出。

```
PS C:\WINDOWS\system32> $a[-1..-5]
5
4
3
2
1
```

图9.21 倒序输出数组内容

在实际应用场景中也存在正负切片混合使用的情况，想象一下下面的切片结果是什么？ $a[-3..2]，很多朋友一看到这个估计会有点蒙，这样切片的结果会是什么呢？其实这个切片和我们通过直接正负索引定义的内容是相同的，结果如图 9.22 所示。

```
PS C:\WINDOWS\system32> $a
1
2
3
4
5
PS C:\WINDOWS\system32> $a[-3..2]
3
4
5
1
2
3
PS C:\WINDOWS\system32> $a[-3..0]
3
4
5
1
```

图9.22 切片正负索引使用

为什么是这个结果呢？这里涉及索引的顺序，在正负切片使用的过程中，实际的数据定位其实是下面的方式。

```
$a[-3],$a[-2],$a[-1],$a[0],$a[1],$a[2]
   3      4      5      1     2     3
```

相信看到这里，或许有些朋友已经明白数据切片的结果为什么是这样了，对于还是有些不懂的朋友，可以回头去看下数组元素的定位。

9.2.6 PowerShell 数组元素遍历

PowerShell 环境下实现数组的遍历有两种不同的方式。

- For 语句进行数据循环。

- ForEach 语句进行数据轮询。

使用 For 语句进行数组元素的数据循环可以将所有的数据取出，但操作步骤会比较复杂，这里以下面的数组为例分享操作：$a=1,2,3,4,5,6,"a","b","c"。如果使用 For 进行数组数据取出，可以通过如下的命令实现，图 9.23 所示为命令执行的结果。

```
For($i=0;$i -le $a.count;$i++)
{
Write-host $a[$i]
}
```

```
$a=1,2,3,4,5,6,"a","b","c"
For($i=0;$i -le $a.count;$i++)
{
Write-host $a[$i]
}
```

```
1
2
3
4
5
6
a
b
c
```

图9.23　使用For语句遍历元素

相比 For 语句，ForEach 进行数据轮询则来得更为高效，直接通过如下的命令即可实现整个数组数据的轮询，图 9.24 所示为最终数据轮询结果。

```
ForEach($i in $a)
{
Write-host $i
}
```

```
$a=1,2,3,4,5,6,"a","b","c"
foreach($i in $a)
{
write-host $i
}
```

```
1
2
3
4
5
6
a
b
c
```

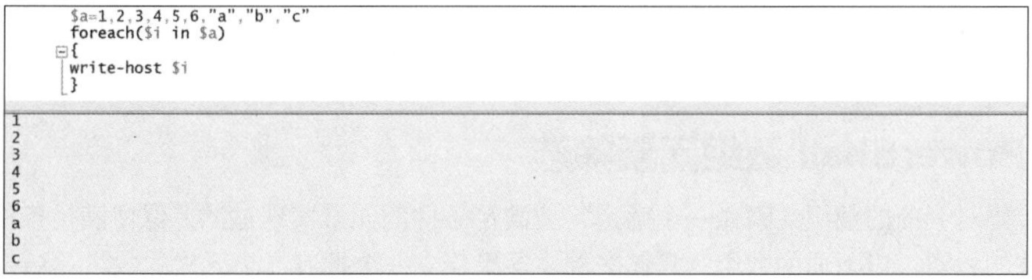

图9.24　数据轮询最终结果

9.2.7　PowerShell 数组嵌套

在了解完数据切片的功能之后，接下来我们来了解下 PowerShell 的数组嵌套功能。由于 PowerShell 的元素支持各类不同的数据类型，当然也支持数组，因此下面的 PowerShell 数组定义也是可以的：$a=("a","b",1,$true,(1,2,3,4,5))，通过 GetType 方法来获取当前的变量类型，你会发现它是如图 9.25 所示的数组类型。

```
PS C:\WINDOWS\system32> $a.GetType()

IsPublic IsSerial Name                                     BaseType
-------- -------- ----                                     --------
True     True     Object[]                                 System.Array
```

图9.25　数组数据类型（1）

使用数组元素定位来获取最后一个元素的数据，这时我们会发现，数据依然是如图 9.26 所示的数组类型，这里涉及数组类型数据的嵌套。

```
$a[3]
$a[3].gettype()
```

```
PS C:\WINDOWS\system32> $a[3]
1
2
3
4
5
PS C:\WINDOWS\system32> $a[3][1]
2
PS C:\WINDOWS\system32> $a[3].GetType()

IsPublic IsSerial Name                                     BaseType
-------- -------- ----                                     --------
True     True     Object[]                                 System.Array
```

图9.26　数组类型数据（2）

能够看到最后的数据类型是数组类型，数组类型依然可以通过索引进行定位，如果希望获取嵌套数组中的数据，依然可以通过索引方式来进行，图 9.27 所示为嵌套数组的元素获取。

```
$a[3][1]
$a[3][2]
```

```
PS C:\WINDOWS\system32> $a[3][1]
2
PS C:\WINDOWS\system32> $a[3][2]
3
```

图9.27　嵌套数组元素的获取

9.2.8 PowerShell 数组元素筛选

现在希望对当前的数组元素做一个筛选，把满足条件的元素实现过滤，保留满足条件，而忽略不满足条件的元素。以下面的数组为具体案例，这里建立一个拥有 5 个元素的数组：$a=1,2,3,4,5。

如果希望将大于 3 的元素从数组中筛选出来，如何实现呢？这里使用 Where 子语句来实现数据的筛选功能：$a |where {$_ -gt 3}。执行后能够筛选出当前数据中大于 3 的元素，结果如图 9.28 所示。

```
$a=1,2,3,4,5
$a |where {$_ -gt 3}

4
5
```

图9.28　按照需求筛选数据

当然在实际的业务场景中直接这么使用的机会比较少，更为常见的是字符串类型的筛选。比如在数组中筛选 IP 地址，可以通过什么方法实现呢？ PowerShell 数组内容筛选除了支持使用 Where 筛选之外，也支持 Match 关键字筛选，Match 筛选是典型的正则表达式筛选。下面建立一个包含 IP

地址和字符串的数组：$ip="a","192.168.0.1","b","192.168.10.2","256.2.3.4"。接下来按照如下的正则表达式要求定义正则后进行数据筛选，得到如图 9.29 所示具体的结果。

```
$ipregex="([1-9]|[1-9]\\d|1\\d{2}|2[0-4]\\d|25[0-5])(\\.(\\d|[1-9]\\d|1\\d{2}|2[0-4]\\d|25[0-5])){3}"
          $ip -match $ipregex
```

```
$iplist="a","192.168.0.1","b","192.168.10.2","256.2.3.4"
$ipregex="\b\d{1,3}\.\d{1,3}\.\d{1,3}\.\d{1,3}\b"
$iplist -match $ipregex

192.168.0.1
192.168.10.2
256.2.3.4
```

图9.29　数组内容的筛选

9.3 PowerShell 组合数据类型之哈希表类型

哈希表在 PowerShell 中也是使用非常频繁的一类数据，我们将 XML、JSon 等层次数据导入 PowerShell 中，数据将会自动转换成哈希表类型。而且在很多业务场景下哈希表类型都有用武之地，大家需要花比较多的时间来深入理解哈希表类型。

9.3.1 PowerShell 哈希表类型定义

字典类型是当前各类语言中使用最为广泛的组合数据类型，在 PowerShell 中被命名为哈希表类型。哈希表类型的数据呈现方式是键值对，下面就是字典数据类型的案例：@{name=" 张三 ";age=9;gender=" 男 "}。在进行哈希表定义过程中，PowerShell 利用 “;” 进行元素隔离，其他的分隔符均不能分隔哈希数据类型，这一点需要特别注意。

在 PowerShell 中建立哈希表数据，相比数组类型，必须遵循如下的数据格式要求。

- 以 “@” 开头。
- 数据通过 “{}” 进行包括。
- 在哈希表中增加键 / 值对。
- 数据之间以 “;” 进行分隔。
- 如果有空格，则必须使用引号。

如果希望建立一个空的哈希表类型，可以采用如下的方式建立：$a=@{}。图 9.30 所示为空哈希表的建立方法。

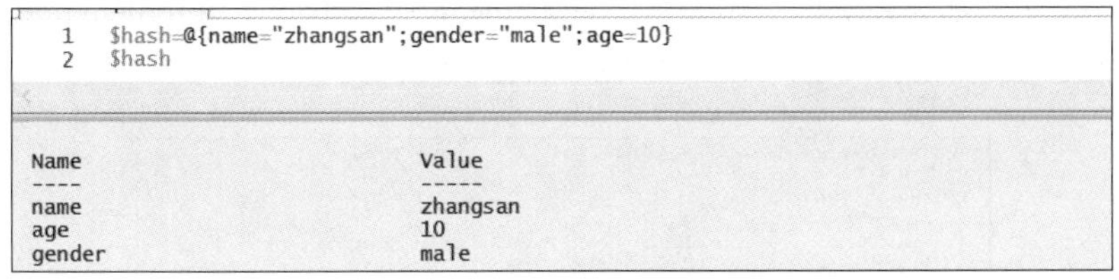

图9.30　空哈希表的建立

创建相关对象之后，可以通过 getType() 方法获取当前的对象类型，这里可以看到对象是哈希表类型。哈希表有以下两种不同的类型：

- 有序哈希表。
- 无序哈希表。

> 这里需要普及一个概念，就是有序哈希表与无序哈希表的差别。
> · 无序哈希表的属性顺序无序。
> · 有序哈希表插入数据时会记录顺序。

PowerShell 支持无序哈希表的创建，不带 [ordered] 修饰符创建的就是无序哈希表，这里提到的无序指的是键值对插入是没有顺序的，将来显示的结果是随机显示数序，图 9.31 所示为哈希表类型数据的创建。

```
$hash=@{name="zhangsan";gender="male";age=10}
```

```
$orderedhash=[ordered]@{name="zhangsan";gender="male";age=10}
$orderedhash

PS C:\Users\徐鹏> $orderedhash=[ordered]@{name="zhangsan";gender="male";age=10}
$orderedhash

Name                           Value
----                           -----
name                           zhangsan
gender                         male
age                            10
```

图9.31　带元素的哈希表的创建

这里需要注意的是，无序哈希表输出哈希表键值的时候不会按照顺序进行排序，在定义过程中 gender 排在第二位，但是在显示的时候排第三位，这正体现出了无序哈希表的特性。

如果希望建立有序的空哈希表，在创建哈希表之前添加 [ordered] 修饰符即可：$order=[ordered]@{}。下面建立了一个有序的有数据的哈希表，哈希表的内容是有序的。图 9.32 所示为有序哈希表的建立。

```
$orderedhash=[ordered]@{name="zhangsan";gender="male";age=10}
```

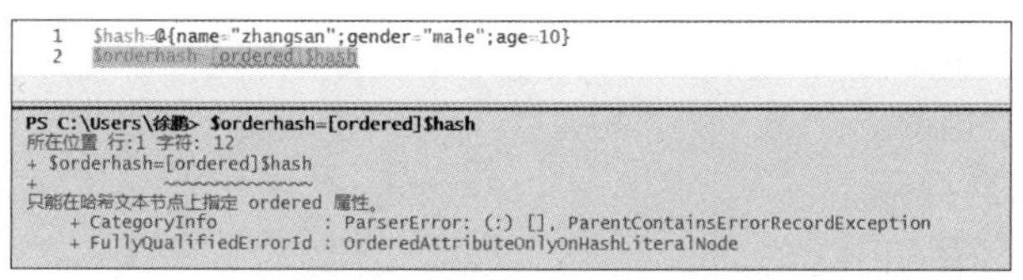

```
$hash=@{name="zhangsan";gender="male";age=10}
$orderhash=[ordered]$hash

PS C:\Users\徐鹏> $orderhash=[ordered]$hash
所在位置 行:1 字符: 12
+ $orderhash=[ordered]$hash
+            ~~~~~~~~~~~~~~
只能在哈希文本节点上指定 ordered 属性。
    + CategoryInfo          : ParserError: (:) [], ParentContainsErrorRecordException
    + FullyQualifiedErrorId : OrderedAttributeOnlyOnHashLiteralNode
```

图9.32　有序哈希表的建立

这里需要注意的是，有序哈希表是我们插入键值对的时候按照一定的顺序进行插入，所有键值对将会按照顺序输出。如果建立的哈希表已经是无序哈希表，不能使用 [ordered] 修饰符进行哈希表转换。如果强行转换，则会发生如图 9.33 所示的转换错误。

```
PS C:\WINDOWS\system32> $orhash=[ordered]$hash
所在位置 行:1 字符: 9
+ $orhash=[ordered]$hash
+         ~~~~~~~~~~~~~~
只能在哈希文本节点上指定 ordered 属性。
    + CategoryInfo          : ParserError: (:) [], ParentContainsErrorRecordException
    + FullyQualifiedErrorId : OrderedAttributeOnlyOnHashLiteralNode
```

图9.33　将无序哈希表转换为有序哈希表会出错

9.3.2　PowerShell 哈希表成员添加

建立好哈希表之后，可以为哈希表添加相应的成员，哈希表成员添加可以采用多种方式。但是需要注意的是，哈希表不能有重复键，如果有重复键，则会导致添加内容失败，在后面章节中我们会讲解如何防止这种情况出现。

1. 直接使用$a["<key>"]="value"方法

通过这种方法添加相对比较简单：$a["grade"]="Three"，图 9.34 所示为哈希表成员添加。

```
PS C:\WINDOWS\system32> $a=@{}
PS C:\WINDOWS\system32> $a["grade"]="three"
PS C:\WINDOWS\system32> $a

Name                           Value
----                           -----
grade                          three
```

图9.34　添加哈希表成员

2. 哈希表使用Add() 方法添加键值对

哈希表的 Add 方法包含了两个参数，这两个参数分别是 key 和 value。key 的参数填充的是哈希表的键，而 value 填充的是哈希表的值。通过 add ("key","value") 填充哈希表的方法如下：$a.add ("name", "zhangsan")，图 9.35 所示为通过 Add 方法添加键值对。

```
PS C:\WINDOWS\system32> $a.add("name","zhangsan")
PS C:\WINDOWS\system32> $a

Name                           Value
----                           -----
name                           zhangsan
grade                          three
```

图9.35　通过Add方法添加键值对

3. 使用“+”进行键值对添加

“+”的方法在 PowerShell 里面使用得非常广泛，在哈希表中添加成员也可以使用“+”，使用“+”添加键值对的方法如下：$a+=@{"age"=3}。图 9.36 所示为使用“+”添加键值对。

```
PS C:\WINDOWS\system32> $a+=@{age=3}
PS C:\WINDOWS\system32> $a

Name                           Value
----                           -----
name                           zhangsan
age                            3
grade                          three
```

图9.36　以“+”添加成员

9.3.3　PowerShell 哈希表键值对的删除

哈希表可以添加键值对，也支持删除相应的键值对，在 PowerShell 中删除的方法非常简单，只需要通过删除的方法 Remove() 基于相应的键来删除相应的键值对，以下为 Remove() 方法的使用：$a.remove(“键名称”)。在 PowerShell 中删除哈希表的成员是通过找到相应的键来删除相应的对象的。以上面的哈希表为例，如果希望删除 [name="zhangsan"]，这个键值对的方法如下：$a.remove ("name")。图 9.37 所示为成员的删除结果。

```
PS C:\WINDOWS\system32> $a.remove("name")
PS C:\WINDOWS\system32> $a

Name                           Value
----                           -----
age                            3
grade                          three
```

图9.37　删除成员“name”

9.3.4 PowerShell 哈希表成员定位与遍历

在哈希表中，如何进行表内成员定位呢？数组是以数字索引进行定位，但是在哈希表中没有数组的概念，不能使用数字索引进行定位。如果需要定位到相应哈希表的具体键值对，应该怎么做呢？先来看下哈希表具体的键值对信息：$a=@{name="zhangsan";gender="male";age=15}。希望找到[name] 这个值的信息，必须使用 $a[name] 进行相应的字段数据获取，图 9.38 所示为最终的 "name" 字段值的获取。

```
PS C:\WINDOWS\system32> $a=@{name="zhangsan";gender="male";age=10}
PS C:\WINDOWS\system32> $a["name"]
zhangsan
```

图9.38　“name”字段值的获取

如果希望获取 [gender] 字段所对应的值，则必须使用 $a[gender] 来获取相应的值，图 9.39 所示为“gender”的值获取结果。

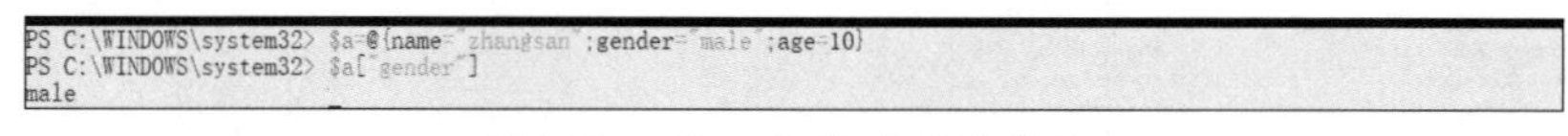

```
PS C:\WINDOWS\system32> $a=@{name="zhangsan";gender="male";age=10}
PS C:\WINDOWS\system32> $a["gender"]
male
```

图9.39　“gender”字段值获取

如果本身的哈希表不包含相关的字段，通过 $a[] 引用不相关字段不会出现报错信息，但是返回空值。如果希望获取当前哈希表中的键值对中的键，可以使用哈希表 .keys 遍历所有的键，图 9.40 所示为哈希表中的键获取。

```
PS C:\WINDOWS\system32> $a=@{name="zhangsan";gender="male";age=10}
PS C:\WINDOWS\system32> $a.Keys
name
age
gender
```

图9.40　哈希表中的键获取

当然也可以按照需求遍历哈希表中的所有的值，使用哈希表 .Values 来获取当前所有的值，图 9.41 所示为哈希表中的值获取。

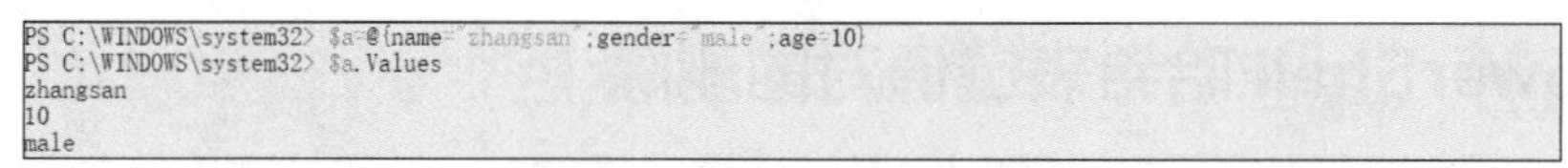

```
PS C:\WINDOWS\system32> $a=@{name="zhangsan";gender="male";age=10}
PS C:\WINDOWS\system32> $a.Values
zhangsan
10
male
```

图9.41　哈希表中的值获取

如果希望遍历所有的键值对，需要结合 ForEach 的方法进行键值对的获取，图 9.42 所示为相应的键值对遍历。

```
PS C:\WINDOWS\system32> foreach($b in $a.Keys)
>> {
>> Write-Host $b,$a[$b]
>> }
name zhangsan
age 10
gender male
```

图9.42　哈希表键值对遍历

9.3.5　PowerShell 哈希表的键与值的排序

在 PowerShell 哈希表中，所有的数据都是无序的，即使使用了 [ordered] 修饰符，哈希表的数据也不是按照顺序进行键值排序。如果希望做到按照键名进行数据排序，应该怎么办呢？利用哈希表本身功能无法实现这个目标，只能与其他的命令结合才能实现。如果单纯地使用 Sort-Object 方法进行键排序：$a |Sort-Object-property key，则无法生效。这里使用 Sort-Object 命令，同时在哈希表中使用 GetEnumerator() 方法来获取当前哈希表中的数据，两者在一起才能完成基于键的排序。排序结果如图 9.43 所示。

```
$a. GetEnumerator()|Sort-Object -property key
```

```
PS C:\WINDOWS\system32> $a=@{name="zhangsan";gender="male";age=10}
PS C:\WINDOWS\system32> $a|Sort-Object -Property key

Name                           Value
----                           -----
name                           zhangsan
age                            10
gender                         male

PS C:\WINDOWS\system32> $a.GetEnumerator()|Sort-Object -Property key

Name                           Value
----                           -----
age                            10
gender                         male
name                           zhangsan
```

图9.43　按照哈希表的键进行排序

9.3.6　PowerShell 的哈希表中的数据类型

PowerShell 中的哈希表支持各类不同的 .Net 所支持的数据类型，下面以实际案例的方式给大家分享下不同类型在一个哈希表中的呈现，图 9.44 所示为哈希表中支持的不同数据类型。

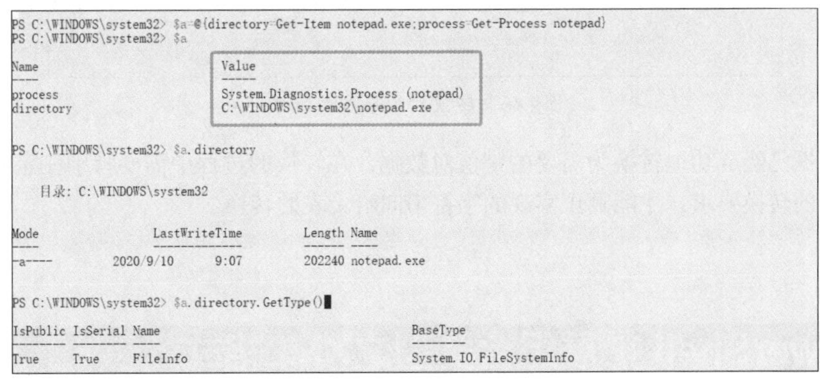

```
PS C:\WINDOWS\system32> $a=@{directory=Get-Item notepad.exe;process=Get-Process notepad}
PS C:\WINDOWS\system32> $a

Name                           Value
----                           -----
process                        System.Diagnostics.Process (notepad)
directory                      C:\WINDOWS\system32\notepad.exe

PS C:\WINDOWS\system32> $a.directory

    目录: C:\WINDOWS\system32

Mode                 LastWriteTime         Length Name
----                 -------------         ------ ----
-a----          2020/9/10      9:07         202240 notepad.exe

PS C:\WINDOWS\system32> $a.directory.GetType()

IsPublic IsSerial Name                                     BaseType
-------- -------- ----                                     --------
True     True     FileInfo                                 System.IO.FileSystemInfo
```

图9.44　哈希表支持的不同数据类型

图 9.44 显示了当前有两个不同的键值对，这两个键值对中对象的类型是不同的，Process 键的值是进程 Process 类型，而 Directory 是文件系统类型，这也意味着 Value 的值都是嵌套的 PowerShell 对象，图 9.45 所示为相应的键值对数据。

```
PS C:\WINDOWS\system32> $a=@{directory=Get-Item notepad.exe;process=Get-Process notepad}
PS C:\WINDOWS\system32> $a

Name                           Value
----                           -----
process                        System.Diagnostics.Process (notepad)
directory                      C:\WINDOWS\system32\notepad.exe


PS C:\WINDOWS\system32> $a.process

Handles  NPM(K)    PM(K)      WS(K)     CPU(s)     Id  SI ProcessName
-------  ------    -----      -----     ------     --  -- -----------
    238      13     3048      15084       0.11  12816   1 notepad


PS C:\WINDOWS\system32> $a.process.GetType()

IsPublic IsSerial Name                                     BaseType
-------- -------- ----                                     --------
True     False    Process                                  System.ComponentModel.Component
```

图9.45　哈希表的键值对对象

9.3.7　PowerShell 将字符串转换成哈希表

字符串数据有时候与哈希表非常类似，这类字符串数据能否转换为哈希表呢？答案是肯定的，可以使用 ConverFrom-StringData 命令将字符串转换成哈希表。当然，不是任何格式都可以转换为哈希表格式，转换成哈希表格式的数据必须能够满足哈希表格式要求，下面是字符串转换成哈希表的例子。

```
$string = @"
Msg1 = Type "Windows".
Msg2 = She said, "Hello, World."
Msg3 = Enter an alias (or "nickname").
"@
```

通过命令 ConvertFrom-StringData 进行数据转换：$hashdata=Convertfrom-stringData $string。最终的键值对结果如图 9.46 所示。

```
PS C:\WINDOWS\system32> $string = @"
>> Msg1 = Type "Windows".
>> Msg2 = She said, "Hello, World."
>> Msg3 = Enter an alias (or "nickname").
>> "@
PS C:\WINDOWS\system32> $hashdata=ConvertFrom-StringData $string
PS C:\WINDOWS\system32> $hashdata

Name                           Value
----                           -----
Msg3                           Enter an alias (or "nickname").
Msg2                           She said, "Hello, World."
Msg1                           Type "Windows".
```

图9.46　转换后的哈希表数据

上面的数据已经成功地转换为需要的键值对数据，在转换的过程中需要特别注意的是，键值对必须满足相应的转换要求，才能真正实现的字符串向哈希表的转换。

9.4　PowerShell 扩展组合类型之XML格式

前面给大家普及了有关数组类型和哈希表类型，接下来基于基本的数组和哈希表类型可以实现一定的扩展，本节和大家分享的是 XML 格式，XML 格式也是一种非常典型的组合数据类型，但是 XML 格式数据又与标准的组合数据类型略有不同，XML 是什么样的格式呢？图 9.47 所示为 XML 结构具体格式。

```
<?xml version="1.0"?>
- <submit>
  - <submitdata>
        <name>xupeng</name>
        <age>35</age>
        <gender>male </gender>
    </submitdata>
  - <submitdata>
        <name>huangxiufen</name>
        <age>25</age>
        <gender>female </gender>
    </submitdata>
  </submit>
```

图9.47　XML格式样式

在 PowerShell 中如何将本地的 XML 数据导入 PowerShell 执行环境中呢？这里通过 Get-Content 进行数据获取，然后通过 XML 强类型格式定义实现 XML 数据获取，图 9.48 所示为 XML 格式的导入。

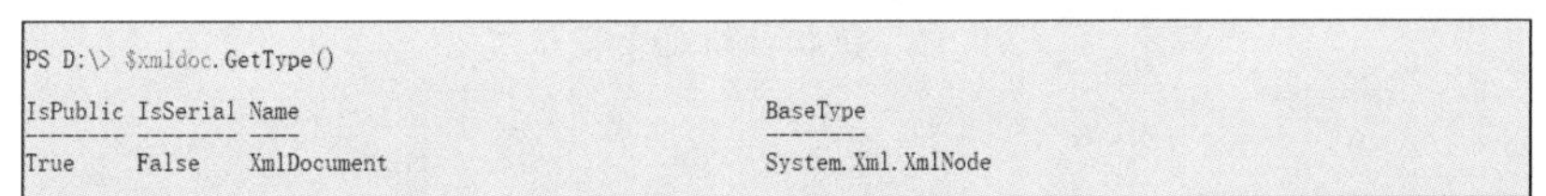

```
PS D:\> [xml]$xmldoc=Get-Content -Path D:\just.xml
PS D:\> $xmldoc

submit
------
submit
```

图9.48　XML数据格式的导入

导入的数据将会被强制转换成 XML 格式，最终的数据类型是 XML 格式数据类型，图 9.49 所示为数据最终格式。

```
PS D:\> $xmldoc.GetType()

IsPublic IsSerial Name                                     BaseType
-------- -------- ----                                     --------
True     False    XmlDocument                              System.Xml.XmlNode
```

图9.49　数据最终格式

XML 格式的数据经过强制类型定义之后，会被定义为 XMLDocument 格式，在数据的展现过程中，如果希望拿到相应的数据，该怎么办呢？注意这里的 submit 属性，我们直接获取 $xmldoc.submit。如果希望了解当前的节点数据类型，可以使用 $xmldoc.submit.gettype() 获取，图 9.50 所示为 XML 数据类型获取方法。

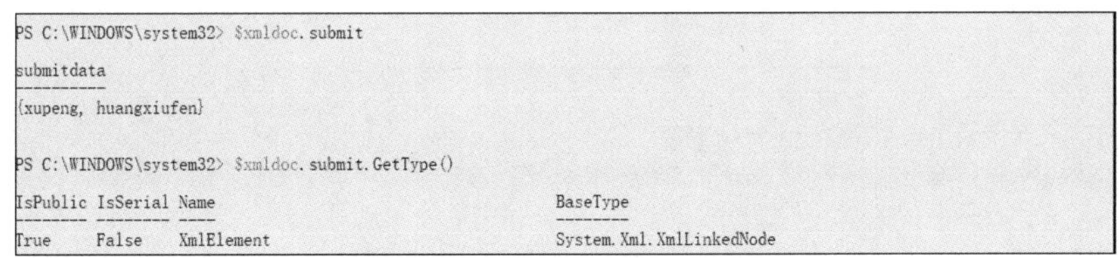

```
PS C:\WINDOWS\system32> $xmldoc.submit

submitdata
----------
{xupeng, huangxiufen}

PS C:\WINDOWS\system32> $xmldoc.submit.GetType()

IsPublic IsSerial Name                                     BaseType
-------- -------- ----                                     --------
True     False    XmlElement                               System.Xml.XmlLinkedNode
```

图9.50　XML Node数据类型

这里可以得知依然是一个 Node 节点数据，接下来继续进入到下一级节点 submitdata：$xmldoc.submit.submitdata。这时如果希望了解当前的数据类型，可以通过以下方法获取：$xmldoc.submit.

submitdata.gettype()。完成数据的获取之后，所有的数据组成了一个 Array 数组，图 9.51 所示为数据的结果。

```
PS C:\WINDOWS\system32> $xmldoc.submit.submitdata

name        age gender
----        --- ------
xupeng      35  male
huangxiufen 25  female
```

图9.51　获取XML最终数据结果

在这个层级里面可以获取所有内容数据，数据的类型是标准的数组类型，图 9.52 所示为当前的数据类型。

```
PS C:\WINDOWS\system32> $xmldoc.submit.submitdata.GetType()

IsPublic IsSerial Name                                     BaseType
-------- -------- ----                                     --------
True     True     Object[]                                 System.Array
```

图9.52　数据类型的获取

既然是数组，毫无疑问是支持数组定位的，这里支持以数组内容定位的方式获取当前数组中的元素，图 9.53 所示为获取数组定位的结果。

```
$xmldoc.submit.submitdata[0]
$xmldoc.submit.submitdata[1]
```

```
PS C:\WINDOWS\system32> $xmldoc.submit.submitdata[0]

name   age gender
----   --- ------
xupeng 35  male

PS C:\WINDOWS\system32> $xmldoc.submit.submitdata[1]

name        age gender
----        --- ------
huangxiufen 25  female
```

图9.53　获取数组元素定位

9.5 PowerShell 扩展组合类型之JSON格式

JSON 数据格式和 XML 格式会有差别，先来看下 JSON 格式数据。XML 格式数据非常标准，但是 JSON 数据格式会有不同，JSON 数据基本上以“{}”和“[]”进行规范。图 9.54 所示为非常典型的 XML 格式案例。

```
{
"name": "中国",
        "province": [
          { "name": "黑龙江",
                  "cities": {
                          "city": ["哈尔滨","大庆"]
            }
          },
          { "name": "广东",
      "cities": {
          "city": [ "广州", "深圳", "珠海"]
                          }
          },
          { "name": "台湾",
            "cities": {
                          "city": [ "台北", "高雄" ]
               }
          },
```

图9.54　XML 数据格式

这里使用 Get-Content 命令进行文件数据的读取，数据读入 PowerShell 之后是字符串类型，如何才能转换成哈希表格式呢？这里使用 Convertfrom-json 子语句来实现相应的功能：$jsondata=get-content-path c:\data|convertfrom-json。执行命令之后，能够看到数据被转换成如图 9.55 所示的哈希表格式。

```
PS C:\WINDOWS\system32> $jsondata=Get-Content -Path D:\json2.json -Encoding utf8|ConvertFrom-Json
PS C:\WINDOWS\system32> $jsondata

name province
---- --------
中国 {@{name=黑龙江; cities=}, @{name=广东; cities=}, @{name=台湾; cities=}, @{name=新疆; cities=}}
```

图9.55 哈希表数据格式

哈希表的格式以自定义 PowerShell 对象呈现，由于是自定义的 PowerShell 对象，哈希表内的属性和方法相对就比较少，这里需要大家留意的是 Name 和 Province 的属性，其实是由 JSON 格式自动转换而成。图 9.56 所示为数据类型和格式。

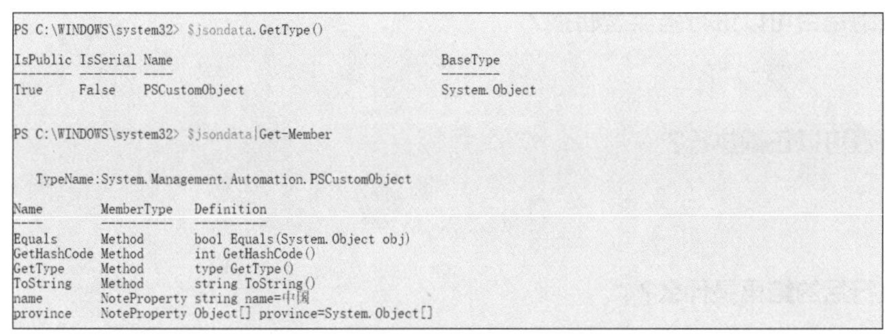

```
PS C:\WINDOWS\system32> $jsondata.GetType()

IsPublic IsSerial Name                                     BaseType
-------- -------- ----                                     --------
True     False    PSCustomObject                           System.Object

PS C:\WINDOWS\system32> $jsondata|Get-Member

   TypeName:System.Management.Automation.PSCustomObject

Name        MemberType   Definition
----        ----------   ----------
Equals      Method       bool Equals(System.Object obj)
GetHashCode Method       int GetHashCode()
GetType     Method       type GetType()
ToString    Method       string ToString()
name        NoteProperty string name=中国
province    NoteProperty Object[] province=System.Object[]
```

图9.56 JSON数据格式及数据类型

在 Province 属性中目前存储的是对象数组，这里可以向下查询，最终获取的数据结果如图 9.57 所示。

```
PS C:\WINDOWS\system32> $jsondata.province.cities

city
----
{哈尔滨, 大庆}
{广州, 深圳, 珠海}
{台北, 高雄}
{乌鲁木齐}

PS C:\WINDOWS\system32> $jsondata.province.cities.gettype()

IsPublic IsSerial Name                                     BaseType
-------- -------- ----                                     --------
True     True     Object[]                                 System.Array
```

图9.57 最终获取的数据格式和数据类型

9.6 章节回顾

本章和大家分享了 PowerShell 组合数据类型的数据，不同于基本数据类型，组合数据类型的数据属于基本数据类型的组合体。PowerShell 提供了数组类型和哈希类型的组合数据类型，数组类型是多个相同或不同类型的数据组合，哈希表类型是单个对象的多个属性组合。

本章围绕数组和哈希表类型的概念展开，详细讲解了数组的定义和强类型数组的定义、元素的增减、元素的定位和元素的切片等功能，同时介绍了两种特殊的文件类型 XML 和 JSON 数据类型与哈希类型的转换。

希望大家在学习完本章之后，能够对组合数据的定义和应用有更加深入的理解。组合数据类型在脚本编程中使用的频率非常高，学好本章是进行 PowerShell 深入编程的基础。

9.7 练习与知识巩固

1. 在PowerShell中的组合数据类型有哪几种，分别是什么？

2. 如何进行空数组定义？

3. 下面这个数组是否可以进行强类型转换？

```
[int]$a=1,2,3,4,"1","2"
```

4. 下面命令是否可以正确执行？

```
$a=1,2,3,4,5
$a.add(6)
```

5. 下面命令执行后的结果是什么？

```
$a=1,2,3,4,5
$a[6]
```

6. 下面命令执行后的结果是什么？

```
$a=1,2,3,4,5
$a[-2..1]
```

7. 如何实现数组内容的筛选？

8. 有序哈希表和无序哈希表有什么差别？

9. 哈希表的数据是通过什么进行定位？

10. 如何创建空的哈希表？

第10章 PowerShell 运算符与操作符

有读者朋友看到运算符之后就在想，运算符不就是“+-*/”吗？这种想法一部分是对的，但是对于 PowerShell 不同种类的对象来说，它能够使用的运算符和操作符是很多的。有哪些操作符和运算符是 PowerShell 特定数据类型独有的呢？本章将和大家讨论这部分内容。

10.1 整型数据操作符与运算符

在 PowerShell 中支持的整型类型数据包含长整型和短整型。在计算规则上，长整型和短整型是一样的，长整型与双精度浮点型数据的运算符和操作符一样。

在大多数场景中，整型的运算符如下。

- +：数据加运算；
- -：数据减运算；
- *：数据乘运算；
- /：数据除运算；
- %：数据求模运算；
- ++：数据自加运算；
- --：数据自减运算。

10.1.1 整数的加法运算

数据加运算是两个整数数字进行加法运算，整型数据相加结果依然是整型。图 10.1 所示为整型数据计算案例。

```
5+9
(5+9).gettype()
```

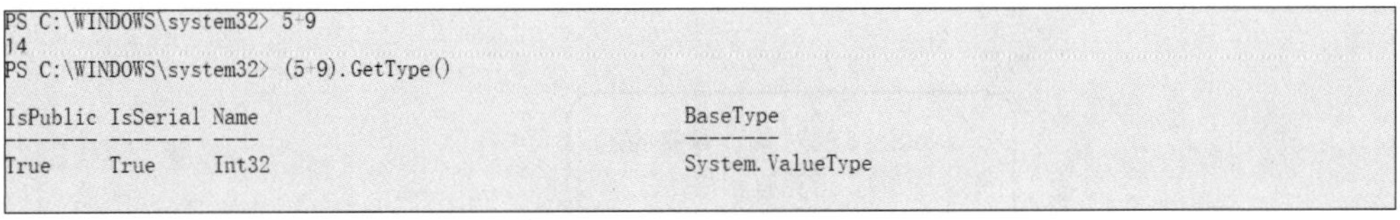

```
PS C:\WINDOWS\system32> 5+9
14
PS C:\WINDOWS\system32> (5+9).GetType()

IsPublic IsSerial Name                                     BaseType
-------- -------- ----                                     --------
True     True     Int32                                    System.ValueType
```

图10.1 整型加法运算

10.1.2 整数的减法运算

数据减运算是两个整数数字进行减运算，整型数据相减的结果是整型，整型减法运算结果如图 10.2 所示。

```
9-5
(9-5).gettype()
```

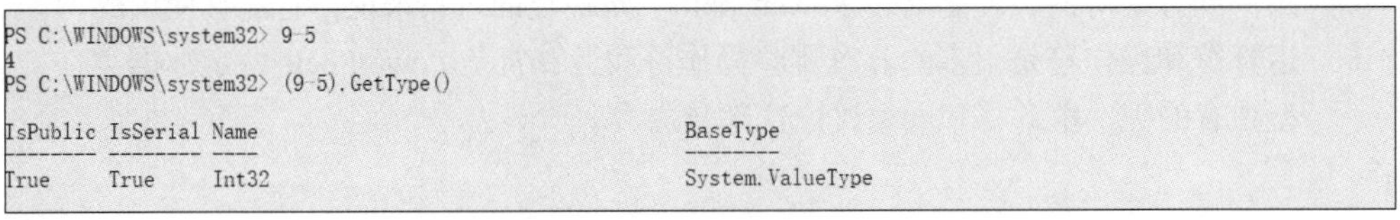

```
PS C:\WINDOWS\system32> 9-5
4
PS C:\WINDOWS\system32> (9-5).GetType()

IsPublic IsSerial Name                                     BaseType
-------- -------- ----                                     --------
True     True     Int32                                    System.ValueType
```

图10.2 整型减法运算

10.1.3　整型的乘法运算

数据乘运算是两个整数数字进行乘运算，运算的结果是整型，图 10.3 所示为整型乘法运算。

```
9*5
(9*5).gettype()
```

```
PS C:\WINDOWS\system32> 9*5
45
PS C:\WINDOWS\system32> (9*5).GetType()

IsPublic IsSerial Name                                     BaseType
-------- -------- ----                                     --------
True     True     Int32                                    System.ValueType
```

图10.3　整型乘法运算

10.1.4　整型的除法运算

数据除运算是两个整数数字进行除运算，运算的结果可能为整型，也可能为浮点型，图 10.4 所示为整型的除法运算结果。

```
PS C:\WINDOWS\system32> 9/3
3
PS C:\WINDOWS\system32> 9/5
1.8
PS C:\WINDOWS\system32> (9/3).GetType()

IsPublic IsSerial Name                                     BaseType
-------- -------- ----                                     --------
True     True     Int32                                    System.ValueType

PS C:\WINDOWS\system32> (9/5).GetType()

IsPublic IsSerial Name                                     BaseType
-------- -------- ----                                     --------
```

图10.4　整型除法运算

这里需要特别注意的是，整型运算中除法运算不能进行除零运算，在 PowerShell 运算中，除零运算属于非法运算，会抛出执行异常，图 10.5 所示为除零运算结果。

```
PS C:\WINDOWS\system32> 5/0
尝试除以零。
所在位置 行:1 字符: 1
+ 5/0
+ ~~~
    + CategoryInfo          : NotSpecified: (:) [], RuntimeException
    + FullyQualifiedErrorId : RuntimeException
```

图10.5　除零运算结果会出现错误

10.1.5　整型的求模运算

整数运算还有一类特殊的运算符，就是求模运算。求模运算只有被除数和除数都是整数类型的时候才能进行运算，而且结果必须为整型。图 10.6 所示为求模运算的结果和数据类型。

```
PS C:\WINDOWS\system32> 9%5
4
PS C:\WINDOWS\system32> (9%5).GetType()

IsPublic IsSerial Name                                     BaseType
-------- -------- ----                                     --------
True     True     Int32                                    System.ValueType
```

图10.6　求模运算的结果和数据类型

10.1.6 整型运算的自运算

整型运算为了简化运算，提供了自运算符。自运算符有自加和自减两种类型。通常来说，使用最为频繁的自加运算基于数值实现自增加 1 运算；另外也提供了数值自减运算，基于自己的数值减 1 运算。图 10.7 所示为进行自增和自减运算后的结果。

```
$i=8
$i++    自加型计算
$i—     自减型计算
```

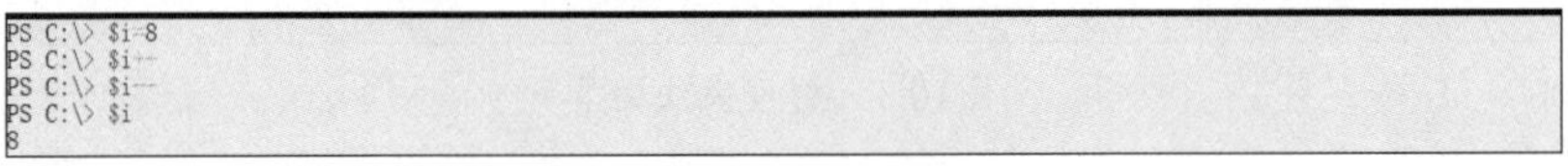
PS C:\> $i=8
PS C:\> $i++
PS C:\> $i--
PS C:\> $i
8

图10.7　变量的自增自减运算

10.1.7 整数运算的三目运算

整型数值运算也支持三目运算符，目前整型数据支持的三目运算符如下。

```
+=      等同于加法再赋值
-=      等同于减法再赋值
*=      等同于乘法再赋值
/=      等同于除法再赋值
```

图 10.8 所示为整型运算的三目运算符，这里以乘法运算符为例。

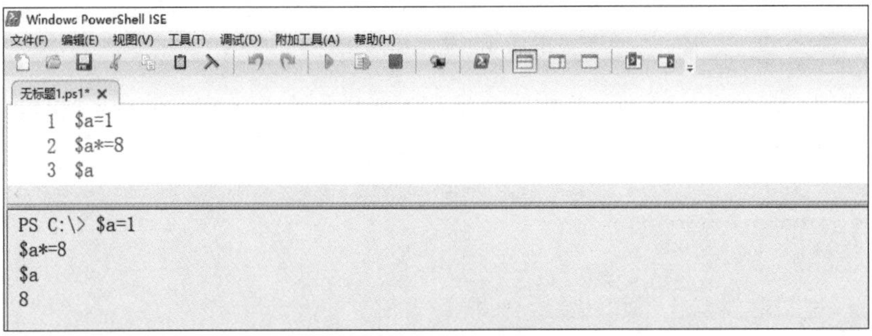
Windows PowerShell ISE
文件(F) 编辑(E) 视图(V) 工具(T) 调试(D) 附加工具(A) 帮助(H)
无标题1.ps1* ×
1 $a=1
2 $a*=8
3 $a
PS C:\> $a=1
$a*=8
$a
8

图10.8　乘法三目运算符

10.2 浮点型数据操作符与运算符

小数数据类型和整型的操作符大部分一样，但是没有求模运算。小数支持的操作符如下。

```
+       小数数据相加运算
-       小数数据相减运算
*       小数数据相乘运算
/       小数数据相除运算
```

10.2.1 浮点型数据的加法运算

浮点型数据支持与整数类型加运算，也支持与小数类型加运算，运算的结果为浮点型，默认转换的类型是双精度浮点数类型。图 10.9 所示为浮点型数据的加法运算。

```
4.4+5
4.4+5.5
(4.4+5).gettype()
(4.4+5.5).gettype()
```

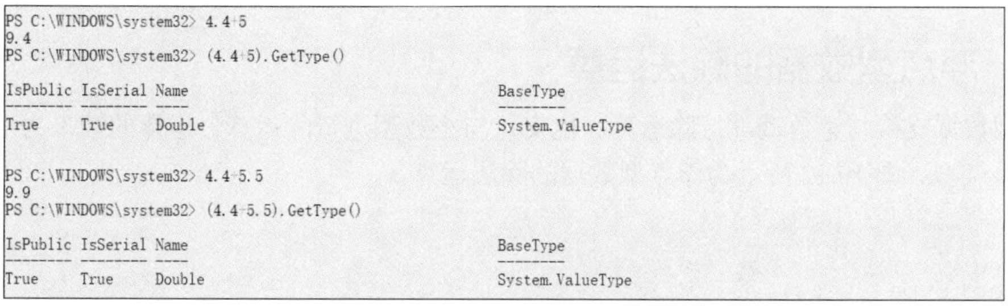

```
PS C:\WINDOWS\system32> 4.4+5
9.4
PS C:\WINDOWS\system32> (4.4+5).GetType()

IsPublic IsSerial Name                                     BaseType
-------- -------- ----                                     --------
True     True     Double                                   System.ValueType

PS C:\WINDOWS\system32> 4.4+5.5
9.9
PS C:\WINDOWS\system32> (4.4+5.5).GetType()

IsPublic IsSerial Name                                     BaseType
-------- -------- ----                                     --------
True     True     Double                                   System.ValueType
```

图10.9　浮点型数据的加法运算

10.2.2 浮点型数据的减法运算

浮点型类型支持数据与整数类型进行减运算，也支持与小数类型进行减运算，运算的结果为浮点型，默认双精度浮点型。图 10.10 所示为浮点型数据的减法运算。

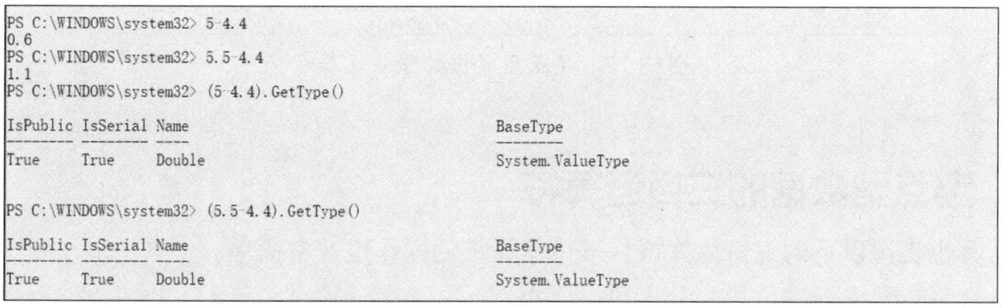

```
PS C:\WINDOWS\system32> 5-4.4
0.6
PS C:\WINDOWS\system32> 5.5-4.4
1.1
PS C:\WINDOWS\system32> (5-4.4).GetType()

IsPublic IsSerial Name                                     BaseType
-------- -------- ----                                     --------
True     True     Double                                   System.ValueType

PS C:\WINDOWS\system32> (5.5-4.4).GetType()

IsPublic IsSerial Name                                     BaseType
-------- -------- ----                                     --------
True     True     Double                                   System.ValueType
```

图10.10　浮点型数据的减法运算

10.2.3 浮点型数据的乘法运算

浮点型类型支持与整数类型进行乘运算，也支持与小数类型进行乘运算，运算的结果为浮点型，默认双精度浮点型。图 10.11 所示为浮点型数据的乘法运算。

```
9.5*5
9.5*5.5
(9.5*5).gettype()
(9.5*5.5).gettype()
```

```
PS C:\WINDOWS\system32> 9.5*5
47.5
PS C:\WINDOWS\system32> 9.5*5.5
52.25
PS C:\WINDOWS\system32> (9.5*5).GetType()

IsPublic IsSerial Name                                     BaseType
-------- -------- ----                                     --------
True     True     Double                                   System.ValueType

PS C:\WINDOWS\system32> (9.5*5.5).GetType()

IsPublic IsSerial Name                                     BaseType
-------- -------- ----                                     --------
True     True     Double                                   System.ValueType
```

图10.11　浮点型数据的乘法运算

10.2.4　浮点型数据的除法运算

浮点型数据支持与整数型进行除运算，也支持与小数型进行除运算，运算的结果为浮点型，默认双精度浮点型。图 10.12 所示为浮点型数据的除法运算。

```
9.5/5
9.5/5.5
(9.5/5).gettype()
(9.5/5.5).gettype()
```

```
PS C:\WINDOWS\system32> 9.5*5
47.5
PS C:\WINDOWS\system32> 9.5*5.5
52.25
PS C:\WINDOWS\system32> (9.5*5).GetType()

IsPublic IsSerial Name                                     BaseType
-------- -------- ----                                     --------
True     True     Double                                   System.ValueType

PS C:\WINDOWS\system32> (9.5*5.5).GetType()

IsPublic IsSerial Name                                     BaseType
-------- -------- ----                                     --------
True     True     Double                                   System.ValueType
```

图10.12　浮点型数据的除法运算

10.2.5　浮点型数据的三目运算符

小数运算也支持以下的三目运算符，三目运算符的操作也非常简单。

```
+=      等同于加法再赋值
-=      等同于减法再赋值
*=      等同于乘法再赋值
/=      等同于除法再赋值
```

图 10.13 所示为浮点型数据的乘法三目运算结果。

```
$a=3.1415926
$a*=8
$a
```

```
PS C:\> $a=3.1415926
$a*=8
$a
25.1327408
```

图10.13　浮点型运算符的三目运算

10.3 字符型数据的运算符与操作符

除了整型运算和浮点数运算之外，在 PowerShell 中使用非常频繁的类型是字符型。字符型的运算符不像整型和浮点型运算，它只提供如下的运算符和操作符。

```
+        加法运算符进行字符串连接
*        乘法运算符进行字符串的重复运算
```

字符运算符中“+”用于连接运算，连接后生成一个字符串，结果返回："abc"+"cde"+"fgh"。图 10.14 所示为加法连接运算的结果。

```
PS C:\WINDOWS\system32> "abc"+"cde"
abccde
PS C:\WINDOWS\system32> "abc"+"cde"+"fgh"
abccdefgh
```

图10.14　加法连接运算结果

在 PowerShell 字符运算中，也可以使用算术运算符中常用的“*”运算符。在进行“*”运算的过程中，需要注意的是，乘运算的左边必须是字符串，右边是整数，这样统计的结果是字符串的重复计数，图 10.15 所示为字符串和整数运算的结果。

```
PS C:\> "abc" *3
abcabcabc

PS C:\>
```

图10.15　字符串和整数运算结果

如果这个时候反着来，我们将数值放在前面，字符串放在后面，则得不到正确的结果。例如，这里将数值放前面：3*"abc"，这时就会发现乘法出错，结果如图 10.16 所示。

```
PS C:\WINDOWS\system32> 3*"abc"
无法将值“abc”转换为类型“System.Int32”。错误：“输入字符串的格式不正确。”
所在位置 行:1 字符: 1
+ 3*"abc"
+ ~~~~~~~
    + CategoryInfo          : InvalidArgument: (:) [], RuntimeException
    + FullyQualifiedErrorId : InvalidCastFromStringToInteger
```

图10.16　数值和字符串相乘将会出错

为什么会出错呢？其实原因也简单，PowerShell 在实现字符串的乘法过程中，会将乘法右边的字符串转换成整型。这时如果是这样的乘法："abc"*"3"，大家会发现这个结果不会出错，符合 PowerShell 自动将乘号右边的字符转换成整型的规律，图 10.17 所示为字符串运算结果。

```
PS C:\> "abc" *"3"
abcabcabc

PS C:\>
```

图10.17　字符串与可转换成整数的字符串相乘

字符串能够和字符串相乘，如果右边的字符不能转换为整数，则结果会出错。图 10.18 所示为字符和字符相乘的结果，结果毫无疑问出现错误。

```
PS C:\WINDOWS\system32> "abc"*"cde"
无法将值“cde”转换为类型“System.Int32”。错误:“输入字符串的格式不正确。”
所在位置 行:1 字符: 1
+ "abc"*"cde"
+ ~~~~~~~~~~~
    + CategoryInfo          : InvalidArgument: (:) [], RuntimeException
    + FullyQualifiedErrorId : InvalidCastFromStringToInteger
```

图10.18　字符串相乘结果出现错误

字符串的运算符目前就只有“+”和“*”，减运算和除运算不能够直接支持。在 PowerShell 中字符串的操作符就相对比较多，究竟有哪些操作符是比较常用的呢？大家阅读了前面的内容一定记得 Get-Member 这个函数，使用 Get-Member 方法可以获取到字符串类型对象的所有操作符，图 10.19 所示为字符串的部分操作符。

```
Name             MemberType      Definition
----             ----------      ----------
Clone            Method          System.Object Clone(), System.Object ICloneable.Clone()
CompareTo        Method          int CompareTo(System.Object value), int CompareTo(string strB), int IComparab...
Contains         Method          bool Contains(string value)
CopyTo           Method          void CopyTo(int sourceIndex, char[] destination, int destinationIndex, int co...
EndsWith         Method          bool EndsWith(string value), bool EndsWith(string value, System.StringCompari...
Equals           Method          bool Equals(System.Object obj), bool Equals(string value), bool Equals(string...
GetEnumerator    Method          System.CharEnumerator GetEnumerator(), System.Collections.IEnumerator IEnumer...
GetHashCode      Method          int GetHashCode()
GetType          Method          type GetType()
GetTypeCode      Method          System.TypeCode GetTypeCode(), System.TypeCode IConvertible.GetTypeCode()
IndexOf          Method          int IndexOf(char value), int IndexOf(char value, int startIndex), int IndexOf...
IndexOfAny       Method          int IndexOfAny(char[] anyOf), int IndexOfAny(char[] anyOf, int startIndex), i...
Insert           Method          string Insert(int startIndex, string value)
IsNormalized     Method          bool IsNormalized(), bool IsNormalized(System.Text.NormalizationForm normaliz...
LastIndexOf      Method          int LastIndexOf(char value), int LastIndexOf(char value, int startIndex), int...
LastIndexOfAny   Method          int LastIndexOfAny(char[] anyOf), int LastIndexOfAny(char[] anyOf, int startI...
Normalize        Method          string Normalize(), string Normalize(System.Text.NormalizationForm normalizat...
PadLeft          Method          string PadLeft(int totalWidth), string PadLeft(int totalWidth, char paddingChar)
PadRight         Method          string PadRight(int totalWidth), string PadRight(int totalWidth, char padding...
Remove           Method          string Remove(int startIndex, int count), string Remove(int startIndex)
Replace          Method          string Replace(char oldChar, char newChar), string Replace(string oldValue, s...
Split            Method          string[] Split(Params char[] separator), string[] Split(char[] separator, int...
StartsWith       Method          bool StartsWith(string value), bool StartsWith(string value, System.StringCom...
Substring        Method          string Substring(int startIndex), string Substring(int startIndex, int length)
ToBoolean        Method          bool IConvertible.ToBoolean(System.IFormatProvider provider)
ToByte           Method          byte IConvertible.ToByte(System.IFormatProvider provider)
ToChar           Method          char IConvertible.ToChar(System.IFormatProvider provider)
ToCharArray      Method          char[] ToCharArray(), char[] ToCharArray(int startIndex, int length)
```

图10.19　字符串数据的操作符

忽略不太常用的字符串数据的操作符，我们将和大家分享如下字符串的操作符。

- Equals：判断字符串是否与另外字符相等。
- Indexof：确定字符串所在的位置。
- Insert：在字符串中插入相关的字符。
- Replace：替换字符串中的子字符串。
- Split：进行字符串切分，基于提供的字符进行切分。
- Substring：基于字符串获取字串。
- Tochararray：将字符串转换为字符数组。
- Trim：删除字符串前后空格。
- Remove：将子串从字符串中删除。
- Contains：判断是否包含字符串。
- Join：进行多个字符串的连接结合。
- Is：进行字符串类型判断。
- As：进行字符串类型转换。

10.3.1　Equals 等运算符

Equals 操作符主要是进行两个字符串对象的完全匹配，如果字符串完全匹配，则结果为 True。如果字符串不匹配，则结果为 False，这里注意下大小写敏感，图 10.20 所示为等运算的结果。

```
$a="abc"
$a=$a.equals("abc")
```

```
PS C:\> $a="abc"

PS C:\> $a.Equals("abc")
True

PS C:\> $a.Equals("Abc")
False
```

图10.20　等运算操作符

10.3.2　IndexOf 定位运算符

IndexOf 操作符用来标记子字符串第一次出现的位置，这里的结果是以 0 开始显示。需要注意的是，如果显示的是 5，其实它位于第六位，图 10.21 所示为定位运算结果。

```
$a="this is Microsoft powershell"
$a.indexof("is")
```

```
PS C:\WINDOWS\system32> $a="this is microsoft powershell"
PS C:\WINDOWS\system32> $a.IndexOf("is")
2
PS C:\WINDOWS\system32>
```

图10.21　定位运算结果

10.3.3　Insert 插入操作符

Insert 操作符用于将子串插入字符串，Insert 操作符有两个参数。第一个参数定义插入位置，第二个参数定义插入的内容，图 10.22 所示为插入字符结果。

```
$a="this is Microsoft powershell"
$a.insert(8,"My ")
```

```
PS C:\WINDOWS\system32> $a="this is microsoft"
PS C:\WINDOWS\system32> $a.Insert(8,"my ")
this is my microsoft
PS C:\WINDOWS\system32>
```

图10.22　PowerShell 插入字符结果

10.3.4　Replace 替换操作符

Replace 操作符用于字符串子串替换，方法一共有两个参数。第一个参数是被替换字符，第二个参数是替换后字符，图 10.23 所示为替换字符后的结果。

```
$a="this is microsoft"
$a.replace("microsoft","powershell")
```

```
PS C:\WINDOWS\system32> $a="this is microsoft"
PS C:\WINDOWS\system32> $a.Replace("microsoft","powershell")
this is powershell
PS C:\WINDOWS\system32>
```

图10.23　字符串替换结果

10.3.5　Split 切分操作符

Split 操作符用于字符串切分，切分规则是对 Split 提供的字符串进行切分，Split 只有一个参数，返回的结果是数组类型，图 10.24 所示为切分字符后的结果，切分后的结果是数组。

```
$a="he,she,I,they"
$a.split(",")
```

```
PS C:\WINDOWS\system32> $a="he,she,i,they"
PS C:\WINDOWS\system32> $a.Split(",")
he
she
i
they
```

图10.24　字符切分数据

在实际应用场景中，如果切分的不仅仅是单一的分隔符，这时通常需要定义分隔符数组，这里的参数可以定义为一个字符数组。图 10.25 所示为以分隔符数组进行字符串分割。

```
$a="he,she.it-they:them"
$a.split((",",".","-",":"))
```

```
$a="he,she.It-they:them"
$a.Split((",",".","-",":"))

he
she
It
they
them
```

图10.25　分隔符数组分割字符串

10.3.6　Substring 子串截取操作符

Substring 操作符用来进行字符串的子串截取，目前 Substring 方法有两个参数，第一个参数是截取字符串的开始位置，第二个参数是截取字符串的数量。图 10.26 所示为子串截取函数执行结果。

```
$a="this is microsoft"
$a.substring(1,3)
```

```
PS C:\WINDOWS\system32> $a="this is microsoft"
PS C:\WINDOWS\system32> $a.Substring(1,3)
his
PS C:\WINDOWS\system32>
```

图10.26　子串截取函数执行结果

10.3.7　ToCharArray 转换字符操作符

ToCharArray 操作符的功能是进行字符串的单元分割，分割之后形成字符数组。我们采用 GetType 方法来获取数据，结果属于 Char 数组类型数据，图 10.27 所示为将字符串转换为字符操作结果。

```
$a="this is microsoft"
$b=$a.ToCharArray()
$b.gettype()
```

```
PS C:\WINDOWS\system32> $a="this is microsoft"
PS C:\WINDOWS\system32> $b=$a.ToCharArray()
PS C:\WINDOWS\system32> $b
t
h
i
s

i
s

m
i
c
r
o
s
o
f
t
PS C:\WINDOWS\system32> $b.GetType()

IsPublic IsSerial Name                                     BaseType
-------- -------- ----                                     --------
True     True     Char[]                                   System.Array
```

图10.27　字符串转换为字符操作符

10.3.8　Trim 空格清除操作符

Trim 操作符用于数据前后的空格删除，字符串中间的空格将不受到影响，图 10.28 所示为将字符串的空格删除的具体操作。

```
$a="     this is Microsoft     "
$a.trim()
```

```
PS C:\WINDOWS\system32> $a="   this is microsoft   "
PS C:\WINDOWS\system32> $a.Trim()
this is microsoft
PS C:\WINDOWS\system32>
```

图10.28　删除字符串的前后空格

10.3.9　Remove 字符串操作符

Remove 操作符是进行子字符串的移除，方法有两个参数，第一个参数是起始的位置，第二个参数是移除的数字，执行方法之后的结果是移除相应子串的字符串，图 10.29 所示为删除子串的操作。

```
$a="PowerShell"
$a.remove(2,2)
```

```
PS C:\WINDOWS\system32> $a="powershell"
PS C:\WINDOWS\system32> $a.remove(2,2)
porshell
PS C:\WINDOWS\system32>
```

图10.29　删除字符串子串操作

10.3.10 Contains 字符串操作符

Contains 操作符用于判断字符串是否包含子串，运算的结果是布型，图 10.30 所示为判断字符串是否包含子串的操作。

```
$a="powershell"
$a.contains("l")
```

```
PS C:\WINDOWS\system32> $a="powershell"
PS C:\WINDOWS\system32> $a.Contains("l")
True
PS C:\WINDOWS\system32>
```

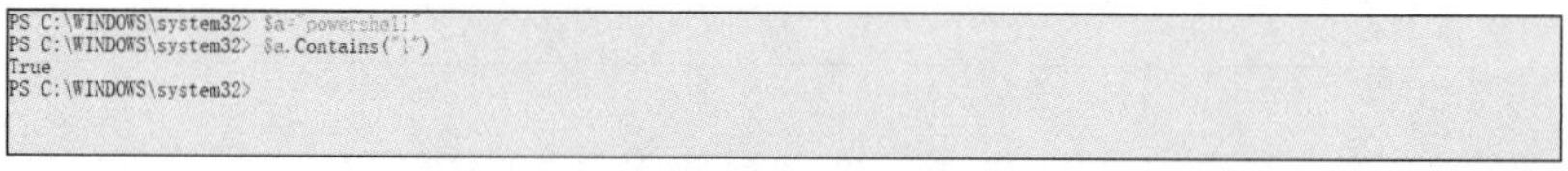

图10.30 判断当前字符串是否包含“l”

10.4 逻辑型数据的运算符与操作符

在 PowerShell 中也有许多针对逻辑型数据运算的运算符和操作符，我们先来看看常用的有哪些运算符和操作符。

- EQ：判断数据是否相等。
- CEQ：判断数据在大小写敏感的时候是否相等。
- NE：判断数据是否不相等。
- LT：判断数据是否小于参照数据。
- GT：判断数据是否大于参照数据。
- LE：判断数据是否小于等于参照数据。
- GE：判断数据是否大于等于参照数据。
- IN：判断数据是否在数组。
- Notin：判断数据是否不在数组中。
- Like：判断数据是否与参照数据格式相似。
- Notlike：判断数据是否与参照数据格式不相似。
- Match：判断数据是否与参照数据匹配。
- Contains：判断数据是否包含参照数据。

10.4.1 EQ 运算符

EQ 运算符的全称为 Equal，也称为等运算，能够支持 Equal 等运算的数据类型如下。

- 整型与浮点型
- 字符串型
- 日期时间型
- 布尔型

1. 整型与浮点型的等运算

数值型的 EQ 运算相对来说比较简单，这里是以数值型的加法结果与 15 进行对比判断，判断是否等于 15，执行结果如图 10.31 所示，结果为布尔型。

```
$a=8
$b=7
If(($a+$b) -eq 15)
{write-host "等于15"}
```

```
PS C:\WINDOWS\system32> $a=8
PS C:\WINDOWS\system32> $b=7
PS C:\WINDOWS\system32> if(($a+$b) -eq 15)
>> {
>> Write-Host "等于15"
>> }
等于15
```

图10.31　数值型数据的等运算

2. 字符串的等运算

字符串型操作符的 EQ 运算，默认情况下，字符串型的 EQ 运算符会忽略大小写，也就是大小写都会认为是相同的字符串，这里的结果是布尔型。

```
$a="abc"
If($a -eq "ABC")
{Write-host "字符相等" }
```

由于在 Windows 中，字符匹配是忽略大小写的，大小写的数据均相等。因此这里以下情况均为真，其他均为假，图 10.32 所示为相应的字符串等运算结果，大小写不敏感。

- 字符串为 abc
- 字符串为 aBc
- 字符串为 Abc
- 字符串为 ABc
- 字符串为 ABC
- 字符串为 AbC
- 字符串为 aBC
- 字符串为 abC

```
PS C:\WINDOWS\system32> $a="abc"
PS C:\WINDOWS\system32> if($a -eq "ABC")
>> {
>> write-host "字符相等"
>> }
字符相等
```

图10.32　字符串之间的等运算

运算符 CEQ 的全称为 Case Sensitive Equal，大小写完全相等，在大多数应用场景下，CEQ 的操作符大部分时间是针对字符串进行比对，这里我们就只针对字符串进行操作符运算。下面我们以字符串的例子给大家分享 CEQ 操作符的运算，图 10.33 所示为 CEQ 的计算结果。

```
$a="abc"
If($a -ceq "Abc")
{write-host "相等"} else {write-host "不相等"}
```

```
PS C:\WINDOWS\system32> $a="abc"
PS C:\WINDOWS\system32> if($a -ceq "Abc")
>> {write-host "相等"} else {write-host "不相等"}
不相等
PS C:\WINDOWS\system32>
```

图10.33　CEQ的计算结果

3. 日期时间型的等运算

日期时间型 EQ 操作符运算，相比字符串型的运算，日期时间型运算符如果不进行数据转换，则输入的数据是字符串类型，不能进行相应的计算。下面是日期时间型数据的 EQ 运算，图 10.34 所示为计算后的结果，结果为布尔型。

```
[datetime]$a="2020-01-13"
If($a -eq (get-date).adddays(-1)))
{ write-host "当天"}
```

在进行日期时间型计算的时候，只有数据等于“2020-01-13 00:00:00”时为真，其他均为假，图 10.34 所示为日期时间型的等运算结果。

```
PS C:\WINDOWS\system32> [datetime]$a="2020-01-13"
PS C:\WINDOWS\system32> if($a -eq (get-date).AddDays(-1))
>> {
>> write-host "相同日期"
>> }
PS C:\WINDOWS\system32>
```

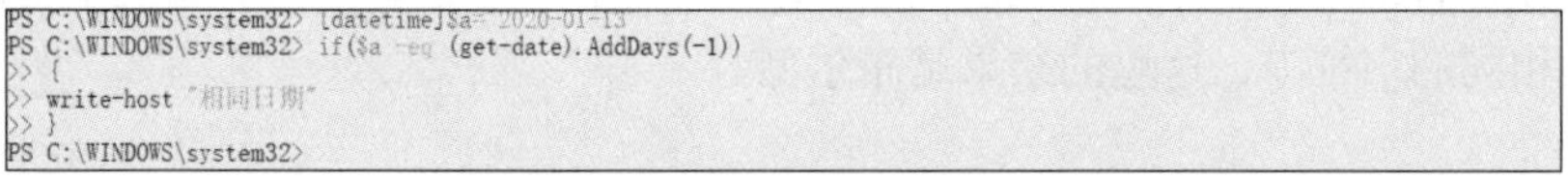

图10.34　日期时间型的等运算结果

10.4.2　NE 运算符

运算符 NE 的全称是 Not Equal，翻译成中文就是不等于，通常来说，NE 运算符多应用于数字运算和字符串运算。这里通过两个例子分享下数字和字符两类数据的 NE 运算。

```
$a=8
$b=9
If (($a+$b) -ne 15)
{Write-host "数字不等于15"}
```

数值进行 NE 运算的过程中，只有不等于的时候才为真，其他条件均为假，图 10.35 所示为不等运算结果。

```
PS C:\WINDOWS\system32> $a=8
PS C:\WINDOWS\system32> $b=9
PS C:\WINDOWS\system32> if (($a+$b) -ne 15)
>> {
>> write-host "不等于15"
>> }
不等于15
```

图10.35　数值类型的不等运算

当进行字符串 NE 运算的时候，意味着我们进行完全等效运算，即进行数据的完全匹配运算，这也意味着 NE 不是进行匹配运算，而是完全不等运算。在 PowerShell 中也支持大小写敏感和大小写不敏感两种方式进行匹配。

```
$a="abc"
If($a -ne "ABC")
{
Write-host "忽略大小写相等"
```

```
}
```

在字符串进行 NE 运算的过程中，默认忽略了大小写，下面几种方式为真，其他结果为假，图 10.36 所示为字符串不等运算。

- 字符串不为 abc
- 字符串不为 aBc
- 字符串不为 Abc
- 字符串不为 ABc
- 字符串不为 ABC
- 字符串不为 AbC
- 字符串不为 aBC
- 字符串不为 abC

```
PS C:\WINDOWS\system32> $a="abc"
PS C:\WINDOWS\system32> if($a -ne "Abc")
>> {
>> write-host "数据不等"}else
>> {write-host "数据相等"}
数据相等
PS C:\WINDOWS\system32>
```

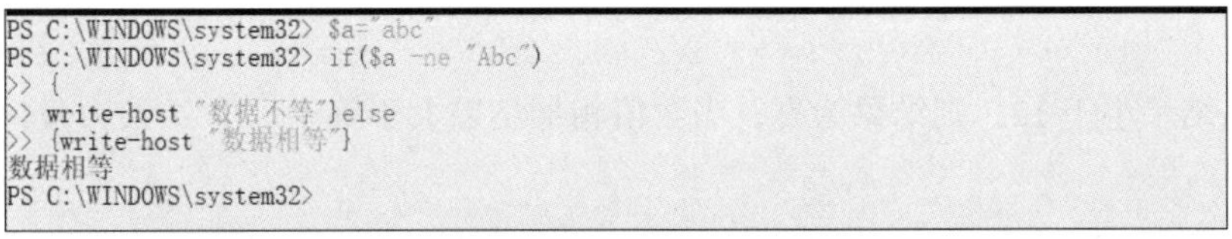

图10.36　字符串的不等运算

字符串的不等运算也存在着基于大小写敏感的 CNE 运算符，CNE 运算的全称是 Case Sensitive Not Equal，是基于大小敏感的不相同，和上面提到的 ne 略有不同。接下来以一个案例来分享下大小写敏感的使用方法。

```
$a="abc"
If($a -cne "ABC")
{
Write-host "不忽略大小写时不相等"
}
```

字符串进行 CNE 运算过程中，数据不会忽略大小写，这时只有数据完全不一样时才为真，其他结果均为假，上面的案例中，以下结果均为假，图 10.37 所示为字符串的大小写敏感条件下的不等运算。

- 字符串不为 abc
- 字符串不为 aBc
- 字符串不为 ABc
- 字符串不为 ABC
- 字符串不为 AbC
- 字符串不为 aBC
- 字符串不为 abC

```
PS C:\WINDOWS\system32> if($a -cne "Abc")
>> {
>> write-host "大小写敏感时候数据不等"}else
>> {write-host "数据相等"}
大小写敏感时候数据不等
PS C:\WINDOWS\system32>
```

图10.37　大小写敏感的不等运算

10.4.3 LT 运算符

LT 运算符全称为 Less Than，中文含义为小于参照数值，能够使用 LT 进行运算的类型并不是太多，一般来说有下面这几种类型。

- 数字型
- 日期时间型
- 字符串型

LT 运算的结果是布尔型，当结果为真时为 True，结果为假时为 False，下面通过案例来分享 LT 运算符的具体使用场景。数值型运算的 LT 运算是两个数据的大小对比，这里使用了两个参数。

```
$a=3
$b=4
If(($a+$b) -lt 12)
{
Write-host "数值小于 12"
}
```

数值相加结果小于 12，则结果为真；当数值相加结果大于等于 12，结果为假，图 10.38 所示为小于运算的结果。

```
PS C:\WINDOWS\system32> $a=4
PS C:\WINDOWS\system32> $b=3
PS C:\WINDOWS\system32> if(($a+$b) -lt 12)
>> {
>> write-host "数值小于12"
>> }
数值小于12
```

图10.38　数值的小于运算

另一类 LT 运算符使用比较频繁的场景是日期时间型数据，通常基于时间的计算需要使用到 LT 进行时间的判断。

```
[datatime]$a="2021-1-10"
If((get-date).adddays(-5) -lt $a)
{
write-host "日期小于 1 月 10 号"
}
```

日期时间型数据在进行上面的日期测试时，数据小于“2021-1-10 00:00:00”为真，大于或等于这个时间为假，图 10.39 所示为日期的小于运算结果。

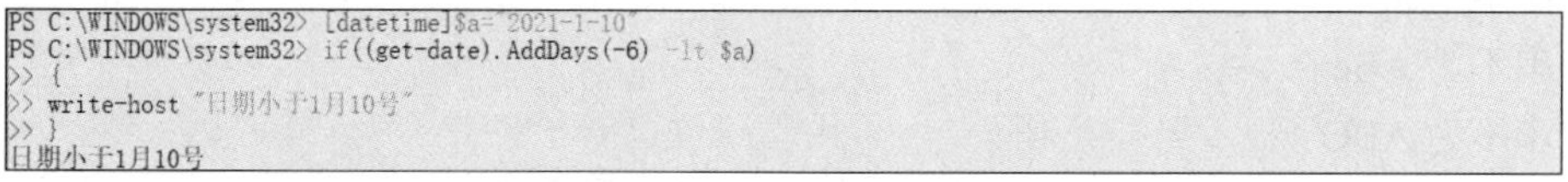

```
PS C:\WINDOWS\system32> [datetime]$a="2021-1-10"
PS C:\WINDOWS\system32> if((get-date).AddDays(-6) -lt $a)
>> {
>> write-host "日期小于1月10号"
>> }
日期小于1月10号
```

图10.39　日期时间的小于运算

10.4.4 GT 运算符

GT 运算符是 Great Than 的简写，中文的含义为大于参照数值，通常来说，使用 GT 运算的类型其实也不多，在下面两种类型的数据使用的场景会比较多。

- 数字类型
- 日期时间型

我们先来看看数字型数据的 GT 运算，这个运算是与数字 2 的比较运算，如果大于 2 则结果为真，小于 2 结果为假，图 10.40 所示为运算的结果。

```
$a=4
If($a -gt 2)
{write-host " 数据大于 2"}
```

```
PS C:\> $a=4
PS C:\> if ($a -gt 2)
>> {write-host "大于2"}
大于2
```

图10.40　大于运算结果

日期时间型计算的 GT 运算通常用来进行日期时间数据的比较，比如可能存在如下的需求，获取当前系统中五天内创建的文件。这时我们就需要进行日期时间的比较，也就需要使用 GT 运算符来获取日期时间大于 5 天前的日期。这里以一个计算的例子来分享下 GT 的用法。

```
$a=[datetime]"2021-1-11"
If((get-date).adddays(-5) -gt $a)
{write-host " 五天之内 "}
```

上面案例中进行 GT 运算，大于“2021-1-11 00:00:00”为真，小于等于这个日期为假，图 10.41 所示为数据的计算结果。

```
PS C:\> $a=[datetime]"2021-1-11"
PS C:\> if($a -gt (get-date).AddDays(-5))
>> {write-host "5天之内"}
5天之内
```

图10.41　日期时间的小于运算

10.4.5　LE 运算符

LE 运算符包含了两个运算，一个是 Less Than 运算，另外一个是 Equal 运算。中文的含义就是小于等于运算符，功能与 LT 运算符基本上没有太大的差别，在实际的运算操作中多了“=”运算。常用的数据运算支持类型如下。

- 数值型数据
- 日期时间型数据

数值运算的 LE 运算比较简单，直接是两个数值进行对比，对比的结果是布尔型数据。

```
$a=5
If ($a -le 5)
{
Write-host " 数据等于 5"
}
```

在数值进行 LE 运算过程中，如果数据小于等于 5 为真，大于 5 则为假，图 10.42 所示为数值的小于等于运算。

```
PS C:\> $a=5
PS C:\> if($a -le 5)
>> {
>> Write-Host "小于等于5"
>> }
小于等于5
```

图10.42　数值的小于等于运算

日期时间型的数据对比，相比数值型运算要多一个步骤，将参照日期转换为日期时间型用于运算，转换成对比参照数据的数据进行小于等于运算。

```
[datetime]$a="2021-1-11"
If((get-date).adddays(-5) -le $a)
{
Write-host "2021年1月10号以后"
}
```

在日期时间型数据进行计算的过程中，如果数据小于等于“2021-1-11 00:00:00”则数据为真，大于这个日期为假。

10.4.6 GE运算符

GE是英文Great Than的缩写，中文意思是大于等于。与GT运算符功能基本相同，与GT不同的地方在于多了等运算的支持，GE支持的常用的数据计算类型如下。

- 数值型数据
- 日期时间型数据

数值型运算比较简单，是两个数值的大于等于运算。

```
$a=4
If($a -ge 4)
{write-host "数据大于等于4"}
```

在数值型运算过程中，如果数据大于等于4，则结果为真。如果数据小于4，结果为假，图10.43所示为数值型数据的大于等于运算。

```
PS C:\WINDOWS\system32> cd \
PS C:\> $a=4
PS C:\> if($a -ge 4)
>> {
>> write-host "数据大于等于4"
>> }
数据大于等于4
```

图10.43　数值的大于等于运算

日期时间型数据也支持GE运算，下面的日期时间运算也支持大于等于运算。

```
[datetime]$a="2021-01-10"
If((get-date).adddays(-5) -ge $a)
{
Write-host "日期大约2021年1月10日"
}
```

在上面的日期型数据运算中，数据只要大于“2021-01-10”则为真，否则为假。图10.44所示为日期时间型的大于等于运算。

```
PS C:\> [datetime]$a="2021-01-10"
PS C:\> if((get-date).adddays(-5) -ge $a)
>> {write-host "日期大于2021年1月10日"
>> }
日期大于2021年1月10日
```

图10.44 日期时间型数据大于等于运算

10.4.7 IN 运算符

IN 运算符和前面运算符面对的数据类型不同，前面的运算符的数据类型都是基本数据类型，而 IN 运算符针对的对象是数组类型和哈希表类型。IN 运算符的结果也是 True 和 False。IN 运算符是判断当前的基本数据类型或组合数据类型是不是 IN 的组合数据中的子集。

它究竟用在什么样的场景下呢？接下来看这个例子就明白了，图 10.45 所示为 IN 运算的结果。

```
$a=4
$b=1,2,3,4,5,6
If ($a -in $b)
{write-host "数据在数组中"}
```

```
1  $a=4
2  $b=1,2,3,4,5,6
3  If ($a -in $b)
4  {write-host "数据在数组中"}

数据在数组中
```

图10.45 数组中的IN运算

基于上面的案例，IN 操作符主要用于判断数据是否在组合数据类型中，如果数据在组合类型中，则结果为真，不在组合数据类型中结果为假。

10.4.8 Notin 运算符

Notin 运算符和 IN 运算符的功能一样，但是它们实现的功能刚好相反。IN 是判断数据是否在集合中，而 Notin 则判断数据是否不在数据集合中。如果不在数据集合中，结果为 True；在数据集合中，结果为 False。接下来以一个例子来分享下 Notin 运算符的使用，图 10.46 所示为数组中的 Notin 运算。

```
$a=7
$b=@(1,2,3,4,5,6)
If ($a -notin $b)
{ write-host "数据不在数组中"}
```

```
PS C:\> $a=7
PS C:\> $b=1,2,3,4,5,6
PS C:\> if ($a -notin $b)
>> {Write-Host "数据不在数组中"}
数据不在数组中
PS C:\>
```

图10.46 数组的Notin运算

10.4.9 Like 运算符

Like 运算符用于当前数据与参照数据模糊匹配，如果匹配成功则返回为真，匹配失败则为假。目前 Like 运算在大部分场景下用于字符串的通配符匹配，也称为模糊匹配，在 PowerShell 中进行匹配的通配符多数情况下是 * 和 ?。通配符“*”代表的是无限多个字符，而“?”是一个字符，通配符与正则表达式部分后面会有专门的章节与大家分享，这里只分享通配符“*”和“? ”在实际业务场景中的使用。

```
$a="abc"
If ($a -like "a*")
{ write-host " 数据匹配 "}
```

字符串如果以 a 和 A 开始，则结果为真；如果不是以 a 和 A 开始，则结果为假，图 10.47 所示为 Like 运算符。

```
PS C:\WINDOWS\system32> $a="abc"
PS C:\WINDOWS\system32> if($a -like "a*"){write-host "数据匹配"}
>>
数据匹配
```

图10.47　Like模糊运算

接下来以“?”通配符进行匹配，会发现数据不匹配，原因很简单，“*”代表无限多个字符，而“?”代表的是一个任意字符。

```
$a="ab"
If($a -like "a?")
{Write-host " 两个字符匹配 "}
```

字符串以 a 和 A 开始，字符串长度为 2 则为真；不是以 a 和 A 开始，或者以 A 和 a 开始后面是多个字符的时候为假。在英文状态下，字母有大小写区别，Like 的大小写敏感的方式也是存在的，Like 的大小写敏感方式是通过 Clike 来实现的。

```
$a="aBc"
If($a -clike "A*")
{write-host " 字符以 A 开头 "}
Else
{write-host  " 字符不是以 A 开头 "}
```

使用了大小写敏感后，如果是小写的字符，大小写敏感的时候不会相等。上面的案例中如果是 A 开头的字符，则为真，否则为假，图 10.48 所示为大小写敏感的模糊运算。

```
PS C:\WINDOWS\system32> $a="aBC"
PS C:\WINDOWS\system32> if($a -clike "A*")
>> {
>> write-host "字符以A开头"}else {Write-Host "字符不是以A开头"}
字符不是以A开头
```

图10.48　大小写敏感的模糊运算

Notlike 运算符和 Like 运算符功能相同，但是结果完全相反。Like 功能相当于筛选，而 Notlike 功能是进行数据排除。Notlike 也是模糊匹配，如果匹配成功则为假，匹配失败则为真。Notlike 也是支持通配符匹配，在大多数场景下 Notlike 都是使用通配符来进行匹配。结果同样是布尔型，匹配成功为假，匹配不成功为真。

```
$a="abc"
If ($a -like "bc*")
```

```
{Write-host "匹配"}
Else {write-host "不匹配"}
```

当数据是以 bc 开头，则意味着符合规则；如果不是以 bc 开头，则不匹配。图 10.49 所示为 Notlike 运算。

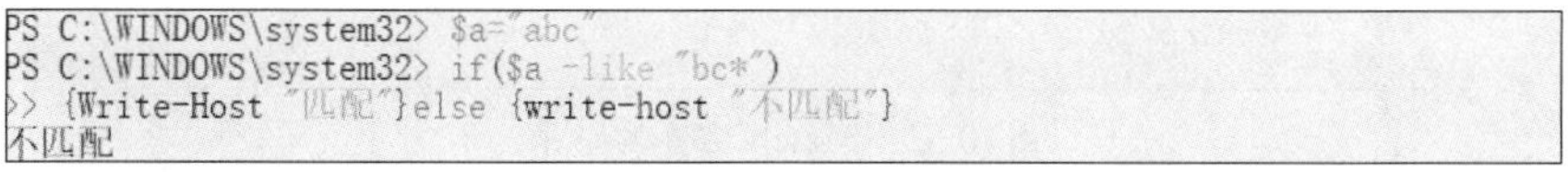

```
PS C:\WINDOWS\system32> $a="abc"
PS C:\WINDOWS\system32> if($a -like "bc*")
>> {Write-Host "匹配"}else {write-host "不匹配"}
不匹配
```

图10.49　Notlike 运算

Notlike 运算符和 Like 运算符一样，在多数场景下和 Where 子语句进行筛选操作。当结果匹配成功则筛选数据，而结果为 False 的时候是排除当前数据，图 10.50 所示为 Notlike 的进程计算结果。

```
$a=Get-Process
$a|where name -notlike "note*"
```

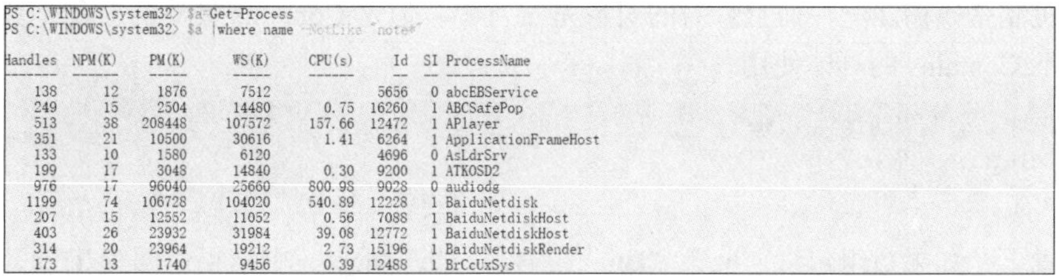

```
PS C:\WINDOWS\system32> $a=Get-Process
PS C:\WINDOWS\system32> $a |where name -NotLike "note*"

Handles  NPM(K)    PM(K)      WS(K)     CPU(s)     Id  SI ProcessName
-------  ------    -----      -----     ------     --  -- -----------
    138      12     1876       7512               5656   0 abcEBService
    249      15     2504      14480       0.75   16260   1 ABCSafePop
    513      38   208448     107572     157.66   12472   1 APlayer
    351      21    10500      30616       1.41    6264   1 ApplicationFrameHost
    133      10     1580       6120               4696   0 AsLdrSrv
    199      17     3048      14840       0.30    9200   1 ATKOSD2
    976      17    96040      25660     800.98    9028   0 audiodg
   1199      74   106728     104020     540.89   12228   1 BaiduNetdisk
    207      15    12552      11052       0.56    7088   1 BaiduNetdiskHost
    403      26    23932      31984      39.08   12772   1 BaiduNetdiskHost
    314      20    23964      19212       2.73   15196   1 BaiduNetdiskRender
    173      13     1740       9456       0.39   12488   1 BrCcUxSys
```

图10.50　Notlike的计算结果

10.4.10　Match 运算符

Match 运算符的功能与 Like 功能相似，同样可以用来做字符串匹配。但是 Match 相比 Like 更加强大的功能在于正则表达式匹配。在很多应用场景下，需要匹配的数据很可能有非常特殊的格式，比如以下格式数据匹配。

- 单词匹配
- 数字匹配
- 量词匹配

Like 语句不支持以正则表达式方式进行匹配，因此在使用 Like 过程中如果不能完成正则匹配的目标，这时候就需要使用 Match 运算符来完成正则匹配。正则表达式当然属于专门的学科，后面会有单独章节分享 PowerShell 正则表达式的知识，这里使用相对比较简单的案例来分享 Match 运算符的使用，图 10.51 所示为 Match 的计算结果。

```
$a="\w{4}"  # 这里正则匹配表达的意思 "\d" 代表数字，{4} 代表数字为四位
"1234" -match $a     # 正则表达式为 true
"123a456" -match $a  # 正则表达式为 false
```

```
PS C:\WINDOWS\system32> $a="\d{4}"
PS C:\WINDOWS\system32> "1234567" -match $a
True
PS C:\WINDOWS\system32> "123a456" -match $a
False
```

图10.51　Match匹配计算

使用 Match 运算符后，如果数据存在匹配，则会将匹配数据存放在 $matches 数组中，可以通过 $matches 数组了解数据匹配情况。这个功能是使用 Match 运算符和 Like 运算符的最大不同，图 10.52 所示为 Match 运算的结果获取。

```
PS C:\> $Matches

Name                           Value
----                           -----
0                              1234
```

图10.52　Match 运算的结果

Cmatch 运算符和 Match 运算符没有太大的差别，如果需要大小写敏感，则使用 Cmatch 运算符进行匹配，如果不需要大小写敏感，则使用 Match 运算符就可以实现匹配功能了。

10.4.11　Contains 和 NotContains 运算符

Contains 运算符按照字面翻译就是包含运算符，Contains 运算符是进行字符包含计算。Like 运算符的使用机制是模糊匹配，而且针对的对象是字符串。但是 Contains 针对的对象是数组，下面通过例子分享下 Contains 的具体使用。

```
$a=@("abc","bcd","cde","bc")
If ($a -contains "bc")
Write-host "包含"
```

在此场景下，如果数组包含“bc”“BC”“Bc”“b”元素，则结果返回为 True，如果都不包含，则结果为假，图 10.53 所示为包含计算结果。

```
PS C:\> $a=@("abc","bc","cde")
PS C:\> if ($a -contains "bc")
>> {write-host "包含"}
包含
PS C:\> if ($a -contains "de")
>> {write-host "包含"}
```

图10.53　数组的包含计算

Contains 在包含的运算符上大小写敏感，大小写将成为限制结果的条件。同样以上面的案例来进行讲解，在使用了大小写的敏感条件下，“bc”和“Bc”不再相等，图 10.54 所示为 Contains 的计算结果。

```
$a=@("abc","bc","cde")
If($a -Ccontains "Bc"   )
{write-host "匹配"}
Else
{write-host "不匹配"}
```

```
PS C:\> $a=@("abc","bc","cde")
PS C:\> if($a -ccontains "Bc")
>> {
>> write-host "匹配"
>> }else
>> {write-host "不匹配"}
不匹配
```

图10.54　Contains的大小写敏感包含

NotContains 运算符与 Contains 运算符功能相反，它的结果是不包含为真，包含为假，图 10.55 所示为 NotContains 不包含运算。

```
$a=@("abc","bc","cde")
If ($a -notcontains "bcd")
{write-host "不包含bcd"}
```

```
PS C:\> $a=@("abc","bc","cde")
PS C:\> if($a -notcontains "bcd")
>> {write-host "不包含bcd"}
不包含bcd
```

图10.55　NotContain不包含运算

10.5 逻辑型数据的布尔运算

在 PowerShell 中除了标准的逻辑运算之外，还有一类运算，就是我们所经常提到的布尔运算，布尔运算是逻辑型数据的连接运算，目前比较常用的布尔运算如下。

- -and：与运算符，用于两个逻辑型数据结果的与运算。
- -or：或运算符，用于两个逻辑型数据结果的或运算。
- -xor：异或运算符，用于两个逻辑型数据结果的异或运算。
- -not：否运算符，用于结果的否运算。

在 PowerShell 编程过程中，布尔运算也是非常常见的运算，在大多数场景下我们都需要使用多个不同的逻辑运算组合在一起来实现多条件的运算，我们称这样的运算为布尔运算。

10.5.1 And（与运算）布尔运算符

布尔运算通常来说是进行多条件运算的一种方式，And 运算符实现的是与运算，与运算的结果通常有如下几种不同情况。

- 真 -and 真：结果为真
- 真 -and 假：结果为假
- 假 -and 假：结果为假
- 假 -and 真：结果为假

在进行与运算过程中，只要有任何一方为假，结果就一定为假。原则上 -and 运算可以实现无限条件扩展，但实现的与运算通常不超过三个计算元素。下面我们用一个实际案例给大家讲解与运算。

```
If((test-path c:\log) -and (test-path c:\log\abc.txt))
{
Write-host "文件和目录都存在"
}
```

这里能够显示存在的条件是需要目录和文件都存在，如果目录或文件有一个不存在，结果都会为假，图 10.56 所示为两个条件的布尔运算。

```
PS C:\> if((Test-Path c:\log) -and (Test-Path c:\log\abc.txt ))
>> {
>> Write-Host "文件和目录都存在"
>> }
文件和目录都存在
```

图10.56　两个条件的布尔运算

10.5.2 Or（或运算）布尔运算符

Or 运算也称为或运算，或运算用来进行多条件的或运算判断。或运算符的条件运算结果包含如下几种情况。

- 真 -or 真：结果为真
- 真 -or 假：结果为真
- 假 -or 真：结果为真
- 假 -or 假：结果为假

从上面的运算结果我们可以看到，只要任何一个数据为真，结果就为真，数据全部为假，结果为假。-or 运算原则上可以进行多条件运算，但实际上进行或运算的元素不超过三个。下面同样以文件和目录的例子来分享 Or 运算符的用法。

```
If((test-path c:\log) -or (test-path c:\log\bcd.txt))
{write-host "目录和文件都存在， 或者目录存在， 或者文件存在"}
```

使用 Or 运算符过程中，只要文件存在或目录存在，或者两者都存在结果就为真，两者都不存在结果为假，图 10.57 所示为或运算结果。

```
PS C:\> if((Test-Path c:\log) -or (Test-Path c:\log\abcd.txt ))
>> {
>> Write-Host "文件和目录都存在,或者文件存在,或者目录存在"
>> }
文件和目录都存在,或者文件存在,或者目录存在
PS C:\>
```

图10.57　或运算结果

10.5.3 Xor（异或运算）布尔运算符

Xor 异或运算符是一类比较特殊的运算符，异或运算在 PowerShell 平常不会使用，只有在特定的情况下才会使用到，异或运算的环境如下。

- 真 -xor 真：结果为假
- 真 -xor 假：结果为真
- 假 -xor 真：结果为真
- 假 -xor 假：结果为假

通过上面的运算结果可以了解到，只有结果全为真，或者全部为假的时候结果为假，只有一个结果为真，一个结果为假的时候结果才为真。依然以文件和文件夹为例讲解使用场景。

```
If((test-path c:\log) -xor (test-path c:\abcd.txt))
{write-host "文件和文件夹有一个不存在"}
```

在这个场景下，如果 c:\log 和 c:\abcd.txt 同时存在和同时不存在的时候结果为假，两者之间只有一个存在的时候为真，会输出结果，图 10.58 所示为异或运算结果。

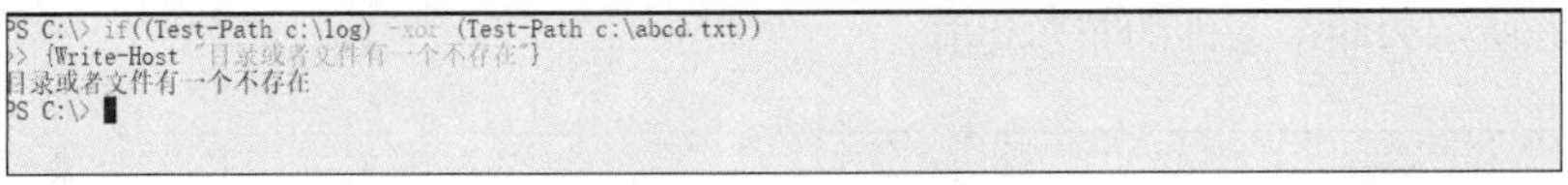

```
PS C:\> if((Test-Path c:\log) -xor (Test-Path c:\abcd.txt))
>> {Write-Host "目录或者文件有一个不存在"}
目录或者文件有一个不存在
PS C:\>
```

图10.58　异或运算结果

10.5.4　Not 非运算布尔运算符

Not 运算符属于非运算符，非运算符是 PowerShell 中使用比较多的运算符，通过非运算符实现对象的存在性判断，如果不存在则创建，存在则移除。Not 运算符通常用于判断路径或对象是否存在，通常有以下两种操作使用 Not 运算符。

- -not 真：结果为假
- -not 假：结果为真

以一个实例分享一下 Not 运算符的操作，这里我们使用 Test-Path 命令来判断路径是否存在。

```
If(-not(test-path c:\logpath))
{
New-Item -path c:\logpath
}
```

这个案例的目的是判断在 C 盘中是否存在 Logpath 目录，如果不存在，则用新建对象命令新建 Logpath 目录，图 10.59 所示为函数运算结果。

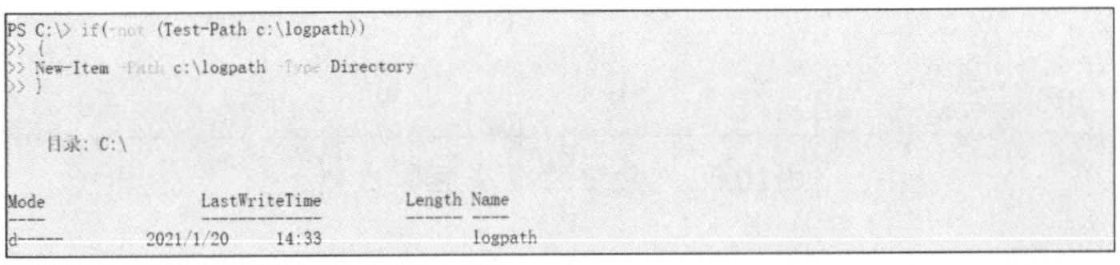

```
PS C:\> if(-not (Test-Path c:\logpath))
>> {
>> New-Item -Path c:\logpath -Type Directory
>> }

    目录: C:\

Mode                 LastWriteTime         Length Name
----                 -------------         ------ ----
d-----         2021/1/20     14:33                logpath
```

图10.59　判断目录是否存在

当然 Not 运算符的使用场景非常广泛，大家在进行 PowerShell 代码开发的过程中有非常多的机会和 Not 运算符打交道，大家需要熟悉 Not 方法的运算和场景。

10.6　数组类型数据的运算符与操作符

在 PowerShell 中，数组类型的数据属于组合数据类型，如何进行组合数据类型的运算，也是我们日常工作中需要处理的内容。组合数据类型如何进行运算和操作呢？接下来先和大家分享下数组数据类型数据的运算。PowerShell 数组类型的运算符主要如下。

- ＋增加数组元素（重新赋值）

这里有很多朋友会有疑问，这里增加元素怎么用"+"号，难道 Add 方法不可用吗？这里要注意 PowerShell 数组类型的一个特点，那就是这里的数组类型的大小是固定的。当尝试进行 Add 方法添加元素的时候，将会抛出如图 10.60 所示的数组错误异常。

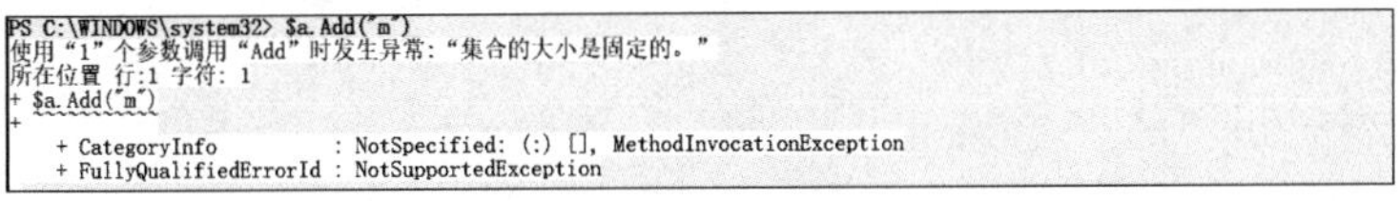

```
PS C:\WINDOWS\system32> $a.Add("m")
使用"1"个参数调用"Add"时发生异常:"集合的大小是固定的。"
所在位置 行:1 字符: 1
+ $a.Add("m")
+
    + CategoryInfo          : NotSpecified: (:) [], MethodInvocationException
    + FullyQualifiedErrorId : NotSupportedException
```

图10.60　数组错误异常

碰到这种情况怎么办呢？这里添加元素可以使用"+"方法是为什么呢？原因很简单，其实该方法是通过数据扩展来生成新的数组，然后再赋值给变量，即可实现数组的元素扩展，图 10.61 所示为使用“+”进行数组的运算。

```
$a="a","b","c","d","e"
$b="c","d","e"
$c=$a+$b
```

```
PS C:\WINDOWS\system32> $a="a","b","c","d","e"
PS C:\WINDOWS\system32> $b="c","d","e"
PS C:\WINDOWS\system32> $c=$a+$b
PS C:\WINDOWS\system32> $c
a
b
c
d
e
c
d
```

图10.61　数组的“+”运算

可以通过“+”进行数据的添加，那我们如何通过“-”来减少数据成员呢？其实和我们的“+”运算类似，但是在进行成员“-”的时候，不能使用“-”方法，因为没有这样的方法，图 10.62 所示为减法运算出错提示。

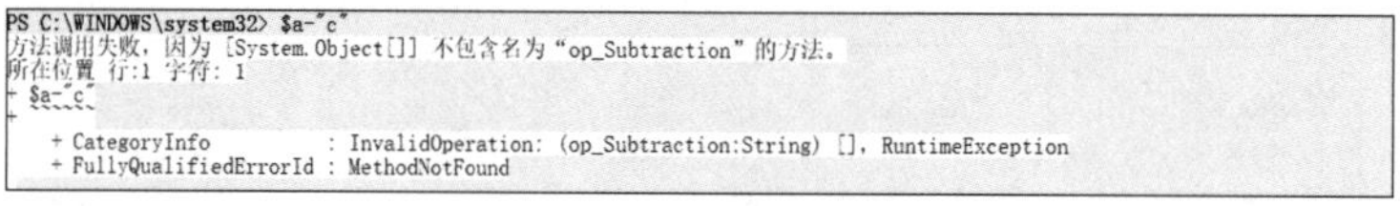

```
PS C:\WINDOWS\system32> $a-"c"
方法调用失败，因为 [System.Object[]] 不包含名为 "op_Subtraction" 的方法。
所在位置 行:1 字符: 1
+ $a-"c"
+
    + CategoryInfo          : InvalidOperation: (op_Subtraction:String) [], RuntimeException
    + FullyQualifiedErrorId : MethodNotFound
```

图10.62　数组的减法运算出错

PowerShell 的数组对象的长度是固定的，不能通过 .Remove 方法来实现元素的删除，直接调用 Remove 方法会抛出异常，图 10.63 所示为 Remove 方法报错提示。

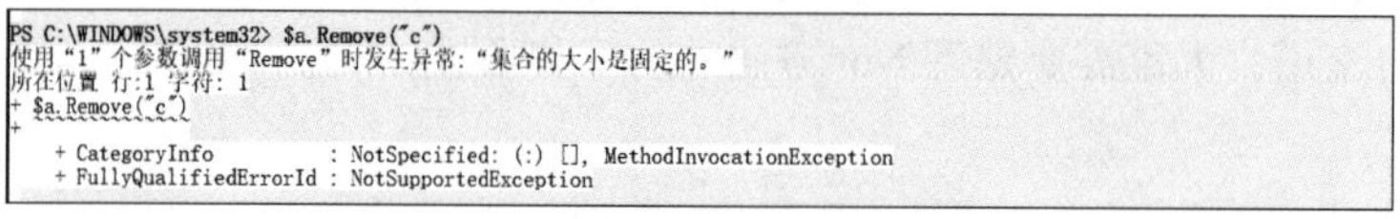

```
PS C:\WINDOWS\system32> $a.Remove("c")
使用“1”个参数调用“Remove”时发生异常:“集合的大小是固定的。”
所在位置 行:1 字符: 1
+ $a.Remove("c")
+
    + CategoryInfo          : NotSpecified: (:) [], MethodInvocationException
    + FullyQualifiedErrorId : NotSupportedException
```

图10.63　数组的Remove方法

如何解决数组类型对象的筛选呢？在 PowerShell 中没有减法运算，如果希望删除一个元素，可以通过筛选运算来排除不符合的元素。通常解决这个问题有三个方法。

- 使用 Where 子语句实现筛选。
- 使用 Match 子语句实现筛选。
- 将数组方式强制转换为列表方式。

10.6.1　使用 Where 子语句实现数组筛选

使用 Where 子语句就能实现数组的元素删除吗？需要大家理解的是，这里数组筛选后重新赋值给变量，而不是直接将元素从数组删除，图 10.64 所示为使用 Where 子语句实现数组筛选。

```
$a="a","b","c","d","e"
$a=$a|where {$_ -ne "a"}
```

```
PS C:\WINDOWS\system32> $a="a","b","c","d","e"
PS C:\WINDOWS\system32> $a |where {$_ -ne "a"}
b
```

图10.64　Where子语句

可以看出，Where 子语句可以过滤掉不符合的元素，筛选符合的元素重新赋值给变量。

10.6.2　使用 Match 子语句实现数组筛选

使用 Match 进行数组元素的匹配同样不是删除数组元素，而是通过 Match 子语句实现匹配，匹配完成的元素组成新的数组赋值给变量来实现数组元素的“删除”。图 10.65 所示为使用 Match 进行数据筛选。

```
$a="a","b","c","d","e"
$a=$a -notmatch "c"
$a
```

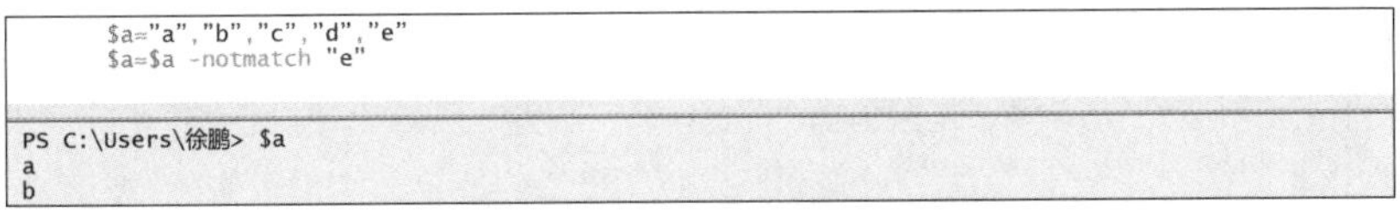

```
$a="a","b","c","d","e"
$a=$a -notmatch "e"

PS C:\Users\徐鹏> $a
a
b
```

图10.65　使用Match方法进行筛选

10.6.3　将数组转换成列表

在 PowerShell 中，列表支持数据删除方法。我们可以通过 .Net 的列表定义强制转换 PowerShell 的数组对象，实现数组元素的删除。图 10.66 所示为将数组转换成列表实现数组对象的删除。

```
$a="a","b","c","c","e"
$a=[System.Collections.ArrayList]$a
$a.remove("a")
$a
$a.gettype()
```

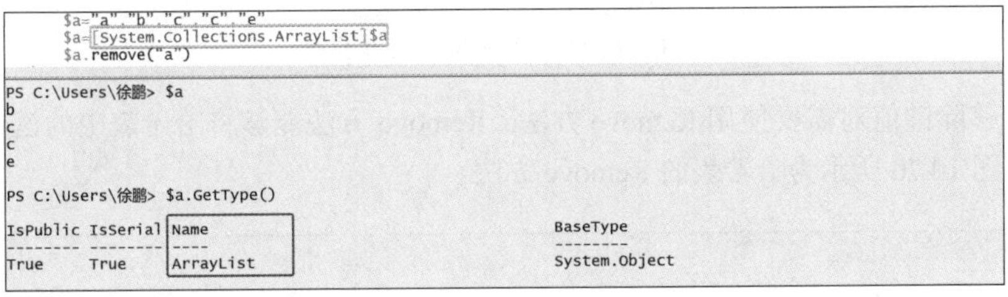

```
$a="a","b","c","c","e"
$a=[System.Collections.ArrayList]$a
$a.remove("a")

PS C:\Users\徐鹏> $a
b
c
c
e

PS C:\Users\徐鹏> $a.GetType()

IsPublic IsSerial Name                                     BaseType
-------- -------- ----                                     --------
True     True     ArrayList                                System.Object
```

图10.66　数组对象的删除

数组转换成列表之后，就开始支持列表的方法，也就支持列表的 Remove 方法删除元素。

10.7　哈希表数据类型的运算符与操作符

相比数组类型，哈希表的运算符和操作符相对来说比较有限，目前组合数据类型支持的运算符和操作符也包含了哈希表的数据添加与删除。在哈希表中不包含乘运算与除运算。

接下来我们分析下哈希表类型的基本连接运算“+”，图 10.67 所示为哈希表类型的加法运算。

```
$a=@{name="zhangsan";age=8;gender="male"}
$a=$a+@{class=5}
```

```
PS C:\WINDOWS\system32> $a=@{name="zhangsan";age=10;gender="male"}
PS C:\WINDOWS\system32> $a=$a+@{class=4}
PS C:\WINDOWS\system32> $a

Name                           Value
----                           -----
class                          4
name                           zhangsan
age                            10
```

图10.67　哈希表数据的加法运算

哈希表数据同样可以支持 Add 方法实现键值对的添加，等效于“+”，图 10.68 所示为哈希表的 Add 方法。

```
$a=@{name="zhangsan";age=8;gender="male"}
$a.add("grade",4)
```

```
PS C:\WINDOWS\system32> $a=@{name="zhangsan";age=10;gender="male"}
PS C:\WINDOWS\system32> $a.add("class",4)
PS C:\WINDOWS\system32> $a

Name                           Value
----                           -----
class                          4
name                           zhangsan
age                            10
```

图10.68　哈希表的Add方法

哈希表类型的数据不支持“-”运算。如果强行进行“-”运算，PowerShell 会抛出异常说明不支持减运算，图 10.69 所示为哈希表的运算减法出错。

```
PS C:\WINDOWS\system32> $a-@{grade=4}
方法调用失败，因为 [System.Collections.Hashtable] 不包含名为“op_Subtraction”的方法。
所在位置 行:1 字符: 1
+ $a-@{grade=4}
+
    + CategoryInfo          : InvalidOperation: (op_Subtraction:String) []，RuntimeException
    + FullyQualifiedErrorId : MethodNotFound
```

图10.69　哈希表的减法运算出错

哈希表中移除键值对需要使用 Remove 方法。Remove 方法能够将哈希表中的键值对从当前哈希表中移除，图 10.70 所示为哈希表的 Remove 方法。

```
PS C:\WINDOWS\system32> $a.Remove("grade")
PS C:\WINDOWS\system32> $a

Name                           Value
----                           -----
class                          4
name                           zhangsan
age                            10
gender                         male
```

图10.70　哈希表的Remove方法

10.8 章节回顾

本章是前面两章内容的深入，前面和大家分享了基本数据类型和组合数据类型的创建与定义。

在实际的应用场景中，PowerShell 中的各个不同的数据类型都需要使用运算符和操作符来进行元素间的操作。

在进行基本类型的数据计算中，加减乘除在不同的基本数据类型拥有不同的含义。在字符串类型中可以进行普通运算的运算符包含“+”和“*”号，“+”在字符类型中用于连接字符串，而“*”在字符串中提供了字符串重复的次数。字符串类型还提供了更多的字符串的操作符，帮助用户提供字符串的内容处理。

除了基本数据之外，PowerShell 提供了数组型数据和哈希表类型数据，这两类数据类型我们称之为组合数据类型。组合数据类型相比基本数据类型，提供了多个不同基本数据类型的组合。数组类型包含了多个相同或不同的类型数据，也可以包含哈希类型和数组类型。哈希表是一类非常特殊的类型，哈希表以键值对方式进行数据的定义和保存。

10.9 练习与知识巩固

1. 以下说法是否正确？

a. 整数与小数可以直接进行计算

b. 整数与字符可以直接进行计算

c. 整数可以和字符相乘

d. 整数支持三目运算符

2. 如果希望进行“abc” 和 “Abc”大小写敏感的匹配，应该使用什么语句判断？

3. 下面命令的执行结果是什么？

```
$a="This is PowerShell"
$a.indexof("is")
```

4. 下面命令的执行结果是什么？

```
$a="This is PowerShell"
$a.insert(7,"Microsoft ")
```

5. 下面命令执行的结果是什么？

```
$a=get-chilitem c:\windows
$a -match "*.exe"
```

6. 如果希望获取C:\ 下面最近5天创建的文件，如何编写这个脚本？

7. 如果希望从数组删除一个元素，有几种“方法”？

8. 如何从哈希表中删除一个成员？

9. 如果c:\log 不存在，下面的命令执行结果是什么？

```
$file=c:\log\file.txt
If(test-path c:\log)
{New-Item -itemtype directory c:\log}
Else {New-Item $file}
```

第11章 PowerShell 流程管理

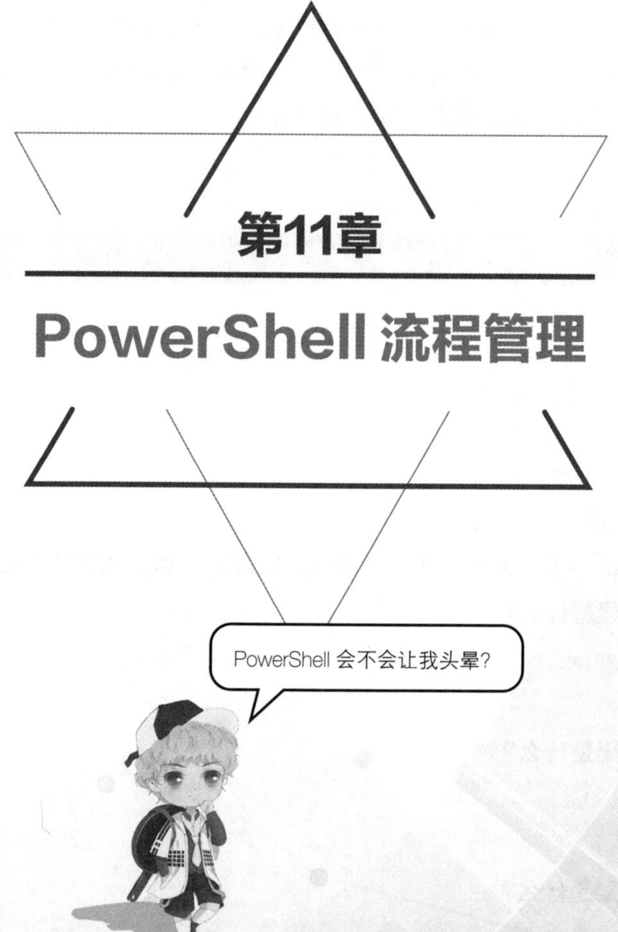

流程管理是各类语言中相对来说比较重要的部分。通过流程管理，可以实现业务结构分支。目前在 PowerShell 中流程管理包含了 IF 管理、IF 嵌套管理，以及 While 判断和 Do While 判断管理。另外，For 循环语句和 ForEach 遍历循环也是流程管理中的一部分，在本章将讲解这些流程管理的内容。

11.1 什么是PowerShell 流程管理

什么是流程管理呢？日常工作中，流程管理可以说无处不在，它通常由日常的流程和流程管理机制组成。

- 有二层审批，经理审批和老板审批。
- 有审批权限层级。
- 有审批通过与拒绝机制。

针对上面提到的场景，就可以绘制出来一个标准的审批流程，如图 11.1 所示。

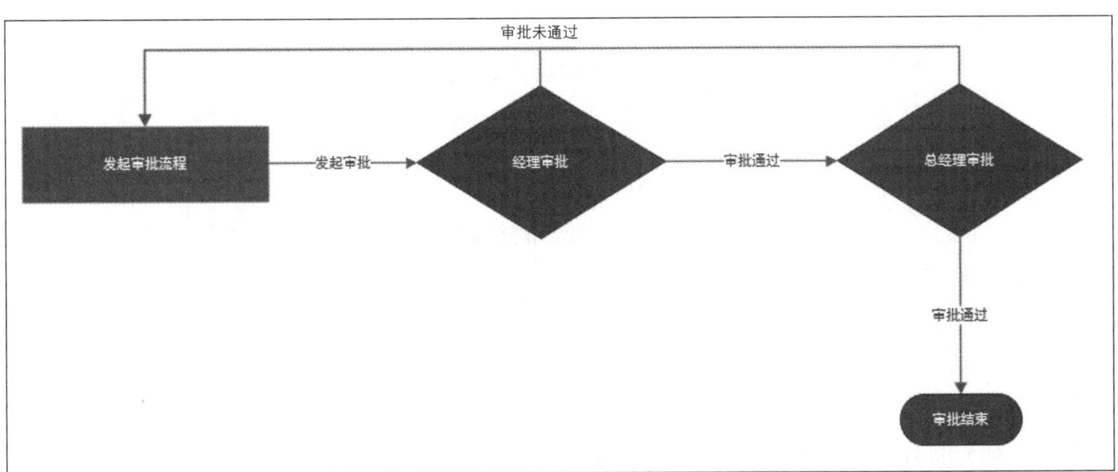

图11.1 流程图形化

在 PowerShell 各类场景中也有需要通过流程管理处理的步骤。在 PowerShell 中，流程处理通常由以下关键字组成。

- 如果……就……：在 PowerShell 中使用 IF 进行条件判断。
- 如果……就……如果……就……：在 PowerShell 使用 IF 进行条件判断的嵌套。
- 当……做……：在 PowerShell 中使用 While 语句进行判断操作。
- 做……当……：在 PowerShell 中使用 Do...While 语句进行判断操作。
- 为 1……则……为 2……则：在 PowerShell 中使用 Switch 语句实现判断操作。
- 如果……则……如果……则……：在 PowerShell 中使用 For 语句进行循环。
- 对象 1……对象 *n*：在 PowerShell 中使用 ForEach 语句进行数据遍历。

11.2 PowerShell 简单的流程处理IF

单流程语句 IF 是 PowerShell 中使用非常频繁的一类流程处理语句，单流程 IF 流程处理的逻辑如图 11.2 所示。

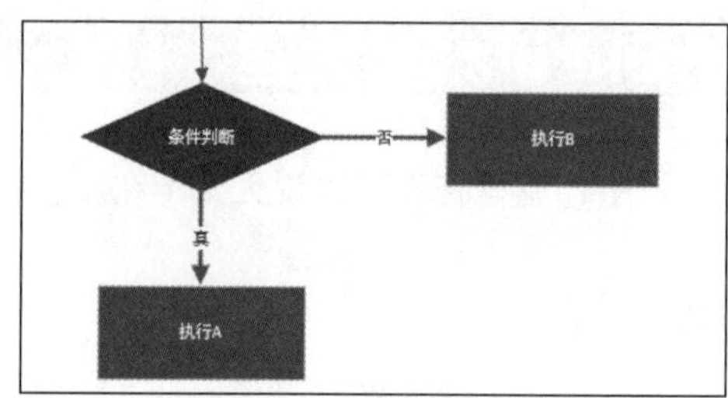

图11.2　单流程语句逻辑

如何理解 IF 流程呢？这和我们提到的如果……就……非常相似。下面以一个例子给大家分享下 IF 的使用方法。

```
$a=read-host "请输入 Y/N" # 确定输入的数据是 Y 还是 N
If($a -eq "Y")# 判断输入的数据是不是 Y
{write-host "你输入的是 Y"} # 如果是 Y，则输出的是 Y
Else
{write-host "你输入的不是 Y"} # 如果输入的不是 Y，则输出不是 Y
```

通过这个例子我们可以看到，IF 实现的条件判断是真与假的判断而已。使用 IF 实现数据判断的语句如下。

```
IF （条件）
{ 语句 1}
Else
{ 语句 2}
```

在 IF 的判断内容中，基于判断条件进行结果判断，从而进行不同的语句操作。

11.3 PowerShell 流程处理嵌套IF处理

上面分享的是IF最简单的流程处理——单流程处理，在更多的业务场景下需要使用多流程处理，也就是通过嵌套 IF 来实现条件的判断。从理论上来讲，PowerShell 可以实现无限多的层级嵌套，多级嵌套的标准流程如图 11.3 所示。

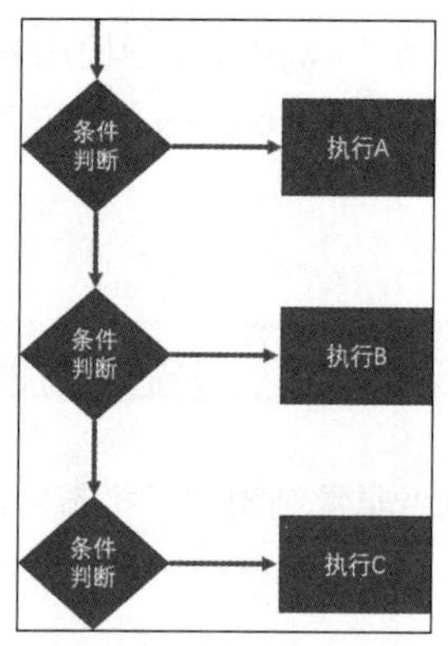

图11.3　多级嵌套流程

嵌套 IF 有多层条件共同组成，不同的是嵌套 IF 使用的是 IF...Else。使用 IF...Else 语句来实现整个嵌套 IF 流程的语句如下。

```
IF （条件）
{ 语句 1}
Else if （条件）
{ 语句 2}
Else
{ 语句 3}
```

嵌套的条件是布尔型，基于不同的条件得出不同的结果，嵌套 IF 至少包含三层。下面以一个最简单的案例来实现三层 IF 嵌套。

```
$a=read-host "请输入选择 X/Y" # 输入 X 或者 Y，或者啥也不是
If($a -eq "X")
{write-host "输入的是 X"}
Else if ($a -eq "Y")
{write-host "Y"}
Else
{write-host "输入的不是 X 也不是 Y"}
```

注意：上面的这个案例用来判断我们目前输入的字符，如果是 X，则显示“输入的是 X”；如果是 Y，则显示“输入的是 Y”；但是如果输入的既不是 X，也不是 Y，会显示“输入的不是 X 也不是 Y”。

11.4　PowerShell 流程处理之Switch处理

IF 语句是 PowerShell 中使用非常频繁的流程处理语句，但如果嵌套的层级过多，则会造成可读性变差，执行效率变低的问题，如果条件过多，则可能出现如图 11.4 所示的复杂流程处理。

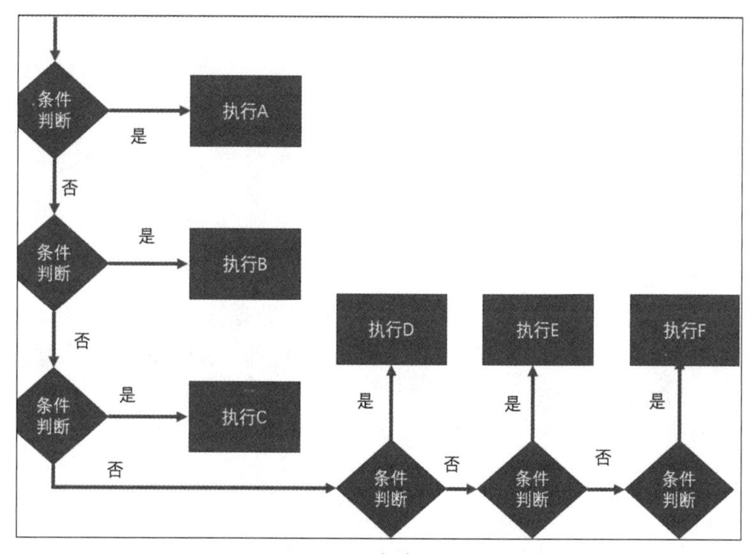

图11.4　IF的复杂流程处理

这是一个非常复杂的流程，但是使用 IF 在条件编写的时候非常容易出错，如果将来继续增加其他的条件再进行 IF 操作，就显得不太合适了。PowerShell 针对这种复杂的判断提供了另外一种流程处理方法 Switch，Switch 在处理多条件时更加简单，图 11.5 所示为 Switch 进行条件处理的流程处理。

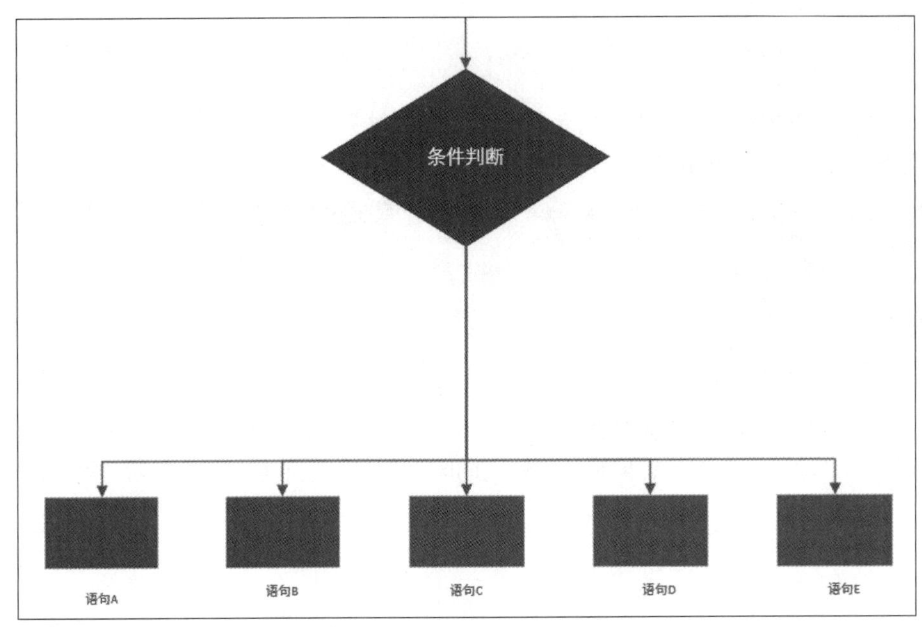

图11.5　Switch 流程处理操作

通过 Switch 操作可以将多个需要嵌套 IF 完成的任务简化为通过 Switch 实现，基于相应的条件进行相应的操作，在减少了代码编写难度的同时，大大降低了脚本开发人员在多条件下处理复杂条件出错的概率。Switch 的运算支持多种不同条件的执行运算，最常用的是下面四种应用场景。

- Regex：正则表达式。
- WildCard：通配符模式。
- Exact：精确模式。
- Casesenstive：大小写敏感。
- ScriptBlock：代码块操作。

11.4.1　简单数据匹配

简单匹配是基于字符实现的最简单的匹配功能，比如数据选择“A”，那么就会选择“A”的步骤，选择“B”，结果就是执行“B”的步骤，相比 IF 操作，Switch 能够非常明显地提升执行的效率，图 11.6 所示为简单数据匹配结果。

```
Switch(3)
{
1 {write-host "it’ s one"}
2 {write-host "it’ s two"}
3 {write-host "it’ s three"}
}
```

```
PS C:\WINDOWS\system32> cd \
PS C:\> Switch(3)
>> {
>> 1{Write-Host "it's the one"}
>> 2{write-host "it's the two"}
>> 3{write-host "it's three"}
>> }
it's three
```

图11.6　简单数据匹配结果

在 PowerShell 中的 Switch 和其他语言中的 Switch 会有所不同，在 PowerShell 中如果同样的条件出现了两个，会将两个不同的结果都输出出来，这是 PowerShell 在进行 Switch 处理过程中需要注意的一点，图 11.7 所示为多分支语句的结果。

```
Switch(2)
{
1 {write-host "it’ s one"}
2 {write-host "it’ s two"}
3 {write-host "it’ s three"}
2 {write-host "fantanstic 2"}
}
```

```
PS C:\> switch(2)
>> {
>> 1{write-host "th's one"}
>> 2{write-host "it's two"}
>> 3{write-host "it's three"}
>> 2{write-host "fantansitc 2"}
>> }
it's two
fantansitc 2
```

图11.7　Switch的分支语句结果

在 PowerShell 中进行 Switch 运算和其他语言的语法规则会有不同，它仅仅会寻找符合条件的内容来执行，而略过不符合条件的语法的执行，这是 PowerShell 中的 Switch 和其他的语言最大的不同。在 PowerShell 的 Switch 流程管理中还存在多条件的判断，这种判断通常在 Switch 里面有多个条件的输入。只要符合多个条件，都会将相应的条件匹配后的操作列出来，图 11.8 所示为多条件语句执行结果。

```
Switch(1,3)
{1 {write-host "it’ s one"}
2 {write-host "it’ s two"}
3 {write-host "it’ s three"}
}
```

```
Switch(1,3)
{
1 {write-host "it’ s one"}
2 {write-host "it’ s two"}
3 {write-host "it’ s three"}
}
it’ s one
it’ s three
```

图11.8　多条件语句执行结果

这里我们会发现两个符合的条件都会执行，条件 1 和条件 3 都会显示出来。如果希望这时候仅仅出现第一个条件满足的结果，而后面的条件不执行，需要通过 Break 语句来阻断语句的执行，图 11.9 所示为多条件语句执行的阻断。

```
Switch(1,3)
{
1{write-host "This is the One";break}
2{write-host "this is the two"}
3{write-host "this is the three"}
}
```

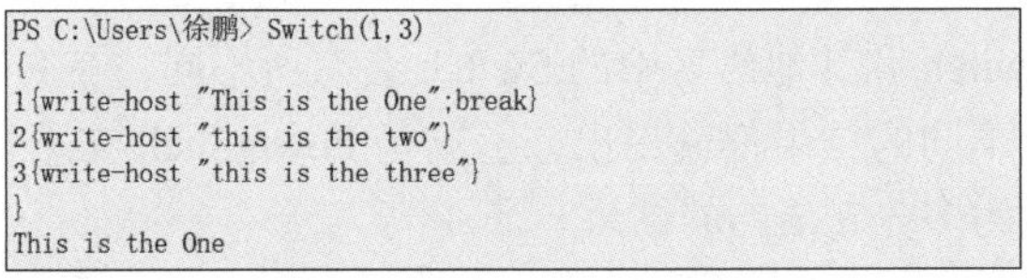

```
PS C:\Users\徐鹏> Switch(1,3)
{
1{write-host "This is the One";break}
2{write-host "this is the two"}
3{write-host "this is the three"}
}
This is the One
```

图11.9　多条件语句的阻断

11.4.2　Switch 的通配符匹配

Switch 支持通配符的方式进行匹配，通配符匹配包含如下的匹配字符。

- *：代表 0 个和无限多个字符。
- ?：代表 0 个和一个字符。

通配符方式必须在 Switch 进行匹配的过程中给定 -wildcard 参数，如果不启用通配符匹配模式，则可能出现如图 11.10 所示的匹配结果，结果就是没有匹配。

```
Switch("fourteen")
{
      1{write-host "it’ s the one"}
      2{write-host "it’ s the two"}
      3{write-host "it’ s the three"}
      "fo*" {write-host "it’ s fourteen"}
Default
      {write-host  " 没有匹配 "}
}
```

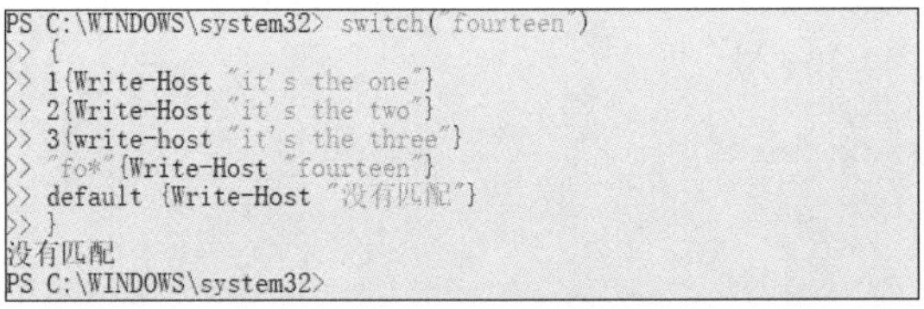

```
PS C:\WINDOWS\system32> switch("fourteen")
>> {
>> 1{Write-Host "it's the one"}
>> 2{Write-Host "it's the two"}
>> 3{write-host "it's the three"}
>> "fo*"{Write-Host "fourteen"}
>> default {Write-Host "没有匹配"}
>> }
没有匹配
PS C:\WINDOWS\system32>
```

图11.10　没有启用通配符匹配模式则无法匹配数据

如果希望实现通配符匹配，则必须在 Switch 中定义通配符匹配模式，如使用 WildCard 模式可以实现通配符匹配，图 11.11 所示为启用通配符匹配后的数据。

```
Switch -wildcard ("fourteen")
{
      1{write-host "it’ s the one"}
      2{write-host "it’ s the two"}
      3{write-host "it’ s the three"}
      "fo*" {write-host "it’ s fourteen"}
Default {write-host  "no match"}
}
```

```
PS C:\WINDOWS\system32> switch -wildcard ("fourteen")
>> {
>> 1{Write-Host "it's the one"}
>> 2{Write-Host "it's the two"}
>> 3{write-host "it's the three"}
>> "fo*"{Write-Host "fourteen"}
>> default {Write-Host "没有匹配"}
>> }
fourteen
```

图11.11　启用通配符的数据匹配方式

11.4.3　Switch 的正则匹配

在使用 Switch 实现流程管理过程中，还可以实现基于正则方式匹配的操作，来帮助用户实现符合数据规范的匹配方式。实现正则匹配方式比较简单，直接使用 Regex 来定义实现基于正则的匹配，图 11.12 所示为正则匹配的结果。

```
$target = 'https://bing.com'
switch -Regex ($target)
{
    '^ftp\://.*$' { "$_ is an ftp address"; Break }
    '^\w+@\w+\.com|edu|org$' { "$_ is an email address"; Break }
    '^(http[s]?)\://.*$' { "$_ is a web address that uses $($matches[1])";
Break }
}
```

```
PS C:\WINDOWS\system32> $target = 'https://bing.com'
PS C:\WINDOWS\system32> switch -Regex ($target)
>> {
>>     '^ftp\://.*$' { "$_ is an ftp address"; Break }
>>     '^\w+@\w+\.com|edu|org$' { "$_ is an email address"; Break }
>>     '^(http[s]?)\://.*$' { "$_ is a web address that uses $($matches[1])"; Break }
>> }
https://bing.com is a web address that uses https
```

图11.12　Switch的正则表达式结果

11.4.4　Switch 的代码块匹配

相信也会有朋友提到一个问题，前面的数据全部都是固定的数值。如果它本身不是数值，而是一个变量，这个变量可能是文件对象，也可能是进程对象。这一类求值的运算符是否可以使用到 Switch 呢？当然也是可以的。接下来通过一段可执行代码来分析下代码块的使用。

```
$a=4
switch($a)
    {
        ({$_.GetType().name -eq "string"})
            {
          write-host "字符串类型"
            }
        ({$_.GetType().name -eq "Int32"})
            {
          write-host "整数类型"
          }
    }
```

在 Switch 中实现代码块结果匹配需要注意的是，代码块必须使用“({})”，其中代码块必须在

“{}”中，图 11.13 所示为代码块匹配模式下的结果。

```
$a=4
switch($a)
{
  ({$_.GetType().name -eq "string"})
  {
    write-host "字符串类型"
  }
  ({$_.GetType().name -eq "Int32"})
  {
    write-host "整数类型"
  }

}
```

```
}
整数类型
```

图11.13　代码匹配模式结果

11.5 PowerShell 流程处理之While 循环

While 是流程处理中非常典型的命令，通常 PowerShell 在条件判断后进行循环的过程中会使用到该命令，在 While 语句后“()”写入循环的条件。使用 While 循环会先进行条件判断，再依据结果判断是否执行循环体。While 条件运算的结果是布尔型，布尔型只有两种结果，一种是 True，另外一种是 False。当结果为 False 的时候跳出循环，结果为 True 时会执行循环体内容，图 11.14 所示为 While 判断语句格式。

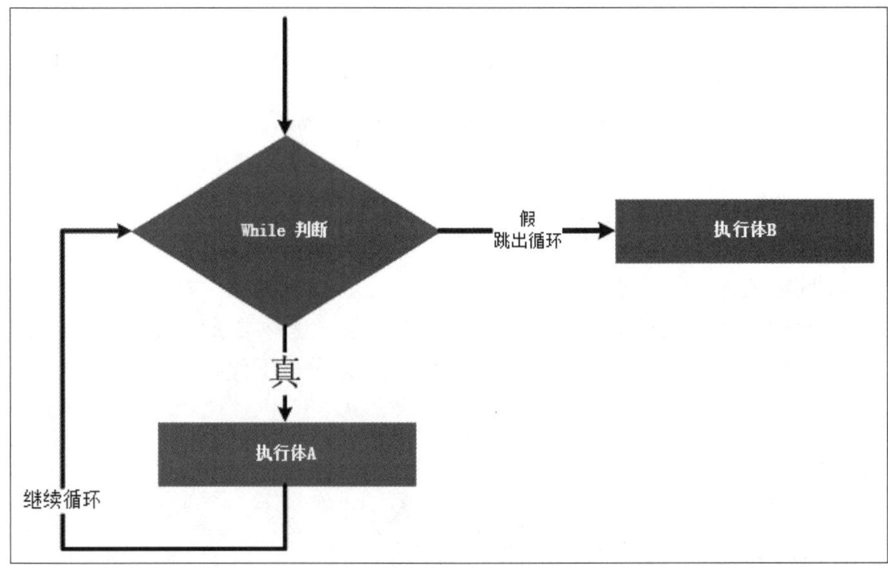

图11.14　While 判断语句

这里需要注意的是，需要有 While 循环的退出条件，否则将因为无法退出循环而形成死循环。图 11.15 所示为典型的死循环结构，只要不通过 Ctrl+C 组合键停止执行，脚本将一直执行下去。

```
While($true)
{write-host "欢迎来到 PowerShell"}
```

```
PS C:\WINDOWS\system32> while($true)
>> {write-host "欢迎来到PowerShell"}
欢迎来到PowerShell
欢迎来到PowerShell
欢迎来到PowerShell
欢迎来到PowerShell
欢迎来到PowerShell
欢迎来到PowerShell
欢迎来到PowerShell
欢迎来到PowerShell
欢迎来到PowerShell
欢迎来到PowerShell
欢迎来到PowerShell
```

图11.15　一直循环执行脚本

在执行While语句过程中，都会有退出机制。While语句有以下的条件退出机制和继续执行机制。

- 不符合条件退出：当不符合 While 判断条件将会退出。
- Break 退出：通过 Break 语句强制退出当前循环。
- Continue 继续：通过执行 Continue 语句继续执行。

11.5.1　While 不符合条件退出

在默认情况下，While 语句中判断的条件如果不再符合，会在执行判断后立即终止循环体。如果符合判断的条件，会继续执行 While 循环体。

```
$i=0
While($i -le 10)
{
Write-host $i
$i++
}
```

在上面的案例中，$i 的初始值为 0，如果 $i 的值小于 10，则执行循环体，执行的过程中让 $i 的数值持续增加。当 $i 大于 10 之后，条件判断 $i 的值不再满足要求，则退出整体循环。图 11.16 所示为不符合条件退出的结果。

```
PS C:\> while($i -le 10)
>> {
>> Write-Host $i
>> $i++
>> }
0
1
2
3
4
5
6
7
8
9
10
```

图11.16　不符合条件退出

11.5.2　Break 语句退出循环

Break 语句功能是直接跳出当前循环体，Break 退出通常与 IF 语句同时使用，在符合条件的情况下退出循环，图 11.17 所示为 Break 语句退出循环。

```
$i=1
$while($i -le 10)
    {
          If($i %4 -eq 0)
```

```
    {
    break
    }
    Write-host $i
    $i++
}
```

```
PS C:\> $i=1
PS C:\> while($i -le 10)
>> {
>> if($i % 4 -eq 0){
>>
>> break
>> }
>> write-host $i
>> $i++
>> }
1
2
3
```

图11.17 使用Break语句退出循环

通过整个脚本执行的过程我们可以看出，数值是 4 的倍数则直接跳出循环体，也就是从 1~3 脚本一共执行了三次。

11.5.3 Continue 继续循环

Continue 循环与 Break 循环实现的功能刚好相反，Break 循环是满足条件后跳出循环体，Continue 循环执行的是忽略当前条件，继续进行循环判断，符合就继续执行循环体。Continue 多与 IF 组合使用。下面以一个案例来分享 Continue 的使用。

```
$i=1
While($i -le 15)
   {
   If ($i % 7 -eq 0)
          {
               $i++
               Continue
          }
          Write-host $i
          $i++
   }
```

在脚本执行的过程中，7、14、21、28 作为 7 的倍数将不会显示出来，其他数值的数据将会正常显示，图 11.18 所示为 Continue 执行结果。

```
$i=1
While($i -le 15)
{
If ($i % 7 -eq 0)
{
$i++
Continue
}
Write-host $i
$i++
}
```

```
1
2
3
4
5
6
8
9
10
11
12
13
15
```

图11.18 使用Continue继续循环

11.6 PowerShell 流程处理之Do...While循环

Do...While 循环与 Do...Until 循环是 Do 循环的两种不同表现形式，它们的工作方式是两种不同的判断方式。Do...While 是执行相应操作，在判断相应的条件是否符合后再次执行。Do...While 循环和 While 循环功能基本一样，差别在于 Do...While 是先执行，再判断，而 While 是先判断再执行。Do...While 的执行原理如图 11.19 所示。

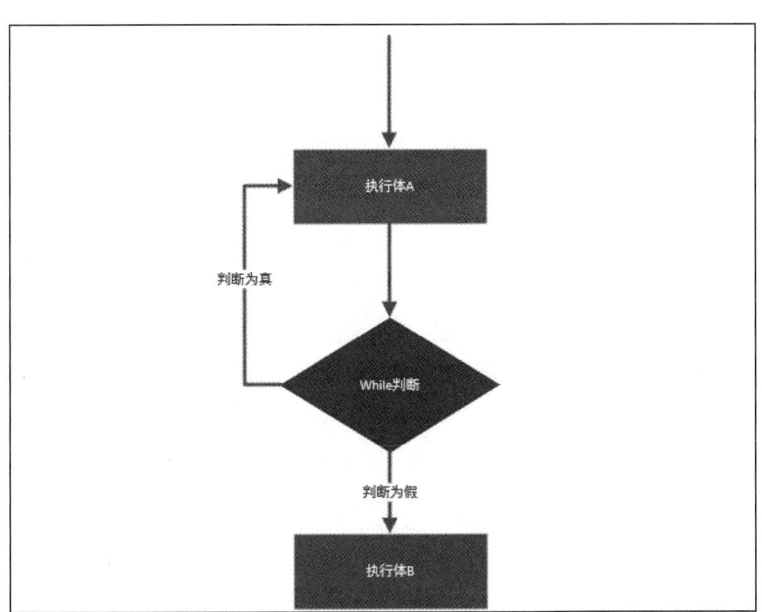

图11.19 Do...While的执行原理

Do...While 的使用场景和 While 使用场景略有不同，这两种场景具体会有什么差别呢？这里以一个非常简单的案例来分享代码写法的不同。需求如下。

- 输入“End” 结束程序。
- 输入后，理解输出输入的内容。

基于上面提到的业务需求，以下语句为 While 语句的实现方式。

```
$input=read-host "请输入内容，输入End退出输入"
While($input -neq "end")
{
Write-host $input
$input=read-host "请输入内容，输入End退出输入"
}
```

如果希望使用 Do...While 语句实现代码的执行，下面为具体的语句。

```
Do
{
$input=read-host "请输入内容， 输入End退出输入"
Write-host $input
}
while ($input -neq "end")
```

条条大路通罗马，在很多时候你使用不同的方法可以得到相同的结果，当然使用哪种方式取决于使用的情境。Do...While 循环与 While 循环一样，可以有两种方式退出循环。

- 条件判断退出循环。
- Break 语句退出循环。

当然，Do...While 也支持 Continue 语句继续循环体。

11.6.1 条件判断退出循环

Do...While 条件判断退出循环和 While 循环相同，不同的地方在于 Do...While 循环先执行执行体，然后再进行判断。

```
$i=0
Do
{
Write-host $i
$i++
}
while($i -le 10)
```

当前的语句先执行了语句体后，判断参数是否大于等于 10。当数值大于等于 10 将直接退出，图 11.20 所示为条件判断的执行结果。

```
$i=0
Do
{
Write-host $i
$i++
}
while($i -le 10)
```

```
1
2
3
4
5
6
7
8
9
10
```

图11.20 While条件判断退出

条件判断是根据所提供的条件判断结果的布尔值，如果布尔值为 True，则执行循环体中的数据，结果为 False 则跳出循环。

11.6.2 Break 语句退出循环

Break 语句功能是直接跳出当前循环体，Break 退出通常与 IF 语句同时使用，下面的案例就是使用 Break 退出循环的操作，图 11.21 所示为 Break 结合 While 循环执行结果。

```
$i=1
Do
   {
       If($i %4 -eq 0)
       {
       break
```

```
      }
   Write-host $i
   $i++
   }
While($i -le 10)
```

```
$i=1
Do
{
If($i %4 -eq 0)
{
break
}
Write-host $i
$i++
}
While($i -le 10)
```

```
1
2
3
```

图11.21　While语句与Break语句结合退出循环

结果不是 10，原因是什么呢？当数字循环到 4 的时候跳出循环，因此得到数值 1，2，3。

11.6.3　Continue 继续循环语句

Do...While 循环和 While 循环中的 Continue 的功能完全一样，利用 Continue 语句功能，可以实现跳过当前满足条件的循环体，而继续完成循环功能，直到结束整个循环功能。通常 Continue 的语句结合 IF 使用来确定是否满足跳过当前循环体条件。下面以一个 Continue 继续循环例子分享继续循环功能。

```
$i=1
Do
   {
       If($i %4 -eq 0)
       {
       $i++
       Continue
       }
   Write-host $i
   $i++
   }
While($i -le 10)
```

脚本运行完成后，只要数值是 4 的倍数，都会忽略执行而继续循环，最终的结果将显示除了 4 和 8 之外的 1 到 10 的其他数值，图 11.22 所示为语句执行结果。

图11.22　语句执行结果

11.7 PowerShell 流程处理之Do...Until循环

Do...Until 循环和 Do...While 循环的功能正好相反，Do...While 循环是默认满足循环的条件都会执行循环体，而 Do...Until 则是不满足条件才会执行循环体，满足条件则跳出循环，图 11.23 所示为 Do...Until 循环执行方式。

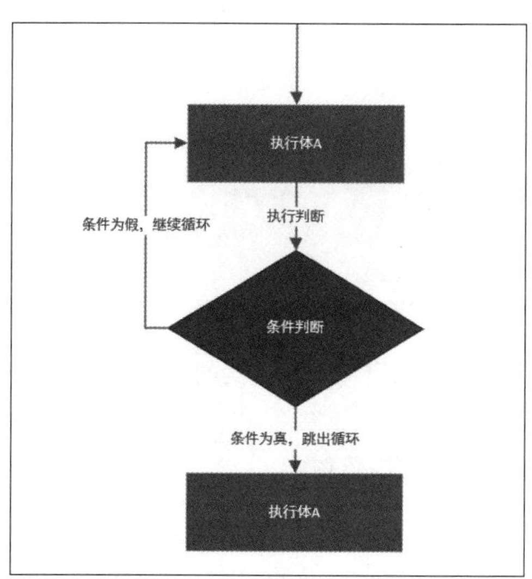

图11.23　Do...Until循环执行方法

下面我们分析一个实际案例来让大家深入理解下 Do...Until 的使用，脚本执行后，只要我们输入的不是“N”，循环将会持续执行，图 11.24 所示为执行具体的案例。

```
Do
{
        $input=read-host "请输入 Y 继续输入， N 退出"
} until($input -eq "n")
```

```
PS C:\> do
>> {
>> $input=Read-Host "请输入Y继续输入, N退出"
>> }until($input -eq "n")
请输入Y继续输入, N退出: y
请输入Y继续输入, N退出: y
请输入Y继续输入, N退出: y
请输入Y继续输入, N退出: y
请输入Y继续输入, N退出: y
请输入Y继续输入, N退出: y
请输入Y继续输入, N退出: y
请输入Y继续输入, N退出: y
```

图11.24　Do...Until循环案例

11.8 PowerShell 流程处理之For 循环

For 语句是通用循环语句，当需要进行数据计算的时候，使用 For 语句能够帮助用户非常方便地实现数据的累加和数组单个运算的调用。For 语句的循环逻辑相比 Do...While 语句稍微复杂，它的判断逻辑、计算逻辑和步进逻辑均在 For 语句中，不再需要向 While 语句体中添加相应的步进操作，图 11.25 所示为 For 语句实现循环逻辑功能。

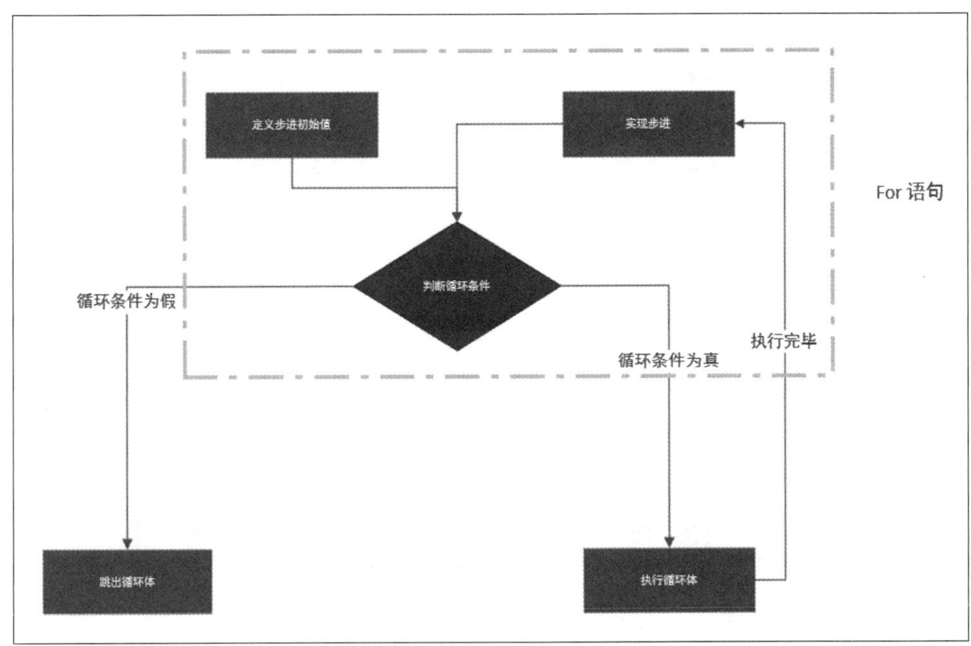

图11.25　For语句实现循环逻辑

For 语句的实现逻辑如下：For(初始条件 ; 判断条件 ; 步进策略){ 循环体 }。在 PowerShell 的 For 语句的初始条件及步进策略和其他语言并没有太大的不同，但是在条件判断这里与其他语言的语法会有不一样的地方，条件判断支持逻辑运算和布尔运算。但是这里的运算符不同于其他语言的运算符，必须满足运算符的规则，这部分内容大家可以参考第 10 章。下面的案例通过 For 语句轮询当前的数组，实现数组元素的依次输出，图 11.26 所示为数组元素的依次输出。

```
$a=@("abc","cde","def")
For($i=0;$i -lt $a.length;$i++)
{
    Write-host $a[$i]
}
```

```
$a=@("abc"," cde"," def")
For($i=0;$i -lt $a.length;$i++)
{
Write-host $a[$i]
}
```

```
abc
cde
def
```

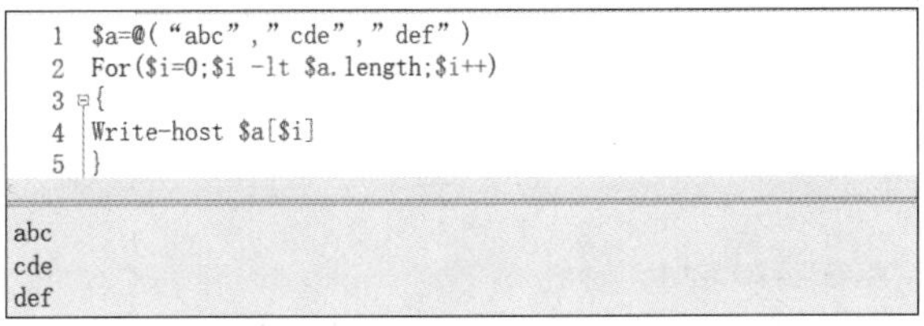

图11.26　数组元素的依次输出

这段代码是如何执行的呢？具体流程执行如下。

```
$i=0 输出 $a[0] 后 $i 自加 1
$i=1 输出 $a[1] 后 $i 自加 1
```

```
$i=2 输出 $a[2] 后 $i 自加 1
不满足条件，退出循环
```

11.8.1 For 循环与 Break

在 For 循环很多场景下，有时候需要基于特殊条件强制从当前循环中跳出，如果希望强制跳出循环体，可以使用 Break 语句来实现跳出功能。接下来以一个实际案例来分析 For 语句和 Break 语句实现 Break 跳出循环的使用场景。

```
$a=@("a","b","c","d","e")
For($i=0;$i -lt $a.length;$i++)
{
    If ($a[$i] -eq "c")
    {
    Break
    }
    Write-host $a[$i]
}
```

上面案例中的条件使用 IF 语句来进行判断，这里是“c”字符串，也意味着当字符串是“c”的时候会跳出循环，语句将会输出“a”和“b”，图 11.27 所示为语句执行跳出循环案例。

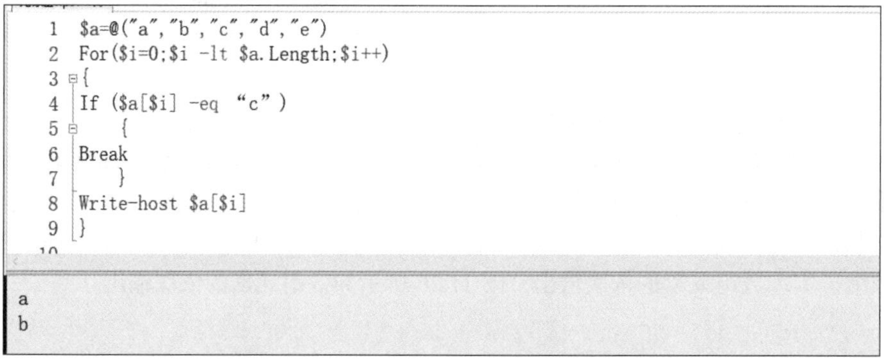

```
$a=@("a","b","c","d","e")
For($i=0;$i -lt $a.Length;$i++)
{
If ($a[$i] -eq “c”)
    {
Break
    }
Write-host $a[$i]
}
```

```
a
b
```

图11.27　当元素为“c”的时候跳出循环

11.8.2 For 循环与 Continue

For 循环语句的 Continue 子语句用于忽略当前循环体，执行下一次循环。同样以一个简单的案例来分析使用 Continue 和 For 语句忽略当前循环的功能。

```
$a=@("a","b","c","d","e")
For($i=0;$i -lt $a.length;$i++)
{
    If($a[$i] -eq "c")
    {
          Continue
    }
    Write-host $a[$i]
}
```

执行了 PowerShell 脚本之后，这里会发现输出的结果字符“c”没有执行循环体中的输出部分，主要是因为当字符是“c”的时候输出的过程直接忽略。语句跳到了“d”，图 11.28 所示为语句执行结果，这里可以发现字符“c”被跳过。

```
$a=@(“a”,”b”,”c”,”d”,”e”)
For($i=0;$i -lt $a.length;$i++)
{
If($a[$i] -eq “c”)
{
Continue
}
Write-host $a[$i]
}
```

```
a
b
d
e
```

图11.28　For语句与Continue处理

11.9 PowerShell 流程处理之ForEach 对象轮询

ForEach 语句的全称是 ForEach-object，主要的作用是实现结果集对象的轮询，ForEach 使用最多的场景为数组类型的遍历。从 PowerShell 3.0 版本开始，PowerShell 的 ForEach 支持两种不同的使用方式。

- 脚本块模式：所有的计算过程将包含在“{}”中。
- 自然模式。

自 PowerShell Core 7.0 版本后，PowerShell 支持三种模式。

- 脚本块模式：所有的计算过程将包含在“{}”中。
- 自然模式。
- 并行执行模式 Parallel。

这几种模式差别具体在哪里呢？有没有什么异同点，下面我们就和大家来一起分享下这几种模式的差别和异同点。

11.9.1 PowerShell ForEach 脚本块方式

ForEach 脚本块的方式通过如下的模式来实现：ForEach(object in objects){ 循环体 }。在脚本块模式下 ForEach 存在简单模式和复杂模式的执行过程，我们先分享下 ForEach 简单模式下执行过程的语句执行流程，如图 11.29 所示。

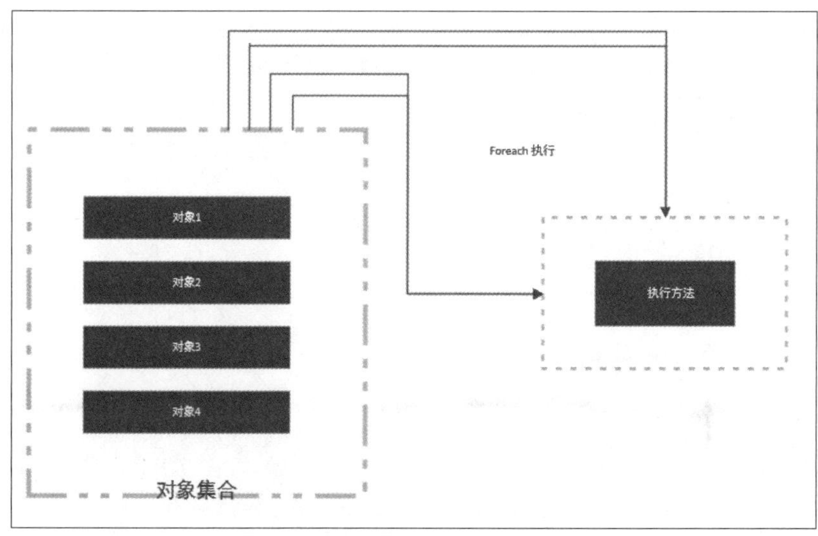

图11.29　简单的ForEach脚本块模式

日常 PowerShell 代码编写中 ForEach 脚本块模式使用的频率比较多，什么是脚本块模式？下面以一个简单案例来分享下 ForEach 脚本块模式的使用。

```
$filelist=Get-ChildItem "c:\log\"
ForEach($file in $filelist)
{
Write-host $file
}
```

这个案例让我们非常清楚地理解 PowerShell 在实现数组遍历的使用场景，代码的执行结果如图 11.30 所示。

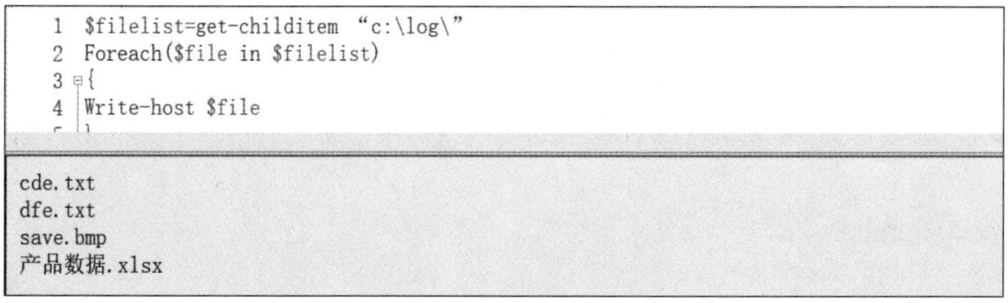

```
$filelist=get-childitem “c:\log\”
Foreach($file in $filelist)
{
Write-host $file
```

```
cde.txt
dfe.txt
save.bmp
产品数据.xlsx
```

图11.30　遍历数组的内容

ForEach 在使用管道符的应用场景下参数将会被隐藏，可以直接使用 ForEach 关键字进行对象轮询，图 11.31 所示为无参数 ForEach 的使用。

```
Get-Process |foreach {$_}
```

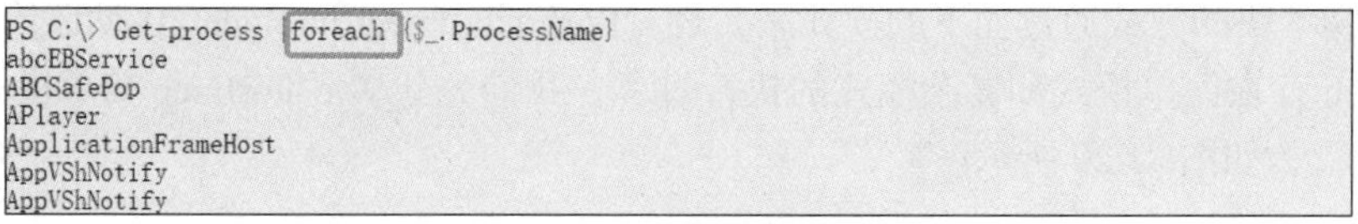

```
PS C:\> Get-process |foreach {$_.ProcessName}
abcEBService
ABCSafePop
APlayer
ApplicationFrameHost
AppVShNotify
AppVShNotify
```

图11.31　无参数ForEach的使用

ForEach 语句块模式还有比较复杂的用法，在这个方法下有三个不同的块编写。在当前结构下 Begin 和 End 都只会执行一次，而 Process 块每次都会执行，图 11.32 所示为复杂 ForEach 的执行方式。

- Begin 块：在 ForEach 执行开始的初始值定义，只会初始执行一次。
- Process 块：在每次执行都会执行的语句块。
- End 块：在 ForEach 执行完毕后执行的语句块，也会在结束后执行一次。

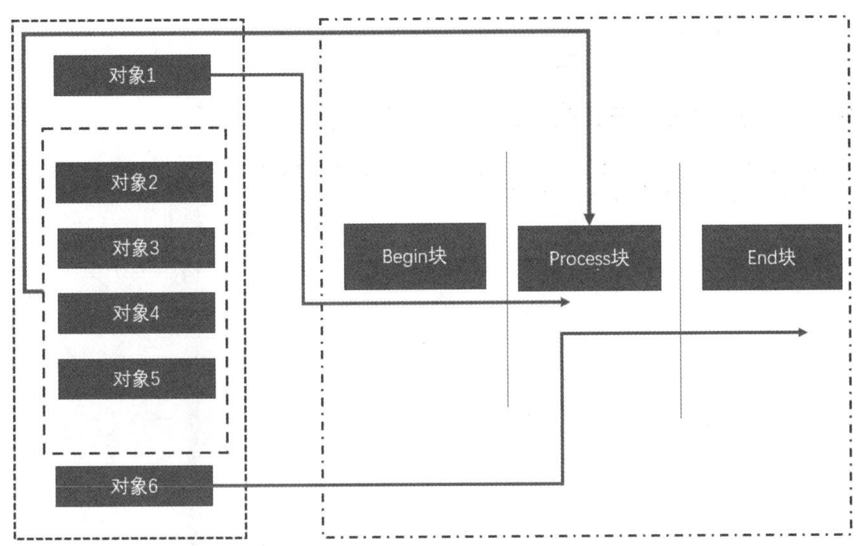

图11.32　复杂结构下的ForEach 执行方式

如何理解这张图中的流程呢？大家只要记得在进行对象轮询之前都会执行 Begin 块，每次都会执行 Process 块，而最后元素执行完成后再执行 End 块中的内容。先来看一个 ForEach 语句使用 Begin 和 Process 及 End 块的案例，图 11.33 所示为代码的执行结果。

```
$a=1,2,3,4,5
$a |foreach-object -begin {$result=0 } -process {$result+=$_} -end{write-host $result}
```

```
$a=1,2,3,4,5
$a |foreach-object -begin {$result=0 } -process {$result+=$_} -end{write-host $result}

15
```

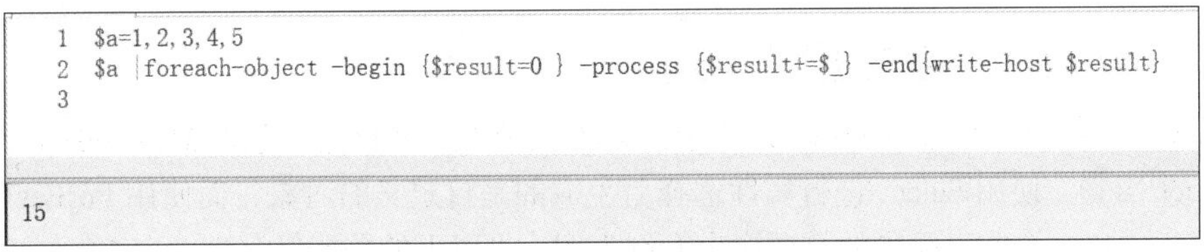

图11.33　代码的执行最终结果

在 ForEach 语句中，Begin 和 Process 及 End 可以不用写，默认 ForEach 会根据脚本块数量判断对应的是 Begin、Process 还是 End 块，不过这样的习惯不是太好。下面语句为忽略关键字 Begin 和 Process 的写法。

```
1..5 |foreach-object {write-host "begin"} {write-host "process"}
```

是不是看起来有点晕？仔细研究下执行的过程，相信你会很快地了解它的执行方法和顺序，图 11.34 所示为代码执行结果。

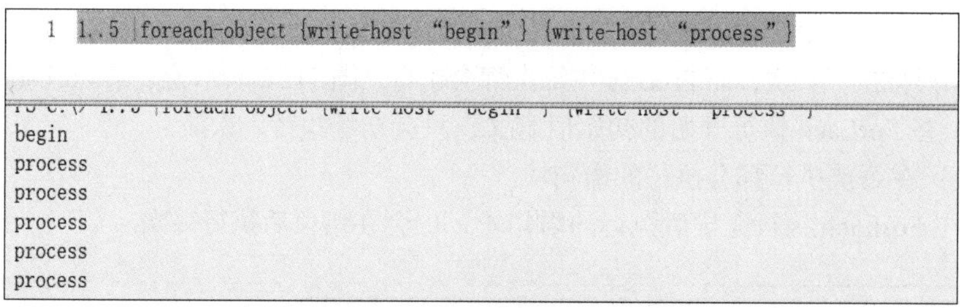

图11.34 代码最终执行结果

还有一种场景，就是超过三个语句块，它会怎么执行呢？

```
1..5|foreach {write-host "begin"} {write-host "first"} {write-host "second"}
{write-host "third"}{write-host "end"}
```

```
PS C:\WINDOWS\system32> 1..5|foreach {write-host begin} {write-host first} {write-host second}{write-host third}{write-host end}
begin
first
second
third
first
second
third
first
second
third
first
second
third
first
second
third
end
```

图11.35 三个以上语句块的执行

会不会觉得很奇怪，为什么 Begin 和 End 都只出现了一次，而其他都出现了三次？原因很简单，在多个语句块的情况下，它的执行方式如下。

- 第一个语句块是 Begin 语句块，在开始会执行一次。
- 最后一个语句块是 End 语句块，在结束后执行一次。
- 中间的所有语句块都是 Process 块，每次轮询都会执行。

11.9.2 ForEach 自然语言模式

ForEach 语句块模式是通过 ForEach 来进行属性的获取，从概念上它非常像 Select 语句，但又不同于 Select 语句。使用 Select 进行属性选择后生成的是自定义的对象，而使用 ForEach 输出的是单纯的字符串。以一个非常简单的数据输出案例为例，将以下的数据保存为一个 CSV 文件。

```
computerName,Staus
localhost,alive
127.0.0.1,alive
```

通过以下的命令完成数据的输出和类型获取，获取如图 11.36 所示的数据结果，会发现对象是自定义的数据对象。

```
$selectComputer=import-csv -Path C:\log\computer.csv |select computername
$selectcomputer.gettype()
```

```
1  $selectComputer=import-csv -Path C:\log\computer.csv |select computername
2
PS C:\Users\徐鹏> $selectComputer

computerName
------------
localhost
127.0.0.1
192.168.31.201


PS C:\Users\徐鹏> $selectComputer|Get-Member


   TypeName:Selected.System.Management.Automation.PSCustomObject

Name         MemberType   Definition
----         ----------   ----------
Equals       Method       bool Equals(System.Object obj)
GetHashCode  Method       int GetHashCode()
GetType      Method       type GetType()
ToString     Method       string ToString()
computerName NoteProperty string computerName=localhost
```

图11.36　使用Select的结果是自定义数据类型

在进行 Select 操作对象的过程中，所有的数据依然是自定义对象，自定义 PowerShell 对象依然没有改变。如果 ForEach 结合属性输出，得到的结果不再是对象，而是字符串类型，图 11.37 所示为 ForEach 获取对象属性的格式。

```
$selectComputer=import-csv -Path C:\log\computer.csv |foreach computerName
$selectcomputer.gettype()
```

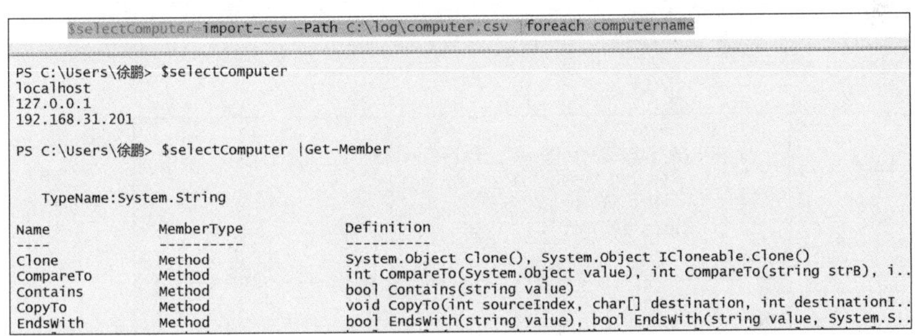

```
$selectComputer=import-csv -Path C:\log\computer.csv |foreach computername

PS C:\Users\徐鹏> $selectComputer
localhost
127.0.0.1
192.168.31.201

PS C:\Users\徐鹏> $selectComputer |Get-Member


   TypeName:System.String

Name             MemberType            Definition
----             ----------            ----------
Clone            Method                System.Object Clone(), System.Object ICloneable.Clone()
CompareTo        Method                int CompareTo(System.Object value), int CompareTo(string strB), i..
Contains         Method                bool Contains(string value)
CopyTo           Method                void CopyTo(int sourceIndex, char[] destination, int destinationI..
EndsWith         Method                bool EndsWith(string value), bool EndsWith(string value, System.S..
```

图11.37　ForEach 自然语言模式获取属性

11.9.3　ForEach Parallel 并行模式——PowerShell 7.0

ForEach 的并行模式（Parallel）是一种并行执行脚本的方式，这个方法只在 PowerShell Core 7.0 以上的版本支持。同时在并行模式下参数 ThrottleLimit 可以限定同一时间内并行执行的脚本数量，在并行模式下，需要关注两个参数代表的含义。

```
$_        和非并行模式一样，代表管道符传递过来的对象
$using:   将静态对象或者数据传递到 ForEach 语句块中
```

在并行模式进行操作的时候，需要了解代码的执行是无序的。这一点需要特别注意，相信大家一定会认为结果是“1，2，3，4，5”。这里执行的结果证明大家的思路是错误的，执行的结果如图 11.38 所示。

```
1..5|foreach-object -parallel {
Write-host $_
}
```

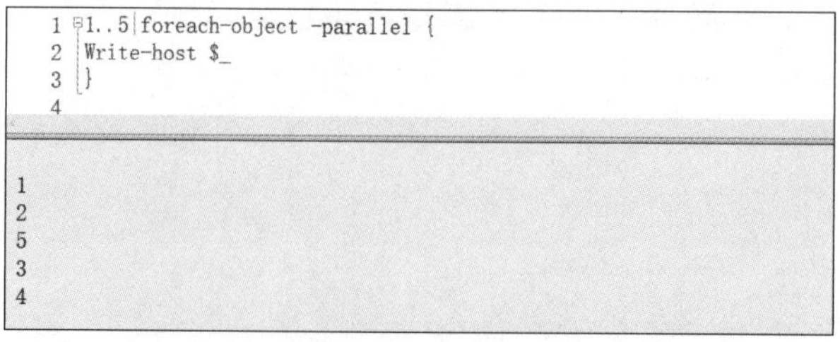

```
1..5|foreach-object -parallel {
Write-host $_
}

1
2
5
3
4
```

图11.38　以并行方式执行出现很奇怪的结果

这个问题是怎么发生的呢？这里的执行环境是在 PowerShell 7.0 以上的版本，在当前 5.1 版本方式提供的执行方式都是串行执行方式，代码的执行为单向执行方式。而在 PowerShell 版本升级到 PowerShell Core 7.0 版本之后，提供可选择的脚本执行方式将大大增强脚本块的执行效率。

在 PowerShell 中使用 Parallel 参数之后，如果脚本是慢速脚本，执行效率相对比较低。但是通过设定并行进程阈值为 4，可以极大地提升效率。大家可以在 PowerShell 7.0 以上的版本执行如下的脚本，图 11.39 所示为执行结果。

```
$message=" 输出 :"
1..8 | ForEach-Object -Parallel {
       "$using:Message $_"
       Start-Sleep 1
} -ThrottleLimit 4
```

```
$message=" 输出:"
1..16 | ForEach-Object -Parallel {
    "$using:Message $_"
    Start-Sleep 1
} -ThrottleLimit 4

输出: 1
输出: 2
输出: 3
输出: 4
```

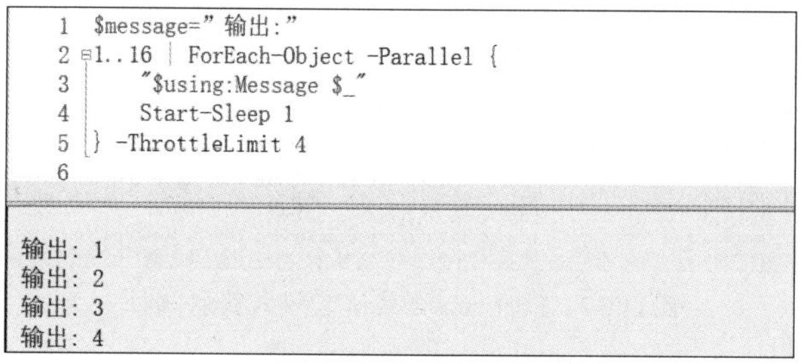

图11.39　脚本执行结果

复制这段代码到 PowerShell 7.0 以上环境执行后，你会发现不同于串行一次执行一次脚本的方式，在并行执行方式下，一次并行执行四个进程。

这里我们通过建立 1000 个 0 字节的文件来评估下代码执行的效率，对比串行代码和并行代码的执行时间，来实际了解下并行执行代码和串行执行代码的效率。下面一段代码评估了 1000 个文件的创建具体需要的时间，这里我们可以看到执行花了大概 0.577 秒，图 11.40 所示为执行的整个过程。

```
Measure-command
{
    $dir="c:\log\"
    1..1000|ForEach -process
    {
        $file=$dir+"file"+$_+".txt"
        New-Item -path $file
    }
}
```

```
Measure-command {
$dir=" c:\log\"
1..1000|Foreach -process{
$file=$dir+" file" +$_+".txt"
New-item -path $file
}
}

Days              : 0
Hours             : 0
Minutes           : 0
Seconds           : 0
Milliseconds      : 577
Ticks             : 5770912
TotalDays         : 6.6792962962963E-06
TotalHours        : 0.000160303111111111
TotalMinutes      : 0.00961818666666667
TotalSeconds      : 0.5770912
TotalMilliseconds : 577.0912
```

图11.40　串行命令执行花费时间

接下来在 PowerShell 7.0 中使用并行代码执行方式来执行相应的代码，看下需要花费的具体时间，图 11.41 所示为命令执行的整体时间。

```
Measure-command
{
$dir="c:\log\"
1..1000|ForEach -Process {
    $file=$using:dir+"file"+$_+".txt"
    New-Item -path $file
}
}
```

```
Measure-command {
$dir=" c:\log\"
1..1000|Foreach -Parallel {
$file=$using:dir+" file" +$_+".txt"
New-item -path $file
}
}

Days              : 0
Hours             : 0
Minutes           : 0
Seconds           : 4
Milliseconds      : 309
Ticks             : 43096615
TotalDays         : 4.98803414351852E-05
TotalHours        : 0.00119712819444444
TotalMinutes      : 0.0718276916666667
TotalSeconds      : 4.3096615
TotalMilliseconds : 4309.6615
```

图11.41　并行创建一共花费了约4.3秒

你不是说并行后速度会变快吗，为什么慢了呢？建立 1 000 个文件竟然慢了 4 秒。

相信大家执行完毕后一定会有疑问，这里我们回来了解下串行执行脚本和并行执行脚本的实现机制。

1. PowerShell 串行运行机制

在使用 ForEach 串行运行机制下，所有的脚本命令按照顺序执行。执行完第一条命令后执行第二条，依次完成每条需要执行的命令。串行运行机制适用于执行效率较高的命令，比如创建文件、创建文件夹等快速结束的命令，使用串行依次执行的效率非常高，图 11.42 所示为串行命令执行方法。

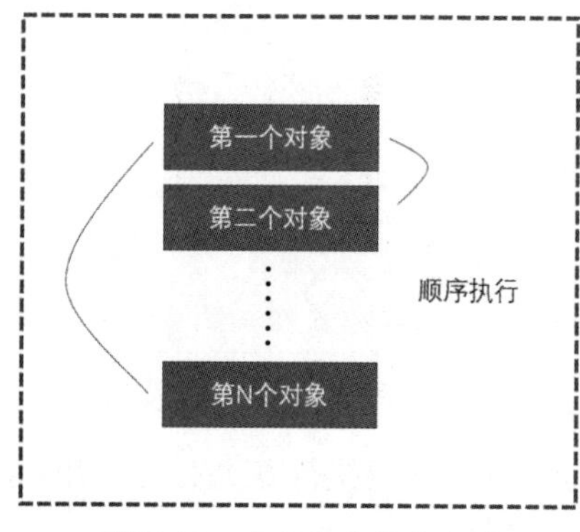

图11.42　串行命令执行方法

2. PowerShell 并行运行机制

在并行运行机制下，每个执行的进程都是相对独立的运行空间。而默认情况下运行空间池只有 5 个，这意味着什么呢？这就意味着每次执行的进程有 5 个，5 个执行完之后再有 5 个进程进入运行空间，这样一直执行下去。相比串行执行模式来说，并行运行模式适用于一次执行的时间比较长的进程，比如实现批量复制，针对服务器的系统及数据备份等，图 11.43 所示为并行执行机制。

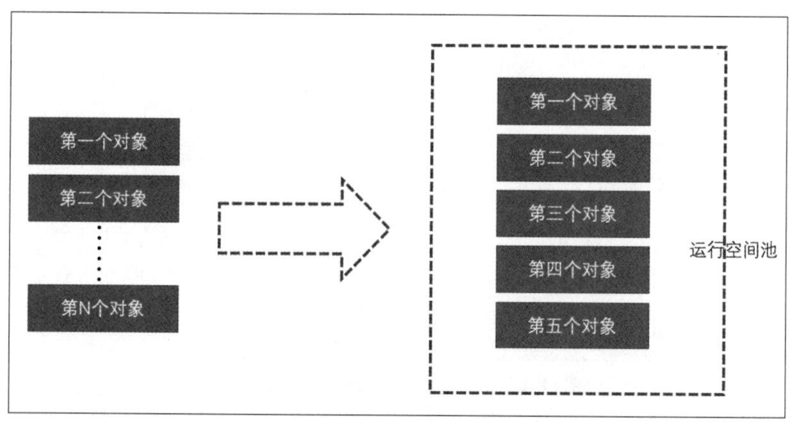

图11.43　ForEach 并行执行机制

并行脚本的执行优势在于长时脚本执行的效率提升，为了演示出长时脚本执行的效率提升，我们重新修改下执行的脚本。这时如果我们按照串行步骤执行的最终时间如图 11.44 所示，命令执行完成一共花了 100 多秒的时间。

```
Measure-command
{
1..100 |ForEach {
Sleep 1
}
```

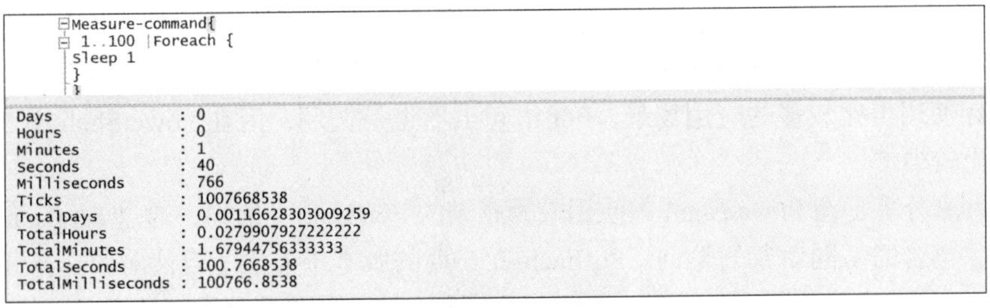

```
Measure-command{
1..100 |Foreach {
Sleep 1
}
}

Days              : 0
Hours             : 0
Minutes           : 1
Seconds           : 40
Milliseconds      : 766
Ticks             : 1007668538
TotalDays         : 0.00116628303009259
TotalHours        : 0.0279907927222222
TotalMinutes      : 1.67944756333333
TotalSeconds      : 100.7668538
TotalMilliseconds : 100766.8538
```

图11.44　串行命令执行总时长为100秒

这里如果以并行脚本执行方式执行这一串脚本，一共将花费多少时间呢？非常惊喜地发现，这个时间远远小于 100 秒，一共只花了约 20 秒的时间。图 11.45 所示为命令最终执行的结果。

```
Measure-command
{
1..100 |ForEach -parallel {
Sleep 1
}
}
```

```
PS C:\Users\徐鹏> Measure-command{
>> 1..100 |ForEach-Object -Parallel {
>> Sleep 1
>> }
>> }

Days              : 0
Hours             : 0
Minutes           : 0
Seconds           : 20
Milliseconds      : 453
Ticks             : 204538863
TotalDays         : 0.000236734795138889
TotalHours        : 0.00568163508333333
TotalMinutes      : 0.340898105
TotalSeconds      : 20.4538863
TotalMilliseconds : 20453.8863
```

图11.45　并行执行最终时间

在并行操作过程中，如果针对的是需要花费很长时间的操作，则使用并行操作将大大节省操作的时间。当然如果并行操作使用不当，可能带来的是反向结果，这一点大家需要认真地理解。

11.10 章节回顾

本章和大家分享了 PowerShell 中非常重要的知识：流程管理。在 PowerShell 中，流程管理是控制脚本运行的路径，通常使用如下的语句或子语句实现。

- IF 和嵌套 IF
- Switch
- While 与 Do...While
- Do...Until
- For 循环
- ForEach 循环

使用 IF 和嵌套 IF 操作都是相对比较简单的流程，如果存在太多的复杂流程，不建议使用 IF

进行流程的管理，太多的嵌套会导致消耗较多的性能。Switch 相比 IF 提供了更加便捷高效的流程管理，本章给大家分享了 PowerShell 中多种不同的 Switch 使用的场景。While 和 Do...While 语句是进行条件循环使用得比较多的应用场景，For 语句虽然也是循环，但在 PowerShell 中 For 语句使用的场景相对比较少。

最后给大家分享了在 PowerShell 中使用最为频繁的 ForEach 子语句，通过 ForEach 子语句，实现了多个对象集合的不同对象的轮询。ForEach 在早期的版本中提供了自然对象选择和脚本块的方式，在 PowerShell 7.0 中提供了 Parallel 并行执行模式，对于需要长时执行的脚本，使用 Parallel 参数提供了更高的代码执行效率。

11.11 练习与知识巩固

1. PowerShell 实现循环的方式有哪几类?

2. PowerShell 的Switch语句能够实现哪几种数据匹配方式?

3. 下面的代码执行结果是什么?

```
$a="abc","a","b"
Switch($a)
{
"a"{write-host "a"}
"b"{write-host "b"}
}
```

4. 下面代码执行的结果是什么，c:\log文件夹下有a.txt、b.txt、c.txt文件吗?

```
$filelist=Get-ChildItem c:\log
ForEach($file in $filelist)
{
If($file.name -eq "b.txt")
{
continue
}
Write-host $file.name
}
```

5. 现在有100个1GB的文件需要进行拷贝，怎么编写脚本可以实现最高效率?

6. 使用Select进行数据选取和ForEach进行数据选取有什么差别?

7. Do...While 和Do...Until有什么差别?

第12章

PowerShell 集成开发环境

前面几章，我们进行的 PowerShell 功能讲解和代码编写都在 PowerShell 的运行环境中，学完这一章后终于可以在集成开发环境中实现脚本的开发了。集成开发环境相比 PowerShell 运行环境，可以更加方便地实现代码编写、调试和排错。

12.1 PowerShell 集成开发环境

PowerShell 交互运行环境是学习 PowerShell 基本命令最好的方式，利用命令行可以根据输入的内容进行即时交互，对于初学 PowerShell 的朋友是非常友好的体验。在交互环境学习完 PowerShell 基本命令之后，开始走入学习 PowerShell 的深水区，交互界面不再适合 PowerShell 复杂条件下的编程。在 PowerShell 交互环境下，所有的命令是以回车符作为结束符。类似的条件语句、循环语句和流程处理语句多数情况下都是多行模式进行编辑，这时如果还使用交互环境进行编辑操作，显然不符合需求。图 12.1 所示为 PowerShell 交互运行环境。

```
PS C:\Users\徐鹏> $a=10
PS C:\Users\徐鹏> for($i=0;$i -le $a;$i++)
>> {
>> Write-Host $i
>> }
0
1
2
3
4
5
6
7
8
9
10
```

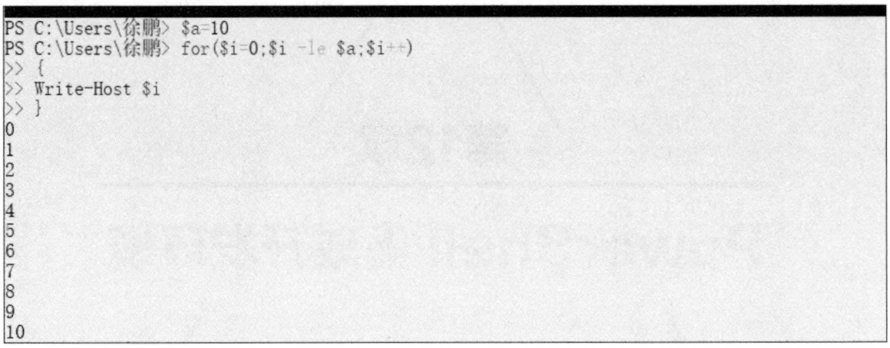

图12.1　PowerShell交互运行环境

PowerShell 语句块是以"{"作为语句块的开始，"}"作为语句块的结束，当需要进行多重循环或判断时，问题就出现了：当"}"写进去了之后，代码将会被执行。这时如果我们希望在一个代码块里面实现多个功能，就变得不可能，这时就需要 PowerShell IDE 的开发环境了。PowerShell 属于解释型语言，解释型语言相比编译型语言的平台更轻量，实现语言的编写和执行将变得非常简单，只要有解释的平台，就可以执行相关的脚本。这也让 PowerShell 的语言编写变得非常简单，最简单的编写脚本的工具甚至可以是 Notepad 记事本。当然记事本对于大多数的朋友来说，是一个遥不可及的任务。用记事本写代码的不是极客，就是骨灰级的玩家，他们已经非常熟悉任何一个命令及参数的使用，语法规则的熟悉及强大的排错能力是这些骨灰级玩家的底气，图 12.2 所示为使用记事本进行 PowerShell 代码的开发。

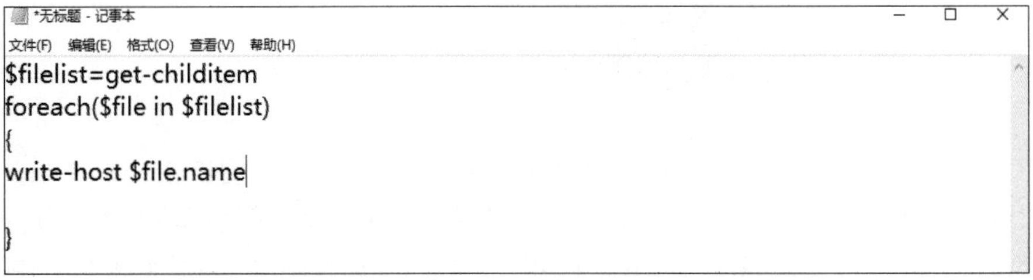

```
*无标题 - 记事本
文件(F) 编辑(E) 格式(O) 查看(V) 帮助(H)
$filelist=get-childitem
foreach($file in $filelist)
{
write-host $file.name

}
```

图12.2　使用记事本完成PowerShell 代码开发

对于大部分的朋友来说，在记事本中编写完全是一个遥不可及的任务。有没有更好的环境帮助我们来学习 PowerShell 呢？系统中内置的 ISE 就是一个非常棒的集成开发环境，也是目前我用来开发 PowerShell 的集成开发环境。对于部分新接触 PowerShell 的朋友来说，可能更喜欢使用 VS Code

作为 IDE 的开发平台。图 12.3 所示为 PowerShell ISE 开发环境，ISE 目前集成在所有的 Windows 平台。从 Windows 7 开始各个 Windows 平台集成了 ISE 的代码开发平台。

Windows PowerShell ISE
文件(F) 编辑(E) 视图(V) 工具(T) 调试(D) 附加工具(A) 帮助(H)
无标题1.ps1* 无标题2.ps1*

```
Measure-command {
$dir=" c:\log\"
1..1000|Foreach -Parallel {
$file=$using:dir+" file" +$_+" .txt"
New-item -path $file
}
}
```

图12.3　ISE开发平台

VS Code 是微软为了对抗一些其他轻量化软件的开发工具，建立的基于 .Net 生态社区而开发的解释型语言开发工具。VS Code 能够非常方便地进行各类语言代码的开发，如 JavaScript、前端开发、网页开发等，让各类不同的开发人员真正聚在一起，形成一个非常完整的生态。能够支持 PowerShell 的混合代码开发平台不多，但是 VS Code 算是非常优秀的一个。但是这里需要注意的是，默认安装的 VS Code 不支持 PowerShell 的开发与执行，需要安装 PowerShell 插件才可以完成脚本的编写和执行，图 12.4 所示为 VS Code 代码开发平台。

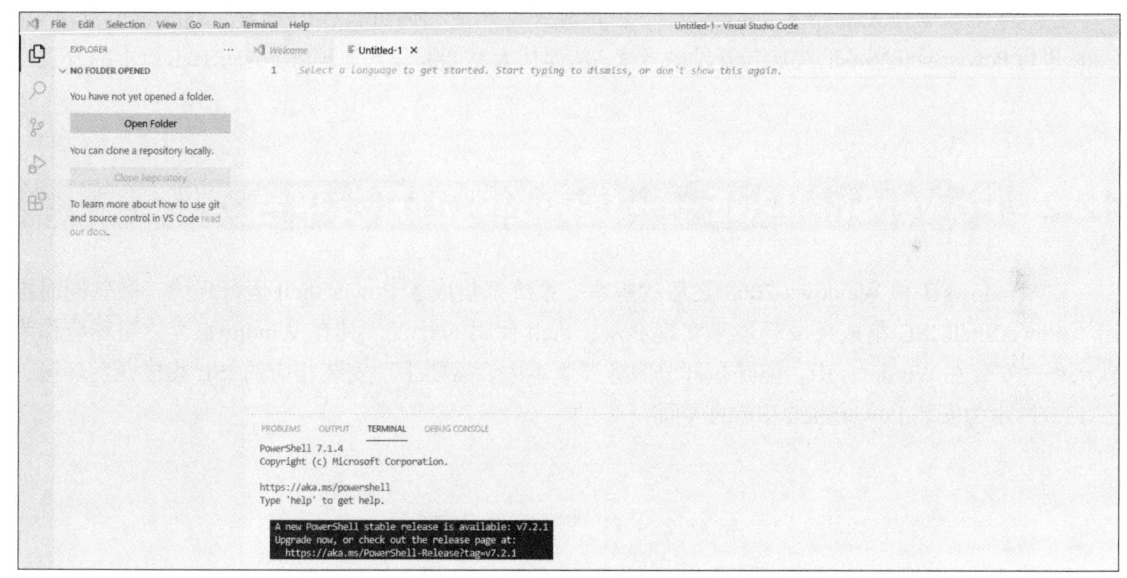

图12.4　VS Code 代码开发平台

PowerShell 能够开发 GUI 的程序吗？这是非常多学习 PowerShell 的朋友经常会问的问题，PowerShell 本身是基于 .Net 框架发布的开发语言，它可以支持 GUI 的 PowerShell 代码开发。但直接使用 VS Studio 开发程序并且封装 PowerShell 脚本，对于大部分编程功底不太强的新手来说，是一件无比困难的事情。而 PowerShell Studio 的出现解放了很多的新手，不用懂太多的编程技术，你也可以实现带界面的 PowerShell 的开发。在本书中我们不会描述有关 PowerShell Studio 的内容，大家可以访问软件官网 https://www.sapien.com/ 了解更多相关知识。图 12.5 所示为 PowerShell Studio 开发平台。

图12.5　PowerShell Studio 开发平台

我们将在本章和大家分享 PowerShell ISE 集成开发环境如何进行代码开发，同时也会分享 VS Code 进行 PowerShell 脚本的集成与开发的方法，从而让大家能够深入地理解 PowerShell 脚本的开发。

12.2 PowerShell ISE——优秀的内置开发平台

在 Windows 7 和 Windows 2008 之后的版本，系统都集成了 PowerShell 运行环境，微软同时推出了 PowerShell ISE 集成开发环境来实现 PowerShell 代码的开发，其在 Windows 客户端环境作为默认程序安装在 Windows 中。但是在部分服务器版本中，需要手动安装相应的 ISE 集成开发环境，图 12.6 所示为安装 PowerShell ISE 的界面。

图12.6　PowerShell ISE安装界面

12.2.1　ISE 集成开发环境的启动

PowerShell ISE 安装好之后，有几种启动方式可以帮助我们启动 ISE 集成开发环境。图 12.7 所示为启动 PowerShell ISE 的方法。

- 方法 1：在查找输入框中输入 ISE 后开启集成开发环境。
- 方法 2：直接在 PowerShell 中输入 ISE 启动集成开发环境。

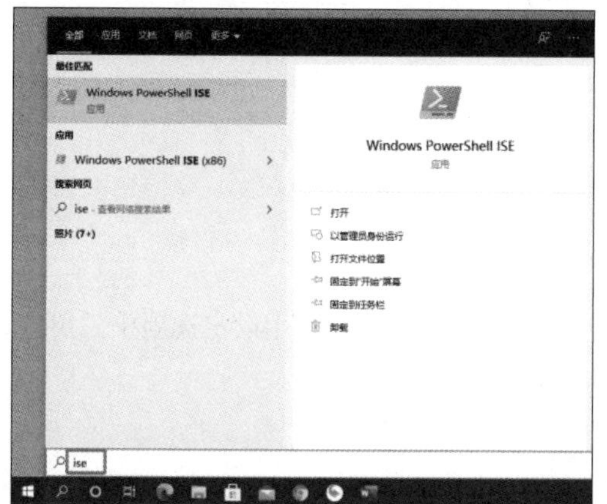

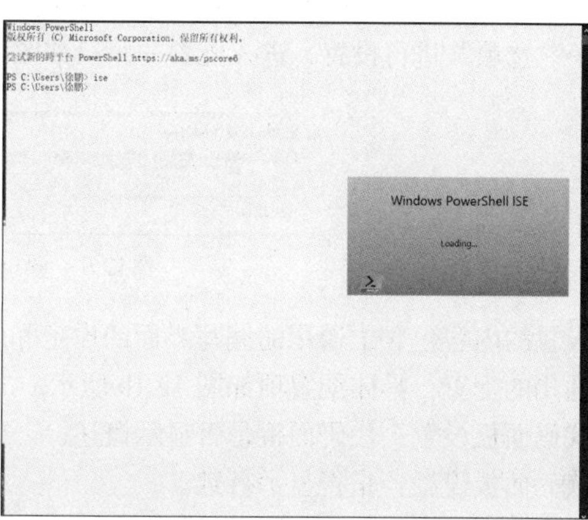

图12.7　PowerShell ISE 启动方法

PowerShell ISE 集成开发环境启动后，相信大家会非常熟悉。和微软其他的产品相似，它的界面非常标准，PowerShell ISE 学习成本相比 VS Code 要少很多，PowerShell ISE 就是为 PowerShell 代码编写做准备的。先来认识下 PowerShell ISE 集成开发环境的界面，图 12.8 所示为 PowerShell ISE 标准界面。

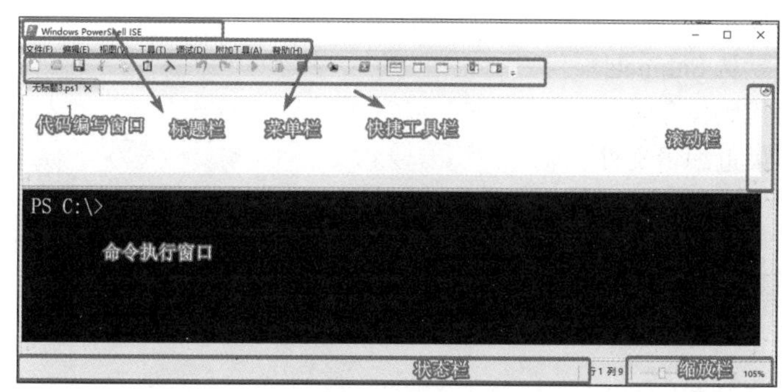

图12.8　PowerShell ISE 整体布局栏位

除去 PowerShell 本身的标题栏，一共包含以下 5 部分。

- 菜单栏：菜单栏是各类命令集合，大部分命令需要单击一级菜单后调出二级菜单使用。
- 快捷工具栏：快捷工具栏集合了常用的菜单命令，用户可以通过单击按钮快速调出命令。
- 代码开发区域：代码开发区域供我们进行代码编写和断点设置等操作。
- 执行调试区域：在执行代码调试区域，我们可以非常方便地实现即时的代码跟踪和参数跟踪。
- 状态栏：状态栏可以显示当前光标行与列的位置，同时通过拖曳缩放来快速地缩放代码的比例。

12.2.2 ISE 基本运行环境定制

PowerShell ISE 标准界面对于大多数人都已经满足定义和开发的要求，但是对于极客们如果希望将它改造成更为酷炫的界面，当然也是可以实现的，但是它的瓶颈是 VS Code。PowerShell ISE 无论如何定制，都无法实现 VS Code 酷炫界面。本章分享的定制内容包含界面的窗口、字体、显示、插件等多个不同界面的定制。

先来进行一些基本的元素设置，包含窗口的显示和字体的设置。通过 ISE 集成开发窗口的"工具"→"选项"进行设置，进入配置的路径如图 12.9。

图12.9　调出"选项"菜单

设置的内容包含了通用的编写界面的设定和颜色（字体）设定。在通用设定选项中，可以设置一些通用的配置，具体配置项如图 12.10 所示。

- 代码面板设置：代码面板是否显示概述。
- 代码面板设置：是否显示行数。
- 代码面板设置：修改相同文件提醒。
- 代码面板设置：运行前是否提醒保存文件。
- 智能提醒：在代码区开启智能提醒。
- 智能提醒：在输出 Console 开启智能提醒。
- 智能提醒：智能提醒超时时间设置。
- 其他设定：是否设定引用在线帮助。
- 其他设定：是否显示工具栏。
- 其他设定：使用默认 Snippets。
- 其他设定：自动代码保存时间。
- 其他设定：显示最近编辑文件。

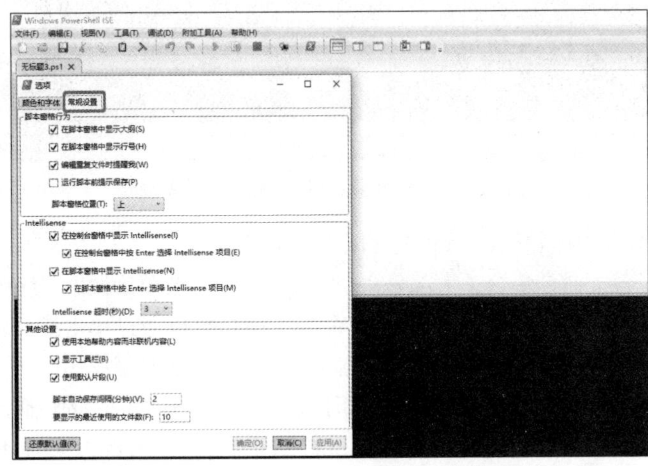

图12.10　PowerShell ISE 常规设置

如果需要设置的是颜色和字体部分，可以按照具体的需求定义相应的部分，这里可以按照代码区和显示区两部分分别设定相应的颜色和字体。在进行详细定制的过程中，主要设定的目标包含两部分。

- 代码编写区域。
- 代码执行区域。

代码编写区域设定的内容可以包含编写区域的前景和背景颜色的设定，同时也可以设置各个不同的对象或者参数。从图 12.11 中可以看到，设置的选项和内容可以依据不同对象设置不同的颜色及字体，图 12.11 所示为脚本窗格的颜色和字体设置。

而在输出窗口，大部分输出的内容都是以文本方式输出，输出结果可以按照自定义的内容格式进行设定。PowerShell 结果输出的设定可以根据输出显示的不同内容进行相应的定义，定义的内容如下，图 12.12 所示为控制台内容设置界面。

- 错误内容前景。
- 错误内容背景。
- 警告内容前景。
- 警告内容背景。
- 详细输出前景。
- 详细输出背景。
- 诊断内容前景。
- 诊断内容背景。

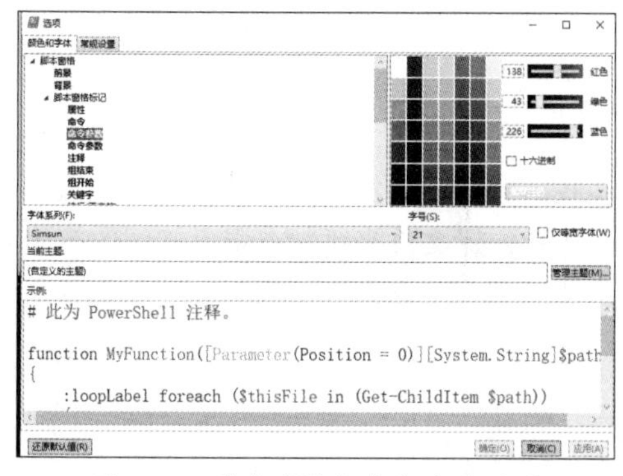

图12.11　脚本窗格颜色与字体设置

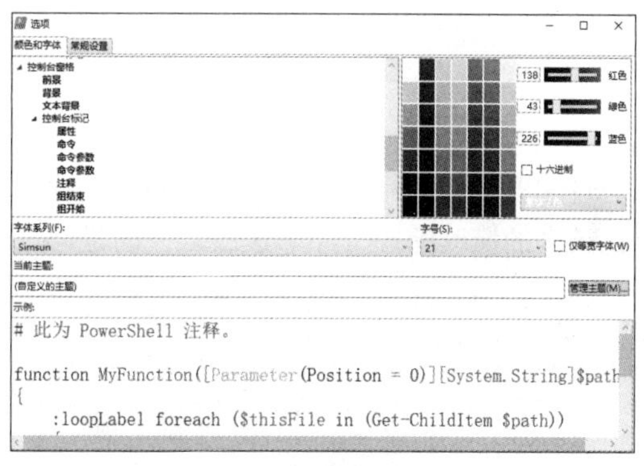

图12.12　控制台设置界面

当然除了直接通过界面配置 PowerShell ISE 集成环境之外，我们还可以使用 PowerShell ISE 的配置文件来完成 ISE 的环境配置。需要特别注意的是，PowerShell 的默认配置文件使用 $Profile 获取相应的路径，而默认的 PowerShell ISE 配置文件可以在 ISE 环境中直接执行 $Profile 来获取配置文件路径。在 PowerShell 中执行 $Profile 参数得到路径，但是这个路径是 PowerShell 环境的路径，图 12.13 所示为 PowerShell 的配置文件所在路径。

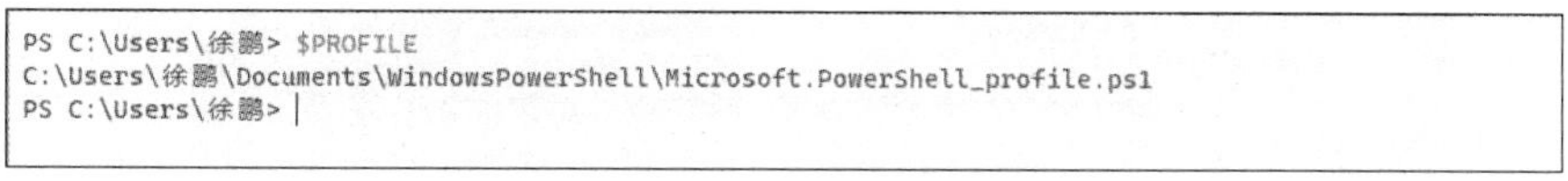

```
PS C:\Users\徐鹏> $PROFILE
C:\Users\徐鹏\Documents\WindowsPowerShell\Microsoft.PowerShell_profile.ps1
PS C:\Users\徐鹏> |
```

图12.13　PowerShell的配置文件

如果我们想知道 PowerShell ISE 的配置文件路径在哪里，怎么获取呢？这时就不是利用 PowerShell 获取配置文件，而是通过在 PowerShell ISE 中执行 $profile 的方式来获取，图 12.14 所示为 Profile 路径所在地址。

```
1 $profile

PS C:\> $profile
C:\Users\徐鹏\Documents\WindowsPowerShell\Microsoft.PowerShellISE_profile.ps1
```

图12.14　Profile 路径所在地址

这两者的配置文件是完全不同的配置路径，如果需要为 ISE 环境来进行配置，需要使用 ISE 的配置文件。在默认情况下 PowerShell ISE 的配置都会保存在配置文件中，可以执行如下的命令获取当前 ISE 环境的配置属性：$psISE.Options。图 12.15 所示为当前所有配置选项。

```
1 $psISE.Options

PS C:\> $psISE.Options


SelectedScriptPaneState        : Top
ShowDefaultSnippets            : True
ShowToolBar                    : True
ShowOutlining                  : True
ShowLineNumbers                : True
TokenColors                    : {[Attribute, #FF00BFFF], [Command, #FF0000FF], [CommandArgument, #FF8A2BE2], [Com
                                 mandParameter, #FF000080]...}
ConsoleTokenColors             : {[Attribute, #FFB0C4DE], [Command, #FFE0FFFF], [CommandArgument, #FFEE82EE], [Com
                                 mandParameter, #FFFFE4B5]...}
XmlTokenColors                 : {[Comment, #FF006400], [CommentDelimiter, #FF008000], [ElementName, #FF8B0000], [
                                 MarkupExtension, #FFFF8C00]...}
DefaultOptions                 : Microsoft.PowerShell.Host.ISE.ISEOptions
```

图12.15　当前所有配置选项

通过配置文件进行 ISE 集成开发环境配置的内容我们会在后面深入涉及，按钮和加载项的定制需要比较多的修改配置文件来达成。下面是通过修改 ISE 配置文件来添加自定义按钮的方法。

```
$RestoreRoot = $psISE.CurrentPowerShellTab.AddOnsMenu.Submenus.Add(
" 恢复数据 ",$null,$null)
$RestoreRoot.Submenus.Add(" 恢复所有到默认设置 ",
{$psISE.Options.RestoreDefaults()}, "Ctrl+Alt+R")
$RestoreRoot.SubMenus.Add(" 恢复颜色设置 ",
{$psISE.Options.RestoreDefaultTokenColors()}, "Ctrl+Alt+T")
```

图 12.16 所示为自定义按钮添加后的效果，我们可以将这个配置信息放在 PowerShell ISE 的配置文件中，每次执行都会启动这个配置。

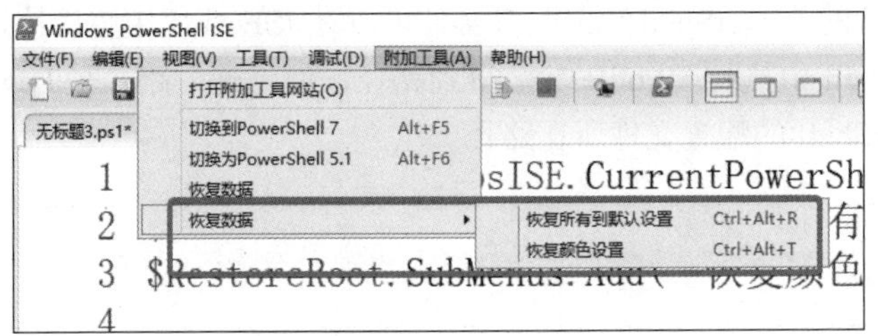

图12.16　PowerShell ISE 的自定义菜单添加

在加载项菜单中添加自定义按钮属于 ISE 环境定制中比较高级的应用，后续有单独章节与大家分享如何进行菜单的定制。

12.2.3　ISE 主题定制与使用

在各类应用中，主题（Theme）使用的越来越普遍。主题可以代表个人的心情和态度。

在 PowerShell ISE 环境中也存在主题的概念。但是在 PowerShell 的主题中，主题是针对代码和编辑区域进行预定义的环境的配置，而不包括菜单栏和快捷菜单栏的设置，图 12.17 所示为配置主题后的结果。

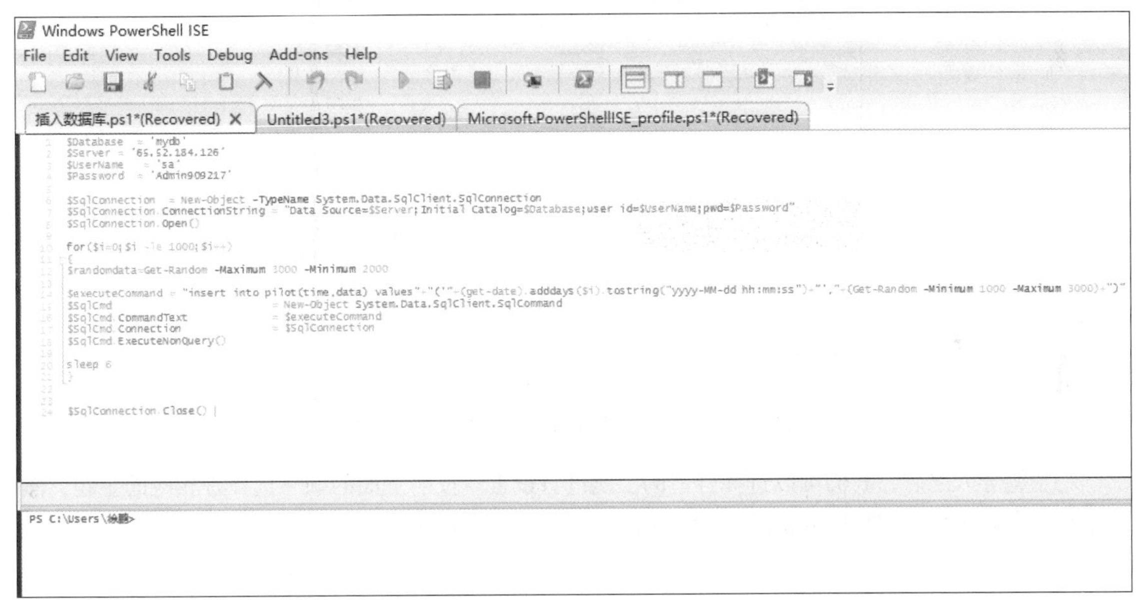

图12.17　配置主题后的结果

是不是感觉比较酷炫？互联网上有非常多的高手针对 PowerShell ISE 开发出了自己风格的模板，这些模板文件都是预先定义的 XML 文件，文件后缀名是 PS1XML。下面的 GitHub 网址提供了多种不同的编码主题风格：https://github.com/marzme/PowerShell_ISE_Themes，这些不同的 PowerShell ISE 的风格其实是不同的 XML 文件定义的数据呈现格式，图 12.18 所示为主题风格格式定义。

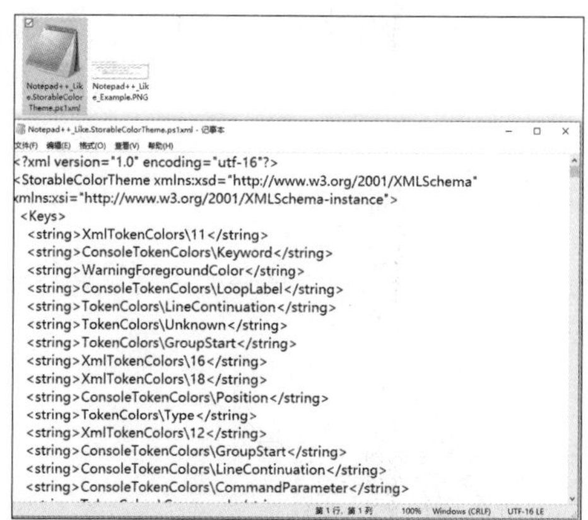

图12.18　主题风格格式定义

如何导入这些 XML 文件呢？ 通过工具→选项→管理主题→导入，选择相应的主题文件进行导入。图 12.19 所示为将主题导入 PowerShell ISE 的具体步骤。

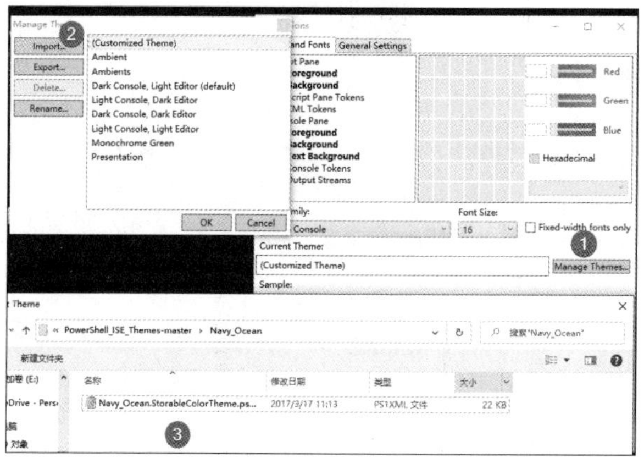

图12.19　主题导入 PowerShell ISE的具体步骤

将主题导入之后，我们可以选择合适的主题进行设置。按照下面的顺序选择好相应的主题，然后选择应用就可以使用相应的主题了，图 12.20 所示为 ISE 主题设置。

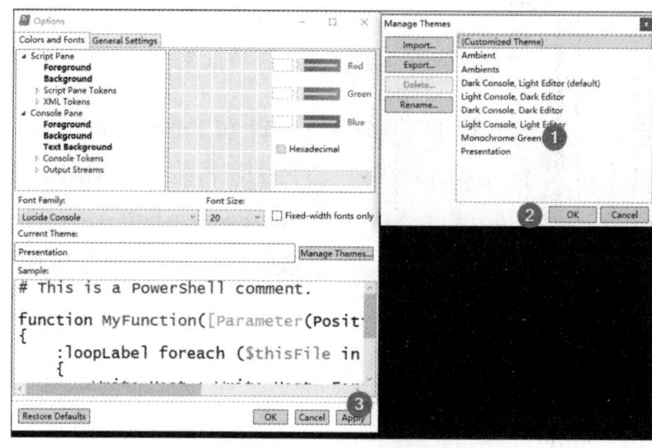

图12.20　ISE主题设置

12.2.4　ISE 菜单

PowerShell 集成开发环境所有的功能都可以在菜单中实现，在 PowerShell ISE 中提供了如下的功能菜单。

- “文件”菜单：新建脚本文件和打开脚本文件设置。
- “编辑”菜单：实现脚本的复制、粘贴、查找、替换等设置。
- “视图”菜单：实现当前界面的设置，包含行号等设置。
- “工具”菜单：ISE 的工具的选项设置。
- “调试”菜单：在 ISE 中调试当前脚本。
- “附加工具”菜单：可以添加自定义工具栏。
- “帮助”菜单：获取 ISE 帮助的内容。

这些功能分别有什么作用呢？我们接下来按照顺序给大家介绍下这些菜单。

12.2.5　ISE“文件”菜单

在所有的微软软件体系中“文件”菜单都是非常标准的常规按钮，通过“文件”中的命令能够实现如下的步骤，图 12.21 所示为“文件”菜单中可以执行的操作。

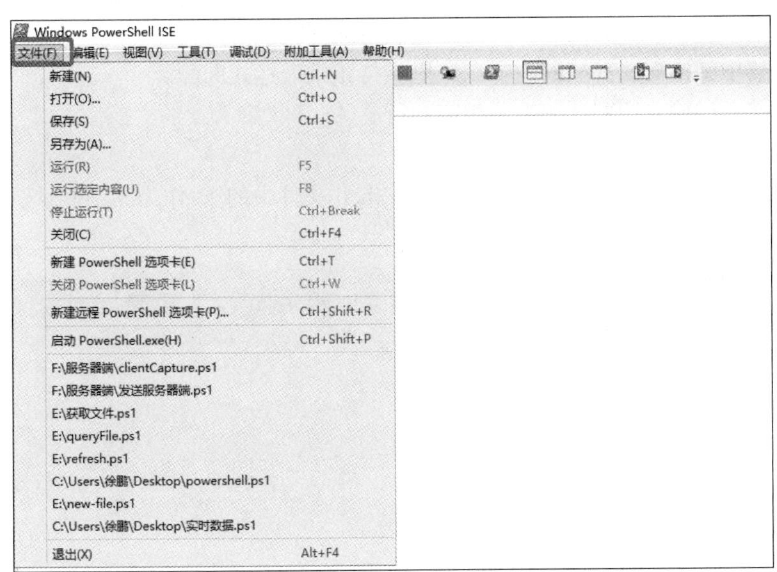

图12.21　“文件”菜单内容

- 新建：建立新的 PowerShell 空白文件。
- 打开：打开已经开发完毕的 PowerShell 文件。
- 保存：保存现有的 PowerShell 文件，如果没有保存过，则要求提供保存文件名。
- 另存为：以额外的名字保存 PowerShell 脚本文件，所有的变更将保存在新命名的 PowerShell 脚本文件。
- 运行：执行当前脚本文件内容。
- 运行选定内容：执行当前脚本中选中的内容。

- 停止运行：执行脚本从开始到断点，或者脚本上一个断点到当前断点的内容。
- 新建 PowerShell 选项卡：新建 PowerShell 选项卡将创建新的 PowerShell 执行环境，所有的执行代码会独立于先前的 PowerShell 执行环境。
- 新建远程 PowerShell 选项卡：单击新建远程 PowerShell 选项卡，将创建基于新的 Session 建立到远程电脑或者服务器的 PowerShell 连接。
- 启动 PowerShell.exe：直接在集成开发环境中打开 PowerShell 执行窗口。

12.2.6 ISE“编辑”菜单

PowerShell 集成开发环境中的“编辑”菜单也提供了相对标准的文件编辑功能，图 12.22 所示为文件的“编辑”菜单中的内容。

- 撤销：撤回之前动作。
- 恢复：重做之前动作。
- 剪切：将目前的内容剪切到粘贴板中，数据也将从编辑区域删除。
- 复制：将目前的内容复制到剪贴板中，数据依然在编辑区中存在。
- 粘贴：将复制到剪切板的内容粘贴到当前编辑区域中，这里仅仅粘贴最后复制到剪切板中的内容。
- 查找：在代码中查找需要的内容，支持正则表达式查找。
- 替换：在代码中替换需要替换的内容，这里支持正则表达式匹配。
- 转到行：直接通过输入行到达编辑器相应的行。
- 全选：选择所有代码。
- 切换大纲（区域）扩展：将会折叠所有 PowerShell 文件中的 {} 作为大纲显示。

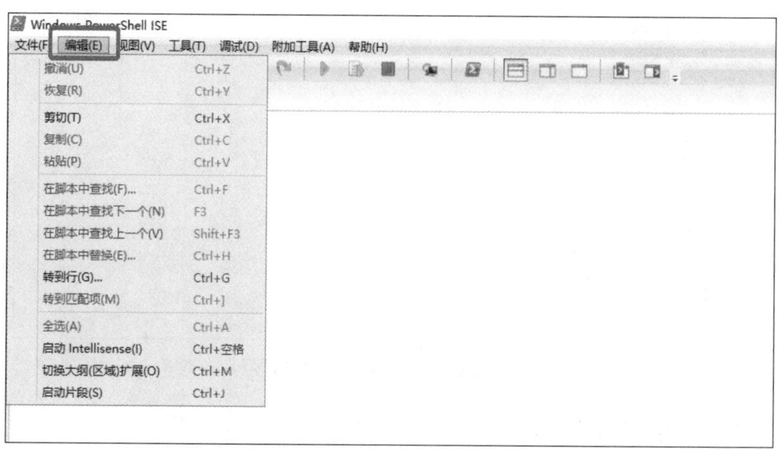

图12.22　ISE集成开发环境的“编辑”菜单中的内容

12.2.7 ISE“视图”菜单

PowerShell 集成开发环境中的“视图”菜单提供了集成开发环境的显示和状态相关的配置，“视图”菜单中包含如下内容，图 12.23 所示为“视图”菜单功能。

- 显示工具栏：单击显示工具栏将显示 / 隐藏快捷工具栏。
- 显示脚本窗格：显示 / 隐藏脚本窗格。
- 显示大纲（区域）：显示 / 隐藏大纲区域，一对“{}”选择的区域通常被认为是一个代码块区域。
- 显示行号：显示 / 隐藏代码行数。
- 显示命令附加工具：通过显示 / 隐藏加载项可以显示命令加载项。
- 显示脚本窗格上 / 右 / 最大化：通过多种形式设置代码框。
- 缩放功能：实现代码区域的缩放功能，字体同步缩放。

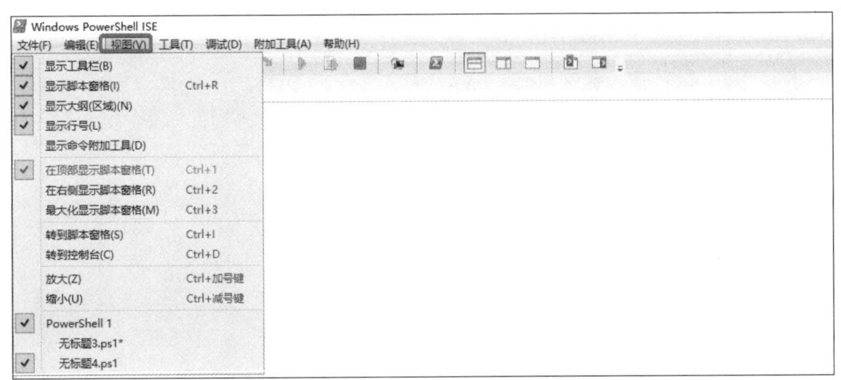

图12.23　“视图”菜单功能

12.2.8　ISE“工具”菜单

PowerShell ISE“工具”中的子菜单选项提供了 PowerShell ISE 集成开发环境的配置，图 12.24 所示为 ISE 环境配置选项按钮。

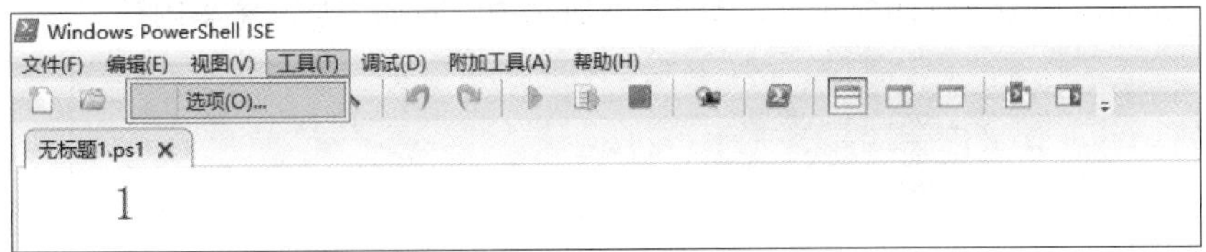

图12.24　“工具”子菜单中的选项设置

12.2.9　ISE“调试”菜单

“调试”菜单可以完成当前 PowerShell 脚本调试的操作，子菜单包含如下的功能。

- 逐过程：在进行单步执行中，会把子程序当成一步执行，不会在子程序中单步执行。
- 单步执行：单步步入，同时也会在子程序中进行单步步入执行。
- 跳出：跳出单步执行，将剩余过程执行完毕。
- 运行 / 继续：如果没有断点则执行完毕，如果有断点，将执行到下一个点。
- 全部中断：中断当前执行脚本。

- 停止调试程序：停止进程的执行。
- 切换新点：设置 / 取消断点设置。
- 删除所有断点：删除脚本中的所有断点。
- 启用所有断点：在禁用断点后启用断点设置。
- 禁用所有断点：在当前脚本中禁用所有断点设置。
- 列出断点：列出所有断点，断点的设置将会出现在 PowerShell 执行窗口中。
- 显示调用堆栈：如果有设置断点，将会显示当前执行的命令行位置。

至于这些“调试”菜单如何使用，将会在 PowerShell 调试的章节进行分享。图 12.25 所示为“调试”菜单中的选项。

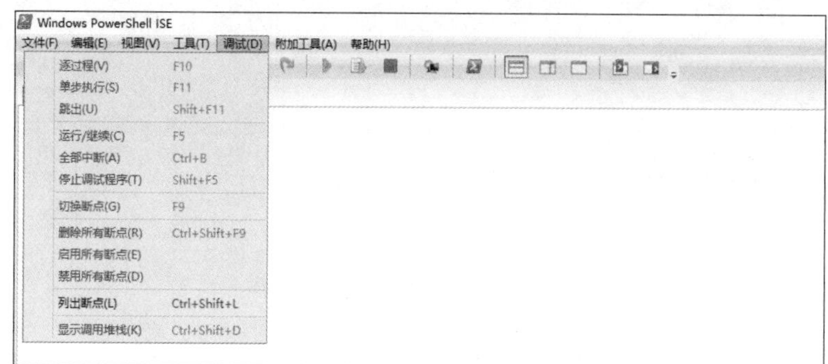

图12.25　ISE的“调试”菜单子选项

12.2.10　ISE“附加工具”菜单

PowerShell 的 ISE 集成环境中所使用的“附加工具”菜单，默认情况下仅仅包含“打开附加工具网站”，在实际应用场景中我们需要添加各类 PowerShell ISE 的按钮，如何通过附加工具加载其他的菜单呢？在后面将会进行详细介绍，图 12.26 所示为“附加工具”菜单内容。

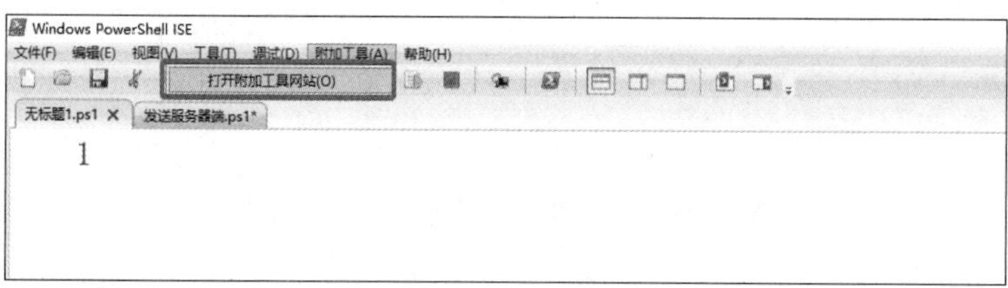

图12.26　“附加工具”菜单

12.2.11　ISE“帮助”菜单

在“帮助”菜单中可以实现如下的功能，图 12.27 所示为“帮助”菜单中的子菜单。

- PowerShell ISE 帮助：将会打开网站分享有关 PowerShell ISE 的帮助文档。
- 更新 Windows PowerShell 帮助：可以更新当前环境和模块中的 PowerShell 帮助文件。
- 显示命令窗口：显示当前计算机中所有的 PowerShell 命令列表。

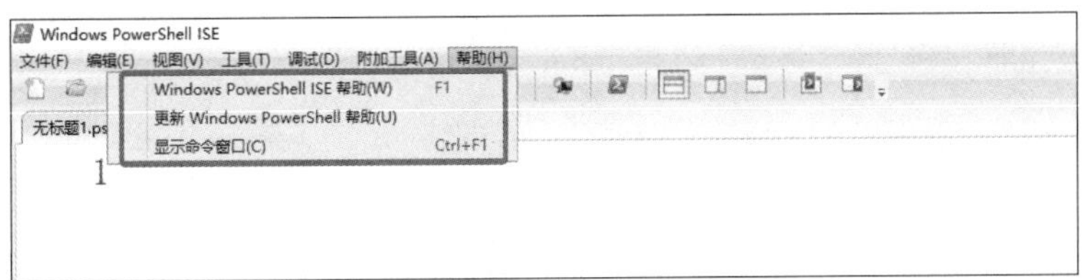

图12.27　“帮助”内容的子菜单

12.3　PowerShell ISE 快捷工具栏

PowerShell ISE 的快捷工具栏是通过图片来实现快速功能的工具栏，这些栏位是微软根据开发人员的意见和建议定制出来的常用命令按钮。这些按钮虽然在菜单中都可以找到相应的子菜单，但通过快捷工具栏的方式可以帮助用户更快捷地实现相关的功能，快捷工具栏的位置如图 12.28 所示。

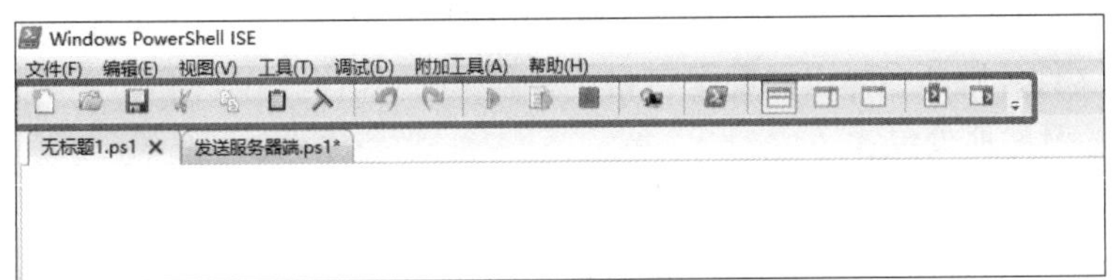

图12.28　ISE的快捷工具栏的位置

12.3.1　新建快捷工具栏

新建快捷工具栏按钮能够帮助用户实现在当前 PowerShell Session 建立新的脚本，单击快捷工具栏相比菜单中单击创建 PowerShell 文件，效率高了很多。新建快捷按钮位于快捷工具栏中的第一个位置，图 12.29 所示为新建文件快捷工具按钮所在的位置。

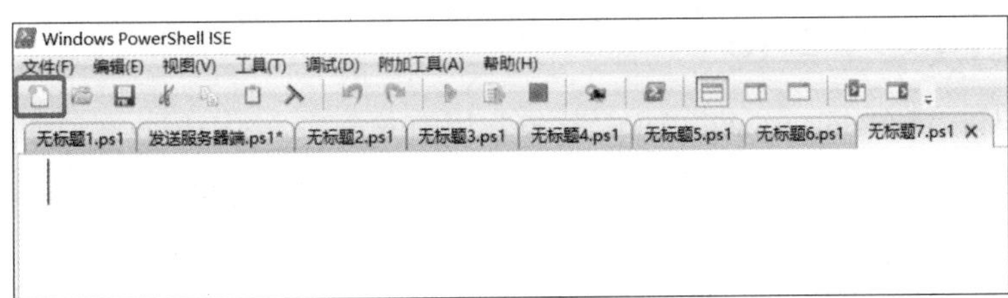

图12.29　新建文件快捷工具按钮所在的位置

12.3.2　打开快捷工具栏

快捷工具栏第二位就是打开工具按钮，如果你有非常多的文件需要同时打开进行对比，打开快捷工具栏按钮相信是不二选择。图 12.30 所示为打开快捷工具栏所处位置。

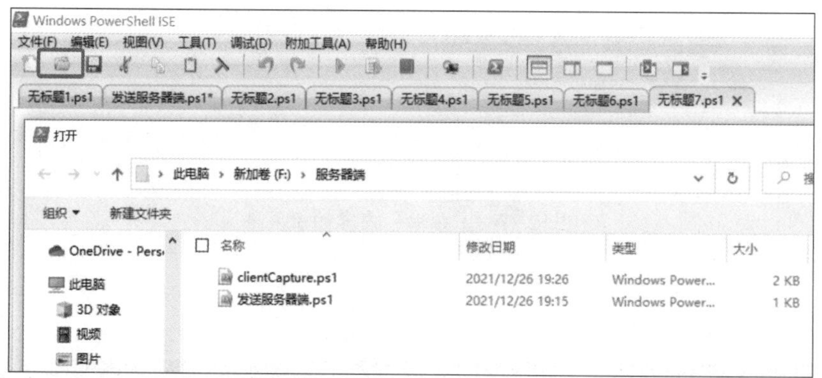

图12.30 打开快捷工具栏所处位置

12.3.3 保存快捷工具栏

保存快捷工具按钮也是使用非常频繁的一个快捷工具栏。保存时有两种不同的情况出现，新建的 PowerShell 文件如果从未保存过，单击保存快捷按钮，文件会要求提供保存路径和名称。如果打开已经保存过的文件，则不会弹出需要保存路径和名称的对话框，直接以当前文件保存，图 12.31 所示为保存快捷工具栏所处位置。

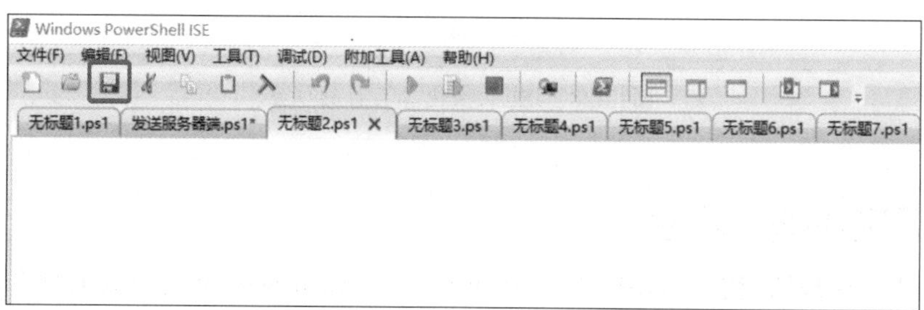

图12.31 保存快捷工具栏所处位置

12.3.4 剪切快捷工具栏

剪切快捷工具按钮在 PowerShell 中也是比较常用的方式，但对于用户来说使用 Ctrl+X 组合键来实现相应的功能更加便捷，剪切快捷工具按钮位于图 12.32 所处位置。

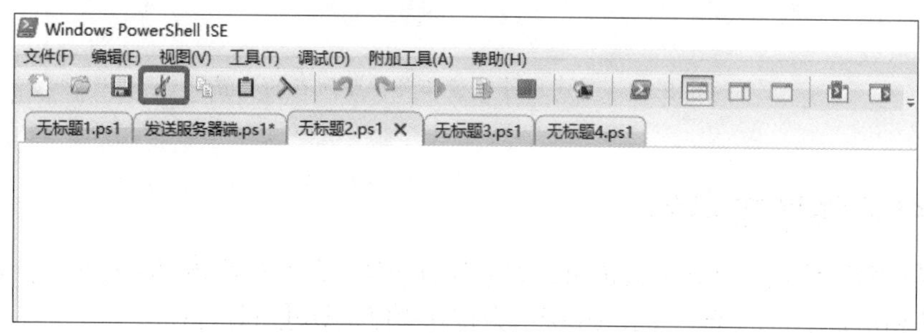

图12.32 剪切快捷工具按钮

12.3.5 复制快捷工具栏

复制快捷工具按钮也是非常常用的功能，我们进行数据复制时，更多的时候会直接使用 Ctrl+C 组合键，图 12.33 所示为复制快捷工具栏所处位置，复制快捷工具按钮默认不启用，只有在选择复制的字符串之后才会启用。

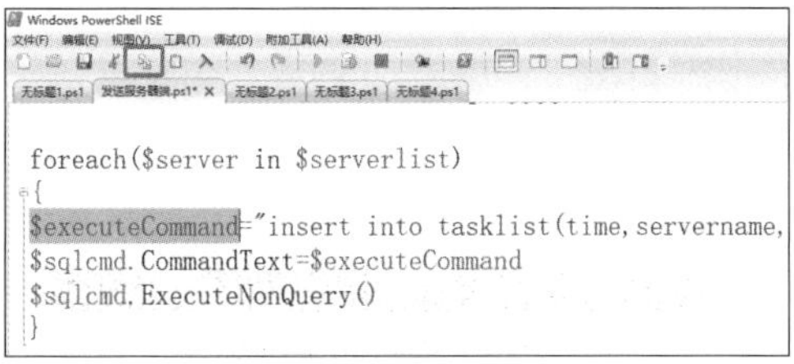

图12.33 复制快捷工具栏

12.3.6 粘贴快捷工具栏

粘贴快捷工具按钮提供的功能是将剪贴板的数据粘贴到目标编辑工具中。这里需要注意的是，粘贴板不是 PowerShell 独有的功能，在 PowerShell ISE 集成开发环境中复制数据，然后在其他的应用中也进行了数据复制，在这里粘贴的结果可能不是需要的内容。图 12.34 所示为粘贴快捷工具栏所处的位置。

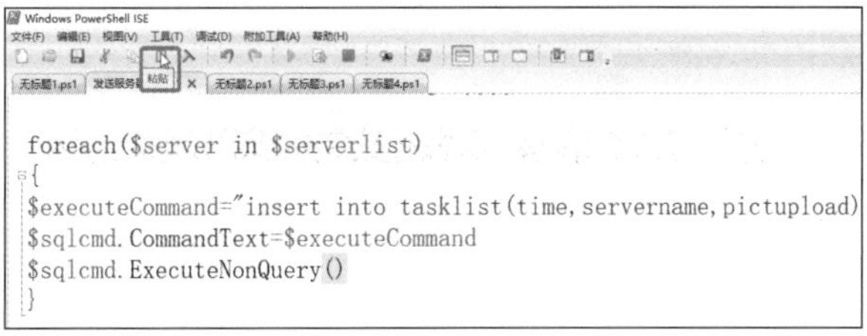

图12.34 粘贴快捷工具栏所处的位置

12.3.7 清空代码执行区域

清空代码执行区快捷工具按钮的功能是清空代码执行区域的文字，功能相当于 CLS 清屏操作，注意清空的不是代码编写区域，而是代码执行区域，图 12.35 所示为清空 ISE 控制台区域。

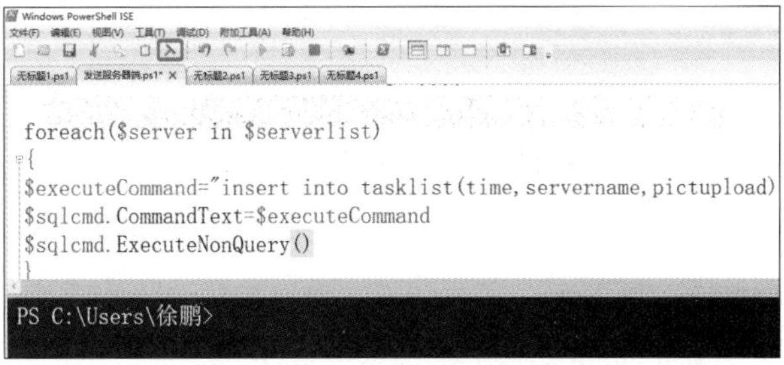

图12.35 清空ISE控制台区域

12.3.8 撤销、重做按钮

撤销、重做工具按钮能够帮助用户在代码编辑过程中简化重复性操作，这两个快捷工具栏按钮对应的是“编辑”菜单中的撤销和重做按钮，图 12.36 所示为撤销和重做按钮所处的位置。

图12.36 撤销和重做按钮

12.3.9 完全执行代码

执行代码快捷工具按钮的功能是可以快速执行代码，它的效果等同于按 F5 键直接执行代码，执行的结果将显示在代码执行区，图 12.37 所示为完全执行代码按钮所在的位置。

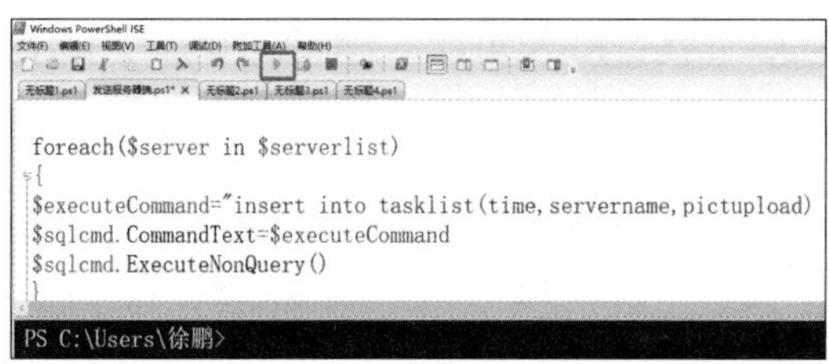

图12.37 完全执行代码

12.3.10 部分执行代码

选择执行代码快捷工具按钮的功能是基于选中的代码工具进行部分代码执行，选中需要执行的数据内容后部分执行，图 12.38 所示为部分代码执行按钮。

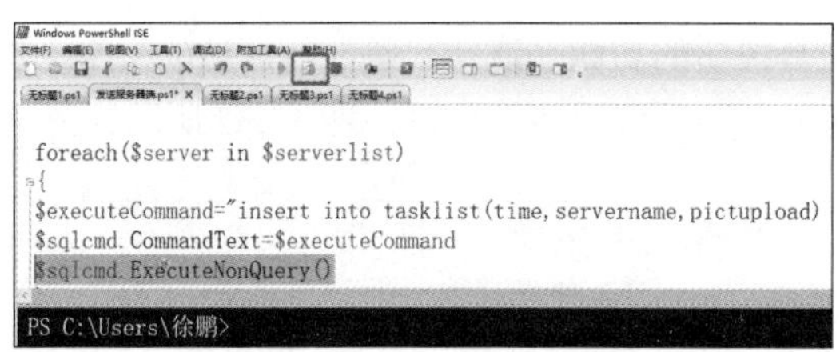

图12.38 部分代码的执行按钮

12.3.11 终止代码执行

在很多场景下执行的代码可能出现执行时间过长的情况，这时我们可以暂时中止代码的执行，中止代码执行的按钮操作如图 12.39 所示。

图12.39　中止代码运行

12.3.12　连接到远程客户端

在实际的开发过程中，我们也会针对一部分需要远程连接的开发需求进行开发，这部分开发的内容需要远程连接服务器来实现 PowerShell 功能的开发，此时可以通过如图 12.40 所示的远程 Tab 的操作实现远程 PowerShell 连接。

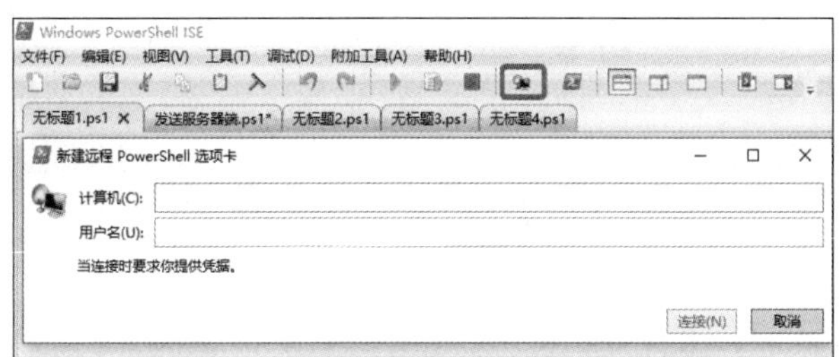

图12.40　远程连接到另外一台服务器端

12.3.13　独立 PowerShell 窗口开启

开启 PowerShell 独立快捷工具栏按钮用于开启独立的 PowerShell 窗口，但是仅仅是开启 PowerShell 窗口而已，而不能在 PowerShell 窗口中执行当前脚本，图 12.41 所示为独立窗口开启按钮。

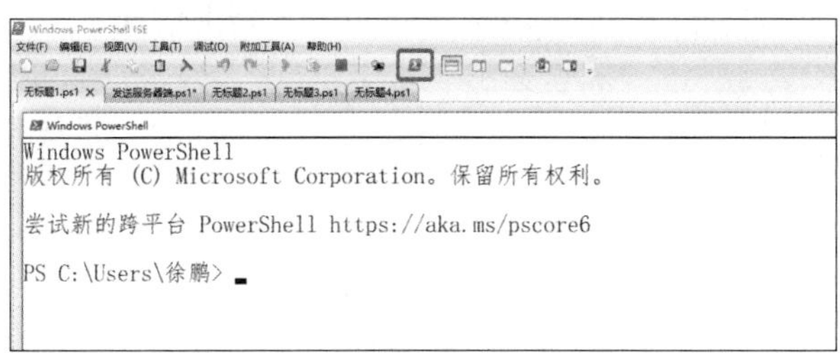

图12.41　开启PowerShell 独立窗口

12.3.14　窗口布局选择

布局格式快捷工具按钮能够帮助用户快速地实现整体 PowerShell 脚本编写的布局，可以依据自己的喜好选择合适的布局框架，图 12.42 所示为 ISE 布局的快速切换界面按钮。

图12.42　ISE布局的快速切换

12.3.15　以弹出窗口的方式显示帮助

显示命令快捷工具按钮能够帮助我们快速显示所有 PowerShell 相应的内容帮助，以窗口方式显示所有可用的 PowerShell 命令，图 12.43 所示为以窗口显示命令帮助信息。

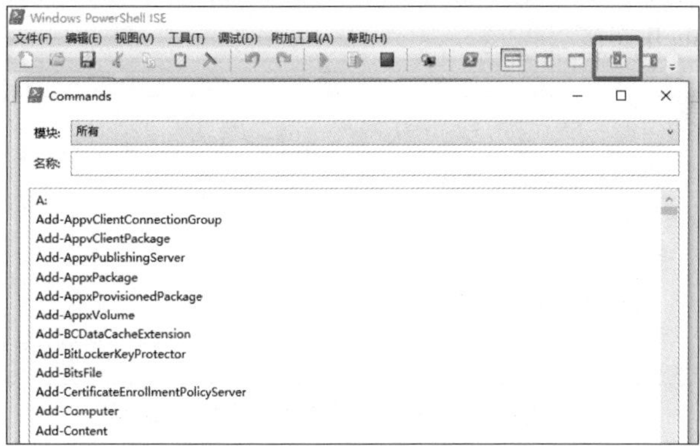

图12.43　以窗口显示命令帮助信息

12.3.16　以侧边栏方式显示命令帮助

PowerShell 侧边栏快捷工具按钮的功能是将当前本机能够执行的 PowerShell 命令以右边栏的方式显示，图 12.44 所示为以侧边栏方式显示 PowerShell 命令帮助信息。

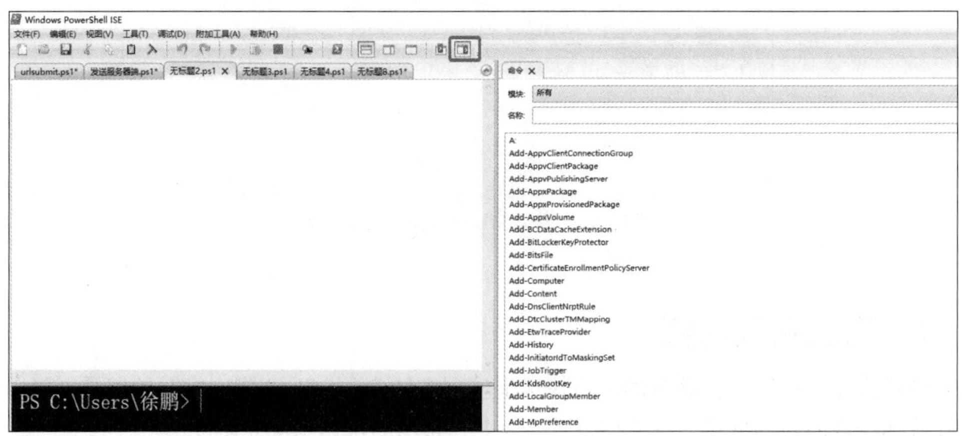

图12.44　以侧边栏方式显示PowerShell 命令帮助信息

12.4 PowerShell ISE 扩展——自定义菜单定制

上面和大家分享了集成开发环境提供的菜单，但是这些菜单只提供标准的集成开发环境功能，如果希望添加额外的一些按钮，怎么来实现呢？相信这些问题对于极客朋友们来说都是一些非常有意义的事情，试想在 PowerShell ISE 中添加一些自定义的脚本和功能，碰到类似的任务直接执行就好了，也不用再打开 PowerShell 窗口执行。

那么如何定义这些菜单呢？当然离不开 PowerShell ISE 的自定义配置文件，在修改之前需要了解一些什么方面的知识呢？下面具体讲解如何添加自定义的菜单和按钮。

```
https://devblogs.microsoft.com/scripting/adding-custom-menu-items-to-the-windows-powershell-ise/
```

通过脚本方式添加自定义菜单，在添加之前需要了解的一个重要变量，也就是在 ISE 中可以进行配置定义的变量 $psise，这个变量只有在 PowerShell ISE 集成开发环境开启之后才可以获取到，要注意的是，不能在 PowerShell 的交互环境中获取相应的参数变量，交互环境中获取这个变量的值如图 12.45 所示，显示为空。

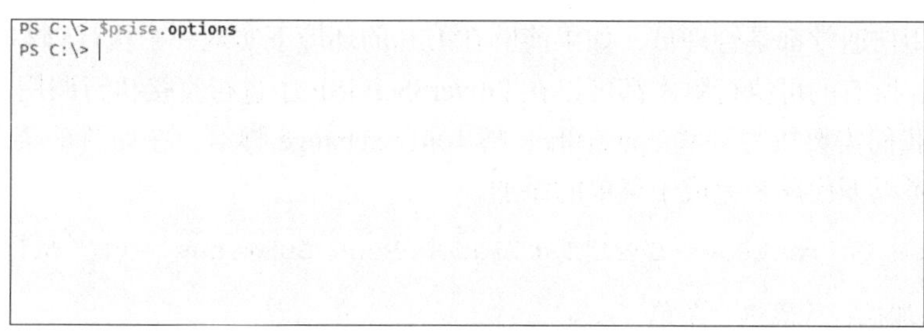

图12.45　交互环境的psise值为空

在 ISE 集成开发环境中，输入 $psise.Options 获取当前集成开发环境的各个变量，图 12.46 所示为 ISE 集成开发环境中的各类属性值。

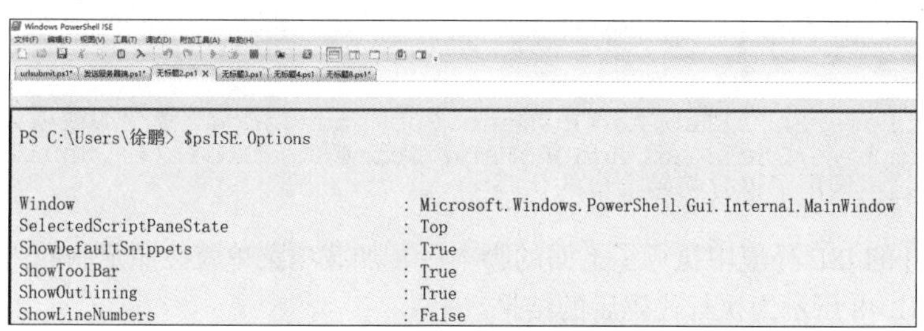

图12.46　PowerShell ISE 各类属性值

这些变量是当前 ISE 集成开发环境中配置的属性值，如果需要配置当前的 ISE 集成开发环境，必须熟悉和了解这些属性的含义。如果希望在当前的菜单中添加自定义菜单条目和命令，我们必须深入理解这两个属性值代表的内容。

- 子菜单的位置
- 菜单执行的函数或命令

在通用场景下，PowerShell ISE 添加的子菜单和按钮都定义在 Add-on 菜单下面作为子菜单和按钮而存在，接下来这一段代码可以实现在 PowerShell ISE 中添加子菜单的功能。

```
$psise.CurrentPowerShellTab.AddOnsMenu.Submenus.add(" 执行代码集合 ",$null,
$null)
```

完成代码执行后，这里添加一个子菜单，菜单名称为“执行代码集合”，图 12.47 所示为最终执行结果的呈现。

图12.47　执行代码后添加子菜单

12.4.1　菜单中的子菜单添加

编写脚本的用户通常都是管理员，如果能够在 ISE 的环境下实现一个执行脚本大合集，那是一件非常棒的事情，所有的可执行脚本都可以在 PowerShell ISE 中进行直接执行调用。

作为管理员我们需要执行一些 PowerShell 脚本和 Exchange 脚本，在加载项菜单中添加一级菜单，大家可以参考以下代码来完成子菜单的添加。

```
$execomm=$psise.CurrentPowerShellTab.AddOnsMenu.Submenus.add(" 执行代码集合 ",
$null,$null)
# 在加载项下面添加执行代码集合菜单
$execomm.submenus.add("AD 执行脚本 ",$null,$null)
# 在执行代码菜单中添加 AD 执行脚本菜单
$execomm.Submenus.add("Exchange 执行脚本 ",$null,$null)
# 在执行代码菜单中添加 Exchange 执行脚本
$execomm.Submenus.Add(" 系统执行脚本 ",$null,$null)
# 在执行代码菜单中添加系统执行菜单
$psise.CurrentPowerShellTab.AddOnsMenu.Submenus.Add("-------------",$null,
$null)
# 添加分隔符菜单
$psise.CurrentPowerShellTab.AddOnsMenu.Submenus.add(" 清空加载项菜单 ",
{$psise.CurrentPowerShellTab.AddOnsMenu.Submenus.Clear()},$null)
# 恢复初始菜单，这里调用了恢复初始菜单的代码
```

在 PowerShell 的 ISE 环境中执行了上面的脚本后，加载项菜单就按照定制的内容显示了相关的子菜单内容，图 12.48 所示为执行代码后的结果。

图12.48　执行代码添加后添加自定义菜单

12.4.2　子菜单行为添加

创建菜单的过程非常简单，接下来需要创建子菜单。子菜单创建之后必须为菜单项添加相应的行为。这里给大家分享如何将执行的代码添加到子菜单中，当然这里所有的脚本都是可以执行的脚本内容，命令必须使用相应的模块或脚本文件。

```
$execomm=$psise.CurrentPowerShellTab.AddOnsMenu.Submenus.add(" 执行代码集合 ",
$null,$null)
 # 添加根菜单执行代码合集
$adcomm=$execomm.submenus.add("AD 执行脚本 ",$null,$null)
 # 在执行代码合集中添加子菜单 AD 执行脚本
$adcomm.submenus.add(" 创建新用户 ",{c:\pscript\adduser.ps1},$null)
 # 在 AD 执行脚本中添加子菜单创建新用户
$adcomm.submenus.add(" 删除用户 ",{c:\pscript\removeuser.ps1},$null)
 # 在 AD 执行脚本中添加子菜单删除用户
$adcomm.submenus.add(" 获取所有用户 ",{c:\pscript\getuser.ps1},$null)
 # 在 AD 执行脚本中添加子菜单获取所有用户
$excomm=$execomm.Submenus.add("Exchange 执行脚本 ",$null,$null)
 # 在执行代码合集中添加子菜单 Exchange  执行脚本
$excomm.submenus.add(" 创建新用户 ",{c:\pscript\exadduser.ps1},$null)
 # 在 Exchange 执行脚本中添加子菜单创建新用户
$excomm.submenus.add(" 删除用户 ",{c:\pscript\exremoveuser.ps1},$null)
 # 在 Exchange  执行脚本中添加子菜单删除用户
$excomm.submenus.add(" 获取所有用户 ",{c:\pscript\exgetuser.ps1},$null)
 # 在 Exchange  执行脚本中添加子菜单获取所有用户
$syscomm=$execomm.Submenus.Add(" 系统执行脚本 ",$null,$null)
 # 在执行代码合集中添加子菜单系统执行脚本
$syscomm.submenus.add(" 获取补丁 ",{c:\pscript\getHotfix.ps1})
 # 在系统执行脚本中添加子菜单获取补丁
$psise.CurrentPowerShellTab.AddOnsMenu.Submenus.Add("-------------",
$null,$null)
 # 添加分隔符
$psise.CurrentPowerShellTab.AddOnsMenu.Submenus.add(" 清空加载项菜单 ",
{$psise.CurrentPowerShellTab.AddOnsMenu.Submenus.Clear()},$null)
 # 添加重置按钮，重置功能属于 ISE 内置功能
```

在 PowerShell ISE 环境下执行了命令之后，加载项菜单就添加了相应的功能菜单按钮，图 12.49 所示为子菜单和按钮添加后的内容。

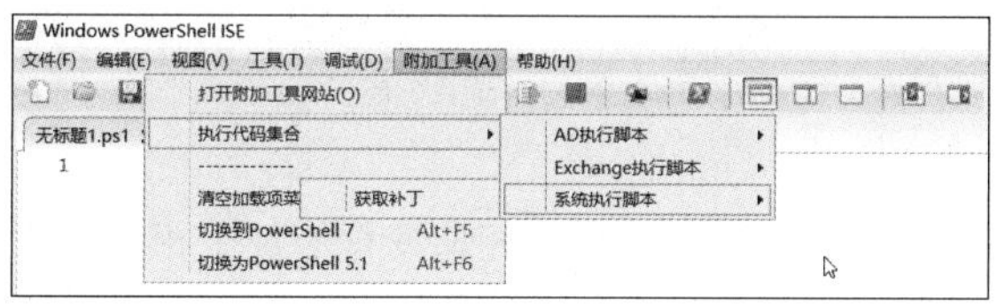

图12.49　PowerShell 子菜单扩展

12.4.3　按钮快捷键的添加

完成子菜单和项目内容的添加之后，我们可以为这些菜单项目添加快捷键，在 PowerShell ISE 集成开发环境中可以直接通过按快捷键来实现菜单项和功能项目的直接运行，这里需要特别注意的是，不能与现有所有功能的快捷键冲突，如有冲突则代码会执行失败，图 12.50 所示为 ISE 菜单项目的添加位置。

```
$execomm=$psise.CurrentPowerShellTab.AddOnsMenu.Submenus.add("执行代码集合",$null,$null)
#在Add-on菜单中添加一级子菜单执行代码集合
$adcomm=$execomm.submenus.add("AD执行脚本",$null,$null)
 #在执行代码合集中添加二级子菜单AD执行脚本
$adcomm.submenus.add("创建新用户",{c:\pscript\adduser.ps1},"ctrl+alt+shift+i") #在AD执行脚本添加三级子菜单创建新
$adcomm.submenus.add("删除用户",{c:\pscript\removeuser.ps1},"ctrl+alt+shift+q")
#在AD执行脚本添加三级子菜单删除用户
$adcomm.submenus.add("获取所有用户",{c:\pscript\getuser.ps1},"ctrl+alt+shift+l") #在AD执行脚本中添加三级子菜单获
$excomm=$execomm.Submenus.add("Exchange执行脚本",$null,$null)
```

快捷键

图12.50 按钮快捷键的添加

我们在 Add 方法的第三个参数添加相应的快捷键，这里快捷键必须与当前的快捷键不冲突，否则会运行不成功。

```
$execomm=$psise.CurrentPowerShellTab.AddOnsMenu.Submenus.add(" 执行代码集合 ",
$null,$null)
 # 在 Add-on 菜单中添加一级子菜单执行代码集合
$adcomm=$execomm.submenus.add("AD 执行脚本 ",$null,$null)
 # 在执行代码合集中添加二级子菜单 AD 执行脚本
$adcomm.submenus.add(" 创建新用户 ",{c:\pscript\adduser.ps1},"ctrl+alt+
 shift+i") # 在 AD 执行脚本添加三级子菜单创建新用户
$adcomm.submenus.add(" 删除用户 ",{c:\pscript\removeuser.ps1},"ctrl+alt+
 shift+q")
 # 在 AD 执行脚本添加三级子菜单删除用户
$adcomm.submenus.add(" 获取所有用户 ",{c:\pscript\getuser.ps1},"ctrl+alt+
 shift+l") # 在 AD 执行脚本中添加三级子菜单获取所有用户
$excomm=$execomm.Submenus.add("Exchange 执行脚本 ",$null,$null)
 # 在执行代码合集中添加二级子菜单 Exchange 执行脚本
$excomm.submenus.add(" 创建新用户 ",{c:\pscript\exadduser.ps1},$null)
 # 在 Exchange 执行脚本中添加三级子菜单添加邮件用户
$excomm.submenus.add(" 删除用户 ",{c:\pscript\exremoveuser.ps1},$null)
 # 在 Exchange  执行脚本中添加三级子菜单删除邮件用户
$excomm.submenus.add(" 获取所有用户 ",{c:\pscript\exgetuser.ps1},$null)
 # 在 Exchange 执行脚本中添加三级子菜单获取所有邮箱
$syscomm=$execomm.Submenus.Add(" 系统执行脚本 ",$null,$null)
 # 在执行脚本合集中添加子菜单系统执行脚本
$syscomm.submenus.add(" 获取补丁 ",{c:\pscript\getHotfix.ps1},$null)
 # 在系统执行脚本中添加子菜单获取补丁
$psise.CurrentPowerShellTab.AddOnsMenu.Submenus.Add("-------------",
$null,$null)
 # 添加分隔符
$psise.CurrentPowerShellTab.AddOnsMenu.Submenus.add(" 清空加载项菜单 ",
 {$psise.CurrentPowerShellTab.AddOnsMenu.Submenus.Clear()},$null)
 # 在 Addons 菜单添加重置菜单
```

执行完成上面提到的脚本之后，所有的菜单和命令都添加了相应的快捷键功能，图 12.51 所示为脚本执行完毕后的快捷键显示。

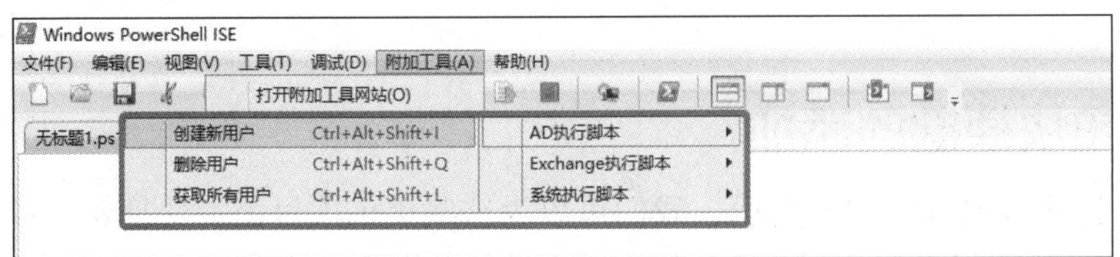

图12.51 脚本执行完毕后的快捷键

通过本节的学习，相信大家已经了解到如何进行 ISE 菜单的定义和定制。但是大家必须知道，

在 PowerShell ISE 集成开发环境中，和 PowerShell 一样所有的配置只在当前的窗口有效。关闭窗口之后，所有的配置项都将消失。如何在 ISE 启动时将这些按钮和菜单添加进集成开发环境呢？大家可以在“附录 2/ 扩展知识 3”中找到答案。

12.5　PowerShell ISE 常用附加组件（Add-On）

在 PowerShell ISE 中存在非常多的提供给管理员的各类不同的组件，不同于 PowerShell 的自定义菜单，自定义菜单提供的是快捷定位所选择的脚本。而由微软和极客们提供的加载项工具可以帮助我们更有效率地开发出 PowerShell 脚本。本节将分享几个不同的加载项组件，协助大家在进行脚本编辑过程中提升代码的编程效率。

能够被微软认证的 PowerShell ISE 组件都挺不错，我们可以在 ISE 组件按钮中的“打开附加工具网站”获取经过微软认证的 PowerShell 加载项，图 12.52 所示为打开附加工具网站的具体路径。

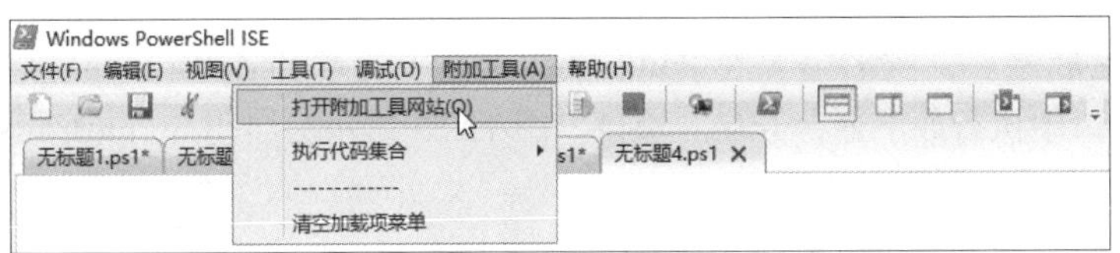

图12.52　PowerShell ISE 附加工具网站的具体路径

虽然这是微软提供的加载项网站，但是有部分链接已经失效。目前微软取消了 Technet 的 PowerShell Gallery 网站，指向微软 Gallery 的内容已经失效，这点大家稍微留意下，图 12.53 所示为 ISE 加载项官网。

Community Authored PowerShell ISE Add-Ons

This section contains pointers to Microsoft and community add-ons with description and related material.

Add-On	Author	Link
IseHg	Trevor Sullivan	http://isehg.codeplex.com/
IsePackV2	James Brundage (Start-Automating)	PowerShellISE.com
Code Snippet Examples - PSISE Library	Jeff Patton	http://gallery.technet.microsoft.com/PSISELibraryps1-ec44
Dependency Cmdlets	Josh Einstein	http://poshcode.org/1075
ISE Scripting Geek	Jeffery Hicks	http://jdhitsolutions.com/blog/2015/01/friday-fun-updated-module/
Menu Generator	Ravikanth Chaganti	http://www.ravichaganti.com/blog/?p=1942
PowerShellPack	James Brundage	http://archive.msdn.microsoft.com/PowerShellPack/Release ReleaseId=3341 Unofficial, alternate location: https://github.com/sushihang PowerShell/tree/master/modules
Print Script	Karl Mitschke	http://gallery.technet.microsoft.com/Script-to-copy-the-c55
Save All Files	PowerShell Team	http://blogs.msdn.com/b/powershell/archive/2010/06/05/s files-for-thor-s-sake.aspx

图12.53　ISE加载项官网

上面的内容是极客们和微软 TEAM 开发的相关的插件。当然，我们也可以自己去开发插件，其实难度并不是太高，先给大家分享一下常用插件的使用，看下这些加载项如何提高我们的工作效率。

12.5.1 加载项 ScriptBrowser 脚本浏览器

- 开发者：微软。
- 安装方式：模块安装。
- 功能：实现 PowerShell Gallery 中所有脚本的搜索与安装。

PowerShell ISE 中除了通过 GUI，目前没有比较好的方式进行文件的浏览和下载，而 PowerShell ISE ScriptBrowser 加载项让管理员通过点击下载和安装的方式实现模块与命令的安装，加载项通过 Install-Module 进行模块安装，安装模块的方式如下，图 12.54 所示为具体的模块安装方法。

```
Install-Module ScriptBrowser
```

```
PS C:\WINDOWS\system32> Install-Module -name scriptbrowser

不受信任的存储库
你正在从不受信任的存储库安装模块。如果你信任该存储库，请通过运行 Set-PSRepository cmdlet 更改其 InstallationPolicy
值。是否确实要从“PSGallery”安装模块?
[Y] 是(Y)  [A] 全是(A)  [N] 否(N)  [L] 全否(L)  [S] 暂停(S)  [?] 帮助 (默认值为“N”): y
PS C:\WINDOWS\system32> Enable-ScriptBrowser
```

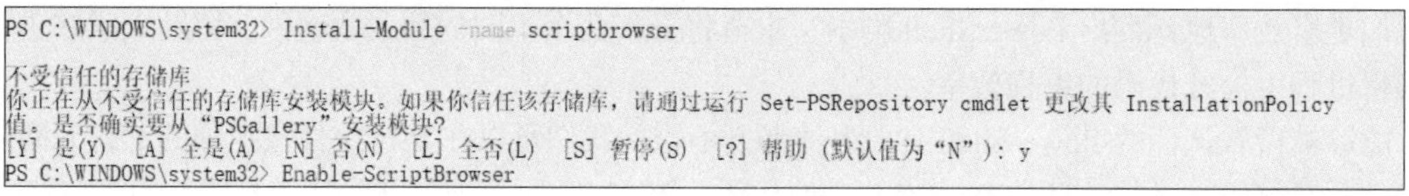

图12.54　安装ScriptBrowser模块

在模块安装完成之后，我们需要在 PowerShell ISE 中启动 ScriptBrowser 插件，在 PowerShell ISE 的代码执行窗口中执行如下命令开启右边栏，图 12.55 所示为启用 ScriptBrowser 的方法。

```
Enable-ScriptBrowser
```

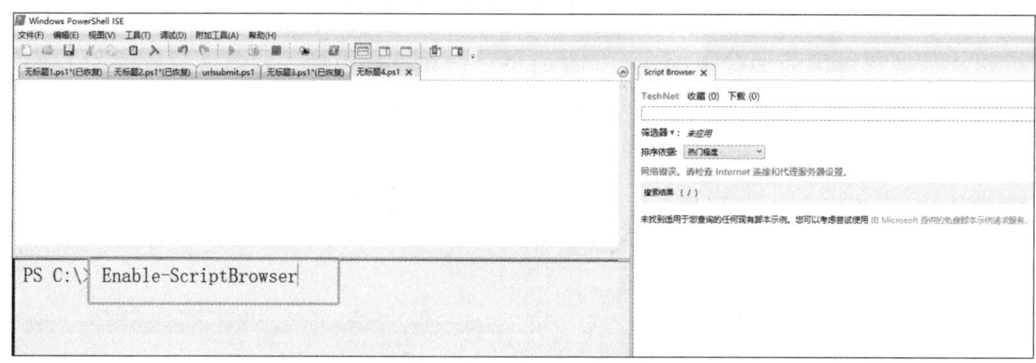

图12.55　启用ScriptBrowser模块

但是比较可惜的事情是，目前 ScriptBrowser 好像不太好用，我在多个平台都发现无法查询到需要具体查询的内容。图 12.56 所示为搜索结果，这里会发现搜索不到任何结果。

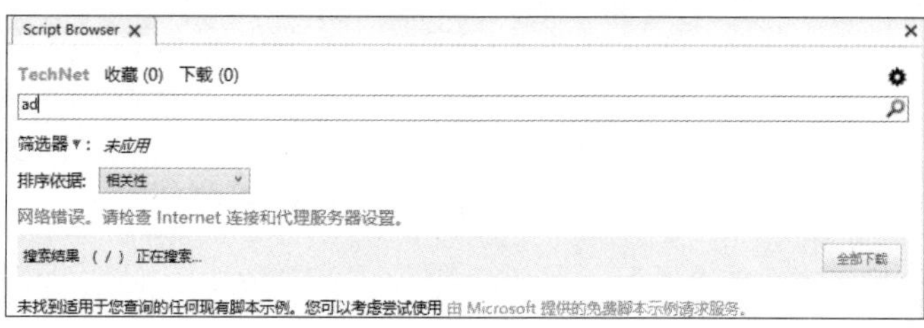

图12.56　搜索不到任何结果

12.5.2　加载项 ScriptAnalyze 脚本分析工具

- 作者：微软。
- 安装方式：模块安装。
- 功能：实现当前代码块的代码内容分析，帮助分析需要进行优化的部分。

在很多场景下需要对已写的脚本进行优化，希望提升代码执行效率。但是作为非专业的编程人员，有没有工具能够帮助我们分析下如何进行优化呢？这就是 ScriptAnalyze 加载项提供的功能。模块安装命令如下，图 12.57 所示为安装完成结果。

```
Install-module ISEScriptAnalyzerAddOn
```

```
PS C:\WINDOWS\system32> Install-module ISEScriptAnalyzerAddOn
PS C:\WINDOWS\system32> _
```

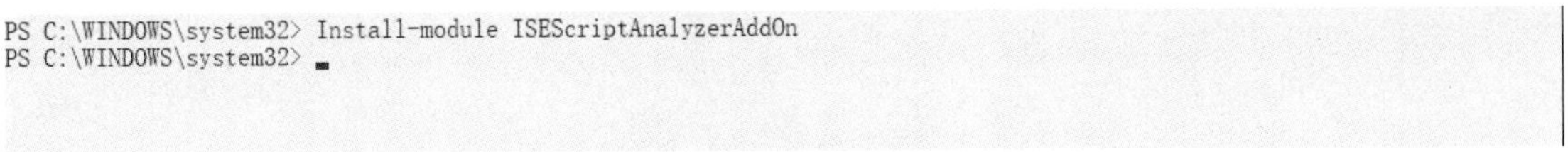

图12.57　模块安装结果

模块安装完成后，默认情况下不会加载这个加载项，需要手动执行如下的命令或者通过 PowerShell 集成开发环境的配置文件来实现加载，图 12.58 所示为模块安装后通过 Enable-ScriptAnalyzer 执行的最终结果。

```
Enable-ScriptAnalyzer
```

图12.58　启用代码分析模块

为了检测代码分析是否有效，我们在当前的脚本中点击检查分析脚本，来看看是否有比较有用的建议。图 12.59 所示为代码脚本分析后的建议结果。

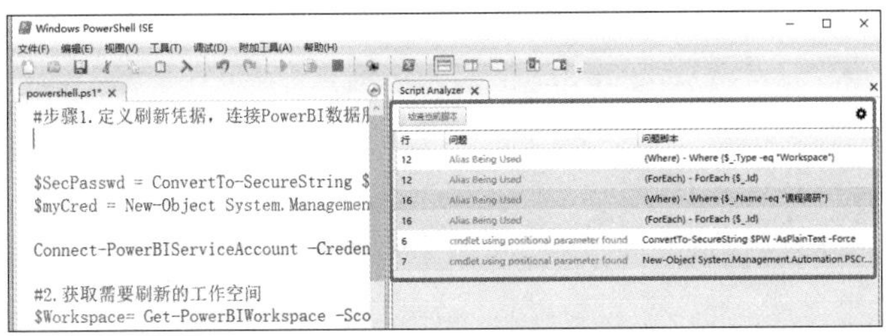

图12.59　代码脚本分析后的建议结果

那么在进行分析的过程中是基于什么维度呢？这其实是微软基于自身脚本的维度进行代码分析，图 12.60 所示为脚本代码分析的维度。

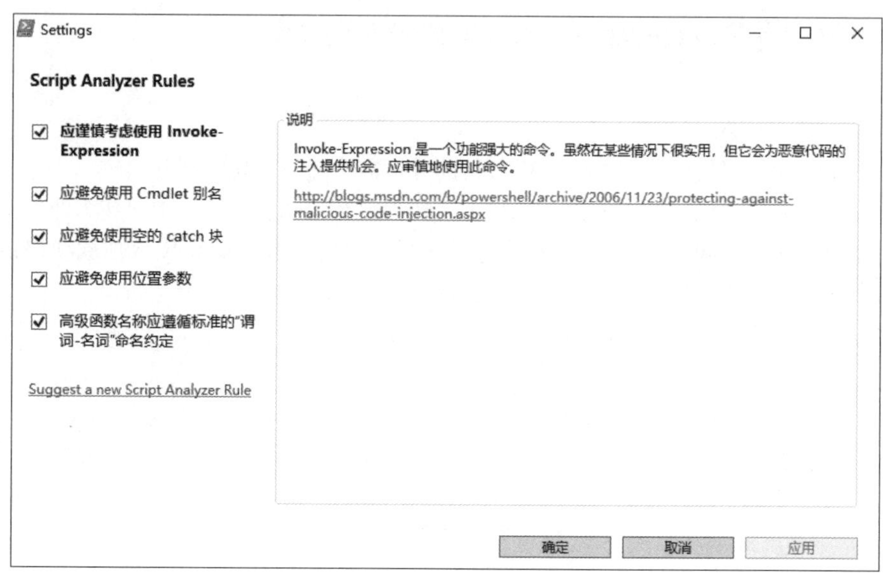

图12.60　脚本代码分析的维度

微软能够分析出脚本的问题，主要是基于上面提到的规则，ISE 将扫描所有的代码脚本，查看是否存在不符合代码分析规则中的数据。依据默认的规则，微软将这部分问题列出，建议仅供参考。从脚本编写和分析的角度来看，我们不能太依赖于脚本分析加载项提供的建议，只能基于分析结果去帮助编写者优化脚本。

12.5.3　ISE Scripting Geek ISE 编码极客

- 作者：Jeffery Hicks。
- 安装方式：Install-module ISE Scripting Geek。
- 功能：安装 ISE 集成开发环境极客编码环境。

相信大家看到了“极客”两个字，就能猜到这个脚本插件会有多强大。没错，就是加载了极客模式的 PowerShell 的集成开发环境，如果你对 PowerShell 脚本开发不太熟悉，极客加载项就能帮助快速进行脚本的开发与编写。Scripting Geek 加载项通过如下命令进行模块的安装：Install-module ISE Scripting Geek。安装完成后可以通过 get-command 命令查看下 ISE Scripting Geek 模块下的命令，图 12.61 所示为模块下的命令。

```
PS C:\WINDOWS\system32> Install-module ISEScriptingGeek
PS C:\WINDOWS\system32> Get-Command -Module isescriptinggeek

CommandType     Name                            Version    Source
-----------     ----                            -------    ------
Function        Add-CurrentProject              3.4.1      isescriptinggeek
Function        Add-ISEBookmark                 3.4.1      isescriptinggeek
Function        CloseAllFiles                   3.4.1      isescriptinggeek
Function        CloseAllFilesButCurrent         3.4.1      isescriptinggeek
Function        Convert-AliasDefinition         3.4.1      isescriptinggeek
Function        Convert-CodetoSnippet           3.4.1      isescriptinggeek
Function        Convert-CommandtoHash           3.4.1      isescriptinggeek
Function        ConvertFrom-Alias               3.4.1      isescriptinggeek
Function        ConvertFrom-MultiLineComment    3.4.1      isescriptinggeek
Function        ConvertTo-CommentHelp           3.4.1      isescriptinggeek
Function        ConvertTo-Definition            3.4.1      isescriptinggeek
Function        ConvertTo-MultiLineComment      3.4.1      isescriptinggeek
Function        ConvertTo-TextFile              3.4.1      isescriptinggeek
```

图12.61　获取模块下的命令

PowerShell ISE 集成开发环境下如何实现模块的加载呢？在代码执行环境下导入 ISE Scripting Geek 模块，就可以实现模块环境的加载：Import-module ISEScriptingGeek。完成模块导入后，我们就可以通过 ISE 的加载项菜单来实现多种操作，图 12.62 所示为极客模块导入之后所有内容的命令。

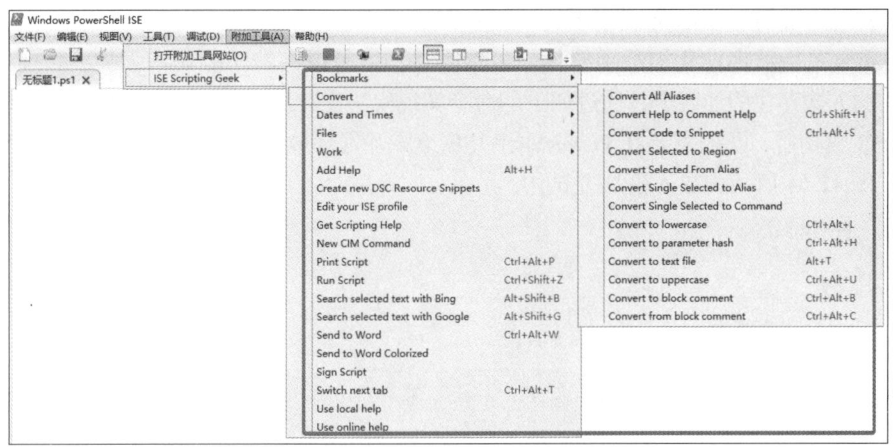

图12.62　极客模块加载后内容命令

相信 ISE 极客编码加载项可以帮助很多不太懂命令编写的朋友更加快速理解命令的写法，在成为脚本高手的路上，Geek 加载项绝对值得推荐。

12.5.4　ISE Project Explorer 加载项

- 作者：Marcin Grzywa。
- 安装方式：Install-Module PsISEProjectExplorer。
- 功能：实现项目化的脚本编写。

如果脚本编写人员使用过 Atom 或 VS Code 管理工具，都对工具的项目化管理方式赞叹不已，这个功能正好是 ISE 集成开发工具的软肋。极客们基于 ISE 的加载项功能，将这个功能开发出来了。执行如下的命令，就可以安装 ISE Project Explorer 的加载项了：Install-Module PsISEProjectExplorer。在 ISE 集成开发环境中使用如下命令加载 Project Explorer，图 12.63 所示为模块加载后的样式。

```
Import-Module PsISEProjectExplorer
```

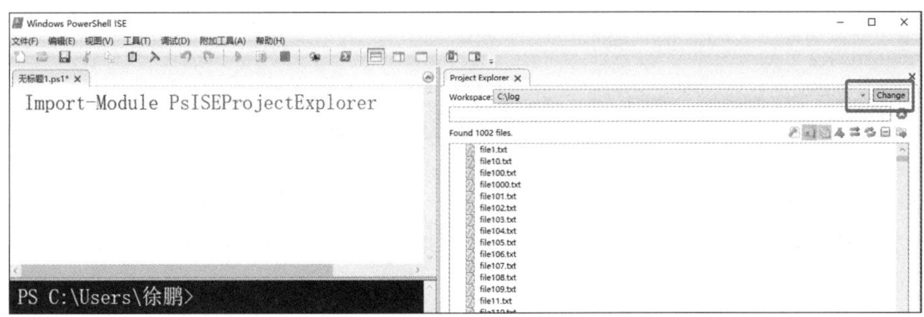

图12.63　ProjectExplorer 模块加载

12.5.5　ISE ISESteroids 加载项

- 作者：Marcin Grzywa。
- 安装方式：模块化安装。
- 功能：体验非常棒的 ISE 加载项工具。

ISESteroids 是一款商业化加载项软件，虽然收费，但是提供的功能非常强大，目前 ISESteroids 是以模块化的方式存在的加载项，通过如下的命令实现模块安装：Install-Module ISESteroids。

模块安装成功后，我们需要在 PowerShell ISE 集成开发环境中使用如下的命令启动 ISE Steriods 插件功能，图 12.64 所示为导入模块并试用。

```
Start-Steriods
```

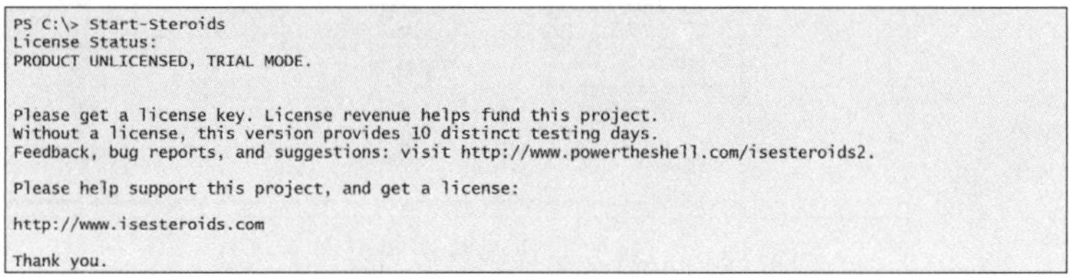

```
PS C:\> Start-Steroids
License Status:
PRODUCT UNLICENSED, TRIAL MODE.


Please get a license key. License revenue helps fund this project.
Without a license, this version provides 10 distinct testing days.
Feedback, bug reports, and suggestions: visit http://www.powertheshell.com/isesteroids2.

Please help support this project, and get a license:

http://www.isesteroids.com

Thank you.
```

图12.64　启动ISESteroids并试用

由于我们使用的是试用模式，默认情况下可以试用 10 天。如果大家对这个工具有兴趣，可以尝试支持下开发商，在 ISESteroids 里面这几个按钮对于脚本编写和 Debug 有很大帮助，图 12.65 所示为 ISESteroids 模块的界面。

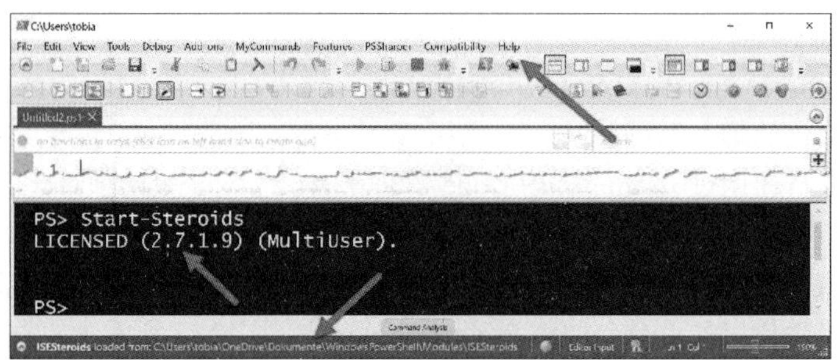

图12.65　ISESteroids模块界面

12.6　利用PowerShell ISE 进行脚本编写

关于 ISE 的基本功能优化及插件功能前面已经分享完毕，相信大家对于 PowerShell ISE 有了一定的了解，从本节开始我们一起学习如何在集成开发环境中进行 PowerShell 脚本的编写。

12.6.1　编写、运行和保存 PowerShell 脚本

PowerShell 整个窗口和用户交互的界面通常是如下两部分。

- 代码区域
- 代码执行区域

在代码区域通常进行代码的编写。在大多数场景下，用户使用了默认主题来实现代码的编写。针对极客和重度强迫症用户，会使用第三方插件来进行整个 ISE 集成开发环境的修改，从而满足个人对工作环境的要求。图 12.66 所示为标准的 PowerShell 界面，PowerShell ISE 集成开发环境包含了代码编写区域和 PowerShell 代码执行区域。

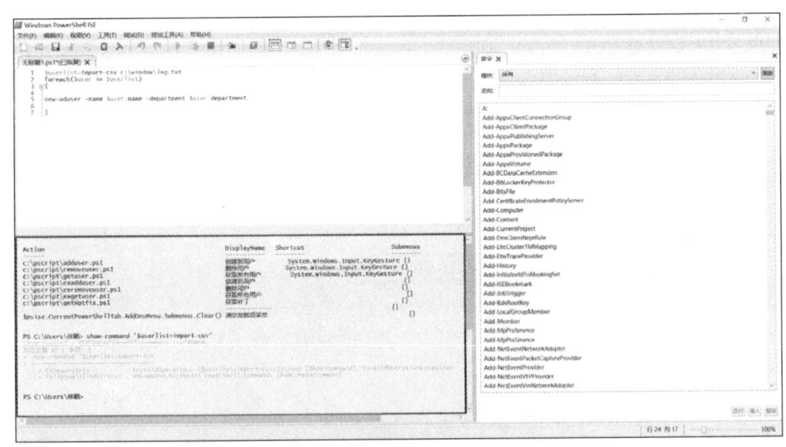

图12.66　PowerShell ISE 集成开发界面

在代码执行区域中可以实现代码调试和参数结果获取等操作，还可以拥有通过 GUI 方式无法直接获取的参数或变量等功能。如图 12.67 所示的代码执行区域，在执行区域中显示了当前的变量获取。

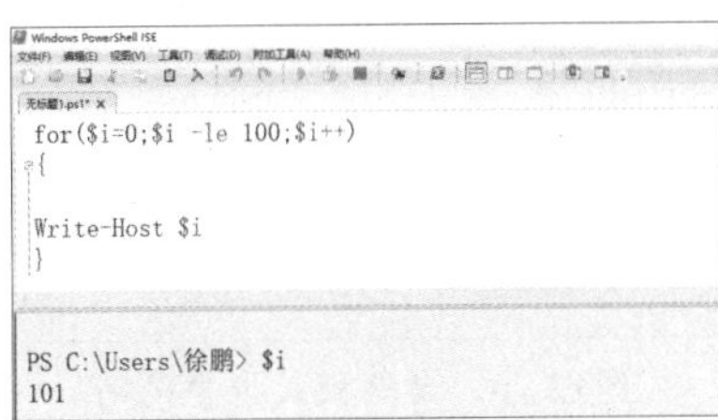

图12.67　PowerShell 代码执行区域

12.6.2　PowerShell ISE 新建 PowerShell 脚本

在 PowerShell 集成开发环境中，我们通过单击快捷工具栏按钮新建脚本文件。现在开始写下我们的第一行脚本。学习语言通常写的第一句话是：“你好世界”。在 PowerShell 中我们的正常写法如下，图 12.68 所示为函数执行结果。

```
Write-Host "hello World"
Write-host " 你好世界 "
```

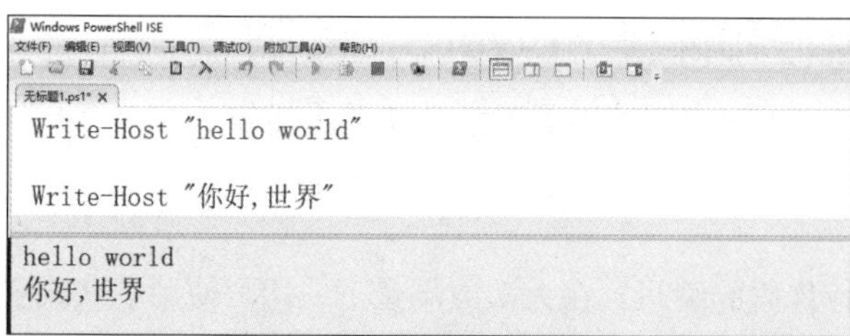

图12.68　函数执行结果

相比在 PowerShell 交互环境中进行代码的编写，在 PowerShell ISE 中可以带来更加良好的代码编写体验。ISE 提供的行号在代码执行错误的时候能够更快地实现错误代码的定位，图 12.69 所示为错误代码执行的行的定位。

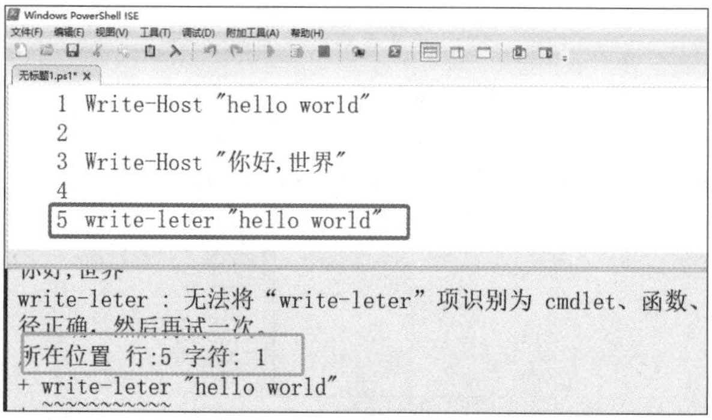

```
Windows PowerShell ISE
文件(F) 编辑(E) 视图(V) 工具(T) 调试(D) 附加工具(A) 帮助(H)
无标题1.ps1* ×
 1 Write-Host "hello world"
 2
 3 Write-Host "你好,世界"
 4
 5 write-leter "hello world"

你好,世界
write-leter : 无法将“write-leter”项识别为 cmdlet、函数、
径正确，然后再试一次。
所在位置 行:5 字符: 1
+ write-leter "hello world"
  ~~~~~~~~~~~
```

图12.69　错误代码行的定位

模块的引用和在 PowerShell 交互环境中完全相同，通过一个良好的编程工具能让我们更快地了解和学习 PowerShell 的语法规则。在 PowerShell ISE 中支持内容以大纲方式折叠，只要在“{}”对中的内容，默认情况下都支持基于“{}”的折叠，图 12.70 所示为默认情况下大纲模式折叠代码。

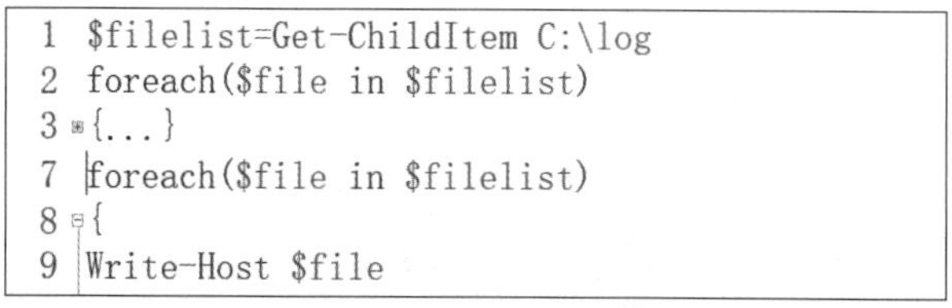

```
1 $filelist=Get-ChildItem C:\log
2 foreach($file in $filelist)
3 ⊞{...}
7 foreach($file in $filelist)
8 ⊟{
9 Write-Host $file
```

图12.70　大纲模式折叠代码

除了自动大纲形式之外，还可以引入自定义的大纲格式。我们可以通过 #Region 关键字来实现大纲的折叠和展开，自定义大纲方式以 #Region 开始，以 #EndRegion 结束。

```
#Region 名称
    Code area
#EndRegion
```

我们将代码段以 Region 加上代码段功能来进行大纲的命名，实现大纲区域的折叠和显示。图 12.71 所示为 ISE 集成开发环境的自定义折叠方式。

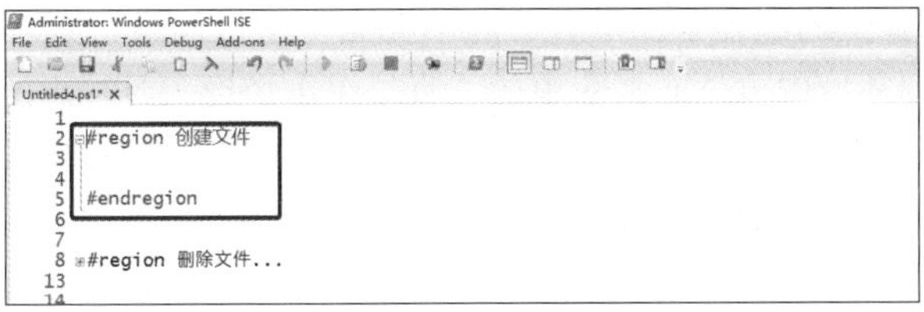

```
#region 创建文件

#endregion

#region 删除文件...
```

图12.71　以Region作为自定义折叠方式

在 PowerShell ISE 的集成开发环境中，可以非常方便地引入 PowerShell 模块和管理单元。在 PowerShell 3.0 之后，模块的引用将会在命令执行后自动加载。为了尽快地载入代码并执行，还可以在执行代码前导入相应的模块。因此在写脚本之前引入模块是个非常好的习惯，图 12.72 所示为在 ISE 中导入模块的操作。

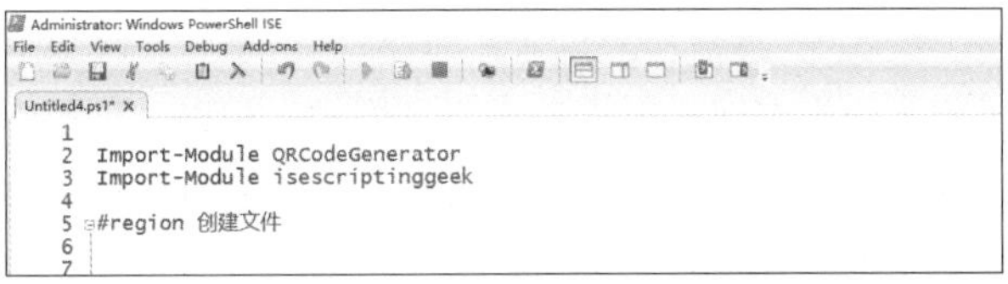

```
Import-Module QRCodeGenerator
Import-Module isescriptinggeek

#region 创建文件
```

图12.72　ISE 导入模块操作

12.6.3　PowerShell ISE 集成开发环境中的代码执行

PowerShell ISE 的集成开发环境中，可以执行当前编写的代码，但还是有几点需要注意的问题。

- 不是所有的脚本都支持在 ISE 集成开发环境中运行。
- ISE 脚本执行的结果可能与通过交互环境执行的展现方式不同。
- 无法支持没有默认值的强制类型参数脚本运行。

在 PowerShell 的 ISE 集成开发环境中，其他的类型都可以在集成开发环境中运行，目前在集成开发环境中支持两种执行方法。

- 代码完全执行。
- 选择代码执行。

在完全代码运行模式下，所有的代码都会被从头到尾执行。但如果需要调试相关的代码，只需要部分执行代码即可，此时选择部分代码执行方式。完全代码执行方式下，我们可以按 F5 键或者 Run Script 快捷工具栏按钮执行相应的脚本，图 12.73 所示为代码的完全执行。

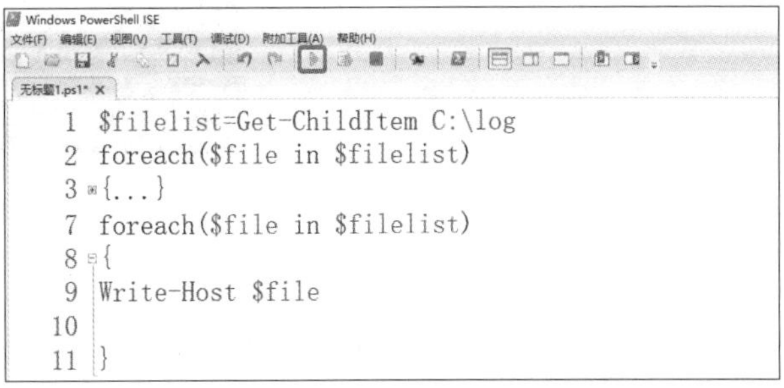

```
$filelist=Get-ChildItem C:\log
foreach($file in $filelist)
{...}
foreach($file in $filelist)
{
Write-Host $file

}
```

图12.73　代码的完全执行

而在我们进行代码调试的过程中，很大可能不会完全运行代码。如果希望运行部分代码，在 PowerShell ISE 集成开发环境中也是非常简单的，直接单击快捷工具栏中的 Run Selection Script 或者按 F8 键运行代码，图 12.74 所示为代码的部分执行方法。默认情况下部分执行没有被激活，部分执行方法将会在选中部分执行代码后被激活。

```
$filelist=Get-ChildItem C:\log
foreach($file in $filelist)
{...}
foreach($file in $filelist)
{
Write-Host $file

}
```

图12.74　代码的部分执行

PowerShell 依据有无回显分为有回显模式和无回显模式。如果在脚本中没有任何回显代码，执行过程中在代码执行区域不会显示任何结果。通常无回显的代码都是执行相应的操作过程没有写入相应的代码，图 12.75 所示为无回显的执行过程。

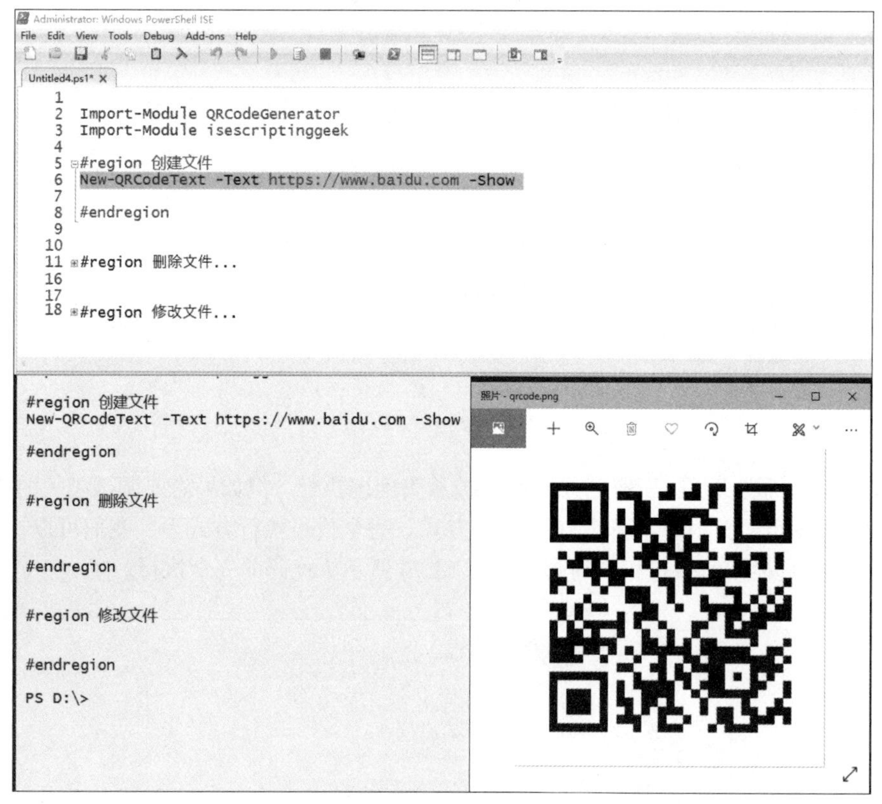

图12.75　无回显代码

在实际的代码编写过程中，我们很容易将无回显代码转换为有回显代码。这里将代码稍微修改下，让代码在执行过程中代码执行区域会有相应的回显，图 12.76 所示为有回显代码。

```
Administrator: Windows PowerShell ISE
File  Edit  View  Tools  Debug  Add-ons  Help
Untitled4.ps1*

Import-Module QRCodeGenerator
Import-Module isescriptinggeek

#region 创建文件
for($i=0;$i -le 100;$i++)
{
$str="https://www.baidu"+$i+".com"
$filname="c:\log\"+[string]($i)+".png"
New-QRCodeText -Text $str -OutPath $filname
$log="第"+$i+"个二维码已经生成"
write-host $log
}
#endregion
```

```
第23个二维码已经生成
第24个二维码已经生成
第25个二维码已经生成
第26个二维码已经生成
第27个二维码已经生成
第28个二维码已经生成
第29个二维码已经生成
第30个二维码已经生成
第31个二维码已经生成
第32个二维码已经生成
第33个二维码已经生成
```

图12.76　有回显的代码

在多数条件下，特别是在执行自动化任务的过程中，都不会进行交互式的操作。在编写脚本过程中多数情况下都是调用类似于 Verbose、Warning 或 Error 参数进行错误或警告等的输出，也可能需要将代码执行结果存储在文件或数据库中。

12.6.4　PowerShell ISE 保存 PowerShell 脚本

在 PowerShell ISE 集成开发环境中，可以进行三种不同的保存方式。

- 无保存的文件保存为带名称的脚本。
- 有保存的文件保存为当前名称的脚本。
- 有保存的文件另存为其他名称的脚本。

是不是读起来有点拗口？通过场景解读，相信你就会理解了。通常来说，微软目前所有的产品默认情况下都可以先新建文件，再保存文件。这些创建的文件会保存在哪里呢？如果没有自动保存机制，内容将会在计算机的内存中！当出现系统宕机或者意外重启，数据就会消失。在默认的 PowerShell 的窗口，创建了 PowerShell 脚本文件后，可以单击保存按钮以默认的名称保存，图 12.77 所示为保存 PowerShell 界面。

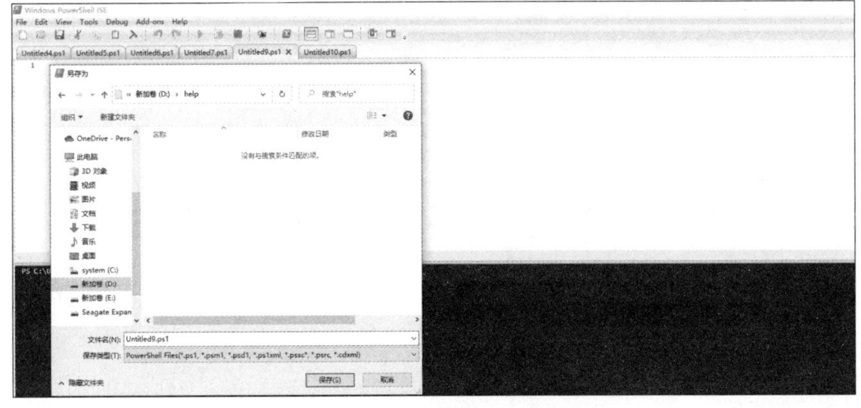

图12.77　PowerShell ISE 保存脚本

但是 PowerShell ISE 默认提供的保存按钮只能保存当前的页签，如果有多个文件，则需要挨个保存。这是 PowerShell ISE 集成开发环境一个比较大的弱点，而这个弱点在 VS Code 中能够比较好地解决。针对现有已经保存的文件将其打开，我们单击保存按钮的时候，都是基于当前的文件名称保存。希望使用保存为另外的文件来区别现有的文件或者实现版本管理，可以使用另存为的方式保存为另外名称的文件。

12.6.5 远程编写与执行 PowerShell 脚本

PowerShell 集成开发环境提供了当前计算机的执行环境，也提供了远程 PowerShell 执行环境，如果本地不能满足脚本开发的条件，可以通过 PowerShell ISE 集成开发环境链接到远端计算机进行脚本开发。实现远程连接当然也有前提要求，就是能够提供 PowerShell 的远程连接和接入。下面的条件缺一不可，必须都满足才能实现远程执行功能。

- 提供了 PowerShell 远程端口。
- 防火墙没有阻拦连接端口。
- 在本地添加可信服务器端。

如果不确定是否提供了远程连接，可以在远程连接的目标机器执行如下的 PowerShell 命令开放远程连接端口：Enable-PSRemoting。图 12.78 所示为启用 PowerShell 远程连接操作。

图12.78　启用PowerShell远程连接

接下来在客户端执行如下命令，获取和增加本机可以进行连接的服务器端，这里注意下是本地，不是服务器端。使用如下命令获取当前机器可以连接的可信任端服务器列表，默认情况下值为空，图 12.79 所示为 PowerShell 受信任的远程主机设定。

```
Get-Item WSMan:\localhost\Client\TrustedHosts #默认情况下是空的，也就是本机不能连接任何服务器端
```

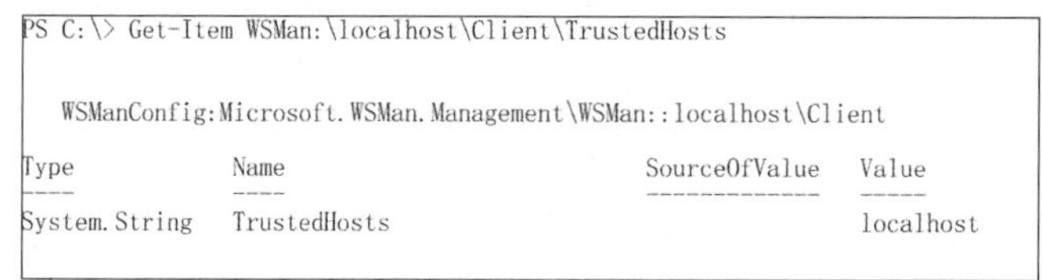

图12.79　受信任的远程主机设定

可以通过如下的方式设置允许连接的服务器端，我们这里设置允许连接所有的服务器端。这时可以通过 Set-Item 命令完成所有客户端设定，图 12.80 所示为受信任主机的设置。

```
Set-Item WSMan:\localhost\Client\TrustedHosts -Value 'machineA,machineB' #这里设置允许连接的机器
```

```
Set-Item WSMan:\localhost\Client\TrustedHosts -Value '*'   # 这里设置通配符允许所有客户端连接
```

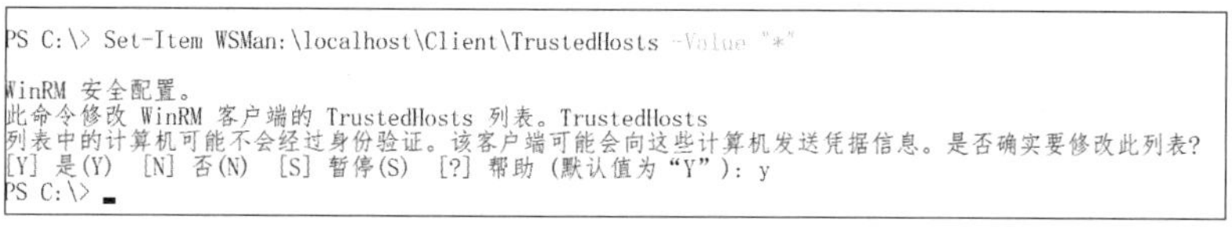

```
PS C:\> Set-Item WSMan:\localhost\Client\TrustedHosts -Value "*"

WinRM 安全配置。
此命令修改 WinRM 客户端的 TrustedHosts 列表。TrustedHosts
列表中的计算机可能不会经过身份验证。该客户端可能会向这些计算机发送凭据信息。是否确实要修改此列表?
[Y] 是(Y)  [N] 否(N)  [S] 暂停(S)  [?] 帮助 (默认值为“Y”): y
PS C:\>
```

图12.80　受信任主机的设置

完成脚本的执行后，可以通过 PowerShell ISE 进行远程连接。远程连接后，所有的代码和脚本将会在远程服务器执行。单击远程连接工具栏按钮进行远程服务器的 PowerShell 连接，输入远程连接的服务器 IP 和用户名及密码进行用户验证。图 12.81 所示为连接远程服务器操作与验证过程。

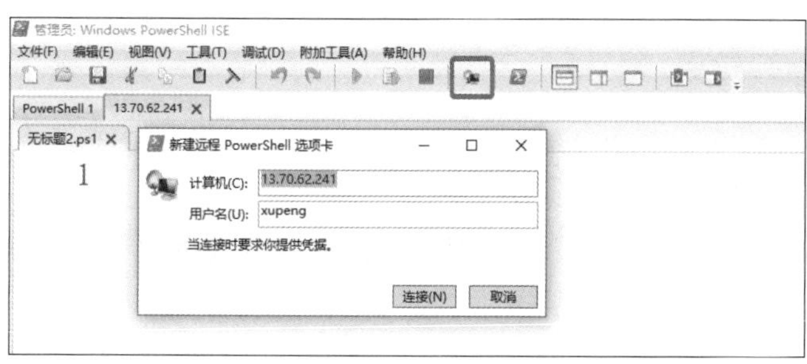

图12.81　ISE连接远程服务器操作与验证

输入远程服务器的用户名和密码，验证通过之后进入远程服务器的 PowerShell Session，所有 PowerShell 的脚本开发和代码操作都是基于远程环境，图 12.82 所示为以远程方式执行命令的结果。

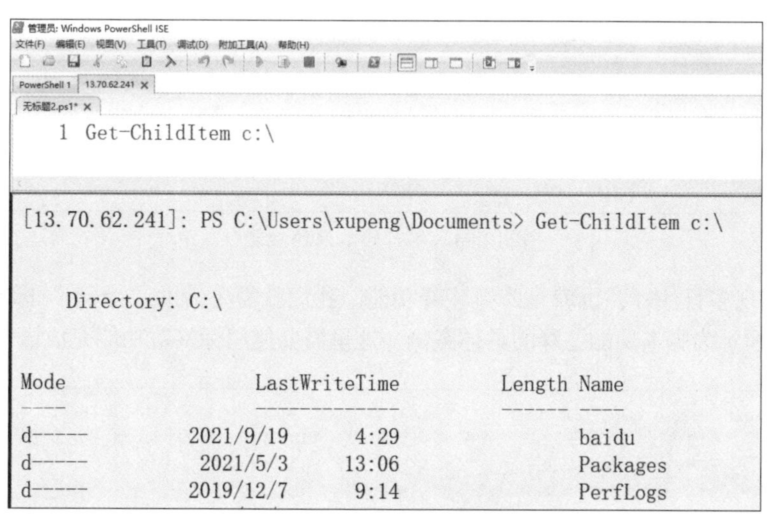

图12.82　ISE 执行远程命令

进入远程脚本编写和执行过程之后，所有的操作和操作的对象都将是远程连接的服务器，而不再是本地的客户端。目前我们连接的是活动目录服务器，因此我们可以通过执行 Get-ADUser 命令获取所有的用户命令，图 12.83 所示为执行活动目录的 PowerShell 界面。

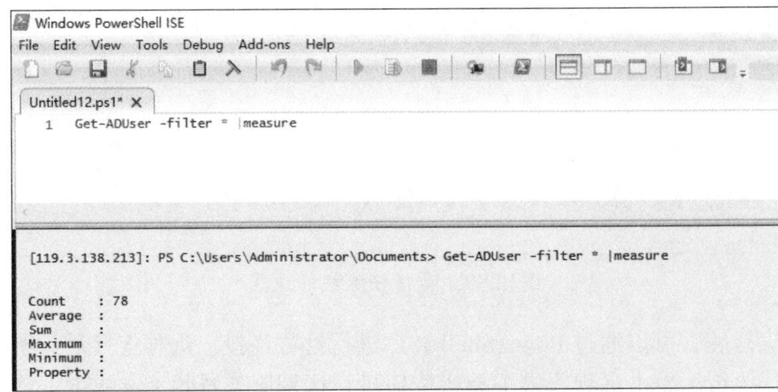

图12.83 活动目录PowerShell命令的执行

如果后续希望在 PowerShell 中开发其他应用的脚本程序，可以通过 PowerShell ISE 进行远程环境连接，实现代码的远程开发。

12.6.6 PowerShell 脚本行注释

脚本行注释分为以下两种注释方式，这两种方式分别应用于两种不同的场景。

- “#”：注释单行代码。
- “<# #>”：块注释。

如果希望实现单行注释，我们需要通过“#”来进行注释。注释的内容是以行为单位，无法实现多行注释功能。图 12.84 所示为单行脚本注释功能的实现。

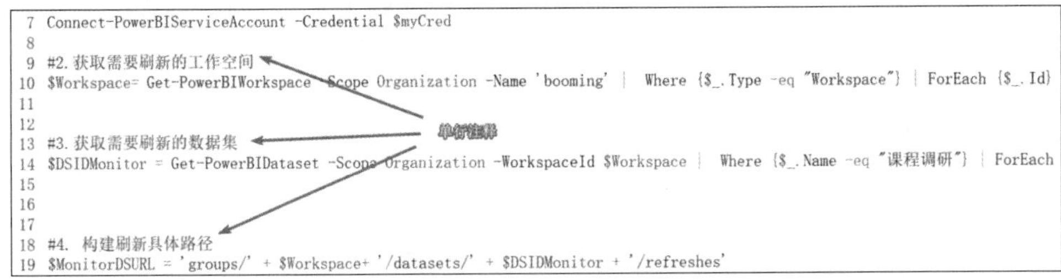

图12.84 单行脚本注释功能

如果需要实现多行注释，也就是跨行注释功能。我们就需要借助“<# #>”标签对来实现脚本注释，图 12.85 所示为脚本功能注释的具体案例，这里需要使用标签对功能完成语句注释。

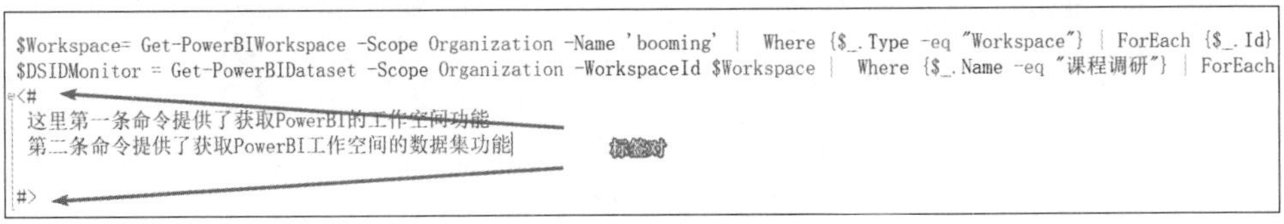

```
$Workspace= Get-PowerBIWorkspace -Scope Organization -Name 'booming' | Where {$_.Type -eq "Workspace"} | ForEach {$_.Id}
$DSIDMonitor = Get-PowerBIDataset -Scope Organization -WorkspaceId $Workspace | Where {$_.Name -eq "课程调研"} | ForEach
<#
 这里第一条命令提供了获取PowerBI的工作空间功能
 第二条命令提供了获取PowerBI工作空间的数据集功能

#>
```

标签对

图12.85 多行注释案例

12.6.7 PowerShell 脚本帮助

PowerShell 脚本帮助内容与脚本行注释中的块注释相同，使用“<# #>”进行脚本注释，帮助内容将添加在脚本文件开始部分。在 PowerShell 脚本帮助中包含非常多的内容，这些内容将会在用户引用的时候显示，可以在脚本帮助中添加如下的内容。

- .SYNOPSIS：脚本代码及执行摘要。
- .Description：脚本描述，通常用于描述脚本的具体功能和它的一些特性。
- .Parameter：脚本中需要参数具体描述。
- .Example：脚本的执行案例，可以支持多个不同的执行方式和参数。
- .Notes：脚本的备注，可以备注脚本的一些信息，比如姓名、联系方式等。
- .Link：脚本调用的相关链接信息。

当然，可以在脚本注释的过程中添加更多的内容，但是在大多数场景下，上面的注释内容能够更好地帮助我们理解脚本的执行。接下来给大家分享下如何进行脚本注释，这个脚本是通过执行代码循环将生成的数据插入数据库中，图 12.86 所示为插入数据案例。

```
param(
$Database  = 'mydb',
$Server = '65.52.184.126',
$UserName   = 'sa',
$Password="Abc123"
)
$SqlConnection  = New-Object -TypeName System.Data.SqlClient.SqlConnection  #创建数据库连接
$SqlConnection.ConnectionString = "Data Source=$Server;Initial Catalog=$Database;user id=$UserName;pwd=$Password" #定义连接字符串
$SqlConnection.Open() #打开数据库连接

for($i=0;$i -le 1000;$i++)
{
$randomdata=Get-Random -Maximum 3000 -Minimum 2000 #使用随机数生成函数生成随机数

$executeCommand = "insert into pilot(time,data) values"+"('"+(get-date).adddays($i).tostring("yyyy-MM-dd hh:mm:ss")+"',"+(Get-Random -Minimum 1000 -Maximum 3000)+")"
$SqlCmd                       = New-Object System.Data.SqlClient.SqlCommand
$SqlCmd.CommandText           = $executeCommand
$SqlCmd.Connection            = $SqlConnection
$SqlCmd.ExecuteNonQuery()
<#

在循环中插入生成的随机数,
同时将日期和随机数插入Pilot表

#>

sleep 6 #休息6秒钟
}

$SqlConnection.Close()  #关闭连接
```

图12.86　插入数据案例

相信刚开始进行代码编写的朋友看得懂代码行的注释，但是对于脚本文件如何执行可能不清楚，这时脚本帮助内容就起到作用了。接下来按照顺序给大家分享下如何进行脚本解释。脚本解释与脚本块注释相同，需要使用“<# #>”来将注释代码放入其中。

1. .SYNOPSIS 摘要

通常摘要是用来简要描述脚本的功能，一般不要超过 3 句话，在获取脚本帮助的时候简单描述了当前脚本功能。

```
<#
.synopsis
这个脚本是为了实现随机数的生成
#>
```

2. .Description 描述

详细地描述了整个代码的使用场景和提供的功能，相比摘要功能，可以尽可能详细地描述脚本的使用场景。

```
<#
.Description
这个脚本是用来实现数据库插入的功能，脚本的数据库服务器、用户名和密码都可以自己定义，通过定
```

```
义的数据来实现最终的数据插入
#>
```

3. .Parameter 参数

参数注释是提供给使用者有关参数使用的部分内容，我们可以将每个参数独立地定义，然后解释使用的场景和功能，这里如果有多个参数需要分别描述，我们就可以分成多个参数。

```
<#
.Parameter Server
 进行数据库连接的服务器参数
.Parameter Database
 进行连接的数据库名称
.Parameter Username
 进行数据库连接的用户名
.Parameter Password
 进行数据库连接的密码
#>
```

4. .Example 案例

案例注释用来进行实际执行案例的演示，如果有多种不同的执行方法，可以在这里写入多个执行方法。

```
<#
.Example
    .\generate-Random
.Example
    .\generate-random -server 1.1.1.1 -database mydb -username sa -password
      111111
#>
```

5. Notes 备注

备注注释通常可以将版权定义、联系方式获取、脚本编写日期等内容都添加到备注内容中。

```
<#
.notes
Author: 徐鹏
Email:raymond.xu@booming.one
Last update: 2021-2-6
#>
```

6. Link 链接

链接注释是可以在脚本中写入脚本中的链接。

```
<#
.link
https://blog.csdn.net/fogyisland2000
#>
```

完成脚本编写和内容注释之后，我们将文件保存为脚本。图 12.87 所示为脚本的帮助内容和脚本。

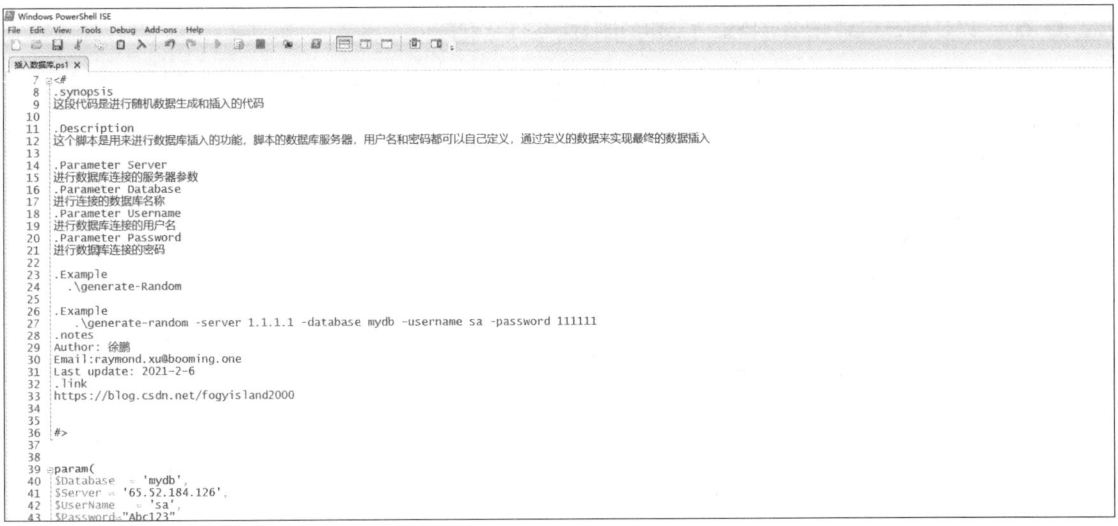

```
Windows PowerShell ISE
File  Edit  View  Tools  Debug  Add-ons  Help
插入数据库.ps1 ×
<#
.synopsis
这段代码是进行随机数据生成和插入的代码

.Description
这个脚本是用来进行数据库插入的功能，脚本的数据库服务器，用户名和密码都可以自己定义，通过定义的数据来实现最终的数据插入

.Parameter Server
进行数据库连接的服务器参数
.Parameter Database
进行连接的数据库名称
.Parameter Username
进行数据库连接的用户名
.Parameter Password
进行数据库连接的密码

.Example
  .\generate-Random

.Example
    .\generate-random -server 1.1.1.1 -database mydb -username sa -password 111111
.notes
Author: 徐鹏
Email:raymond.xu@booming.one
Last update: 2021-2-6
.link
https://blog.csdn.net/fogyisland2000


#>


param(
$Database  = 'mydb',
$Server = '65.52.184.126',
$UserName   = 'sa',
$Password="Abc123"
```

图12.87　脚本的帮助内容与脚本

如何来获取这些帮助呢？这时就需要使用 PowerShell 的 Get-Help 语句来获取相应的帮助。图 12.88 所示为不带参数的帮助内容。

7. Get-Help 脚本

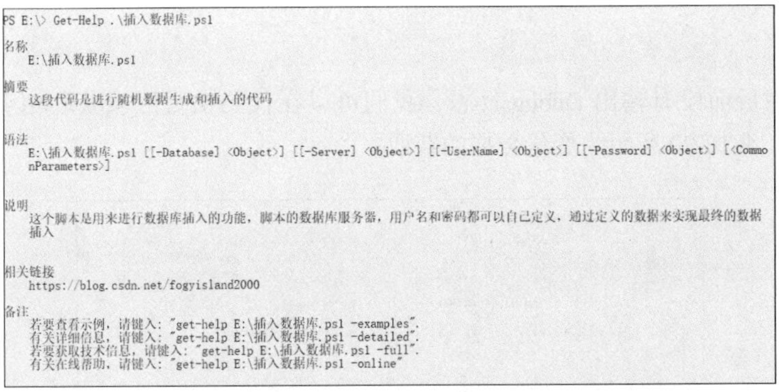

```
PS E:\> Get-Help .\插入数据库.ps1

名称
    E:\插入数据库.ps1

摘要
    这段代码是进行随机数据生成和插入的代码


语法
    E:\插入数据库.ps1 [[-Database] <Object>] [[-Server] <Object>] [[-UserName] <Object>] [[-Password] <Object>] [<Commo
    nParameters>]


说明
    这个脚本是用来进行数据库插入的功能，脚本的数据库服务器，用户名和密码都可以自己定义，通过定义的数据来实现最终的数据
    插入


相关链接
    https://blog.csdn.net/fogyisland2000

备注
    若要查看示例，请键入: "get-help E:\插入数据库.ps1 -examples".
    有关详细信息，请键入: "get-help E:\插入数据库.ps1 -detailed".
    若要获取技术信息，请键入: "get-help E:\插入数据库.ps1 -full".
    有关在线帮助，请键入: "get-help E:\插入数据库.ps1 -online"
```

图12.88　不带参数的帮助内容

如果希望了解命令的执行方法，可以使用 Get-Help 结合 Examples 参数获取执行方法：Get-Help 脚本名称 -Examples。图 12.89 所示为使用 Examples 参数获取帮助信息。

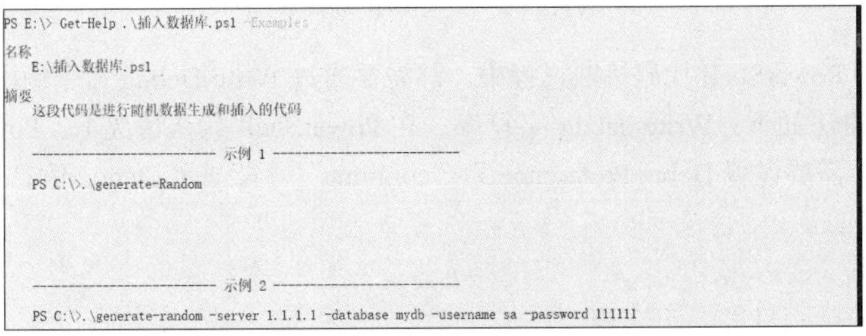

```
PS E:\> Get-Help .\插入数据库.ps1 -Examples

名称
    E:\插入数据库.ps1

摘要
    这段代码是进行随机数据生成和插入的代码

    -------------------------- 示例 1 --------------------------

    PS C:\>.\generate-Random




    -------------------------- 示例 2 --------------------------

    PS C:\>.\generate-random -server 1.1.1.1 -database mydb -username sa -password 111111
```

图12.89　使用Examples参数获取命令执行帮助

12.6.8 PowerShell ISE 代码调试与运行

在集成开发环境中，使用 Debug 菜单进行脚本调试，在 PowerShell ISE 集成开发环境中能够实现如下的调试功能。

- 代码执行
- 代码选择执行
- 代码的断点管理
- 代码的步入和步出
- 代码变量显示

这里为了让大家了解下代码调试的过程，我们将使用下面的一段脚本来演示如何在 ISE 集成开发环境中进行 PowerShell 调试。

```
$filelist=Get-ChildItem C:\log
foreach($file in $filelist)
{
Remove-Item $file.fullname
}
```

如果希望完全执行代码，可以通过单击快捷工具栏的运行按钮，或者按 F5 键执行脚本。代码执行完毕后，可以通过代码执行区域进行变量的跟踪。在这个案例中我们可以查看到如下参数最后的值。

```
$filelist
$file
```

在当前代码中目前没有输出 Debug 日志，我们可以在代码执行区域获取相应的变量值来实现简单的变量获取，图 12.90 所示为变量数据的获取。

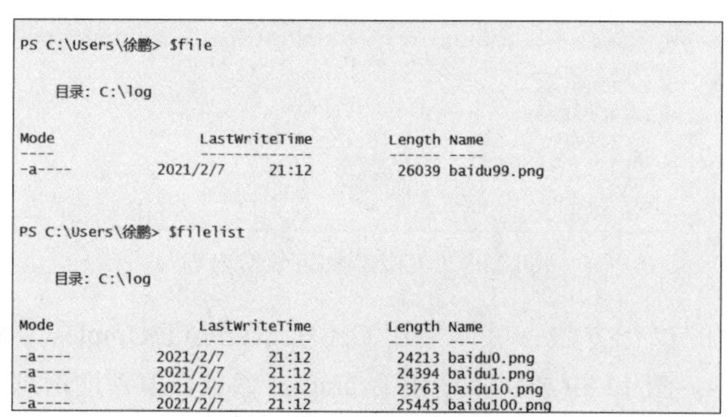

图12.90 变量数据的获取

但是在实际的 PowerShell 代码诊断过程中，都需要通过 Write-Debug 命令输出相应的 Debug 信息，Write-debug 语法如下：Write-debug 字符串。在 PowerShell 默认情况下，PowerShell ISE 不会输出 Debug 信息，需要设置 DebugPreference 为“continue”才能显示 Debug 信息，图 12.91 所示为当前脚本的诊断信息。

```
$DebugPreference ="continue"
$filelist=Get-ChildItem C:\log
Write-debug "获取数据执行列表"
foreach($file in $filelist)
```

```
{
    Remove-Item $file.fullname
    Write-debug " 成功删除 "+$file
}
```

```
$DebugPreference ="continue"
Set-Location C:\log
$filelist=Get-ChildItem C:\log
Write-debug “获取数据执行列表”
foreach($file in $filelist)
{
Remove-Item $file.fullname
Write-debug “成功删除$file”
}

调试: 成功删除file933.txt
调试: 成功删除file934.txt
调试: 成功删除file935.txt
```

图12.91　当前脚本显示出调试信息

这里有个非常重要的知识点。

默认情况下，通过 Write-debug 方式输出的日志不会输出，需要修改 DebugPreference：

· $DebugPreference = “continue”。

12.6.9　PowerShell ISE 集成开发环境的断点管理

在 PowerShell 集成开发环境中，我们可以在代码的任何位置设置相应的断点，ISE 集成开发环境提供如下两种断点设置模式。

- PowerShell ISE Debug 菜单。
- 在 PowerShell 中通过命令设置。

通过菜单可以非常方便地设置相应的调试代码。这里需要注意设置断点的时候，如果当前文件没有保存，则无法设置断点，在文件保存之后，设置断点的按钮就被激活了，图 12.92 所示为激活断点设置操作。

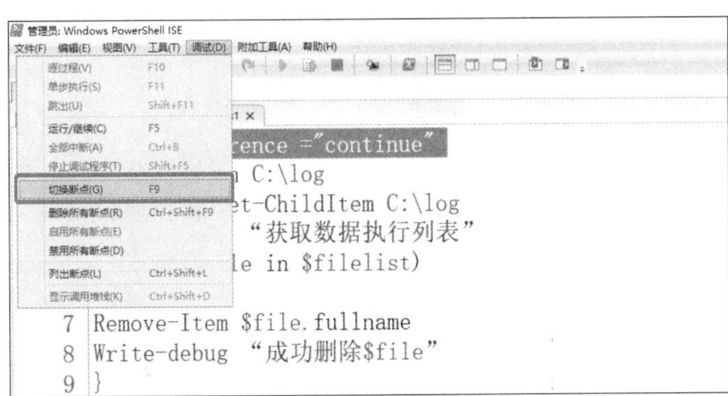

图12.92　激活断点设置操作

在当前脚本中选择好需要进行断点设置的语句，按 F9 键或者直接单击切换断点，可以进行断点设置，图 12.93 所示为在必要的语句中设置断点。

```
$DebugPreference ="continue"
Set-Location C:\log
$filelist=Get-ChildItem C:\log
Write-debug "获取数据执行列表"
foreach($file in $filelist)
{
Remove-Item $file.fullname
Write-debug "成功删除$file"
}
```

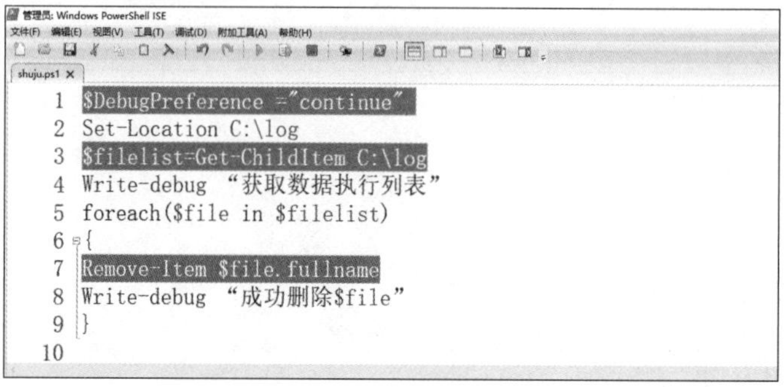

图12.93　在必要的语句中设置断点

当我们进行语句执行的时候，它就会按照顺序击中断点，图 12.94 所示为击中断点后的调试信息。

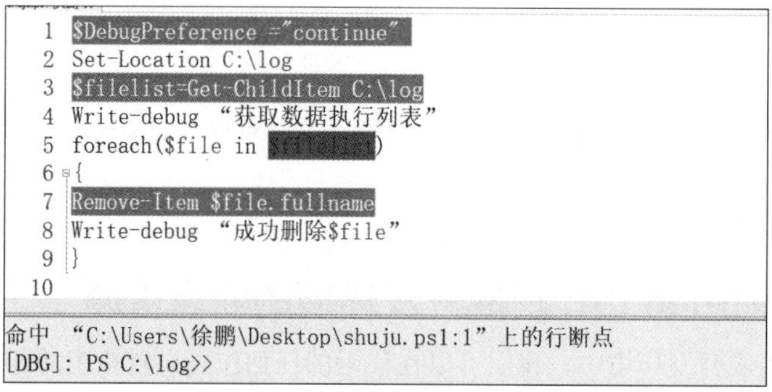

```
$DebugPreference ="continue"
Set-Location C:\log
$filelist=Get-ChildItem C:\log
Write-debug "获取数据执行列表"
foreach($file in $filelist)
{
Remove-Item $file.fullname
Write-debug "成功删除$file"
}

命中 "C:\Users\徐鹏\Desktop\shuju.ps1:1" 上的行断点
[DBG]: PS C:\log>>
```

图12.94　击中断点后会暂时停止执行

一旦击中断点后，我们可以将鼠标指针移动到变量上，会得到变量中当前的值。这是实现代码调试的主要功能，图 12.95 所示为变量值的获取。

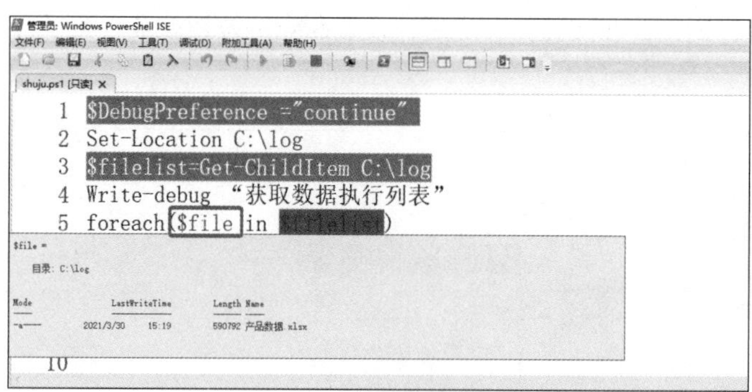

图12.95　变量值的获取

在击中断点后可以直接在代码执行区域获取当前变量的值，如图 12.96 所示。

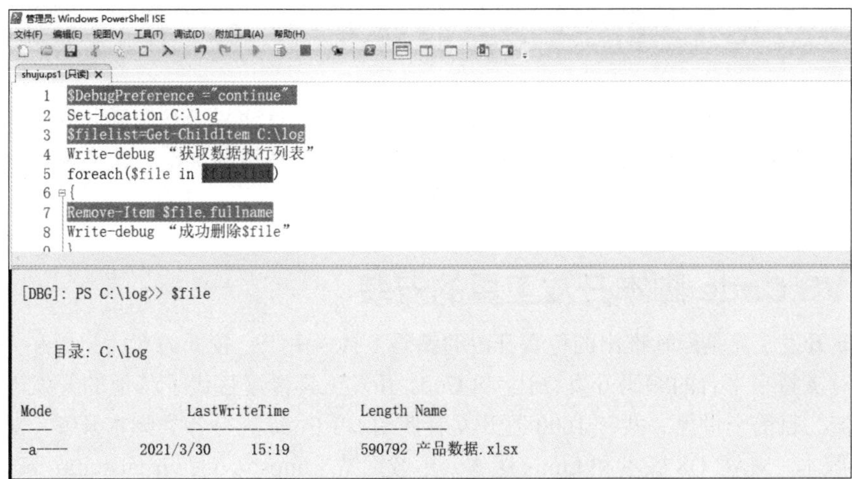
```
1 $DebugPreference ="continue"
2 Set-Location C:\log
3 $filelist=Get-ChildItem C:\log
4 Write-debug “获取数据执行列表”
5 foreach($file in $filelist)
6 {
7 Remove-Item $file.fullname
8 Write-debug “成功删除$file”

[DBG]: PS C:\log>> $file

    目录: C:\log

Mode                LastWriteTime         Length Name
----                -------------         ------ ----
-a----         2021/3/30     15:19         590792 产品数据.xlsx
```

图12.96　在代码执行区获取变量的值

如果在程序中有太多断点，可以通过菜单中的列出所有断点来查看具体的断点和设置，对应的 PowerShell 命令是 Get-PsBreakpoint。图 12.97 所示为获取当前脚本中所有的断点。

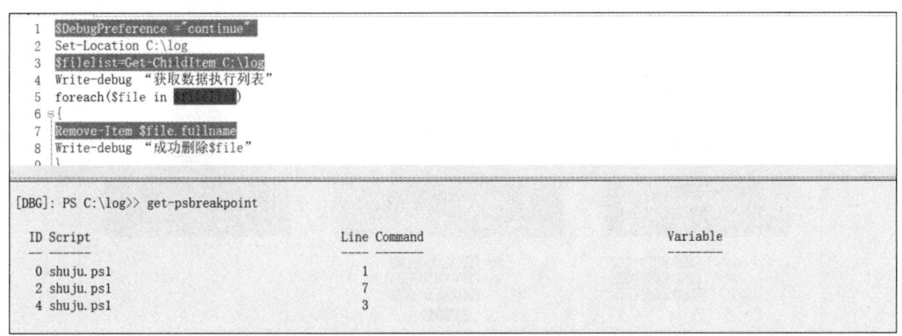
```
1 $DebugPreference ="continue"
2 Set-Location C:\log
3 $filelist=Get-ChildItem C:\log
4 Write-debug “获取数据执行列表”
5 foreach($file in $filelist)
6 {
7 Remove-Item $file.fullname
8 Write-debug “成功删除$file”

[DBG]: PS C:\log>> get-psbreakpoint

  ID Script                    Line Command                 Variable
  -- ------                    ---- -------                 --------
   0 shuju.ps1                    1
   2 shuju.ps1                    7
   4 shuju.ps1                    3
```

图12.97　获取当前脚本中所有的断点

完成具体的调试之后，我们通过 Shift+F5 组合键可以退出调试模式，进入正常模式。图 12.98 所示为退出调试模式后的界面。

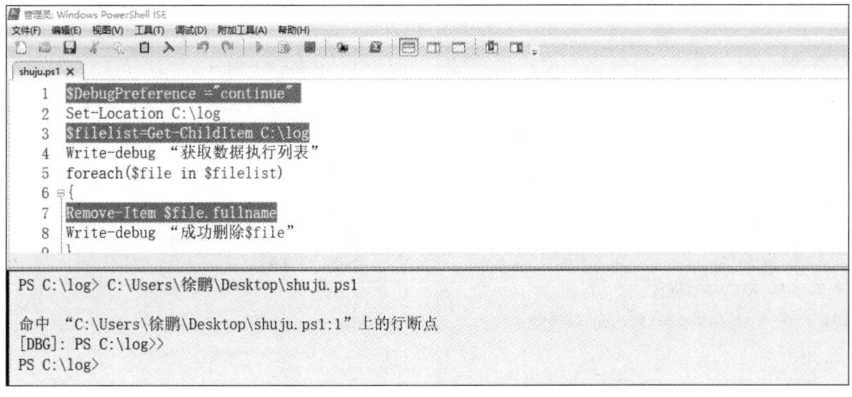
```
1 $DebugPreference ="continue"
2 Set-Location C:\log
3 $filelist=Get-ChildItem C:\log
4 Write-debug “获取数据执行列表”
5 foreach($file in $filelist)
6 {
7 Remove-Item $file.fullname
8 Write-debug “成功删除$file”

PS C:\log> C:\Users\徐鹏\Desktop\shuju.ps1

命中 “C:\Users\徐鹏\Desktop\shuju.ps1:1” 上的行断点
[DBG]: PS C:\log>>
PS C:\log>
```

图12.98　Shift+F5组合键退出调试模式

12.7 PowerShell IDE 推荐开发工具——VS Code

PowerShell IDE 开发工具有很多，前面给大家分享了 PowerShell ISE 集成开发工具，接下来介绍微软替代 ISE 集成开发环境的工具 VS Code。VS Code 在默认情况下不支持 PowerShell 的开发和调试，需要安装 PowerShell 的插件实现脚本的解释与执行。

12.7.1 VS Code 脚本开发工具的安装

VS Code 开发工具是微软推出的免费开源的编码工具，由于它较低的入门门槛和大量开发人员的贡献，同时支持多平台的编码开发，让 VS Code 开发工具慢慢替代了其他的开发工具，成为编辑工具的主流。目前全世界一共有 1600 万开发者使用 VS Code 进行各类脚本开发。VS Code 提供了 Windows 版本、MAC OS 版本和 Linux 版本，下载网站（https://code.visualstudio.com/download）提供了如图 12.99 所示的 VS Code 版本。

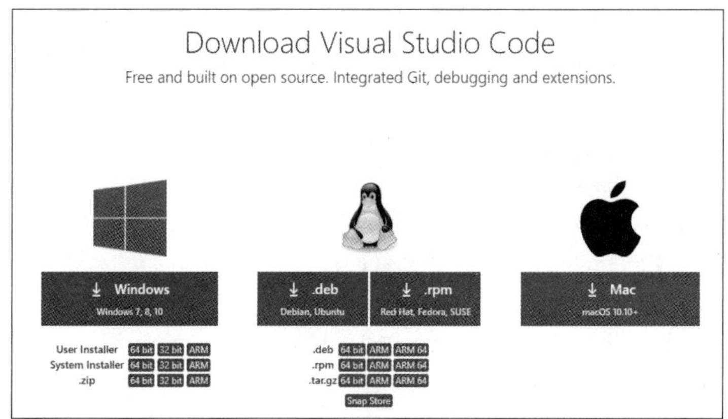

图12.99　VS Code的各个平台版本

VS Code 在 Windows 上安装非常简单，这里推荐安装 System Installer 版本，图 12.100 所示为安装过程。

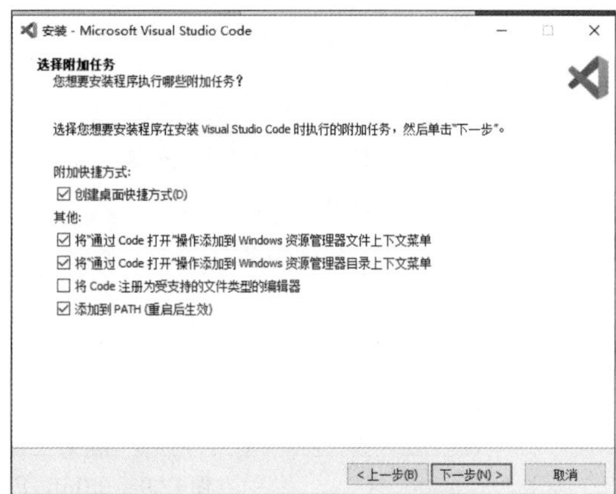

图12.100　VS Code 安装过程

安装完成后，打开 VS Code，会发现它的界面相比 PowerShell ISE 集成开发环境体验好了很多，拥有更好的界面感观和编程体验，图 12.101 所示为标准的 VS Code 白色主题界面。

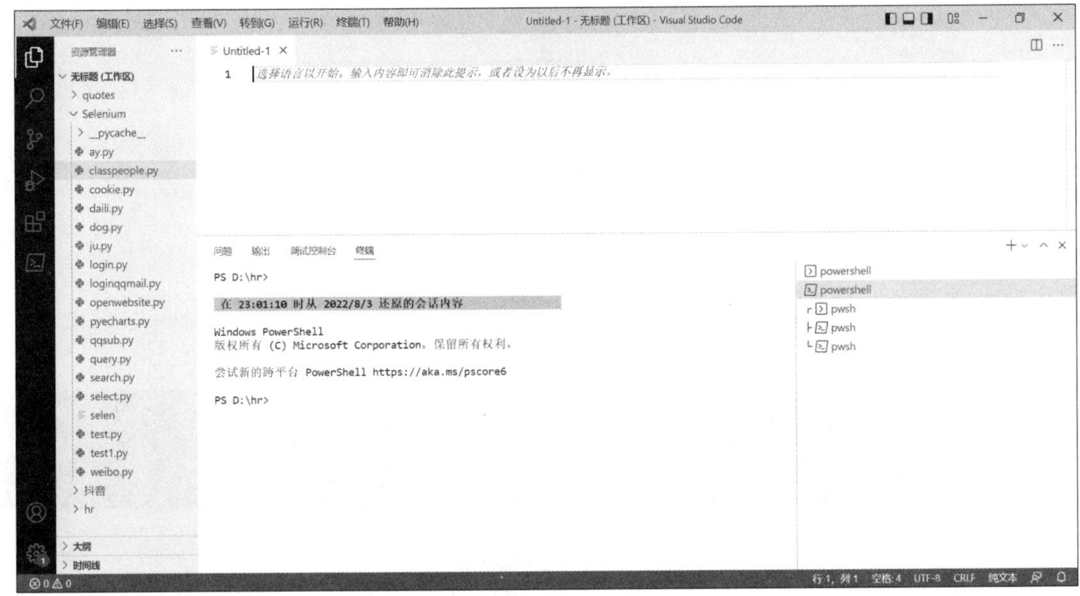

图12.101　VS Code 白色主题界面

12.7.2　VS Code PowerShell 开发环境配置

VS Code 支持各种不同的解释型语言的编写，但默认情况下，脚本和解释型环境是分开的，如果希望执行相应的脚本，我们必须安装和配置相应的解释环境。如果希望运行和解释 PowerShell 环境，我们同样必须在 VS Code 中做相关的配置。默认环境下，VS Code 可以进行 PowerShell 代码的开发，但是不支持代码的调试和执行，如果希望实现 PowerShell 代码的执行和解释，必须安装 PowerShell 扩展支持，通过 Ctrl+Shift+X 组合键调出窗口，安装如图 12.102 所示的 PowerShell 解释程序。

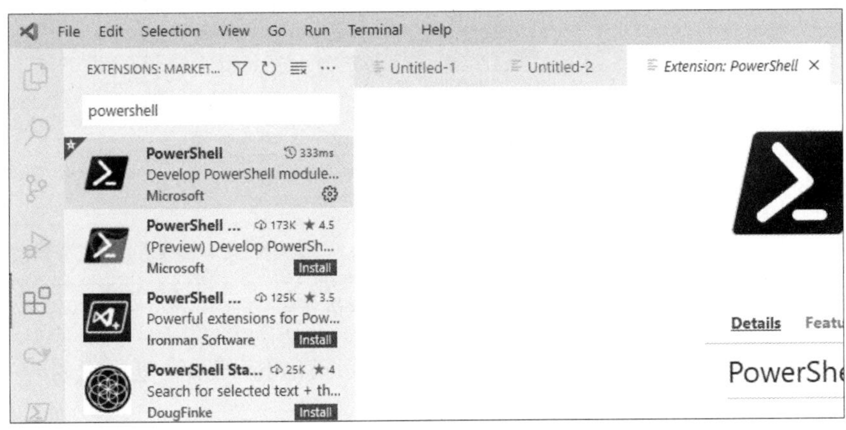

图12.102　VS Code的PowerShell 解释程序

单击 Install 开始安装插件，安装完成后可以看到当前的 PowerShell 插件已经顺利启用，图 12.103 所示为启用 PowerShell 组件的界面操作。

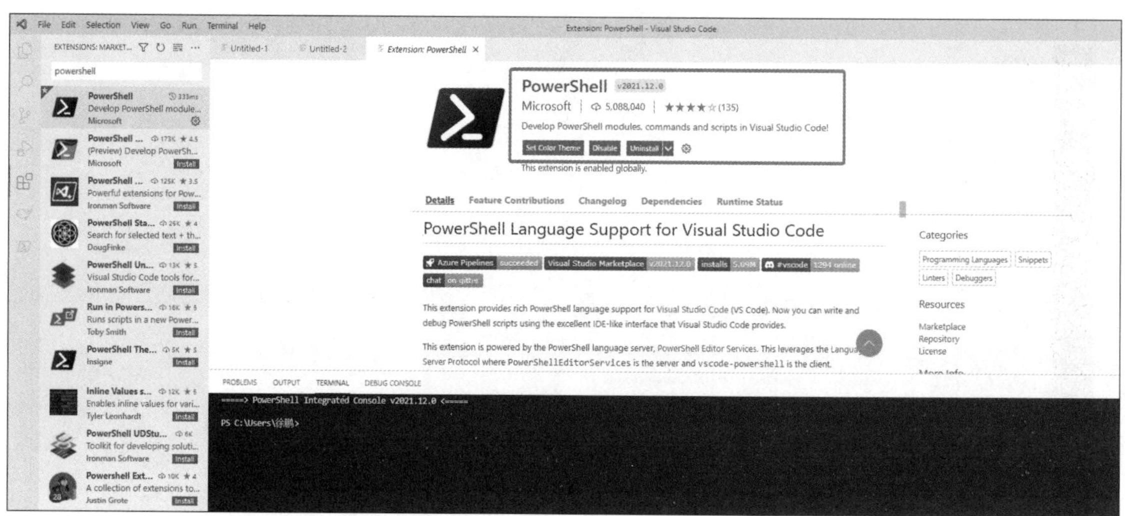

图12.103　启用PowerShell组件

相比 PowerShell ISE 集成开发环境，VS Code 的项目化管理思维更加符合实际的代码编写环境。默认环境下 VS Code 使用的是英文执行环境，如果希望工作界面为中文，需要按照如下的步骤进行设置，图 12.104 所示为设置界面。

按 `Ctrl+Shift+P` 组合键，输入 `configure display language`

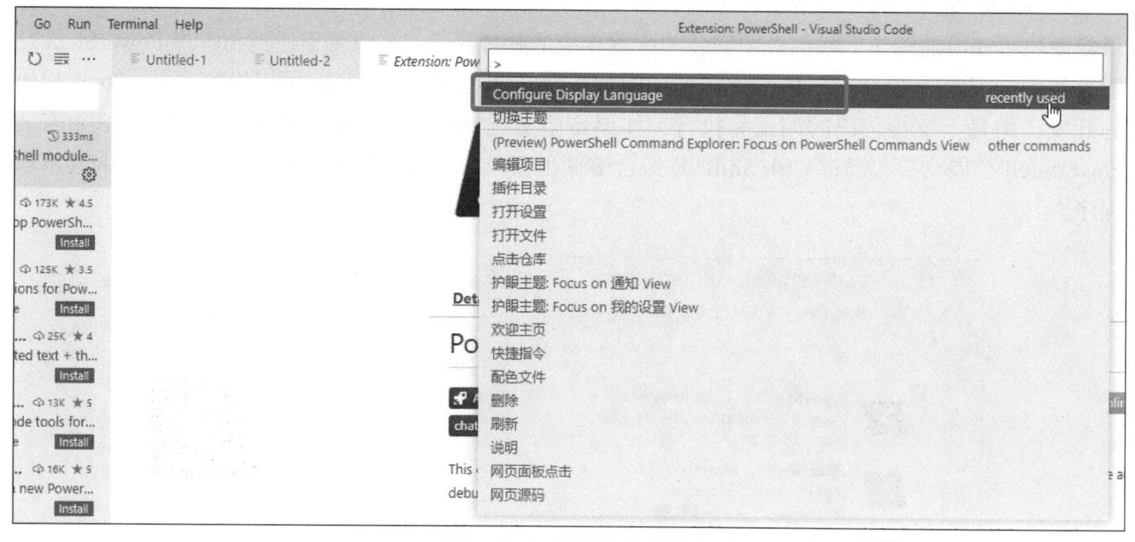

图12.104　配置显示语言

这里选择添加中文，如果希望添加其他语言，直接选择相应的语言进行安装即可，图 12.105 所示为添加简体中文语言步骤。

图12.105　添加简体中文语言步骤

完成中文语言设置，重启 VS Code 后界面将变成中文，图 12.106 所示为切换到中文后的界面。

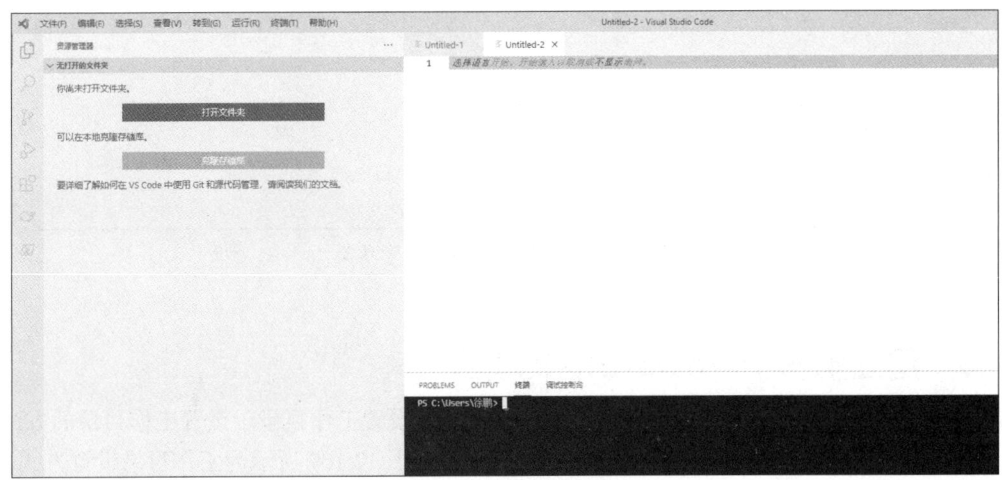

图12.106　VS Code切换到中文界面

进行基本配置后，我们来了解下 VS Code 的整体界面，VS Code 相比 PowerShell ISE 提供了更加智能化的执行和显示方式，图 12.107 所示为 VS Code 界面布局。

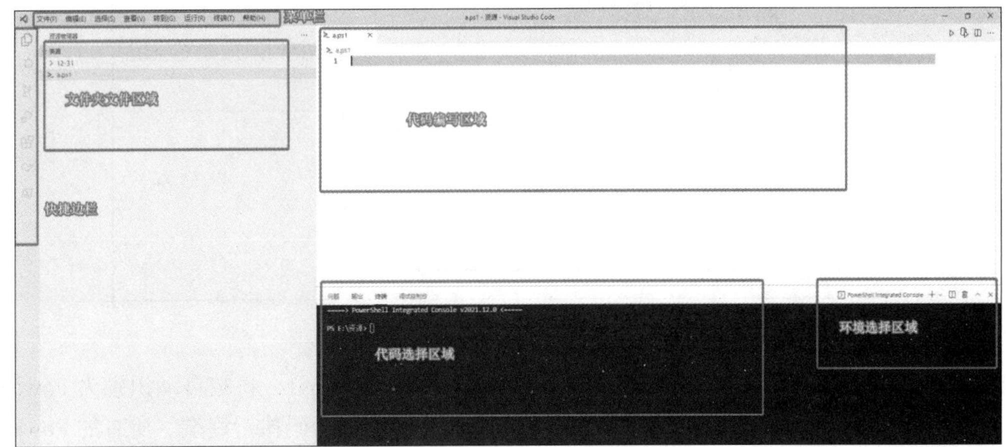

图12.107　VS Code界面布局

在 VS Code 中主要有三个区域，即文件浏览区域、代码编写区域和执行结果区域。在 VS Code 中以工作目录作为管理和执行方式，不同于 PowerShell ISE 的以单一文件编辑的方式，更加符合以项目方式进行的脚本开发工作。在 VS Code 开发工具中，有大量的开发人员基于 VS Code 开发了许多免费开源的插件，让 VS Code 再一次成为大部分解释型语言开发者的首选。在 VS Code 中安装插件也非常简单，可以通过 Shift+Ctrl+X 组合键或者单击边栏中的组件快捷按钮，安装相应的插件，图 12.108 所示为插件浏览界面。

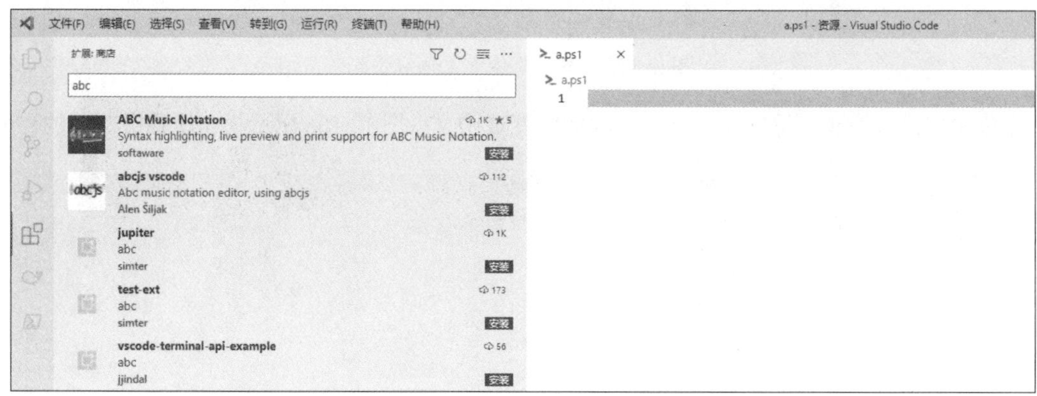

图12.108　VS Code 插件浏览界面

12.7.3　建立第一个 PowerShell 项目

在使用 VS Code 进行代码开发之前，必须为代码开发设置工作目录。设置工作目录的方法比较简单，我们在 VS Code 界面中直接设置相应的目录即可，图 12.109 所示为工作目录设置方式。

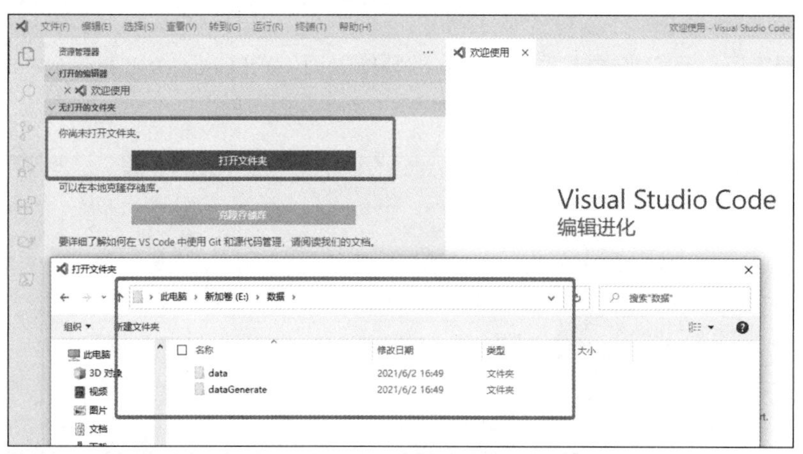

图12.109　工作目录设置方式

在工作目录下创建 PowerShell 脚本文件，如果文件后缀名为 ps1，将被自动识别为 PowerShell 脚本，VS Code 自动加载 PowerShell 脚本执行环境并开启相应的代码执行终端。所有的 PowerShell 默认将会在 VS Code 中执行，当然修改配置也可以在独立的进程中执行相关的脚本，图 12.110 所示为 VS Code 的代码编辑。

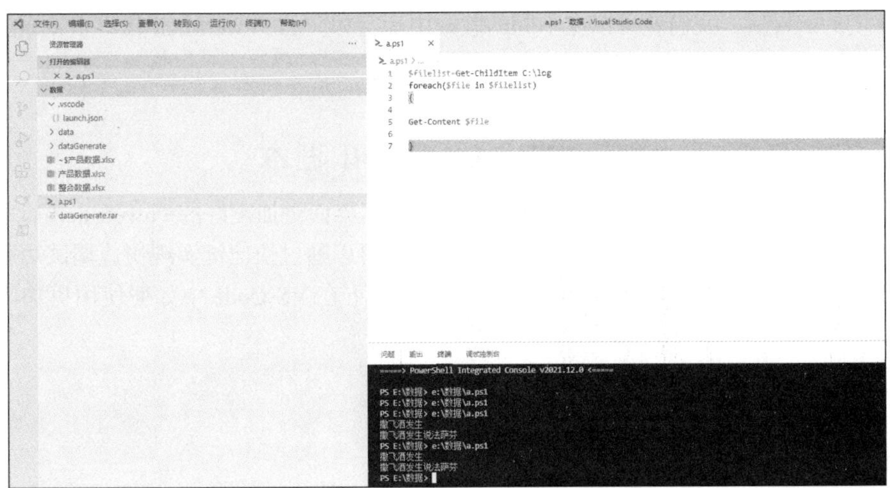

图12.110　VS Code的代码编辑界面和窗口

可以选择默认执行 PowerShell 的解释环境，这里使用了 7.1.4 版本的 PowerShell Core，目前 PowerShell Core 7 提供了相对比较完整的功能。图 12.111 所示为 VS Code 默认执行的 PowerShell 版本。

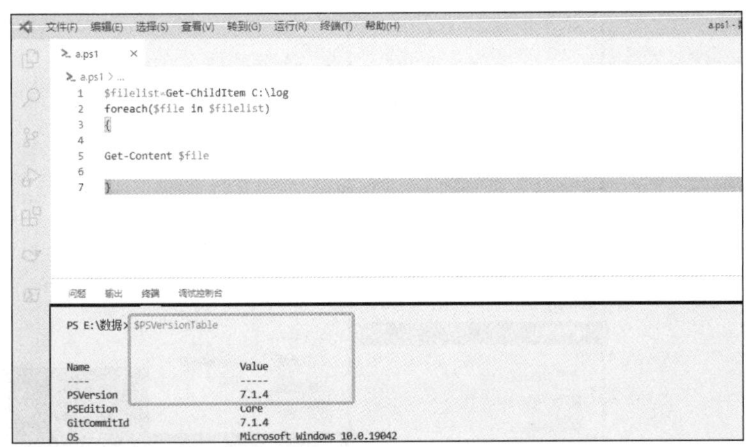

图12.111　VS Code的内置PowerShell版本

如果希望使用 PowerShell Desktop 5.1 版本，需要切换当前的 PowerShell，在配置环境中选择如图 12.112 所示版本的默认 PowerShell 环境。

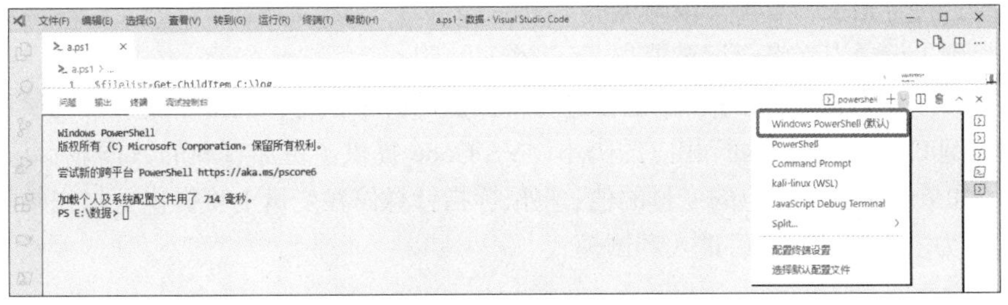

图12.112　PowerShell 环境切换

完成环境的配置后，我们就可以在不同的版本中运行相应的 PowerShell 代码了，当然这里还是建议大家能够在 PowerShell Core 的版本中运行代码。

12.7.4 在 VS Code 中调试 PowerShell 脚本

VS Code 相比 PowerShell ISE 提供了功能更加强大、界面更加友好的 PowerShell 脚本的调试功能。所有的调试功能均可以通过调试菜单实现，当然也可以通过快捷键实现快速调试功能。

这里依然以下面的代码作为具体的调试案例，来看下在 VS Code 中如何使用更加丰富的调试功能。

```
$filelist=Get-ChildItem C:\log
foreach($file in $filelist)
{
Remove-Item $file.fullname
}
```

相比 PowerShell ISE 集成开发环境调试功能，我们通过菜单可以感受到 VS Code 提供的调试功能更加完整，图 12.113 所示为调试过程中所使用的菜单。

图12.113 运行中的调试菜单

在 VS Code 中的断点调试功能新增了以下的断点功能。

- 条件断点：符合相关的条件击中断点。
- 记录点：到了记录点，将会记录消息。

在 VS Code 中，默认情况下按 F5 键会进行带调试的脚本执行，如果希望不带调试地执行代码，需要使用快捷键 Ctrl+F5 直接执行相应的脚本。VS Code 提供了更加直观的数据显示功能，在进入调试模式后，如果希望获取相应的变量的值，将鼠标指针悬停在变量上将提供更加完整的数据信息，图 12.114 所示为击中调试断点后进入调试模式。

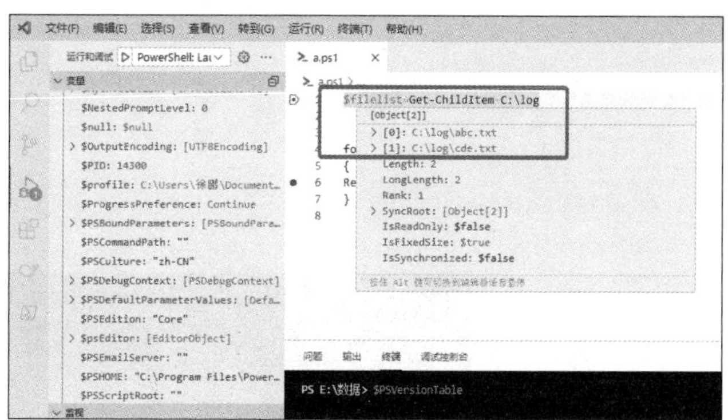

图12.114　击中调试断点进入调试模式

12.7.5　PowerShell 脚本调试案例

在 PowerShell 代码中我们可以单击代码前面的红色点激活断点，快捷键为 Shift+F9。图 12.115 所示为激活断点方法。

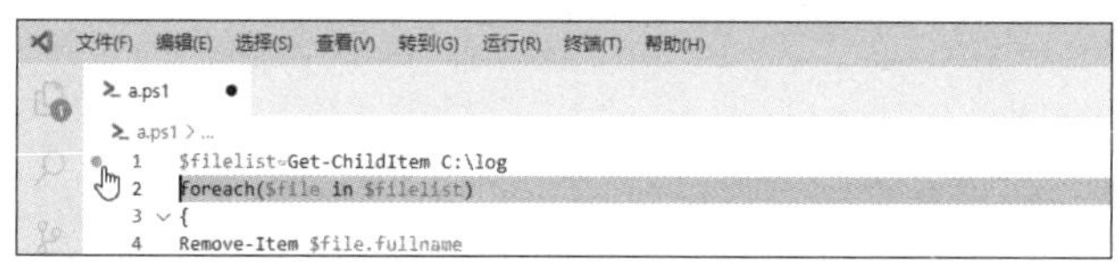

图12.115　VS Code 激活断点方法

执行了调试之后调试菜单将出现，图 12.116 所示为激活调试后的菜单样式。

- 单步跳过：在单步跳过模式下，代码将根据行进行一行一行执行。
- 单步调试：如果存在函数，则直接跳入函数内部执行。
- 单步跳出：如果在函数体内跳出，跳出函数，回到主函数执行。
- 重新执行：重新执行函数。
- 退出调试：退出调试模式。

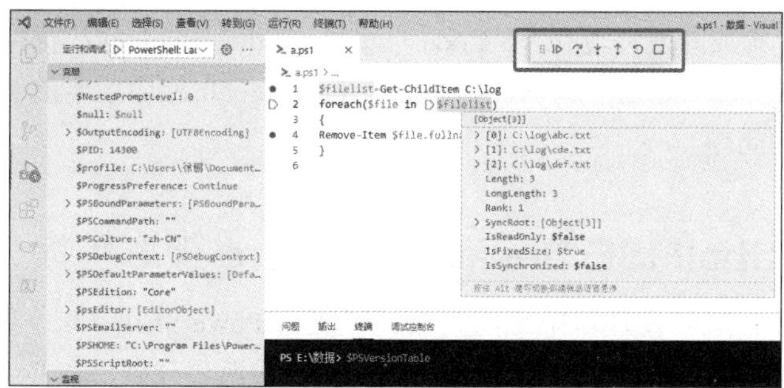

图12.116　激活调试后的菜单样式

在断点激活的情况下，调试将在断点处停止，我们可以转到变量和监视窗口获取变量当前的值，通过在监视窗口添加监视的值，可以跟踪变量值的变化情况，图 12.117 所示为调试过程中监视的变量的值。

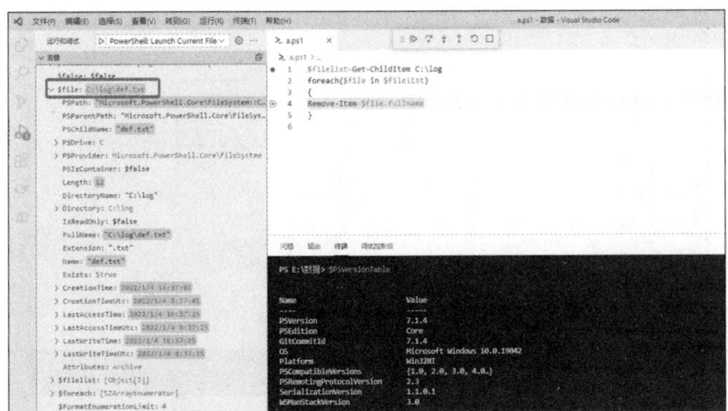

图12.117　调试过程中变量值变化

完成代码的调试后，我们通过快捷键 Shift+F5 退出当前的 PowerShell 调试功能，进入正常的 PowerShell 代码执行功能，图 12.118 所示为退出调试的代码执行结果。

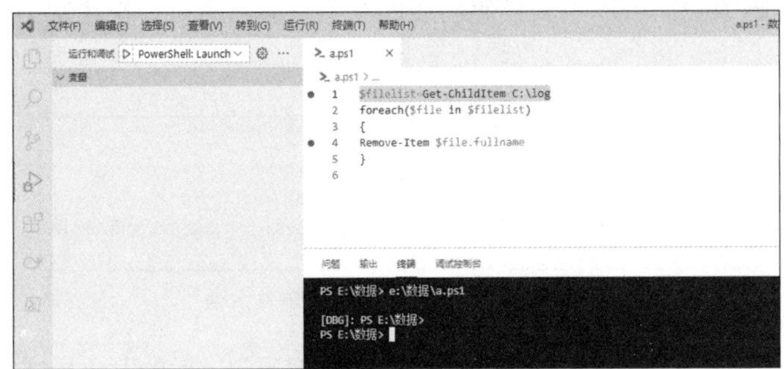

图12.118　退出VS Code调试环境

12.8　PowerShell IDE开发环境中执行环境的切换

在 PowerShell ISE 集成开发环境和 VS Code 环境下，PowerShell 的执行版本是 Desktop 5.1，同时我们也安装了 PowerShell 7.0 以上版本，如何进行 PowerShell 相应版本的切换呢？本节和大家探讨如何实现版本互换的问题。

12.8.1　PowerShell ISE Desktop 与 Core 版本互换

在 PowerShell ISE 集成开发环境中无法直接配置支持 PowerShell 7.0，通过 PowerShell 集成开发环境中的加载项菜单，可以非常方便地实现执行环境的切换，只需要在 PowerShell ISE 集成环境中执行下面这段代码，即可完成互换。

```
$psISE.CurrentPowerShellTab.AddOnsMenu.Submenus.Clear()
$psISE.CurrentPowerShellTab.AddOnsMenu.Submenus.Add(" 切换到 PowerShell 7", {
function New-OutOfProcRunspace {
param($ProcessId)
```

```
$ci = New-Object -TypeName System.Management.Automation.Runspaces.Named
PipeConnectionInfo -ArgumentList @($ProcessId)
$tt = [System.Management.Automation.Runspaces.TypeTable]::LoadDefaultType
Files()
$Runspace = [System.Management.Automation.Runspaces.RunspaceFactory]::Cre
ateRunspace($ci, $Host, $tt)
$Runspace.Open()
$Runspace
}
$PowerShell = Start-Process PWSH -ArgumentList @("-NoExit") -PassThru
-WindowStyle Hidden
$Runspace = New-OutOfProcRunspace -ProcessId $PowerShell.Id
$Host.PushRunspace($Runspace)
}, "ALT+F5") | Out-Null
$psISE.CurrentPowerShellTab.AddOnsMenu.Submenus.Add(" 切换为 PowerShell 5.1
", {
$Host.PopRunspace()
$Child = Get-CimInstance -ClassName win32_process | where {$_.ParentProces
sId -eq $Pid}
$Child | ForEach-Object { Stop-Process -Id $_.ProcessId }
}, "ALT+F6") | Out-Null
```

添加了加载项之后，通过加载项菜单可以非常方便地实现 PowerShell Desktop 5.1 和 PowerShell Core 7.0 版本的切换，图 12.119 所示为切换两个版本的 PowerShell。

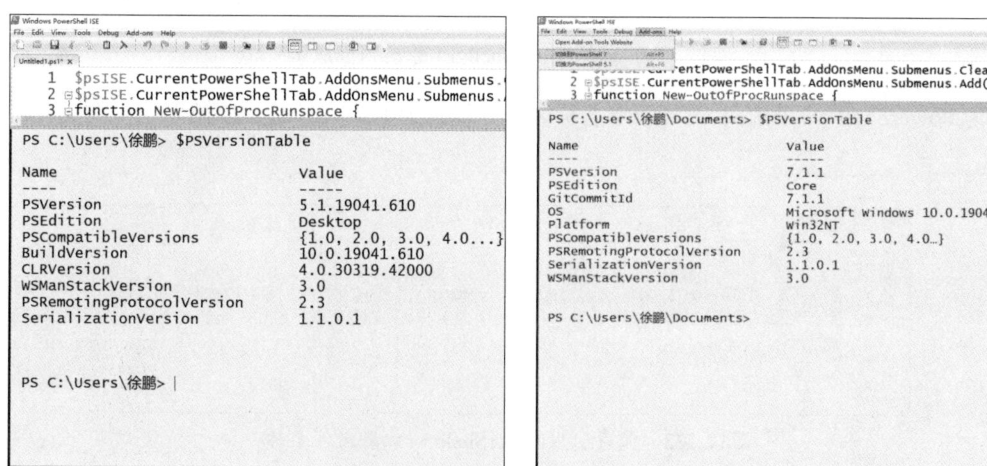

图12.119　ISE切换PowerShell 版本

12.8.2　VS Code 配置混合执行环境

默认条件下 Vscode 使用 PowerShell Core 版本完成代码的执行。如果希望在 PowerShell 5.1 中执行 PowerShell 脚本，如何进行环境切换呢？就需要针对 VS Code 的执行环境进行不同版本的切换，可以参照如下步骤。

①在 VS Code 终端中选择默认配置文件，图 12.120 所示为选择默认配置文件。

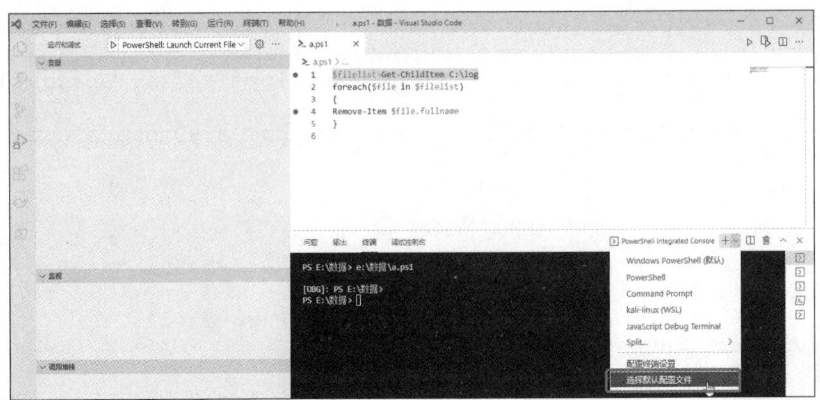

图12.120　选择默认配置文件

②在弹出的脚本执行环境中选择相应的 PowerShell 的解释环境，这里选择如图 12.121 所示的系统默认的 PowerShell 版本。

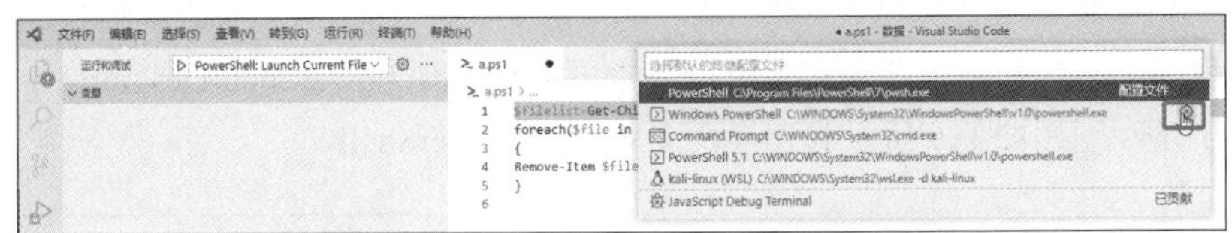

图12.121　选择PowerShell 5.1 系统内置版本

③为 PowerShell 5.1 的版本设置版本名称，这里设置为 PS5，图 12.122 所示为配置文件的名称操作。

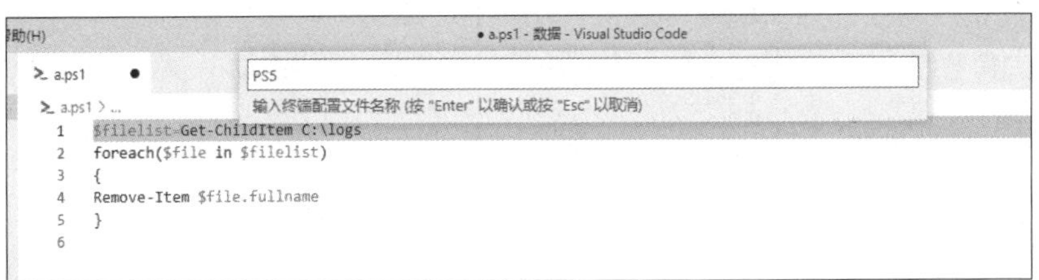

图12.122　保存引用PowerShell 5.1配置文件名称

④如果希望在不同的 PowerShell 脚本实现切换，我们可以在配置文件中选择相应的 PowerShell 版本，图 12.123 所示为选择相应版本执行脚本。

图12.123　选择相应版本执行PowerShell脚本

12.9 章节回顾

本章主要和大家一起分享了 PowerShell 集成开发环境，在当前环境下进行 PowerShell 代码开发主要有以下两种。

- PowerShell ISE：Windows 系统内置的集成开发环境。
- VS Code：微软推出的脚本语言编辑工具，VS Code 支持 PowerShell 脚本的编写与执行。

在所有 Windows 7 以后的版本，微软都集成了 PowerShell ISE 集成开发环境。利用 PowerShell ISE 开发环境，能够非常方便地使用当前 PowerShell 管理单元和模块进行脚本开发，目前 ISE 开发者基于 PowerShell ISE 集成开发环境开发了各类插件，满足开发者各类不同的开发需求。本章就围绕 PowerShell ISE 集成环境的特点和常用的插件等功能，给大家详细讲解了 ISE 开发环境。

VS Code 可以说是微软推出的一个非常成功的脚本开发软件。利用 VS Code 可以非常简单高效地开发出各类不同的脚本，当然也可以开发出 PowerShell 脚本。通过安装 PowerShell 执行环境插件，我们也可以高效地进行代码编写和排错。本章和大家分享了在 VS Code 中进行代码开发和排错的过程，但是 ISE 是目前微软推荐的用来进行 PowerShell 环境开发的工具，我们依然是以 ISE 的功能分享为主。

12.10 练习与知识巩固

1. PowerShell 集成开发环境主要有哪几种？

2. 如果希望定制PowerShell ISE 集成开发环境，通过修改什么文件可以实现？

3. PowerShell ISE 添加额外的菜单项通常加载在什么菜单下面？

4. 在PowerShell ISE 集成开发环境中，如果快捷键与其他按钮冲突，该如何解决？

5. 在PowerShell ISE集成开发环境中，代码行的注释包含哪两种注释方式？

6. PowerShell ISE 集成开发环境中，如果希望针对脚本的案例进行注释帮助，需要使用什么关键字？

7. VS Code 默认情况下支持PowerShell 脚本的运行和调试吗？如果需要在PowerShell 5.1 版本中完成脚本调试，我们需要执行什么步骤？

8. 完成下面脚本的调试，熟悉整个脚本执行流程，在每一步脚本调试都询问是否继续，需要如何修改语句？

```
$filelist=Get-ChildItem c:\log
Write-debug "已经完成文件列表的获取"
ForEach($file in $filelist)
{
Write-debug "当前文件为$file.name"
Remove-item -path $file.fullpath
Write-debug "$file 已经被删除"
}
```

第13章

PowerShell 参数与变量

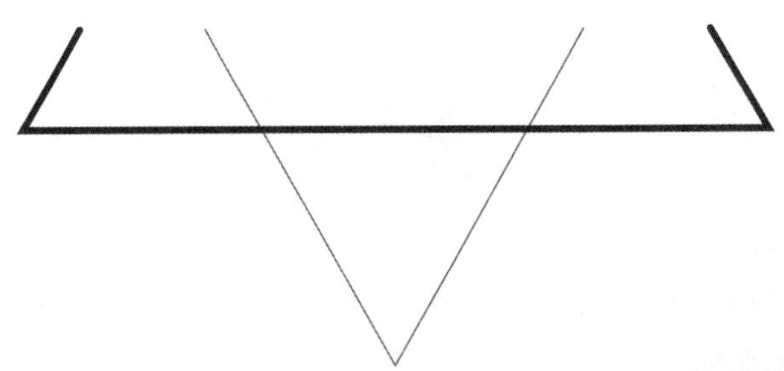

13.1 什么是PowerShell变量

变量从字面意思上理解，其实就是变化的量，在 PowerShell 脚本开发过程中我们使用得非常频繁。变量的使用能够间接提高 PowerShell 脚本的执行效率。PowerShell 属于弱类型语言，在很多场景下将数据赋值给变量的时候直接赋值即可，不需要和编译型语言一样先定义再使用。当然在某些场景下，必须使用特定的数据类型定义相应的变量，PowerShell 也是支持的。在弱类型赋值的过程中，可以将任意类型的数据赋值给我们的变量，这让赋值变得非常简单。变量可以变更为任何我们希望的类型，因此下面的赋值方式都是被允许的。

```
$a=1
$a="this is powershell"
$a=[char]"1"
```

执行赋值之后，这些数据赋值都不会出错，通过执行 GetType() 方法，能够发现这些数据都是不同的数值类型，图 13.1 所示为这些变量的数据类型。

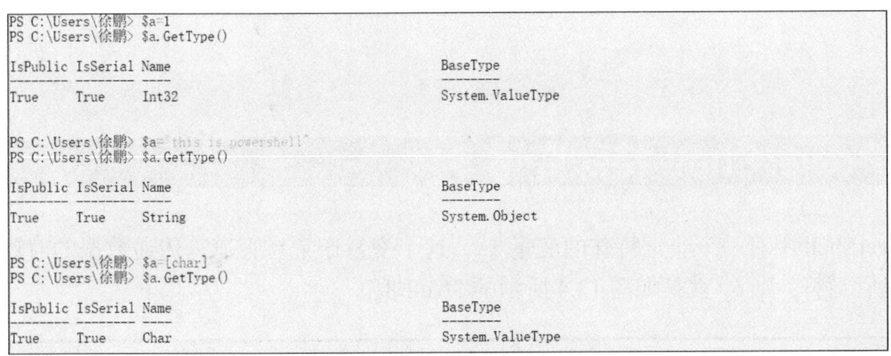
```
PS C:\Users\徐鹏> $a=1
PS C:\Users\徐鹏> $a.GetType()

IsPublic IsSerial Name                                     BaseType
-------- -------- ----                                     --------
True     True     Int32                                    System.ValueType


PS C:\Users\徐鹏> $a="this is powershell"
PS C:\Users\徐鹏> $a.GetType()

IsPublic IsSerial Name                                     BaseType
-------- -------- ----                                     --------
True     True     String                                   System.Object


PS C:\Users\徐鹏> $a=[char]"1"
PS C:\Users\徐鹏> $a.GetType()

IsPublic IsSerial Name                                     BaseType
-------- -------- ----                                     --------
True     True     Char                                     System.ValueType
```

图13.1　变量的数据类型

如果希望强制限制变量的数据类型，则可以通过强制类型定义修饰符来强制限定变量的数据类型。

```
[int]$a=1
$a="This is PowerShell"
```

在变量使用了强类型的修饰符之后，不能再将其他数据类型的数据赋值给当前变量，否则将会出现错误。在函数输入的参数定义中，可以基于输入的类型强行定义为相关的数据类型，防止因为错误导致执行失败，图 13.2 所示为强制类型定义后错误数据类型导致异常。

```
PS C:\Users\徐鹏> [int]$a=1
PS C:\Users\徐鹏> $a="this is powershell"
无法将值“this is powershell”转换为类型“System.Int32”。错误:“输入字符串的格式不正确。”
所在位置 行:1 字符: 1
+ $a="this is powershell"
+ ~~~~~~~~~~~~~~~~~~~~~~~
    + CategoryInfo          : MetadataError: (:) [], ArgumentTransformationMetadataException
    + FullyQualifiedErrorId : RuntimeException
```

图13.2　强制类型定义后的异常数据

在 PowerShell 中对于变量名称的定义不像其他的语言那么规范，它支持多种不同的变量定义规范。

- 变量名称通常由字母、数字、下画线等构成，比较常见的是由下画线和字母构成。
- 变量名称可以包含空格，但是必须被“{}”括起来。

- 变量名称可以很长，长到你可以忽略它的长短。
- 变量名称可以不是英文字符。

看到这些会不会觉得很惊讶，因为在某些语言中是不符合变量定义规范的。但是在 PowerShell 中这些都合规，如图 13.3 所示的变量定义都是满足条件的变量。

```
${a c b}="This Is PowerShell"
$作者=" 徐鹏 "
$thisIsMicroSoftPowerShellV7HelloPowerShell="This Is PowerShell"
$123abc="This is PowerShell"
```

```
PS C:\Users\徐鹏> ${a c b}="This Is PowerShell"
PS C:\Users\徐鹏> ${a c b}
This Is PowerShell
PS C:\Users\徐鹏> $作者="徐鹏"
PS C:\Users\徐鹏> $作者
徐鹏
PS C:\Users\徐鹏> $thisIsMicroSoftPowerShellV7HelloPowerShell="This Is PowerShell"
PS C:\Users\徐鹏> $thisIsMicroSoftPowerShellV7HelloPowerShell
This Is PowerShell
PS C:\Users\徐鹏> $123abc="This is PowerShell"
PS C:\Users\徐鹏> $123abc
This is PowerShell
```

图13.3　PowerShell 中的变量

13.2 PowerShell 特殊变量 $_

在 PowerShell 中有一个非常特殊的变量 $_，这个变量通常在管道符传递数据的时候使用，如果当前不是管道符，则 $_ 就是如图 13.4 所示的 $Null 值。

图13.4　在不是管道符情况下$_值为Null

但是在管道符中，$_ 通常用来进行当前内容的定位，它的功能非常像指针，指针指向的内容是对象集合中的当前对象，$_ 多数情况下与 ForEach 和 Where 子语句一起使用，图 13.5 所示为指针指向当前对象。

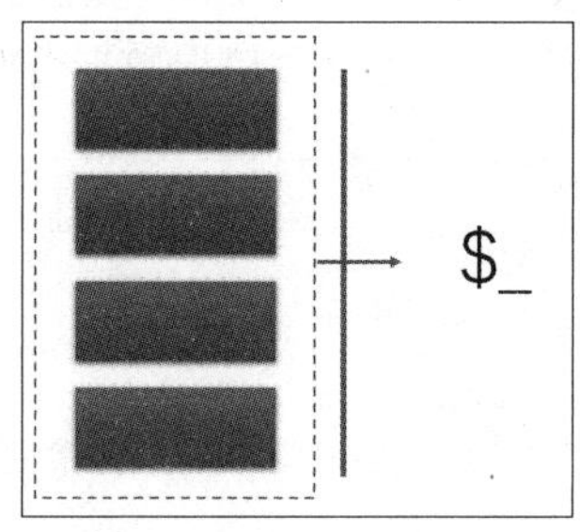

图13.5　指针指向当前对象

在利用 ForEach 进行数据轮询的过程中，我们可以通过 $_ 获取轮询过程中的每一个对象。当对象有属性的时候，可以利用 $_. 属性名获取当前对象的属性名。概念可能会比较抽象，我们以一

个实际案例分享下 $_。这里通过一个文本中的内容来建立文件，文件的格式如下。

```
Directory,Filename
D:\log1\,file1.txt
D:\log2\,file2.txt
D:\log3\,file3.txt
```

建立好文件之后，我们通过如下的命令来实现文件的创建，假设文件创建在 c:\log\ 目录下面，文件名称为 file.txt，通过如下命令来实现文件的创建。

```
Import-csv c:\log\file.txt |foreach-object {$fileFullName=$_.directory+$_.
filename;New-Item -path $fileFullname}
```

这个命令的目的是基于文件的内容建立文件，这个过程究竟是如何执行的呢？我们来分析一下执行的步骤。

第一步是将文件内容转换为字符串对象，将三行内容创建在内存中。图 13.6 所示为将内容转换为三个 PowerShell 自定义对象操作。

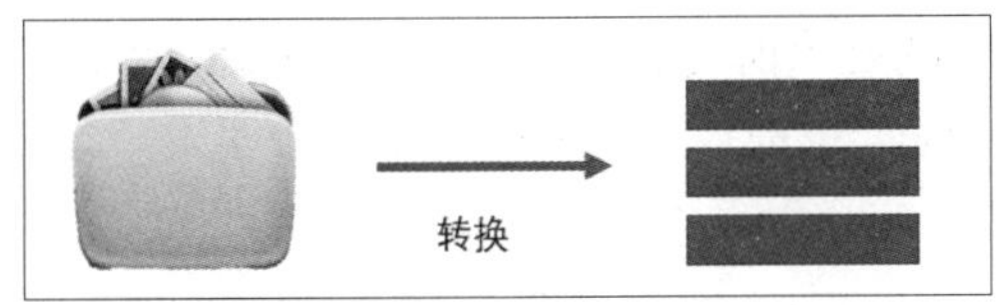

图13.6　将字符串内容转换为自定义

第二步是将字符串对象通过管道符将第一个对象传递到管道符右边，获取到的当前对象为数组中的第一个对象，获取当前对象的 Directory 和 Filename 属性。获取之后生成文件具体路径，最后基于生成的路径生成相应的文件，图 13.7 所示为获取第一个对象数据。

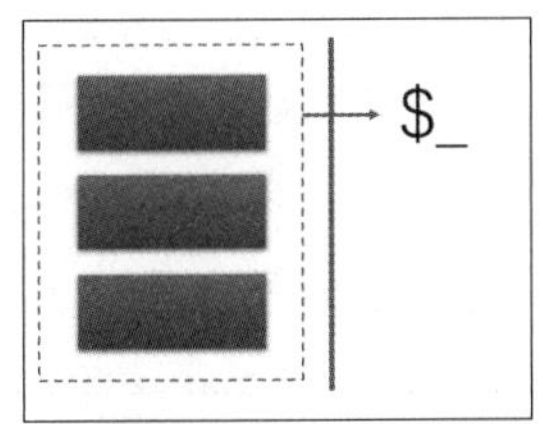

图13.7　获取第一个对象数据

第三步是获取第二个变量的值，然后基于对象的 Directory 和 File 属性组成文件路径，最终基于变量值生成文件对象，图 13.8 所示为获取第二个对象数据。

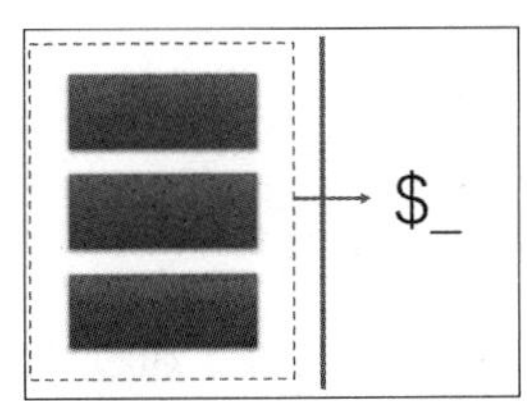

图13.8　获取第二个对象数据

第四步是获取第三个变量的值，然后基于对象的 Directory 和 File 属性组成文件路径，最终基于获取到的变量值生成文件对象，图 13.9 所示为获取第三个对象数据。

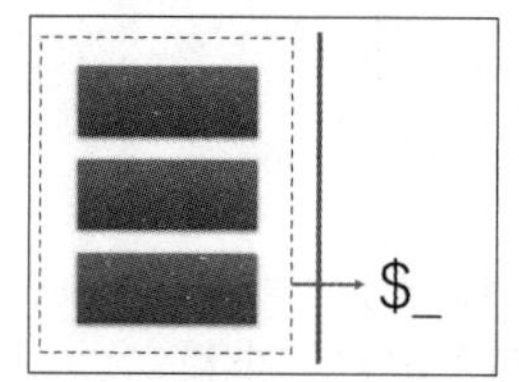

图13.9　获取第三个对象数据

13.3 PowerShell 特殊变量 $?

相信很多管理员第一次看到这个参数，会有疑问，这是一个变量吗？首先确定一点，“$?”确实是一个变量，这个变量代表的是当前判断在“$?”之前的命令是否顺利执行。“$?”执行的结果是布尔型，也就是 True 或 False。下面以一个实际的案例分享下“$?”的应用场景，图 13.10 所示为案例具体的代码。

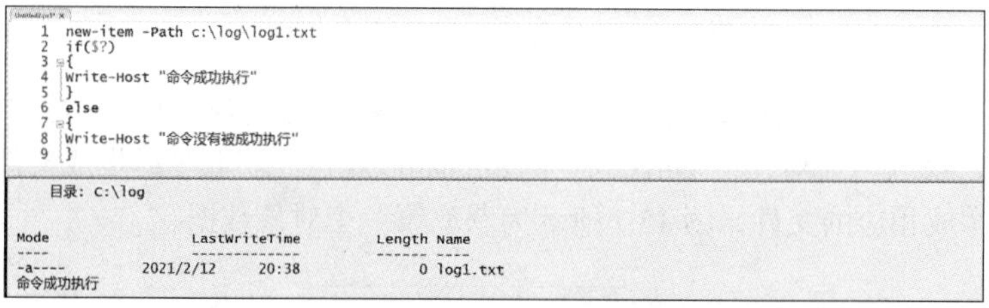

```
new-item -Path c:\log\log1.txt
if($?)
{
Write-Host "命令成功执行"
}
else
{
Write-Host "命令没有被成功执行"
}
```

```
    目录: C:\log

Mode                LastWriteTime         Length Name
----                -------------         ------ ----
-a----        2021/2/12     20:38              0 log1.txt
命令成功执行
```

图13.10　判断命令是否正常执行代码

在这个案例代码中，使用了“$?”判断上一条命令是否正常执行。如果正常执行，就会显示命令正常执行，在异常情况下代码提示没有正常执行，图 13.11 所示为代码没有正常执行的结果。

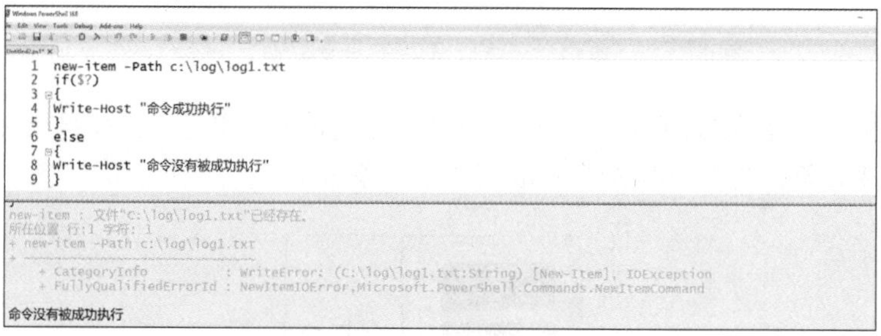

```
new-item -Path c:\log\log1.txt
if($?)
{
Write-Host "命令成功执行"
}
else
{
Write-Host "命令没有被成功执行"
}
```

```
new-item : 文件"C:\log\log1.txt"已经存在。
所在位置 行:1 字符: 1
+ new-item -Path c:\log\log1.txt
+ ~~~~~~~~~~~~~~~~~~~~~~~~~~~~~~
    + CategoryInfo          : WriteError: (C:\log\log1.txt:String) [New-Item], IOException
    + FullyQualifiedErrorId : NewItemIOError,Microsoft.PowerShell.Commands.NewItemCommand

命令没有被成功执行
```

图13.11　命令没有被正常执行

由于文件已经存在，我们的命令没有执行成功。通过“$?”用一个非常简单的方法来判断命令是否成功执行，可以帮助我们快速判断是否正常执行需要运行的命令。但是它不能完成出现问题后的处理，只能判断命令是否被正常执行。

13.4 PowerShell变量的单引号与双引号

在很多场景下，输出字符串的过程中都可能同时输出相关的变量值。这时如果直接输出相关的数据，输出的是变量的名称，而不是变量的值。图 13.12 所示为输出的变量的名称，而不是变量的值。

```
$a= 'PowerShell'
Write-host 'This is $a'
```

```
PS C:\> $a='powershell'
PS C:\> Write-Host 'this is $a'
this is $a
PS C:\>
```

图13.12　单引号输出的变量名称

这里将代码做一下修改，来看下最终执行结果。将显示如图 13.13 所示变量的值，而不是变量名称。

```
$a='powershell'
Write-host "this is $a"
```

```
PS C:\> $a='powershell'
PS C:\> write-host "this is $a"
this is powershell
```

图13.13　双引号将显示变量的结果

产生这个问题的原因是在 PowerShell 中，会把单引号引用的字符作为一个字符整体来看，而在双引号的场景下，PowerShell 会自动搜索 $ 所代表的变量，将变量转换为输出值的结果。

13.5 PowerShell中的转义字符

在进行脚本开发时，转义字符在实际的代码开发中也是非常常见的应用，如果希望输出的内容带有一定的格式，就必须使用转义字符了。13.4 节我们提到单引号和双引号的内容引用问题，如果希望使用双引号依然能够显示参数名称而不显示内容，就需要使用到转义字符“`”（重音符）来实现这个功能。命令执行结果如图 13.14 所示，这里使用了转义字符后变量将不会被解析成数据。

```
$a="Powershell"
Write-host "`$a 的值为 $a"
```

```
PS C:\> $a="Powershell"
PS C:\> write-host "`$a 的值为$a"
$a 的值为Powershell
```

图13.14　转义字符与非转义字符

不同的业务场景下数据的输出有不同的格式需求，接下来给大家列举几个常用的格式转义字符使用场景，在 PowerShell 中需要注意的是，转义字符的前置不是“\”，而是“`”。在 PowerShell

中使用比较频繁的是回车和制表符，其他的转义字符使用的场景不是太多。

- `n：回车换行。
- `t：下一个制表符位。

13.6 PowerShell 中与变量有关的Cmdlet

在 PowerShell 环境中很多时候需要进行变量的管理，这些变量管理的命令如下，先来看看在 PowerShell 中常用的命令。

- New-Variable
- Set-Variable
- Remove-Variable
- Get-Variable
- Clear-Variable

在大多数场景下都不会用到这些命令，除了 Remove-Variable 命令。当然在大多数场景中也不会去删除变量，除非变量特别多，导致系统内存占用了非常大的空间或者涉及强类型变量的重用。下面分享的案例就是强类型变量在一个脚本中的重用，这里需要注意的是，删除变量的时候不需要“$”符号，图 13.15 所示为代码执行后的结果，这里会发现变量 $a 被赋值为“this is powershell”。为什么会出现这个结果呢？因为中间调用了 Remove-Variable 来删除变量 a。

```
[int]$a=3
$a ="this is powershell"              # 这里会出现错误
Remove-variable a                     # 删除强类型变量 a
$a="this is powershell"               # a 又从强类型变成弱类型
```

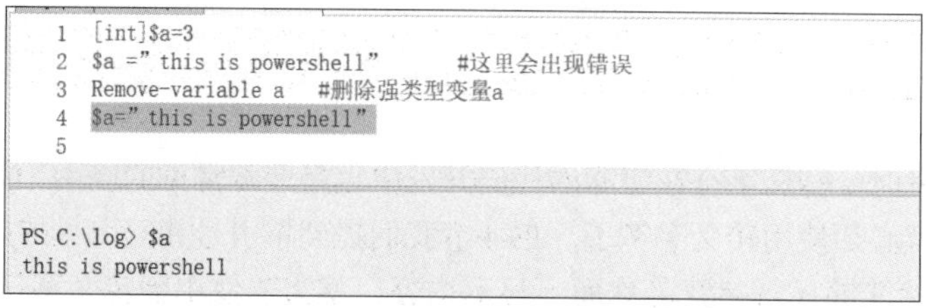

```
[int]$a=3
$a =" this is powershell"       #这里会出现错误
Remove-variable a   #删除强类型变量a
$a=" this is powershell"

PS C:\log> $a
this is powershell
```

图13.15　删除变量后再赋值成功

13.7 PowerShell 变量命名最佳实践

在 PowerShell 脚本中，我们的命名方式可以比较随意，但是在大多数场景下，不建议大家这么做，因为如果参数没有意义，那么将很难在非常长的代码中去理解变量的含义，比如下面的一段代码，因为代码长度较短，我们还能够比较容易理解，如果代码长度变成 1000 行或者更多，在查看下面代码引用的时候，怎么去理解变量输入的内容呢？

```
[int]$a=read-host "请输入第一个数字"
[int]$b=read-host "请输入第二个数字"
C=$a+$b
Write-host $c
```

这个短代码相信大家理解起来一点儿也不难，如果这样的代码充斥整个脚本，就会令人抓狂。这段代码有没有可能变得更加有可读性呢？大家可以看看下面的代码相比上面一段代码，是不是更有可读性。

```
[int]$firstParam=read-host "请输入第一个参数"
[int]$secondParam=read-host "请输入第二个参数"
$result=$firstParam+$secondParam
Write-host $Result
```

基于可读性要求和规范化需求，建议我们使用如下的规则作为变量的命名规则。

- 变量命名要有含义。
- 尽量不要使用 ${a b c} 这样带有空格的变量。
- 变量命名规则可以使用驼峰命名法，即第一个单词用小写，后面所有单词第一个字母都用大写。
- 如果确定变量仅包含一种类型，推荐使用强制类型定义。

13.8 PowerShell环境中默认参数

在 PowerShell 中存在一些环境默认的参数，这些参数其实就是 PowerShell 中的系统变量。系统变量将决定 PowerShell 在执行的过程中出现问题或警告应该如何进行处理。我们如何找到这些全局变量呢？在 PowerShell 环境中，默认存在一个 Variable 的 Provider，这是一个变量的 Provider, 我们通过 CD Variable: 进入变量的 PSDriver，图 13.16 所示为当前系统中有关首选项的默认参数。

```
Cd variable:
Get-ChildItem |where name -like "*pre*"
```

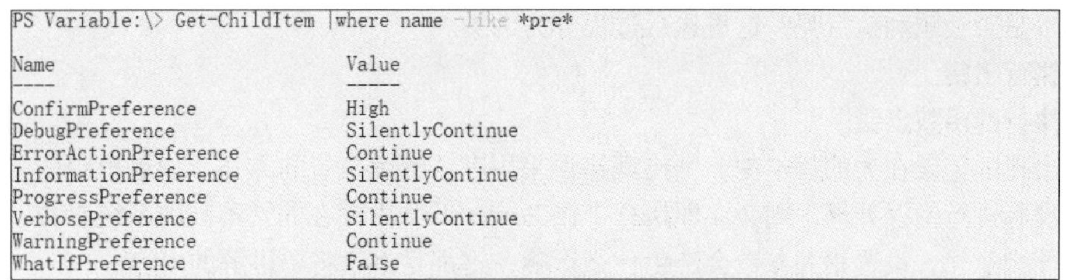

```
PS Variable:\> Get-ChildItem |where name -like *pre*

Name                           Value
----                           -----
ConfirmPreference              High
DebugPreference                SilentlyContinue
ErrorActionPreference          Continue
InformationPreference          SilentlyContinue
ProgressPreference             Continue
VerbosePreference              SilentlyContinue
WarningPreference              Continue
WhatIfPreference               False
```

图13.16 PowerShell系统中的默认参数

在当前的系统中存在如下的默认系统变量，这些变量为 PowerShell 运行环境的参数。

- Confirm Preference：当调用命令 Comfirm 参数的时候定义的首选值。
- Debug Preference：当进入 Debug 模式的首选项的值。
- ErrorAction Preference：当语句运行时出现错误之后的操作首选项。

- Progress Preference：进度条的设置的首选项。
- Verbose Preference：通过 Write-Verbose 进行详细信息输出的首选项设置。
- Warning Preference：在执行的脚本操作中出现警告时的操作。
- Whatif Preference：决定是否为支持的命令开启 Whatif 功能。

PowerShell 首选项定义的默认参数可以是全局的，也可以是文件框架内的，甚至可以是函数内的，从首选项使用的优先级来看，也会有相应的优先级顺序。越靠近作用域，优先级定义越高，图 13.17 所示为 PowerShell 首选项定义的优先级。

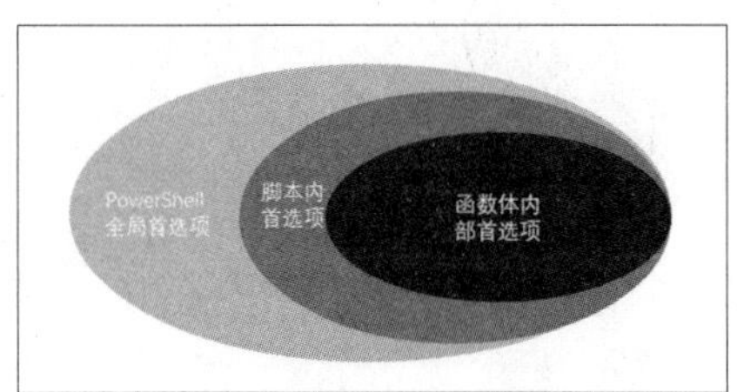

图13.17　PowerShell 环境定义优先级

在多个作用域都存在的情况下，函数体内部的参数作用的优先级别更高，在下面的脚本案例中大家可以体会下首选项参数的优先级，图 13.18 所示为 PowerShell 脚本中各个参数的优先级别设定。

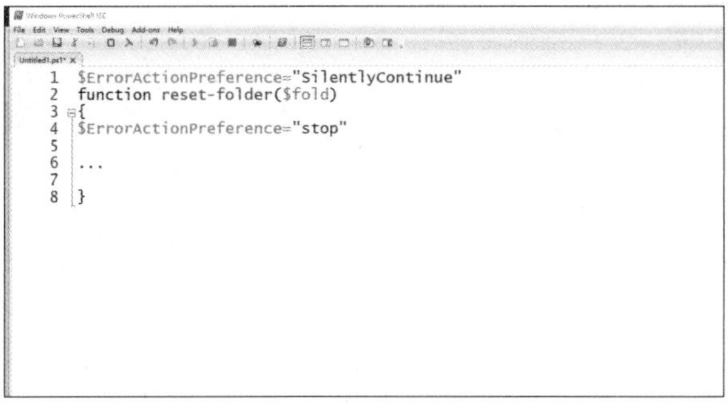

```
$ErrorActionPreference="SilentlyContinue"
function reset-folder($fold)
{
$ErrorActionPreference="stop"

...

}
```

图13.18　PowerShell的参数优先级别

相信很多朋友看到这样的参数设置会觉得有点懵，在这种场景下 PowerShell 脚本一旦执行出现错误，脚本是否会顺利执行呢？这里执行过程分为两类。

- 脚本执行出错。
- 脚本执行的函数出错。

如果出现的错误在大的脚本中，则出现错误采用默认继续执行的方式，如果出现的错误在函数中，如果没有进行错误处理，则会立即执行。在 PowerShell 中存在非常不同的系统参数，这些参数分别代表什么意思，设置相关参数会产生什么影响，这都是本章将要讲解的内容。

13.8.1　Confirm Preference 首选项

Confirm 首选项通常用于进行处理过程中的再确认，默认情况下，Confirm Preference 的设置将限制命令执行后是否需要再确认。

Confirm 首选项将包含如下的参数设定。

- None：在需要进行弹出框提示的时候设置为 None，不会弹出提示。
- Low：在执行低、中、高风险的命令会提示。
- Medium：在执行中、高风险的命令会提示。
- High：在执行高风险命令会提示。

如何评估风险的等级呢？这是在 PowerShell 命令中内置了相关的评估机制，用户无法更改风险等级。在默认情况下，Confirm 首选项的风险等级为中。当执行的命令评估机制的中高等级命令将会出现提示，但是评估等级为低等级命令时不会弹出提示框。

还是以案例来给大家分享下 Confirm 首选项参数的配置：Remove-item C:\log\baidu1.png。在默认情况下执行这条命令会立即弹出提示，让我们确认是否删除，图 13.19 所示为确认首选项设置为中时的结果。

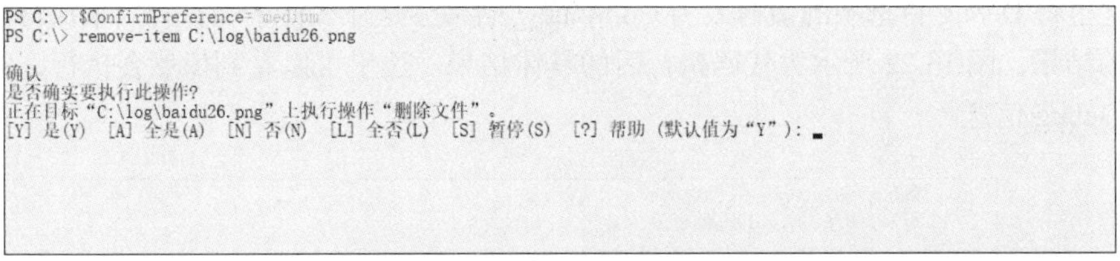

```
PS C:\> $ConfirmPreference= medium
PS C:\> remove-item C:\log\baidu26.png

确认
是否确实要执行此操作?
正在目标“C:\log\baidu26.png”上执行操作“删除文件”。
[Y] 是(Y)  [A] 全是(A)  [N] 否(N)  [L] 全否(L)  [S] 暂停(S)  [?] 帮助 (默认值为“Y”):
```

图13.19　确认首选项为中的提示

当 PowerShell 的 Confirm Preference 设置为“高”或“None”之后，我们会发现任何高危险的操作，如删除对象、停止进程等将不会有任何提示。图 13.20 所示为确认首选项为 None 之后删除操作结果。

```
PS C:\> $ConfirmPreference= none
PS C:\> remove-item C:\log\baidu26.png
PS C:\>
```

图13.20　确认首选项为None不会再次确认

在编写 PowerShell 脚本过程中，可以设置首选项为 None 来避免反复确认。

13.8.2　Debug Preference 首选项配置

Debug Preference 是 PowerShell 用来设置命令出现警告后或者在脚本中使用 Write-Debug 命令进行 Debug 输出后所进行的设置，Debug Preference 配置包含如下选项。

- Stop：产生 Debug 后程序停止运行。
- Inquire：产生 Debug 信息后询问是否继续运行。
- Continue：显示 Debug 信息，并且继续运行。
- SilentContinue：不显示 Debug 信息，并且继续运行。

默认情况下 Debug 首选项的值为 SilentlyContinue。在使用 Write-Debug 输出 Debug 信息中，默认条件下忽略 Debug 输出信息继续执行。图 13.21 所示为输出 Debug 信息结果，这里将不会输出任何信息。

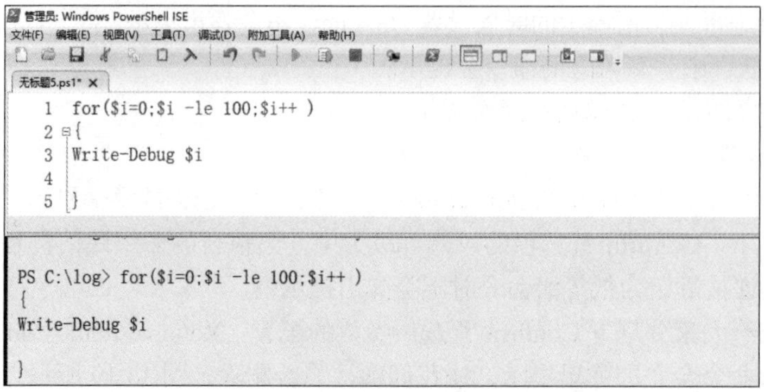

```
for($i=0;$i -le 100;$i++ )
{
Write-Debug $i

}
```

```
PS C:\log> for($i=0;$i -le 100;$i++ )
{
Write-Debug $i

}
```

图13.21　当前不会输出任何Debug的信息

如果这里将 Debug 首选项的值修改为 Continue，结果会是什么样子呢？我们来执行同样的代码看看具体的结果，图 13.22 所示为代码执行后的具体结果。这里可以看到依然会执行，但是会显示出所有的 Debug 信息。

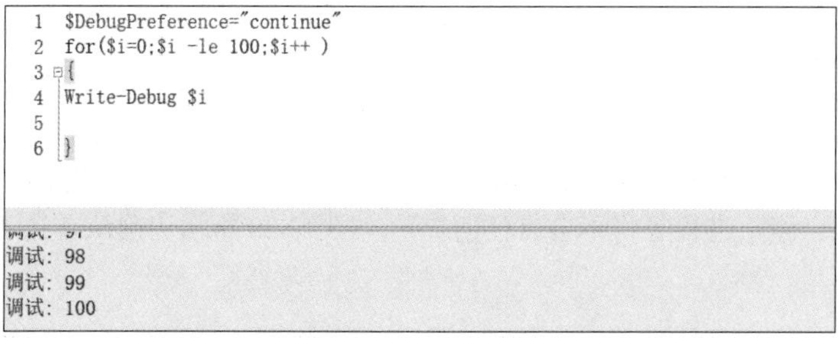

```
$DebugPreference="continue"
for($i=0;$i -le 100;$i++ )
{
Write-Debug $i

}
```

```
调试: 98
调试: 99
调试: 100
```

图13.22　设置Debug首选项之后输出调试信息

在文件中修改 Debug Preference 参数值，将 Debug 首选项参数值定义为 Stop，重新执行一下脚本会发现，输出了 Debug 结果后脚本停止运行。当需要进行深层次的 Debug，可以将 Debug Preference 的值设置为 Stop，以帮助我们更好地 Debug 相应的脚本，图 13.23 所示为 Debug Preference 设置为 Stop 后执行代码的结果。

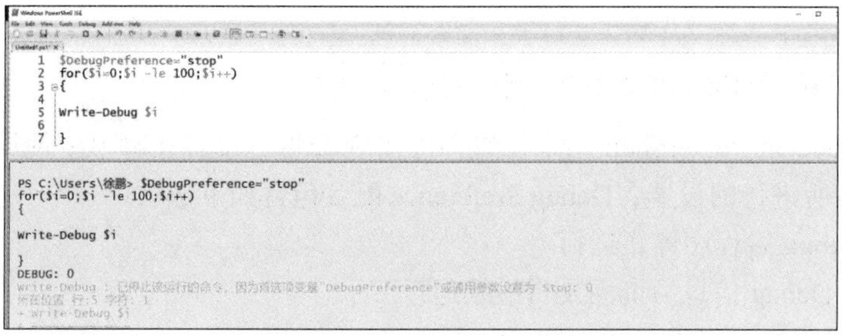

```
$DebugPreference="stop"
for($i=0;$i -le 100;$i++)
{

Write-Debug $i

}
```

```
PS C:\Users\徐鹏> $DebugPreference="stop"
for($i=0;$i -le 100;$i++)
{

Write-Debug $i

}
DEBUG: 0
```

图13.23　将DebugPreference 设置为Stop后的结果

13.8.3　ErrorAction Preference 首选项

PowerShell 脚本运行过程中，如果编写的脚本一旦出错，会不会立即停止呢？这个时候如何进行操作取决于 ErrorAction Preference 的参数设置，ErrorAction Preference 的值决定了一旦出现错误该如何处理，首选项配置中提供如下的错误处理方式。

- Break：当出现错误或者引发异常会进入调试模式。
- Continue：出现错误后显示错误，并继续执行代码。
- Inquire：出现错误后显示，并且询问是否继续。
- SilentlyContinue：不会出现错误信息，且继续执行。
- Stop：停止执行并显示错误信息。

默认 ErrorAction Preference 首选项的值是 Continue，也就是说当执行代码出错后抛出异常，程序代码依然会继续向后执行，图 13.24 所示为当前错误首选项的配置。

```
PS C:\> $ErrorActionPreference
Continue
PS C:\>
```

图13.24　错误首选项设置

这里由于 C:\log1\log1.txt 文件存在，但是依然还会执行后面的脚本。第二次执行命令中的 C:\log2 目录不存在，却依然向后执行。这是将 ErrorActionPreference 设置为 Continue 的结果，图 13.25 所示为错误首选项为当前值的结果。

```
PS C:\> $filename=@("c:\log1\log1.txt","c:\log2\log.txt","c:\log4\log.txt")
PS C:\> foreach($file in $filename)
>> {
>>
>> New-Item $file
>> }
New-Item : 文件“C:\log1\log1.txt”已经存在。
所在位置 行:4 字符: 1
+ New-Item $file
+
    + CategoryInfo          : WriteError: (C:\log1\log1.txt:String) [New-Item], IOException
    + FullyQualifiedErrorId : NewItemIOError,Microsoft.PowerShell.Commands.NewItemCommand

New-Item : 未能找到路径“C:\log2\log.txt”的一部分。
所在位置 行:4 字符: 1
+ New-Item $file
+
    + CategoryInfo          : WriteError: (C:\log2\log.txt:String) [New-Item], DirectoryNotFoundException
    + FullyQualifiedErrorId : NewItemIOError,Microsoft.PowerShell.Commands.NewItemCommand

New-Item : 未能找到路径“C:\log4\log.txt”的一部分。
所在位置 行:4 字符: 1
+ New-Item $file
+
    + CategoryInfo          : WriteError: (C:\log4\log.txt:String) [New-Item], DirectoryNotFoundException
    + FullyQualifiedErrorId : NewItemIOError,Microsoft.PowerShell.Commands.NewItemCommand
```

图13.25　错误首选项设置为Continue的结果

如果将 ErrorAction Preference 设置为 Stop，结果会是怎么样呢？图 13.26 所示为当前脚本一旦出现任何一处错误，都将立即停止执行程序。

```
PS C:\> $ErrorActionPreference ="stop"
PS C:\> foreach($file in $filename)
>> {
>>
>> New-Item $file
>> }
New-Item : 文件“C:\log1\log1.txt”已经存在。
所在位置 行:4 字符: 1
+ New-Item $file
+
    + CategoryInfo          : WriteError: (C:\log1\log1.txt:String) [New-Item], IOException
    + FullyQualifiedErrorId : NewItemIOError,Microsoft.PowerShell.Commands.NewItemCommand
```

图13.26　错误处理Action首选项设置为Stop结果

需要特别注意的是，如果我们在错误处理首选项没有设置 Stop 的话，错误处理机制将不会工作，图 13.27 中可以看到 Try...Catch 没有工作。

```
管理员: Windows PowerShell ISE
文件(F) 编辑(E) 视图(V) 工具(T) 调试(D) 附加工具(A) 帮助(H)
无标题5.ps1* ×
$ErrorActionPreference="continue"
$filelist=@("c:\log\a.txt","c:\log1\log1.txt","c:\log2\log2.txt")
foreach($file in $filelist)
{
try
{
New-Item -Path $file
}
catch
{
 write-host "结果出错"
}
}
```

```
New-Item : 未能找到路径“C:\log1\log1.txt”的一部分。
所在位置 行:7 字符: 1
+ New-Item -Path $file
+ ~~~~~~~~~~~~~~~~~~~~
    + CategoryInfo          : WriteError: (C:\log1\log1.txt:String) [New-Item], Directory
    + FullyQualifiedErrorId : NewItemIOError,Microsoft.PowerShell.Commands.NewItemCommand
```

图13.27　错误处理机制没有工作

在错误首选项设置为 Stop 后我们会发现，所有的错误结果都已经被捕获了，图 13.28 所示为 Try...Catch 正常工作。

```
$ErrorActionPreference="stop"
$filelist=@("c:\log\a.txt","c:\log1\log1.txt","c:\log2\log2.txt")
foreach($file in $filelist)
{
try
{
New-Item -Path $file
}
catch
{
 write-host "结果出错"
}
}
```

```
结果出错
结果出错
结果出错
```

图13.28　Try...Catch 正常捕获错误操作

13.8.4 Progress Preference 首选项配置

Progress Preference 主要用来控制 PowerShell 脚本是否显示进度窗口，在脚本中使用 Write-Progress 显示进度的时候需要使用到这个参数值。Progress Preference 有以下几种不同的属性值。

- Stop：不会显示进度条，停止执行并抛出异常。
- Inquire：询问用户是否使用进度条，如果选择是，就显示进度条。
- Continue：显示进度条，默认情况下是此选项。
- SilentlyContinue：执行代码，但不显示进度条。

在默认情况下 Progress Preference 首选项的值为 Continue，这也意味着默认条件下使用 Write-Progress 命令将显示进度条，图 13.29 所示为进度条首选项默认设置。

```
PS C:\> $ProgressPreference
Continue
PS C:\>
```

图13.29　进度条首选项设置

在当前的 Continue 设定下，一旦需要调用进度条，则会正常显示进度条状态，图 13.30 所示为进度条状态信息。

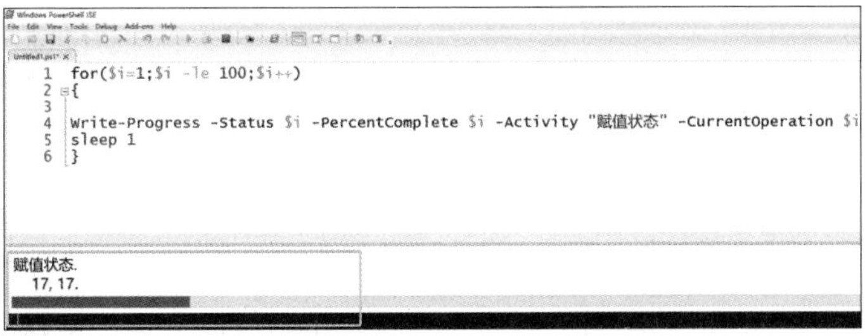

```
for($i=1;$i -le 100;$i++)
{

Write-Progress -Status $i -PercentComplete $i -Activity "赋值状态" -CurrentOperation $i
sleep 1
}
```

```
赋值状态.
  17, 17.
```

图13.30　PowerShell代码显示进度条

如果将 ProgressPreference 设置为 SilentContinue，那么在脚本中出现 Write-Progress 命令也不会显示进度条。

13.8.5　Verbose Preference 首选项配置

在 PowerShell 命令执行过程中为了显示命令执行的详细过程，都会带有执行过程的详细信息，在默认情况下 Verbose Preference 的参数值为 SilentContinue。在实际应用中都不会修改这个参数的值，大家只要稍微了解下参数类型即可。

- Stop：当执行了需要进行详细信息显示的命令，就停止执行接下来的脚本。
- Inquire：显示详细信息，并且询问用户是否继续执行。
- Continue：显示详细信息并且继续执行。
- SilentlyContinue：不显示详细信息，并且继续静默执行。

默认情况下，详细显示首选项的配置为 SilentlyContinue，也就是不显示详细的执行过程。图 13.31 所示为详细信息的首选项配置。

```
PS C:\> $VerbosePreference
SilentlyContinue
PS C:\>
```

图13.31　详细信息首选项配置

13.8.6　Warning Preference 首选项配置

Warning Preference 是在执行命令过程中出现警告后的处理方式。一般来说，不针对警告进行特殊设置。

WarningPreference 首选项设置内容如下。

- Stop：执行出现警告信息报错并停止继续运行。
- Inquire：显示警告信息，同时询问用户是否继续执行。
- Continue：显示警告信息，并且继续执行。
- SilentlyContinue：不显示警告信息，并继续执行。

在默认条件下 WarningPreference 设置为 Continue，也就是当出现警告信息会显示出来，并且继续执行后续的脚本。图 13.32 所示为当前 Warning Preference 首选项的值。

```
PS C:\> $warningPreference
Continue
PS C:\>
```

图13.32　WarningPreference 值获取

13.8.7 Whatif Preference 首选项配置

Whatif Preference 首选项是用来配置是否针对支持 Whatif 的命令启用 Whatif 功能，Whatif 的功能是针对脚本或命令执行的模拟操作。例如，我们希望了解 Remove-Item 操作的执行过程，而不实际执行文件的具体操作，就可以用 Whatif 参数来模拟整个操作过程。在 PowerShell 中 Whatif 参数默认值为 $false，也就是所有的命令会实际执行，图 13.33 所示为 Whatif Preference 首选项全局设置。

```
PS C:\> $WhatIfPreference
False
PS C:\>
```

图13.33　Whatif 首选项全局设置

我们不建议针对脚本或全局命令时修改为启用 Whatif，而仅仅在需要进行模拟操作的命令时调用 Whatif 实现模拟操作。

```
$filelist=get-childItem c:\log
ForEach ($file in $filelist)
{
Remove-item -path $file -whatif
}
```

接下来看下这条命令的结果，在执行的过程中能够观察到命令实际上并没有执行，文件实际上没有被删除，图 13.34 所示为删除文件操作。

```
$filelist=get-childitem c:\log
Foreach ($file in $filelist)
{
Remove-item -path $file.FullName -whatif
}

WhatIf: 正在目标"C:\log\file1.txt"上执行操作"删除文件"。
WhatIf: 正在目标"C:\log\file2.txt"上执行操作"删除文件"。
WhatIf: 正在目标"C:\log\file3.txt"上执行操作"删除文件"。
WhatIf: 正在目标"C:\log\file4.txt"上执行操作"删除文件"。
```

图13.34　Whatif模拟删除文件

在进行模拟操作的时候，数据将不会真的删除，在打开相应的文件夹之后，我们能够发现文件依然存在。在编写脚本的过程中，如果不清楚相应的命令带来的影响，可以使用 Whatif 参数进行实际运行的模拟来验证命令执行效果。

13.9 章节回顾

本章和大家分享了在 PowerShell 中一个非常重要的概念：变量。变量属于使用非常频繁的一类对象，在 PowerShell 中所有的变量类型都可以是弱类型，也就是没有使用数据类型修饰符进行强制类型定义。如果变量是弱类型，意味着我们的变量可以是任何类型，但是针对变量实现了强制类型定义，则不允许数据类型的任意定义。

本章也和大家分享了 PowerShell 环境中的全局参数设定，这些全局参数将影响到 PowerShell 命令或者脚本执行出错、警告与进行 Debug 过程中的执行步骤。另外还有以下两个特殊参数。

- Confirm Preference：是否再次确认。
- Whatif Preference：是否进行模拟操作。

不是所有的命令或脚本都支持 Confirm Preference 设定，以数据获取为目标的命令都不支持 ConfirmPreference，不管如何设定数据获取类的命令都不会出现需要再次确认，而新建、删除、修改等操作都支持 Confirm 的再次确认。Whatif 是执行脚本或命令的模拟操作，不会实际执行相关的操作。与 Confirm 首选项一样，不是所有的命令都支持 Whatif 操作。如果希望编写的脚本支持 Whatif 和 Confirm 操作，需要在脚本中使用 [cmdbinding] 修饰符，在函数章节会详细分享修饰符的应用。

13.10 练习与知识巩固

1. 什么是PowerShell 变量，它使用的场景通常有哪些？

2. 如果希望了解命令执行的具体过程，我们应该如何配置全局变量？

3. 如果希望了解命令执行的整个过程，而不实际执行，需要配置什么全局变量？

4. 如果希望删除一个变量，如何执行相关命令？

5. 如果希望了解命令是否被成功执行，通过什么变量实现？

6. 下面的语句执行结果是什么？

```
$ErroractionPreference="Stop"
$filelist="c:\log1\file.txt","c:\log2\file.txt","c:\log3\filetxt"
ForEach($file in $filelist)
{
New-Item -path $file -whatif
}
```

7. 如果不希望命令执行的过程中显示执行进度条，应该如何修改下面的脚本？

```
For($i=0;$i -le 100;$i++)
{
Sleep 1
}
```

8. 下面语句的执行结果是什么？

```
$a="hello world"
$input=read-host " 输入你的名字 "
Remove-variable a
$result=$a+","+$input
Write-Host $result
```

第14章 PowerShell 的错误处理

人非圣贤，孰能无过。但是我们可以避免犯过的错误再重新犯一遍，在编程过程中，这个过程称为错误处理。我们将已知的可以引发错误的问题通过 PowerShell 错误处理进行规避，同时对在预期产生错误的代码进行捕获，这个过程称为 PowerShell 错误处理。

14.1　PowerShell 中的错误

PowerShell 是否能够捕获到错误取决于 PowerShell 全局性设定，这个全局性设定就是参数 ErrorActionPreference，这是第 13 章和大家分享的有关参数的知识。在 PowerShell 执行环境中，错误分为终止性错误和非终止性错误，非终止性错误是出现错误后会抛出错误异常，然后继续执行后面的脚本。终止性错误指的是出现错误之后立即停止运行，后面的脚本也不会执行。在 PowerShell 中大部分命令都是非终止性错误，也就是命令执行错误再抛出错误，然后继续执行后续的脚本，图 14.1 所示为 PowerShell 的两种错误类型。

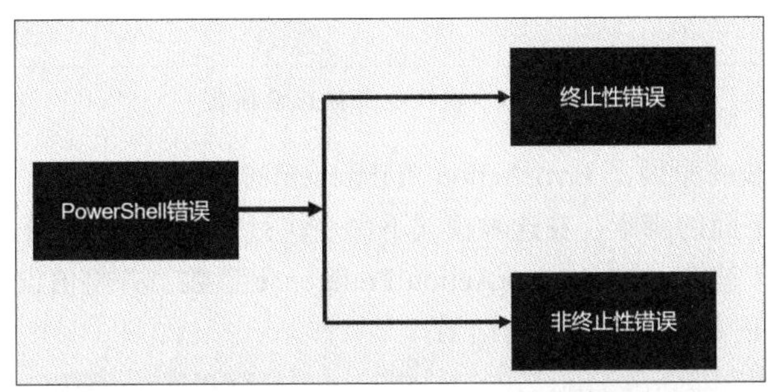

图14.1　PowerShell 两种错误类型

在默认情况下 ErrorAction Preference 的全局参数值为 Continue，Continue 意味着出现错误后继续执行，这时候无法针对错误进行捕获，图 14.2 所示为当前错误处理首选项值。

```
PS C:\Users\徐鹏> $ErrorActionPreference
Continue
PS C:\Users\徐鹏>
```

图14.2　系统默认的错误处理首选项值

这里以文件创建案例来分享下 ErrorActionPreference 值为 Continue 时执行的结果。

```
$filelist=@("d:\log1\log.txt","d:\log2\log.txt","d:\log3\log.txt")
ForEach($file in $filelist)
{
    Try
        {
            New-Item -path $file
            Write-host "文件已经生成"
        }
    Catch
        {
            Write-host "文件没有生成"
        }
}
```

由于没有 d:\log1 和 d:\log2 的父级目录，这个脚本执行将会出现错误，虽然使用 Try...Catch 进行了捕获，但实际的执行结果却发现当前的错误处理机制形同虚设，根本没有捕获到任何错误，甚至出现了执行错误后还提示正常生成的情况。图 14.3 所示为代码执行后的结果，这是什么原因呢？

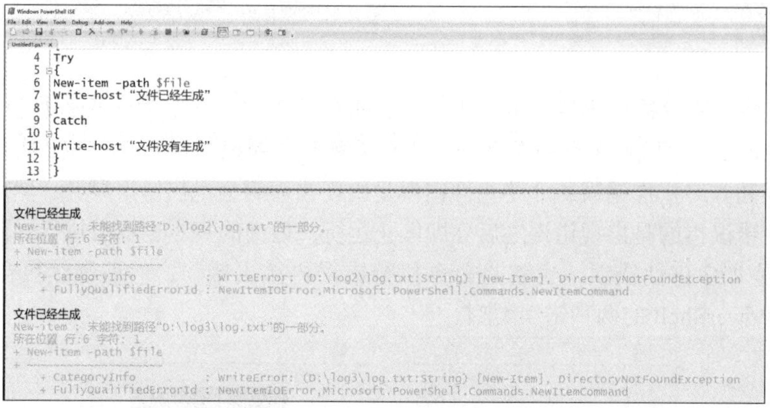

图14.3　错误没有被正常捕获

出现错误无法被捕获的原因是 ErrorAction Preference 的值为 Continue，Continue 的意思是会抛出异常，同时继续执行下面的脚本，在这种模式下命令执行错误将不会被正常捕获。

接下来将脚本做一下修改，加入 ErrorAction Preference 参数，并将值设置为 Stop。最终脚本执行如下，图 14.4 所示为正常捕获错误后的结果。

```
$ErrorActionPreference="Stop"
$filelist=@("d:\log1\log.txt","d:\log2\log.txt","d:\log3\log.txt")
ForEach($file in $filelist)
{
     Try
       {
              New-item -path $file
              Write-host " 文件已经生成 "
       }
     Catch
       {
              Write-host " 文件已经生成 "
       }
}
```

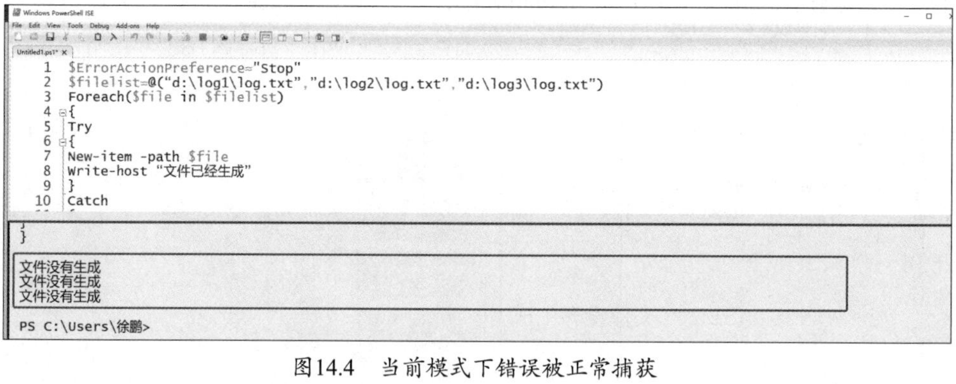

图14.4　当前模式下错误被正常捕获

错误处理的参数配置在 PowerShell 脚本中非常重要，如果设置错误，可能会导致出现异常，也不会正确地捕获。对于脚本编写人员来说，比较好的方式是在脚本开始就将错误处理的机制写入，便于最终实现相应的错误捕获与处理。

14.2 PowerShell 错误捕获Try...Catch...Finally

Try...Catch...Finally 是 PowerShell 进行错误捕获的语句，Try 的语句内包含了可能会引发异常的语句，在 PowerShell 脚本中设置 ErrorActionPreference 的属性值为 Stop 之后，所有的异常都将会引起 PowerShell 脚本停止运行。

为了能够让脚本继续运行，需要将可能引发异常的错误放在 Try 子语句中，这在 Catch 子语句中是出现错误后进行的错误处理。如果在 Catch 子语句中执行错误将中断子语句执行，因此在 Catch 中我们都需要保证执行的语句不会继续引发错误。Finally 不管语句是正常执行还是出现错误进行了错误处理，都会将执行的子语句作为整个语句的结束，Try...Catch...Finally 的语句格式如下。

```
Try
    {
        正常执行的语句，但是某些场景会抛出异常
    }
Catch
    {
        引发错误之后处理的语句
    }
Finally
    {
        最终执行语句
}
```

接下来我们以一个简单的案例来分析下 Try...Catch 的使用，这里调用了一个不存在的函数。

```
Try
{
   New-powershellBook
}
       Catch
{
   Write-host " 没有这条命令 "
}
```

系统中不存在需要调用的函数或命令，我们在 PowerShell 的错误捕获中能够看到这个错误已经被正常捕获，最终捕获的结果如图 14.5 所示。

```
Try
{
New-powershellBook
}
    Catch
{
Write-host “没有这条命令”
}

没有这条命令
PS C:\Users\徐鹏>
```

图14.5　PowerShell 错误被成功捕获

使用捕获语句进行错误捕获的同时也可以修复相关的错误，让命令能够顺利地执行下去，下面的代码在捕获的过程中修复了因错误产生而无法创建的问题。

```
Try
```

```
{
New-ltem c:\log\log.txt
}
Catch
{
New-item -itemtype directory  c:\log
New-item c:\log\log.txt
}
```

执行过程中发现 c:\log 目录不存在，但是在 Try...Catch 中通过捕获错误将目录重建后重新创建相关的文件，文件夹创建后文件就顺利地创建成功，图 14.6 所示为错误捕获后的操作。

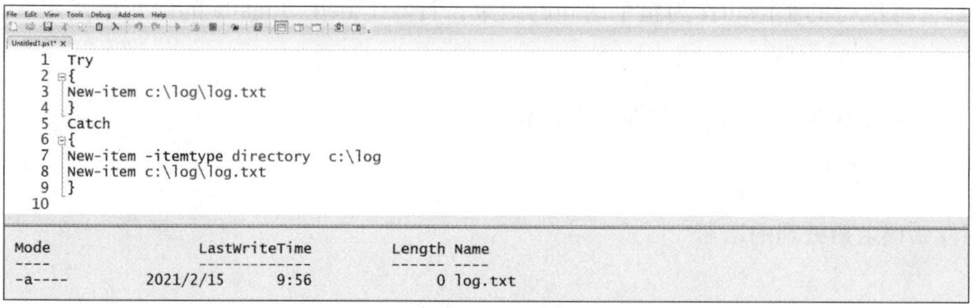

```
Try
{
New-item c:\log\log.txt
}
Catch
{
New-item -itemtype directory  c:\log
New-item c:\log\log.txt
}

Mode                LastWriteTime         Length Name
----                -------------         ------ ----
-a----        2021/2/15      9:56              0 log.txt
```

图14.6　错误捕获后的操作

而 Finally 子语句通常用来进行什么操作呢？刚才提到不管是否捕获异常，最终 Finally 子语句中的操作都会被执行。由于 Finally 语句中的命令都会被执行，因此适合一些日常的事务操作，比如记录文件创建日志。接下来这个案例用于实现文件的创建，这些文件位于多个存在与不存在的目录下，最终将文件创建过程保存在日志文件中。这个过程如何通过 Try...Catch...Finally 来实现呢？

首先需要创建如下格式的文件，保存为 CSV 格式，日志文件保存在 c:\filelog\log.csv，所有文件创建过程都被记录。

```
Directoty,file
C:\log1\,log.txt
C:\log2\,log.txt
C:\log3\,log.txt
```

建立好文件之后，就可以通过脚本编写实现我们希望完成的任务目标，脚本代码如下。

```
$ErrorActionPreference="stop"
$filelist=Import-Csv c:\filelog\newfile.csv
ForEach($file in $filelist)
    {
        $filefullname=$file.Directoty+$file.file
        $loginfo=""
        Try
            {
                New-item -path $filefullname
                $loginfo=$file.file+" 被正常创建 "
            }
        Catch
            {
                New-item -itemtype directory -path $file.Directoty
                New-item -path $filefullname
                $loginfo=$file.file+" 由于目录不存在，创建目录后文件被创建成功 "
```

```
        }
    Finally
        {
            $loginfo |out-file c:\filelog\log.csv -Encoding Unicode -append
        }
    }
```

在 Finally 子语句中，我们可以看到不管命令是否执行成功，都会执行相应的记录过程。在当前场景下三个目录均不存在，执行 Catch 进行错误捕获后就可以实现命令的成功运行，最终所有的建立过程都记录到如图 14.7 所示的日志文件中。

	A	B	C	D	E	F
1	log.txt由于目录不存在，创建目录后文件被创建成功					
2	log.txt由于目录不存在，创建目录后文件被创建成功					
3	log.txt由于目录不存在，创建目录后文件被创建成功					
4						
5						
6						
7						
8						

图14.7　文件建立过程记录在日志文件中

14.3 PowerShell 多重错误处理

在 PowerShell 脚本中会有不同的任务需要进行处理。我们可以根据不同的错误类型进行不同的处理，这也是在任务处理中比较常见的操作。但是在相关的不同类型的错误处理过程中，需要知道错误的具体类型，才能进行相应的错误捕获和具体操作。Try...Catch 多错误处理的语法规则和处理如下。

```
Try
{
可能会出错的语句
}
Catch 出错类型 1
{
执行操作 1
}
Catch 出错类型 2
{
执行操作 2
}
Catch
{
执行操作 3
}
```

在进行错误处理过程中，需要了解错误的具体类型，并且需要进行错误类型判断，如果不了解错误类型，将不能使用多重错误判断机制。当然，除了已有的可能出现的错误判断处理之外，也可以使用默认的处理机制来保证出现不在当前控制范围内的错误，我们同样可以进行捕获和处理。

接下来我们以一个脚本来实现多重错误处理，在这个场景下捕获的可能是 Web 访问问题，也可能是文件创建问题。

```
try
{
      $wc = new-object System.Net.WebClient
      $wc.DownloadFile("http://www.microsoft.com/index.html","file.html")
}
catch [System.Net.WebException]
{
      write-host " 无法从 http://www.contoso.com 下载相关文档 "
}
catch [System.IO.IOException]
{
      write-host " 由于文件系统错误，文件无法创建 ."
}
catch
{
      write-host " 出现其他错误 "
}
```

在这段代码中如果出现网络连接错误，会捕获到网络问题。如果本地文件系统出现问题，会捕获到文件系统问题。如果同时出现网络问题和本地文件系统问题，则相应的错误都不会被捕获，如果出现其他的错误异常，会引发其他错误的捕获。

14.4 PowerShell 错误信息保存——$Error信息获取

在脚本执行错误，捕获到异常之后通常需要记录出现异常的原因。前面我们提到当命令执行发生异常时，所有的错误信息都会被记录在 $Error 变量中，我们可以在 $Error 中获取所有脚本执行过程中执行的错误，图 14.8 中的 $Error 变量记录了从开始到当前所有的错误。

```
PS C:\log> $Error
已停止该运行的命令，因为首选项变量“ErrorActionPreference”或通用参数设置为 Stop: 找不到路径“C:\log\”，因为该路径不存在。
cd : 找不到路径“C:\log\”，因为该路径不存在。
所在位置 行:3 字符: 1
+ cd $filepath
+ ~~~~~~~~~~~~
    + CategoryInfo          : ObjectNotFound: (C:\log\:String) [Set-Location], ItemNotFoundException
    + FullyQualifiedErrorId : PathNotFound,Microsoft.PowerShell.Commands.SetLocationCommand

已停止该运行的命令，因为首选项变量“ErrorActionPreference”或通用参数设置为 Stop: 找不到路径“C:\log\”，因为该路径不存在。
cd : 找不到路径“C:\log\”，因为该路径不存在。
所在位置 行:2 字符: 1
+ cd $filepath
+ ~~~~~~~~~~~~
    + CategoryInfo          : ObjectNotFound: (C:\log\:String) [Set-Location], ItemNotFoundException
    + FullyQualifiedErrorId : PathNotFound,Microsoft.PowerShell.Commands.SetLocationCommand

使用“2”个参数调用“DownloadFile”时发生异常:“在 WebClient 请求期间发生异常。”
所在位置 行:5 字符: 1
+ $wc.DownloadFile("http://xiazai.zol.com.cn/down.php?softid=431773&sub ...
+ ~~~~~~~~~~~~~~~~~~~~~~~~~~~~~~~~~~~~~~~~~~~~~~~~~~~~~~~~~~~~~~~~~~~~~~~~~
    + CategoryInfo          : NotSpecified: (:) [], MethodInvocationException
    + FullyQualifiedErrorId : WebException

使用“2”个参数调用“DownloadFile”时发生异常:“在 WebClient 请求期间发生异常。”
```

图14.8 $Error变量记录了当前Session中的所有错误

如果希望将错误的内容输出到文件中，采用什么方法呢？这时需要了解一个知识点，如果异常被捕获之后，它的错误信息如何获取，是使用 $Error 获取吗？你会发现获取的是脚本中所有的错误。

如果获取当前的错误，只需要获取 $_ 的值即可，即在捕获了异常之后，直接将异常信息导出。下面通过一个典型案例和大家分享如何保存错误信息并导出。

```
$ErrorActionPreference="stop"
$filelist=Import-Csv c:\filelog\newfile.csv
$Errorlog=""
ForEach($file in $filelist)
    {
        $filefullname=$file.Directoty+$file.file
        $loginfo=""
        Try
            {
                New-item-path $filefullname
                }
            Catch
                {
                    $Errorlog=$Errorlog+$_+"`n"
                }
            Finally
                {
                    $Errorlog|out-file c:\filelog\error.csv -encoding Unicode -append
                }
            }
```

这是另外一种错误记录方式，相比使用 $Error 变量，可以更加简单地获取当前出现问题的原因，图 14.9 所示为出错后的日志记录。

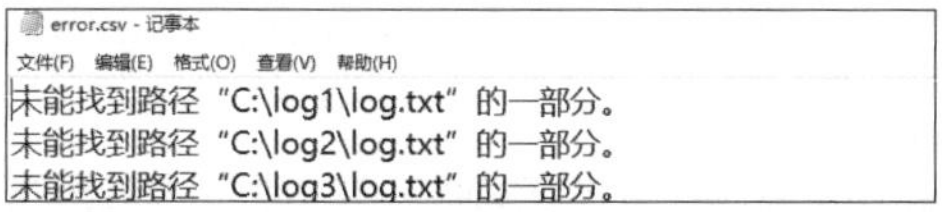

```
error.csv - 记事本
文件(F) 编辑(E) 格式(O) 查看(V) 帮助(H)
未能找到路径 "C:\log1\log.txt" 的一部分。
未能找到路径 "C:\log2\log.txt" 的一部分。
未能找到路径 "C:\log3\log.txt" 的一部分。
```

图14.9 出错后的日志记录

14.5 PowerShell 异常的抛出——Throw

异常抛出和异常捕获通常来说是相对的，如果希望了解错误捕获是否能够捕获相应的异常，就可以使用 Throw 关键字来抛出异常，从而确认 Try...Catch 是否能够正常捕获这些错误。如果希望通过 Throw 抛出一些自定义的异常，可以使用 Throw 跟上自定义的消息来进行异常抛出。

1. Throw 表达式

Throw 抛出异常的过程非常简单，直接在 Throw 关键字后跟上相应的表达式即可，我们甚至可以不跟上任何内容直接抛出异常，图 14.10 所示为直接抛出异常的结果。

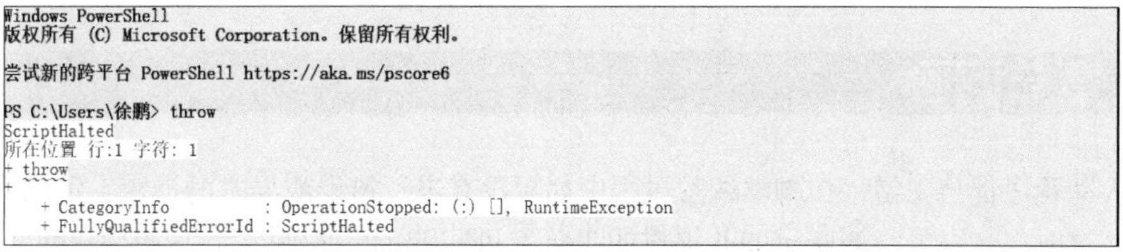

```
Windows PowerShell
版权所有 (C) Microsoft Corporation。保留所有权利。

尝试新的跨平台 PowerShell https://aka.ms/pscore6

PS C:\Users\徐鹏> throw
ScriptHalted
所在位置 行:1 字符: 1
+ throw
+ ~~~~~
    + CategoryInfo          : OperationStopped: (:) [], RuntimeException
    + FullyQualifiedErrorId : ScriptHalted
```

图14.10 系统直接抛出异常

2. Throw “字符串”

也可以抛出字符串类型的数据，图 14.11 所示为抛出字符串异常。

```
PS C:\Users\徐鹏> throw "抛出的异常"
抛出的异常
所在位置 行:1 字符: 1
+ throw "抛出的异常"
+
    + CategoryInfo          : OperationStopped: (抛出的异常:String) [], RuntimeException
    + FullyQualifiedErrorId : 抛出的异常
```

图14.11　抛出字符串异常

3. Throw (Get-Process NotePad)

也可以抛出系统内置的对象异常，图 14.12 所示抛出的是 Process 进程对象。

```
PS C:\Users\徐鹏> throw (Get-Process notepad)
System.Diagnostics.Process (notepad) System.Diagnostics.Process (notepad) System.Diagnostics.Process (notepad)
所在位置 行:1 字符: 1
+ throw (Get-Process notepad)
+
    + CategoryInfo          : OperationStopped: (System.Object[]:Object[]) [], RuntimeException
    + FullyQualifiedErrorId : System.Diagnostics.Process (notepad) System.Diagnostics.Process (notepad) System.Diagnos
   tics.Process (notepad)
```

图14.12　异常进程的抛出

PowerShell 的运行环境基于 .Net，如果有需要可以抛出 .Net 对象异常，下面就是抛出了系统格式的异常。

```
$formatError = new-object system.formatexception
throw $formatError
```

在实际的应用场景中，Throw 关键字不会单独存在。为了捕获 Catch 代码是否能够正常捕获到异常，通常可以结合 Throw 关键字和 Catch 实现矛盾结合，来分析代码中是否存在不能捕获的异常。图 14.13 所示为特定条件下异常的抛出。

```
$i=0
while($i -le 7)
{

if($i % 5)
{
throw "结果为5"
}
$i++
}
```

```
结果为5
所在位置 行:7 字符: 1
+ throw "结果为5"
+ ~~~~~~~~~~~~~
    + CategoryInfo          : OperationStopped: (结果为5:String) [], RuntimeException
    + FullyQualifiedErrorId : 结果为5
```

图14.13　特定条件下的异常抛出

14.6 章节回顾

每个人写程序都会犯错，在脚本编写过程中如果没有进行错误或异常的捕获，可能会导致程序停止运行，这时怎么办呢？ PowerShell 提供的 Try...Catch...Finally 提供了异常的捕获和处理。

在 PowerShell 中有以下两类不同的错误类型。

- 中断式错误类型：出现错误后立即抛出异常，中断执行。

- 非中断式错误类型：出现错误后抛出异常，同时继续执行。

在 PowerShell 中，这两种错误类型取决于 $ErrorActionPreference 的设置，在默认条件下设置是 Continue，也就是会抛出异常，却依然执行后面的脚本。如果这里设置为 Stop，则程序执行出错后立即停止。

这里还有需要注意的一点，出错后为什么会捕捉不到错误。原因还是上面提到的一样的问题，需要将 $ErrorActionPreference 修改为 Stop 之后，PowerShell 的错误处理机制才可以捕获到错误并进行后续处理。

14.7 练习与知识巩固

1. PowerShell的错误分为哪两种，这两种错误分别有什么特点?

2. PowerShell错误处理默认全局参数的值是什么，它有什么特点?

3. 以下PowerShell脚本执行命令的结果是什么?

```
$ErrorActionPreference="continue"
For($i=0;$i -le 10;$i++)
{
     If($i % 3 -eq 0)
     {
     Throw "3 的倍数 "
     }
}
```

4. 以下PowerShell脚本执行命令的结果是什么?

```
$ErrorActionPreference="Stop"
$filelist="c:\log\file1.txt","c:\log\file2.txt","c:\log\file3.txt" # 后
面两个文件不存在
ForEach($file in $filelist)
{
Try{
    Remove -item $file
   }
 Catch{
    Write-host " 文件不存在 "
   }
}
```

5. 基于如下的需求编写PowerShell脚本。

①定义文件列表 c:\log\file1.txt, c:\log1\file.txt, c:\log2\file2.txt。

②尝试删除文件列表中的文件。

③写入错误处理机制，避免产生错误无法继续执行脚本。

④写入文件删除日志。

第15章 PowerShell 的数据格式化处理

在很多业务场景下数据不能直接使用和显示，如何进行数据的格式化处理，这是本章和大家分享的内容。

15.1 什么是数据的格式化处理

数据在处理之前没有价值，这句话怎么理解？对于日常管理来说，有非常多的外部数据需要进行处理才会有价值。比如在试卷考完之后，学生的成绩需要实现横向排名来评估当前试卷的难度，如何评估这次考试的结果？我们需要收集当前的所有数据，然后进行统计和评估，学生的成绩可以通过计算机直接输入后进行整理，非常方便横向对比和纵向对比。

PowerShell 运行在计算机的内存中，所有的数据都要通过命令调入 PowerShell 运行环境中。不同的数据格式导入 PowerShell 环境中的方式完全不同，这就涉及数据的格式化处理，以一个标准的数据输入案例分享下数据的格式化处理，图 15.1 所示为标准的 CSV 格式文件。

```
date time temperature light shidu diangan
2018-02-28 01:03:16.33393 19.3024 38.4629 45.08 2.68742
2018-02-28 01:06:16.013453 19.1652 38.8039 45.08 2.68742
2018-02-28 01:06:46.778088 19.175 38.8379 45.08 2.69964
2018-02-28 01:08:45.992524 19.1456 38.9401 45.08 2.68742
2018-02-28 01:09:22.323858 19.1652 38.872 45.08 2.68742
2018-02-28 01:09:46.109598 19.1652 38.8039 45.08 2.68742
2018-02-28 01:10:16.6789 19.1456 38.8379 45.08 2.69964
2018-02-28 01:10:46.250524 19.1456 38.872 45.08 2.68742
2018-02-28 01:11:46.941288 19.1456 38.9401 45.08 2.69964
2018-02-28 01:12:46.251377 19.1358 38.9061 45.08 2.68742
2018-02-28 01:14:16.63127 19.1162 38.8039 45.08 2.69964
2018-02-28 01:14:46.569352 19.1162 38.872 45.08 2.69964
```

图15.1　标准的CSV格式文件

这里使用 Get-Content 获取数据之后，获取的每一行都是相应的字符串。一行数据有多个属性，我们需要使用方法来将这些数据获取。图 15.2 所示为通过 Get-Content 获取后的数据类型。

```
PS C:\> $alldata |Get-Member

   TypeName:System.String

Name         MemberType     Definition
----         ----------     ----------
Clone        Method         System.Object Clone(), System.Object ICloneable.Clone()
CompareTo    Method         int CompareTo(System.Object value), int CompareTo(string strB), int IComparab...
Contains     Method         bool Contains(string value)
```

图15.2　通过Get-Content 获取后的数据类型

这里采用 Import-CSV 命令进行数据获取，会发现每一行都是 PowerShell 的自定义对象。自定义对象中有多个不同的属性，图 15.3 所示为 Import-CSV 命令获取行的属性数据。

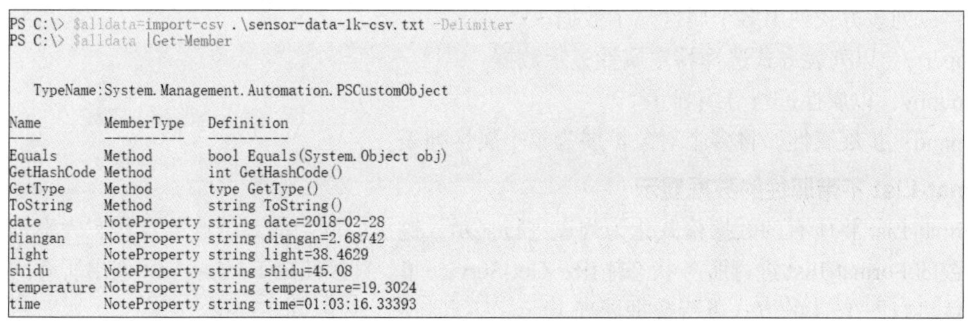

```
PS C:\> $alldata=import-csv .\sensor-data-1k-csv.txt -Delimiter " "
PS C:\> $alldata |Get-Member

   TypeName:System.Management.Automation.PSCustomObject

Name        MemberType   Definition
----        ----------   ----------
Equals      Method       bool Equals(System.Object obj)
GetHashCode Method       int GetHashCode()
GetType     Method       type GetType()
ToString    Method       string ToString()
date        NoteProperty string date=2018-02-28
diangan     NoteProperty string diangan=2.68742
light       NoteProperty string light=38.4629
shidu       NoteProperty string shidu=45.08
temperature NoteProperty string temperature=19.3024
time        NoteProperty string time=01:03:16.33393
```

图15.3　Import-CSV导入数据为自定义数据类型

从数据标准化的角度来说，使用 Import-CSV 命令能够帮助我们更快地处理引用的数据，采用 Get-Content 进行数据引用，还需要获取出来才能完成数据的分列。而在 PowerShell 实际的业务处理中，通常需要进行数据的再处理，这个过程称为数据的格式化处理。

通常数据的格式化处理包含多个不同的处理步骤和方法，我们将在本章和大家分享以下与数据有关的格式化处理。

- 数据的显示与输出。
- 数据的选择与输出。
- 数据的排序。
- 数据的统计。
- 数据的分组。

15.2 PowerShell数据显示输出

在 PowerShell 进行命令交互过程中，需要经常进行数据的交互性输出。PowerShell 支持不同格式的数据显示输出，数据都是通过管道符传递到 PowerShell 命令实现数据的显示：数据集 | 数据格式命令。在 PowerShell 中支持四种不同的格式输出方式。

- Format-List：以列表方式进行数据显示。
- Format-Table：以表格方式进行数据显示。
- Format-Wide：以列方式定义数据显示，定义列宽。
- Format-Custom：以自定义视图方式进行数据定义。

在实际的应用过程中，以 Format-List 和 Format-Table 格式进行数据的显示非常常见，列表方式在前三种方式中显示足够多的属性。表格方式相当于以表格方式显示数据，由于列宽和列的数量有限，以 Table 方式显示数据通常只有确定的属性可以显示，接下来我们分别就前面三个不同的命令来分享不同的数据格式化方式。

15.2.1 Format-List：以列表方式显示数据

在 PowerShell 中 Format-List 命令以列表方式进行数据显示，Format-List 常用参数如下。

- 空：以列表方式列出多个属性显示数据。
- Property：以列表方式选择特定属性显示数据。
- Groupby：以属性进行分组显示。
- Expand：扩展属性，将多个对象扩展为单个属性列表。

1. Format-List 不带属性的数据显示

Format-List 将所有的数据格式化为列表进行显示，这里以取当前系统服务及状态为案例，执行不带参数的 Format-List 进行服务状态输出：Get-Service |fl。直接使用 Format-List 列出所有的服务，服务属性将以图 15.4 的方式进行数据展现。

```
PS C:\Users\徐鹏> Get-Service |fl

Name                : AarSvc_4f06f
DisplayName         : AarSvc_4f06f
Status              : Stopped
DependentServices   : {}
ServicesDependedOn  : {}
CanPauseAndContinue : False
CanShutdown         : False
CanStop             : False
ServiceType         : 224

Name                : abcEBService
DisplayName         : abcEBService
Status              : Running
DependentServices   : {}
ServicesDependedOn  : {}
CanPauseAndContinue : False
CanShutdown         : True
CanStop             : True
ServiceType         : Win32OwnProcess, InteractiveProcess
```

图15.4　以列表方式呈现数据

Format-List 呈现出来的对象的属性是三种呈现方式中展现属性最多的一种，如果希望获取最完整的属性，就使用 Format-List。

2. Format-List 选择特定属性输出

接下来通过 Format-List 方式选择特定的属性，属性名称根据默认的属性进行相应的选择：Get-service |fl name,status,canstop。在 fl 后面跟上三个服务属性之后，服务对象以列表方式呈现对象所拥有的属性。图 15.5 所示为选择相关的属性后输出的结果。

```
PS C:\Users\徐鹏> Get-Service |fl name,status,canstop

Name    : AarSvc_4f06f
Status  : Stopped
CanStop : False

Name    : abcEBService
Status  : Running
CanStop : True

Name    : AJRouter
Status  : Stopped
CanStop : False

Name    : ALG
Status  : Stopped
CanStop : False
```

图15.5　Format-List 选择属性后输出

15.2.2　Format-Table：以表格方式显示数据

在 PowerShell 中实现数据以数据表格式显示是 Format-Table 子语句实现的功能，目前 Format-Table 常用的参数如下。

- 空：选择默认的属性值。
- Property：选择特定的属性值。
- Autosize：如果列宽不足以显示，则自动列宽。
- Wrap：在没有使用 Autosize 进行自动列宽的时候自动分行显示。
- RepeatHeader：当数据出现多页，则每页都会重复表头。
- HideTableHeaders：隐藏表格表头。
- GroupBy：依据属性进行分组。
- Expand：将数据集合展开。

Format-Table 和 Format-List 一样，支持将管道符的数据集合传递到管道符右边的 Format-Table 进行数据显示。

1. Format-Table 无属性调用

Format-Table 不跟上任何参数，系统将自动选择相应的属性显示：Get-Service |ft。Get-Service 获取了服务状态之后，在使用 Format-Table 进行数据显示时将以表格方式显示相应的数据状态，图 15.6 所示为 Format-Table 选择相应的属性后的输出结果。

```
PS C:\Users\徐鹏> Get-Service |ft

Status   Name               DisplayName
------   ----               -----------
Stopped  AarSvc_51d2f       AarSvc_51d2f
Running  abcEBService       abcEBService
Stopped  AJRouter           AllJoyn Router Service
Stopped  ALG                Application Layer Gateway Service
Stopped  AppIDSvc           Application Identity
Running  Appinfo            Application Information
```

图15.6 默认情况下Format-Table属性

2. Format-Table 的Property 参数应用

在多数场景下，默认属性值不能满足需求的时候就需要选择特定属性值。属性值的参数为 Property，Property 可以省略。下面使用了 Format-Table 选择自定义的属性值。

```
Get-service |ft name,status,canstop,Displayname
```

Format-Table 选择的四个字段以表格方式显示数据，如果属性是一个哈希表或数组，则不会全部显示出来，图 15.7 所示为以 Format-Table 显示服务状态。

```
PS C:\Users\徐鹏> Get-Service |ft name,status,canstop,displayname

Name                                 Status CanStop DisplayName
----                                 ------ ------- -----------
AarSvc_51d2f                        Stopped   False AarSvc_51d2f
abcEBService                        Running    True abcEBService
AJRouter                            Stopped   False AllJoyn Router Service
ALG                                 Stopped   False Application Layer Gateway Service
AppIDSvc                            Stopped   False Application Identity
Appinfo                             Running    True Application Information
AppMgmt                             Stopped   False Application Management
AppReadiness                        Stopped   False App Readiness
AppVClient                          Stopped   False Microsoft App-V Client
```

图15.7 以Format-Table方式显示服务状态

3. Format-Table 的 Autosize

在进行多个属性显示过程中，有可能某一列特别长而导致无法完全显示需要的数据，这时候可以选择 Autosize 属性使用自动列宽功能来实现属性的完全显示。但是列宽取决于当前 PowerShell 设定的窗口大小，大小将不能突破当前行的最大列宽。

```
Get-Service |ft name,displayname,canstop,displayname,canshutdown
Get-Service |ft name,displayname,canstop,displayname,canshutdown  -AutoSize
```

对比下两者的差别，在没有使用 -Autosize 属性时，部分属性将会出现如图 15.8 所示的“…”。

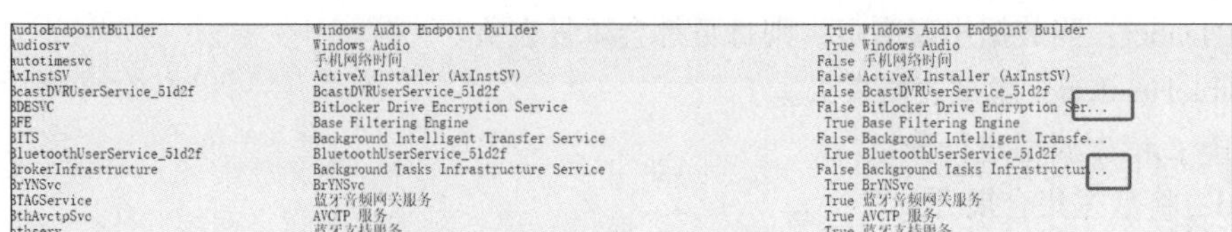

图15.8 默认条件下不会显示所有内容

在 Format-Table 使用了 -Autosize 参数之后，所有的数据都能够像图 15.9 一样正常显示出来。

```
Name                          DisplayName                                      CanStop DisplayName
----                          -----------                                      ------- -----------
AarSvc_51d2f                  AarSvc_51d2f                                       False AarSvc_51d2f
abcEBService                  abcEBService                                        True abcEBService
AJRouter                      AllJoyn Router Service                             False AllJoyn Router Service
ALG                           Application Layer Gateway Service                  False Application Layer Gateway Service
AppIDSvc                      Application Identity                               False Application Identity
Appinfo                       Application Information                             True Application Information
AppMgmt                       Application Management                             False Application Management
AppReadiness                  App Readiness                                      False App Readiness
AppVClient                    Microsoft App-V Client                             False Microsoft App-V Client
AppXSvc                       AppX Deployment Service (AppXSVC)                   True AppX Deployment Service (AppXSVC)
ASLDRService                  ASLDR Service                                       True ASLDR Service
AssignedAccessManagerSvc      AssignedAccessManager 服务                          False AssignedAccessManager 服务
ASUS Flip Service             ASUS Flip Service                                   True ASUS Flip Service
AudioEndpointBuilder          Windows Audio Endpoint Builder                      True Windows Audio Endpoint Builder
Audiosrv                      Windows Audio                                       True Windows Audio
autotimesvc                   手机网络时间                                         False 手机网络时间
AxInstSV                      ActiveX Installer (AxInstSV)                       False ActiveX Installer (AxInstSV)
BcastDVRUserService_51d2f     BcastDVRUserService_51d2f                          False BcastDVRUserService_51d2f
BDESVC                        BitLocker Drive Encryption Service                 False BitLocker Drive Encryption Service
BFE                           Base Filtering Engine                               True Base Filtering Engine
BITS                          Background Intelligent Transfer Service            False Background Intelligent Transfer Service
BluetoothUserService_51d2f    BluetoothUserService_51d2f                          True BluetoothUserService_51d2f
BrokerInfrastructure          Background Tasks Infrastructure Service            False Background Tasks Infrastructure Service
```

图15.9　使用Autosize 显示所有数据

4. Format-Table 的Wrap参数

Wrap 参数提供的显示功能与 Autosize 参数功能正好相反，Autosize 实现的是将所有的内容在一行内显示，而 Wrap 参数实现的是如果一行无法满足数据显示的要求，会自动换行为第二行，图 15.10 所示为 Wrap 参数应用示例。

```
Get-Service |ft name,displayname,canstop,displayname,canshutdown -Wrap
```

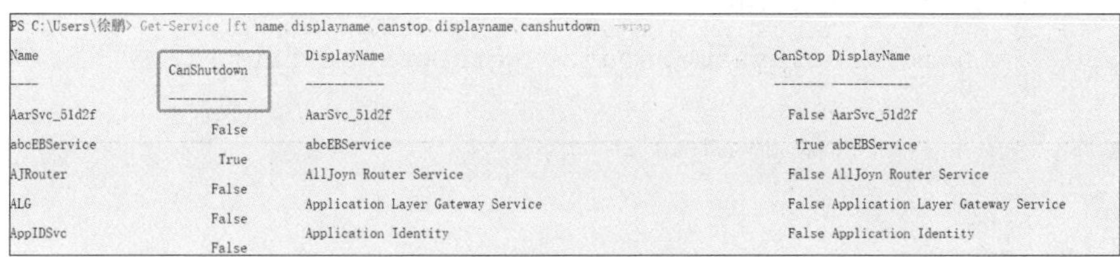
```
PS C:\Users\徐鹏> Get-Service |ft name,displayname,canstop,displayname,canshutdown -wrap

Name          CanShutdown     DisplayName                          CanStop DisplayName
----          -----------     -----------                          ------- -----------
AarSvc_51d2f                  AarSvc_51d2f                           False AarSvc_51d2f
                    False
abcEBService                  abcEBService                            True abcEBService
                     True
AJRouter                      AllJoyn Router Service                 False AllJoyn Router Service
                    False
ALG                           Application Layer Gateway Service      False Application Layer Gateway Service
                    False
AppIDSvc                      Application Identity                   False Application Identity
                    False
```

图15.10　Wrap 参数应用实际案例

在实际应用场景中 Wrap 参数使用的场景比较少，而且在可读性方面非常差。如非必要，不建议大家使用 Wrap 参数进行数据的自动换行。

5. Format-Table的RepeatHeader参数

RepeatHeader 参数用在多页显示的时候非常必要，如果输出的数据过长，数据按照页进行分割。如果希望数据输出的每一页都显示数据标题，让用户了解列所代表的含义，就使用 RepeatHeader 参数实现每页都显示数据。ReapeatHeader 参数通常与 More 联合起来使用：Get-Service |ft -Repeat-Header |more。图 15.11 所示为基于重复标题 RepeatHeader 参数的引用。

```
Running  cphs                Intel(R) Content Protection HECI Se...
Running  cplspcon            Intel(R) Content Protection HDCP Se...
Stopped  CredentialEnrol...  CredentialEnrollmentManagerUserSvc_...
Running  CryptSvc            Cryptographic Services
Stopped  CscService          Offline Files
Running  DcomLaunch          DCOM Server Process Launcher
Stopped  defragsvc           Optimize drives

Status   Name                DisplayName
------   ----                -----------
Stopped  DeviceAssociati...  DeviceAssociationBrokerSvc_51d2f
Running  DeviceAssociati...  Device Association Service
Stopped  DeviceInstall       Device Install Service
Stopped  DevicePickerUse...  DevicePickerUserSvc_51d2f
Stopped  DevicesFlowUser...  DevicesFlowUserSvc_51d2f
Stopped  DevQueryBroker      DevQuery Background Discovery Broker
Running  Dhcp                DHCP Client
```

图15.11　RepeatHeader参数的引用

6. Format-Table 的HideTableHeaders 参数

HideTableHeaders 就是在数据显示的时候，用来隐藏表格标题。通过 HideTableHeader 隐藏标题之后，输出的数据将不会显示标题，而只显示数据，图 15.12 所示为表格隐藏标题参数的使用方法。

```
Get-Service |ft name,displayname,canstop, canshutdown -HideTableHeaders
```

```
PS C:\Users\徐鹏> Get-Service |Format-Table name,displayname,canstop,canshutdown -HideTableHeaders

AarSvc_51d2f                  AarSvc_51d2f                              False    False
abcEBService                  abcEBService                              True     True
AJRouter                      AllJoyn Router Service                    False    False
ALG                           Application Layer Gateway Service         False    False
AppIDSvc                      Application Identity                      False    False
Appinfo                       Application Information                   True     False
AppMgmt                       Application Management                    False    False
AppReadiness                  App Readiness                             False    False
AppVClient                    Microsoft App-V Client                    False    False
AppXSvc                       AppX Deployment Service (AppXSVC)         False    False
ASLDRService                  ASLDR Service                             True     True
AssignedAccessManagerSvc      AssignedAccessManager 服务                False    False
ASUS Flip Service             ASUS Flip Service                         True     True
AudioEndpointBuilder          Windows Audio Endpoint Builder            True     False
Audiosrv                      Windows Audio                             True     False
autotimesvc                   手机网络时间                              False    False
AxInstSV                      ActiveX Installer (AxInstSV)              False    False
```

图15.12　使用HideTableHeader隐藏标题

7. Format-Table 的GroupBy 参数

在进行数据归类显示中，Format-Table 使用 GroupBy 关键字进行数据的归类。在实际应用场景中，如果使用错误的归类方式，或者归类的关键字没有按照顺序进行排序，归类出来的结果是错误的，图 15.13 所示为错误归类方式结果。

```
Get-service |ft name,displayname,status -groupby stataus
```

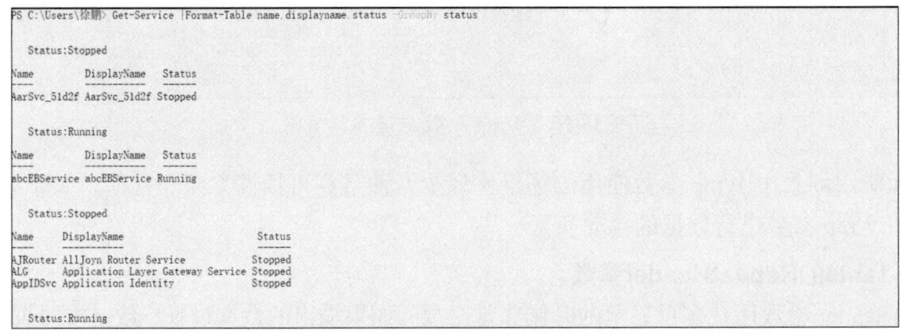

```
PS C:\Users\徐鹏> Get-Service |Format-Table name,displayname,status -GroupBy status

   Status:Stopped

Name         DisplayName  Status
----         -----------  ------
AarSvc_51d2f AarSvc_51d2f Stopped

   Status:Running

Name         DisplayName  Status
----         -----------  ------
abcEBService abcEBService Running

   Status:Stopped

Name      DisplayName                       Status
----      -----------                       ------
AJRouter  AllJoyn Router Service            Stopped
ALG       Application Layer Gateway Service Stopped
AppIDSvc  Application Identity              Stopped

   Status:Running
```

图15.13　错误分组结果

执行分组后会发现，结果与预想有比较大的出入，原因是默认的数据排序方式是按照 Name 进行排列，而以 Name 排列则意味着 Status 在默认排名下会出现运行和停止等不同的状态。这些状态将根据连续的数据来确定是否可以进行分组，如果第一个服务状态是启动状态，第二个状态为停止，这两者无法进行组合。但是如果第一个到第三个服务都为启动状态，则这三个服务可以组合在一起。

这里可以将 Status 为 Running 的全部组合在一起，Status 为 Stop 的全部组合在一起，可以通过排序的方式来实现状态相同的放在一起，再实现组合。图 15.14 所示为经过排序后正常的分组结果。

```
Get-service |Sort-Object -property status|ft name,displayname,status
-groupby stataus
```

```
PS C:\Users\徐鹏> Get-Service |Sort-Object -Property status| Format-Table name,displayname,status -GroupBy status

   Status:Stopped

Name                          DisplayName                                    Status
----                          -----------                                    ------
RetailDemo                    零售演示服务                                    Stopped
RemoteRegistry                Remote Registry                                Stopped
RemoteAccess                  Routing and Remote Access                      Stopped
ScDeviceEnum                  Smart Card Device Enumeration Service          Stopped
SCardSvr                      Smart Card                                     Stopped
RpcLocator                    Remote Procedure Call (RPC) Locator            Stopped
RasAuto                       Remote Access Auto Connection Manager          Stopped
PrintNotify                   Printer Extensions and Notifications           Stopped
PolicyAgent                   IPsec Policy Agent                             Stopped
PNRPsvc                       Peer Name Resolution Protocol                  Stopped
QWAVE                         Quality Windows Audio Video Experience         Stopped
PushToInstall                 Windows PushToInstall 服务                      Stopped
PrintWorkflowUserSvc_51d2f    PrintWorkflowUserSvc_51d2f                     Stopped
SmsRouter                     Microsoft Windows SMS 路由器服务。               Stopped
smphost                       Microsoft Storage Spaces SMP                   Stopped
shpamsvc                      Shared PC Account Manager                      Stopped
sppsvc                        Software Protection                            Stopped
```

图15.14　排序后得到的正常分组结果

8. Format-Table 自定义属性

如果希望在实际显示过程中不是直接显示属性，而是显示属性计算后的值。这时候就需要定义自定义的属性进行数据显示，自定义属性可以通过哈希表进行数据展示：@{name= “列名”；Expression={ 计算属性 };Width= 宽度 }。Format-Table 的自定义属性包含如下的字段显示。

- Name/Label：属性名称。
- Expression：表达式值。
- Width：显示数据的宽度。

通过实际的计算案例来分享下如何显示自定义属性，这里以 Get-Process 进程为例，获取 ProcessName 和运行时间两个不同的属性，图 15.15 所示为自定义属性的添加。

```
Get-Process |ft ProcessName,@{name=" 运行时间 ";Expression={(get-date)-$_.
starttime };width=100}
```

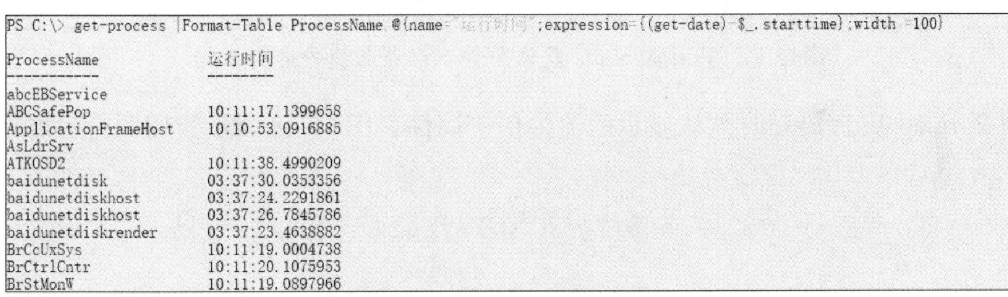

```
PS C:\> get-process |Format-Table ProcessName,@{name="运行时间";expression={(get-date)-$_.starttime};width =100}

ProcessName              运行时间
-----------              --------
abcEBService
ABCSafePop               10:11:17.1399658
ApplicationFrameHost     10:10:53.0916885
AsLdrSrv
ATKOSD2                  10:11:38.4990209
baidunetdisk             03:37:30.0353356
baidunetdiskhost         03:37:24.2291861
baidunetdiskhost         03:37:26.7845786
baidunetdiskrender       03:37:23.4638882
BrCcUxSys                10:11:19.0004738
BrCtrlCntr               10:11:20.1075953
BrStMonW                 10:11:19.0897966
```

图15.15　自定义属性添加

15.2.3　Format-Wide 以宽屏方式显示数据

Format-Wide 关键字基于主要属性进行显示，相比 Format-Table，它的功能主要是以宽屏方式显示关键数据，Format-Wide 包含如下可用参数。

- 空：不带参数的语句执行。
- Property：选择属性进行数据显示。
- Autosize：基于当前分辨率实现自动列宽。
- Column：定义进行显示的列的数量。
- GroupBy：按照数据进行分组。
- Expand：扩展属性。

1. 无参数调用

使用 Format-Wide 可以不带任何参数地显示数据，当然也仅仅是显示单一的数据内容。以获取本地服务名称为例，Format-Wide 将显示所有当前的服务名称，执行结果如图 15.16 所示。

```
Get-service |format-wide
```

```
PS C:\Users\徐鹏> Get-Service |Format-Wide

AarSvc_51d2f                          abcEBService
AJRouter                              ALG
AppIDSvc                              Appinfo
AppMgmt                               AppReadiness
AppVClient                            AppXSvc
ASLDRService                          AssignedAccessManagerSvc
ASUS Flip Service                     AudioEndpointBuilder
Audiosrv                              autotimesvc
AxInstSV                              BcastDVRUserService_51d2f
BDESVC                                BFE
BITS                                  BluetoothUserService_51d2f
```

图15.16　以Format-Wide方式显示服务状态

2. Property参数选择

使用 Format-Wide 不像使用 Format-List 和 Format-Table，在引用 Property 参数后只能引用一列作为数据显示列，使用多列数据作为 Property 参数进行显示，将会引发如图 15.17 所示的异常。

```
Get-Service |Format-Wide -Property status,name
```

```
PS C:\Users\徐鹏> Get-Service |Format-Wide -Property status,name
Format-Wide : 无法将 System.Object[] 转换为以下类型之一 {System.String, System.Management.Automation.ScriptBlock}。
所在位置 行:1 字符: 14
+ Get-Service |Format-Wide -Property status,name
+
    + CategoryInfo          : InvalidArgument: (:) [Format-Wide], NotSupportedException
    + FullyQualifiedErrorId : DictionaryKeyUnknownType,Microsoft.PowerShell.Commands.FormatWideCommand
```

图15.17　Format-Wide 默认条件下两条数据内容会报错

在使用 Format-Wide 语句时默认显示的值为单一属性，图 15.18 所示为按照特定属性显示的数据结果。

```
Get-Service |Format-Wide -Property displayName
```

```
PS C:\Users\徐鹏> Get-Service |Format-Wide -Property DisplayName

AarSvc_51d2f                                  abcEBService
AllJoyn Router Service                        Application Layer Gateway Service
Application Identity                          Application Information
Application Management                        App Readiness
Microsoft App-V Client                        AppX Deployment Service (AppXSVC)
ASLDR Service                                 AssignedAccessManager 服务
ASUS Flip Service                             Windows Audio Endpoint Builder
Windows Audio                                 手机网络时间
ActiveX Installer (AxInstSV)                  BcastDVRUserService_51d2f
BitLocker Drive Encryption Service            Base Filtering Engine
Background Intelligent Transfer Service       BluetoothUserService_51d2f
Background Tasks Infrastructure Service       BrYNSvc
蓝牙音频网关服务                              AVCTP 服务
蓝牙支持服务                                  功能访问管理器服务
CaptureService_51d2f                          cbdhsvc_51d2f
连接设备平台服务                              CDPUserSvc_51d2f
Certificate Propagation                       Microsoft Office 即点即用服务
Client License Service (ClipSVC)              容器管理器服务
COM+ System Application                       ConsentUxUserSvc_51d2f
CoreMessaging                                 Intel(R) Content Protection HECI Service
Intel(R) Content Protection HDCP Service      CredentialEnrollmentManagerUserSvc_51d2f
Cryptographic Services                        Offline Files
```

图15.18　按照特定属性显示数据结果

3. AutoSize参数

Autosize 参数通常用来进行自动列宽设定，如果在显示数据的时候数据的宽度超过当前显示的范围，使用 AutoSize 能够自动调整当前的显示结果与列宽相对应。我们先来看下没有自动调整列宽的结果：Get-Service |Format-Wide -Property displayName。在默认情况下将所有数据按照如图 15.19 所示的两列进行显示。

```
PS C:\Users\徐鹏> Get-Service |Format-Wide -Property DisplayName

AarSvc_51d2f                                   abcEBService
AllJoyn Router Service                         Application Layer Gateway Service
Application Identity                           Application Information
Application Management                         App Readiness
Microsoft App-V Client                         AppX Deployment Service (AppXSVC)
ASLDR Service                                  AssignedAccessManager 服务
ASUS Flip Service                              Windows Audio Endpoint Builder
Windows Audio                                  手机网络时间
ActiveX Installer (AxInstSV)                   BcastDVRUserService_51d2f
BitLocker Drive Encryption Service             Base Filtering Engine
Background Intelligent Transfer Service        BluetoothUserService_51d2f
Background Tasks Infrastructure Service        BrYNSvc
蓝牙音频网关服务                                AVCTP 服务
蓝牙支持服务                                    功能访问管理器服务
CaptureService_51d2f                           cbdhsvc_51d2f
连接设备平台服务                                CDPUserSvc_51d2f
Certificate Propagation                        Microsoft Office 即点即用服务
Client License Service (ClipSVC)               容器管理器服务
COM+ System Application                        ConsentUxUserSvc_51d2f
CoreMessaging                                  Intel(R) Content Protection HECI Service
Intel(R) Content Protection HDCP Service       CredentialEnrollmentManagerUserSvc_51d2f
```

图15.19　按照两列显示具体的数据

在 Format-Wide 跟上 Autosize 参数之后，我们发现一行能够容纳三列。三列就是基于 Autosize 自动计算出来的结果，图 15.20 所示为使用 Autosize 之后的数据显示结果。

```
Get-Service |Format-Wide -Property displayName -Autosize
```

```
PS C:\Users\徐鹏> Get-Service |Format-Wide -Property DisplayName -AutoSize

AarSvc_51d2f                               abcEBService                               AllJoyn Router Service
Application Layer Gateway Service          Application Identity                       Application Information
Application Management                     App Readiness                              Microsoft App-V Client
AppX Deployment Service (AppXSVC)          ASLDR Service                              AssignedAccessManager 服务
ASUS Flip Service                          Windows Audio Endpoint Builder             Windows Audio
手机网络时间                                ActiveX Installer (AxInstSV)               BcastDVRUserService_51d2f
BitLocker Drive Encryption Service         Base Filtering Engine                      Background Intelligent Transfer Service
BluetoothUserService_51d2f                 Background Tasks Infrastructure Service    BrYNSvc
蓝牙音频网关服务                            AVCTP 服务                                  蓝牙支持服务
功能访问管理器服务                          CaptureService_51d2f                       cbdhsvc_51d2f
连接设备平台服务                            CDPUserSvc_51d2f                           Certificate Propagation
Microsoft Office 即点即用服务               Client License Service (ClipSVC)           容器管理器服务
COM+ System Application                    ConsentUxUserSvc_51d2f                     CoreMessaging
Intel(R) Content Protection HECI Service   Intel(R) Content Protection HDCP Service   CredentialEnrollmentManagerUserSvc_51d2f
Cryptographic Services                     Offline Files                              DCOM Server Process Launcher
Optimize drives                            DeviceAssociationBrokerSvc_51d2f           Device Association Service
Device Install Service                     DevicePickerUserSvc_51d2f                  DevicesFlowUserSvc_51d2f
DevQuery Background Discovery Broker       DHCP Client                                Microsoft (R) 诊断中心标准收集器服务
```

图15.20　使用Autosize 后的数据显示结果

4. Column参数

Column 参数是 Format-Wide 的独有参数，使用 Column 参数可以设定使用 Format-Wide 进行数据显示的列数，Column 和 Autosize 处于互斥关系。如果使用了 Column，则不能使用 Autosize，使用了 Autosize，则不能再使用 Column 参数定义列数，图 15.21 所示为设定列宽为 5 的显示结果。

```
Get-service |Format-Wide Column 5
```

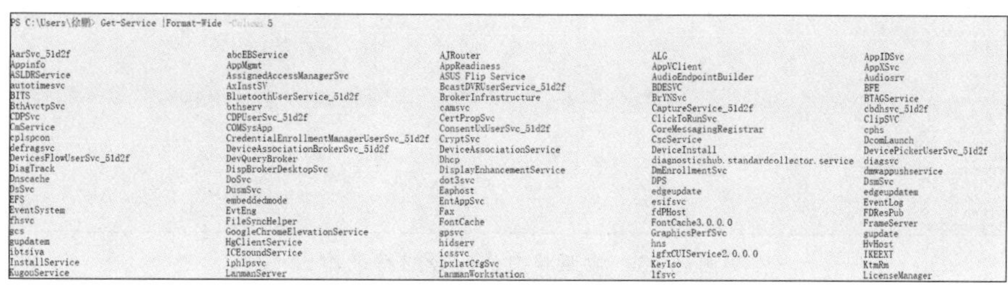

```
PS C:\Users\徐鹏> Get-Service |Format-Wide -Column 5

AarSvc_51d2f              abcEBService                              AJRouter                      ALG                                        AppIDSvc
Appinfo                   AppMgmt                                   AppReadiness                  AppVClient                                 AppXSvc
ASLDRService              AssignedAccessManagerSvc                  ASUS Flip Service             AudioEndpointBuilder                       Audiosrv
autotimesvc               AxInstSV                                  BcastDVRUserService_51d2f     BDESVC                                     BFE
BITS                      BluetoothUserService_51d2f                BrokerInfrastructure          BrYNSvc                                    BTAGService
BthAvctpSvc               bthserv                                   camsvc                        CaptureService_51d2f                       cbdhsvc_51d2f
CDPSvc                    CDPUserSvc_51d2f                          CertPropSvc                   ClickToRunSvc                              ClipSVC
CmService                 COMSysApp                                 ConsentUxUserSvc_51d2f        CoreMessagingRegistrar                     cphs
cplspcon                  CredentialEnrollmentManagerUserSvc_51d2f  CryptSvc                      CscService                                 DcomLaunch
defragsvc                 DeviceAssociationBrokerSvc_51d2f          DeviceAssociationService      DeviceInstall                              DevicePickerUserSvc_51d2f
DevicesFlowUserSvc_51d2f  DevQueryBroker                            Dhcp                          diagnosticshub.standardcollector.service   diagsvc
DiagTrack                 DispBrokerDesktopSvc                      DisplayEnhancementService     DmEnrollmentSvc                            dmwappushservice
Dnscache                  DoSvc                                     dot3svc                       DPS                                        DsmSvc
DsSvc                     DusmSvc                                   Eaphost                       edgeupdate                                 edgeupdatem
EFS                       embeddedmode                              EntAppSvc                     esifsvc                                    EventLog
EventSystem               EvtEng                                    Fax                           fdPHost                                    FDResPub
fhsvc                     FileSyncHelper                            FontCache                     FontCache3.0.0.0                           FrameServer
gcs                       GoogleChromeElevationService              gpsvc                         GraphicsPerfSvc                            gupdate
gupdatem                  HgClientService                           hidserv                       hns                                        HvHost
ibtsiva                   ICEsoundService                           icssvc                        igfxCUIService2.0.0.0                      IKEEXT
InstallService            iphlpsvc                                  IpxlatCfgSvc                  KeyIso                                     KtmRm
KugouService              LanmanServer                              LanmanWorkstation             lfsvc                                      LicenseManager
```

图15.21　设定列宽为5的显示结果

5. GroupBy参数

Format-Wide 的 GroupBy 参数和 Format-Table 参数功能相同，我们通过 GroupBy 可以将属性相同的值组合在一起，但是它存在的情况和 Format-List 相同。我们必须首先基于特定规则进行排序，才能实现正确的组合，如果不进行排序，则结果会与我们想象的截然不同。执行下面的 PowerShell 代码后得到如图 15.22 所示的执行结果，为什么会这样呢？

```
Get-Service | Format-Wide -GroupBy status
```

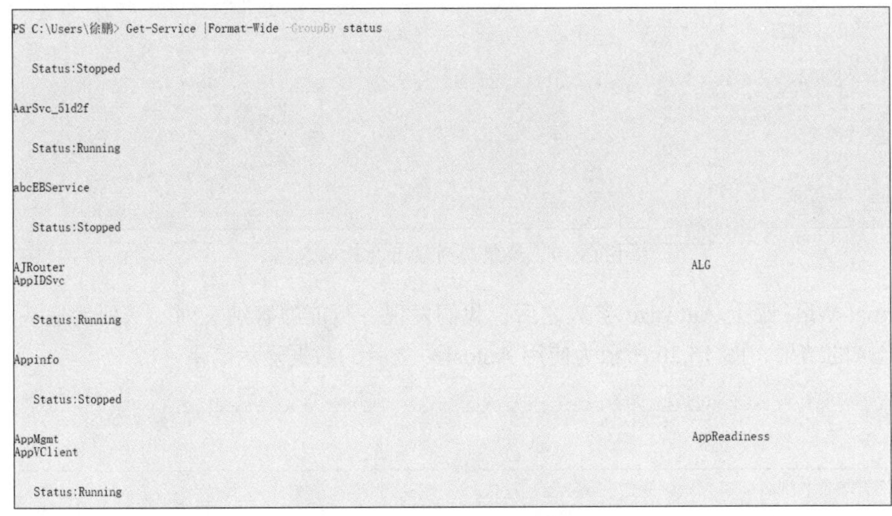
PS C:\Users\徐鹏> Get-Service |Format-Wide -GroupBy status

Status:Stopped

AarSvc_51d2f

Status:Running

abcEBService

Status:Stopped

AJRouter ALG
AppIDSvc

Status:Running

Appinfo

Status:Stopped

AppMgmt AppReadiness
AppVClient

Status:Running

图15.22　未排序之前的分组结果

产生这个问题的原因也是非常明显的，当进行组合的数据没有按照相应的顺序进行排序，它会默认按照我们的第一列数据进行排序，这时组合的数据就按照相近的值是否相同进行组合，如果相同就组合在一起，不相同就分成两个组合项进行组合。

解决这个问题的方法依然是先进行数据的排序，然后按照相应的组合规则进行数据的组合。下面的命令能够实现数据按照 Status 分组，图 15.23 所示为分组后的结果输出。

```
Get-Service |sort-object -Property status| Format-Wide -GroupBy status
```

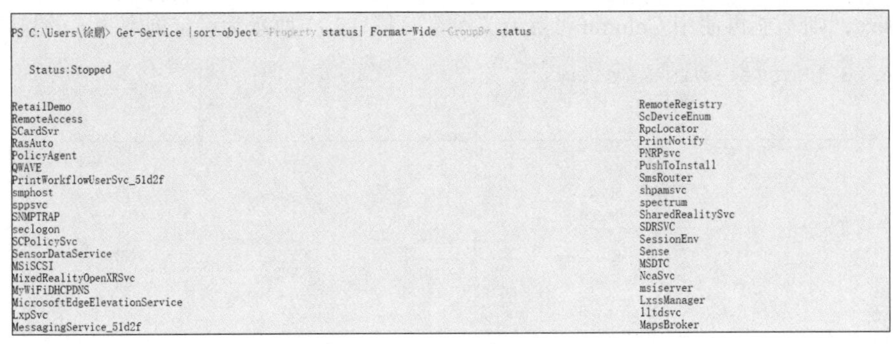
PS C:\Users\徐鹏> Get-Service |sort-object -Property status| Format-Wide -GroupBy status

Status:Stopped

RetailDemo RemoteRegistry
RemoteAccess ScDeviceEnum
SCardSvr RpcLocator
RasAuto PrintNotify
PolicyAgent PNRPsvc
QWAVE PushToInstall
PrintWorkflowUserSvc_51d2f SmsRouter
smphost shpamsvc
sppsvc spectrum
SNMPTRAP SharedRealitySvc
seclogon SDRSVC
SCPolicySvc SessionEnv
SensorDataService Sense
MSiSCSI MSDTC
MixedRealityOpenXRSvc NcaSvc
MyWiFiDHCPDNS msiserver
MicrosoftEdgeElevationService LxssManager
LxpSvc lltdsvc
MessagingService_51d2f MapsBroker

图15.23　按照状态进行分组结果输出

15.3 PowerShell数据的多向输出

在上面的章节中我们和大家分享了当前数据输出过程中的单一输出，但是在实际应用场景中我们可能存在需要输出到多个不同地方的情况，在 PowerShell 可以实现吗？答案当然也是肯定的，在 PowerShell 中多向输出命令 Tee-Object 能够帮助我们很好地解决这个问题。Tee-Object 能够将数据重定向到两个不同的目标，如果希望将数据保存到文件的同时输出到屏幕中，用 Tee-Object 如何实现呢？

```
Get-Process | Tee-object -filepath c:\log\Process.txt
```

执行完成脚本命令之后，PowerShell 控制台中显示了数据结果，同时在“C:\log\” 目录下存在新建的 Process.txt 文件，文件的内容和 PowerShell 控制台的结果如图 15.24 所示，可以发现多向输出结果完全一样。

```
PS C:\Users\徐鹏> Get-Process | Tee-object -filepath c:\log\Process.txt

Handles  NPM(K)    PM(K)      WS(K)     CPU(s)     Id  SI ProcessName
-------  ------    -----      -----     ------     --  -- -----------
    138      12     1860       7424               5176   0 abcEBService
    239      15     2360      13636       0.31   16492   1 ABCSafePop
    543      40   279492     188680   1,066.55    1648   1 APlayer
    352      21    11160      31104       0.97    4192   1 ApplicationFrameHost
    133      10     1480       5672               4648   0 AsLdrSrv
    158      12     1772       8056       0.11    9232   1 ATKOSD2
```

图15.24　PowerShell的多向输出结果一样

当然，我们也可以将数据保存在变量中，并且选择相应的属性输出到当前屏幕中。依然是以 Get-Process 为例，这里显示到屏幕的同时将进程结果也保存在 $Proc 变量当中。图 15.25 所示为多向输出操作案例。

```
Get-Process |Tee-object -variable Proc |Format-table processname
```

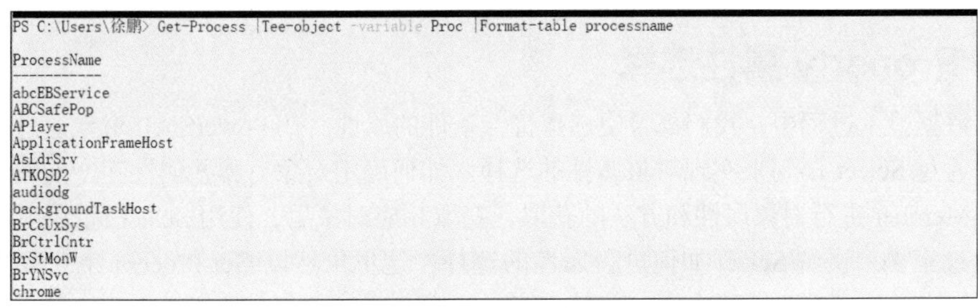

```
PS C:\Users\徐鹏> Get-Process |Tee-object -variable Proc |Format-table processname

ProcessName
-----------
abcEBService
ABCSafePop
APlayer
ApplicationFrameHost
AsLdrSrv
ATKOSD2
audiodg
backgroundTaskHost
BrCcUxSys
BrCtrlCntr
BrStMonW
BrYNSvc
chrome
```

图15.25　数据内容的多向输出

但是在使用 Tee-Object 输出的结果中，我们将 Get-Process 的结果输出到了变量，同时输出 PowerShell 交互环境。利用 Format-Table 输出显示列名的同时也保存在 $Proc 变量中，图 15.26 所示为变量输出的结果。

```
PS C:\Users\徐鹏> $proc

Handles  NPM(K)    PM(K)      WS(K)     CPU(s)     Id  SI ProcessName
-------  ------    -----      -----     ------     --  -- -----------
    138      12     1860       7424               5176   0 abcEBService
    239      15     2360      13636       0.31  16492   1 ABCSafePop
    542      40   277416     211408   1,112.80   1648   1 APlayer
    352      21    11160      31104       0.97   4192   1 ApplicationFrameHost
    133      10     1480       5672               4648   0 AsLdrSrv
    158      12     1772       8060       0.11   9232   1 ATKOSD2
    943      16    94516     101224     890.56   5400   0 audiodg
    362      34    20444      45988               3068   1 backgroundTaskHost
    173      13     1732       8948       0.09  15464   1 BrCcUxSys
    213      13     1980       9380       0.41  14288   1 BrCtrlCntr
    258      16     6560      18916       4.56  16072   1 BrStMonW
```

图15.26 $Proc 变量输出结果

有些朋友对这条命令的实际使用场景会有些疑问，它到底可以应用在什么样的场景下呢？这里使用 Tee-Object 命令实现数据的两个文件输出，大家可以自己执行下看看两个文件有什么差别。

```
Get-ChildItem -Path D: -File -System -Recurse |Tee-Object -FilePath "c:\
log\allfile.txt" -Append |  Out-File c:\log\newFile.txt
```

执行完成这个命令后，获取的文件列表将通过 Tee-object 命令保存到“c:\log\allfile.txt”中，文件将使用追加方式保存在文件中，当前文件列表将保存在“c:\log\newFile.txt”中。

15.4 PowerShell数据Select选择输出

Select 语句全称为 Select-Object，在实际的应用场景中，Select 可以说是使用场景最为广泛的语句了，在大部分情况下，Select 与管道符一起执行来实现需要的数据和属性，从而进行数据获取。在使用 Select 语句过程中有非常多的不同的参数可以供命令选择，常用的参数如下。

- Property：用来选择相应的属性，参数默认可以省略。
- Unique：用来选择基于某一属性的唯一值。
- First：数据的前面行，行数自己定义。
- Last：数据最后行数，行数也是自己定义。
- ExpandProperty：将属性进行展开，如果属性内容是哈希表，则可以使用这个命令展开。

15.4.1 Property 属性选择

在进行数据显示过程中，我们都希望选择符合条件的属性。在 PowerShell 对象通过管道符传入之后，可以通过 Select 语句来实现对象属性的选择。如何确定对象有哪些属性呢？前面和大家分享过使用 Get-Member 进行对象属性和方法的获取，获取相应对象后，使用 Select 选择相应的属性。

下面通过案例，讲解 Select 如何进行属性的选择，这里依然以 Get-Process 来获取当前系统中的进程，通过 Get-Member 获取 Process 对象所拥有的属性值。图 15.27 所示为相应的对象所拥有的属性和方法。

```
Get-process |get-member
```

```
Modules                       Property   System.Diagnostics.ProcessModuleCollection Modules {get;}
NonpagedSystemMemorySize      Property   int NonpagedSystemMemorySize {get;}
NonpagedSystemMemorySize64    Property   long NonpagedSystemMemorySize64 {get;}
PagedMemorySize               Property   int PagedMemorySize {get;}
PagedMemorySize64             Property   long PagedMemorySize64 {get;}
PagedSystemMemorySize         Property   int PagedSystemMemorySize {get;}
PagedSystemMemorySize64       Property   long PagedSystemMemorySize64 {get;}
PeakPagedMemorySize           Property   int PeakPagedMemorySize {get;}
PeakPagedMemorySize64         Property   long PeakPagedMemorySize64 {get;}
PeakVirtualMemorySize         Property   int PeakVirtualMemorySize {get;}
PeakVirtualMemorySize64       Property   long PeakVirtualMemorySize64 {get;}
PeakWorkingSet                Property   int PeakWorkingSet {get;}
PeakWorkingSet64              Property   long PeakWorkingSet64 {get;}
PriorityBoostEnabled          Property   bool PriorityBoostEnabled {get;set;}
```

图15.27 获取进程对象拥有的属性和方法

通过 Select 选择部分属性进行属性输出，图 15.28 所示为获取对象的相应属性操作。

```
Get-Process| select -Property ProcessName,Description,ws,Threads
```

```
PS C:\Users\徐鹏> Get-Process |select -Property ProcessName,Description,ws,Threads

ProcessName             Description                          WS Threads
-----------             -----------                          -- -------
abcEBService                                            7602176 {5180, 5800, 5...
ABCSafePop              ABC SafePop                    13983744 {16496, 16520}
APlayer                 迅雷影音                        175968256 {5476, 11500, ...
ApplicationFrameHost    Application Frame Host         31850496 {4188, 4616}
AsLdrSrv                                                5808128 {4652, 4904, 4...
ATKOSD2                                                 8253440 {9236, 9540}
audiodg                                                24330240 {4756, 15288, ...
BrCcUxSys               ControlCenter UX System         9162752 {15468}
BrCtrlCntr              ControlCenter Main Process      9605120 {14304, 16312}
BrStMonW                Status Monitor Application     20307968 {16076, 17060,...
BrYNSvc                                                12324864 {16380, 14880,...
chrome                  Google Chrome                 148230144 {10000, 16188,...
chrome                  Google Chrome                   8110080 {4504, 17236, ...
```

图15.28 获取对象的属性操作

Get-Process 将当前系统进程对象传递到管道符右边进行数据再处理，而 Select 语句通过 Property 参数进行属性选择，默认情况下 Property 关键字可以忽略：Get-Process| select ProcessName,Description, ws,Threads。在使用管道符进行数据获取和传递过程中不会改变对象的类型，使用了 Select 语句之后同样不会改变对象的类型，如图 15.29 所示。

```
Get-Process |select -Property ProcessName,Description,ws,Threads |Get-Member
```

```
PS C:\Users\徐鹏> Get-Process |select -Property ProcessName,Description,ws,Threads |Get-Member

   TypeName:Selected.System.Diagnostics.Process

Name        MemberType   Definition
----        ----------   ----------
Equals      Method       bool Equals(System.Object obj)
GetHashCode Method       int GetHashCode()
GetType     Method       type GetType()
ToString    Method       string ToString()
Description NoteProperty object Description=null
ProcessName NoteProperty string ProcessName=abcEBService
Threads     NoteProperty ProcessThreadCollection Threads=System.Diagnostics.ProcessThreadCollection
WS          NoteProperty long WS=7602176
```

图15.29 Select 不会改变对象类型

15.4.2 自定义属性定义

在很多的业务场景下需要的不是静态属性，而是希望基于当前的值进行再计算的属性。以获取磁盘大小为例，执行下面的脚本，得出如图 15.30 所示的磁盘大小，会以字节来进行衡量。

```
Get-CimInstance -Class Win32_LogicalDisk | Select-Object -Property Name ,FreeSpace
```

```
PS C:\Users\徐鹏> Get-CimInstance -Class Win32_LogicalDisk | Select-Object -Property Name,FreeSpace

Name     FreeSpace
----     ---------
C:    103453831168
D:     12663115776
E:     14121123840
F:    511307599872
```

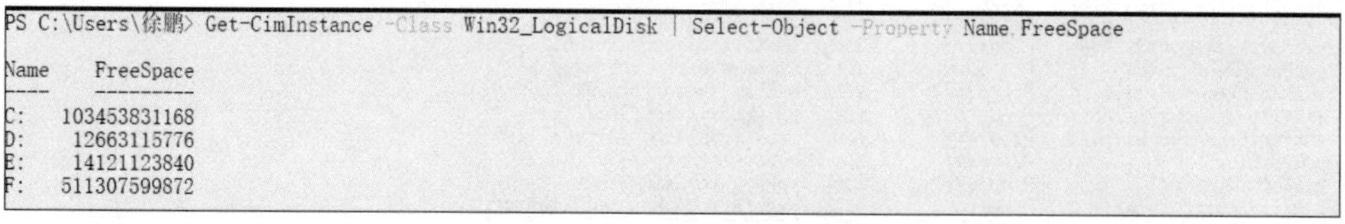

图15.30　获取磁盘空间大小

大家一眼看过去能够判断出当前的磁盘大小吗？这是一个典型的计算属性的场景，上面的属性稍微修改下就可以变得如图 15.31 一样直观。

```
Get-CimInstance -Class Win32_LogicalDisk |Select-Object -Property  Name,
@{label="FreeSpace(GB) "; expression={($_.FreeSpace/1GB).ToString
('F2')} }
```

```
PS C:\Users\徐鹏> Get-CimInstance -Class Win32_LogicalDisk |Select-Object -Property  Name,@{label="FreeSpace (GB) ";expr
ession={($_.FreeSpace/1GB).ToString('F2')}}

Name FreeSpace (GB)
---- --------------
C:   96.35
D:   11.79
E:   13.15
F:   476.19
```

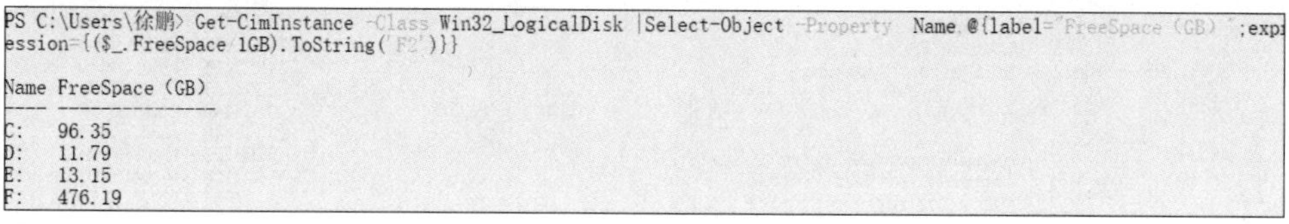

图15.31　自定义属性选择

15.4.3　唯一值选择

PowerShell 中 Select-Object 支持唯一值选择，这里使用 Unique 参数。唯一值选取使用 Unique 的列名不同结果也会大有不同。这里以获取当前进程为例，获取如图 15.32 所示的唯一进程名称。

```
Get-Process |select processname -unique
```

```
PS C:\Users\徐鹏> Get-Process |select ProcessName -Unique

ProcessName
-----------
abcEBService
ABCSafePop
APlayer
ApplicationFrameHost
AsLdrSrv
ATKOSD2
audiodg
BrCcUxSys
BrCtrlCntr
BrStMonW
BrYNSvc
chrome
ChsIME
ColorPicker
```

图15.32　唯一进程名称

Unique 唯一值是以列名作为评估选项，选择多列的时候会发现进程多了很多。原因是这时 Unique 针对的不再是单一属性，而是两个属性的唯一值，只有当这两个属性完全相同，才会作为唯一的对象对待，图 15.33 所示为多属性唯一值获取。

```
ProcessName           Id
-----------           --
abcEBService        5176
ABCSafePop         16492
APlayer             1648
ApplicationFrameHost 4192
AsLdrSrv            4648
ATKOSD2             9232
audiodg             5400
backgroundTaskHost 13444
BrCcUxSys          15464
BrCtrlCntr         14288
BrStMonW           16072
BrYNSvc            16376
chrome                92
chrome               428
chrome               852
chrome              1556
chrome              2296
chrome              2352
chrome              3052
chrome              3880
chrome              4104
chrome              4164
chrome              5572
chrome              8776
chrome              9844
chrome             10524
chrome             10756
chrome             12004
chrome             12704
chrome             14212
chrome             15596
```

图15.33　多属性唯一值获取

15.4.4　前置数据选择

在数据处理过程中有一类常用的数据处理情况，就是选择排名前几名的数据，这个场景可以使用 Select-Object Cmdlet 来支持。例如，我们了解下目前占用内存资源比较高的应用或者占用 CPU 资源比较高的应用，将其中排名前十位的找出并且输出，这样的应用场景相信是非常常用的。

如何才能实现这样的需求呢？使用 Select 结合 First 关键字，就能实现这个需求。我们通过 Get-Process 结合 Select 的 First 关键字查询出使用 CPU 资源前五位的进程名称和 ID。但需要注意的是，如果想获取 CPU 使用率前五位的应用，需要完成基于 CPU 使用率的排序，否则就会出现如图 15.34 所示的结果。

```
Get-process |select name,cpu -first 5
```

```
PS C:\Users\徐鹏> Get-process |select name,cpu -first 5

Name                 CPU
----                 ---
abcEBService
ABCSafePop           0.4375
APlayer              1784.203125
ApplicationFrameHost 0.984375
AsLdrSrv
```

图15.34　没有排序之前获取错误的前五位数据

如果希望按照 CPU 使用率进行排名选择前五位，则首先必须按照 CPU 使用率排名。正确的执行语句如下，图 15.35 所示为命令执行结果。

```
Get-process |sort-object cpu -descending |select name,cpu -first 5
```

```
PS C:\Users\徐鹏> get-process |sort-object cpu -Descending |select name,cpu -first 5

Name             CPU
----             ---
Xmp       2382.859375
APlayer          1800
audiodg   1415.09375
WINWORD   1067.21875
explorer  688.578125
```

图15.35　排序后获取正确的CPU使用率结果

15.4.5　后置数据选择

后置数据与前置数据相反，它获取的是数据中的最后部分，通过 Select 和 Last 结合实现后置数据的选择。如果希望获取最后几位是 CPU 使用率偏高的五个应用，执行如下的 PowerShell 命令可以完成这个任务。图 15.36 所示为获取较高的 CPU 使用率的应用，默认条件下排序采用的升序进行排序。

```
Get-process |sort-object cpu |select name,cpu -last 5
```

```
PS C:\Users\徐鹏> get-process |sort-object cpu  |select name,cpu -Last 5

Name             CPU
----             ---
explorer  701.859375
WINWORD   1103.34375
audiodg   1447.40625
APlayer  1843.734375
Xmp       2419.53125
```

图15.36　按照升序获取较高CPU使用率应用

15.4.6　属性扩展

属性扩展针对属性中是数组或哈希表类型进行扩展，在使用 Format-List 和 Format-Table 展开时都不会展开相应的数据，使用 Select 语句支持直接属性展开。

这里我们使用 Select 语句和 ExpandProperty 参数进行服务依赖的展开，展开属性通常应用于单一服务名称的服务展开。展开后的结果如图 15.37 所示，可以获取当前的 Appinfo 的服务类型。

```
Get-Service -Name  Appinfo |select -ExpandProperty  ServiceType
```

```
PS C:\Users\徐鹏> Get-Service -Name  Appinfo |select -ExpandProperty  ServiceType
Win32OwnProcess, Win32ShareProcess
```

图15.37　获取Appinfo的服务类型

15.5　PowerShell实现数据排序

在前面数据的前置数据选择和后置数据选择中，数据排序都是一个非常重要的功能。在 PowerShell 中进行数据排序的命令为 Sort-Object，Sort-Object 在实际应用场景下都是利用管道符传递过来的数据集进行再排序。在使用 Sort-Object 进行排序过程中，会发现应用的参数不是太多，下面列出了常用的参数。

- CaseSenstive：排序过程中是否大小写敏感，针对字符串排序生效。
- Culture：使用排序的文化规则，在多语言版本中选择生效。
- Descending：数据通过降序排序。
- Property：进行排序选择的属性。
- Unique：选择唯一值进行排序。

在进行排序过程中，Property 是一个必选项，也就是在进行排序过程中必选的一个参数，在默认排序规则下是基于选择属性的升序进行排序。

15.5.1　PowerShell Sort-Object Property 参数

在进行排序过程中不能基于方法排序，只能基于属性排序。这里通过 Get-Member 获取当前对象的属性：Get-Process | Get-Member。图 15.38 所示为获取所有可以用来进行排序的属性值。

```
__NounName                  NoteProperty   string __NounName=Process
BasePriority                Property       int BasePriority {get;}
Container                   Property       System.ComponentModel.IContainer Container {get;}
EnableRaisingEvents         Property       bool EnableRaisingEvents {get;set;}
ExitCode                    Property       int ExitCode {get;}
ExitTime                    Property       datetime ExitTime {get;}
Handle                      Property       System.IntPtr Handle {get;}
HandleCount                 Property       int HandleCount {get;}
HasExited                   Property       bool HasExited {get;}
Id                          Property       int Id {get;}
MachineName                 Property       string MachineName {get;}
MainModule                  Property       System.Diagnostics.ProcessModule MainModule {get;}
MainWindowHandle            Property       System.IntPtr MainWindowHandle {get;}
MainWindowTitle             Property       string MainWindowTitle {get;}
MaxWorkingSet               Property       System.IntPtr MaxWorkingSet {get;set;}
MinWorkingSet               Property       System.IntPtr MinWorkingSet {get;set;}
Modules                     Property       System.Diagnostics.ProcessModuleCollection Modules {get;}
NonpagedSystemMemorySize    Property       int NonpagedSystemMemorySize {get;}
NonpagedSystemMemorySize64  Property       long NonpagedSystemMemorySize64 {get;}
PagedMemorySize             Property       int PagedMemorySize {get;}
PagedMemorySize64           Property       long PagedMemorySize64 {get;}
PagedSystemMemorySize       Property       int PagedSystemMemorySize {get;}
PagedSystemMemorySize64     Property       long PagedSystemMemorySize64 {get;}
PeakPagedMemorySize         Property       int PeakPagedMemorySize {get;}
PeakPagedMemorySize64       Property       long PeakPagedMemorySize64 {get;}
```

图15.38　所有可以进行排序的属性值

可以根据需要选择相应的属性进行排序，默认情况下所有的排序都是升序，这里按照 CPU 使用率进行排序：Get-Process |Sort-Object -Property cpu。图 15.39 所示为按照 CPU 升序进行排序结果。

```
PS C:\Users\徐鹏> Get-Process |Sort-Object -Property cpu

Handles  NPM(K)    PM(K)      WS(K)     CPU(s)     Id  SI ProcessName
-------  ------    -----      -----     ------     --  -- -----------
    270      10     2660       8468              2992   0 svchost
    183       9     7020      14704              2980   0 svchost
    212      13     2984      10288              2916   0 svchost
    237       7     1312       4644              3188   0 svchost
    225      15     3048      12284              3124   0 svchost
    408      17     6388      13324              3020   0 svchost
    412      17     4952      11056              2812   0 svchost
    178      13     1912       6584              2668   0 svchost
    242      13     4332      12380              2536   0 svchost
    197      11     2140       6688              2328   0 svchost
    212      11     2952       8044              2788   0 svchost
    453      15     8356      17420              2764   0 svchost
    122       8     1488       5616              2744   0 svchost
```

图15.39　按照CPU使用率升序排序

排序过程中也可以使用多个排序规则，也就是可以通过多个排序列进行数据排序，下面的案例定义了两个排序列，一个是 CPU 使用率，一个是工作集大小，都是采用默认的升序规则进行排序。在这个案例中，优先会按照 CPU 使用率进行升序排序，CPU 使用率使用相同，再按照 WS 工作集合升序排序，如图 15.40 所示。

```
PS C:\Users\徐鹏> Get-Process |Sort-Object -Property cpu,ws

Handles  NPM(K)    PM(K)      WS(K)     CPU(s)     Id  SI ProcessName
-------  ------    -----      -----     ------     --  -- -----------
      0    5664   778160          8             14592   0 vmmem
      0       0       60          8                 0   0 Idle
   4951       0      200        136                 4   0 System
    154       9     1664        640             12076   0 GoogleCrashHandler64
     53       3     1072       1168               476   0 smss
    171      10     1620       1464             11424   0 GoogleCrashHandler
     44       6     1184       3296               932   0 LsaIso
    803      28     1804       3740               748   0 csrss
     80       7      912       4124              5476   0 DBSer_ABC
```

图15.40　按照CPU和WS的排序规则进行排序

15.5.2 PowerShell Sort-Object Unique 参数

通常在排序过程中可能会存在重复数据，这些重复数据会影响到全局排序。在类似的场景下，我们需要使用唯一值参数来获取当前数据中的顺序。图 15.41 所示为按照 ProcessName 名称进行唯一值排序。

```
Get-Process |sort-object -property processname -unique
```

```
PS C:\Users\徐鹏> Get-Process |sort-object -property processname -unique

Handles  NPM(K)    PM(K)      WS(K)     CPU(s)     Id  SI ProcessName
-------  ------    -----      -----     ------     --  -- -----------
    138      12     1860       7228               5140   0 abcEBService
    218      14     2068      11208       0.11  14800   1 ABCSafePop
    526      39   276812     181452     312.20  12620   1 APlayer
    347      21    11728      26936       0.80  10812   1 ApplicationFrameHost
    133      10     1500       5588               4544   0 AsLdrSrv
    158      12     1780       7796       0.13   8716   1 ATKOSD2
    708      16    95104      22080     236.78  16972   0 audiodg
    173      13     1752       8104       0.09  14276   1 BrCcUxSys
```

图15.41　按照进程名称进行唯一值排序

在当前排序规则下，进程名称将以唯一值显示在当前进程中。如果我们使用多个属性进行唯一值排序的过程，结果是这两个值绑定在一起的唯一值才是唯一值，这一点需要特别注意。图 15.42 所示为按照唯一值排序后的结果，这里会发现只有 ProcessName 和 WS 两个都是唯一值的情况下才会认为是唯一值。

```
PS C:\Users\徐鹏> Get-Process |sort-object -property processname,ws -unique

Handles  NPM(K)    PM(K)      WS(K)     CPU(s)     Id  SI ProcessName
-------  ------    -----      -----     ------     --  -- -----------
    138      12     1860       7228               5140   0 abcEBService
    218      14     2068      11208       0.11  14800   1 ABCSafePop
    530      39   281676     187848     345.70  12620   1 APlayer
    347      21    11728      26936       0.80  10812   1 ApplicationFrameHost
    133      10     1500       5588               4544   0 AsLdrSrv
    158      12     1780       7796       0.13   8716   1 ATKOSD2
    721      16    94920      22516     275.30  16972   0 audiodg
    173      13     1752       8104       0.09  14276   1 BrCcUxSys
    213      13     1984       8188       0.31  14908   1 BrCtrlCntr
    236      16     4076      14256       1.67  13812   1 BrStMonW
    244      15     3948      11160               6260   0 BrYNSvc
    320       9     1836       6548       0.13  15432   1 chrome
    282      16     6928      17892       1.78   6816   1 chrome
    204      14    11472      23248       0.13   7224   1 chrome
    230      13    17020      25464       5.22  15992   1 chrome
    226      15    14272      34128       0.20  16676   1 chrome
    216      15    15600      36216       0.27   2652   1 chrome
```

图15.42　按照进程名称和WS进行唯一值筛选

15.5.3 PowerShell Sort-Object Descending 参数

Sort-Object 在默认情况下提供了相关属性的升序排列，如果希望在 PowerShell 中提供降序排列，则需要使用 Descending 参数来实现基于属性排列的降序排列，Descending 属于 Switch 参数，只需在进行排序过程中使用，即可实现如图 15.43 所示的降序排列。

```
Get-process |sort-object -property ws -descending
```

```
PS C:\Users\徐鹏> Get-Process |sort-object -property ws -Descending

Handles  NPM(K)    PM(K)      WS(K)     CPU(s)     Id  SI ProcessName
-------  ------    -----      -----     ------     --  -- -----------
   1815      62   645360     655736     344.52  16020   1 chrome
   2419      76   231556     338440     358.06   5856   1 WINWORD
   3220      89   193784     293068     409.77  13116   1 chrome
    550      53   189960     245480     548.05  14988   1 chrome
    834      84   264708     242896              5712   0 MsMpEng
   3542     409   108848     196096     178.11   8344   1 explorer
   1554      48   148808     190128              1412   1 dwm
   1460      89   115252     188964       7.53  10568   1 SearchApp
    530      39   281596     187840     347.89  12620   1 APlayer
    936      25   100408     161176      50.28   4600   1 chrome
   1073      26   129900     153460      52.27  10804   1 chrome
    325      26   111552     147360      66.16   1964   1 chrome
    713      36   125176     145108       8.38   1864   1 powershell
    873      48    88640     136272      20.77    852   1 chrome
    886      49    90412     135520      55.14  14664   1 chrome
```

图15.43　按照WS工作集降序排列

15.6 PowerShell 数据统计功能

数据的描述性统计是在进行数据分析中非常常用的功能，目前基本上所有的工具都支持描述性统计功能。当然支持描述性统计的数据只能是数值类型，而如果数据本身不是数值，而是字符串及其他的类型，在这种情况下只支持 Count 计数功能。PowerShell 中提供数据统计功能的命令是 Measure-Object，使用 Measure-Object 可以实现描述性统计功能，图 15.44 所示为描述性统计功能。

```
$a=@(1,2,3,4,5,6,7,8)
$a|measure-object -sum -average -count -maximum -minimum
```

```
PS C:\Users\徐鹏> $a=@(1,2,3,4,5,6,7,8)
PS C:\Users\徐鹏> $a|measure-object -sum -average  -maximum -minimum


Count    : 8
Average  : 4.5
Sum      : 36
Maximum  : 8
Minimum  : 1
Property :
```

图15.44　描述性统计功能

这时也会有朋友有疑问，如果我们的数据不是数值类型，而是字符串类型，我们可以进行数据的计算吗？答案是除了计数之外，其他的运算均不能得出相应的结果。这里以 Get-Process 为例，通过 Measure-Object 计算的结果除了 Count 之外无法得到其他的属性，图 15.45 所示为非数值型数据的计数统计功能。

```
Get-Process |measure-object
```

```
PS C:\Users\徐鹏> Get-Process |measure

Count    : 242
Average  :
Sum      :
Maximum  :
Minimum  :
Property :
```

图15.45　非数值型数据的统计功能

15.7 PowerShell数据分组功能

在 PowerShell 中还有一种应用场景就是进行对象的分组。前面给大家分享了 Select 的 Group 参数的功能，在 Select 的 Group 下，所有数据均根据属性进行了分组。进行数据分组还有一类需求，就是基于分组求和或分组计数功能，这也是在进行数据统计中进行数据统计的常用功能。PowerShell 中进行数据分组统计的命令是 Group-Object，Group-Object 包含如下的参数。

- Property：分组统计的属性。
- ASString：将哈希表转换成字符串。
- AsHashtable：以哈希表方式进行数据显示。
- CaseSensitive：大小写进行数据区分。

15.7.1 PowerShell 分组功能参数 Property

Group-Object 进行对象分组需要通过属性 Property 参数来实现，在 Property 属性中添加分组的属性会按照属性进行分组。这里以进程为例，当前系统中有非常多的进程，而单一程序也存在多进程可能性。现在希望统计单一程序的进程数量，就可以使用分组参数来完成。图 15.46 所示为进程分组后的结果。

```
Get-Process |Group-Object -property processname
```

```
PS C:\Users\徐鹏> Get-Process |Group-Object -Property ProcessName

Count Name                      Group
----- ----                      -----
    1 abcEBService              {System.Diagnostics.Process (abcEBService)}
    1 ABCSafePop                {System.Diagnostics.Process (ABCSafePop)}
    1 APlayer                   {System.Diagnostics.Process (APlayer)}
    1 ApplicationFrameHost      {System.Diagnostics.Process (ApplicationFrameHost)}
    1 AsLdrSrv                  {System.Diagnostics.Process (AsLdrSrv)}
    1 ATKOSD2                   {System.Diagnostics.Process (ATKOSD2)}
    1 audiodg                   {System.Diagnostics.Process (audiodg)}
    1 BrCcUxSys                 {System.Diagnostics.Process (BrCcUxSys)}
    1 BrCtrlCntr                {System.Diagnostics.Process (BrCtrlCntr)}
    1 BrStMonW                  {System.Diagnostics.Process (BrStMonW)}
    1 BrYNSvc                   {System.Diagnostics.Process (BrYNSvc)}
   28 chrome                    {System.Diagnostics.Process (chrome), System.Diagnostics.Process (chrome), System.Di...
    1 ChsIME                    {System.Diagnostics.Process (ChsIME)}
    1 ColorPicker               {System.Diagnostics.Process (ColorPicker)}
    1 CompPkgSrv                {System.Diagnostics.Process (CompPkgSrv)}
    2 conhost                   {System.Diagnostics.Process (conhost), System.Diagnostics.Process (conhost)}
    2 csrss                     {System.Diagnostics.Process (csrss), System.Diagnostics.Process (csrss)}
```

图15.46　进程分组后的结果

使用 Group-Object 可以进行的数据分组有三列。

- 第一列是进行数据统计后计数，也就是有多少相同的进程。
- 第二列是分组的列的属性名称。
- 第三列是属性后的分组。

分组功能还可以做一些比较神奇的事情，例如，希望找到某一个文件夹中各个不同的文件类型，通过什么脚本命令实现呢？这里通过分组命令进行后缀名统计，通过 NoElement 参数隐藏 Group 后的命令。图 15.47 所示为分组统计后的结果。

```
Get-ChildItem -File -Recurse |Group-Object -Property Extension -NoElement
```

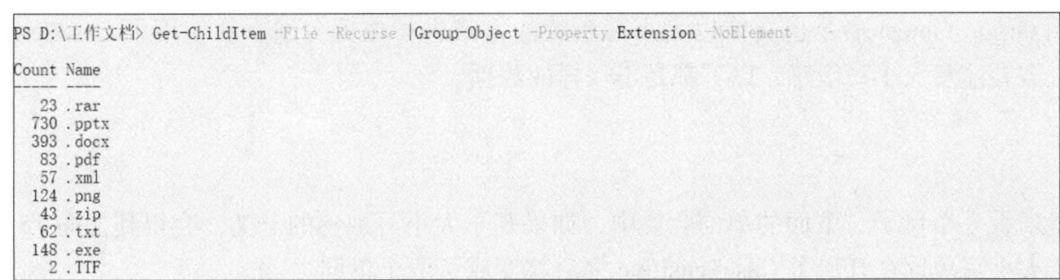

图15.47　按后缀统计文件数量

15.7.2　PowerShell 分组功能参数 ASString 和 AsHashtable

Group-Object 同时支持以哈希表的方式进行数据显示，在哈希表中通常包含以下两个字段。

- Name 字段。
- Value 字段。

以哈希表方式保存，同时需要添加 ASString 参数。这里以一个例子来分享如何使用 ASString 和 AsHashtable 参数进行数据分组。现在有个 PowerShell 需求，有以下几个要求：

- 完成系统中 PowerShell 中动词的分组和统计。
- 数据能够被再次引用。

基于以上功能点要求，编写如图 15.48 所示的代码完成最终的结果。

```
$A = Get-Command -CommandType cmdlet | Group-Object -Property Verb -AsHash
Table -AsString
```

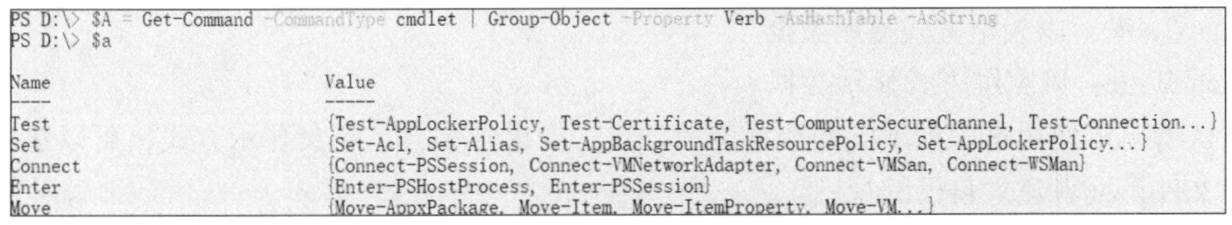

图15.48　以哈希表方式归类命令

如果希望获取哈希表中特定动词的命令，可以直接使用 $a.Set，最终得到如图 15.49 所示的包含所有 Set 动词的命令。

```
PS D:\> $a.set

CommandType     Name                                               Version    Source
-----------     ----                                               -------    ------
Cmdlet          Set-Acl                                            3.0.0.0    Microsoft.PowerShell.Security
Cmdlet          Set-Alias                                          3.1.0.0    Microsoft.PowerShell.Utility
Cmdlet          Set-AppBackgroundTaskResourcePolicy                1.0.0.0    AppBackgroundTask
Cmdlet          Set-AppLockerPolicy                                2.0.0.0    AppLocker
Cmdlet          Set-AppvClientConfiguration                        1.0.0.0    AppvClient
Cmdlet          Set-AppvClientMode                                 1.0.0.0    AppvClient
Cmdlet          Set-AppvClientPackage                              1.0.0.0    AppvClient
Cmdlet          Set-AppvPublishingServer                           1.0.0.0    AppvClient
```

图15.49　获取所有包含Set动词的命令

15.7.3 PowerShell 分组功能参数 CaseSensitive

使用 Group-Object 命令也支持以大小写敏感的方式进行数据分组，在使用了 CaseSensitive 参数之后，需要注意大小写敏感，以下都是不一样的数据。

```
"A"
"a"
```

这里来看一个例子，下面的单词合集中，如果基于大小写敏感的分类，会得到如图 15.50 所示的结果，大小写单词在开启了 CaseSensitive 之后就变成了两个单词。

```
$a=@("Bird","bird","bird","bird","Bird")
$a| group-object -casesensitive
```

```
PS D:\> $a|Group-Object -CaseSensitive

Count Name                      Group
----- ----                      -----
    2 Bird                      {Bird, Bird}
    3 bird                      {bird, bird, bird}
```

图15.50　开启了大小写敏感后分组单词

15.8 章节回顾

本章主要和大家分享了数据的格式化输出内容，主要涉及如何进行标准的数据显示输出，通常我们会以三个不同的命令完成数据的显示输出。

- Format-List：以列表方式显示数据。
- Format-Table：以表格方式显示数据。
- Format-Wide：以宽屏方式显示数据。

在默认情况下使用这三类不同的数据显示方式。如果希望自己定义显示方式，可以建立自有的数据格式文件，或者建立自己的视图。

很多朋友经常会对 Format-Table 和 Select-Object 进行数据显示的差异性比较疑惑，本章也和大家一起了解了两者的具体差异性。描述性统计是数据统计计算的常用功能，PowerShell 的 Measure-Object 提供了相应的描述性统计功能。如果希望针对不同的数据实现数据排序功能，PowerShell 提供的 Sort-Object 能够帮助用户基于相应的排序规则进行排序。如果排序的属性是数值类型，则利用数值的大小进行排序。如果属性排序是字符类型，则按照字符的 ASCII 码进行排序。

本章最后和大家分享了 PowerShell 对象的分组功能，在进行分组计算的过程中可以依据单一属性进行分组，也可以依据多个属性进行分组。分组后一列属性统计了分组属性数量，另外一列保存了所有相关的属性内容。

15.9 练习与知识巩固

1. 如果希望以列表方式显示数据，可以使用什么命令完成？

2. 编写功能脚本，完成以下功能。

a. 获取计算机进程。

b. 统计当前进程数量。

c. 添加自定义属性，计算进程启动多少小时。

3. 以下脚本的运行结果是什么？

```
$process=get-process
($process |select name,processname,cpu).gettype()
```

4. 将以下文件保存为一个文件，通过分组命令统计其中每个单词数量，有如下要求。

a. 计算字符不包含分隔符“.,_;”。

b. 计算的字符以哈希表统计。

c. 计算完成后保存为 wordCount 文件。

```
Iwalked home the same way after class on Tuesdays,
And now I passed the bench where she should be.
I never told her how I felt each day, walking,
When I knew she would be there.
I never told her of the freedom
That allowed my heart to open, slowly,
And the silly grin I felt inside.
I was happy.
Now the bench is covered with snow.
Nobody sat there.
I walked more slowly because it was cold.
Because it was so very cold.
```

第16章

PowerShell 的数据输入与输出

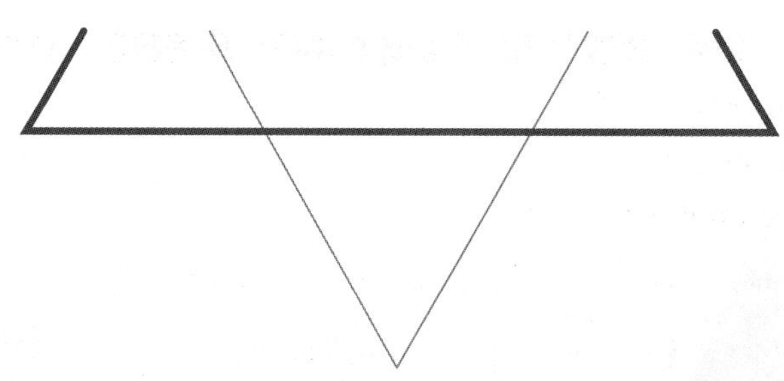

16.1 PowerShell数据的输入与输出

PowerShell 的执行环境运行在机器的内存中，在所有 Windows 8.0 之后的客户端操作系统和 Windows Server 2008 服务器系统之后自带了 PowerShell 执行环境。在 MACOS 和 Linux 中都有 PowerShell Core 版本，提供了 PowerShell 脚本的执行环境。在多数应用场景下，PowerShell 都需要与外部环境进行交互，数据通过系统和 .Net 驱动访问磁盘的保存数据。有必要的情况下也会访问其他支持 .Net 访问的数据库进行数据保存与数据获取，图 16.1 所示为数据输入和输出具体逻辑图。

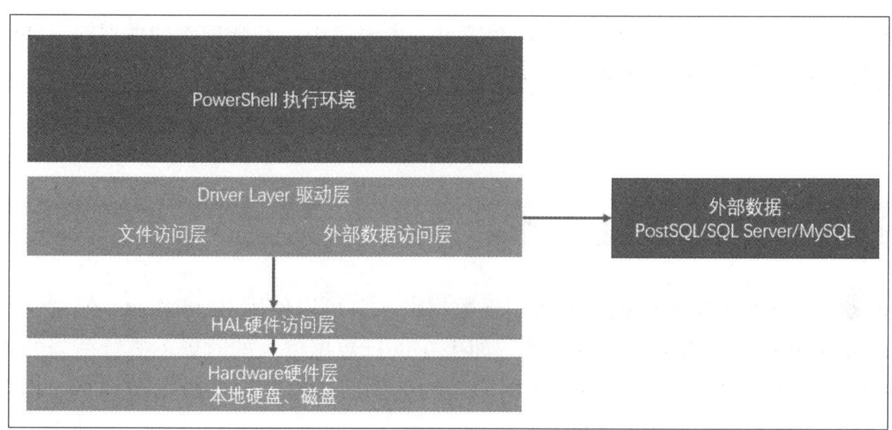

图16.1　PowerShell 与外部数据逻辑关系图

在 PowerShell 交互环境中支持以下两种方式的交互式输入。

- 使用 Read-Host 进行数据的输入
- 使用弹框进行数据的输入

文本型数据不需要在系统中安装特殊驱动，可以通过 PowerShell 直接进行访问，以下类型可以直接读取。

- TXT 无规则数据
- CSV 有规则数据
- XML 有规则数据
- Json 有规则数据

在 .Net 支持的数据库访问的框架下，我们可以通过以下数据库的访问获取相关的数据。

- Sqlite 数据库
- SQL Server 数据库
- MYSQL 数据库
- Oracle 数据库
- PostSQL 数据库

PowerShell 支持的输出方式也非常多，根据数据的格式、规范及目的，可以将数据保存在下面提到的格式中。

- PowerShell 变量
- 以表格方式输出显示 Grid

- 无规则数据保存 TXT
- 有规则数据保存 CSV
- 网页格式文件输出 HTML
- 规范格式输出 XML
- 规范格式输出 Json
- 输出为日志
- 输出到打印机
- 输出到数据库

本章将和大家一起讨论一下数据的输入和输出，主要集中在非数据库的数据输入和输出，我们将在后续出版的书中分享 PowerShell 与数据库进行的交互。

16.2 PowerShell 交互式环境数据输入——Read-Host

在 PowerShell 交互式环境中如果希望实现数据输入，可以使用 Read-Host。但是有一点需要特别注意，Read-Host 输入的数据是字符串型，如果在进行数据输入的时候不进行适当的数据转换，可能会是一个异常的结果。先来看一个数据输入的案例，这里输入的数据与数字 3 相乘，图 16.2 所示为乘积结果，是不是和预想的不同？

```
$a=read-host "请输入数字"
$resulat=$a*3
Write-host $result
```

```
$a=read-host "请输入数字"
$result=$a*3
Write-host $result

请输入数字: 3
333
```

图16.2　基于字符实现的乘积结果

结果为什么是 333 呢？是因为通过 Read-Host 输入的数据其实是字符串型。如果要进行数学运算，需要通过强制类型转换将字符串数据转换为数值数据，图 16.3 所示为数值计算结果。

```
$a=read-host "请输入数字"
$result=[int]$a*3
Write-host $result

请输入数字: 4
12

PS C:\>
```

图16.3　强制类型转换后的计算结果

其实在这个案例中，我们将 $a 和 3 换一个位置也能解决问题，PowerShell 会在默认情况下针对乘法运算右边的数据进行数值转换，在这种情景下，只要左边是数值，就可以进行相关的数据运算。

16.3 PowerShell 弹框实现数据输入

在大多数场景下，PowerShell 都不需要使用 GUI 界面实现数据的输入。但在特殊的使用场景中，如果希望使用界面进行数据输入，是否支持 GUI 弹框来进行呢？毫无疑问是支持的，图 16.4 所示为 PowerShell 业务场景中有一个用户弹框输入凭证的需求，这里可以在窗口中输入用户名和密码属性。

```
Get-Credential
```

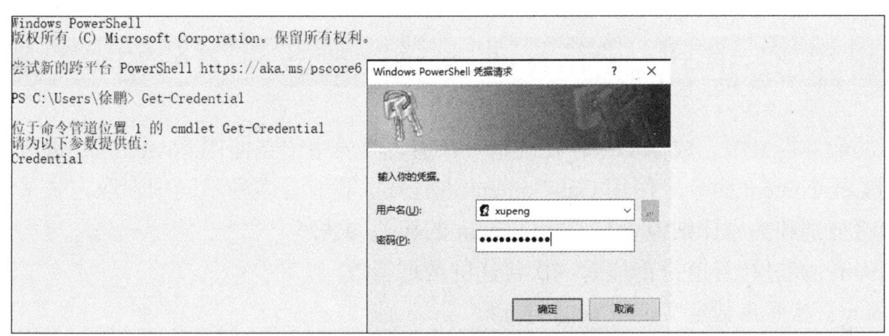

图16.4　输入用户名和密码属性

在 PowerShell 中有非常多的命令支持弹框输入数据，我们能不能自己定义一个 PowerShell 命令的 GUI 界面，实现界面数据和 PowerShell 进行交互呢？现在有这么一个需求。

- 用户通过界面输入路径；
- 命令执行后在 PowerShell 中生成结果。

完成命令不难，但是整个环境必须在 Windows 平台才能实现，在 Windows 平台默认提供了执行环境，可以提供 VBScript 和其他的执行环境从而实现窗体的显示和使用。以下为执行代码，实现结果如图 16.5 所示，执行代码之后，命令会弹出输入框，在输入框中输入需要查询文件的路径。

```
Add-Type -AssemblyName Microsoft.VisualBasic
$path = [Microsoft.VisualBasic.Interaction]::InputBox('Enter path', 'Input
Path to Query', "c:\log")
Get-childItem $path
```

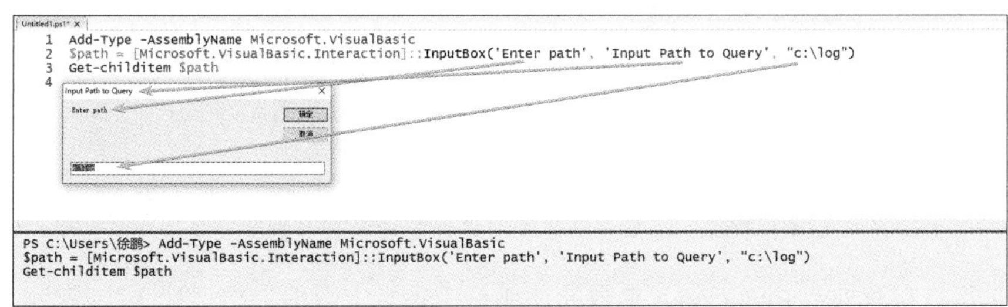

图16.5　PowerShell中窗体接收结果

在执行代码后基于输入的数据形成了相应的数据交互，窗口传递的数据正常传递给了相应的命令，命令执行结果如图 16.6 所示。

```
    目录: C:\log

Mode                LastWriteTime         Length Name
----                -------------         ------ ----
-a----         2021/2/17     18:26        1999098 allfile.txt
-a----         2021/2/17     18:26        1999098 newFile.txt
-a----         2021/2/17     17:56         100502 Process.txt
```

图16.6　接收来自窗体的数据

16.4　PowerShell的文本数据输入——Get-Content

在实际的业务场景中，数据都保存在硬盘、U 盘等介质中，在使用 PowerShell 进行无规则数据读取时使用 Get-Content 命令。使用 Get-Content 进行数据获取有多种不同的读取方式来实现相关的结果，下面将分别和大家详细地分享 Get-Content 的相关参数。

- ReadCount：在进行管道符传递时一次传递的数据行数。
- TotalCount：按照参数定义读取数据的行数。
- Tail：获取文件尾部数据。
- Delimeter：依据定义的分隔符进行数据读取。
- Wait：保持文件打开状态，如果数据有输入，则及时输出。
- Raw：忽略除分隔符之外的其他转义分隔符。
- Encoding：以特殊编码进行数据显示，通常针对多语言文件处理需要使用此参数。

16.4.1　PowerShell Get-Content 的 ReadCount 参数

很多朋友看到 ReadCount 就会认为是只读取文件中的五行，其实并不是这样。如果我们尝试使用如下的语句来获取数据，结果发现读入的数据是如图 16.7 所示的全部内容，内容已经被全部读入 PowerShell 环境中。

```
PS E:\> Get-Content -ReadCount 5 .\poem.txt
Iwalked home the same way after class on Tuesdays,
And now I passed the bench where she should be.
I never told her how I felt each day, walking,
When I knew she would be there.
I never told her of the freedom
That allowed my heart to open, slowly,
And the silly grin I felt inside.
I was happy.

Now the bench is covered with snow.
Nobody sat there.
I walked more slowly because it was cold.
Because it was so very cold.
```

图16.7　按照一次读入固定行数读入全部数据

是不是觉得有点意外？ReadCount 参数的功能是用来指定数据一次性读入的行数。我们在管道符环境下进行数据传递时就能理解得非常清楚，下面这个案例能够非常清楚地表明当前读入的数据是一次性读入的 5 行。

```
Get-content poem.txt -readcount 5 |foreach {$_; sleep 2}
```

执行这个命令之后，每次都会显示 5 行，然后暂停两秒，继续显示 5 行。ReadCount 指的是一次读入的行数，通常 ReadCount 与管道符结合起来使用，用于数据的批量读取，从而提升批量读取数据的效率。

16.4.2　PowerShell Get-Content 的 TotalCount 参数

TotalCount 参数用来指定数据读入的行数，文件数据如果多于读入行数将被截断。这里依然以读取的 Poem.txt 文件为例来分享 TotalCount 的使用。以下为 TotalCount 参数的使用方法，图 16.8 所示为读入的全部数据，大部分用户会将这个参数与 ReadCount 参数弄混。

```
Get-content poem.txt -totalcount 10
```

```
PS E:\> Get-content poem.txt -TotalCount 10
Iwalked home the same way after class on Tuesdays,
And now I passed the bench where she should be.
I never told her how I felt each day, walking,
When I knew she would be there.
I never told her of the freedom
That allowed my heart to open, slowly,
And the silly grin I felt inside.
I was happy.

Now the bench is covered with snow.
```

图16.8　读入固定行数数据

可以看到数据仅仅读取了 10 行，这与前面提到的 ReadCount 是不是完全不同？

16.4.3　PowerShell Get-Content 的 Tail 参数

Tail 参数与 TotalCount 相反，Tail 参数功能和 TotalCount 不同，Tail 参数获取读入的尾部特定行数数据。图 16.9 为 Tail 参数的使用方法。

```
Get-content poem.txt -tail 5
```

```
PS E:\> Get-content poem.txt -Tail 5
I laughed out loud,
And grinned the rest of the day,
Because I remember her, and I have touched her life.
I am happy now,
For the world is hollow, and I have touched the sky.
```

图16.9　Tail 参数的使用方法

16.4.4　PowerShell Get-Content 的 Delimiter 参数

Delimiter 参数是使用 Get-Content 进行分隔符拆分的一种方式，需要特别注意的是，这里的分隔符不像字符串的分隔符进行数据分割，而是以“,”作为分割行的分隔符。下面是一个简单的文本文件，内容如下。我们如果希望以分隔符进行文件内容分割，比较简单的方法是什么呢？

```
hello,nice to meet you,are you PowerShell?yes,i'm very happy to see u ,are
u windows?
```

这里可以利用如图 16.10 所示的命令进行分隔符拆分，这里的数据以“,”为分隔符，拆分的结果是数组类型数据。

```
Get-content .\hello.txt -delimiter ","
```

```
PS E:\> Get-Content .\hello.txt -Delimiter ","
hello,
nice to meet you,
are you ok?i'm very happy to see u ,
are u OK?
PS E:\> (Get-Content .\hello.txt -Delimiter ",").GetType()

IsPublic IsSerial Name                                     BaseType
-------- -------- ----                                     --------
True     True     Object[]                                 System.Array
```

图16.10　按照分隔符拆分内容

16.4.5　PowerShell Get-Content 的 Wait 参数

如果希望能够实时了解目前文件的状态，可以使用 Wait 参数。使用了该参数之后，文件就一直处在打开的状态，我们可以通过实时数据读取了解数据当前的变化。当文件发生变化，读取的数据同样会发生变化，数据每隔一秒都会尝试重新读取并更新。如果希望中止读取，则可以通过 Ctrl+C 组合键终止文件的读取，图 16.11 所示为 Wait 参数的应用场景。

```
Get-content .\poem.txt -wait
```

```
PS C:\Users\徐鹏> get-content .\myfile.txt -Wait
hello nice to meet you
this is first time to see you

i want to help you
```

myfile.txt - 记事本

文件(F)　编辑(E)　格式(O)　查看(V)　帮助(H)

hello nice to meet you
this is first time to see you
i want to help you

图16.11　Wait 参数的应用场景

16.4.6　PowerShell Get-Content 的 Raw 参数

Raw 参数是以标准的字节流方式进行数据的读取，在读取过程中将忽略分隔符、制表符等转义型数据，而将所有数据的内容当成一个文本块进行输出。实现基于 Raw 的单一文本块参数的文件获取命令如下：Get-content .\poem -raw。使用 Raw 的参数和不使用 Raw 的参数的结果能够非常明显地看出不同，在使用了 Raw 之后所有的数据将会是一行，不使用 Raw 进行数据获取则有 52 行。图 16.12 所示为使用 Raw 参数后的对比结果。

```
PS E:\> (Get-Content .\poem.txt -Raw).Count
1
PS E:\> (Get-Content .\poem.txt ).Count
52
```

图16.12　是以Raw参数后的对比结果

相信很多人会有疑惑，在这种场景下，Raw 参数究竟有什么使用场景呢？在数据输入过程中，如果忽略转义字符代表的数据含义，而以大的数据块显示能够更快地实现数据的划分。例如，希望统计某一个单词或某一个字符在一篇文章中出现的次数，就非常适合使用 Raw 参数进行数据的统计。

16.4.7　PowerShell Get-Content 的 Encoding 参数

Encoding 参数在多语言环境中使用的最为频繁，当我们需要处理的不仅仅是单一语言格式文件，比如在一个文件中存在中文、英文、德语和日语的时候，如果不指定输入的参数，当使用 Get-content 进行数据获取的时候出现乱码的概率非常高。另外也存在着不同的文件格式，类似于图片、执行文件这一类不能直接进行编辑和查看的文件，可以使用二进制进行文件内容的查看。

通常来说，我们在读取文件的编码时有如下 Encoding 选项。

- ASCII：标准 ASCII 码。
- Byte：二进制字节码，通常不用于文本型数据获取。
- Oem：与当前系统的 OEM 字节码对应。
- Unicode：UTF-16 小字节编码。
- UTF-8：UTF-8 编码。

在实际应用场景中，对于文本型数据通用的编码是 Unicode 或 UTF-8 方式，针对非字节型编码，都是采用 Byte 方式进行数据的读取。下面针对文本数据的读取，依然是以 Poem 文件为案例，在进行文本读取过程中，如果不相符的编码可能会造成不同的结果，图 16.13 所示为分别以 UTF-8 和 Unicode 进行文件内容读取的结果。

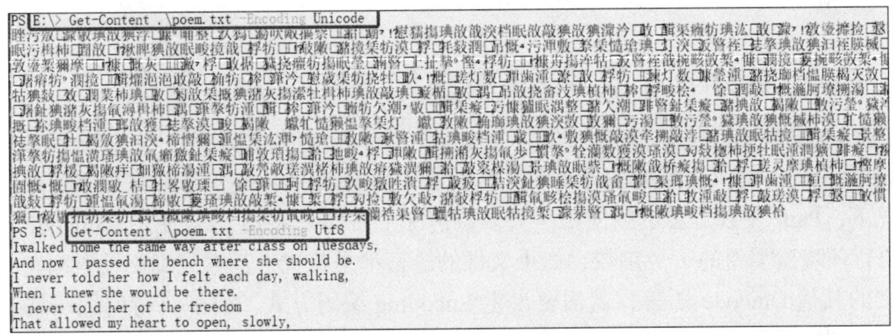

图16.13　基于不同的编码得到不同的结果

而数据流读取可以通过 Get-Content 的 Byte 读取方式实现，这里通过字节数组模式进行图片的读取。相比其他编码模式，Get-Content 的字节处理效率非常高，图 16.14 所示为按照二进制编码后的结果。

```
Get-content .\test.jpg -encoding byte
```

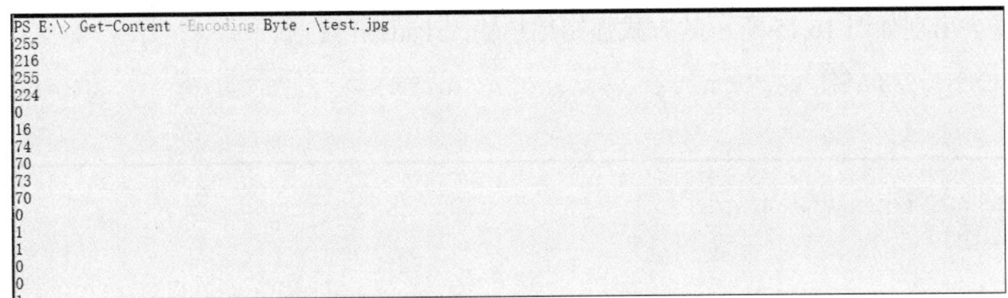

图16.14　读取二进制图片后的编码结果

16.5 PowerShell的文本数据匹配输入——Select-String

Select-String 严格来说不算是文本数据输入命令，这里将它归于数据输入的命令是因为功能相比 Get-Content，它除了能够实现数据输入，在外也提供了字符匹配的功能。在 PowerShell 中，使用 Get-Content 只能将数据全部输入再进行处理，Select-String 可以将数据从硬盘或其他介质输入过程之前就进行数据的再处理，而且 Select-String 支持正则表达式的匹配，让用户直接在数据输入过程中实现数据的筛选。

相比 Get-Content 获取文件内容命令，Select-String 命令能够扩展数据的读取和输入，通过正则表达式匹配方式实现数据筛选后的输入。

- Path：进行数据输入的路径。
- Encoding：文件的编码方式。
- Pattern：正则匹配的模式。
- AllMatch：完全匹配，将在一行数据中寻找所有匹配的数据。
- Context：上下文选择。
- Notmatch：不匹配参数。
- SimpleMatch：简单匹配而不是正则匹配。

16.5.1 Select-String 的 Path 参数和 Encoding 参数

Select-String 虽然是数据筛选命令，但它不像别的命令需要通过数据导入才能进行数据再操作，Select-String 命令同时提供了数据的导入和筛选功能。而 Path 参数提供了数据导入的路径，当然在大多数情况下，Path 参数不会单独使用。大多数情况下将和 Pattern 结合使用。Encoding 参数通常是在多种语言环境所需要的一个参数，如果文件的语言都是英文，基本上都不会有问题。但是如果存在非英文的其他 Unicode 语言，就需要设定 Encoding 编码方式，目前支持的编码格式包含如下方式。

- ASCII：标准 ASCII 码。
- Byte：二进制字节码，通常不用于文本型数据获取。
- Oem：与当前系统的 OEM 字节码对应。
- Unicode：UTF-16 小字节编码。
- UTF-8：UTF-8 编码。

在 Select-String 中 Pattern 是必选参数，只选择 Path 和 Encoding 参数不满足 Select-String 的语法规则，将会出现如图 16.15 所示的方式强制用户输入 Pattern 信息。

```
Select-string -path .\poem.txt -encoding utf8
```

```
PS E:\> Select-String -Path .\poem.txt -Encoding utf8

位于命令管道位置 1 的 cmdlet Select-String
请为以下参数提供值:
Pattern[0]:
```

图16.15　如果没有输入Pattern，则会强制Pattern信息输入

16.5.2　Select-String 的 Pattern 参数

Pattern 是 Select-String 中非常重要的参数。除了导入功能之外，Select-String 能够根据 Pattern 的正则表达式规则进行数据的获取，Pattern 在 Select-String 中是必选参数，如何结合正则表达式和 Select-String 来进行数据获取呢？接下来以几个案例分享下结合正则表达式实现的数据获取功能，下面的案例显示了如图 16.16 所示的包含"have"单词的行。

```
$pat="have"
Select-String -path .\poem.txt -pattern $pat
```

```
PS E:\> $pat="have"
PS E:\> Select-String -path .\poem.txt -pattern $pat

poem.txt:24:I have always wanted to know
poem.txt:25:How I have touched lives.
poem.txt:34:I have often wondered about the lives I have affected
poem.txt:37:Have I touched their lives?
poem.txt:39:And revisions of the ways I have behaved
poem.txt:50:Because I remember her, and I have touched her life.
poem.txt:52:For the world is hollow, and I have touched the sky.
```

图16.16　包含"have"单词的行

使用了 Pattern 参数之后，就可以将当前行中相关的匹配语句行列出来。在文件中找到相关的行进行匹配，即可实现相关的内容匹配。接下来我们尝试查找匹配"."的数据行，由于在正则匹配中"."代表任意一个字符，这里需要转义字符才能搜索到"."。图 16.17 所示为匹配后的结果。

```
$pat="\."
Select-String -path .\poem.txt -pattern $pat
```

```
PS E:\> Select-String -path .\poem.txt -pattern $pat

poem.txt:2:And now I passed the bench where she should be.
poem.txt:4:When I knew she would be there.
poem.txt:7:And the silly grin I felt inside.
poem.txt:8:I was happy.
poem.txt:10:Now the bench is covered with snow.
poem.txt:11:Nobody sat there.
poem.txt:12:I walked more slowly because it was cold.
poem.txt:13:Because it was so very cold.
poem.txt:18:Her coming to me.
poem.txt:20:The cruel things she thought I' d done. I hadn' t done.
poem.txt:22:If she would ever know me.
poem.txt:25:How I have touched lives.
poem.txt:26:Reality is made by touching others.
poem.txt:28:Never what the senses sense alone.
poem.txt:30:And we are like silent titans, in a hollow earth.
poem.txt:31:Never knowing or touching sky.
poem.txt:32:But we share our dreams to the world.
poem.txt:36:I dropped like candy wrappers out of speeding-car windows.
poem.txt:40:And the stupid things I said.
poem.txt:41:What had I become? The arguments I' d won.
poem.txt:44:Then I saw her blue car, not that I was looking.
poem.txt:46:But there it was, in the space we knew together.
poem.txt:50:Because I remember her, and I have touched her life.
poem.txt:52:For the world is hollow, and I have touched the sky.
```

图16.17　匹配"."需要转义字符

这里只列出了相关的行，如果希望获取匹配后的数据怎么办呢？在正则匹配模式完成匹配后如果存在匹配结果，就会生成带数据的 Matches 对象，图 16.18 所示为所有的匹配对象结果。

```
$pat="have"
$allmatch=Select-String -path .\poem.txt -pattern $pat
$allmatch.matches
```

```
PS E:\> $pat="have"
PS E:\> $allmatch=Select-String -path .\poem.txt -pattern $pat
PS E:\> $allmatch.matches

Groups   : {0}
Success  : True
Name     : 0
Captures : {0}
Index    : 2
Length   : 4
Value    : have

Groups   : {0}
Success  : True
Name     : 0
Captures : {0}
Index    : 6
Length   : 4
Value    : have
```

图16.18　所有的匹配对象结果

16.5.3　Select-String 的 Context 参数

Context 是 Select-String 的上下文参数，在实际使用过程中与 Pattern 共同使用，Context 的作用是获取匹配行前面和后面的行数。

在实际参数的使用过程中，第一个值代表的是命令之前需要显示的行数，第二个值代表的是命令之后需要显示的行数。这里以 16.5.2 节的文件作为案例，这里"revisions"匹配行的前两行和后两行的数据都显示出来了，图 16.19 所示为匹配后的前后两行，一共五行。

```
$pat="revisions"
Select-String -path .\poem.txt -pattern $pat -context 2,2
```

```
PS E:\> $pat="revisions"
PS E:\> Select-String -path .\poem.txt -pattern $pat -Context 2,2

  poem.txt:37:Have I touched their lives?
  poem.txt:38:Questioning and re-questioning the visions
> poem.txt:39:And revisions of the ways I have behaved
  poem.txt:40:And the stupid things I said.
  poem.txt:41:What had I become? The arguments I'd won.
```

图16.19　获取匹配行及前后两行数据

16.5.4　Select-String 的 SimpleMatch 参数

在实际应用场景中，如果不希望匹配字符串被解析成正则表达式，而在使用 SimpleMatch 时字符串将不会解释成正则表达式，而是直接的字符串。它的功能等同于上面的转义字符，实现数据的完全匹配，图 16.20 所示为数据匹配的结果。当使用了 SimpleMatch 方式后所有的字符都会被解析成字符，而不会被解析成正则表达式。

```
$pat="."
Select-string -path e:\take.txt -pattern $pat -simplematch
```

```
$pat="."
Select-string -path E:\take.txt -pattern $pat -simplematch

E:\take.txt:1:abc.
E:\take.txt:2:cde.
E:\take.txt:3:df.g
```

图16.20　字符串搜索模式

16.5.5 Select-String 的 AllMatches 参数

在默认情况下，Select-String 在一行数据中仅仅会寻找第一个符合条件的匹配项，如果在一行中存在多个匹配项，该怎么办呢？这时就是 AllMatches 参数的用武之地了，如果文件存在一行多个匹配结果，可以通过为 Select-String 添加 AllMatches 参数实现多个匹配，参考如下 PowerShell 语句来查询出多个匹配的结果。图 16.21 所示为使用 AllMatches 方式实现多个数据匹配。

```
$pat="\'  "
$allmatch= Select-string -path .\poem.txt -pattern $pat -ALLMatch
```

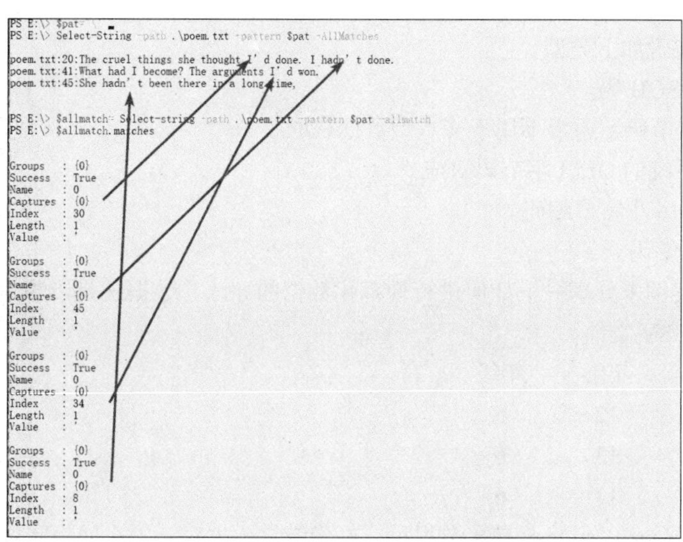

图16.21　AllMatches 匹配一行多个结果

16.6 PowerShell CSV数据的输入——Import-CSV

在前面讨论的是针对没有规则的数据进行数据导入，但是在实际应用环境中，大部分业务场景都是结构化的数据。结构化数据通常又分为两类，一类是普通的结构化数据，另外一类是层次数据格式。本节将会和大家分享一下标准的结构化数据属性——值结构，第一行通常是属性列，数据通常有相应的分隔符。从第二行开始是标准的数据，下面是相关的数据结构。

姓名	性别	年龄	年级
张三	男	12	5
李四	女	13	6
王五	男	13	6

在多数场景下数据分隔以“,” “;” “ ” 等作为数据分隔符，当然也可以使用其他的分隔符分隔数据，而这样的有固定数据格式的数据可以直接通过 Import-CSV 将外部数据导入 Power Shell 环境中。Import-CSV 命令包含一些既有的参数来实现数据的导入。相比其他的导入数据参数，

Import-CSV 命令参数相对来说偏少，命令常用参数如下。

- Path：路径是 Import-CSV 命令的必选参数，但 Path 关键字可选。
- Header：如果导入的数据没有标题，可以通过 Header 参数指定相应的标题。
- Delimiter：导入一行数据的分隔符。
- Encoding：导入数据如果是非英语系，为了兼容多语言，需要设置编码属性。

16.6.1 PowerShell Import-CSV Path 和 Encoding 参数

Path 参数是指定导入的 CSV 的具体路径，Encoding 参数是用来进行非英语编码的设定，系统中常用的编码设置包含如下类型。

- ASCII：标准 ASCII 码。
- Byte：二进制字节码，通常不用于文本型数据获取。
- Oem：与当前系统的 OEM 字节码对应。
- Unicode：UTF-16 小字节编码。
- UTF-8：UTF-8 编码。

接下来以一个案例来分享一下如何进行规范化数据的导入，数据还是以学生表为案例，需要将下面的数据保存为 CSV 文件。

姓名	性别	年龄	年级
张三	男	12	5
李四	女	13	6
王五	男	13	6

使用 Import-CSV-path .\stu.csv 导入数据后，好像结果不太对，怎么回事呢？默认情况下 PowerShell 使用 Import-CSV 使用的“,”分隔符。这就是 16.6.2 节需要讨论的参数 Delimiter 所提供的数据划分功能，图 16.22 所示为没有设置分隔符导入的数据。

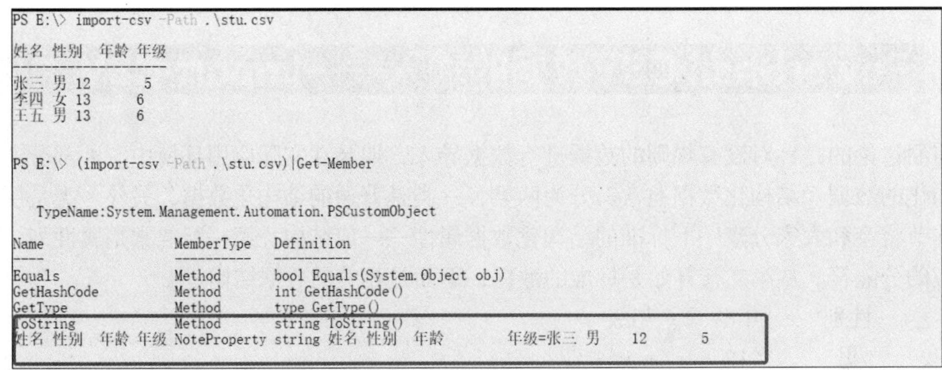

```
PS E:\> import-csv -Path .\stu.csv

姓名 性别  年龄 年级
--------------------
张三 男 12      5
李四 女 13     6
王五 男 13     6


PS E:\> (import-csv -Path .\stu.csv)|Get-Member


   TypeName:System.Management.Automation.PSCustomObject

Name             MemberType   Definition
----             ----------   ----------
Equals           Method       bool Equals(System.Object obj)
GetHashCode      Method       int GetHashCode()
GetType          Method       type GetType()
ToString         Method       string ToString()
姓名 性别  年龄 年级 NoteProperty string 姓名 性别  年龄         年级=张三 男      12        5
```

图16.22　默认导入模式下的数据是错误的

16.6.2 PowerShell Import-CSV 的 Delimiter 参数

通过 Import-CSV 导入数据的过程中，默认的分隔符为“,”，如果分隔符不是“,”，就需要指定分隔符，满足我们对于导入过程中非标准分隔符的需求。在当前案例中，数据的分隔符是制表符，在 PowerShell 中如何进行制表符的设定？这里需要转义字符，而制表符的转义字符为“`t”，这里通过设定 Delimiter 参数实现数据的标准切分。执行导入过程中添加分隔符参数后会发现，导入结果如图 16.23 所示。

```
import-csv -path .\stu.csv -delimiter "`t"
```

```
PS E:\> import-csv -Path .\stu.csv -Delimiter "`t"

姓名 性别 年龄 年级
---- ---- ---- ----
张三 男   12   5
李四 女   13   6
王五 男   13   6


PS E:\> (import-csv -Path .\stu.csv -Delimiter "`t")|Get-Member


   TypeName:System.Management.Automation.PSCustomObject

Name        MemberType   Definition
----        ----------   ----------
Equals      Method       bool Equals(System.Object obj)
GetHashCode Method       int GetHashCode()
GetType     Method       type GetType()
ToString    Method       string ToString()
姓名        NoteProperty string 姓名=张三
年级        NoteProperty string 年级=5
年龄        NoteProperty string 年龄=12
性别        NoteProperty string 性别 =男
```

图16.23　完成分隔符设置后导入的数据

在指定了正确的分隔符之后，每一行都是 PowerShell 的自定义对象。通过数组的索引和属性的获取，可以非常方便地实现元素的定位，图 16.24 所示为获取相应属性的值。

```
PS E:\> (import-csv -Path .\stu.csv -Delimiter "`t")[0]."性别"
男
PS E:\> (import-csv -Path .\stu.csv -Delimiter "`t")[0]."姓名"
张三
PS E:\>
```

图16.24　获取对象属性的值

16.6.3　PowerShell Import-CSV 的 Header 参数

在实际应用的场景中可能出现这样的情况：数据符合 Import-CSV 导入规范，而数据并没有表头。但是在数据导入 PowerShell 之后，需要通过属性进行引用，这时候应该怎么办呢？Import-CSV 的 Header 参数可以解决这个问题，在数据没有表头的时候是可以进行表头的指定的。例如，下面的数据只有数据没有标题，后续引用需要使用表头，则可以利用 Header 参数实现表头设置。

张三　　男　　12　　5
李四　　女　　13　　6
王五　　男　　13　　6

在上面的数据中没有设置表头，这也意味着导入过程中将没有列名。默认情况下列名将被设置为 Column1,Column2... 我们这里设置表头为特定的名称。图 16.25 所示为设置表头后的数据内容。

```
Import-csv .\stu.csv -delimiter "`t" -header 姓名,性别,年龄,年级
```

```
PS E:\> import-csv -Path .\stu.csv -Delimiter "`t" -Header 姓名,性别,年龄,年级

姓名 性别 年龄 年级
---- ---- ---- ----
张三 男   12   5
李四 女   13   6
王五 男   13   6

PS E:\> (import-csv -Path .\stu.csv -Delimiter "`t" -Header 姓名,性别,年龄,年级).年级
5
6
6
```

图16.25　为导入的数据设置特定的表头

完成表头设置之后，可以非常方便地引用数据集的属性，图16.26所示为数据集特定属性的引用。

```
PS E:\> import-csv -Path .\stu.csv -Delimiter "`t" -Header 姓名,性别,年龄,年级

姓名 性别 年龄 年级
---- ---- ---- ----
张三 男   12   5
李四 女   13   6
王五 男   13   6

PS E:\> (import-csv -Path .\stu.csv -Delimiter "`t" -Header 姓名,性别,年龄,年级).年级
5
6
6
```

图16.26　数据集特定属性的引用

16.7 PowerShell 读入层次数据XML 文件

XML 格式数据和 Json 格式数据都属于层次型数据，层次型数据的解析相比结构化数据的解析，需要花费更多的系统资源。XML 数据格式基于 HTML 进化而来，HTML 所有的标签和格式都是非常固定的。随着互联网的发展，倾向于自定义的数据标签的 XML 出现了。XML 虽然数据格式非常标准，但是可能层级比较深，会消耗比较多的资源进行节点解析，下面是 XML 格式数据样例。

```
<submit>
  <submitdata>
     <name>xupeng</name>
     <age>35</age>
     <gender>male </gender>
  </submitdata>
  <submitdata>
     <name>huangxiufen</name>
     <age>25</age>
     <gender>female </gender>
  </submitdata>
</submit>
```

上面案例的 XML 数据是非常标准的层次化结构，这里的数据一共有三层，最外层为 <submit></submit> 标签，中间是 <submitdata></submitdata> 标签，用户的数据标签被 <submit></submit> 标签包含。

如何将 XML 数据导入 PowerShell 运行环境呢？在 PowerShell 命令中查询与 XML 有关的命令只有 Import-Clixml，图 16.27 所示为导入序列化后的 XML 数据。什么是序列化后呢？其实就是利用 XML 命令导出的 XML 数据。

```
PS E:\> get-help import-clixml -Examples

名称
    Import-Clixml

摘要
    Imports a CLIXML file and creates corresponding objects in PowerShell.

    -- Example 1: Import a serialized file and recreate an object --

    Get-Process | Export-Clixml -Path .\pi.xml
    $Processes = Import-Clixml -Path .\pi.xml

    --------- Example 2: Import a secure credential object ---------

    $Credxmlpath = Join-Path (Split-Path $Profile) TestScript.ps1.credential
    $Credential | Export-Clixml $Credxmlpath
    $Credxmlpath = Join-Path (Split-Path $Profile) TestScript.ps1.credential
    $Credential = Import-Clixml $Credxmlpath

    The `Export-Clixml` cmdlet encrypts credential objects by using the Windows Data Protection API (/previous-versions
    /windows/apps/hh464970(v=win.10)). The encryption ensures that only your user account can decrypt the contents of t
```

图16.27 导入序列化后的XML数据

强制导入 XML 自定义的数据，则会抛出如图 16.28 所示的异常。

```
PS D:\> Import-Clixml -Path .\just.xml
Import-Clixml : 找不到命名空间名称为“http://schemas.microsoft.com/powershell/2004/04”的元素“Objs”。 第 1 行，位置 2
。
所在位置 行:1 字符: 1
+ Import-Clixml -Path .\just.xml
+
    + CategoryInfo          : NotSpecified: (:) [Import-Clixml], XmlException
    + FullyQualifiedErrorId : System.Xml.XmlException,Microsoft.PowerShell.Commands.ImportClixmlCommand

PS D:\>
```

图16.28 自定义XML数据导入的异常

在 PowerShell 中到底如何自定义 XML 数据读取呢？这里可以使用前面提到的 Get-Content 进行数据读取，在数据读入过程中使用强制数据类型将输入的数据转换为 XML 格式。图 16.29 所示为导入 XML 格式的实现方法。

```
[xml]$xml=get-content .\just.xml
```

```
PS D:\> [xml]$xml=Get-Content .\just.xml
PS D:\> $xml

submit
------
submit

PS D:\> $xml|Get-Member

   TypeName:System.Xml.XmlDocument

Name                    MemberType            Definition
----                    ----------            ----------
```

图16.29 读入自定义XML数据

通过 Get-Content 获取数据并实现强制数据类型转换之后，XML 文件被引入 PowerShell 环境中通过属性引用进行详细数据获取，图 16.30 所示为 XML 节点和子节点数据获取。

```
PS D:\> $xml.submit

submitdata
----------
{xupeng, huangxiufen}

PS D:\> $xml.submit.submitdata

name        age gender
----        --- ------
xupeng      35  male
huangxiufen 25  female
```

图16.30 XML节点和子节点数据获取

如果希望获取子节点中的详细数据，可以通过 ForEach 轮询来获取如图 16.31 所示的多个子节点中的数据。

```
ForEach($list in $xml.submit.submitdata)
{
$list
}
```

```
PS D:\> foreach($list in $xml.submit.submitdata)
>> {
>> $list
>> }

name        age gender
----        --- ------
xupeng      35  male
huangxiufen 25  female
```

图16.31　多个节点数据输出

16.8 PowerShell 读入层次数据Json语句

Json 的全称是 Javascript Object Notation，主要用于互联网的数据传递，相比 XML 的标准数据传递，Json 进行数据传递大大节省了传递的时间和大小。XML 是以标签对的格式进行数据传递，Json 放弃了相应的标签对方式，大大减少了数据传递的内容。以下数据为 Json 层次数据格式。

```
{
"name": " 中国 ",
"province": [
    { "name": " 黑龙江 ",
      "cities": {
            "city": [" 哈尔滨 "," 大庆 "]
                    }
     },
    { "name": " 广东 ",
            "cities": {
                    "city": [ " 广州 ", " 深圳 ", " 珠海 "]
            }
    },
    { "name": " 台湾 ",
       "cities": {
            "city": [ " 台北 ", " 高雄 " ]
                        }
    },
    { "name": " 新疆 ",
        "cities": {
            "city": [ " 乌鲁木齐 " ]
            }
    }
        ]
}
```

实际的 Json 数据获取过程通常与网页 API 相关，这部分内容将会在实践篇中和大家分享，本节给大家分享如何通过 PowerShell 获取 Json 文件内容并且转换为 PowerShell 自定义数据类型。执行的命令非常简单，直接执行如下命令将实现数据导入并将 json 格式数据转换成 Powershell 自定义对象，图 16.32 所示为将 Json 数据转换为 PowerShell 自定义对象的方法。

```
$json=Get-Content .\json2.json -Encoding Utf8 |ConvertFrom-json
```

```
PS D:\> $json=Get-Content .\json2.json -Encoding Utf8 |ConvertFrom-json
PS D:\> $json

name province
---- --------
中国 {@{name=黑龙江; cities=}, @{name=广东; cities=}, @{name=台湾; cities=}, @{name=新疆; cities=}}
```

图16.32　将Json数据转换为PowerShell自定义对象

数据转换完成后就可以根据实际需要进行数据和对象的处理，这就是后面要给大家分享的内容了，图 16.33 所示为 Json 数据节点获取的数据。

```
PS D:\> $json.province

name   cities
----   ------
黑龙江 @{city=System.Object[]}
广东   @{city=System.Object[]}
台湾   @{city=System.Object[]}
新疆   @{city=System.Object[]}

PS D:\> $json.province[0]

name   cities
----   ------
黑龙江 @{city=System.Object[]}

PS D:\> $json.province[1]

name cities
---- ------
广东 @{city=System.Object[]}

PS D:\> $json.province[1].cities

city
----
{广州, 深圳, 珠海}
```

图16.33　获取多个数据节点数据

16.9 PowerShell 无规则内容输出——Set-Content

在 PowerShell 运行环境中的数据处理之后，如果希望将数据保存为文本系列文件或二进制文件，就需要使用 Set-Content 命令进行文件的保存。在实际的应用场景中，大多数数据保存的命令中已经包含了数据保存的方式。

Set-Content 命令使用的常用参数如下。

- Path：指定文件保存路径。
- Encoding：文件进行保存时使用的编码。
- Value：指定保存的内容。
- NoNewLine：文件保存的时候不添加新行和空格。

这里的 Encoding 编码提供了以下的文件编码类型。

- ASCII：标准 ASCII 码。
- Byte：二进制字节码，通常不用于文本型数据获取。
- Oem：与当前系统的 OEM 字节码对应。
- Unicode：UTF-16 小字节编码。
- UTF-8：UTF-8 编码。

在命令使用过程中，Value 是必选参数，进行文件保存的时候可以使用 Value 参数，也可以使用管道符进行数据的保存。路径参数也是必选参数，在数据保存中需要指定保存的文件路径，图 16.34 所示为保存文件的内容。

```
$str="This Is PowerShell, 这是 PowerShell"
Set-content -value $str -path .\str.txt -encoding utf8
```

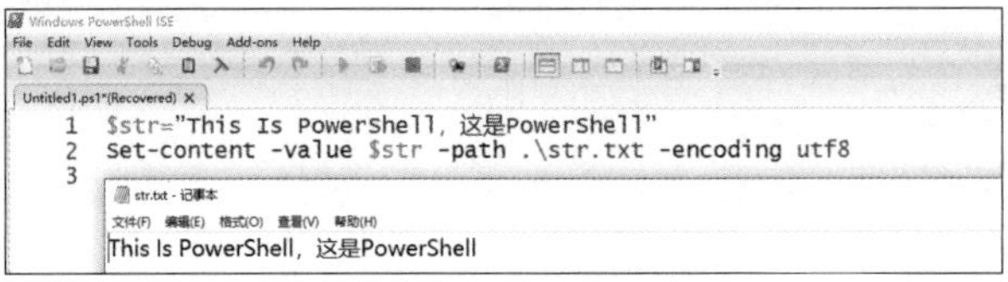

图16.34　以标准格式保存文件

NoNewLine 参数用来指定多个输入数据内容的过程中，进行数据的输入如果存在多行，数据将跟在上一个数据后面写入，不会生成新的行。图 16.35 所示为通过 NoNewLine 参数保存数据。

```
$str1=" 大家好， 我是徐鹏， 你们的 PowerShell 讲师， "
$str2=" 这是我的 PowerShell 的自动化运维的基础篇，主要给大家介绍 PowerShell 在入门过程中碰到的各种知识，希望大家跟着我认真学习 "
Set-content -value $str1,$str2 -path .\str.txt -encoding utf8 -nonewline
```

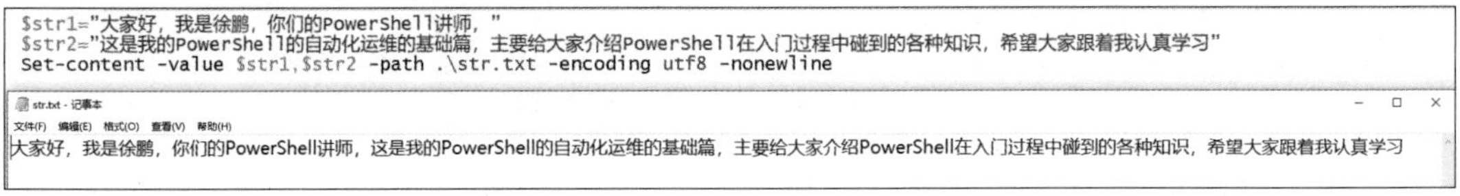

图16.35　以一行内容的方式保存数据

16.10 PowerShell 文件数据输出Out-File

Out-File 是进行内容输出使用最为频繁的一种数据保存方式，相比 Set-Content，Out-File 支持的功能更加完整，效率相对更高。在进行数据输出过程中，Out-File 除了支持标准的内容覆盖输出方式，也支持内容追加输出方式。Out-File 中常用的参数如下。

- FilePath：内容输出的文件路径。
- Append：以追加方式添加内容。
- Encoding：定义文件的编码。
- Width：定义每行的数据宽度。

- NoNewLine：有多个数据同时输出的时候，不会生成回车换行。
- NoClobber：如果文件存在，则提示文件存在，避免被覆盖。

Out-File 的 Encoding 参数和前面的命令参数类型一样，也提供了以下相同的编码类型。

- ASCII：标准 ASCII 码。
- Byte：二进制字节码，通常不用于文本型数据获取。
- Oem：与当前系统的 OEM 字节码对应。
- Unicode：UTF-16 小字节编码。
- UTF-8：UTF-8 编码。

当然 Out-File 和 Set-Content 在单一数据保存条件下实现的保存功能是完全一样的，图 16.36 所示为通过管道符方式进行文件内容的保存。

```
$cont="This is powershell。 "
$secondStr=" 我是徐老师，欢迎加入 PowerShell 大家庭 "
$cont,$secondstr| Out-path .\output.txt -encoding utf8 -nonewLine
```

```
$cont="This is powershell。"
$secondStr="我是徐老师,欢迎加入PowerShell大家庭"
$cont,$secondstr| Out-file .\output.txt -encoding utf8 -nonewLine

output.txt - 记事本
文件(F) 编辑(E) 格式(O) 查看(V) 帮助(H)
This is powershell。我是徐老师,欢迎加入PowerShell大家庭
```

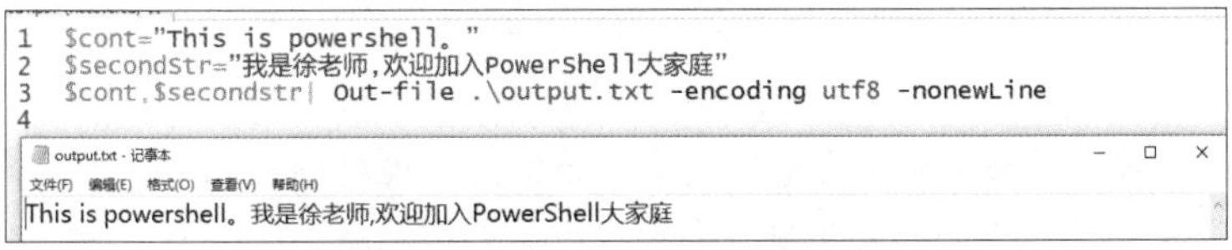

图16.36　通过管道符方式进行文件内容的保存

Out-File 可以通过 Append 参数进行数据内容的追加，内容追加只需要使用 Append 参数即可实现，图 16.37 所示为通过 Append 方法保存数据。

```
$str="This Is PowerShell"
$str|out-file -filepath .\file.txt -encoding utf8
$str=" 我是徐老师，欢迎跟我一起进入 PowerShell 的世界 "
$str|out-file -filepath .\file.txt -encoding utf8 -append
```

```
$str="This Is PowerShell"
$str|out-file -filepath .\file.txt -encoding utf8
$str="我是徐老师，欢迎跟我一起进入PowerShell的世界"
$str|out-file -filepath .\file.txt -encoding utf8 -Append

file.txt - 记事本
文件(F) 编辑(E) 格式(O) 查看(V) 帮助(H)
This Is PowerShell
我是徐老师，欢迎跟我一起进入PowerShell的世界
```

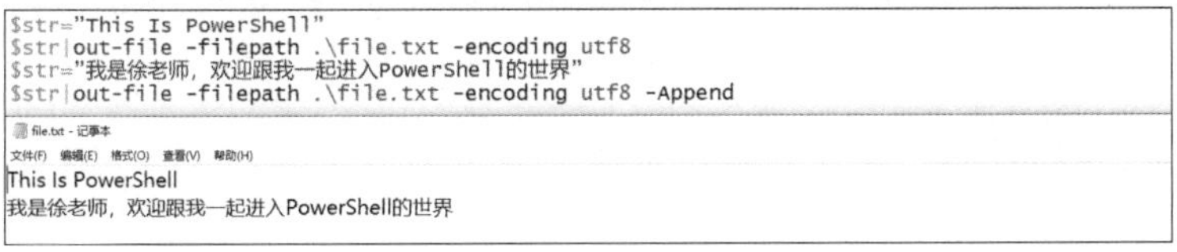

图16.37　文件内容的追加保存

16.11 PowerShell 格式化数据输出Export-CSV

在 PowerShell 中当前的变量如果是非常标准的数据类型，或者是 PowerShell 的自定义对象，可以使用 Export-CSV 将数据导出成 CSV 文件，CSV 文件是日常操作中频繁使用的数据交换文件，其最大优势在于它没有数据大小的限制。图 16.38 所示为将进程信息导出为 CSV 格式数据。

```
Get-Process |select name,ws,handles |export-csv .\proces.csv
```

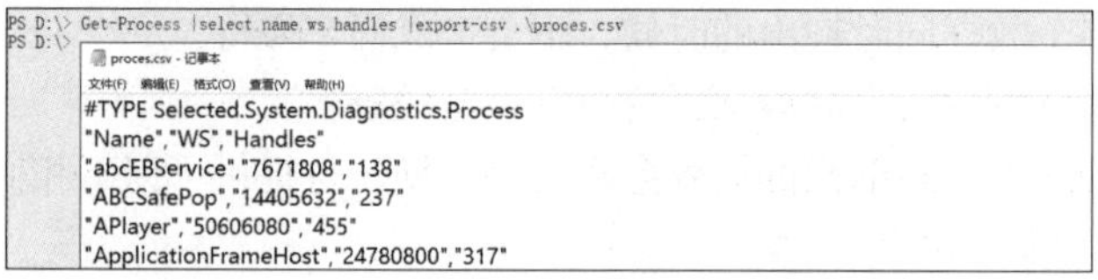

```
PS D:\> Get-Process |select name,ws,handles |export-csv .\proces.csv
PS D:\>
#TYPE Selected.System.Diagnostics.Process
"Name","WS","Handles"
"abcEBService","7671808","138"
"ABCSafePop","14405632","237"
"APlayer","50606080","455"
"ApplicationFrameHost","24780800","317"
```

图16.38　将进程信息导出为CSV格式数据

Export-CSV 命令的常用参数如下。

- Path：输出文件路径。
- Delimiter：输出内容的分隔符定义。
- Append：输出内容累加。
- Encoding：输出内容的编码类型。
- NoClobber：输出过程中存在同名文件是否提示警告信息。
- NotypeInformation：输出的文件中是否写入数据的类型。

Export-CSV 虽然参数比较多，但是在实际应用中需要选择的参数其实并不多，其中的 Path 是必选参数，数据输出过程中必须指定。Encoding 参数在输出过程中是可选参数，在多语言环境中最好使用 Encoding 进行输出代码指定。Append 参数是将数据以追加方式加入文件中。NotypeInformation 参数用来选择输出对象类型是否输出定义。下面通过循环语句间隔 5 秒查询当前系统进程，然后通过 Export-CSV 输出为文件，文件输出不带有对象类型信息，图 16.39 所示为保存的 CSV 文件，这里 Append 参数使用的是数据追加模式。

```
While($true)
{
Get-process|select processname,ws,handles |export-csv .\process.txt -noty
peinformation -append
Sleep 5
}
```

```
While($true)
{
Get-process|select processname,ws,handles |Export-Csv -path d:\process.txt  -NoTypeInformation -append
Sleep 5
}
"ProcessName","WS","Handles"
"abcEBService","14327808","341"
"ABCSafePop","22388736","335"
"APlayer","50524160","455"
"ApplicationFrameHost","27230208","325"
"AsLdrSrv","5914624","133"
"ATKOSD2","8589312","158"
"audiodg","17252352","252"
"BrCcUxSys","10223616","173"
```

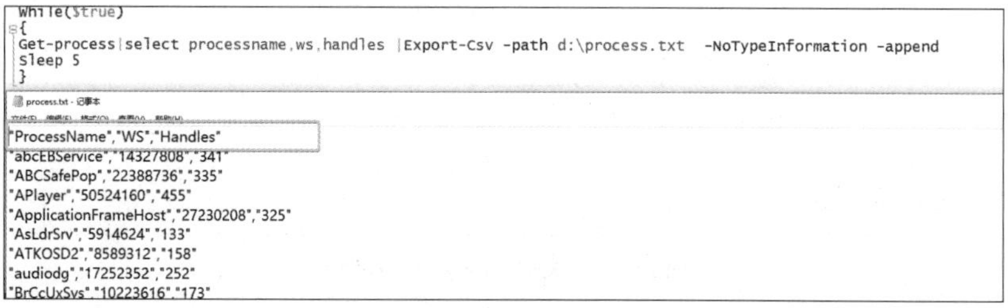

图16.39　使用Append 追加数据

Export-CSV 如果输出的不是字符串或数值数据，则输出的内容就以集合存在。下面我们分享的案例是获取服务的名称和服务依赖的对象，这里的 DependentService 和 RequiredService 都不是纯粹的字符串，而是对象的集合。这里大家会发现数据与我们期望的完全不同，图 16.40 显示了当前的数据是集合，而不是单一的字符串。

```
Get-Service |select name,DependentServices,RequiredServices |export-csv
.\service.txt
```

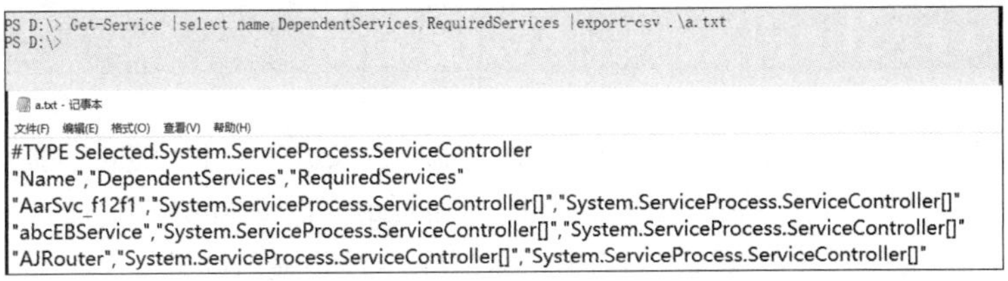

```
PS D:\> Get-Service |select name,DependentServices,RequiredServices |export-csv .\a.txt
PS D:\>
```

```
a.txt - 记事本
文件(F) 编辑(E) 格式(O) 查看(V) 帮助(H)
#TYPE Selected.System.ServiceProcess.ServiceController
"Name","DependentServices","RequiredServices"
"AarSvc_f12f1","System.ServiceProcess.ServiceController[]","System.ServiceProcess.ServiceController[]"
"abcEBService","System.ServiceProcess.ServiceController[]","System.ServiceProcess.ServiceController[]"
"AJRouter","System.ServiceProcess.ServiceController[]","System.ServiceProcess.ServiceController[]"
```

图16.40　字符串以集合方式存在

如果希望输出过程中以特定的分隔符进行数据分隔，可以使用Delimiter参数指定特定的分隔符。依然以获取进程为例，所有的进程名称和时间以“:”分隔符进行分隔，图 16.41 所示为按照特定分隔符保存 CSV 数据。

```
Get-Process |select name,ws,ProcessName,CPU |Export-Csv -Delimiter ":"
-Path C:\log\proce.csv
```

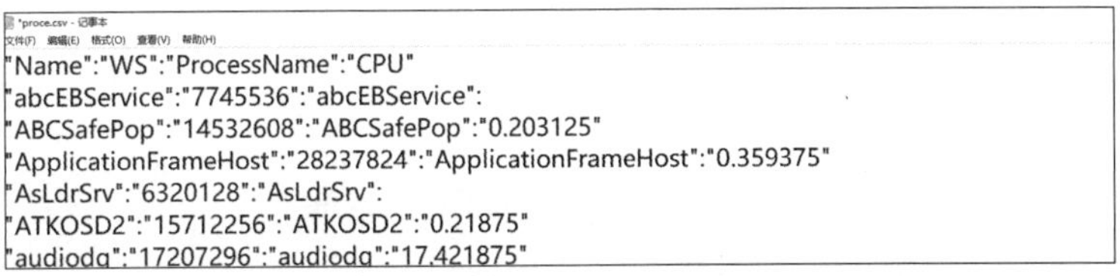

```
*proce.csv - 记事本
文件(F) 编辑(E) 格式(O) 查看(V) 帮助(H)
"Name":"WS":"ProcessName":"CPU"
"abcEBService":"7745536":"abcEBService":
"ABCSafePop":"14532608":"ABCSafePop":"0.203125"
"ApplicationFrameHost":"28237824":"ApplicationFrameHost":"0.359375"
"AsLdrSrv":"6320128":"AsLdrSrv":
"ATKOSD2":"15712256":"ATKOSD2":"0.21875"
"audiodg":"17207296":"audiodg":"17.421875"
```

图16.41　按照特定分隔符保存CSV数据

16.12 PowerShell 输出为HTML 文件

在 PowerShell 中不支持直接将数据保存为 HTML 格式，但在 PowerShell 中支持通过 ConvertTo-Html 将普通的字符串和数据集合转换为 HTML 文件，再使用 Out-File 实现文件的保存。比较适合转换为 HTML 的数据一般都是数组类的集合数据，而普通字符串转换成 HTML 则没有太大意义。下面分享一下利用 ConvertTo-Html 将集合数据转换为 HTML 的方法，图 16.42 所示为保存 HTML 文件结果。

```
$service=get-service
$service |convertto-html |out-file -filepath .\service.html -encoding utf8
```

```
$service=get-service
$service |convertto-html|

Management Instrumentation</td><td>System.ServiceProcess.ServiceController[]</td><td>.</td><td>Winmgmt</td><td>System.Ser
viceProcess.ServiceController[]</td><td></td><td>Running</td><td>Win32OwnProcess, Win32ShareProcess</td><td>Automatic</td
><td></td><td></td></tr>
<tr><td>WinRM</td><td>System.ServiceProcess.ServiceController[]</td><td>False</td><td>True</td><td>True</td><td>Windows R
emote Management (WS-Management)</td><td>System.ServiceProcess.ServiceController[]</td><td>.</td><td>WinRM</td><td>System
.ServiceProcess.ServiceController[]</td><td></td><td>Running</td><td>Win32OwnProcess, Win32ShareProcess</td><td>Automatic
</td><td></td><td></td></tr>
<tr><td>wisvc</td><td>System.ServiceProcess.ServiceController[]</td><td>False</td><td>False</td><td>False</td><td>Windows
 预览体验成员服务</td><td>System.ServiceProcess.ServiceController[]</td><td>.</td><td>wisvc</td><td>System.ServiceProcess.Servic
Controller[]</td><td></td><td>Stopped</td><td>Win32OwnProcess, Win32ShareProcess</td><td>Manual</td><td></td><td></td></t
r>
```

图16.42　将文件转换为HTML格式

将其他格式数据直接转换为 HTML 网页格式数据比较暴力和直接，在实际的转换过程中比较少用。如果希望转换成更加有特点的 HTML 格式文件，可以通过 EnhancedHtml 模块实现多样式的 HTML 文件。

16.13 PowerShell以栅格化数据输出

在 PowerShell 交互环境中，直接显示数据不够直观。如果希望基于特殊的数据筛选，除了 Where 语句有没有更加直接的方法呢？ Out-GridView 相比 Where 语句，能够提供更加灵活的筛选。还是以获取服务状态 Get-Service 为案例，将数据转换为如图 16.43 所示显示结果。

```
Get-service |out-gridview
```

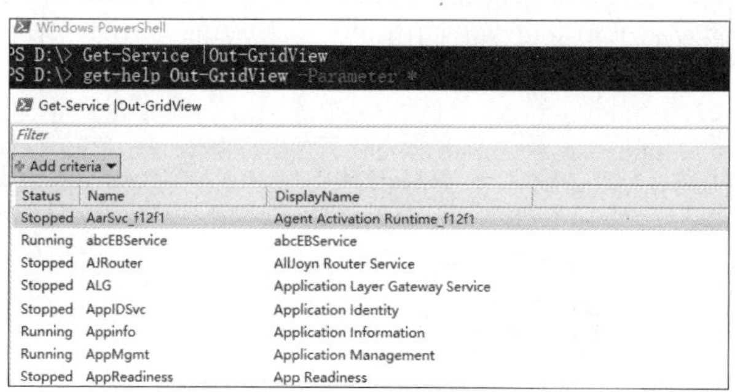

图16.43 以栅格化方式显示数据结果

Out-GridView 命令支持多个不同的参数来实现相关的功能。

- Title：显示窗体的标题。
- PassThru：窗体交互的内容通过选择条目传递到 PowerShell 参数。

Title 参数用来进行窗体界面中的标题设置，而 PassThru 是在 GUI 界面选中相应的对象后将对象传递到 PowerShell 窗口中的参数。图 16.44 显示了以栅格化方式显示数据的内容。

```
Get-process |out-gridview -passthru -title "当前显示进程"
```

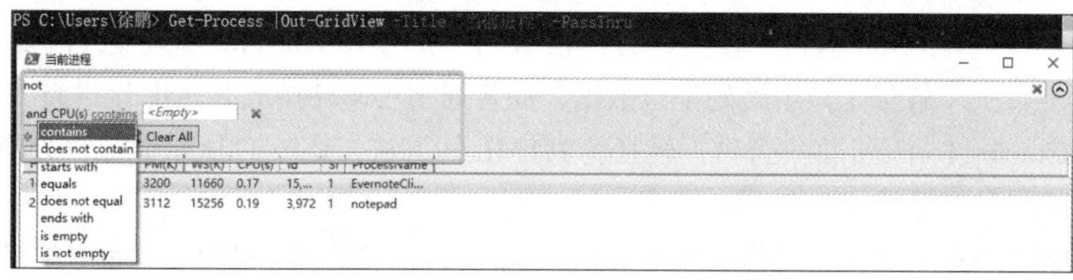

图16.44 以栅格化方式显示及筛选器的应用

使用了 PassThru 参数后，在界面中选择的对象将以对象方式传递到 PowerShell 交互式窗口中，可以实现如图 16.45 所示的后续对象处理。

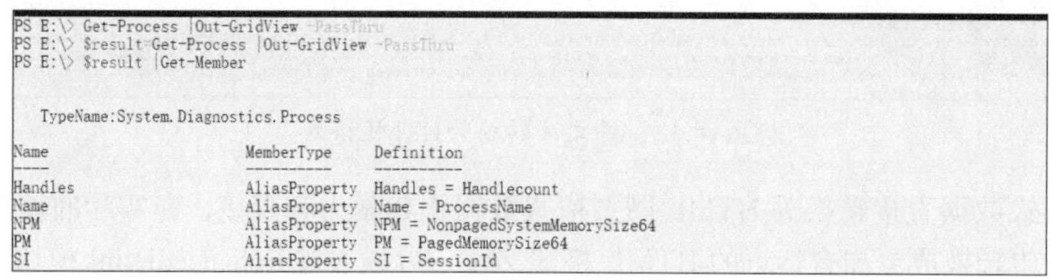

图16.45 将栅格化对象选中的对象传递到PowerShell变量

16.14 PowerShell 将数据输出到日志中

在 PowerShell 的日常数据输出中，还有一类输出方式比较特别。它既不保存到文件，也不保存到数据库，而是保存在系统的日志中。

保存在日志中的操作也是使用得比较频繁的操作。例如，我们进行数据归档完成后在日志中形成一条完成记录，记录到 Windows 日志中，或者完成一次数据的备份后，在系统日志中也记录，这都是非常典型的输出到日志的应用，完成日志写入的 PowerShell 命令是 Write-EventLog。为了不与当前系统默认的 Log 重复，我们先如图 16.46 所示创建新的 EventLog 日志类型。

```
New-eventlog -logname MyOwaApplication -source myApp
```

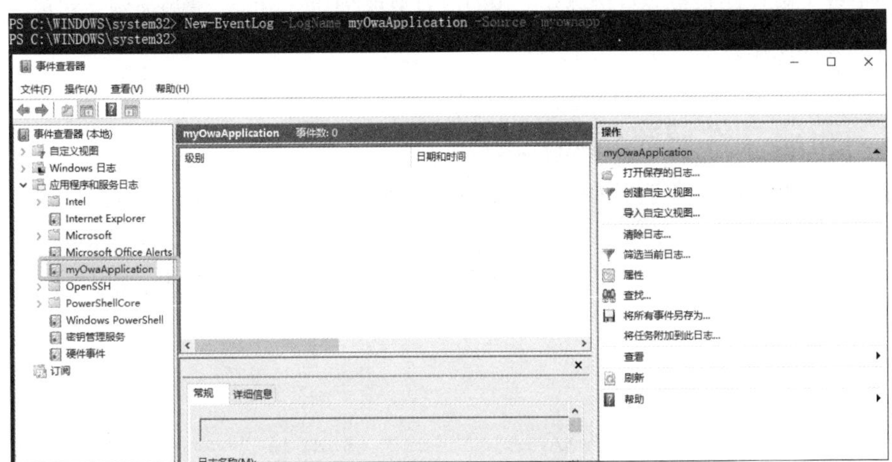

图16.46　新建日志类型数据

执行以下命令在日志数据中创建一条执行日志，图 16.47 所示为完成日志的写入过程。

```
Write-EventLog -LogName "myOwaApplication" -Source "myownapp" -EventID
3001 -EntryType Information -Message "MyApp"
```

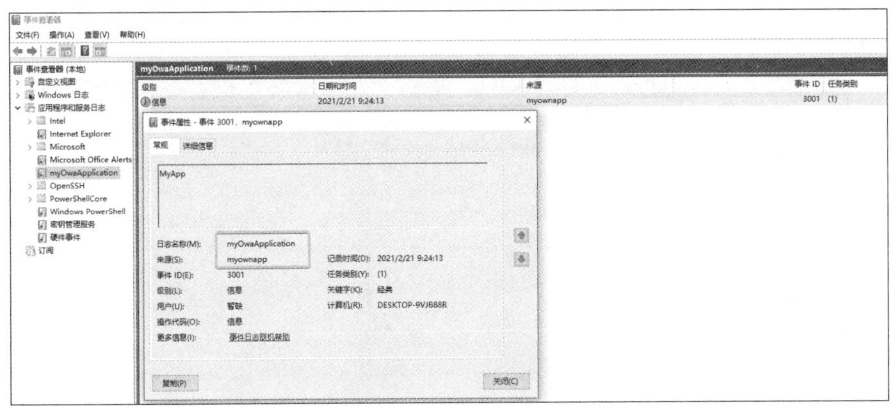

图16.47　写入日志内容

Write-Eventlog 常用参数如下，从参数数量来看可用的参数其实并不多，我们可以将这些参数写入 PowerShell 脚本中。

- LogName：写入数据的日志名称，通常情况下都自己建立。
- ComputerName：写入日志的计算机名称，默认情况下可选。
- Category：写入日志的分类类型，可以为空。
- Eventid：定义事件日志 ID。
- EntryType：通常包含信息（information）、警告（warning）和错误（error）。
- Message：写入的事件具体信息。
- Rawdata：以二进制展现的数据详细信息，可以为空。
- Source：定义的数据源，这里与前面定义的新建日志类型相对应。

为了让大家了解这些参数的具体用法，我们以对象的创建、删除、警告为例来实现日志的信息、错误和警告的具体使用方法。

16.14.1　新建文件日志信息记录

在当前环境中我们希望基于当前的文件创建信息进行日志记录，图 16.48 记录了新建文件的日志信息。

```
$file=d:\log.txt
If(!(test-path $file))
{
Try
{
New-Item -path $file
Write-EventLog -LogName "myOwaApplication" -Source "myownapp" -EventID 3001
-EntryType Information -Message "$file 创建成功"
}
Catch
{
Write-host "文件创建不成功"
}
}
```

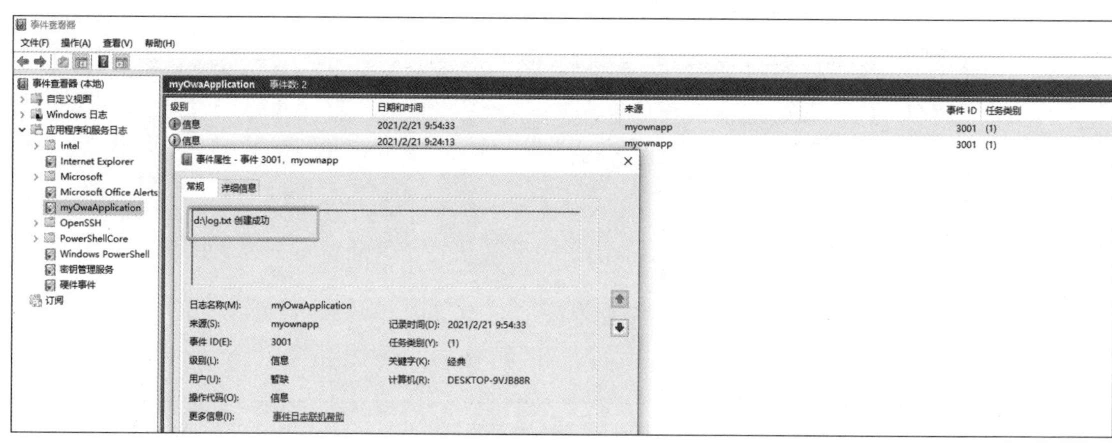

图16.48　文件创建后的日志记录

16.14.2　删除文件警告信息记录

在进行文件删除过程中我们为了让管理员了解用户删除文件，可以将信息记录为警告信息，图 16.49 记录了文件删除后的警告信息。

```
$file="d:\log.txt"
If((test-path $file))
{
Try
{
remove-item -path $file
Write-EventLog -LogName "myOwaApplication" -Source "myownapp" -EventID 3002
-EntryType Warning -Message "$file 文件删除成功"
}
Catch
{
Write-host "文件删除不成功"
}
}
```

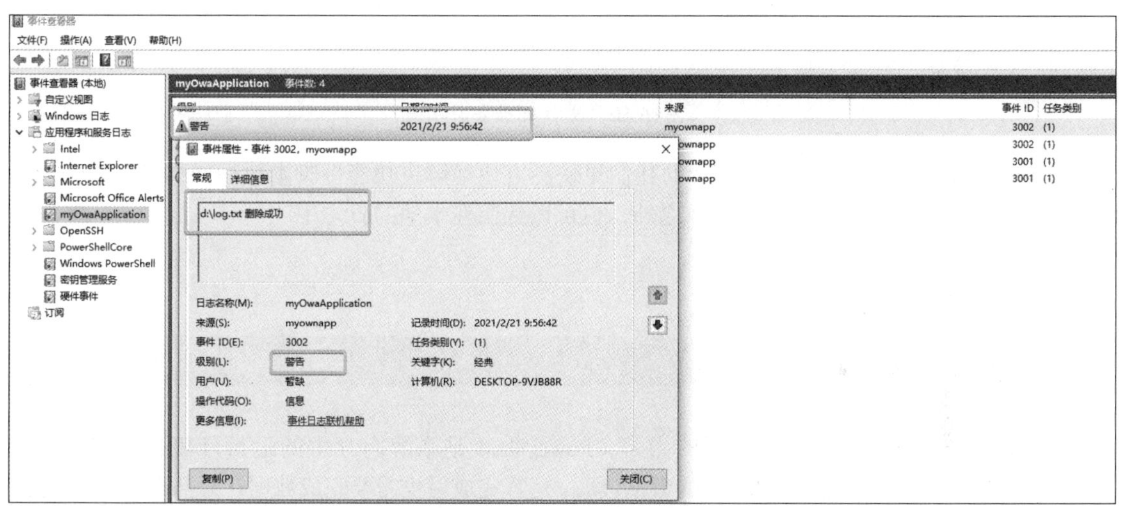

图16.49　文件删除后保留的警告信息

16.14.3　记录删除失败后的错误信息

如果文件不存在而导致删除失败，这样的错误毫无疑问也是存在的。我们是不是也可以把这个错误写入日志中呢？图 16.50 清楚地表明了这个操作是完全可以的。

```
$file="d:\log.txt"
Try
{
remove-item -path $file -ErrorAction Stop
Write-EventLog -LogName "myOwaApplication" -Source "myownapp" -EventID 3002
-EntryType Warning -Message "$file 删除成功"
}
Catch
{
```

```
Write-EventLog -LogName "myOwaApplication" -Source "myownapp" -EventID 3003
-EntryType Error -Message "$file 文件不存在，删除失败"
}
```

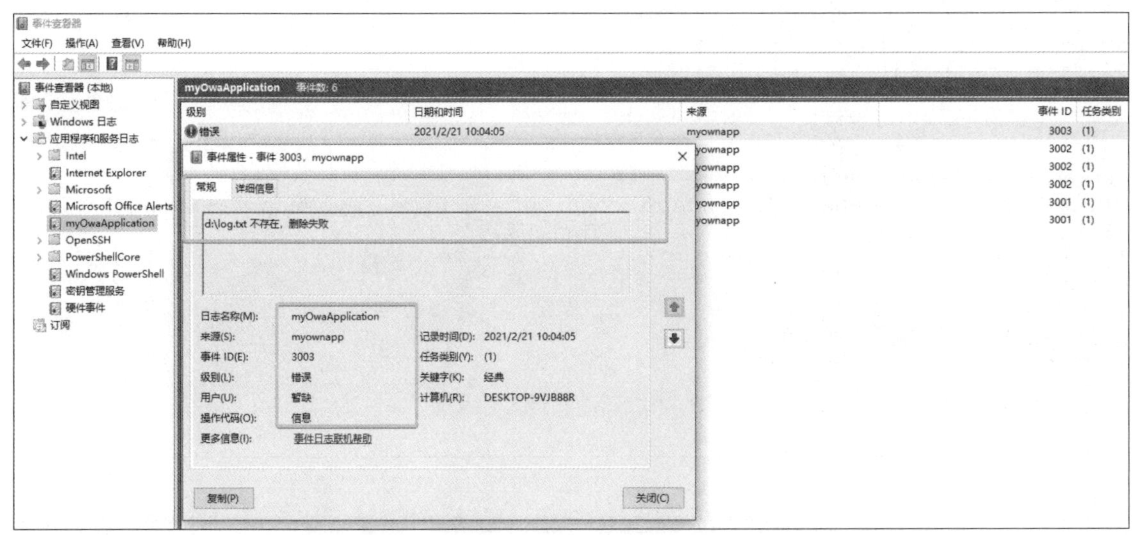

图16.50　文件删除失败

PowerShell 的写入日志功能能够帮助我们更快更方便地解决功能性脚本执行操作的日志记录问题，让用户除了写入数据库或本地文件之外，也可以保留在本地的日志中。

16.15 章节回顾

本章属于 PowerShell 中非常重要的内容，PowerShell 是系统内存中的运行环境，我们需要在 PowerShell 中使用命令完成外部设备上的数据读取，运算完成后也需要完成数据在外部设备上的存储。

PowerShell 实现交互数据的读取方式有两种，通过这两种输入方式可以实现比较友好的数据输入输出方式。

- 使用 Read-Host 进行交互环境数据输入。
- 调用 .Net 窗体实现交互式输入。

如果数据在外部存储设备上，比如在磁盘或数据库中，我们就需要使用相应的 PowerShell 命令进行数据的保存和读取。使用文本方式读取本地磁盘文件的命令比较简单，直接使用 Get-Content 和 Import-CSV 分别导入无规则数据和有规则数据，也可以通过 Select-String 命令实现满足正则表达式的数据输入。

还有一类相对比较特殊的数据，我们称为层次类型的数据。层次数据的类型相比结构化数据，需要经过特殊的处理，才能将数据转换为 PowerShell 的自定义对象来实现继续处理。

数据的保存与输出也可以非常方便地在 PowerShell 中实现，通过 Set-Content 命令可以实现数据的保存，如果希望将数据转换为 HTML 格式进行保存，则需要通过 ConvertTo-HTML 将数据转换为 HTML 格式的数据。在脚本执行过程中日志可以保存在文本或日志文件中，也可以保存在数据库中。两种存储方式对用户都不太友好，我们可以将操作的日志保存在单独的系统日志中，方便进行更详细的查询。

16.16 练习与知识巩固

1. 在PowerShell 交互环境中输入的数值要通过什么方法才能将字符串转换成数值?

2. 获取本地文件中的前面几行，需要使用Get-Content的什么参数实现?

3. 如果输入的数据是格式化的多语言数据，如何编写命令实现数据导入?

4. 将多行数据以一个大的数据块读入，需要通过什么方式实现?

5. 读入XML数据，需要使用什么修饰符完成XML数据的定义?

6. 如果希望GUI的数据与Grid交互环境实现交互，需要使用什么命令实现?

7. 请基于以下条件编写PowerShell脚本。

- 建立以下三个文件 c:\log\file1.txt，c:\log2\file2.txt，c:\log3\file3.txt。
- 使用错误判断机制，如果目录存在则创建文件，目录不存在，则在错误捕获中创建目录。
- 将创建状态写入 Windows 日志中。

8. 编写脚本完成以下数据内容的读取，并为数据设置表头，最后计算得出每一列的均值。

```
2018-02-28 01:03:16.33393 19.3024 38.4629 45.08 2.68742
2018-02-28 01:06:16.013453 19.1652 38.8039 45.08 2.68742
2018-02-28 01:06:46.778088 19.175 38.8379 45.08 2.69964
2018-02-28 01:08:45.992524 19.1456 38.9401 45.08 2.68742
2018-02-28 01:09:22.323858 19.1652 38.872 45.08 2.68742
```

9. 数据匹配的过程中，如果希望将数据匹配行的前两行和后两行都附上，需要执行什么命令?

第17章

理解和编写PowerShell 函数

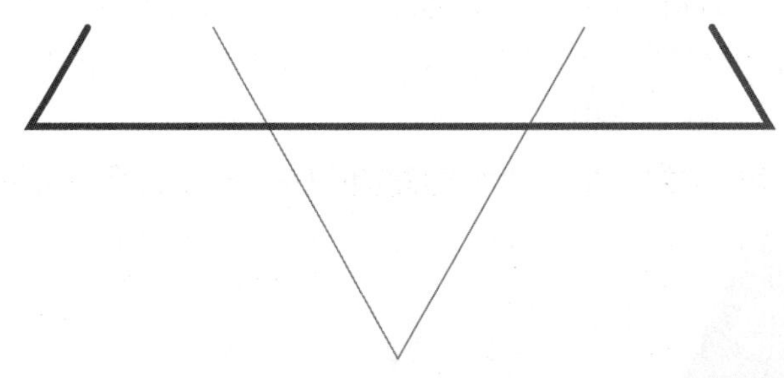

17.1 什么是PowerShell函数

在日常生活中，有些事情是会固定去做的，比如用计算机完成文件处理、程序开发，用手机来刷短视频、看新闻、导航目标，用麦克风来录音，用耳机来听音乐等。当需要完成相关的工作和活动的时候都会使用相关的设备去实现，这就是我们经常讲的对象处理。在 PowerShell 脚本编写中，也会有一些需要经常去写的代码，如果这个代码存在于每一个脚本里面，我们就可以把这个过程抽离出来变成一个独立的过程，这个过程就叫作函数化。比如需要进行文件内容的写入、删除及文件的创建和删除，都需要针对文件进行一个文件判断操作，而打开这个文件我们需要判断这个文件是否存在。在这个过程中，可以把文件判断封装为一个函数，让我们能够不管进行什么操作都会调用这个过程，图 17.1 所示为各个功能所需要调用的函数。

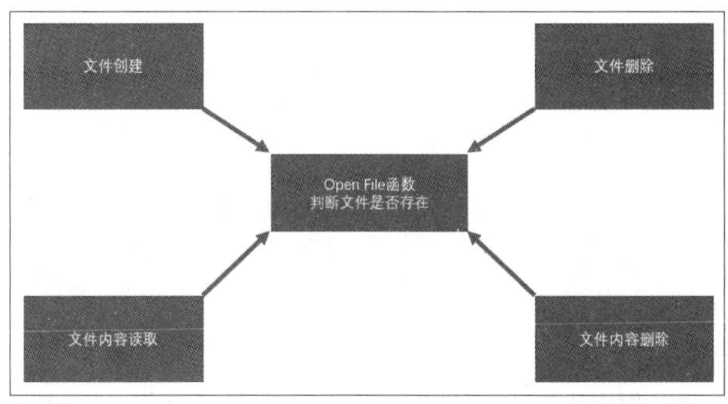

图17.1　各个脚本都需要判断文件是否存在

将判断文件是否存在封装在一个函数中之后，不用在每个阶段都写入相应的函数代码，减少了代码的重复编写，在代码执行过程中也能够大大减少资源的消耗。当在 PowerShell 中进行函数封装时，针对不同的返回结果有两种不同的类型。

17.1.1 有返回值类型函数

这类 PowerShell 函数执行后函数结果有返回值，回到主进程中进行返回值的进一步处理。图 17.2 所示为获取数据的函数执行结果，这里返回了文件数组。

```
Function getFile($directory)
{
Return get-ChildItem $directory
}
```

```
Untitled1.ps1*
Function getFile($directory)
{
Return get-childitem $directory
}

getfile("c:\log")

Mode                LastWriteTime         Length Name
----                -------------         ------ ----
d-----        2021/2/23     20:47                2021-02-23
-a----        2021/2/22     23:18              0 file1.txt
-a----        2021/2/23      7:50          78894 service.txt
```

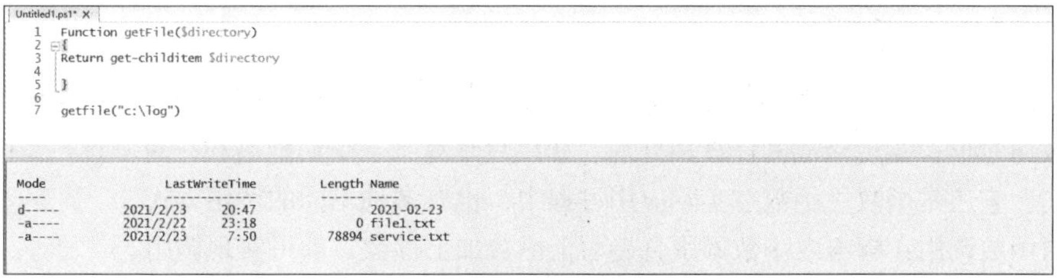

图17.2　有返回值的函数定义

17.1.2 无返回值类型函数

无返回值类型的函数在脚本处理过程中没有返回值，这一类函数的调用通常都是有些固定的工作，比如建立文件、删除文件、数据打印等操作。函数通过 Write-Host 进行数据输出，而当前的函数没有任何返回值，如图 17.3 所示。

```
Function print-date($result)
{
Write-host $result
}
```

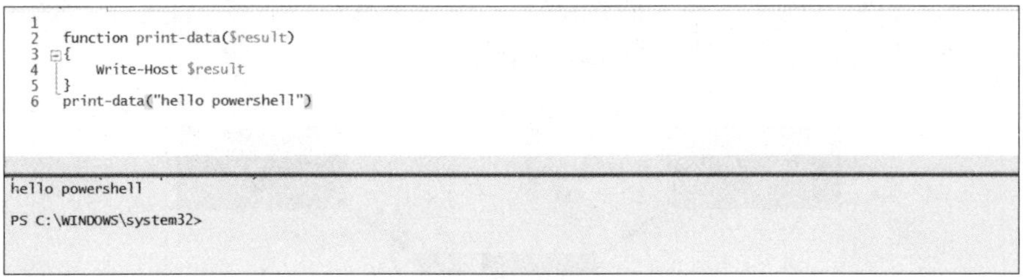

图17.3　无返回值的函数定义

17.1.3 函数格式

在构建 PowerShell 函数过程中，函数体包含以下三个不同的部分，这三个部分在函数定义过程中除了函数名称之外其他都是可选值。图 17.4 所示为非常典型的函数格式。

- 函数名：都需要给相应的函数提供一个函数名称，便于后期调用。
- 参数：函数形参定义，函数执行时进行实参传入，是可选项。
- 函数体：函数在定义过程中的具体语句，函数体内容可选。

图17.4　典型的函数格式

17.1.4 函数体调用

在 PowerShell 中所有函数均通过函数名来调用。在每个函数中都会有形参进行函数占位，实际传入的参数通过形参实现函数的计算和处理。如果只是写了一个函数名和一对“{}”，里面即使没有任何语句，它还是函数。函数在实际应用过程中，也有多种不同的调用方式。

- 脚本内函数调用：脚本内函数调用直接写上函数加上参数，即可实现调用。
- 脚本外函数调用：如果需要外部调用，建议将函数保存在 PowerShell 配置文件中。

17.2 PowerShell 函数的形参和实参

在所有的语言开发中都有形参和实参的概念来帮助我们理解函数的具体应用，在进行函数代码的编写过程中，需要定义传入的参数，这个参数我们称为形参。PowerShell 中有两种不同的方式实现形参的定义，下面分别介绍两种不同的方法实现相应形参的定义。

17.2.1 简单定义函数形参

定义函数的名称同时定义参数是日常函数的参数定义方法，也就是在函数名后面的“()”定义形参。这种方式适合简单函数定义，如果参数有较多的修饰符，采用这种方式就不适合了，下面的定义方式为具体案例。

```
Function New-file($Directory, $file)
```

17.2.2 使用 Param() 完成形参定义

在函数体内定义参数，可以使用如下的方式完成。在进行参数的强制数据类型定义时适合使用这种方式进行形参定义，下面的示例为在参数定义过程中也定义了参数的类型。

```
Function New-file
{
    Param
    (
    [string]$directory,
    [string]$file
    )
}
```

在实际应用场景中上一小节和这一小节哪种定义方式比较多呢？在不同的应用场景下使用不同的定义方式，这两种定义方式使用概率相等。第一种参数定义方式适用于简单的参数定义，如果修饰符较多，则采用第二种方式会比较适合。

17.2.3 函数实参

函数体中的实参就是通过具体命令调用的实际参数，通过函数将实际的参数传递到形参执行相应的结果，我们先来定义一个简单的函数。

```
function new-file
  {
  param
  (
    $directory,
    $file
  )
  $filefullpath=$directory+$file
  New-Item $filefullpath
  }
```

在函数中有两个形参：一个用于目录定义，另外一个用于文件定义。PowerShell 的函数实参传递和其他语言有很大的不同，多数语言调用函数进行实参传递是通过函数名 (参数 1, 参数 2) 的方式执行，但是 PowerShell 函数的执行方式和实参传递方式完全不同。

```
函数  形参 1  实参 1  形参 2  实参 2
```

在实际的参数引用过程中，我们可以将实际的参数通过传参的方式传给形参，最终完成函数的执行。图 17.5 所示为函数的执行方法和执行结果。

```
New-File -directory "c:\log\" -file "file1.txt"
```

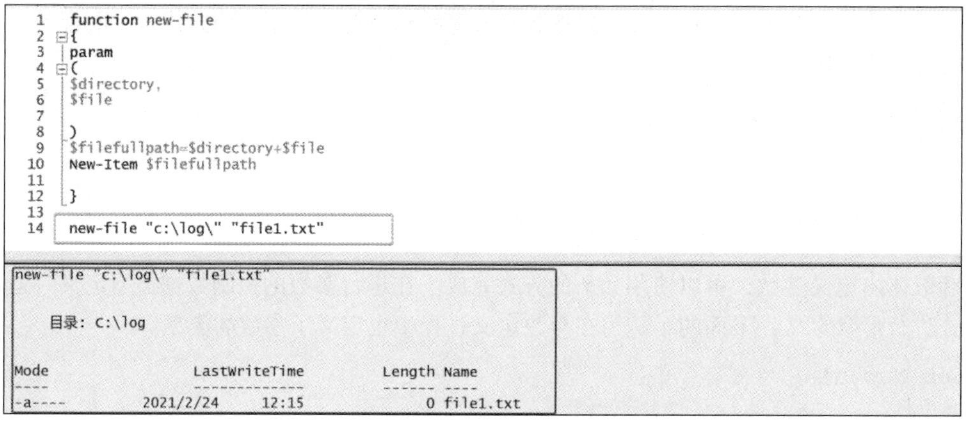

```
function new-file
{
param
(
$directory,
$file

)
$filefullpath=$directory+$file
New-Item $filefullpath

}

new-file "c:\log\" "file1.txt"
```

```
new-file "c:\log\" "file1.txt"

    目录: C:\log

Mode                LastWriteTime         Length Name
----                -------------         ------ ----
-a----        2021/2/24     12:15              0 file1.txt
```

图17.5　函数的执行方法与执行结果

17.3 PowerShell 函数参数的强制类型定义

在进行参数定义时默认适用于弱类型定义，但是在很多脚本运行环境下弱类型定义会导致后面执行出现异常。例如，参数定义函数体是进行数学计算，而输入的值却是字符串，这样运算明显会产生异常的结果。如果限制输入的实参必须是数值，就可以在函数参数定义过程中使用强制类型定义。强制类型定义的方式非常简单，只需要在“[]”里面写入实际的数据类型，就可以完成强制类型定义。

```
Function add-data
{
    Param
    (
    [int]$para1,
    [int]$para2
    )
Return $para1+$para2
}
```

上面的函数定义中我们定义了两个不同的参数，这两个参数的数值类型必须是数值类型，且必须是整数类型，其他的数据类型都会出现异常。参数的强制类型定义可以使用如下的数据类型，其中 Switch 类型属于函数参数中比较特别的类型，用于定义参数引用是否存在。

- 日期时间型：[DateTime] $currentDate
- 整型：[Int] $a
- 布尔型：[Bool] $right
- 字符型：[String] $string
- 列表型：[Array] $list
- Double 型：[Double] $input
- Char 型：[Char] $digit
- XML 型：[XML]$xml
- Switch 型：[Switch]$s

在强制类型定义下的数据类型必须符合相应的数据类型，如果数据类型错误，则会在执行过程中直接抛出异常，图 17.6 显示了当前输入的值与预期的值类型不同而抛出的异常。

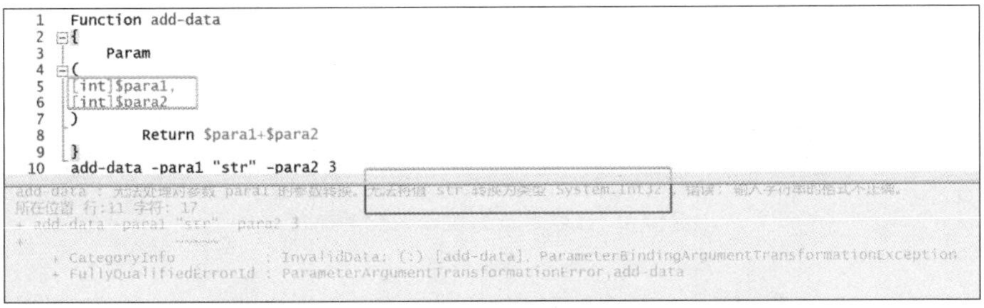

```
Function add-data
{
    Param
(
[int]$para1,
[int]$para2
)
        Return $para1+$para2
}
add-data -para1 "str" -para2 3
```

```
add-data : 无法处理对参数 para1 的参数转换。无法将值 str 转换为类型 System.Int32 。错误：输入字符串的格式不正确。
所在位置 行:11 字符: 17
+ add-data -para1 "str" -para2 3
+                 ~~~~~
    + CategoryInfo          : InvalidData: (:) [add-data], ParameterBindingArgumentTransformationException
    + FullyQualifiedErrorId : ParameterArgumentTransformationError,add-data
```

图17.6　输入的值与强制类型定义值不同抛出异常

17.4 PowerShell 函数强制参数定义

什么是强制参数呢？强制参数可以定义为函数执行过程中的必选参数，只要没有输入必须输入的值，它在执行过程中就会提示用户输入必选参数。在 PowerShell 函数参数定义过程中，是可以进行强制参数定义的。强制参数通过修饰符 [Parameter(Mandatory=$true)] 来实现强制参数定义。

```
Function add-data
  {
  Param
  (
  [Parameter(Mandatory=$true)][int]$para1,
  [Parameter(Mandatory=$true)][int]$para2
  )
  Return $para1+$para2
  }
  add-data  -para1 1 -para2 2
```

这里两个参数都使用了强制参数定义，也就是执行的过程中会要求输入两个参数进行计算，如果定义了强制参数而且值已经输入的情况下，将不会弹出任何提示需要输入参数。图 17.7 所示为强制参数定义及执行示例。

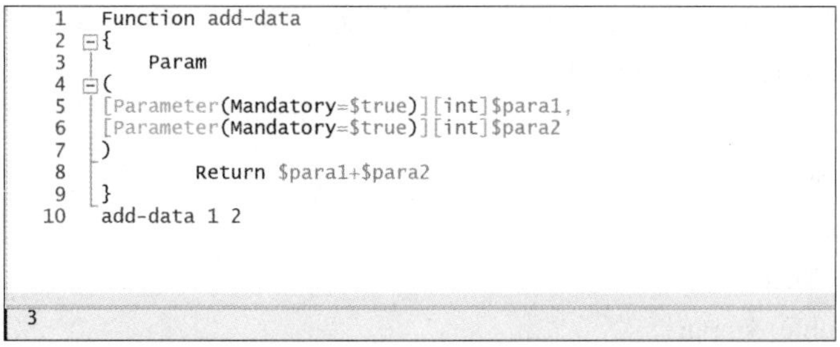

```
Function add-data
{
    Param
(
[Parameter(Mandatory=$true)][int]$para1,
[Parameter(Mandatory=$true)][int]$para2
)
        Return $para1+$para2
}
add-data 1 2

3
```

图17.7　强制参数只要值输入就能够正常执行

但在执行函数过程中没有跟上相应定义的值，则会提示输入强制类型的值。如果在这个过程没有输入值将会直接报错，图 17.8 显示函数执行过程中提示我们输入需要输入的数值。

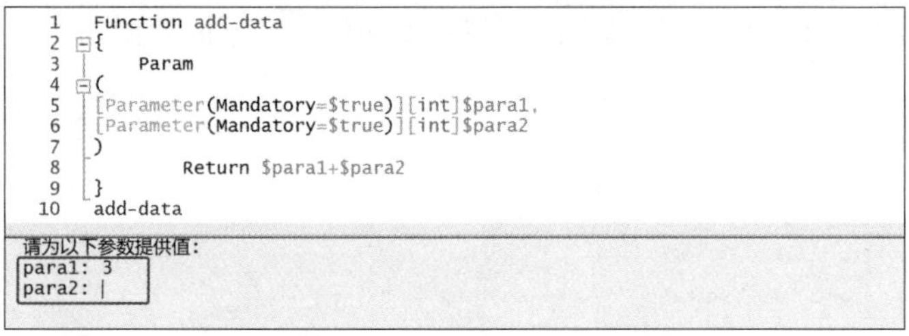

```
Function add-data
{
    Param
(
[Parameter(Mandatory=$true)][int]$para1,
[Parameter(Mandatory=$true)][int]$para2
)
        Return $para1+$para2
}
add-data

请为以下参数提供值:
para1: 3
para2: |
```

图17.8　强制参数需要输入相关的值

17.5 PowerShell 函数位置参数

完成函数定义后，在默认情况下调用函数参数直接使用它的名称调用是最佳实践。但是从另外一个角度来看，有些人比较懒，不愿意使用参数名称来定义参数值。这种场景下是不是可以通过顺序来实现参数的引用呢？答案是肯定的。在参数定义中支持使用 Position 定义参数的顺序，Position 参数是从 0 开始进行定义，如果需要使用顺序参数定义参数的顺序，需要使用修饰符 [Parameter(position=0)]。

```
Function add-data
{
Param
(
    [Parameter(Mandatory=$true,position=1)][string]$para1,
    [Parameter(Mandatory=$true,position=0)][string]$para2
)
        Return $para1+$para2
}
add-data 2 3
```

这段代码执行后，你会不会发现结果和我们预期的有什么不同，图 17.9 显示了代码执行的结果，大家可以好好思考下。

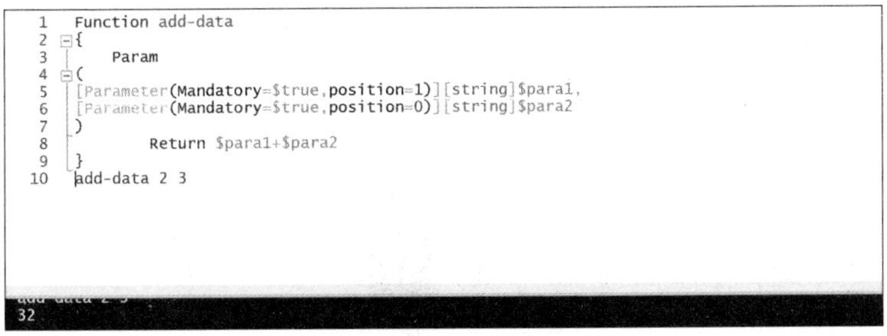

```
Function add-data
{
    Param
(
[Parameter(Mandatory=$true,position=1)][string]$para1,
[Parameter(Mandatory=$true,position=0)][string]$para2
)
        Return $para1+$para2
}
add-data 2 3
```

```
32
```

图17.9　函数执行后的结果

大家需要注意的是这里使用的是强制类型定义修饰符 [String]，也就是说输入的是字符串而不是数值。这里的结果是 32，为什么不是大家所理解的 23？取决于参数定义过程中的 Position 位置参数，这里的 Position 0 的位置是第二个参数，而 Position 1 参数是第一个参数，因此最终的结果是 23。

17.6　PowerShell 函数Switch参数

在函数定义过程中，有一类参数属于 Switch 参数，Switch 参数也是布尔型。如果参数引用则表示结果为 True，没有引用则结果为 False。在实际应用案例中，Confirm 就属于典型的 Switch 参数，在“-”后跟上 confirm 意味着需要再确认，图 17.10 所示为 Switch 参数的应用。

```
Remove-item -path c:\log\file.txt -confirm
```

```
PS C:\> remove-item -Path C:\log\file1.txt -Confirm

确认
是否确实要执行此操作?
正在目标“C:\log\file1.txt”上执行操作“删除文件”。
[Y] 是(Y)  [A] 全是(A)  [N] 否(N)  [L] 全否(L)  [S] 暂停(S)  [?] 帮助 (默认值为“Y”):
```

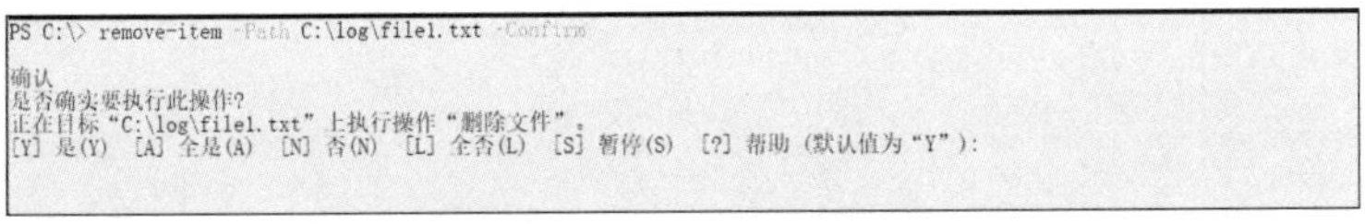

图17.10　Switch 参数的典型应用

在函数定义过程中，也有比较多的机会使用到 Switch 类型的参数定义参数。下面通过一个简单对象创建案例来分享 Switch 参数的使用。

```
Function New-obj
{
Param(
[switch]$directory,
[switch]$file,
$path="c:\log\abc"
)
If($directory.ispresent)
{
      New-Item -itemtype directory -path $path
}
If($file.ispresent)
{
      New-Item -itemtype file -path $path
}
```

在代码编写过程中，通过变量 .Ispresent 方法进行是否调用判断，在执行的过程中可以使用 -Directory 创建目录，或者通过 -file 创建文件，图 17.11 所示为创建新对象的 Switch 方法。

```
Function New-obj
{
Param(
[switch]$directory,
[switch]$file,
$path="c:\log\abc"

PS C:\> New-obj -directory -path C:\log\file

    目录: C:\log

Mode                LastWriteTime         Length Name
----                -------------         ------ ----
d-----         2021/3/9     12:02                file
```

图17.11　函数的Switch方法

17.7 PowerShell 函数参数值限制

如果希望参数从定义好的参数集合中进行选择，这就需要使用到我们定义的参数值限制了。可以预先定义好参数值集合，让用户直接选择相应的值进行数据选取，使用 [ValidateSet(array[])] 修饰符进行参数值限制。下面以定义一周 7 天的值限制用户进行赋值定义。

```
function write-weekday
{
param
(
    [ValidateSet('Monday','Tuesday','Wednesday','Thursday','Friday','Saturday',
     'Sunday')]
      $Weekday
)
Write-Host $Weekday
}
write-weekday -Weekday Monday
```

在函数的执行过程中，限定参数可选的数据集合将数据限定于相应的数据集合，图 17.12 所示为函数执行所限制的输入数据。

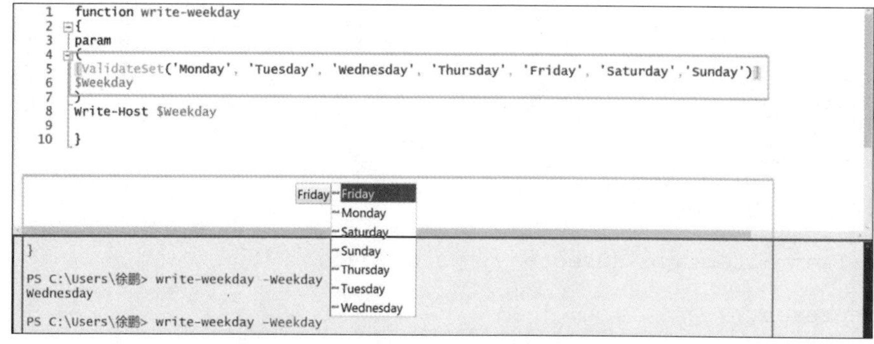

图17.12　为参数限定特定的数据集合

17.8 PowerShell 函数参数匹配

当然在 PowerShell 中的参数也支持正则匹配的方式限制数据输入的格式，正则匹配属于特殊的参数类型。在定义匹配参数时可以使用修饰符 [ValidatePattern($pattern)] 进行数据的正则匹配，$Pattern 是需要进行正则匹配的规则。下面的案例中，通过典型的正则匹配完成相应的参数匹配操作。

```
Function validatePhone
  {
    Param
    (
      [ValidatePattern("^1[3|4|5|7|8][0-9]{9}$")]$PhoneNumber
    )
    Write-host "您的验证电话 $PhoneNumber 是国内手机电话"
    }
  validatePhone 13999999999
  validatePhone 19999999999
```

在函数执行过程中，通过输入参数来进行正则匹配，符合正则匹配的参数则能够正常执行，不符合正则匹配的数据将抛出异常，图 17.13 所示为验证电话号码是否满足正则表达式。

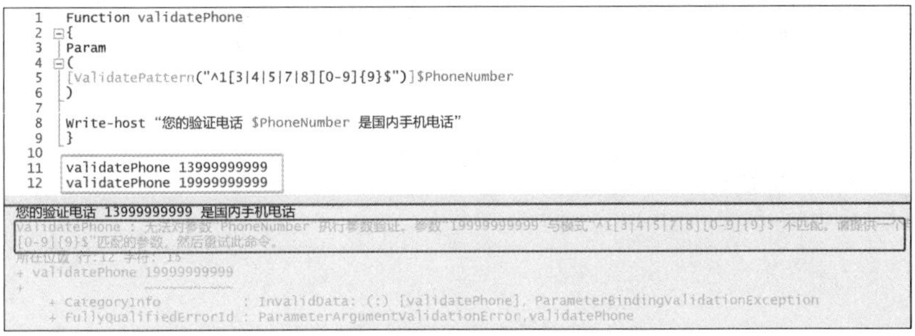

```
Function validatePhone
{
Param
(
[ValidatePattern("^1[3|4|5|7|8][0-9]{9}$")]$PhoneNumber
)

Write-host “您的验证电话 $PhoneNumber 是国内手机电话”
}

validatePhone 13999999999
validatePhone 19999999999
```

```
您的验证电话 13999999999 是国内手机电话
validatePhone : 无法对参数"PhoneNumber"执行参数验证。参数"19999999999"与模式"^1[3|4|5|7|8][0-9]{9}$"不匹配。请提供一个与"^1[3|4|5|7|8]
[0-9]{9}$"匹配的参数，然后重试此命令。
所在位置 行:12 字符: 15
+ validatePhone 19999999999
+               ~~~~~~~~~~~
    + CategoryInfo          : InvalidData: (:) [validatePhone], ParameterBindingValidationException
    + FullyQualifiedErrorId : ParameterArgumentValidationError,validatePhone
```

图17.13　验证电话号码是否满足正则表达式

17.9 PowerShell 函数参数集定义

在运行 PowerShellCmdlet 过程中，有多种不同的运行场景。我们可以将不同的命令执行方式定义为场景，相同的命令在不同的场景下执行的方式不同，下面以 New-Item 命令为例，图 17.14 呈现了两种不同的场景。

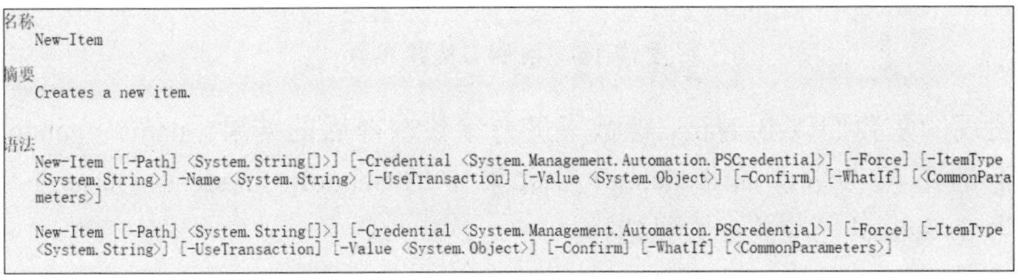

```
名称
    New-Item

摘要
    Creates a new item.

语法
    New-Item [[-Path] <System.String[]>] [-Credential <System.Management.Automation.PSCredential>] [-Force] [-ItemType
    <System.String>] -Name <System.String> [-UseTransaction] [-Value <System.Object>] [-Confirm] [-WhatIf] [<CommonPara
    meters>]

    New-Item [[-Path] <System.String[]>] [-Credential <System.Management.Automation.PSCredential>] [-Force] [-ItemType
    <System.String>] [-UseTransaction] [-Value <System.Object>] [-Confirm] [-WhatIf] [<CommonParameters>]
```

图17.14　创建文件的两个场景

图 17.14 显示了两种创建文件的场景，可以通过“New-Item 文件名”方式建立新的文件，也可以通过“New-Item 文件路径”方式建立新的文件。这两种方式使用了不同的参数，而这两个参数有一部分是互斥的。在进行函数编写时如何实现参数的互斥？这里需要引入参数集的概念，可以通过修饰符 [Parameter(parametersetName=" 参数集 ")] 来实现参数的互斥。下面是典型的参数集的实际案例。

```
function new-Obj
{
param
(
$id,
[Parameter(parametersetName="byname")]$name,
[Parameter(parametersetName="byschool")]$school="LF school",
[Parameter(parametersetName="byname")]$gender,
[Parameter(parametersetName="byschool")]$grade="grade 3",
[Parameter(parametersetName="byname")]$age,
[Parameter(parametersetName="byschool")]$class="Class 3"
)
switch($PSCmdlet.ParameterSetName)
{
    "byname" {
        $allStuinfo=" 学生学号 :"+$id+", 学生姓名 :"+$name+", 学生性别:
"+$gender+", 学生年龄 :"+$age
        Write-Host $allStuinfo
    }
    "byschool"{
$allSchoolinfo=" 学生学号 :"+$id+", 学生学校 :"+$school+", 学生年
级:  "+$grade+", 学生班级 :"+$class
        Write-Host $allSchoolinfo
    }
}
}
```

在上面的脚本中，有两个不同的参数集：BySchool 和 ByName。在脚本的执行过程中，这两个参数互斥，如果选择了 BySchool 参数，则 BySchool 参数集合中的所有参数都可以被选择。如果选择了 ByName 参数集合中的一个参数，则 BySchool 的参数不会显示出来，图 17.15 所示为选择了姓名之后呈现的相同参数集。

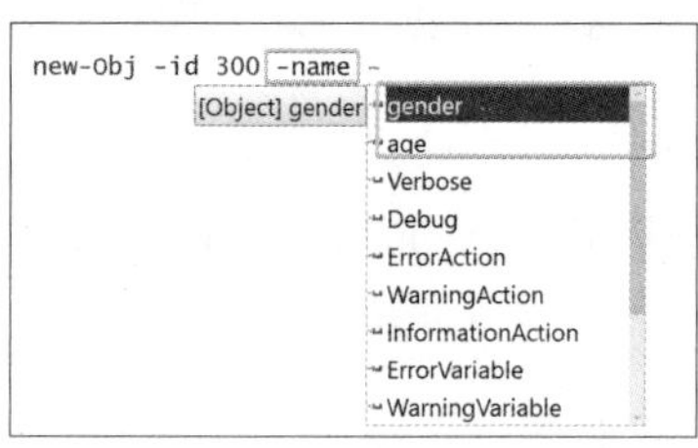

图17.15　按姓名选择参数

图 17.15 展现的是我们以 ByName 参数集进行参数选择后的结果，name、gender、age 都是相同的参数集下的不同参数。而 BySchool 参数集中的 School、Grade 和 Class 进行参数选择，图 17.16 所示为 BySchool 相应的参数集选择。

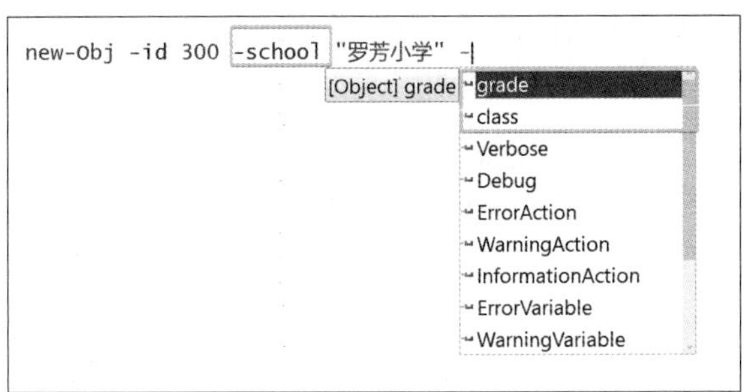

图17.16 按照学校选择参数

如果参数既不属于 BySchool，也不属于 ByName，那么建立的参数怎么调用呢？其实如果这个参数不属于任何一个参数集，那么它可以被所有参数集中的参数引用。

17.10 PowerShell [CmdletBinding] 函数高级功能启用

PowerShell 命令中有些命令提供了一些特殊的功能，比如在输出数据过程中希望详细的 Debug 信息，或者实现命令的模拟操作。在 PowerShell 函数中，这些不是 PowerShell 脚本内置的参数，但是我们可以通过 [CmdletBinding] 修饰符启用这些函数的高级功能，这些功能有哪些呢，大家还记得我们在命令章节提到的特殊参数吗？这些参数所代表的功能在 PowerShell 中称为函数高级功能。

- Verbose：在执行命令过程中输出详细信息。
- Debug：在命令执行过程中输出 Debug 信息。
- ErrorAction：定义出现错误后命令执行的操作设置。
- WarningAction：定义出现警告后命令执行的操作设置。
- ErrorVariable：定义错误变量。
- WarningVariable：定义警告过程输出变量。
- OutVariable：定义输出结果的变量。
- OutBuffer：定义输出过程的 Buffer。
- PipeLineVariable：定义管道符输出的变量。
- Whatif：定义执行模拟操作。
- Confirm：定义是否需要进行再确认操作。

当前函数是普通的函数功能，我们没有启用函数的高级功能。

```
Function new-file
{
  Param(
    $directory,
    $file
  )
  $filefullpath=$directory+$file
  New-Item $filefullpath
}
```

在函数的执行过程中，如果没有启用函数高级功能，则不会在函数执行过程中调用函数高级功能选项，调用过程中没有显示高级函数功能调用，如图 17.17 所示。

```
Function new-file
{
Param(
$directory,
$file
)
$filefullpath=$directory+$file
New-file $filefullpath
}

new-file -
          directory
          file
```

图17.17　函数执行过程中没有启用高级功能

如果通过修饰符 [CmdletBinding()] 定义了 Param()，在函数执行过程中就可以通过调用高级功能的参数来启用 PowerShell 的高级功能。

```
Function new-file
{
  [CmdletBinding()]Param(
    $directory,
    $file
  )
  $filefullpath=$directory+$file
  New-file $filefullpath
}
```

在开启了高级功能之后，函数的参数调用也可以通过参数使用 PowerShell 的高级功能，图 17.18 展现了高级功能的调用。

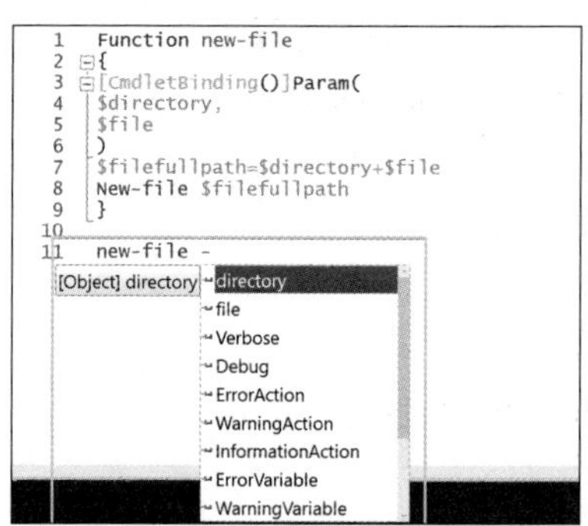

图17.18　高级功能的调用

是不是开启就可以使用这些功能呢？其实这个说法是错误的，只是开启而没有操作配合，无法实现函数的高级功能。

启用了支持之后，我们依然需要添加相应的命令处理才能真正使用高级功能。

17.10.1　Verbose 信息添加

这里开启了 Verbose 之后需要在脚本中加入 Write-Verbose 输出信息，Verbose 参数才可用。不然命令执行完毕，还是看不到输出的详细信息，图 17.19 显示了在没有写入 Verbose 信息状态下的命令执行结果。

```
Function new-file
{
[CmdletBinding()]Param(
$directory,
$file
)
$filefullpath=$directory+$file
New-item $filefullpath
}

new-file -directory "c:\log\" -file "fil.txt" -Verbose
```

```
    目录: C:\log


Mode                 LastWriteTime         Length Name
----                 -------------         ------ ----
-a----         2021/2/25      0:39              0 fil.txt
```

图17.19　无Verbose信息输出

下面的案例通过添加 Verbose 信息，在执行过程中使用 Write-Verbose 添加详细输出记录。

```
Function new-file
{
  [CmdletBinding()]Param(
  $directory,
  $file
  )
  $filefullpath=$directory+$file
  Write-verbose "文件完整路径如下:  $filefullpath"
  New-Item $filefullpath
  Write-verbose "$file 建立完成"
}
new-file -directory "c:\log\" -file "fil.txt" -Verbose
```

在命令执行过程中，如果启用了 Verbose 参数并且在函数中使用了 Write-Verbose 进行详细的信息输出，在函数的执行过程中就可以输出详细的执行信息，图 17.20 所示为写入 Verbose 信息后的最终结果。

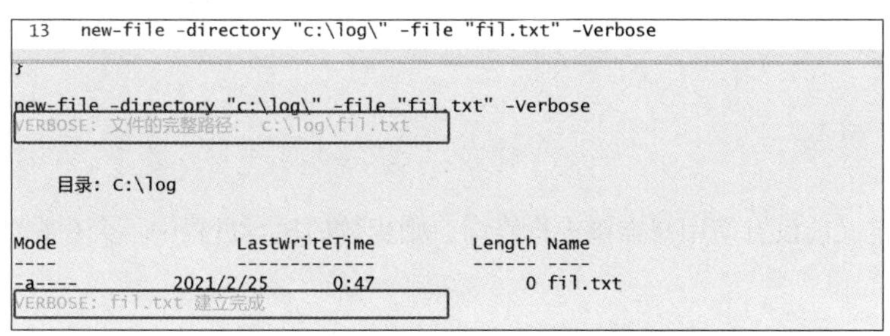

图17.20　写入Verbose信息后的Verbose调用

17.10.2　Debug 信息输出

函数中如果希望进行 Debug 信息输出，怎么办呢？必须满足以下要求才能输出相应的 Debug 信息。

- 在函数执行过程中使用 Debug 关键字。

• 在函数体内通过 Write-Debug 信息输出。

输出 Debug 信息的前提在于，在函数体内需要通过 Write-Debug 命令输出相应的 Debug 信息。如果在函数体内没有使用 Write-Debug 输出 Debug 信息，则使用了 Debug 关键字依然不会输出 Debug 信息，图 17.21 所示为写入了 Debug 信息后输出的结果。

```
$filefullpath=$directory+$file
Write-debug "文件的完整路径: $filefullpath"
New-item $filefullpath
Write-debug "$file 建立完成"
}

new-file -directory "c:\log\" -file "fil.txt" -debug
```

```
new-file -directory "c:\log\" -file "fil.txt" -debug
DEBUG: 文件的完整路径: c:\log\fil.txt

    目录: C:\log

Mode                LastWriteTime         Length Name
----                -------------         ------ ----
-a----         2021/2/25      0:54             0 fil.txt
DEBUG: fil.txt 建立完成
```

图17.21　写入Debug信息后的输出

上面的案例以最简单的方式诠释了如何进行 Debug 信息的输出。默认情况下，Debug 的信息输出取决于 DebugPreference 的配置，当然也可以通过 Debug 参数启用所有的 Debug 信息输出。

17.10.3　Confirm 再确认

Confirm 参数的启用，意味着在执行命令的过程中，可以通过 Confirm 再次确认是否能立即执行相应的操作。如果希望能够使用 Confirm 的再确认，需要使用修饰符 [CmdletBinding(supportsshouldprocess)] 进行参数定义。如果没有 [CmdletBinding(supportsshouldprocess)] 修饰符进行参数的修饰，函数的执行不会提供 Confirm 参数进行再次确认。

```
function remove-file
{
[CmdletBinding()]param(
  $file
  )
  remove-item $file
}
```

如果在参数定义前没有使用修饰符进行修饰，则函数的执行过程中不会存在如图 17.22 所示的 Confirm 参数。

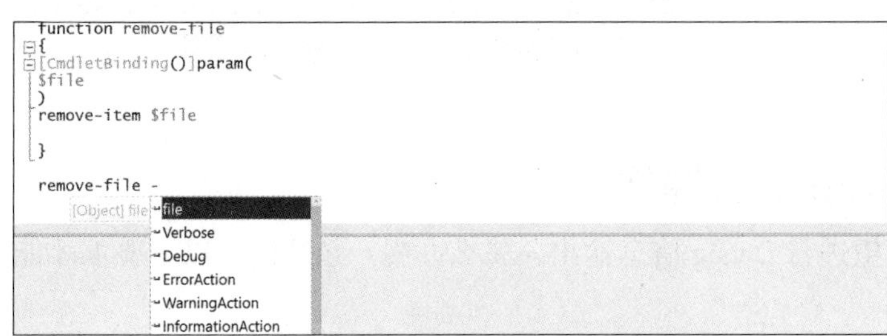

图17.22　Confirm参数引用

我们需要在代码中添加 [CmdletBinding(supportsshouldprocess)] 修饰符来启用 Confirm 关键字，图 17.23 显示了添加修饰符后的 Confirm 启用。

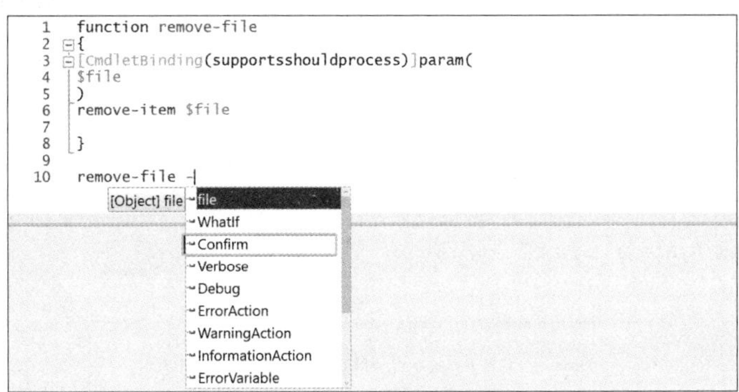

图17.23　Confirm参数的启用

启用了 Confirm 之后，是不是就可以交给 PowerShell 处理了？结果当然是不行的，我们需要进行代码的修改，以保证在启用了 Confirm 参数后有相应的函数处理步骤来实现 Confirm 的值处理和操作步骤。

```
Function Remove-File
{
  [CmdletBinding(supportsshouldprocess)]param($file)
  if($PSCmdlet.ShouldContinue("你是否知道你在进行删除操作？","确定删除"))
    {
      remove-item $file
    }
    else
    {
      Write-Host "你已经取消了删除操作"
    }
}
```

在添加了再次确认的操作之后，执行函数过程中会提示你是否进行操作的再确认，图 17.24 所示为添加 Confirm 处理过程的执行结果。

```
function remove-file
{
[CmdletBinding(supportsshouldprocess)]param(
$file
)
if($PSCmdlet.ShouldContinue("你是否知道你再删除操作？","确定删除")){
remove-item $file
}
else
{
Write-Host "你已经取消了删除操作"
}
}

remove-file file.txt -Confirm
```
具体操作提示　标题

图17.24　添加Confirm后的执行结果

17.10.4　Whatif 模拟操作

Whatif 的操作是进行操作过程的模拟操作，只需要使用修饰符 [CmdletBinding (supportsshould-process)] 进行 Param() 参数修饰，即可实现 Whatif 模拟操作启用。只需要在函数执行过程中添加

Whatif 参数，就可以实现函数执行的模拟操作。

```
function remove-file
{
  [CmdletBinding(supportsshouldprocess)]param($file)
  remove-item $file
}
```

在执行函数过程中，如果不希望实际操作而只是进行模拟操作，直接通过 Whatif 参数即可实现，图 17.25 所示为模拟执行命令的具体操作。

```
remove-file  "c:\log\file1.txt" -whatif
```

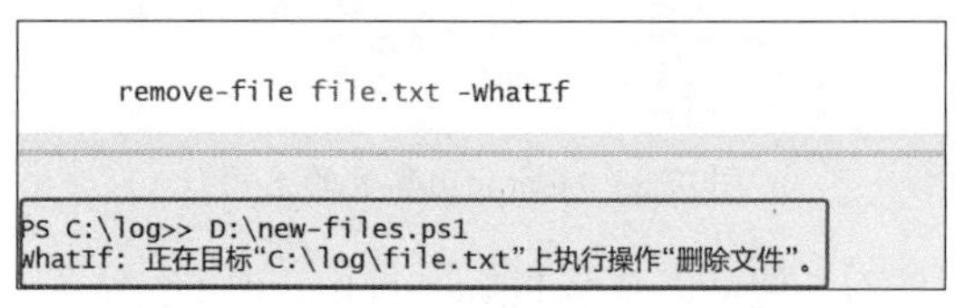

图17.25　模拟执行命令的具体操作

17.11 PowerShell 函数的管道符支持

在前面的章节中分享了命令对管道符的支持，我们是否可以编写一个 PowerShell 函数支持以管道方式运行呢？毫无疑问也是支持的。在 PowerShell 管道符输入支持两种不同的数据传递类型。

- 值类型传递：支持管道符进行值传递的数据，值传递类型支持单一类型一个值进行传递，这一点必须特别注意。
- 属性值类型传递：支持管道符传递多个属性值数据。

在 PowerShell 环境下如果希望在函数中启用管道符支持，我们可以依据不同的选项启用不同的修饰符，这两种修饰符适用于不同的场景。

- Parameter(ValueFromPipeline)]：值传递修饰符。
- [Parameter(ValueFromPipelineByPropertyName)]：属性传递修饰符。

17.11.1 管道符的值传递

下面通过一个非常简单的函数实现基于值传递的功能，值传递的同一数据类型只支持一个值传递，值传递可以通过修饰符 [ValueFromPipeline] 来进行定义。

```
Function Remove-File
{
  param(
    [Parameter(ValueFromPipeline)]$file
    )
    Process
    {
    remove-item $file
```

```
    }
}
```

在实际的执行过程中通过管道符将管道符左边的值以值传递模式传递给 Remove-File 函数，实现数据删除，图 17.26 所示为基于管道符的值传递模式。

```
"C:\log\file2.txt","C:\log\file1.txt","C:\log\file3.txt" | remove-file
```

```
"C:\log\file2.txt","C:\log\file1.txt","C:\log\file3.txt" | remove-file -Confirm:$false

:\log>> D:\new-files.ps1
:\log>> |
```

图17.26　基于管道符的值传递模式

17.11.2　管道符的属性传递

下面继续和大家分享函数中的属性传递方法，属性传递可以一次性提供多个数据传递。属性值传递使用的是修饰符 [Parameter(ValueFromPipelineByPropertyName)] 进行属性传递定义。属性传递可以支持多个相同或不同类型的数据传递。

```
function new-file
{
  param
  (
    [Parameter(ValueFromPipelineByPropertyName)]$itemtype,
    [Parameter(ValueFromPipelineByPropertyName)]$path
  )
  process
  {
    New-Item -ItemType $itemtype -Path $path
  }
}
```

这是一个典型的通过属性传递数据的案例，通过管道传递的不再是单一值，而是具有多个不同属性的对象，属性值传递过程中的赋值需要使用 ForEach 结合函数参数实现意义绑定。下面的案例直观地分享了如何进行属性名传递，这里将 ItemType 的类型传递给函数的 ItemType，将 Path 路径传递给函数中的 Path。

```
path,itemtype
C:\log\file1.txt,file
C:\log1\,directory
C:\log\file3.txt,file
C:\log2\,directory
```

通过 Import-Csv 命令将文本文件导入之后通过管道符将数据传递到相应的参数，最终执行完成后通过管道符传递相应的属性值到函数中进行文件和目录的创建，具体执行结果如图 17.27 所示。

```
import-csv .\file.csv |new-file
```

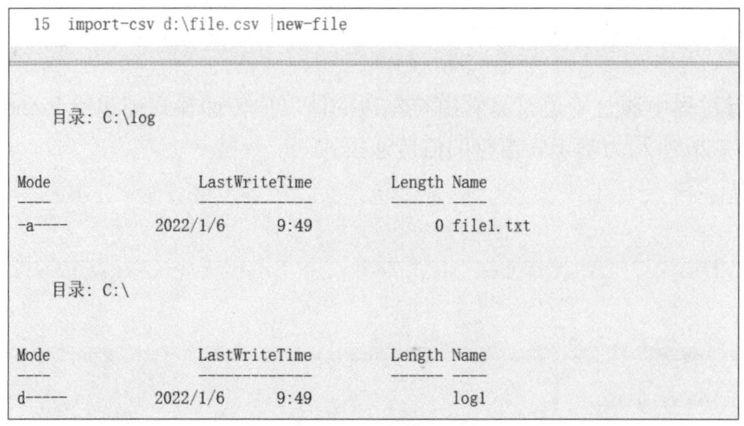

图17.27 通过管道符实现属性值传递

17.12 构建PowerShell 脚本函数

学到这里，相信很多人已经开始慢慢写一些脚本了。也会有人在想一个问题，我能否将所有的函数都放在一个文件中，然后需要的时候在 PowerShell 中进行实际的调用呢？答案当然是肯定的。

脚本封装成函数，供其他的脚本或函数调用相对比较简单。下面以一个文件操作的实际案例进行讲解，进行文件创建、读取、删除或者内容删除都需要验证文件是否存在。这里是不是可以将验证文件存在过程封装成一个函数呢？答案是肯定的，图 17.28 所示为脚本拓扑结构。

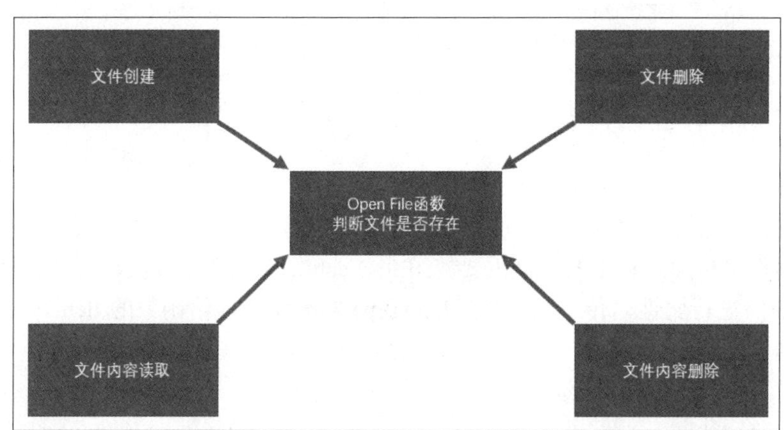

图17.28 脚本拓扑结构

从结构上需要在文件中定义 5 个函数，其中 4 个函数是外部直接调用函数，还有一个是 4 个函数都可以调用的函数。如何进行这样的代码编写呢？这 5 个函数都需要调用 Evaluate-File 函数来验证路径是否存在，我们先来编写验证文件目录是否存在的函数，这个函数在其他函数中都会调用。

```
function evaluate-File($filepath)
  {
```

```
  return Test-Path $filepath
  }
```

函数体比较简单，函数中直接使用了 Test-Path 进行路径判断，返回值为 True，则意味着路径存在，返回值为 False 值，则路径不存在。

接下来构造文件创建函数 New-File，New-File 函数用于实现文件的创建。当然创建之前先要确认文件是否存在，这里使用上面建立的 Evaluate-File 函数进行存在性验证。

```
function new-file
{
param
(
$directory,
$file
)
  $filefullpath=$directory+$file
  if(evaluate-File $filefullpath )
    {
       write-host "文件已经存在， 不能再创建"
    }
  else
    {
       New-Item $filefullpath
       Write-Host "文件创建完成"
    }
}
```

第二步开始构造文件删除函数，删除之前利用 Evaluate-File 函数进行文件的存在性判断，如果不存在输出文件则不提示，存在则删除文件。

```
function Delete-file
{
param
(
  $directory,
  $file
)
$filefullpath=$directory+$file
if(evaluate-File($filefullpath))
{
     remove-itm $filefullpath
     write-host "文件已经删除"
}
else
{
        Write-Host "文件不存在"
}
}
```

第三步构建文件读取函数，在文件读取之前使用 Evaluate-File 函数进行存在性验证，如果文件不存在则返回文件不存在提示，如果文件存在则读取文件内容。

```
function Get-file
{
param
(
   $directory,
```

```
   $file
)
$filefullpath=$directory+$file
if(evaluate-File($filefullpath))
{
   $result= Get-Content $filefullpath
   write-host $result
}
else
{

    Write-Host "文件不存在"
}
}
```

最后构建文件内容删除函数，在进行数据内容获取之前同样使用 Evaluate-File 函数进行存在性验证。如果文件不存在则显示文件不存在，文件存在则使用 Replace 方法将特定字符替换为空。

```
function Delete-word
{
param
(
  $directory,
  $file,
  $word
)
$filefullpath=$directory+$file
if(evaluate-File($filefullpath))
{
  $result= Get-Content $filefullpath
  $result=$result.Replace($word,"")
  $result|Set-Content $filefullpath
}
else
{
    Write-Host "文件不存在"
}
}
```

函数已经编写完毕，如果在脚本内部调用这些函数非常简单，只需要在脚本后面使用相关的函数就可以了，如果希望从文件外调用这些函数，该怎么办呢？这些函数保存在文件里是无法直接调用的，这里有两种不同的方式来进行函数的调用。

- 将函数全部放在 PowerShell 配置文件中。
- 将函数放到 PowerShell 模块路径下实现模块化加载。

这两种方式的调用哪种好呢？取决于具体的应用场景和环境，如果所有的应用函数都是在本机，采用配置文件比较好。如果希望函数能够通过分发的方式放在多台服务器或客户端，可以采用模块方式进行调用。

17.12.1 将函数保留在 PowerShell 配置文件中

我们将所有脚本函数保留在 PowerShell 配置文件中，配置文件保存后就可以在所有 PowerShell 中调用相应的命令，图 17.29 所示为配置文件中定义的函数。

```
PS D:\> notepad
PS D:\> notepad $profile
PS D:\>
```
```
    Write-Host "文件不存在"
}
}



function global:Delete-word
{
param
(
$directory,
$file,
$word
)
$filefullpath=$directory+$file
if(evaluate-File($filefullpath))
{
```

图17.29　配置文件中写入函数

所有的函数拷贝到配置文件中后，在 PowerShell 的交互环境中可以随时使用这些函数来执行相关的任务，任务执行结果如图 17.30 所示。

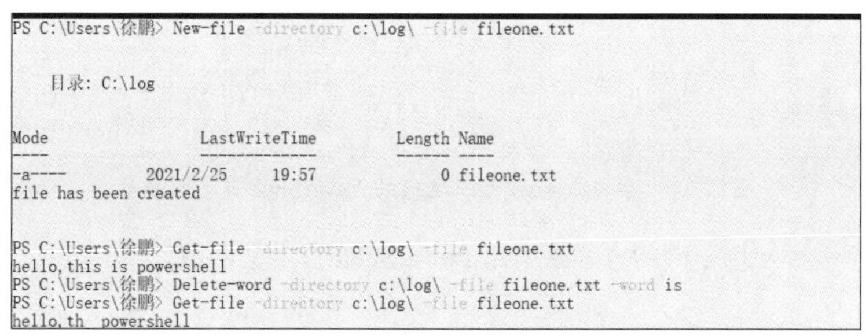
```
PS C:\Users\徐鹏> New-file -directory c:\log\ -file fileone.txt

    目录: C:\log

Mode                 LastWriteTime         Length Name
----                 -------------         ------ ----
-a----         2021/2/25     19:57              0 fileone.txt
file has been created

PS C:\Users\徐鹏> Get-file -directory c:\log\ -file fileone.txt
hello,this is powershell
PS C:\Users\徐鹏> Delete-word -directory c:\log\ -file fileone.txt -word is
PS C:\Users\徐鹏> Get-file -directory c:\log\ -file fileone.txt
hello,th  powershell
```

图17.30　使用配置文件中的函数

17.12.2　将函数保存在模块文件中

这里可以将函数保存为 PSM1 文件后放置在模块文件夹中，所有函数将在模块加载后实现调用。将模块文件拷贝到模块路径下实现自动加载，针对本地用户的模块路径如图 17.31 所示。

```
$env:PSModulePath
```

```
PS C:\> $env:PSModulePath
C:\Users\徐鹏\Documents\WindowsPowerShell\Modules;C:\Program Files\WindowsPowerShell\Modules;C:\WINDOWS\system32\Windows
PowerShell\v1.0\Modules
PS C:\>
```

图17.31　PowerShell的模块路径

这里将文件保存为模块文件类型 PSM1，然后保存到上面提到的任意一个模块路径下，图 17.32 所示为将模块保存到系统模块路径。

图17.32　将模块保存到系统模块路径

将模块放置在相应的模块目录，重新打开 PowerShell 后模块随着命令的执行自动加载到 PowerShell 的 Session 中，图 17.33 所示为模块加载后的命令执行场景。

图17.33　模块中的命令自动加载

在模块中加载了能够直接调用自己编写的自定义函数，图 17.34 所示为加载后的模块中所拥有的 PowerShell 自定义函数。

```
PS C:\Users\徐鹏> Get-Module

ModuleType Version    Name                                ExportedCommands
---------- -------    ----                                ----------------
Script     0.0        filemod                             {Delete-file, Delete-word, evaluate-File, Get-file...}
Manifest   3.1.0.0    Microsoft.PowerShell.Management     {Add-Computer, Add-Content, Checkpoint-Computer, Clear-Con...
Manifest   3.1.0.0    Microsoft.PowerShell.Utility        {Add-Member, Add-Type, Clear-Variable, Compare-Object...}
Script     2.0.0      PSReadline                          {Get-PSReadLineKeyHandler, Get-PSReadLineOption, Remove-PS...
```

图17.34　模块加载后可以运行的PowerShell自定义函数

大家可以根据需要使用不同的方式来引用 PowerShell 自定义函数。

17.13 章节回顾

本章和大家讨论的内容非常重要，函数可以说是 PowerShell 的灵魂。通过 PowerShell 的函数可以实现计划任务的快速处理，同时也可以快速地将多个不同函数利用模块方式进行函数分发。

在定义自定义函数中有两个非常重要的概念：形参和实参。形参提供的功能类似于占位符，将实际操作的变量通过形参传递到函数体内部进行实际的计算。PowerShell 函数包含不同的两类：一类是有返回值函数，另外一类我们称为无返回值函数。这两类不同的函数在实际使用中存在不同的场景。

函数在定义参数时根据需要可以定义为弱类型参数和强类型参数。如果希望基于位置进行参数的顺序定义，可以使用 Position 参数来实现。如果希望实现强制类型定义，可以使用修饰符 Mandatory 进行定义。在不同的场景下，可以通过设定不同的参数集满足在不同场景下的参数调用。如果希望在自定义的函数中启用高级函数功能，可以通过 [CmdletBing] 修饰符进行访问修饰，这里有一部分功能需要在脚本中添加相应的处理过程，才可以使用相应的高级函数功能。

在本章的最后，分享了自定义函数的管道符支持和脚本函数（模块）的构建方法，通过管道符支持，可以实现相应对象批量操作，而通过将脚本文件以模块发布的方法，可以在客户端实现任务的批量操作。

17.14 练习与知识巩固

1. 什么是参数的强制类型定义，为什么要使用强制类型定义？

2. 在函数中如果定制参数为强制类型，是否意味着必须输入呢？

3. 使用Switch参数有什么好处，它和布尔运算符有什么不同？

4. 基于下面的要求编写处理函数。

a. 输入两个数值，返回值为除的结果

b. 避免除零导致异常，需要进行异常处理

c. 进行位置定义，第二个值为被除数，第一个值为除数

d. 在函数结果中显示详细的处理过程

5. 基于以下要求编写处理函数。

a. 将 30 天以上的文件进行归档，将文件移动到另外一个目录

b. 归档过程以详细信息输出

c. 归档的结果写入日志

d. 支持模拟操作

6. 基于以下要求编写处理函数。

a. 生成 100 个随机数或字符数

b. 随机数上限和下限通过参数指定

c. 通过开关参数指定生成的是字符还是整数

7. 基于以下要求编写处理函数。

a. 通过循环输入五个数字

b. 五个数字通过管道符进行值传递

c. 将最终结果输出到日志中

第18章

PowerShell Job 和 Scheduled Job 管理

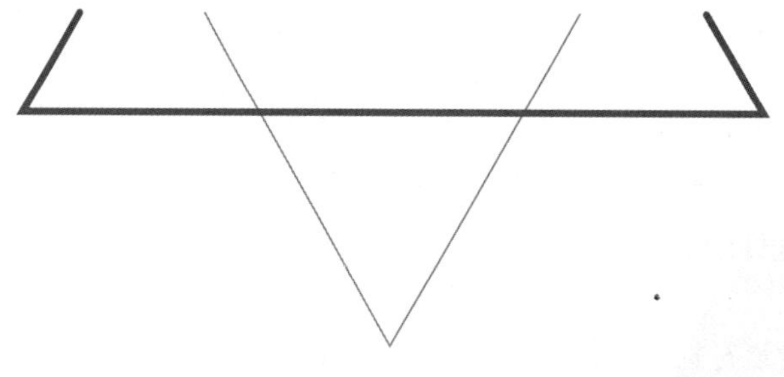

18.1 什么是PowerShell Job

PowerShell 中的 Job 和 Windows 系统中的计划任务到底有什么差别？这个问题从大的方向来说，它们属于同一类。为什么在 PowerShell 中叫计划作业，在 Windows 叫计划任务呢？它们从功能上来说没有什么太大的不同，都是按照要求完成既定工作。微软定义由计划任务来进行驱动的工作称为计划任务，计划任务完成的不只是 PowerShell 脚本的内容，Bat 脚本、Exe 应用程序、Com 应用程序和 PowerShell 脚本都可以实现计划任务的调用。

而 PowerShell 的 Job 在大多数场景下都是 PowerShell 相关的脚本，所有在 PowerShell 中的 Job 都将在 PowerShell 的环境中进行解释执行。PowerShell 的计划作业会将脚本注册到 ScheduledTask 中来执行相应的计划任务。对于 PowerShell 脚本来说，利用 ScheduledJob 会比 ScheduledTask 设定简单很多，设置计划作业多数情况下通过 PowerShell 界面实现。

PowerShellJob 基于不同的应用场景分为 BackGround Job 和 Scheduled Job。 在大多数场景下，为了加速脚本任务的执行，可以采用 BackGround Job 实现作业的执行。大家首先来看一下这段脚本。

```
$filelist1="c:\log\fileA", "c:\log\fileB" ,"c:\log\fileC", "c:\log\ fileD", "c:\
log\fileE", "c:\log\fileF"
$filelist2="c:\log\file1", "c:\log\file2" ,"c:\log\file3", "c:\log\ file4", "c:\
log\file5", "c:\log\file6
foreach($file in $filelist)
     {
     New-Item $file
     Sleep 5
     }
foreach($file1 in $filelist2)
     {
     New-Item $file1
     }
```

大家猜猜这段代码需要执行多久？解释型语言的特点是代码的线性执行，上面这段代码我们刻意地加上了暂停 5 秒的设定，这意味着如果要执行完这 6 个文件需要 30 秒的时间，也就是说 30 秒的时间都会被前面的命令占用，后面的 6 个文件创建不足 1 秒，但是它必须等待前面所有命令执行完毕才能执行，图 18.1 所示为按顺序执行脚本。

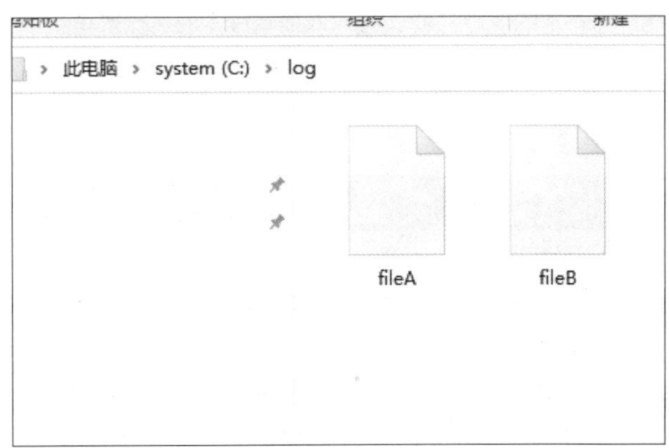

图18.1　按顺序执行脚本

但是我们将代码进行一下修改，你会发现惊奇的事情发生了，在创建文件过程中，最后 6 个文件先创建，然后再依次创建 6 个文件，通过图 18.2 可以看出当前的脚本执行顺序和过程。

```
$filelist1="c:\log\fileA", "c:\log\fileB" ,"c:\log\fileC", "c:\log\ fileD", "c:\
log\fileE", "c:\log\fileF"
$filelist2="c:\log\file1", "c:\log\file2" ,"c:\log\file3", "c:\log\ file4", "c:\
log\file5", "c:\log\file6"
start-job -Name createfile -ScriptBlock
{
      foreach($file in $using:filelist1)
      {
      New-Item $file
      Sleep 5
      }
}
foreach($filel in $filelist2)
{
     New-Item $filel
}
```

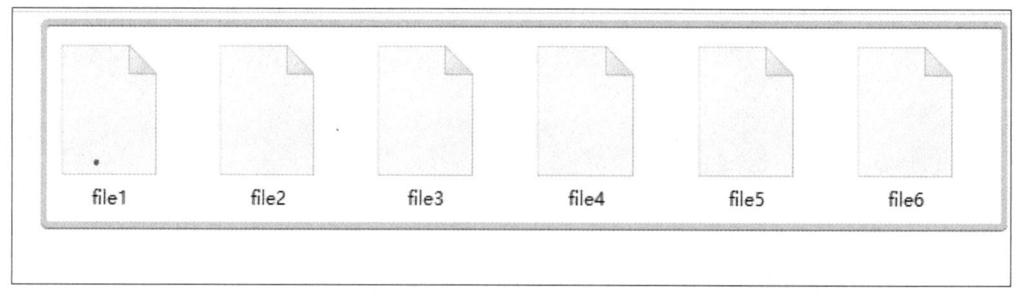

图18.2　任务以后台方式执行后会发现后面的文件先创建出来

这是什么原因呢？其实就是利用 PowerShell 的 Job 功能实现的结果。利用 PowerShell 的 Job 功能，可以将前台作业转入后台执行，实现多个任务并行操作。

合理使用 PowerShell 的 Job 功能，将大大提高命令的执行效率。

18.2 PowerShell的Job类型和结构

PowerShell 的 Job 按照大类来区分，分为 BackGround Job 和 Scheduled Job 两种不同的 Job 类型。这两种 Job 类型的差别在于 BackGround Job 是将当前脚本的任务转入后台执行相应的 Job，当 Job 执行完毕后就结束执行，任务只执行一次；Scheduled Job 是周期性循环的 Job 类型，定义好了触发条件和规则之后，Scheduled Job 将会依据定义好的规则来调度提前定义好的 Job 作业，这些作业将会按照触发条件和规则定期执行。图 18.3 所示为两种不同作业类型的对比。

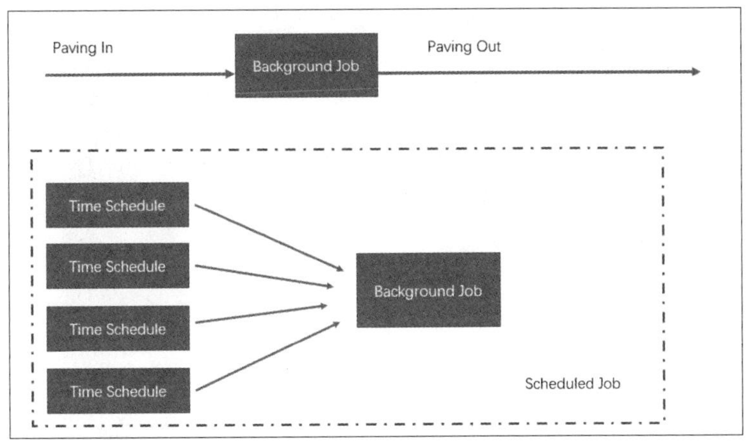

图18.3　两种不同作业的执行方式

在 PowerShell 环境中开启 BackGround Job 之后，父 Job 会负责任务的调度和结果反馈。整个执行的过程会生成一个子 Job。在子 Job 中任务执行完毕后，将执行状态回报给 Parent Job，Parent Job 最终将执行结果反馈出来。图 18.4 所示为 BackGround Job 的执行流程。

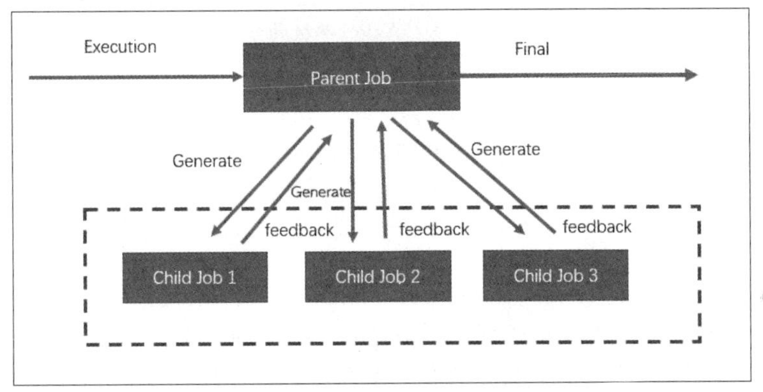

图18.4　BackGround Job执行流程

18.3 PowerShell的BackGround Job创建

在 PowerShell 中创建后台作业通常有以下两种方式，这两种创建方式中第一种是比较常用的方式。

- 直接使用 Start-Job 结合脚本块方式执行脚本。
- 在执行命令模式下采用 AsJob 参数来实现以作业方式运行。

在实际的应用场景中，大部分情况下使用第一种方式进行后台作业，主要原因是支持 AsJob 的命令其实不是很多。如果想知道系统中支持 AsJob 参数的命令，可以通过以下的命令获取可以以 Job 方式运行的命令，图 18.5 所示为支持 AsJob 参数的命令。

```
$allcommand=get-command
$ErrorActionPreference="stop"
foreach($comm in $allcommand)
{
    try{
    Get-Help -Name $comm -Parameter asjob |Out-Null
  write-host $comm
  }
  catch
  {
  }
}
```

```
Flush-Volume
Initialize-Volume
Move-SmbClient
Write-FileSystemCache
Add-BCDataCacheExtension
Add-DnsClientNrptRule
Add-DtcClusterTMMapping
Add-InitiatorIdToMaskingSet
Add-NetIPHttpsCertBinding
Add-NetLbfoTeamMember
Add-NetLbfoTeamNic
Add-NetNatExternalAddress
Add-NetNatStaticMapping
Add-NetSwitchTeamMember
Add-OdbcDsn
Add-PartitionAccessPath
Add-PhysicalDisk
Add-Printer
Add-PrinterDriver
Add-PrinterPort
Add-TargetPortToMaskingSet
Add-VirtualDiskToMaskingSet
```

图18.5　支持AsJob参数的命令

注：环境不同，支持的 AsJob 命令也会不同。

这里给大家分享一下支持 AsJob 参数的 Get-WmiObject 如何以任务的方式进行数据获取。先来通过前台执行命令的方式获取相应的数据：Get-WmiObject -Class Win32_PerfFormattedData_PerfProc_Process。由于显示的数据非常多，它会将所有进程的信息全部显示出来，需要比较长的时间才能完成。如果以 Job 的方式执行命令之后前台的资源被立即释放出来，命令将以如图 18.6 所示的后台方式执行。

```
PS C:\Users\徐鹏> Get-WmiObject -Class Win32_PerfFormattedData_PerfProc_Process -AsJob

Id     Name            PSJobTypeName   State         HasMoreData     Location             Command
--     ----            -------------   -----         -----------     --------             -------
3      Job3            WmiJob          Running       True            localhost            Get-WmiObject -Class ...
```

图18.6　以后台方式执行脚本命令

如果命令没有 AsJob 参数，就需要使用 Start-Job 结合代码块方式开启 BackGround Job。Start-Job 命令的执行方法如下：Start-Job -Name 任务名称 -Scriptblock { 代码块 }。

在实际的应用场景中 Start-Job 有如下的常用参数。

- FilePath：定义脚本路径。
- ArgumentList：定义通过脚本方式传递的参数列表。
- Name：定义 Job 名称。

- InitializationScript：执行脚本前的初始化。
- RunAs32：以 32 位方式执行 Job。
- ScriptBlock：设定执行脚本块。

18.3.1 Start-Job 的 Name 和 ScriptBlock 参数

Start-Job 最为常用的参数是 Name 和 ScriptBlock 属性，Name 是用来定义执行的 Job 名称，名称用于将来 Job 执行完成后 Job 和执行结果获取。ScriptBlock 参数用来定义执行的代码。下面的这个案例详细分享了如何使用 Name 参数和 Block 参数进行 Job 的定义，图 18.7 所示为脚本执行结果。

```
$filelist="c:\log\file1.txt", "c:\log\file2.txt", "c:\log\file3.txt", " c:\log\
file4.txt"
Start-job -name getprocess -scriptblock {get-process}
Start-job -name newFilelist {foreach($file in $using:filelist) {new-item $file}}
```

```
$filelist="c:\log\file1.txt", "c:\log\file2.txt", "c:\log\file3.txt", "c:\log\file4.txt"
Start-job -name getprocess -scriptblock {get-process}
Start-job -name newFilelist {foreach($file in $using:filelist)  {new-item $file}}

PS C:\Users\徐鹏> . 'D:\Untitled2.ps1' <# script is not saved yet #>

Id     Name            PSJobTypeName   State         HasMoreData     Location             Command
--     ----            -------------   -----         -----------     --------             -------
1      getprocess      BackgroundJob   Running       True            localhost            get-process
3      newFilelist     BackgroundJob   Running       True            localhost            foreach($file in $usin...
```

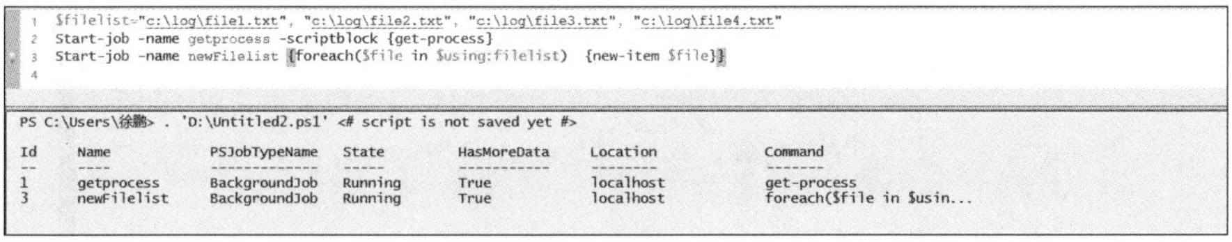

图18.7 脚本执行结果

脚本执行后生成了两个 Job，一个是获取进程的 Job，另外一个是新建文件的 Job，这两个 Job 分别执行相应的任务，相互之间没有关联。

18.3.2 Start-Job 的 FilePath 和 ArgumentList 参数

FilePath 和 ArgumentList 参数属于关联参数，但是在 FilePath 定义脚本中如果没有参数需要定义，则不需要使用 ArgumentList 参数。如果脚本是有输入参数的，就必须使用 ArgumentList 参数进行传递参数的定义。

Start-Job 命令中 FilePath 和 ScriptBlock 是互斥参数，如果定义了 FilePath，就不支持使用 ScriptBlock 参数定义脚本块。FilePath 参数定义脚本位置必须是本机可以访问的脚本，脚本可以位于本地或 UNC 路径。ArgumentList 定义的是在脚本中需要进行传递的参数，如果脚本中有必须输入的参数，则可以使用 ArgumentList 进行参数的定义和传递。

下面以一个案例来给大家分享一下 FilePath 和 ArgumentList 的具体使用，这个案例结合了脚本和 Start-Job 的使用，先来给大家分享一下脚本的内容，脚本保存为 new-files.ps1。

```
Param
(
$file
)
New-item $file
```

在脚本保存后，通过执行如下的命令启动本地脚本的执行，其中 ArgumentList 传递的是本地定义的变量 $FilePath。

```
$filepath="c:\log\file1.txt","c:\log\file2.txt","c:\log\file3.txt"
ForEach($file in $filepath)
{
Start-job -name newFile -filepath .\new-files.ps1 -argumentlist $file
}
```

执行完成上面的脚本后，PowerShell 将会开启三个后台执行的 Job，三个 Job 分别启动三个独立的 PowerShell 进程创建文件，图 18.8 所示为代码执行完毕后创建的文件。

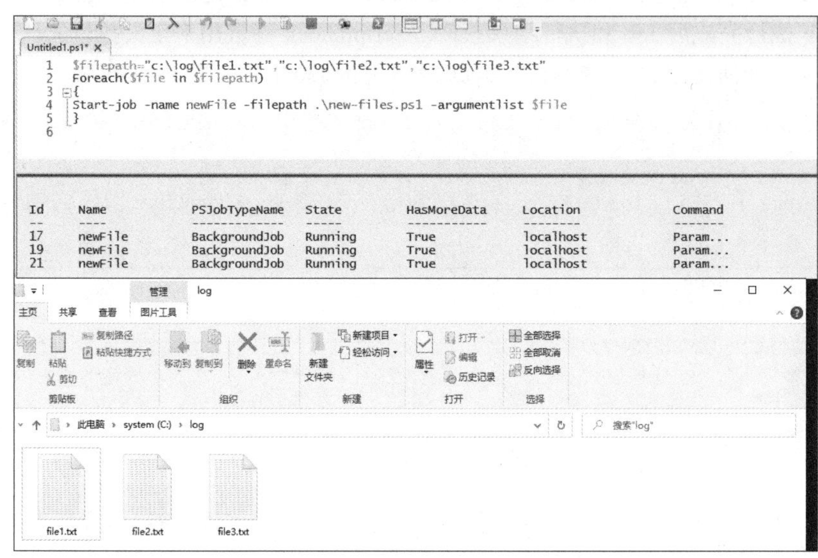

图18.8　以任务的方式建立文件

18.3.3　Start-Job 的 InitializationScript 参数

InitializationScript 参数适用于 Job 脚本执行之前的初始化，通常用在脚本执行之前的环境准备。例如，我们现在实现远端的 Exchange Server 的邮箱账户获取，而 Exchange Server 的 PowerShell Snapin 没有默认加载到 PowerShell 中，下面的脚本是否可以正常执行呢？图 18.9 所示为脚本执行失败。

```
Start-job -name GetMailUser -Scriptblock {get-mailbox}
```

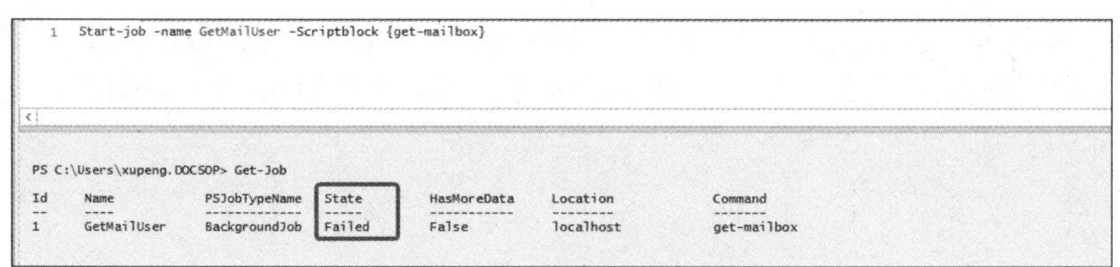

图18.9　脚本执行失败

执行的过程中会发现，这条命令根本无法执行。Get-Mailbox 执行是有前置条件的，如果前置条件不满足，则命令会执行失败。在执行命令前 Exchange 的 PowerShell 管理单元必须载入，环境的载入可以通过 InitializationScript 参数完成，InitializationScript 参数的定义需要加载 Exchange PowerShell 的命令，如图 18.10 所示。

```
Start-job -name GetMailUser -Scriptblock {get-mailbox} -InitializationScript
 {get-pssnapin -Regisgered |add-pssnapin}
```

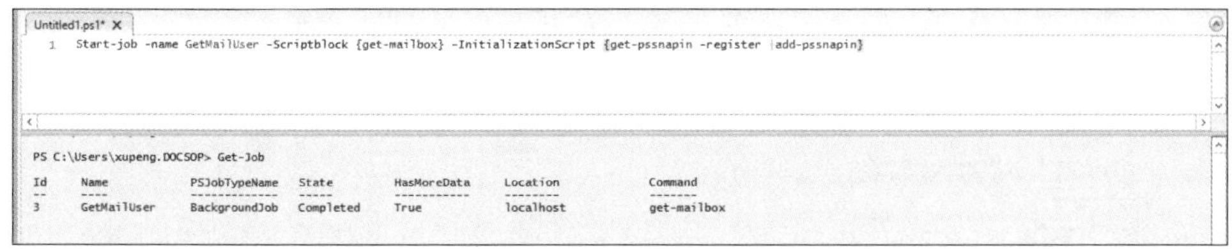

图18.10　执行命令前加载Exchange管理单元

在完成初始环境的预处理之后，Exchange 相关的命令得到顺利的执行。

18.4 PowerShell的Job状态获取

我相信很多朋友学到这里，都会存在一个疑问，如何知道我创建的 Job 是否执行成功，如何获取作业的状态呢？在执行完成的 Job 中，如何去提取其中的数据呢？这都是本节和大家讨论的问题。在 PowerShell 中可以通过 Get-Job 进行作业状态获取，如果希望获取当前 PowerShell Session 中所有正在执行和完成执行的 Job，可以通过如下的命令进行查询：Get-Job。图 18.11 所示为获取当前的 Job 执行状态。

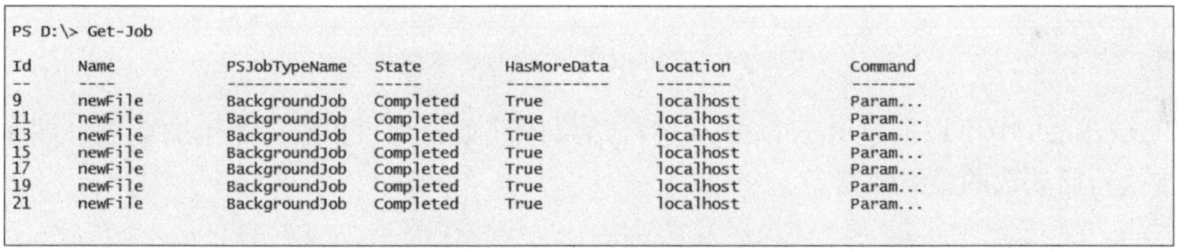

```
PS D:\> Get-Job

Id   Name      PSJobTypeName   State       HasMoreData   Location    Command
--   ----      -------------   -----       -----------   --------    -------
9    newFile   BackgroundJob   Completed   True          localhost   Param...
11   newFile   BackgroundJob   Completed   True          localhost   Param...
13   newFile   BackgroundJob   Completed   True          localhost   Param...
15   newFile   BackgroundJob   Completed   True          localhost   Param...
17   newFile   BackgroundJob   Completed   True          localhost   Param...
19   newFile   BackgroundJob   Completed   True          localhost   Param...
21   newFile   BackgroundJob   Completed   True          localhost   Param...
```

图18.11　获取当前Job执行状态

这里我们可以看出，所有执行的 Job 都已经正常完成，但是为什么所有的 ID 都是相隔一个数字呢，为 10 的 ID 去哪里了呢？这里还是要回头看下图 18.12。

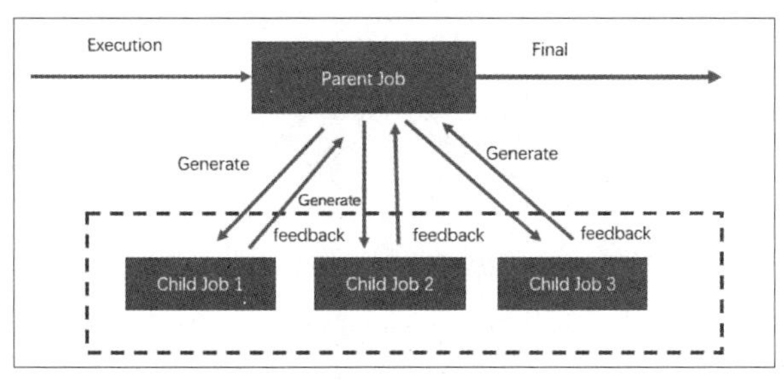

图18.12　父Job与子Job

在 Job 开始执行后会生成父 Job，但是父 Job 只负责调度和结果回显，所有的操作将在子 Job 中完成。这里我们需要了解某一个进程详细执行的结果，需要通过如下的命令才能获取整个任务的执行状态：Get-Job -id 9 -IncludeChildJob。图 18.13 所示为获取父子 Job 的具体状态。

```
HasMoreData    : True
StatusMessage  :
Location       : localhost
Command        : Param
                 (
                 $files
                 )
                 ForEach($file in $files)
                 {
                     New-item -Path $file
                 }
JobStateInfo   : Completed
Finished       : System.Threading.ManualResetEvent
InstanceId     : 5cf32d24-ab0c-4735-86f6-3187a41567a1
Id             : 9
Name           : newFile
ChildJobs      : {Job10}
PSBeginTime    : 2021/2/22 22:43:36
PSEndTime      : 2021/2/22 22:43:37
PSJobTypeName  : BackgroundJob
Output         : {}
Error          : {}
Progress       : {}
Verbose        : {}
Debug          : {}
Warning        : {}
Information    : {}
State          : Completed
```

图18.13　获取父子Job的具体状态

这里提到了 9 进程有一个子进程 10 负责具体的命令执行。当 10 进程顺利执行完毕之后，会将状态回报给 9 进程。

Job 执行完毕后，如何获取 Job 执行的结果呢？相信大家都会碰到这样一个问题。图 18.14 所示为脚本执行结果。

```
Start-Job -Name GetService -ScriptBlock {get-service}
```

```
PS C:\Users\徐鹏> Start-Job -Name GetService -ScriptBlock {get-service}

Id     Name            PSJobTypeName   State         HasMoreData     Location             Command
--     ----            -------------   -----         -----------     --------             -------
1      GetService      BackgroundJob   Running       True            localhost            get-service
```

图18.14　以Job方式运行的脚本结果

在 PowerShell 中可以通过 Receive-Job 进行结果的获取，即 Job 执行产生的数据，图 18.15 所示为脚本执行后获取的最终数据。

```
Receive-job  -name GetService
```

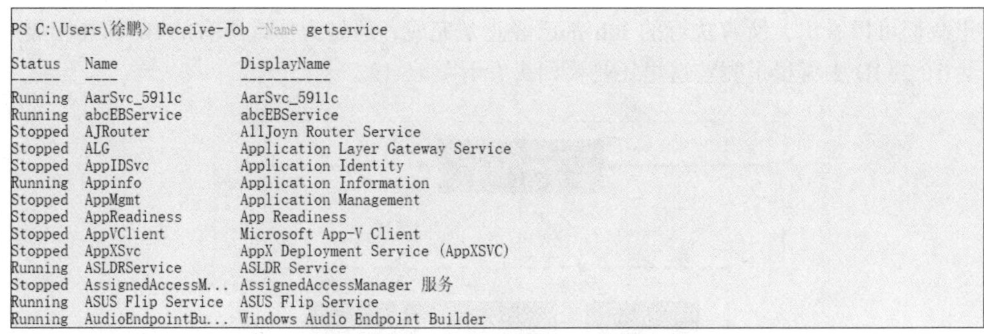

```
PS C:\Users\徐鹏> Receive-Job -Name getservice

Status   Name               DisplayName
------   ----               -----------
Running  AarSvc_5911c       AarSvc_5911c
Running  abcEBService       abcEBService
Stopped  AJRouter           AllJoyn Router Service
Stopped  ALG                Application Layer Gateway Service
Stopped  AppIDSvc           Application Identity
Running  Appinfo            Application Information
Stopped  AppMgmt            Application Management
Stopped  AppReadiness       App Readiness
Stopped  AppVClient         Microsoft App-V Client
Stopped  AppXSvc            AppX Deployment Service (AppXSVC)
Running  ASLDRService       ASLDR Service
Stopped  AssignedAccessM... AssignedAccessManager 服务
Running  ASUS Flip Service  ASUS Flip Service
Running  AudioEndpointBu... Windows Audio Endpoint Builder
```

图18.15　脚本执行后获取的最终数据

18.5 PowerShell的Job 等待

在进行 PowerShell 脚本处理的过程中，有时候会需要脚本执行完毕再执行下面的操作，比如我们以 Job 方式获取所有服务状态，然后将服务状态导出为文件。这时候如果 Job 没有执行完毕，就执行下一个操作，则很可能会发生执行结果完全不对的状况，下面用这个案例来给大家解释一下 Job 等待的场景，图 18.16 文件中没有任何数据，是什么原因呢？

```
$jobstatus=Start-job -name getServiceJob -scriptblock {for($i=0;$i -le
10;$i++){sleep 1} Get-Service}
$servicestatus=receive-job -name getServiceJob
$servicestatus |Out-File c:\log\service.txt
```

图18.16　文件中没有任何数据

结果出人意料！原因如下：所有的 Job 都是后台执行，当使用 Receive-Job 去获取 Job 状态的时候，目前 Get-Service 还没有输出任何内容，这时候输出的结果肯定也是空。如果希望这时候获取相应命令的结果数据，必须使用 Wait-Job 来等待 Job 完成，再执行下一动作。

```
$jobstatus=Start-job -name getServiceJob -scriptblock {for($i=0;$i -le
10;$i++){sleep 1} Get-Service}
Wait-Job -Job $jobstatus
$servicestatus=receive-job -name getServiceJob
$servicestatus |Out-File c:\log\service.txt
```

在脚本加入等待的动作之后，命令执行 10 秒钟后结束。而 Wait-Job 命令实现了命令的执行等待，任务执行完成之后再执行 Reacive-Job 获取 Job 的结果，最后将结果输出为如图 18.17 所示的数据。通过 Wait-Job 的功能能够实现 Job 的等待任务结束之后，再执行后续的操作。

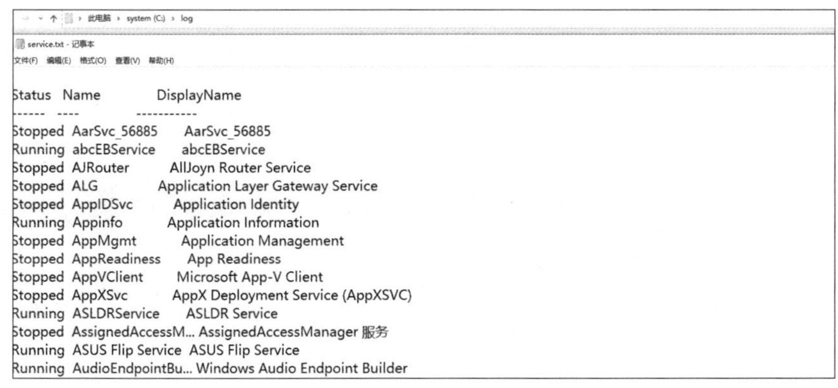

图18.17　使用Wait-Job等待Job执行完成

18.6 PowerShell Job的停止与删除

PowerShell Job 会随着 PowerShell Session 的消失而消失。关闭 PowerShell 窗口、关闭本地计算机或者关闭服务器都会让 Job 停止和删除。但如果希望在当前的 PowerShell 交互环境中停止 Job 和删除 Job，需要执行停止和删除的命令来实现 Job 的停止和删除。图 18.18 所示为将启动的 Job 停止。

```
Start-job -name QueryFile -scriptblock {get-childItem -recurse c:\}
Stop-job -name Queryfile
```

```
PS C:\WINDOWS\system32> Start-job -name QueryFile -scriptblock {get-childitem -recurse c:\}

Id     Name            PSJobTypeName   State         HasMoreData     Location             Command
--     ----            -------------   -----         -----------     --------             -------
11     QueryFile       BackgroundJob   Running       True            localhost            get-childitem -recurse...

PS C:\WINDOWS\system32> get-job

Id     Name            PSJobTypeName   State         HasMoreData     Location             Command
--     ----            -------------   -----         -----------     --------             -------
11     QueryFile       BackgroundJob   Running       True            localhost            get-childitem -recurse...

PS C:\WINDOWS\system32> stop-job -Name queryfile
PS C:\WINDOWS\system32> get-job

Id     Name            PSJobTypeName   State         HasMoreData     Location             Command
--     ----            -------------   -----         -----------     --------             -------
11     QueryFile       BackgroundJob   Stopped       True            localhost            get-childitem -recurse...
```

图18.18　停止已经启动的Job

如果需要删除 Job，可以使用 Remove-Job 的命令，在删除 Job 之前当前的 Job 必须处于停止状态。Job 停止后通过下面的命令就可以实现 Job 的删除：Remove-job -name jobname。图 18.19 所示为删除 Job 的操作。

```
PS C:\WINDOWS\system32> Get-Job

Id     Name            PSJobTypeName   State         HasMoreData     Location             Command
--     ----            -------------   -----         -----------     --------             -------
11     QueryFile       BackgroundJob   Stopped       True            localhost            get-childitem -recurse...
13     QueryFile       BackgroundJob   Stopped       True            localhost            get-childitem -recurse...
15     QueryFile1      BackgroundJob   Stopped       True            localhost            get-childitem -recurse...

PS C:\WINDOWS\system32> Remove-Job -Name queryfile1
PS C:\WINDOWS\system32> Get-Job

Id     Name            PSJobTypeName   State         HasMoreData     Location             Command
--     ----            -------------   -----         -----------     --------             -------
11     QueryFile       BackgroundJob   Stopped       True            localhost            get-childitem -recurse...
13     QueryFile       BackgroundJob   Stopped       True            localhost            get-childitem -recurse...

PS C:\WINDOWS\system32> Get-Job |Remove-Job
PS C:\WINDOWS\system32> Get-Job
PS C:\WINDOWS\system32>
```

图18.19　删除状态为停止的Job

18.7 PowerShell Job 的Debug

如果 PowerShell 的 Job 执行出错了，如何排错呢？出错信息保存在哪里呢？接下来我们执行一个错误的脚本块，来具体看看错误的信息。图 18.20 所示为脚本执行出错，来看一下执行出错的结果。

```
Start-Job -name QueryFile -Scriptblock {get-chiditem c:\ -recurse}
```

```
PS C:\WINDOWS\system32> get-job
PS C:\WINDOWS\system32> Start-Job -name QueryFile -Scriptblock {get-chiditem c:\ -recurse}

Id     Name            PSJobTypeName   State         HasMoreData     Location             Command
--     ----            -------------   -----         -----------     --------             -------
17     QueryFile       BackgroundJob   Running       True            localhost            get-chiditem c:\ -recurse

PS C:\WINDOWS\system32> get-job

Id     Name            PSJobTypeName   State         HasMoreData     Location             Command
--     ----            -------------   -----         -----------     --------             -------
17     QueryFile       BackgroundJob   Failed        True            localhost            get-chiditem c:\ -recurse
```

图18.20　执行脚本出错的结果

执行 Get-Job 查看任务中的 JobStateInfo 字段的扩展信息，却查不到任何出错信息的展示，图 18.21 所示为无法获取脚本执行失败的原因。

```
PS C:\WINDOWS\system32> get-job |select -ExpandProperty JobStateInfo

State Reason
----- ------
Failed
```

图18.21　脚本失败或无法获取错误的具体信息

那么错误原因到底在哪里呢？其实还是要回归到这张 Job 的进程图来分析一下错误的信息可能会保存在哪里。在执行 Job 的时候，Job 会释放子进程进行具体的任务处理，出现错误后的详细错误信息保存在如图 18.22 所示的子进程中。

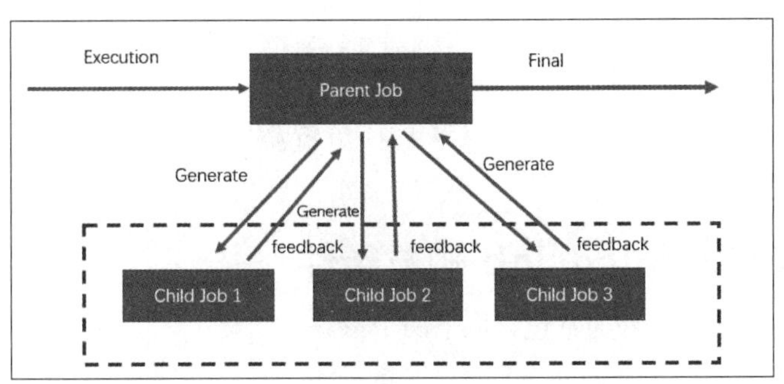

图18.22　Job的父子进程信息

明白了 Job 的执行流程后，如果出现了错误，就需要到子 Job 中找到具体的出错原因。只要执行命令带上 IncludeChildJob，就可以获取具体出错的原因，图 18.23 所示为获取 Job 执行失败的具体原因。

```
get-job -IncludeChildJob |select -ExpandProperty JobStateInfo |fl
```

```
PS C:\WINDOWS\system32> get-job -IncludeChildJob |select -ExpandProperty JobStateInfo |fl

State  : Failed
Reason :

State  : Failed
Reason : System.Management.Automation.RemoteException: 无法将“get-chiditem”项识别为 cmdlet、函数、脚本文件或可运行程
         序的名称。请检查名称的拼写，如果包括路径，请确保路径正确，然后再试一次。
```

图18.23　获取Job执行失败的具体原因

18.8 PowerShell的Scheduled Job的创建

在 PowerShell 中还有一类 Job 类似于计划任务，需要按照一定的循环周期执行相应的脚本，这类Job称为Scheduled Job。我们可以将 Scheduled Job 理解为BackGround Job和计划任务的功能结合，在 Scheduled Job 执行过程中会生成相应的 Child Job 去进行 Job 的执行，Scheduled Job 从概念上理解依然是 BackGround Job，只是计划作业有特殊的触发条件。创建的 Scheduled Job 将会在以下路径中保存脚本的定义文件。

```
C:\Users\ 用户名 \AppData\Local\Microsoft\PowerShell\ScheduleJobs\JOBname
```

注：文件目录为隐藏文件，需要开启隐藏文件才可以看到目录。

完成一个 Scheduled Job，必须按照如图 18.24 所示的步骤和设置，才可以真正以计划作业的方式启动，按照步骤从左到右完成整个 Job 的注册和创建。

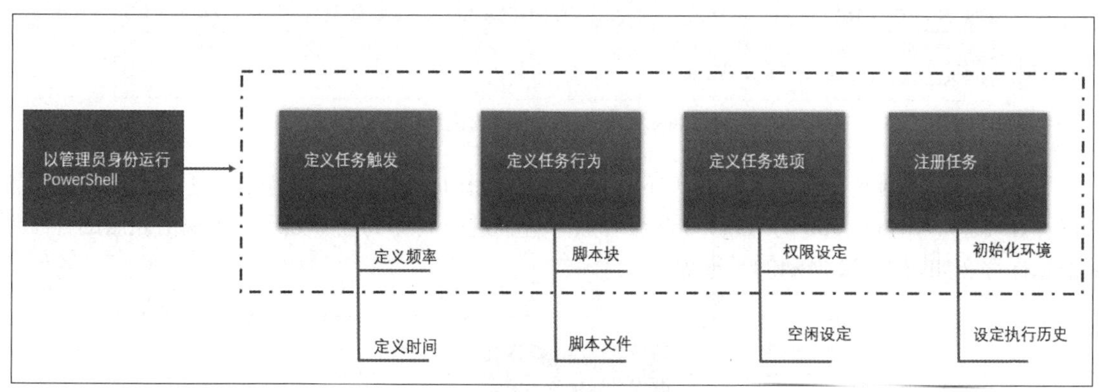

图18.24　注册计划任务的整体步骤

18.8.1 定义 Scheduled Job 触发条件

定义 Scheduled Job 触发条件通常包含以下两个参数。

- 定义执行的时间。
- 定义执行的频率。

定义触发条件的命令为 New-JobTrigger，常用参数列表如下。

- At：触发的事件，按照事件标准格式定义。
- Daily：按照天进行事件重复。
- Once：仅执行一次。
- DaysInterval：按照日期重复，比如设置 1...4...7 重复，默认条件下为 1。
- DayofWeek：一周日期顺序，0 代表周日，6 代表周六。
- RepeatIndefinitely：命令永远执行下去。
- RepetitionDuration：设定重复周期，按照 TimeSpan 格式进行时间显示 “1:05:30” 。
- Weekly：设定按照周进行重复执行。
- WeeksInteval：设定一周内重复脚本执行的日期，如果设置为 3，则在 1...4...7 执行脚本。

下面第一行是执行的触发条件，第二行是执行触发的脚本设定，图 18.25 所示为 Trigger 创建的具体步骤。

```
周日上午 6 点，每周重复
$triggle=New-jobtrigger -at "6:00 am" -daysofweek 0 -weekly
```

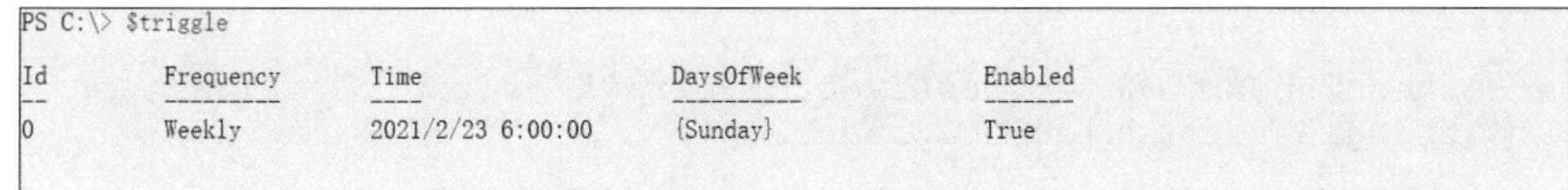

```
PS C:\> $triggle

Id   Frequency   Time                DaysOfWeek   Enabled
--   ---------   ----                ----------   -------
0    Weekly      2021/2/23 6:00:00   {Sunday}     True
```

图18.25　创建触发条件

18.8.2　定义 Scheduled Job 触发行为

完成触发条件的设置后需要设置触发行为，触发的行为可以使用脚本文件，也可以使用脚本块。下面的案例定义了触发的行为是一个脚本块，通过如图 18.26 所示的脚本块定义触发后的行为。

```
$action={ Set-Location c:\log;$dirpath=(get-date).tostring("yyyy-MM-dd");
new-item -itemtype directory -path $dirpath }
```

```
PS C:\> $action={set-location c:\log;$dirpath=(get-date).tostring("YYYY-MM-dd");new-item itemtype directory path $dirpat
h}
```

图18.26　计划Job触发后的行为

18.8.3　定义 Scheduled Job 的特殊选项

执行 Scheduled Job 在特定场景下有一些特殊需求，比如需要使用管理员权限运行或者需要网络准备好了才执行相应的脚本，这就需要定义 Scheduled Job 的任务选项设置，Scheduled Job 的任务选项有如下参数设置。

- DoNotAllowDemandStart：不允许手动执行。
- HideInTaskScheduler：在计划任务中隐藏作业，不显示在计划作业中。
- RequireNetwork：需要网络，网络等待好了之后可以执行。
- RunElevated：以较高的执行权限执行脚本。

我们可以根据实际需要定义相应的任务选项，下面定义的参数选项是以较高的权限执行脚本任务，图 18.27 所示为注册 Job 的特殊选项操作。

```
$option=New-ScheduledJobOption -runelevated
```

```
PS C:\> $option=New-ScheduledJobOption -runelevated
PS C:\>
```

图18.27　注册Job的特殊选项操作

18.8.4 注册 Scheduled Job 任务

在完成了 Scheduled Job 的触发条件和触发行为之后，设置完 Scheduled Job 的任务选项，就可以利用命令注册 Scheduled Job 了。完成 Job 的注册之后会在“C:\Users\ 用户名 \AppData \Local\Microsoft\PowerShell\ScheduleJobs\JOBname”路径中写入作业的具体定义，注册命令步骤如图 18.28 所示。

```
Register-ScheduledJob -Name "NewDirectoryDaily" -scriptblock $action
-trigger $triggle -scheduledJobOption $option
```

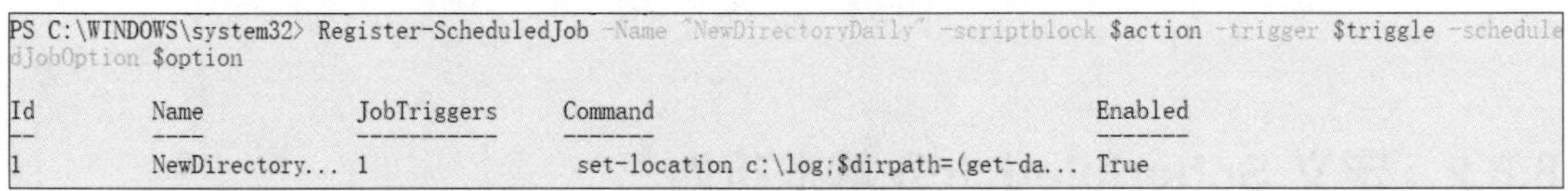

图18.28 注册命令的具体步骤

完成任务注册后，需要检查两个地方来验证脚本是否正常注册成功。图 18.29 所示为注册成功后在 ScheduledJob 目录生成的 Job 名称的作业目录。

```
C:\Users\ 用户名 \AppData\Local\Microsoft\Winodws\PowerShell\ScheduleJobs
\JOBname"
```

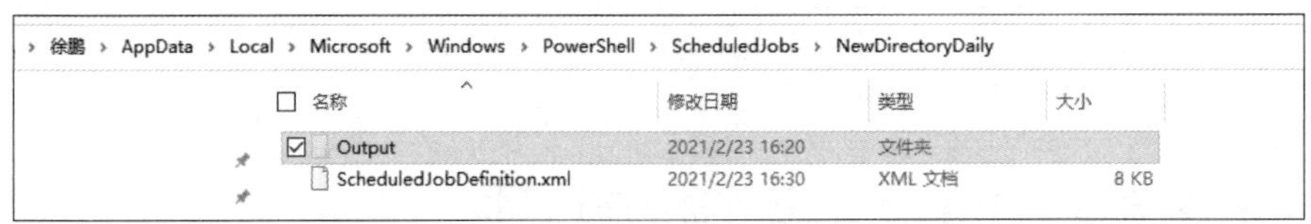

图18.29 将计划作业注册后生成的作业目录

在计划任务中检查 PowerShell 文件夹是否有相关的计划任务，如果存在任务，我们可以点击执行按钮确认任务是否可以正常执行如图 18.30 所示的计划作业。

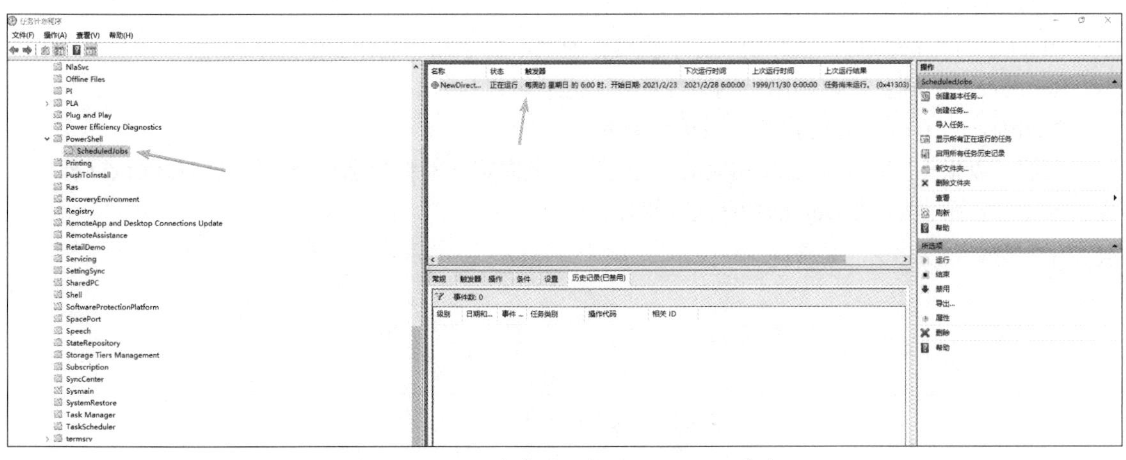

图18.30 注册为计划任务的PowerShell脚本

Scheduled Job 计划作业执行后的输出会基于当前的时间生成子目录，子目录将会生成如图 18.31 所示执行后的最终结果，如果任务执行出错，可以参考文件中的内容进行排错。

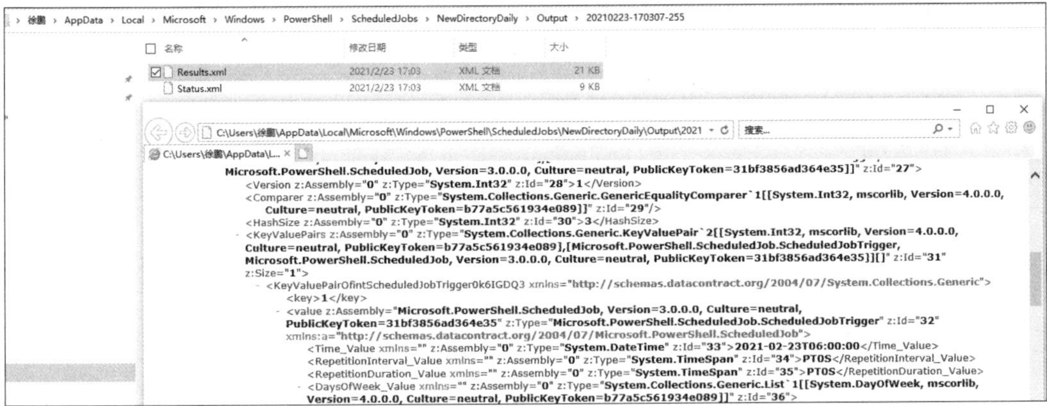

图18.31　计划作业执行结果

18.9　PowerShell的Scheduled Job的管理

PowerShell 的 Scheduled Job 管理可以使用下面的一些命令进行计划作业的管理。

- Set-JobTrigger：针对现有 Scheduled Job 重新设置触发条件。
- Set-Scheduled Joboption：针对现有 Scheduled Job 重新设置任务选项。
- Set-Scheduledjob：修改 Scheduled Job 的相关设定。
- Start-job：启动计划作业，启动方式与后台作业不同。
- Enable-Job：针对已经禁用的 Job 启用 Job。
- Disable-Job：针对目前的 Job 禁用。
- Unregister-ScheduledJob：注销已经注册的 Scheduled Job。

18.9.1　重设计划作业的触发条件

我们可以通过 Set-JobTrigger 进行已有 ScheduledJob 的触发条件设置，设置参数和新建 JobTrigger 类似。如果将当前的 PowerShell 窗口关闭，所有的参数将会随之销毁，这里可以通过 Get-Job 来获取之前的 JobTrigger 进行触发条件重新设置，图 18.32 所示为获取当前计划任务的触发条件设置。

```
Get-ScheduledJob | Get-JobTrigger
```

```
PS C:\WINDOWS\system32> Get-ScheduledJob | Get-JobTrigger

Id         Frequency       Time                   DaysOfWeek            Enabled
--         ---------       ----                   ----------            -------
1          Weekly          2021/2/23 6:00:00      {Sunday}              True
```

图18.32　获取当前计划任务的触发条件

基于当前已有计划任务进行触发器设定，通过如图 18.33 所示的方式进行触发器任务的设定来完成触发条件的修改。

```
Get-ScheduledJob | Get-JobTrigger| set-jobtrigger 进行参数设定
```

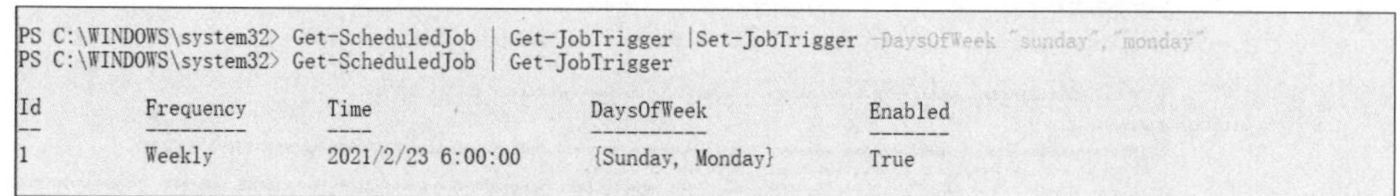

```
PS C:\WINDOWS\system32> Get-ScheduledJob | Get-JobTrigger |Set-JobTrigger -DaysOfWeek "sunday","monday"
PS C:\WINDOWS\system32> Get-ScheduledJob | Get-JobTrigger

Id         Frequency       Time                  DaysOfWeek          Enabled
--         ---------       ----                  ----------          -------
1          Weekly          2021/2/23 6:00:00     {Sunday, Monday}    True
```

图18.33　完成所有触发条件的修改

18.9.2　重设计划任务选项

针对已有 Scheduled Job 的选项设定，可以通过如图 18.34 所示的命令获取当前所有计划作业的选项设定。

```
Get-ScheduledJob | Get-ScheduledJobOption
```

```
PS C:\WINDOWS\system32> Get-ScheduledJob | Get-ScheduledJobOption


StartIfOnBatteries     : False
StopIfGoingOnBatteries : True
WakeToRun              : False
StartIfNotIdle         : True
StopIfGoingOffIdle     : False
RestartOnIdleResume    : False
IdleDuration           : 00:10:00
IdleTimeout            : 01:00:00
ShowInTaskScheduler    : True
RunElevated            : True
RunWithoutNetwork      : True
DoNotAllowDemandStart  : False
MultipleInstancePolicy : IgnoreNew
JobDefinition          : Microsoft.PowerShell.ScheduledJob.ScheduledJobDefinition
```

图18.34　获取当前所有计划作业的选项设定

在当前案例中，针对现有的 ScheduledJobOption 修改了 WakeToRun 设置，图 18.35 显示了具体的设置选项。

```
Get-ScheduledJob | Get-ScheduledJobOption|set-ScheduledJoboption
```

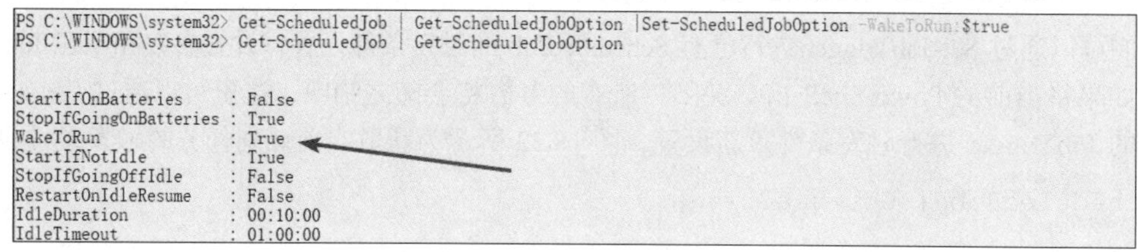

```
PS C:\WINDOWS\system32> Get-ScheduledJob | Get-ScheduledJobOption |Set-ScheduledJobOption -WakeToRun:$true
PS C:\WINDOWS\system32> Get-ScheduledJob | Get-ScheduledJobOption


StartIfOnBatteries     : False
StopIfGoingOnBatteries : True
WakeToRun              : True
StartIfNotIdle         : True
StopIfGoingOffIdle     : False
RestartOnIdleResume    : False
IdleDuration           : 00:10:00
IdleTimeout            : 01:00:00
```

图18.35　计划作业的设置选项

18.9.3　重设计划作业

当然如果希望获取现有所有的 Scheduled Job，执行如图 18.36 所示的命令可以获取当前所有的作业。

```
Get-ScheduledJob |fl
```

```
PS C:\> Get-ScheduledJob |fl


InvocationInfo         : Microsoft.PowerShell.ScheduledJob.ScheduledJobInvocationInfo
Definition             : System.Management.Automation.JobDefinition
Options                : Microsoft.PowerShell.ScheduledJob.ScheduledJobOptions
Credential             :
JobTriggers            : {1}
Id                     : 1
GlobalId               : 5530ca0e-ef15-4bba-8e9b-6c55d3ab2cb4
Name                   : NewDirectoryDaily
Command                :  set-location c:\log;$dirpath=(get-date).tostring("yyyy-MM-dd");new-item -itemtype directory -
                         path $dirpath
ExecutionHistoryLength : 32
Enabled                : True
PSExecutionPath        : powershell.exe
PSExecutionArgs        : -NoLogo -NonInteractive -WindowStyle Hidden -Command "Import-Module PSScheduledJob; $jobDef =
                         [Microsoft.PowerShell.ScheduledJob.ScheduledJobDefinition]::LoadFromStore('NewDirectoryDaily',
                          'C:\Users\徐鹏\AppData\Local\Microsoft\Windows\PowerShell\ScheduledJobs'); $jobDef.Run()"
```

图18.36　获取当前所有的Scheduled Job

如果希望针对现有的 Scheduled Job 进行执行内容修改，需要使用 Set-ScheduledJob 来进行触发条件和执行脚本等选项的修改，图 18.37 所示为触发条件修改。

```
Get-ScheduledJob |set-ScheduledJob -参数值
```

```
PS C:\> Get-ScheduledJob |Set-ScheduledJob -InitializationScript {new-item -itemtype directory -Path } -Trigger $trigger
```

图18.37　为计划作业触发条件和设定修改

18.9.4 计划作业的禁用与启用

Scheduled Job 和普通 Job 一样，这些 Job 可以根据自己的需要启用或禁用。使用 PowerShell 进行 Scheduled Job 的启用和禁用非常简单，这里可以结合 Get-Scheduled Job 来禁用已有的 Scheduled Job，图 18.38 所示为禁用计划作业操作。

```
Get-scheduledjob |disable-scheduledjob
```

```
PS C:\WINDOWS\system32> Get-ScheduledJob

Id         Name            JobTriggers     Command                                  Enabled
--         ----            -----------     -------                                  -------
6          NewDirectory... 1                set-location c:\log;$dirpath=(get-da... True

PS C:\WINDOWS\system32> Get-ScheduledJob |Disable-ScheduledJob
PS C:\WINDOWS\system32> Get-ScheduledJob

Id         Name            JobTriggers     Command                                  Enabled
--         ----            -----------     -------                                  -------
6          NewDirectory... 1                set-location c:\log;$dirpath=(get-da... False
```

图18.38　计划作业的禁用

再次启用已经禁用的 Job 的操作也比较简单，使用如图 18.39 所示的命令可再次启用已经禁用的 Scheduled Job。

```
Get-Scheduledjob |enable-scheduledJob
```

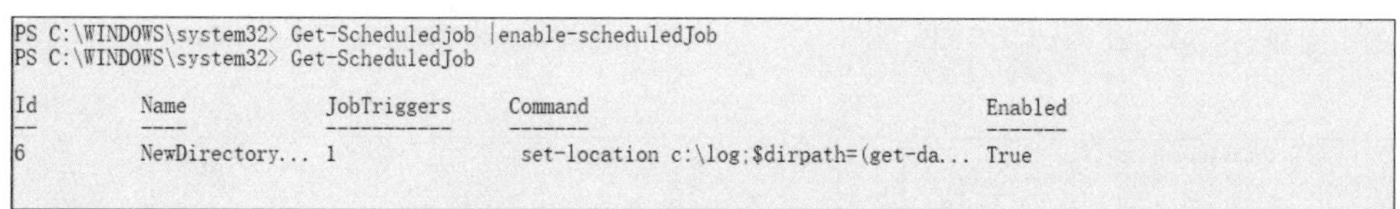

图18.39　再次启用已经禁用的Scheduled Job

18.9.5　手动启动计划作业

Scheduled Job 已经定义好并且注册在系统中，希望手动启动 Job 看看执行后的结果，前面我们使用界面完成了任务启动，在 PowerShell 环境中如何实现 Scheduled Job 的启动呢？这里依然使用的是 Start-Job，此处的参数和普通的 Job 略有不同。Scheduled Job 启动必须使用参数 DefinitionName 定义才能定位到 Scheduled Job，图 18.40 所示为计划作业的启动。

```
Start-job -DefinitionName Job 名称
```

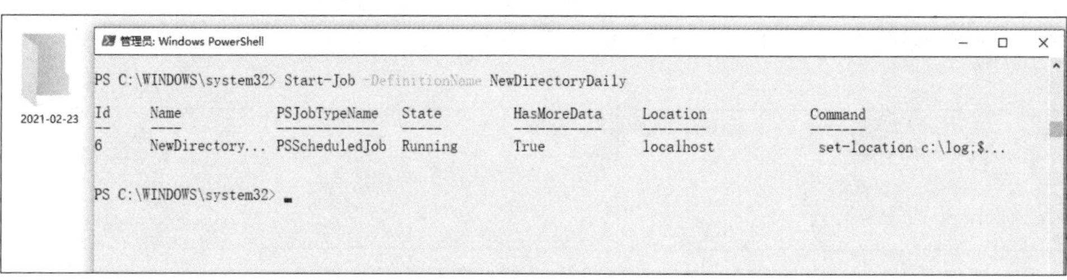

图18.40　计划作业的启动

在 Job 中如果希望获取 Job 执行结果信息，可以在以下的路径获取执行的结果和日志：C:\Users\用户名 \AppData\Local\Microsoft\PowerShell\ScheduleJobs\JOBname。图 18.41 所示为计划作业执行后的结果 XML 文件。

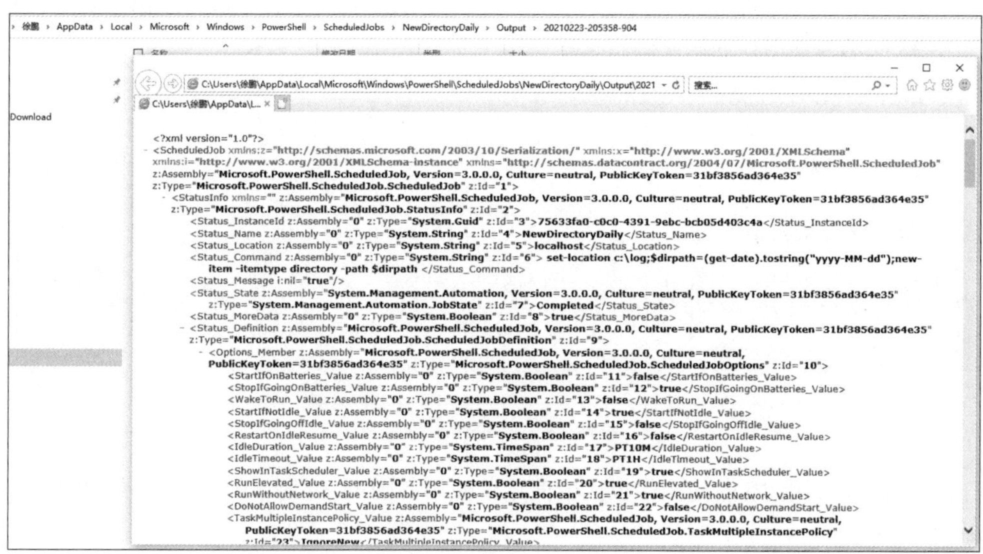

图18.41　计划作业执行结果

18.9.6　注销计划作业

如果在系统中注册好的 Scheduled Job 不再需要，可以通过注销 Scheduled Job 的方式注销计划作业。如果希望手动删除，需要在删除计划任务之后再将目录中的 Job Definition 同步删除。使用 Unregister-Scheduled Job 可以同步将 PowerShell 计划任务和定义好的 Scheduled Job 从池中删除，图 18.42 所示为注销计划作业的操作。

```
Unregister-ScheduledJob -Name "NewDirectoryDaily"
```

```
PS C:\WINDOWS\system32> Unregister-ScheduledJob -Name "NewDirectoryDaily"
PS C:\WINDOWS\system32>
```

图18.42　注销计划作业

完成计划作业注销之后，“C:\Users\ 用户名 \AppData\Local\Microsoft\PowerShell\ScheduleJobs\JOBname”目录中的定义文件和日志将会被直接删除。图 18.43 显示了注销后的计划作业定义被直接删除。

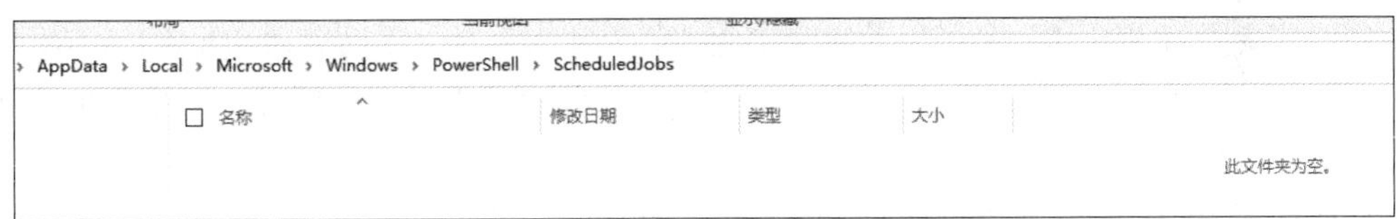

图18.43　注销后的计划作业定义被直接删除

注销计划作业之后，除了在文件夹删除相应的作业定义之外，也会删除如图 18.44 所示的 PowerShell 任务计划。

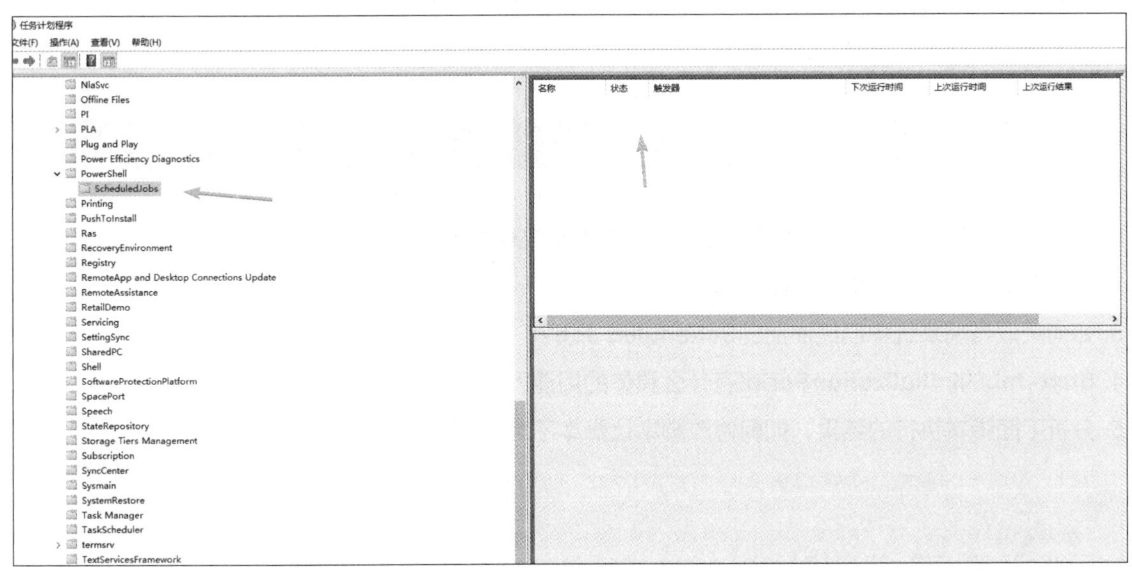

图18.44　计划任务中PowerShell节点任务被删除

18.10 章节回顾

本章和大家分享了 PowerShell 的 Job 管理，PowerShell 的 Job 从大类上分为两类。

- BackGround Job：后台执行作业。
- Scheduled Job：计划作业。

相信很多朋友会将 PowerShell 中的作业和 Windows 系统的计划任务弄混，这两者差别是什么呢？计划任务属于 Windows 平台上通过计划任务引擎进行驱动的任务，任务的类型相比作业更广，可以支持各类不同的程序和命令进行直接操作，而 PowrShell 的作业主要针对的是 PowerShell 脚本和函数提供设置的平台。进行 Scheduled Job 设定主要有三个不同的设定选项。

- 触发条件：在什么条件下会触发条件的执行。
- 触发行为：脚本触发之后会执行什么操作，是执行代码还是执行脚本。
- 触发设置：针对脚本执行的特殊设定。

上面提到的是 Scheduled Job 执行的三个要素，如果有不满足的条件，则脚本无法执行。Scheduled Job 的条件满足之后，可以利用注册作业的方式将作业注册到计划任务中。同时在本地的计划作业的文件夹中生成计划 Job 的定义文件。为了验证任务能够成功执行，可以通过计划任务的界面手动执行，或者通过 Start-Job 命令手动启动作业，需要注意的是，手动启动 Scheduled Job 和普通的 Job 执行方式不同。普通的 Job 直接通过 Sart-Job 命令跟上 Job 的名字即可，但是 Scheduled Job 启动方式是通过 Start-job -definitionName 跟上作业名称启动。

计划作业如果不再需要，可以通过 Unregister-ScheduledJob 进行 Job 的注销，这个命令执行了以下两个动作。

- 在 Job 的目录中删除 Job 定义。
- 在计划任务中删除 Job。

在 Job 管理中还有一些细节内容，需要大家深入地学习和理解。

18.11 练习与知识巩固

1. PowerShell的Job 分为哪两种类型，它们的差别是什么？

2. 如何获取当前PowerShell 窗口中运行的Job？

3. 如何获取当前系统中已经注册的Scheduled Job？

4. Start-Job的InitializationScript有什么具体的用途？

5. 分析下面脚本执行的结果，如何修改脚本让脚本不会出现错误？

```
Start-job -name  newFile -scriptblock {$filelist=@("c:\log\file1.txt","   c:\
log\file2.txt",
"c:\log\file3.txt");foreach($file in $filelist){sleep 1;New-Item $file} }
Remove-item c:\log\file3.txt
```

6. 如果希望删除一个Scheduled Job，直接在计划任务中删除是否可行？

7. PowerShell Job 执行失败了，我们应该如何Debug？

8. 如果PowerShell 计划作业执行的是本地脚本，如何实现传参呢？

9. 基于以下功能要求编写脚本，并注册为Scheduled Job。

a. 将“c:\log\”文件夹中超过 7 天的文件移动到“d:\log”下。

b. 每周日晚上 11 点执行。

c. 将文件的移动日志写入 Windows 系统日志中。

第19章 PowerShell 的远程管理

脚本型语言发展迅速的主要原因在于轻量，不像编译型语言一样重，另外还有一个很重要的原因，就是可以支持远程执行。PowerShell 的远程执行功能也是非常强大的功能组件之一，利用远程执行功能可以非常方便地实现多任务远程处理。

19.1 什么是PowerShell远程访问

说到远程管理，相信很多进行 Windows 服务器管理的朋友想到的都是远程桌面访问 3389，而 Linux 用户想到的是 SSH。传统的远程服务器管理多数通过 135 端口进行 RPC 管理，但是越来越多的病毒开始对传统的常用端口漏洞进行渗透，于是越来越多的企业开始进行安全管理，135 端口开始进入很多企业的严格管理范围。3389 端口由于拥有漏洞和弱密码功能，在企业安全部门也成了严控的端口。作为管理员来说，如果希望在服务器上执行任务怎么办，如果希望获取当前远程服务器的状态怎么办？在日常管理中，我们可能存在这样的一些任务，这些任务都属于之前远程管理或者基于 RPC 服务的 WMI 进行数据获取。

- 公司内部所有硬件资产信息收集。
- 获取磁盘内部文件信息。
- 服务器日常管理任务。

随着微软推出基于 PowerShell 的远程服务，实现这些功能将不再是难题。即使关闭了高危端口和服务，通过 PowerShell 远程管理也可以实现通过远程执行将数据回报到服务器端。PowerShell 远程管理服务的底层是 WS-Man 协议，WS-Man 全称是 Web Service Management，它使用 HTTP（HTTPS）协议在客户端和服务器端进行消息发送。相比 Dcom（RPC）协议，WS-Man 协议提供更加灵活和可靠的访问。RPC 通常使用动态端口进行访问，而基于 WS-Man 协议的远程管理服务能够基于特定的访问端口，并且支持 HTTPS 进行访问连接的加密。相比传统的协议，Windows 远程管理服务提供了更加广泛的服务支持。相比传统的 RPC 服务，WS-Man 具有以下特点。

- WS-Man 属于工业级别标准协议。
- WS-Man 相比 RPC 动态端口，可以限定运行在特定的端口提供服务。
- WS-Man 支持加密协议访问。

PowerShell 远程连接基于 WS-Man 的执行框架，通过图 19.1 我们能够了解 WS-Man、Windows 远程服务和 PowerShell 远程服务相互之间的关系。

图19.1　PowerShell远程服务与WS-Man、Windows远程服务关系

PowerShell 远程服务对外提供了两个不同的服务端口，这两个远程服务端口用于两种不同的连接方式的应用。

- 非加密 PowerShell 访问：5985。
- 加密 PowerShell 访问：5986。

PowerShell 远程服务提供了多重的服务认证方式，让用户可以非常方便地实现相关的访问验证。

在用户加入域之后，使用默认的 Kerbros 验证。

- 默认支持认证协议是 Kerbros。
- 支持 Basic 认证。
- 支持证书认证。
- 支持摘要认证。
- 支持协商认证。
- 默认连接用户为管理员。

PowerShell 的远程服务也可以实现跨互联网的环境访问和连接，这是传统的服务器管理服务无法完成的任务，在 PowerShell 非常容易实现，图 19.2 所示为连接到 PowerShell 远程接口。

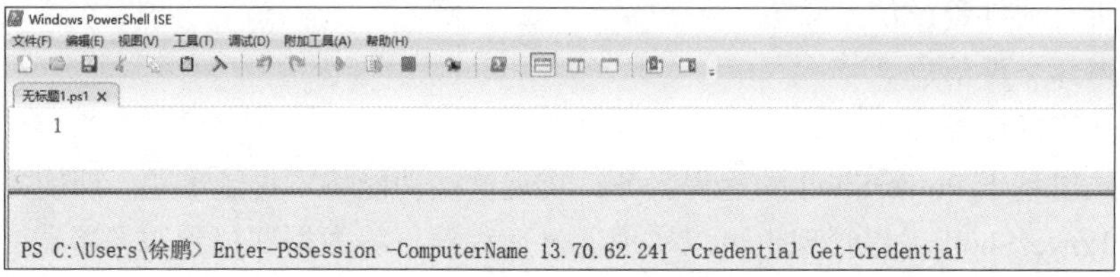

图19.2　连接到PowerShell远程端口

当然 PowerShell 默认情况下不支持远程服务连接，需要进行特别的设置，才能满足远程连接的需求，下面将会给大家分享启用 PowerShell 远程服务的方式。

19.2 启用PowerShell 的远程访问

在 Windows 2012 及以后版本中默认启用了 PowerShell 的远程访问，早期版本需要配置服务器的以下内容实现 PowerShell 的远程访问。

- 启用远程访问。
- 设置 WinRM 服务为自动启动。
- 设置服务器防火墙。
- 修改 Session 设置和监听服务设置。

实现前面三个设置，只需要在目标服务器执行下面命令即可。

- Enable-PsRemoting。
- 早期版本 WinRM QuickConfig。

执行命令将设置 WinRM 服务的模式为自动启动，同时修改服务器的防火墙接受来自外部的访问连接。这是单台服务器启用 PowerShell 远程服务方式，我们还可以通过组策略批量启用服务器的 Windows Remote Management 服务。

19.2.1 组策略启用 WinRM 服务

建立策略，定位策略地址：计算机管理\策略\管理模板\Windows 组件\Windows 远程管理\WinRM 服务\允许使用 WinRM 管理服务器。图 19.3 所示为启用 Windows RM 服务。

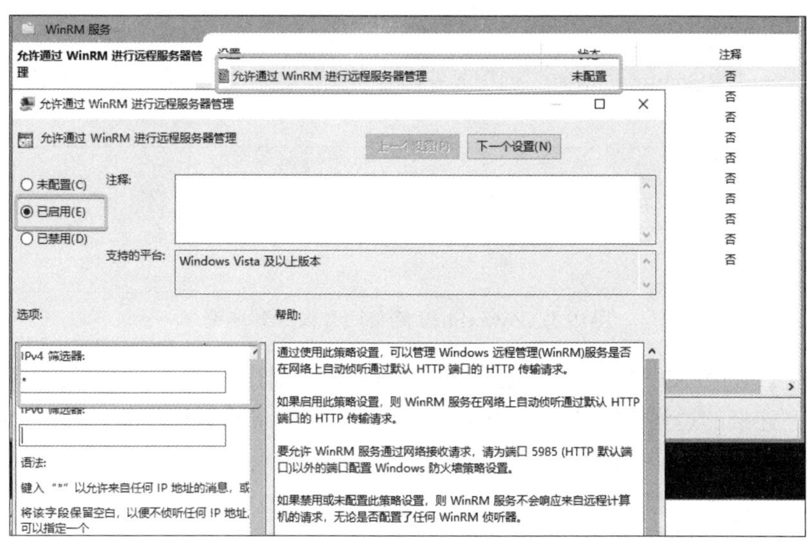

图19.3　启用Windows RM 服务

19.2.2　批量启用防火墙服务

如果关闭了防火墙，则不需要设定防火墙规则，如果防火墙是开启的话，就需要通过组策略设定允许客户端连接 5985 和 5986 端口，设定防火墙是为了满足 PowerShell 监听需求。

19.2.3　批量设置信任主机

首先在服务器端执行如下的 PowerShell 脚本，执行完成后确认一下是否修改成功。这里设定的是允许所有客户端连接，图 19.4 所示为设置信任主机命令。

```
Set-Item WSMan:\localhost\Client\TrustedHosts *
```

```
PS C:\> Set-Item WSMan:\localhost\Client\TrustedHosts *

WinRM 安全配置。
此命令修改 WinRM 客户端的 TrustedHosts 列表。TrustedHosts
列表中的计算机可能不会经过身份验证。该客户端可能会向这些计算机发送凭据信息。是否确实要修改此列表?
[Y] 是(Y)  [N] 否(N)  [S] 暂停(S)  [?] 帮助 (默认值为“Y”): y
PS C:\>
```

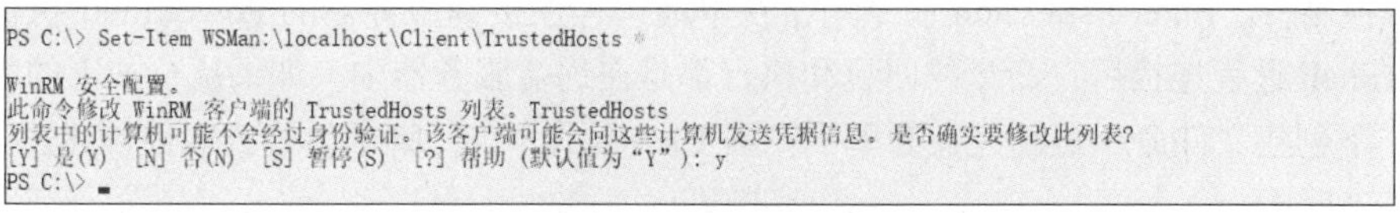

图19.4　设置信任主机命令

接下来需要设置客户端连接，如果需要进行远程连接设定，这一步骤必不可少。如果不设置本地 PowerShell 将无法连接目标，客户端设置与服务器设置完全一样。

```
Set-Item WSMan:\localhost\Client\TrustedHosts *
```

19.2.4　验证 PowerShell 远程访问

完成相关的设置后，就可以通过 Enter-PsSession 功能启用到远程服务器的访问，如果希望通过 PowerShell 交互环境连接 PowerShell 远程服务器，执行如图 19.5 的命令，即可完成本地远程连接服务器 PowerShell 的需求。

```
Enter-Pssession -ComputerName 远程服务器名称或者 IP -Credential 凭证
```

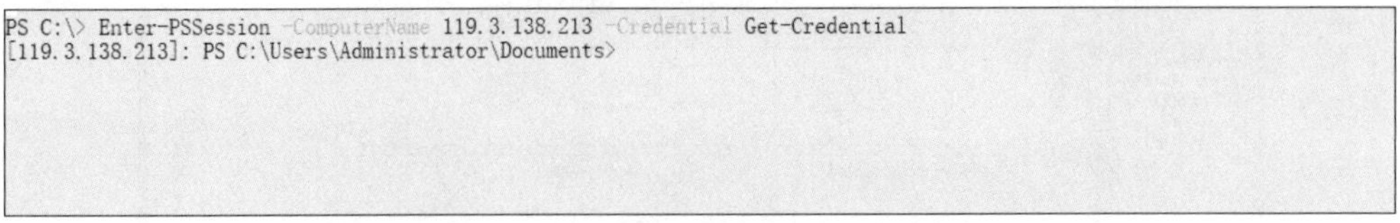

```
PS C:\> Enter-PSSession -ComputerName 119.3.138.213 -Credential Get-Credential
[119.3.138.213]: PS C:\Users\Administrator\Documents>
```

图19.5　PowerShell 连接远程服务器环境

如果希望在 PowerShell ISE 集成开发环境连接远程服务器进行代码开发，就需要在 ISE 的远程环境进行连接。连接的过程中需要输入相应的凭证，才能连接到远程计算机，图 19.6 所示为 ISE 环境连接 PowerShell 远程服务器操作。

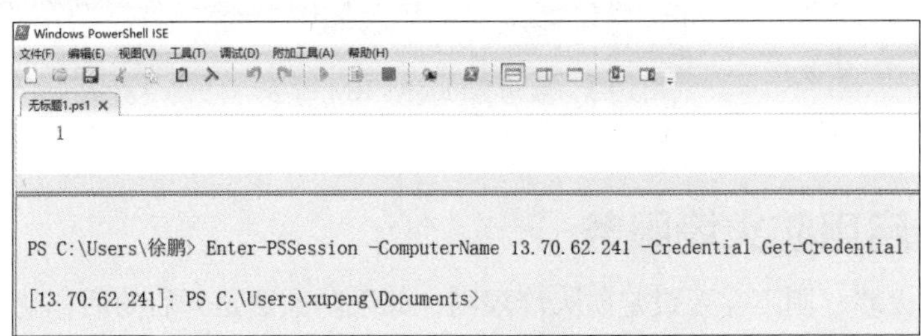

图19.6　远程连接服务器PowerShell环境

19.3　远程访问命令Enter-PsSession的应用

PowerShell 如果只针对一台服务器进行远程管理，可以采用 Enter-PsSession 进入远程服务器的 PowerShell 控制台。Enter-PsSession 命令用于在本地远程连接到服务器的 PowerShell 执行环境，建立到 PowerShell 远程连接后，命令的回显和执行都是在远端服务器中。如果执行如下的脚本，大家可以思考一下创建文件命令是创建在哪里了？图 19.7 所示为执行脚本后检查文件创建。

```
Enter-PsSession -computername RemoteComputer -credential get-credential
New-Item -itemtype file c:\log\myfile.txt
```

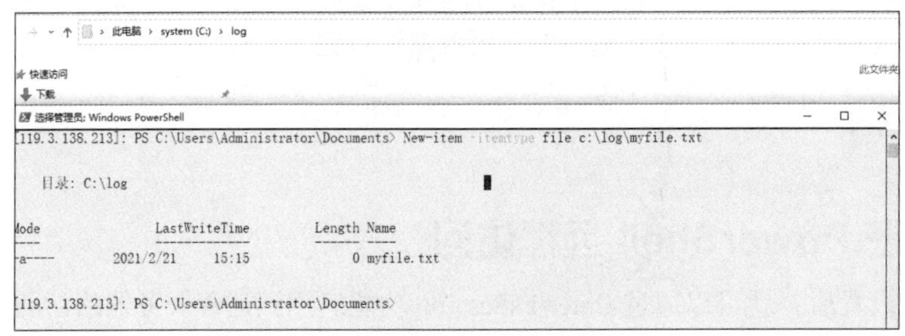

图19.7　文件创建后本地没有创建

通过远程桌面检查一下服务器上的文件，会发现文件已经顺利创建在服务器上面，图 19.8 所示为文件创建在远程服务器上。

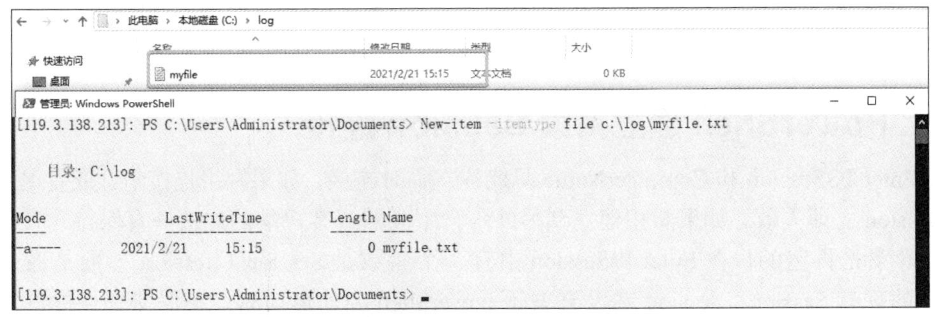

图19.8　文件创建在远程服务器上

执行 Enter-PsSession 进行远程服务器操作需要特别注意一个问题，利用 Enter-PsSession 命令建立连接之后，所有的命令都是在远程服务器或客户端执行。Enter-PsSession 命令有如下常用参数。

- ComputerName：连接访问的计算机名称或 IP 地址。
- ConnectionURI：通过连接 URI 进行连接。
- Credential：定义连接的凭据。
- ID：基于现有的 SessionID 进行连接。
- Port：定义 PowerShell 连接使用的端口。
- RunasAdministrator：定义是否以管理员模式进行连接，此参数为 Switch 类型。
- Session：定义连接可用的 Session。

19.3.1　Enter-PsSession 连接参数 ComputerName

Enter-PsSession 中的 ComputerName 可以说属于必选参数，Computer 参数和 Session 参数互斥。如果有 ComputerName 参数，就不能设置 Session 参数，反之亦然。两者应用场景截然不同，使用 ComputerName 参数适用于临时会话的建立模式，Session 参数适用于建立长效的 PowerShell 连接 Session。Credential 参数与 ComputerName 参数经常配对使用，在进行连接过程中，在需要指定用户访问目标的 PowerShell 过程中通常都要指定用户名和密码，特别在非域情况下。

使用交互式 PowerShell Session 环境和 ISE 集成开发环境需要注意的一个问题是，在同一个 Session 下我们只能进入一个远程 PowerShell 开发环境中。如果在远程 PowerShell 执行环境进入另外一台服务器，则 Session 将进入第三台服务器。图 19.9 表现了 Enter-PsSession 工作机制。

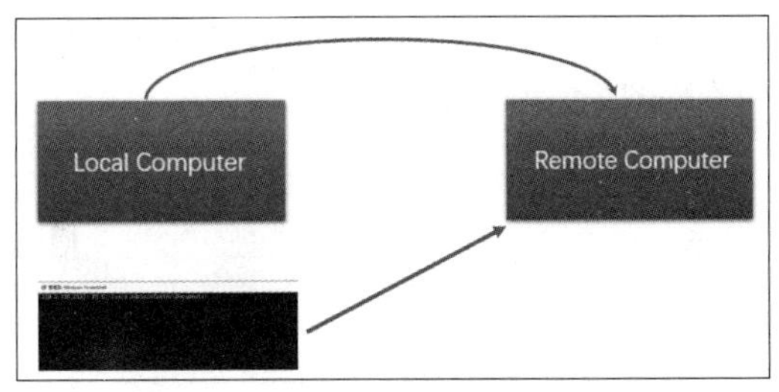

图19.9　Enter-PsSession远程进入机制

进入远程计算机的 PowerShell 环境命令如下，这里的凭证我们使用弹框方式进行即时获取。如果有必要，可以将 Credential 保存在文本文件中，在使用过程中再进行获取。

```
Enter-PsSession-ComputerName 计算机名称 -Credential get-Credential
```

19.3.2 PowerShell 建立持续 Session 连接

使用 Enter-PSSession 和 ComputerName 只能建立临时连接，如果网络连接断开或者退出远程环境，则 Session 立即失效。如果希望建立到另外一台服务器或客户端的连接一直保持，有没有其他办法呢？答案是肯定的！在 Enter-PsSession 中有一个参数是 Session，Session 参数是通过 PowerShell 建立的现有 Session，Session 在没有关闭 PowerShell 当前窗口时，将保持到目标机器 PowerShell 的持续连接。

可以通过 New-PsSession 命令建立到目标服务器的 Session 连接。

```
New-pssession -computername Computername -credential get-credential
```

建立成功之后就可以在 Enter-PsSession 和 Ivoke-Command 进行 Session 引用了。我们知道 PowerShell 的环境和 Session 运行都是相互隔离的，开启的新的 PowerShell 交互使用环境和变量都不会相同。关闭 PowerShell 窗口之后，所有的 PowerShell 派生出的各类不同的变量也会同时消失。在建立了到远程服务器的 Session 之后，我们就可以随时调用 PowerShell 的 Session 进行连接。但是这里需要注意的是，如果当前的 PowerShell 窗口关闭后，所有当前的 Session 也会丢失，图 19.10 为建立带 Credential 的 Session。

```
new-pssession -name remoteConnection -computername computer -credential
get-credential
```

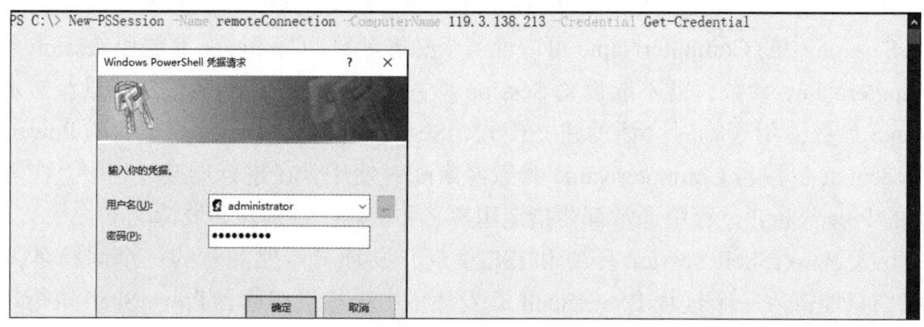

图19.10　带凭证的Session

命令执行完成后，到远程服务器的 Session 只要不关闭当前的 PowerShell 窗口，Session 的连接将持续有效，图 19.11 所示为连接的 Session 创建过程。

```
PS C:\> New-PSSession -Name remoteConnection -ComputerName 119.3.138.213 -Credential Get-Credential

 Id Name            ComputerName    ComputerType    State         ConfigurationName     Availability
 -- ----            ------------    ------------    -----         -----------------     ------------
  2 remoteConnec... 119.3.138.213   RemoteMachine   Opened        Microsoft.PowerShell     Available
```

图19.11　创建PowerShellSession 过程

真的这么神奇吗？这里给大家演示一下案例操作的步骤，以确认是否 Session 重复进入有效，图 19.12 所示为进入 Session 后的结果。

（1）在当前 Session 中执行赋值 $list=Get-Process。

（2）退出 Session 回到本地。

（3）重新进入 Session，变量依然存在。

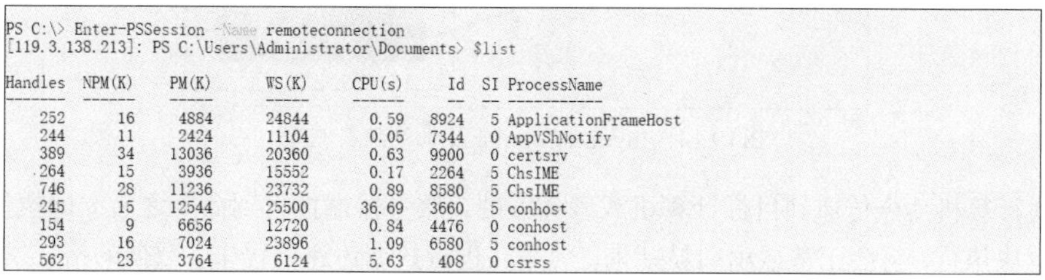

```
PS C:\> Enter-PSSession -Name remoteconnection
[119.3.138.213]: PS C:\Users\Administrator\Documents> $list

Handles  NPM(K)    PM(K)      WS(K)     CPU(s)     Id  SI ProcessName
-------  ------    -----      -----     ------     --  -- -----------
    252      16     4884      24844       0.59   8924   5 ApplicationFrameHost
    244      11     2424      11104       0.05   7344   0 AppVShNotify
    389      34    13036      20360       0.63   9900   0 certsrv
    264      15     3936      15552       0.17   2264   5 ChsIME
    746      28    11236      23732       0.89   8580   5 ChsIME
    245      15    12544      25500      36.69   3660   5 conhost
    154       9     6656      12720       0.84   4476   0 conhost
    293      16     7024      23896       1.09   6580   5 conhost
    562      23     3764       6124       5.63    408   0 csrss
```

图19.12　当前Session没有关闭，可重复进入远程Session

上面提到希望 Session 保持仅仅对于当前的 PowerShell Session 生效，如果当前的 PowerShell Session 关闭，则到所有远程服务器或客户端的连接全部失效。

19.4 一对多命令执行Invoke-Command

接下来就给大家介绍 Windows PowerShell 中最棒的功能了，就是将一个命令同时传递到多台服务器或计算机执行。依据命令的执行结果可以分为两类命令执行方式。

- 有回显的命令执行。
- 无回显的命令执行。

无回显的命令执行相关任务后不需要将回显结果传递到本地，而有回显的命令将回显结果传递到本地。下面这个案例使用 Invoke-Command 进行有回显的命令执行，图 19.13 所示为远程执行有回显的命令。

```
Invoke-command -computername computer -credential get-credential -command
{get-Process}
```

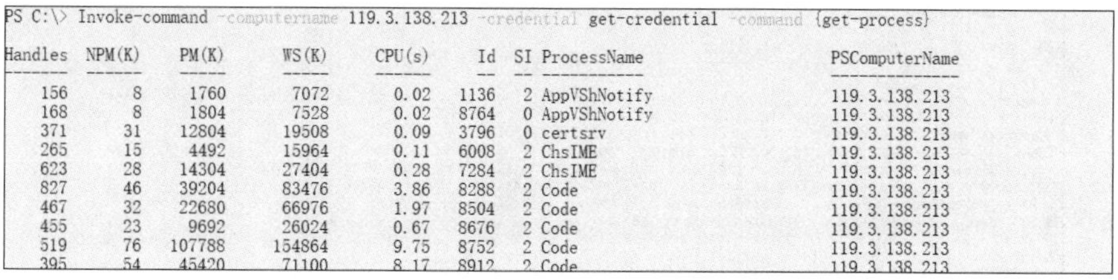

```
PS C:\> Invoke-command -computername 119.3.138.213 -credential get-credential -command {get-process}

Handles  NPM(K)    PM(K)      WS(K)     CPU(s)     Id  SI ProcessName          PSComputerName
-------  ------    -----      -----     ------     --  -- -----------          --------------
    156       8     1760       7072       0.02   1136   2 AppVShNotify         119.3.138.213
    168       8     1804       7528       0.02   8764   0 AppVShNotify         119.3.138.213
    371      31    12804      19508       0.09   3796   0 certsrv              119.3.138.213
    265      15     4492      15964       0.11   6008   2 ChsIME               119.3.138.213
    623      28    14304      27404       0.28   7284   2 ChsIME               119.3.138.213
    827      46    39204      83476       3.86   8288   2 Code                 119.3.138.213
    467      32    22680      66976       1.97   8504   2 Code                 119.3.138.213
    455      23     9692      26024       0.67   8676   2 Code                 119.3.138.213
    519      76   107788     154864       9.75   8752   2 Code                 119.3.138.213
    395      54    45420      71100       8.17   8912   2 Code                 119.3.138.213
```

图19.13　远程执行有回显的PowerShell命令

通过回显我们可以很轻松地获取当前远程的服务状态。如果希望将命令传递到多台服务器执行，究竟是怎么执行的呢？相信看完图 19.14 之后大家就会明白，Invoke-Command 究竟是如何进行批量代码执行的。

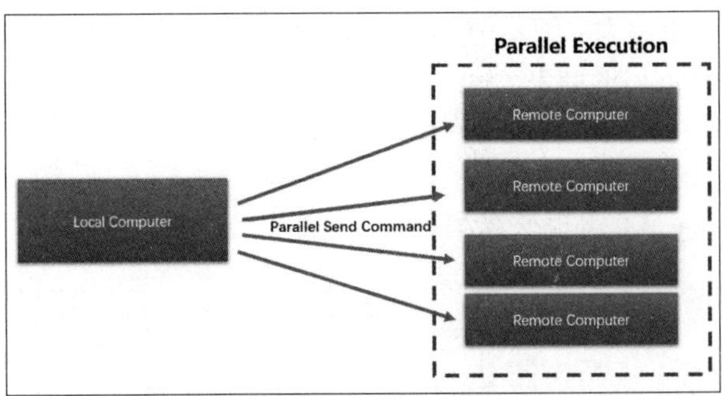

图19.14　Invoke-Command 批量执行代码

当本地计算机命令传递到目标计算机或服务器端，服务器端接收到命令之后立即执行。如果有回显的脚本块执行，将会正常显示回显结果。但是在进行数据传递过程中，数据的格式发生了变化，传递到本地之后数据方法会消失一部分。为什么会这样呢？大家可以看看本地机器获取相应的进程对象类型，图 19.15 所示为获取本地的属性和方法。

```
Get-Process |get-Member
```

```
PS C:\> get-process |Get-Member


   TypeName:System.Diagnostics.Process

Name                       MemberType     Definition
----                       ----------     ----------
Handles                    AliasProperty  Handles = Handlecount
Name                       AliasProperty  Name = ProcessName
NPM                        AliasProperty  NPM = NonpagedSystemMemorySize64
PM                         AliasProperty  PM = PagedMemorySize64
SI                         AliasProperty  SI = SessionId
VM                         AliasProperty  VM = VirtualMemorySize64
WS                         AliasProperty  WS = WorkingSet64
Disposed                   Event          System.EventHandler Disposed(System.Object, System.EventArgs)
ErrorDataReceived          Event          System.Diagnostics.DataReceivedEventHandler ErrorDataReceived(System.Objec...
Exited                     Event          System.EventHandler Exited(System.Object, System.EventArgs)
OutputDataReceived         Event          System.Diagnostics.DataReceivedEventHandler OutputDataReceived(System.Obje...
BeginErrorReadLine         Method         void BeginErrorReadLine()
BeginOutputReadLine        Method         void BeginOutputReadLine()
CancelErrorRead            Method         void CancelErrorRead()
CancelOutputRead           Method         void CancelOutputRead()
```

图19.15　获取本地进程对象与方法

本地接收的使用 Invoke-Command 命令来执行获取到的对象部分方法将丢失，主要的原因是对象在远程传递到本地将执行反序列化操作。图 19.16 所示为远程执行结果的反序列化操作。

```
PS C:\> $remoteService=Invoke-Command -ComputerName 119.3.138.213 -Credential Get-Credential -ScriptBlock {Get-Service}
PS C:\> $remoteService |Get-Member


   TypeName:Deserialized.System.ServiceProcess.ServiceController

Name                   MemberType     Definition
----                   ----------     ----------
GetType                Method         type GetType()
ToString               Method         string ToString(), string ToString(string format, System.IFormatProvider formatProv...
Name                   NoteProperty   string Name=ADWS
PSComputerName         NoteProperty   string PSComputerName=119.3.138.213
PSShowComputerName     NoteProperty   bool PSShowComputerName=True
RequiredServices       NoteProperty   Deserialized.System.ServiceProcess.ServiceController[] RequiredServices=
RunspaceId             NoteProperty   guid RunspaceId=ce33dd2d-7bde-43e1-95f7-609f7df669a6
CanPauseAndContinue    Property       System.Boolean {get;set;}
CanShutdown            Property       System.Boolean {get;set;}
CanStop                Property       System.Boolean {get;set;}
Container              Property        {get;set;}
DependentServices      Property       Deserialized.System.ServiceProcess.ServiceController[] {get;set;}
DisplayName            Property       System.String {get;set;}
MachineName            Property       System.String {get;set;}
ServiceHandle          Property       System.String {get;set;}
ServiceName            Property       System.String {get;set;}
ServicesDependedOn     Property       Deserialized.System.ServiceProcess.ServiceController[] {get;set;}
ServiceType            Property       System.String {get;set;}
Site                   Property        {get;set;}
StartType              Property       System.String {get;set;}
Status                 Property       System.String {get;set;}
```

图19.16　远程对象传递到本地后所有的方法丢失

如果大家仔细一点就会发现，所有数据的所有方法都已经丢失了，保留的内容只剩下了属性和 Object 对象类型可用的方法。其实是远程执行命令过程中传递数据的序列化过程只将属性传过来而丢弃了方法，这种特殊的操作我们称为对象反序列化。图 19.17 所示为对象的反序列化结果。

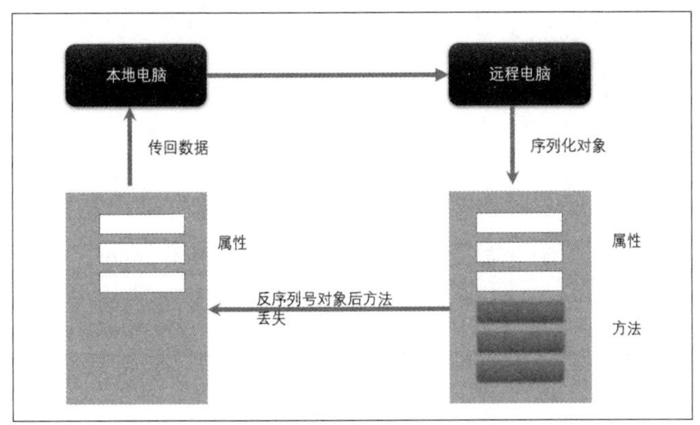

图19.17　远程计算机传递对象的反序列化

Invoke-Command 命令参数非常多，但是对于脚本编写人员使用的参数不是太多，常用的使用参数如下。

- ComputerName：连接的服务器名。
- Credential：访问远端计算机使用的凭证。
- FilePath：使用本地的脚本执行，脚本可以保存在本机或 UNC 路径。
- ArgumentList：使用本地脚本执行过程的参数列表传递。
- AsJob：以 Job 方式执行脚本。
- HideComputerName：隐藏计算机名称。
- RunAsAdministrator：以管理员模式运行。
- ScriptBlock：执行的语句块。
- SessionName：连接 Session 的名称。
- ThrottleLimit：并行连接并执行脚本块机器的数量，默认情况下最大为 32。

19.4.1　ComputerName 和 Credential 参数

Invoke-Command 命令中的 ComputerName 参数用于设定远程连接的服务器名称，如果采用非加密连接方式进行连接，Computer 参数可以设置为 IP 地址。而 Credential 是 PowerShell 进行连接设置的用户名和密码，Computer 参数接受以下的数据。

- NetBios 名称：企业内部使用。
- FQDN 名称：企业内外部均可用。
- IP 地址：企业内外部均可用。
- NetBios 名称数组：企业内部可用。
- FQDN 名称数组：企业内外部均可用。
- IP 地址：企业内外部均可用。

以下几种方式都可以实现到远程服务器的 PowerShell 连接。

```
Invoke-command -computername server1,server2 -credential get-credential
-script {script}
Invoke-command -computername server1,192.168.0.1 -credential get-credential
-script {script}
Invoke-command -computername 192.168.0.1,192.168.0.2 -credential get-cre
dential -script {script}
```

19.4.2 HideComputerName 参数

Invoke-Command 在有返回值的命令过程中会添加 ComputerName 这一列，这一列代表执行过程中所处的目标计算机名称，图 19.18 所示为带计算机名称的显示记录。

```
PS C:\> Invoke-Command -ComputerName 119.3.138.213 -Credential Get-Credential -ScriptBlock {Get-Process}

Handles  NPM(K)    PM(K)      WS(K)     CPU(s)     Id  SI ProcessName                    PSComputerName
-------  ------    -----      -----     ------     --  -- -----------                    --------------
    156       8     1760       7072       0.02   1136   2 AppVShNotify                   119.3.138.213
    168       8     1804       7528       0.02   8764   0 AppVShNotify                   119.3.138.213
    372      31    12856      19524       0.13   3796   0 certsrv                        119.3.138.213
    265      15     4492      15964       0.11   6008   2 ChsIME                         119.3.138.213
    623      28    14248      27376       0.28   7284   2 ChsIME                         119.3.138.213
    827      46    40264      83524       8.97   8288   2 Code                           119.3.138.213
    467      31    22648      66952       2.02   8504   2 Code                           119.3.138.213
    354      20    10176      26120       0.84   8676   2 Code                           119.3.138.213
    520      76   108600     156220      10.98   8752   2 Code                           119.3.138.213
    395      54    46664      72032       8.92   8912   2 Code                           119.3.138.213
    232      15     6892      14088       0.02   8996   2 Code                           119.3.138.213
    313      47    43988      62868       2.11   9028   2 Code                           119.3.138.213
    235      21    16416      32528       0.31   9192   2 Code                           119.3.138.213
    177      12     7444      11732       0.13   8632   2 CodeSetup-stable-622cb03f7e... 119.3.138.213
    386      24    24320      40568       8.73   8652   2 CodeSetup-stable-622cb03f7e... 119.3.138.213
    353      21    11940      31112       2.02   3012   2 conhost                        119.3.138.213
```

图19.18　带计算机名称的显示记录

如果在进行数据回传过程中不希望显示计算机名称，可以使用 HideComputerName 参数进行隐藏，图 19.19 所示为不显示计算机名称列的数据。

```
PS C:\> Invoke-Command -ComputerName 119.3.138.213 -Credential Get-Credential -ScriptBlock {Get-Process} -HideComputerN
ame

Handles  NPM(K)    PM(K)      WS(K)     CPU(s)     Id  SI ProcessName
-------  ------    -----      -----     ------     --  -- -----------
    156       8     1760       7072       0.02   1136   2 AppVShNotify
    168       8     1804       7528       0.02   8764   0 AppVShNotify
    372      31    12856      19520       0.13   3796   0 certsrv
    265      15     4492      15964       0.11   6008   2 ChsIME
    623      28    14248      27376       0.28   7284   2 ChsIME
    827      46    39240      83524       9.03   8288   2 Code
    467      31    22648      66952       2.02   8504   2 Code
    354      20    10176      26120       0.84   8676   2 Code
    524      76   108668     155528      11.00   8752   2 Code
    404      55    46856      72536       8.94   8912   2 Code
    232      15     6892      14088       0.02   8996   2 Code
    313      47    43988      62984       2.11   9028   2 Code
    235      21    16416      32528       0.31   9192   2 Code
    177      12     7444      11732       0.13   8632   2 CodeSetup-stable-622cb03f7e070a9670c94bae1a45d78d7181fbd4
    386      25    24400      40592       8.73   8652   2 CodeSetup-stable-622cb03f7e070a9670c94bae1a45d78d7181fbd4.tmp
    353      21    11940      31112       2.02   3012   2 conhost
    154       9     6660      13072       0.02   5292   0 conhost
    590      22     3468       6524       0.45    440   0 csrss
    162      10     2136       4924       0.11    516   1 csrss
    397      17     2288       5876       0.70   6276   2 csrss
    401      19     4456      17548       0.28   6244   2 ctfmon
```

图19.19　隐藏计算机名称列数据

19.4.3 ScriptBlock 参数

ScriptBlock 是 Invoke-Command 的可选参数，用来指定远程执行过程中的代码块。ScriptBlock

和 FilePath 参数互斥，我们在引用本地脚本的时候不用指定代码块来实现相关的脚本功能。下面是执行 ScriptBlock 参数的具体案例，将远程服务器的服务状态传递到本机，图 19.20 所示为代码块执行的结果。

```
Invoke-command -computerName 计算机名称 -credential get-credential -script
{get-service}
```

```
PS C:\> invoke-command -ComputerName 119.3.138.213 -Credential Get-Credential -ScriptBlock {Get-Service}

Status   Name               DisplayName                           PSComputerName
------   ----               -----------                           --------------
Running  ADWS               Active Directory Web Services         119.3.138.213
Stopped  AJRouter           AllJoyn Router Service                119.3.138.213
Stopped  ALG                Application Layer Gateway Service     119.3.138.213
Running  AppHostSvc         Application Host Helper Service       119.3.138.213
Stopped  AppIDSvc           Application Identity                  119.3.138.213
Stopped  Appinfo            Application Information               119.3.138.213
Stopped  AppMgmt            Application Management                119.3.138.213
Stopped  AppReadiness       App Readiness                         119.3.138.213
Stopped  AppVClient         Microsoft App-V Client                119.3.138.213
Stopped  AppXSvc            AppX Deployment Service (AppXSVC)     119.3.138.213
Stopped  aspnet_state       ASP.NET State Service                 119.3.138.213
```

图19.20　传递基于代码块的执行结果

如果执行代码脚本需要进行参数的传递，该如何实现呢？先来看一下代码，代码希望实现在远程服务器上创建三个文件。执行脚本之后，却发现文件在远程服务器中并没有完成创建，图 19.21 所示为脚本执行后没有生成文件。

```
$fielist=@("c:\log\file1.csv","c:\log\file2.csv","c:\log\file3.csv")
Invoke-command -computer 119.3.138.213 -credential get-credential -ScriptBlock
block {foreach($file in $filelist){New-Item $file} }
```

```
$fielist=@("c:\log\file1.csv","c:\log\file2.csv","c:\log\file3.csv")
Invoke-command -computer 119.3.138.213 -credential get-credential -scriptblock {foreach($file in $filelist){new-item $file} }

PS C:\Users\徐鹏> $fielist=@("c:\log\file1.csv","c:\log\file2.csv","c:\log\file3.csv")
Invoke-command -computer 119.3.138.213 -credential get-credential -scriptblock {foreach($file in $filelist){new-item $file} }
```

图19.21　脚本执行后没有生成文件

你是不是有很多疑问，相信很多朋友也会发出灵魂拷问，到底哪里出错了？

产生这个问题的原因是在进行代码块执行时会碰到比较常见的问题，如何将参数传递到 PowerShell 代码块中呢？需要通过 Using 修饰符进行参数修饰。Using 关键字的格式如下：$Using: 变量。在传递的参数前添加 Using 修饰符，可以将本地的变量传递到 PowerShell 代码块中，从而顺利地完成代码块执行这些脚本，图 19.22 所示为脚本正常执行结果。

```
$fielist=@("c:\log\file1.csv","c:\log\file2.csv","c:\log\file3.csv")
Invoke-command -computer 119.3.138.213 -credential get-credential -script
block {foreach($file in $using:filelist){New-Item $file} }
```

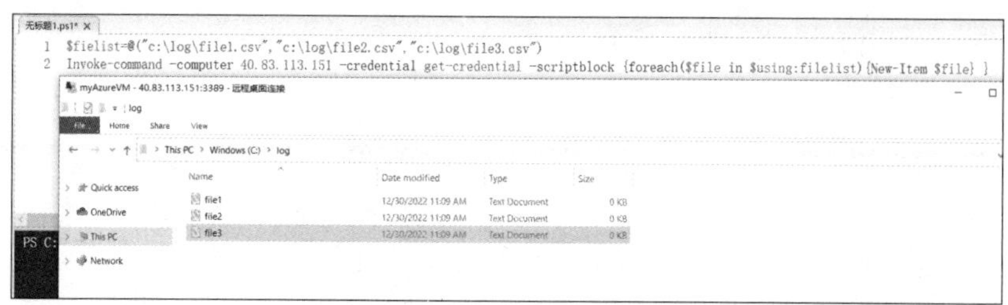

图19.22　正常完成命令执行结果

19.4.4　Session 参数

在使用 Invoke-Command 进行远程代码块的执行过程中，Session 在每次连接远程服务器和计算机执行脚本的时候都会建立临时连接。如果希望建立一个可用的长效连接，就需要事先建立好到目标计算机的 Session 连接，然后在 Invoke-Command 命令中使用 Session 参数实现调用，建立长效连接的 Session 的方法是通过 New-PsSession 建立相应的连接。图 19.23 所示为创建可重用的 Session。

```
$session=New-PsSession -name remoteConnection -computer server1,server2
-credential get-credential
```

```
PS C:\> New-PSSession -Name remoteconnection -ComputerName 119.3.138.213 -Credential Get-Credential

Id Name            ComputerName    ComputerType    State    ConfigurationName     Availability
-- ----            ------------    ------------    -----    -----------------     ------------
 2 remoteconnec... 119.3.138.213   RemoteMachine   Opened   Microsoft.PowerShell     Available
```

图19.23　创建可重用的Session

Invoke-Command 使用 SessionName 参数调用已经生成的 Session 进行任务的执行，图 19.24 所示为远程进入可重用的 Session。

```
Invoke-Command -Session $session -ScriptBlock {Get-Process}
```

```
PS C:\> $session=New-PSSession -Name remoteconnection -ComputerName 119.3.138.213 -Credential Get-Credential
PS C:\> Invoke-Command -Session $session -ScriptBlock {Get-Process}

Handles  NPM(K)    PM(K)      WS(K)     CPU(s)     Id  SI ProcessName          PSComputerName
-------  ------    -----      -----     ------     --  -- -----------          --------------
    156       8     1760       7072       0.02   1136   2 AppVShNotify         119.3.138.213
    168       8     1804       7528       0.02   8764   0 AppVShNotify         119.3.138.213
    372      31    13068      19988       0.19   3796   0 certsrv              119.3.138.213
    264      15     4492      16000       0.11   6008   2 ChsIME               119.3.138.213
```

图19.24　远程进入可重用的Session

19.4.5　ThrottleLimit

ThrottleLimit 是控制 Invoke-Command 一次连接执行的服务器或客户端数量，默认情况下一次性可以允许建立 32 台服务器的连接。这个数值可以依据具体的需求进行修改，如果希望一次性针对 5 台服务器进行命令的执行，可以写入 ThrottleLimit 参数限制并行连接和执行 PowerShell 脚本的服务器数量。

```
$computerlist=@("srv1", "srv2", "srv3", "srv4", "srv5", "srv6",
"srv7", "srv8", "srv9")
Invoke-command -computername $computerlist -ThrottleLimit 5 -script
{get-Process}
```

19.4.6 FilePath 和 ArgumentList 参数

前面给大家分享了使用 Using 进行本地的参数传递，Using 修饰符适用于使用代码块的方式执行参数传递。在实际的远程命令执行中，通常将执行的代码块保存为文件更加符合脚本执行的方式，Invoke-Command 的 File 参数完美地解决了这个问题。如果执行的代码块比较复杂，可以将代码块保存为脚本文件，通过 FilePath 参数进行本地的脚本调用，在执行过程中如果需要传递参数，可以通过 ArgumentList 进行脚本参数传递。

下面的代码通过远程执行方式调用本地的 PowerShell 脚本文件，并且将本地的参数传递到脚本内部。

```
Param(
$filepath
)
New-Item $filepath
```

脚本文件中参数 $filepath 值为空就会抛出异常，在执行脚本运行中需要将实参传递到脚本中，同时使用到 ArgumentList 参数进行参数的绑定和传递，传递的参数按照位置进行设置。

下面的脚本通过使用 Invoke-Command 的 FilePath 设定远程执行的脚本，同时利用 ArgumentList 参数将变量传入脚本块中来实现远程服务器或客户端的文件创建。图 19.25 所示为使用脚本文件的方式实现文件的创建。

```
$filelist="c:\log\file1.txt", "c:\log\file2.txt" ,"c:\log\file2.txt", "    c:\log\
file4.txt"
$cred=get-credential
ForEach($file in $filelist)
{
Invoke-command -computer computername -credential $cred -filepath .\new-file.
ps1 -argumentlist $file
}
```

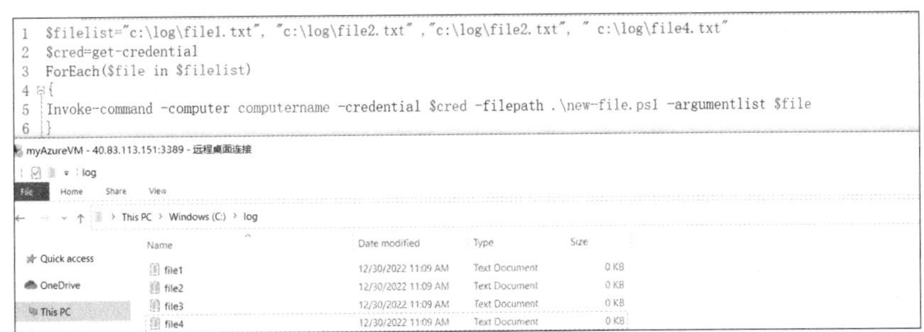

图19.25 使用脚本文件的方式实现文件的创建

远程执行支持上面提到的两种方式进行远程对象的执行，取决于用户的具体使用场景。如果执行的代码比较复杂，就适合采用 Invoke-Command 和脚本文件方式执行，如果执行的代码块比较简单，则使用"{}"将需要执行的代码引用就可以了。

19.5 章节回顾

本章分享的是 PowerShell 的远程执行功能，脚本语言为什么这么火？其实能够远程执行也是原因之一，通过一对多的方式执行特定的任务，能够大大提升管理员在并行环境下执行任务的效率。

PowerShell 的远程管理分为两个场景，这两个场景使用了不同的 PowerShell 命令实现。

- 一对一执行：类似于 Linux 的 SSH，从本地计算机通过远程功能连接到 PowerShell 连接点。
- 一对多执行：在一台机器上面对成百上千的计算机进行批量操作。

PowerShell 实现一对一访问，可以通过 Enter-PsSession 连接到另外一台服务器的 PowerShell 环境，这里可以建立临时的 PowerShell 的 Session，也可以建立 PowerShell 环境下的长效连接。

PowerShell 实现一对多访问可以通过 Invoke-Command 进行批量任务执行，Invoke-Command 支持两种执行脚本定义方式：脚本块执行方式和脚本文件执行方式。脚本块执行方式适用于脚本内容比较简单的场景，而文件执行方式适用于执行的脚本命令比较复杂的场景，以脚本文件执行一对多任务时必须要注意是否有参数输入，如果需要进行参数输入，则要通过 ArgumentList 进行参数绑定。

19.6 练习与知识巩固

1. 如果希望服务器支持远程连接，需要执行哪些步骤？

2. 以下命令的执行结果是什么？

```
Enter-pssession -computername localhost
$process=Get-Process
Quit
$process
```

3. PowerShell如何建立到目标服务器的长效连接？

4. 使用Invoke-Command远程执行脚本是带回显的脚本，我们通过什么参数隐藏计算机名称列？

5. 使用Invoke-Command 希望一次连接 5 台服务器执行相应的脚本，需要使用什么参数限定连接的服务器数量？

6. 远程服务器已经开启了Notepad进程，下面的命令为什么会执行不成功？

```
$processName="notepad"
Invoke-command -computer 127.0.0.1 -scriptblock {stop-process $processName}
```

7. 远程执行脚本使用File参数的同时，为什么要配置ArgumentList参数？

第20章

PowerShell Web Access

PowerShell Web Access，这是一种什么方式？相信很多朋友会有一些疑问。如果大家学习过 Python，相信很多朋友知道 Jupiter 提供了 Web 访问和执行 Python 代码的功能。但是大部分的朋友还没听说过 PowerShell 也可以 Web 访问，然而 PowerShell 的 Web 访问与 Python Jupiter 运行环境还是有所区别的。区别到底在哪里，这是本章将和大家分享的内容。

20.1 什么是PowerShell Web Access

对于 PowerShell 脚本编写人员来说，能够熟悉和了解每一个命令是非常必要的，但是在很多应用场景下，在自己的运行环境中不可能安装所有的软件，例如，我们希望了解 AD 可用的命令，也可能需要了解 SQL Server 中可用的 PowerShell 命令。如果在编写的时候不熟悉模块中的命令，能不能有一个测试环境能够让我们来进行命令的帮助获取？如果你在出差，突然间领导给你打了一个电话，需要执行一个 PowerShell 脚本，企业内部基于安全考量，不对外发布 3389 和 5985 端口，碰到这种情况怎么办呢？我们不能通过 RDP 协议连接服务器的方式执行相应的脚本，也不能通过 Power Shell 实现远程的 PowerShell 连接。这种情况下，真的就没有办法了吗？

熟悉 Python 的朋友一定知道，在 Python 的 Anocoda 组件中提供了一个功能，就是它的 Jupiter 提供了在 Web 界面执行 Python 脚本的功能，体验非常不错。在 PowerShell 中能不能提供一个 Web 界面交互方式，让管理员通过网页也能执行 PowerShell 脚本呢？答案是 Yes！

PowerShell Web Access 提供了基于 Web 访问 PowerShell 的功能，虽然功能没有 Jupiter 强大，但通过 Web 的访问也解决了企业安全问题和环境问题。

PowerShell 提供了基于 Https 的代理式 PowerShell 访问，基于 PowerShell 的 Web 访问代理功能，让用户能够通过 Web 界面访问任何计算机的 PowerShell 界面。当然这也是有前提条件的，必须保证所有服务器的 PowerShell 远程访问功能开启，在登录界面中输入用户名和密码及访问的 Power Shell 的目标机器，验证通过后就可以进入如图 20.1 所示的目标机器的 PowerShell 界面，执行 Power Shell 命令或脚本了。

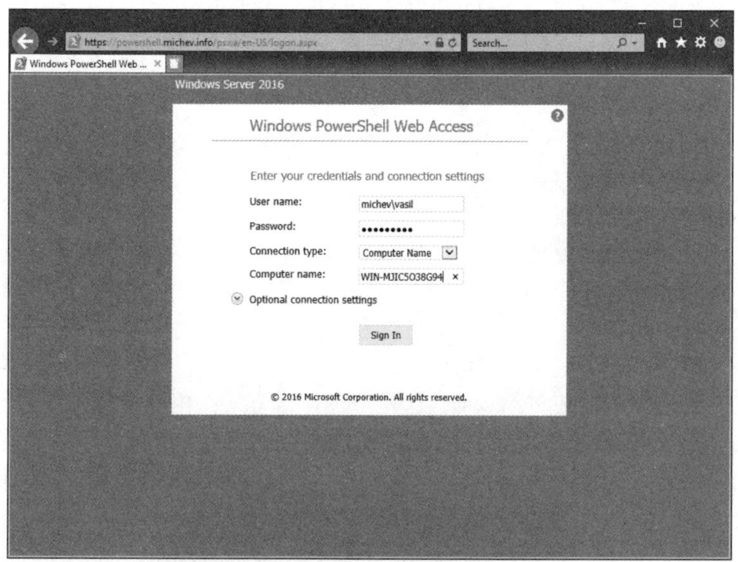

图20.1 PowerShell Web Access 登录界面

用户能够访问的机器和访问界面中能够执行的命令受到 PowerShell Web Access 规则限定，不能执行规则限制之外的命令。这部分内容会在本章后面和大家详细分享，图 20.2 所示为 PowerShell Web Access 登录后的界面。

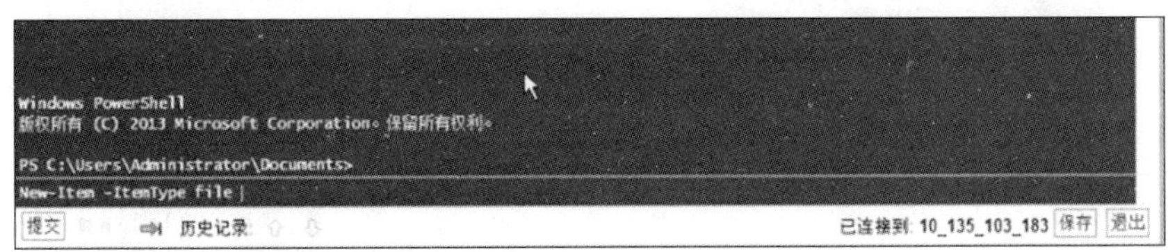

图20.2　PowerShell Web Access 登录后的界面

完成 PowerShell Web Access 登录后，系统界面是天蓝色，相比本地的配色，这个颜色确实不是很好看，但是它的功能和本地执行 PowerShell 是完全一样的。相比远程桌面，PowerShell Web Access 提供了更加轻量化的用户体验。

20.2 PowerShell Web Access的架构与结构

PowerShell Web Access（PWA）提供的功能有两种不同的应用场景。

- 企业内部访问
- 企业外部访问

企业内部访问可以实现 PowerShell 单一入口的访问，但需要注意的是，PowerShell 管理单元不支持 PowerShell Web Access。图 20.3 所示为 PowerShell Web Access 内部访问代理拓扑结构。

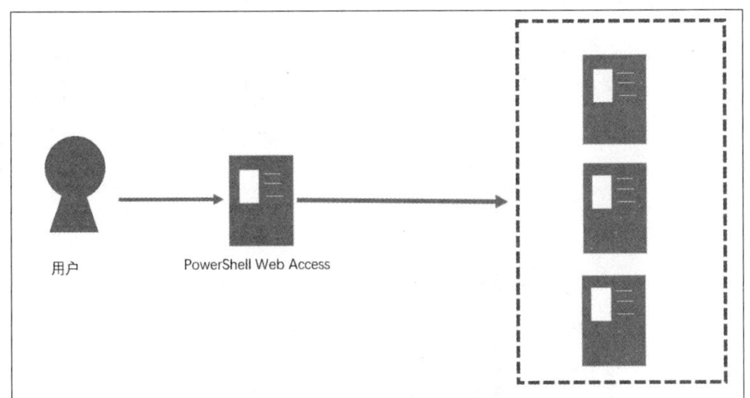

图20.3　PowerShell Web Access 内部访问代理拓扑结构

对于企业外部来说直接开放 PowerShell 远程端口更加危险，而且涉及端口复用问题。这时候可以使用 PowerShell Web Access 作为外部访问代理，通过访问 Https 端口实现 PowerShell 访问的代理。图 20.4 所示为 PowerShell Web Access 外部访问代理的具体拓扑结构。

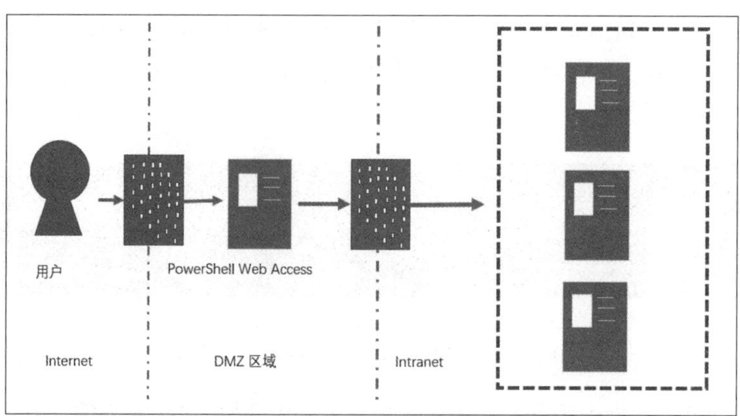

图20.4　PowerShell Web Access外部访问代理拓扑结构

外部用户同样可以通过 PowerShell Web Access 访问内部的 PowerShell，在 DMZ 区域部署 PowerShell Web 访问的代理服务器，用户通过 PWA 实现内部服务器 PowerShell 代理访问。

20.3 PowerShell Web Access 的访问权限控制

在构建业务应用过程中，安全都是需要仔细考虑的一个问题，如果一个用户拥有没有限制的访问权限，这会变成一个安全层面上的极大威胁。比如不是活动目录管理员，也能够访问活动目录服务器，不是邮件管理员也能够访问邮件服务器，这都是不合情理的。因此我们需要针对不同的角色和不同的服务器，执行不同的配置，防止用户发生越权操作带来的风险。PowerShell Web Access 支持基于 RBAC 的配置实现基于角色进行控制访问，用户组、目标服务器和 PowerShell 本身的配置决定用户可以登录到什么服务器，执行什么操作，都可以利用配置文件配置得非常详细。这是 PowerShell Web Access 带来管理上的新体验，图 20.5 所示为 RBAC 访问权限控制。

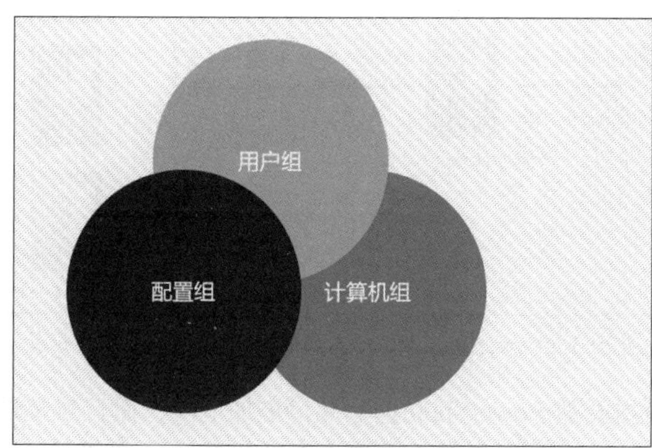

图20.5　PowerShell RBAC 访问权限控制

20.4 PowerShell Web Access 的部署准备

部署 PowerShell Web Access 需要以下几个前提条件，这些条件缺一不可。完成前置条件后，就可以实现 PowerShell Web Access 部署。

- Windows Server 2012 R2 以上版本
- IIS 8 平台（仅支持 SSL）
- .Net 4.5
- PowerShell 3.0 以上

20.4.1 Net 4.5 角色安装

PowerShell 的运行依赖于 .Net 环境的部署，当前我们使用的是 5.1 版本，需要 .Net 4.5 的支持。我们可以通过如下的方式进行 .Net 4.5 环境和服务器角色 .Net 4.5 的安装，安装完 .Net 4.5 后就完成了 PowerShell Web Access 最基础的条件安装。图 20.6 所示为 .Net 4.5 或以上版本环境的安装路径。

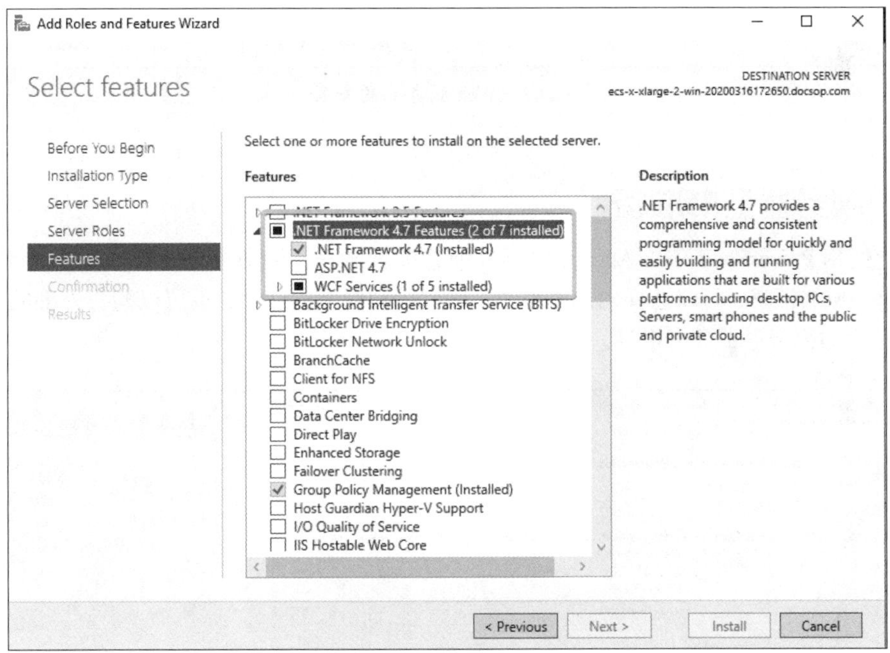

图20.6 .Net 环境安装路径

20.4.2 IIS 角色安装

给用户提供网页的访问界面是基于 IIS 服务，我们需要在服务器管理中勾选 Web 服务器来完成 IIS 角色安装，图 20.7 所示为 Web Server 角色安装。

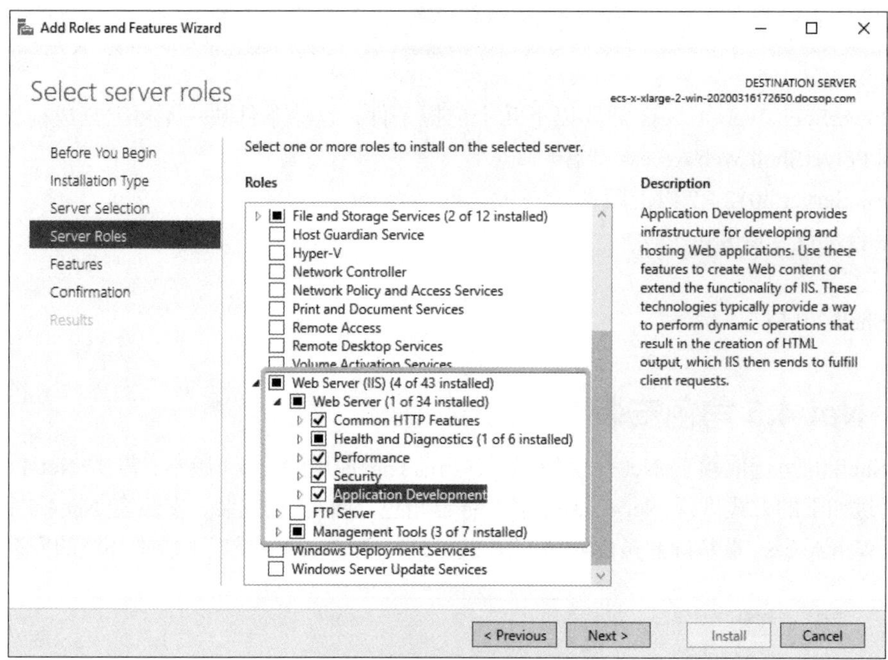

图20.7　Web 服务器的安装

20.4.3　服务器证书准备

证书是使用 PowerShell Web Access 的标准前置配置之一，证书可以选择通配符证书，也可以选择使用单一域名证书，可以选择内部 CA 证书颁发机构颁发的证书，也可以购买外部的商业证书。图 20.8 所示为内部服务器证书申请。

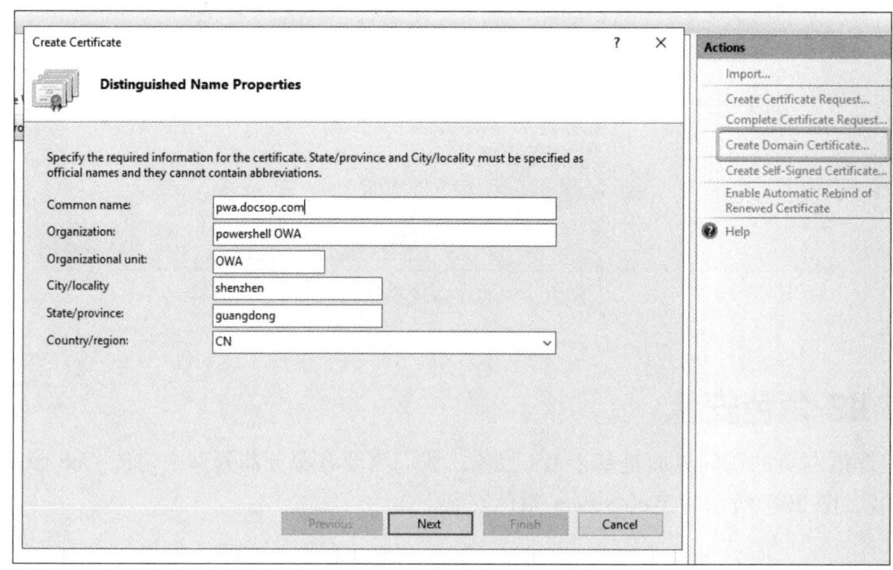

图20.8　内部服务器证书申请

20.5　PowerShell Web Access 的部署

PowerShell Web Access 前置部署要求完成后，就可以开始 PowerShell Web Access 角色部署，PowerShell Web Access 的部署可以采用 GUI 方式，也可以通过更加便捷的 PowerShell 进行部署。

20.5.1　PowerShell Web Access 基本部署

这里为了演示方便，我们选择通过 PowerShell 命令来完成 PowerShell Web Access 的部署与安装，首先执行如图 20.9 所示的 Get-WindowsFeature 获取 Windows PowerShell Web 组件，来确认需要安装的组件名称。

```
Get-WindowsFeature |where name -like *powershell* |ft -AutoSize
```

```
PS C:\Users\Administrator> Get-WindowsFeature |where name -like *powershell* |ft -AutoSize

Display Name                                             Name                              Install State
------------                                             ----                              -------------
[X] Windows PowerShell                                   PowerShellRoot                        Installed
    [X] Windows PowerShell 4.0                           PowerShell                            Installed
    [X] Windows PowerShell 2.0 Engine                    PowerShell-V2                         Installed
    [X] Windows PowerShell ISE                           PowerShell-ISE                        Installed
    [ ] Windows PowerShell Web 访问                      WindowsPowerShellWebAccess            Available
        [ ] Windows PowerShell 的故障转移群集模块        RSAT-Clustering-PowerShell            Available
        [ ] Windows PowerShell 的 Active Directory 模块  RSAT-AD-PowerShell                    Available
        [ ] Windows PowerShell 的 Hyper-V 模块           Hyper-V-PowerShell                    Available
        [ ] 用于 Windows PowerShell 的远程访问模块       RSAT-RemoteAccess-PowerShell          Available
```

图20.9　获取当前PowerShell Web Access 组件

获取名称之后，使用如图 20.10 所示的 Install-WindowsFeature 命令安装 PowerShell Web Access 模块。

```
Install-windowsfeature WindowsPowerShellWebAccess
```

```
PS C:\Users\Administrator> Install-windowsfeature WindowsPowerShellWebAccess

Success Restart Needed Exit Code      Feature Result
------- -------------- ---------      --------------
True    No             Success        {ASP.NET 4.5, 应用程序开发, ASP.NET 4.5, ...
警告: 未启用 Windows 自动更新。为确保自动更新最新安装的角色或功能，请启用 Windows 更新。
警告: 有关如何完成安装和配置 Windows PowerShell Web 访问的详细信息，请访问
http://go.microsoft.com/fwlink/?LinkID=221050.
```

图20.10　利用安装Windows 角色命令安装组件

完成安装后重新启动服务器，重启完成后执行如图 20.11 所示的 Get-WindowsFeature 确认角色安装成功。

```
Get-WindowsFeature |where name -like *powershell* |ft -AutoSize
```

```
PS C:\Users\xupeng> Get-WindowsFeature |where name -like *powershell* |ft -AutoSize

Display Name                                                Name                          Install State
------------                                                ----                          -------------
        [ ] Failover Cluster Module for Windows PowerShell  RSAT-Clustering-PowerShell        Available
        [ ] Active Directory module for Windows PowerShell  RSAT-AD-PowerShell                Available
        [ ] Hyper-V Module for Windows PowerShell           Hyper-V-PowerShell                Available
        [ ] Remote Access module for Windows PowerShell     RSAT-RemoteAccess-PowerShell      Available
[X] Windows PowerShell                                      PowerShellRoot                    Installed
    [X] Windows PowerShell 4.0                              PowerShell                        Installed
    [ ] Windows PowerShell 2.0 Engine                       PowerShell-V2               UninstallPending
    [X] Windows PowerShell ISE                              PowerShell-ISE                    Installed
    [X] Windows PowerShell Web Access                       WindowsPowerShellWebAccess   InstallPending
```

图20.11　验证PowerShell Web Access 组件安装

20.5.2 PowerShell Web Access 应用程序池创建

完成所有的组件之后利用 PowerShell 创建 PowerShell Web Access 应用程序池和应用程序，图 20.12 所示为 PowerShell Web Access 应用程序创建过程。

```
Install-PswaWebApplication      安装 PowerShell Web Access 应用程序
```

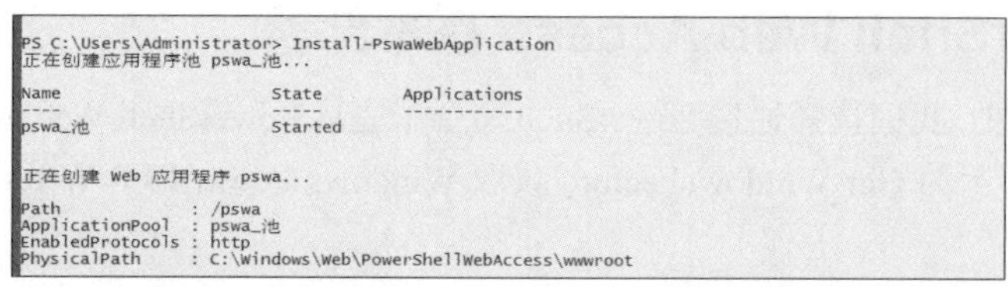

图20.12　PowerShell Web Access 应用程序创建

命令执行后分两个步骤执行相关的任务：首先会在应用程序池中生成 PowerShell 应用程序池，第二步是在 IIS 中生成 PSWA 二级目录。完成配置后，可以在如图 20.13 所示的 IIS 目录中确认是否成功创建完成。

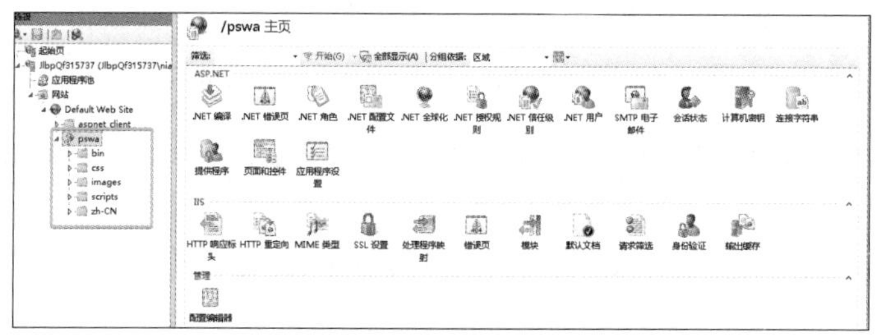

图20.13　验证IIS目录是否创建成功

确认所有的 PowerShell Web Access 应用程序池和虚拟目录创建完成后，可以通过域名 +PSWA 的目录实现 PowerShell Web Access 的网页访问，例如 https://www.abc.com/pswa。需要注意的是，PowerShell Web Access 访问仅仅支持 HTTP 模式，图 20.14 所示为 PSWA 的网页登录界面。

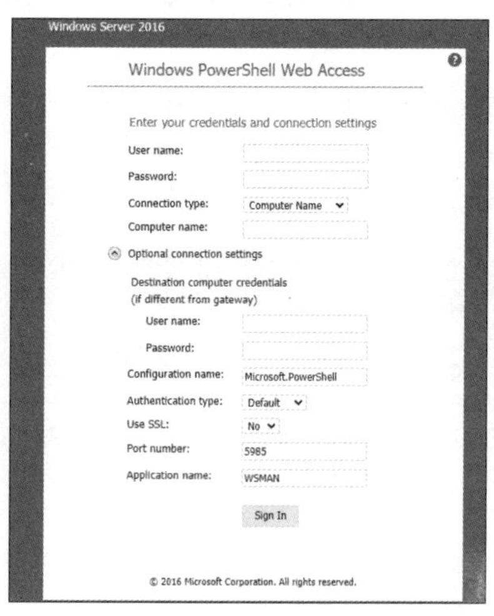

图20.14　PSWA的网页登录界面

20.6 PowerShell Web Access 配置

完成基本配置之后，就需要进行用户权限和配置项的配置。如果用户来自外网并且拥有多个不同的访问角色，就需要针对这些用户进行详细的权限划分，如果划分的权限不够详细，则可能导致生产环境发生安全事故。在 PowerShell 配置项中遵循如图 20.15 所示的规则，也就是 RBAC 基于角色的访问权限控制。

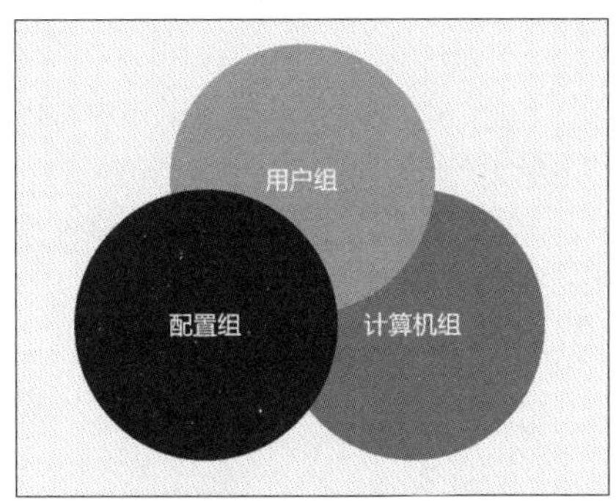

图20.15　RBAC 角色的访问控制

在 PowerShell Web Access 中，用户所能够进行操作和访问的机器有以下几个限制条件，这些限制条件将限制用户能够在哪台机器上执行哪些命令。

- 用户组：能够使用 PowerShell Web Access 的用户组。
- 计算机组：PowerShell Web Access 能够访问的计算机组。
- 配置组：利用 PowerShell Web Access 能够使用的命令。

20.6.1 PowerShell 配置文件的创建

配置文件将限制 PowerShell 可以使用的 PowerShell 命令。创建配置组后，将相应的命令组成一个用户连接时可以使用的集合，用户访问 PowerShell Web Access 将只能运行配置组定义的命令。可以通过如下的 PowerShell 命令创建自定义 PowerShell 配置文件。

```
New-PSSessionConfigurationFile -Path .\Defaults.pssc
```

我们可以通过记事本打开文件进行修改，但是在这种场景下，很多场景如果直接修改，难度是比较大的，图 20.16 所示为配置文件内容格式。

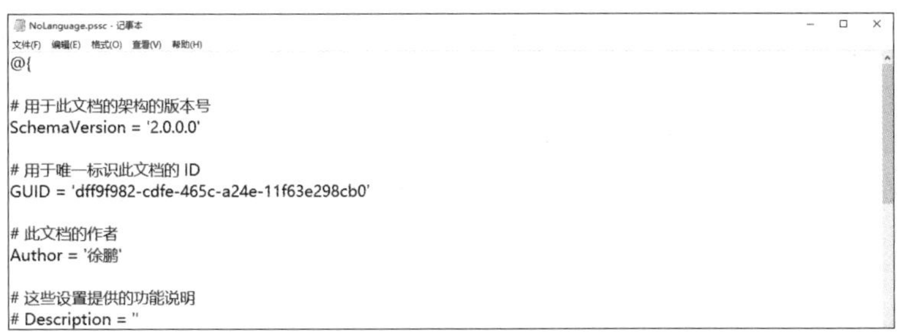
NoLanguage.pssc - 记事本
文件(F) 编辑(E) 格式(O) 查看(V) 帮助(H)

```
@{

# 用于此文档的架构的版本号
SchemaVersion = '2.0.0.0'

# 用于唯一标识此文档的 ID
GUID = 'dff9f982-cdfe-465c-a24e-11f63e298cb0'

# 此文档的作者
Author = '徐鹏'

# 这些设置提供的功能说明
# Description = ''
```

图20.16　配置文件内容格式

文档修改起来难度比较高，如果你是资深用户，可以进行直接修改，如果不是，还是建议大家通过 PowerShell 来进行配置文件的创建。我们依据角色和功能通过定义三个不同的配置文件来实现不同的功能。

- 查询配置文件：仅仅支持命令的查询，供 HelpDesk 人员使用。
- 新建配置文件：仅支持新建命令的使用，供中层管理人员使用。
- 管理配置文件：支持所有命令的使用，供高级管理人员使用。

这三种类型配置文件应该如何建立，才可以满足下面三类人员的配置文件呢？其实也还比较简单，下面为配置文件的具体写法。

```
查询人员配置文件：这里使用 VisibleCmdlets 命令限制了用户可以使用的命令集合（以 Get 开头的所有命令）。命令如下：New-PSSessionConfigurationFile -VisibleCmdlets Get-* -Path .\GetSessions.pssc。
新建人员配置文件：这里使用 VisibleCmdlets 命令限制用户可以使用的命令集合（以 New 开头的所有命令）。命令如下：New-PSSessionConfigurationFile-VisibleCmdlets new-* -Path .\NewSessions.pssc。
管理人员配置文件：New-PSSessionConfigurationFile -VisibleCmdlets * -Path .\ManageSessions.pssc
```

20.6.2 PowerShell 的配置文件的注册

创建了三个配置文件后，为了让 PowerShell Web Access 能够使用到这些配置文件，必须将这些配置文件注册到会话配置文件中，使用 Register- PSSessionConfiguration 可以进行会话的注册。使用如下命令即可实现不同角色的配置文件注册。

```
查询人员配置文件注册，定义配置文件为 GetCmdlet。Register-PSSessionConfiguration
-Name GetCmdlet -path
 .\GetSessions.pssc
新建人员配置文件注册，定义配置文件为 newCmdlet。Register-PSSessionConfiguration
-Name newCmdlet -path
 .\newSessions.pssc
管理人员配置文件注册，定义配置文件为 mgmtCmdlet。Register-PSSessionConfiguration
-Name mgmtCmdlet -path
 .\ ManageSessions.pssc
```

20.6.3 PowerShell 的用户组创建

三个配置文件针对的是不同的角色用户，我们需要在 AD 中创建三个不同的管理组，这里可以建立以下三个不同的用户管理组。

- Helpdesk：普通用户支持人员，支持用户的查询。
- Partner：合作伙伴支持人员，支持合作伙伴支持的对象创建。
- Management：管理人员进行所有配置的管理。

最终将相关的人员添加到相应的管理组，注意创建的组必须是全局或通用安全组。图 20.17 所示为创建完成的用户组。

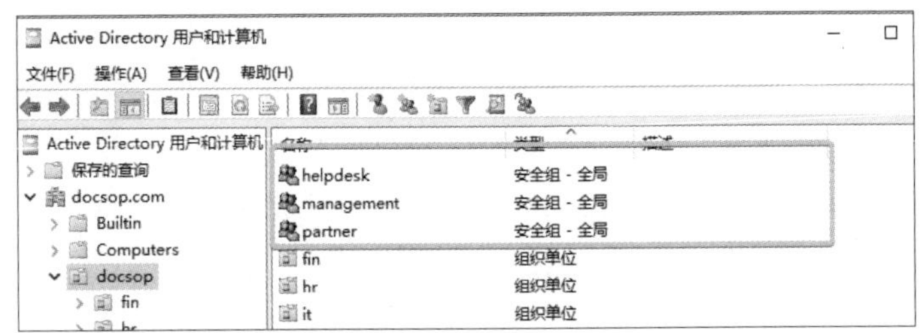

图20.17 创建完成的用户组

20.6.4 PowerShell 的计算机组创建

PowerShell 计算机组和用户组的功能相同，在 PowerShell Web Access 的计算机组也可以通过建立相关的计算机组来实现用户访问隔离。计算机组操作与用户组相同，这里需要创建全局或通用安全组，计算机组的创建方法如图 20.18 所示。

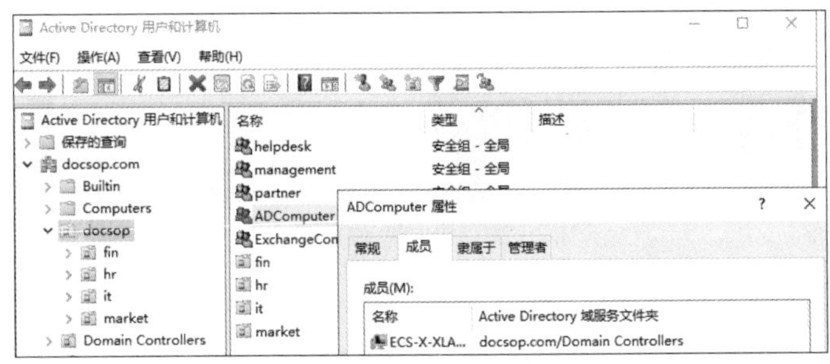

图20.18 计算机组的创建

20.6.5 PowerShell Web Access 配置规则

在完成用户组、服务器组和配置文件组创建之后，就可以通过 PowerShell Web Access RBAC 管理配置。基于前面的三个权限组定义好相关的规则，开始创建相关的规则。可以通过 Add-Pswa Authorization 命令创建访问规则，创建访问规则有三个参数：用户组、计算机组和配置文件。

```
Add-PswaAuthorization -usergroupname 用户组名称 -computergroupname 计算机组名称
-configuration 配置名称
```

如果希望在测试环境中测试 PowerShell Web Access 功能，可以创建一个无限制的访问内部环境的用户，配置命令如图 20.19 所示。

```
Add-PswaAuthorization -usergroupname * -computergroupname * -configuration *
```

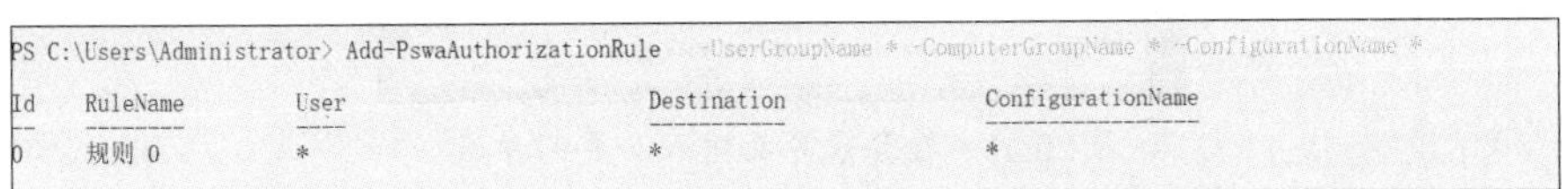

图20.19 设置用户的访问规则

在实际应用场景中，由于企业风险与合规性要求，可以根据不同的角色定义不同的访问规则。接下来给大家分享一下如何基于不同的用户组、服务器组和配置功能实现 PowerShell Web Access 配置文件。

```
Add-PswaAuthorization -usergroupname helpdesk -computergroupname adcomput
er-configuration GetCmdlet
Add-PswaAuthorization -usergroupname partner -computergroupname adcomput
er-configuration NewCmdlet
Add-PswaAuthorization -usergroupname management -computergroupname EXcom
puter-configuration mgmtCmdlet
```

针对不同的用户设置相应的访问规则之后，用户就可以通过网页访问 PowerShell Web Access 功能。这里需要使用加密协议访问，访问的界面如图 20.20 所示。

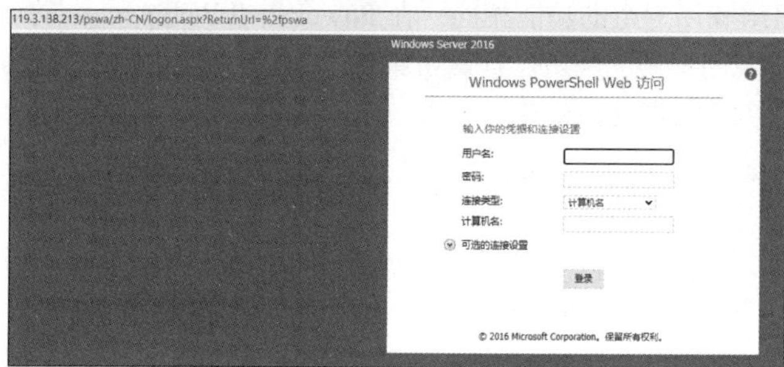

图20.20 PSWA 访问界面

20.6.6 PowerShell Web Access 的使用

打开 PowerShell 登录界面后有三个参数需要输入，这三个参数如图 20.21 所示。

- 登录的用户名
- 用户密码
- 连接的计算机名称

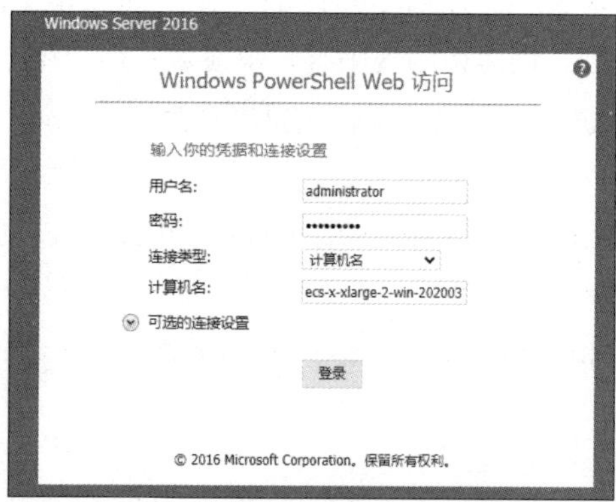

图20.21 在登录界面输入必要的参数

输入用户名和密码之后完成验证过程，就进入 PowerShell 用户交互界面，交互界面构成包含如下的部分。图 20.22 所示为 PSWA 交互界面。

- 反馈区域：命令执行后的反馈内容。
- 命令区域：执行 PowerShell 命令区域。
- 按钮：通过按钮进行命令的提交、环境的保存和退出。
- 状态区域：显示当前连接的服务器状态。

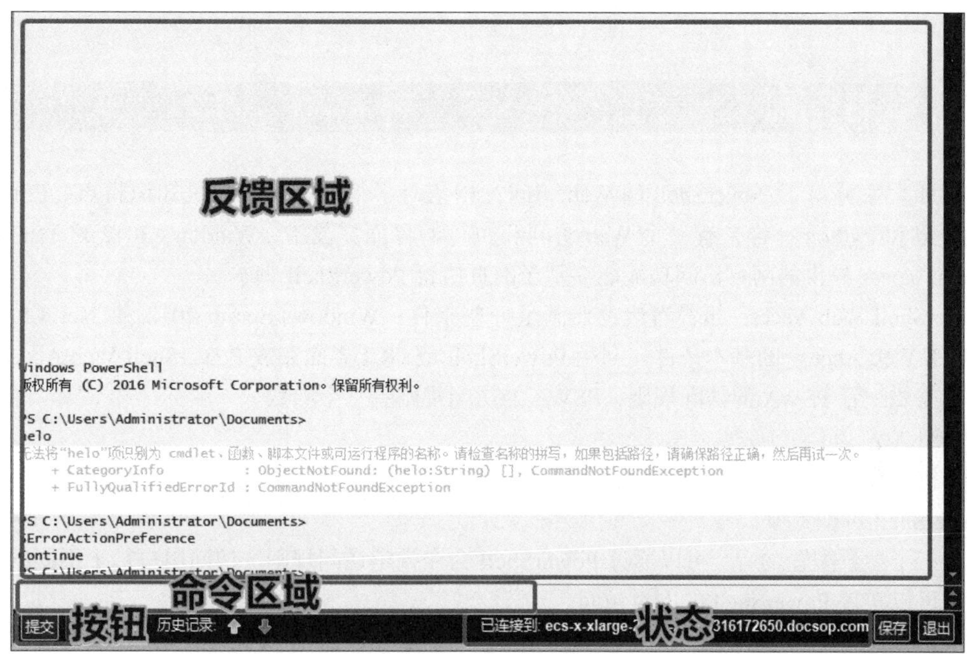

图20.22　PSWA交互界面

在当前的 PowerShell Web Access 中我们基本上可以执行所有的模块命令，但是 PowerShell Web Access 不支持管理单元模式。很多朋友习惯使用 PowerShell 的交互环境进行历史命令的回溯，在 PowerShell Web Access 中可以进行历史命令回溯吗？当然是可以的！图 20.23 中的历史命令回溯能够帮助了解所有当前执行的 PSWA 环境下命令执行的历史记录。

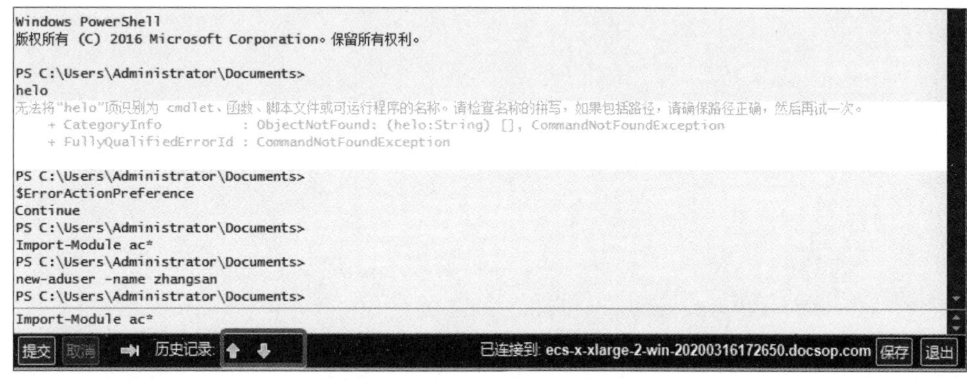

图20.23　PSWA的命令回溯功能

在 PowerShell Web Access 中支持 PowerShell 的命令补全，如果只记得动词，不记得具体的名称，可以通过动词加上部分名称和 Tab 键自动补全命令。但是 PowerShell Web Access 也存在以下一些限制。

- 无法使用 PowerShell 管理单元 PS Snapin 功能。
- 无法在 PSWA 中实现审核功能。

20.7 章节回顾

本章和大家分享了 PowerShell 的 Web 访问，相信对于很多朋友来说是知识盲点。PowerShell 竟然也可以和 Python 一样，有一个 Web 访问和执行的界面？没错，Windows 2012 之后的 PowerShell Web Access 提供的网页访问功能能够基于网页执行 PowerShell 脚本。

PowerShell Web Access 部署当然也要满足一些条件：Windows Server 2012 和 .Net 4.5 是部署 PowerShell Web Access 的基本条件。利用 PowerShell 或 GUI 界面完成 PowerShell Web Access 的部署之后，需要配置 PSWA 的访问规则，PSWA 的访问规则有三个参数。

- 用户组
- 计算机组
- PowerShell 可配置项

完成三个参数配置之后，可以通过 PowerShell 命令设定访问规则。访问用户基于不同的访问规则设定，可以实现 PowerShell 的网页访问。

附录1 PowerShell 常见案例分享

案例 1：重复发送定制邮件 PowerShell 脚本

代码编写与执行说明：

- 代码只考虑功能的实现，没有考虑到异常处理，大家如果需要进行异常处理，可以自己进行代码编写。
- 代码在 5.1 版本运行通过，低版本不保证正常运行，需要升级相应版本到 5.1 版本。
- 代码只通过循环实现了计划任务的模拟处理，如果希望通过计划任务需要自己重新编写脚本。
- 代码每行都进行了注释，可以先阅读注释再基于自己的需求重新编码。

代码区（仅供参考）：

```
$webcontent=Invoke-RestMethod -Method get -Uri "https://www.xzw.com/for
tune/cancer/"
$todayfeelpatern='<label>幸运颜色：</label>(.*?)</li>'
$Allcolors =($webcontent | Select-String $todayfeelpatern -AllMatches).
Matches
foreach($color in $Allcolors)
{
 $urcolor =New-Object psobject
 $pcolor=$color.value.split(">")[2].replace("</li","")
 $urcolor|Add-Member -MemberType NoteProperty -Value $pcolor -Name "今日幸运色"
}
$todayyunshi='</strong><span>(.*?)<small>星'
$yunshimatch=($webcontent | Select-String $todayyunshi -AllMatches).Matches
foreach($yunshi in $yunshimatch)
{
$yun=New-Object psobject
$yun |Add-Member -MemberType NoteProperty -Value $yunshi.Value. Split("<>")
[4] -name "今天的运势"
}
$xiaohua=Invoke-RestMethod -Uri "http://v.juhe.cn/joke/content/text.
php?page=2&pagesize=1&key=63bd2b8cb2f839d52191a2793798a461" -UserAgent
"Mozilla/5.0 (Windows NT 10.0; Win64; x64) AppleWebKit/537.36 (KHTML, like
Gecko) Chrome/87.0.4280.88 Safari/537.36"
$jokecontent=$xiaohua.result.data.content.replace(" ","")
$today=(Get-Date).ToString("yyyy年MM月dd日")
$weather=Invoke-RestMethod -uri "http://apis.juhe.cn/simpleWeather/query?
city=%E6%B7%B1%E5%9C%B3&key=fecb1d079c88a79ae05d08a96910f5fb"
$weatherall=New-Object psobject
$weatherall |Add-Member -MemberType NoteProperty -Name "天气" -Value
$weather.result.realtime.info
$weatherall |Add-Member -MemberType NoteProperty -Name "温度" -Value
$weather.result.realtime.temperature
$weatherall |Add-Member -MemberType NoteProperty -Name "风向" -Value
$weather.result.realtime.direct
$weatherall |Add-Member -MemberType NoteProperty -Name "风力" -Value
$weather.result.realtime.power
$front="亲爱的美女：<br>    今天是"+$today+"希望今天有个好心情"
$weatherpart=$weatherall |ConvertTo-EnhancedHTMLFragment -As List -PreCon
tent '<h1><color="red">今天天气</color></h1>'
$colorpart=$urcolor |ConvertTo-EnhancedHTMLFragment -As List -PreContent
```

```
'<h1><color="blue"> 今日颜色 </color></h1>'
$yunshipart=$yun |ConvertTo-EnhancedHTMLFragment -as list -PreContent
'<h1><color="green"> 今日运势 </color></h1>'
$end="<h1> 今日笑话 </h1><br>"+$jokecontent
[string]$bodyall=ConvertTo-EnhancedHTML -HTMLFragments $front,$weather
part,$colorpart,$yunshipart,$end -CssUri C:\log\abc.css
[string]$body =Get-Content C:\log\meinv.html -Encoding Oem
$cred=Get-Credential
Send-MailMessage -From raymond.xu@booming.one -To raymond.xu@booming.one
-Credential $cred -Body $bodyall -BodyAsHtml -Subject " 开心每一天 " -Smtp
Server smtp.office365.com -Port 587 -UseSsl -Encoding utf8
```

案例 2：基于文件进行自动文件夹的创建

代码编写与执行说明：

- 代码只考虑功能的实现，没有考虑异常处理，大家如果需要进行异常处理，可以自己进行代码的编写。
- 代码在 5.1 版本运行通过，低版本不保证正常运行，需要升级相应版本到 5.1 版本。
- 代码每行都进行了注释，可以先阅读注释再进行编码。

代码区（仅供参考）：

1. 我们希望基于现有文件创建，必须定义一个固有文件格式，格式为 CSV，内容格式如下，以 “,” 作为分隔符。

```
Directory,FileName
C:\log\,file1.txt
C:\log\,file2.txt
C:\log\,file3.txt
C:\log\,file4.txt
```

2. 基于文件内容生成文件，同时将生成结果写入日志中，并将原来的 CSV 文件删除。

```
$filelist=Import-Csv C:\peselog\file.csv
foreach($file in $filelist)
{
if(!(Test-Path $file.directory))
{
New-Item $file.Directory -ItemType Directory
}
try
{
 $filefullname=$file.Directory+$file.FileName
 New-Item -ItemType File -Path $filefullname
 $outputstatus=$file.FileName+" 成功创建完成 "
 $outputstatus |Out-File -Encoding unicode -FilePath C:\peselog\filecrea
tionlog.csv -Append
}
catch
{
 $outputstatus=$file.FileName+" 创建失败，失败原因是 "+$_
 $outputstatus |Out-File -Encoding unicode -FilePath C:\peselog\filecrea
tionlog.csv -Append
}
finally
```

```
{
Remove-Item C:\peselog\file.csv
}
}
```

案例 3：基于 Excel 数据批量生成二维码

代码编写与执行说明：

- 代码只考虑功能的实现，没有考虑到异常处理，大家如果需要进行异常处理，可以自己进行代码的编写。
- 代码在 5.1 版本运行通过，低版本不保证正常运行，需要升级相应版本到 5.1 版本。
- 代码每行都进行了注释，可以先阅读注释再进行编码。
- 代码在执行之前必须安装 QRCodeGenerator 模块，详细安装方法参考第 5 章。

代码区（仅供参考）：

1. 我们需要提供给运营人员一个符合规范的表格，表格中填入网站和域名。

```
Website,Url
Baidu,http://www.baidu.com
QQ,http://www.qq.com
Sina,http://www.sina.com
```

2. 基于运营人员返回给我们的文件，可以批量地进行二维码创建。

```
$qrcodePath="c:\log\"# 设定二维码生成路径
$qrlist=import-csv -path c:\qrcode.csv# 导入生成网站和网站名称
ForEach($qr in $qrlist)# 轮询导入网站和名称
{
$qrfile=$qrcodepath+$qr.website+".png" # 定义生成的二维码路径
New-QRCodeText-text $qr -outpath $qrfile# 生成二维码文件
}
```

案例 4：照片的分类整理

代码编写与执行说明：

- 代码只考虑功能的实现，没有考虑异常处理，大家如果需要进行异常处理，可以自己进行代码编写。
- 代码在 5.1 版本运行通过，低版本不保证正常运行，需要升级相应版本到 5.1 版本。
- 代码每行都进行了注释，可以先阅读注释再进行编码。

代码区（代供参考）：

```
$picinfo=Get-ChildItem E:\pilot      # 定义文件夹
$uniquedate= $picinfo.LastWriteTime |foreach{get-date $- -Format "yyyy-MM-
dd"}|select $_ -Unique               # 查询文件夹中所有文件的日期并且保存
Set-Location e:\photoPath # 设置执行的当前路径为 e:\photopath
$newfiledirectory="e:\photopath\"    # 定义需要进行移动的目录路径

foreach($date in $uniquedate)        # 循环现有文件的日期
{
```

```
New-Item -ItemType Directory -Path $date     # 基于日期建立目录
}

foreach($pic in $picinfo) # 循环所有图片文件
{
  $yearMonthDate= ($pic.lastwritetime).ToString("yyyy-MM-dd") # 获取所有图片的
日期信息， 并以年份 - 月 - 日进行定义
  $newfilepath=$newfiledirectory+"\"+$yearMonthDate+"\"+$pic.Name   # 定义文件新
路径
  Move-Item $pic.FullName -Destination $newfilepath # 将文件移动到相应文件夹中
}
```

案例 5：PowerShell 实现 5 天后文件归档

代码编写和执行说明：

- 代码只考虑功能的实现，没有考虑异常处理，大家如果需要进行异常处理，可以自己进行代码编写。
- 代码在 5.1 版本运行通过，低版本不保证正常运行，需要升级相应版本到 5.1 版本。
- 代码每行都进行了注释，可以先阅读注释再进行编码。

代码区：

```
将以下代码保存为 c:\script\archive.ps1
$filelist=Get-ChildItem c:\log (get-date).adddays(-5)
$archivePath="d:\archive\"
ForEach($file in $filelist)
{
      $archiveFilepath=$archivePath+$file.name
      Move-item $file.fullname -destionation $archiveFilePath
}
```

我们可以将上面的代码注册为计划任务，可以通过如下的代码执行星期天下面的代码脚本。

```
$Jobtrigger=New-jobtrigger -at "1:00 am" -daysofweek 0 -weekly
$Filepath="c:\script\archive.ps1"
Register-scheduledjob -Name "ArchiveFile" -filepath $filepath -trigger
$Jobtriggler
```

案例 6：PowerShell 基于 Web 数据的获取

代码编写与执行说明：

- 代码只考虑功能的实现，没有考虑异常处理，大家如果需要进行异常处理，可以自己进行代码编写。
- 代码在 5.1 版本运行通过，低版本不保证正常运行，需要升级相应版本到 5.1 版本。
- 代码每行都进行了注释，可以先阅读注释再进行编码。

案例背景：

下面有 10 个基金代码，我们希望定期进行数据抓取，通过计划作业实现每天抓取一次。基金代码列表如下。

```
Code
164908
501031
501030
164304
001064
163114
002984
010419
160634
160526
```

PowerShell 脚本通过 CSV 进行数据获取之后，保存为 CSV 文件。

单一基金获取分析如下。

基金净值获取站点：http://fundgz.1234567.com.cn/js/151001.js。通过 PowerShell Invoke-restMethod 进行数据调用，返回的是字符串类型。附图 1.1 所示为执行后的具体操作。

```
$result=Invoke-RestMethod -Uri "http://fundgz.1234567.com.cn/js/151001.js"
```

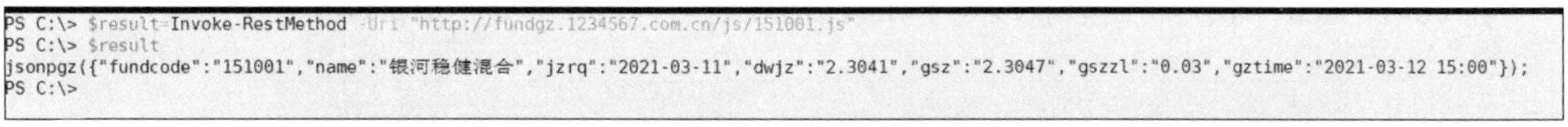

```
PS C:\> $result=Invoke-RestMethod -Uri "http://fundgz.1234567.com.cn/js/151001.js"
PS C:\> $result
jsonpgz({"fundcode":"151001","name":"银河稳健混合","jzrq":"2021-03-11","dwjz":"2.3041","gsz":"2.3047","gszzl":"0.03","gztime":"2021-03-12 15:00"});
PS C:\>
```

附图1.1　获取单一基金代码结果

这里通过字符串的 Split 函数实现数据分列，执行结果如附图 1.2 所示。

```
$alldata=$result.Split("{").Split("}")[1].Split(",")
```

```
PS C:\> $result.Split("{").Split("}")[1].Split(",")
"fundcode":"151001"
"name":"银河稳健混合"
"jzrq":"2021-03-11"
"dwjz":"2.3041"
"gsz":"2.3047"
"gszzl":"0.03"
"gztime":"2021-03-12 15:00"
PS C:\>
```

附图1.2　将Json结果拆分成数组

接下来使用建立的自定义对象添加属性，完成每一行结果数据的拆分。

```
$dataobj=new-object psobject
ForEach($data in $alldata)
{
$datasplit=$data.split(":")
$dataobj |add-member -membertype noteproperty -name $datasplit[0] -value
$datasplit[1]
}
```

实际操作代码区：

```
$codelist=import-csv codelist.csv
# 导入需要查询的数据
$allcode=@()
# 定义空数组，后面依据内容添加数组元素
foreach($code in $codelist)      # 轮询导入的数组内容
{
$uri="http://fundgz.1234567.com.cn/js/"+$code.code+".js"
```

```
# 构造访问的 URI
$result=Invoke-RestMethod -Uri $uri  -ContentType "application/json;char
set=utf-8"
$alldata=$result.Split("{").Split("}")[1].Split(",")
# 使用 Invoke-RestMethod 方法调用 RestMethod 方法获取 API 数据
$dataobj=new-object psobject
# 创建新的 PowerShell 对象
ForEach($data in $alldata)
{
$datasplit=$data.split(":") # 基于 ":" 切分数据字段
$dataobj |add-member -membertype noteproperty -name $datasplit[0] -value
$datasplit[1]
# 按照切分的数据分隔当前字符
}
$allcode=$allcode+$dataobj
# 将当前的对象添加到空的数组
}
$allcode |export-csv c:\log\coderesult.csv -Append -Encoding UTF8  -NoTy
peInformation
# 将数据导出为 CodeResult.csv 文件
```

在 PowerShell 中执行代码后获取到了如附图 1.3 所示的数据存储结果。

	A	B	C	D	E	F	G
1	"fundcode"	"name"	"jzrq"	"dwjz"	"gsz"	"gszzl"	"gztime"
2	"164908"	"交银中证环境治理(LOF)"	"2021-03-11"	"0.5050"	"0.5193"	"2.83"	"2021-03-12 15
3	"501031"	"汇添富中证环境治理指数C"	"2021-03-11"	"0.5647"	"0.5807"	"2.83"	"2021-03-12 15
4	"501030"	"汇添富中证环境治理指数A"	"2021-03-11"	"0.5679"	"0.5840"	"2.83"	"2021-03-12 15
5	"164304"	"新华中证环保产业指数"	"2021-03-11"	"1.0810"	"1.1083"	"2.53"	"2021-03-12 15
6	"001064"	"广发中证环保ETF联接A"	"2021-03-11"	"0.8557"	"0.8773"	"2.53"	"2021-03-12 15
7	"163114"	"申万菱信中证环保产业指数(LOF)A	"2021-03-11"	"1.1428"	"1.1717"	"2.53"	"2021-03-12 15
8	"002984"	"广发中证环保ETF联接C"	"2021-03-11"	"0.8462"	"0.8676"	"2.53"	"2021-03-12 15
9	"010419"	"申万菱信中证环保产业指数(LOF)C	"2021-03-11"	"1.1133"	"1.1414"	"2.53"	"2021-03-12 15
10	"160634"	"鹏华中证环保产业指数(LOF)"	"2021-03-11"	"1.1060"	"1.1339"	"2.53"	"2021-03-12 15
11	"160526"	"博时优势企业(LOF)A"	"2021-03-11"	"1.4111"	"1.4311"	"1.42"	"2021-03-12 15

附图1.3　批量获取基金结果

案例 7：PowerShell 生成相应的数据报表并通过邮件发送

代码编写与执行说明：

- 代码只考虑功能的实现，没有考虑异常处理，大家如果需要进行异常处理，可以自己进行代码编写。
- 代码在 5.1 版本运行通过，低版本不保证正常运行，需要升级相应版本到 5.1 版本。
- 代码每行都进行了注释，可以先阅读注释再进行编码。

```
Import-module activedirectory
# 预先导入活动目录模块
$usercount=(Get-aduser -filter * |Measure-object).count
# 统计所有账户
$activeuser=(Get-ADUser -Filter * -Properties * |where {($_.lastlogondate
-ge (Get-Date).AddDays(-60)) -and ($_.enabled -eq “True”) } |Measure-ob
ject).count
# 统计 60 天活动账户
$disableusercount=(Get-ADUser -Filter * -Properties * |where {$_.enabled
-eq $false} |Measure-Object).count
# 统计禁用账户
$computerCount=(Get-adcomputer -filter * |masure-object).count
# 统计禁用计算机数量
```

```
$Servercount=(Get-ADComputer  -Properties * -Filter * |where {$_.Operat
ingSystem -like "*server*"}|measure-object).count
# 统计服务器数量
$groupmember=Get-ADGroupMember -Identity "Domain Admins"
# 列出所有域管理员成员
$briefinformation=new-object psobject
$Breifinformation | Add-Member -NotePropertyName "用户数量" -NotePropertyVal
ue $usercount
$Breifinformation | Add-Member -NotePropertyName "60 天活动用户" -NoteProper
tyValue $activeuser
$Breifinformation | Add-Member -NotePropertyName "禁用账户" -NotePropertyVal
ue $disableusercount
$Breifinformation | Add-Member -NotePropertyName "禁用计算机" -NoteProperty
Value $computercount
$Breifinformation | Add-Member -NotePropertyName "服务器数量" -NoteProperty
Value $servercount
$userall=@()
ForEach($user in $groupmember)
{
$groupuser=new-object psobject
$groupuser | Add-Member -NotePropertyName "组名称" -NotePropertyValue “域管
理员组”
$groupuser|Add-Member -NotePropertyName "用户名" -NotePropertyValue $grou
puser.name
$userall+=$groupuser
}
$body1= $Breifinformation |convertto-html -fragment
$Body2=$userall |convertto-html -fragment
Convertto-html -body $body1,$body2 -title “html Report” |out-file c:\
userReport.html
```

案例 8：实用案例：结合 Write-Progress 复制进度

代码编写与执行说明：

- 代码只考虑功能的实现，没有考虑异常处理，大家如果需要进行异常处理，可以自己进行代码编写。
- 代码在 5.1 版本运行通过，低版本不保证正常运行，需要升级相应版本到 5.1 版本。
- 代码每行都进行了注释，可以先阅读注释再进行编码。
- 这里使用 RoboCopy 进行复制。

RoboCopy 是现在微软系统内部自带的一个文件复制工具，提供了强大的命令行文件复制功能。

代码区：

```
New-eventlog -logname Robocopy  # 新建 RoboCopy 日志记录
这个步骤优先执行，后面为独立函数
function Copy-WithProgress {
    [CmdletBinding()]
    param (
            [Parameter(Mandatory = $true)]
            [string] $Source
        , [Parameter(Mandatory = $true)]
            [string] $Destination
        , [int] $Gap = 200
        , [int] $ReportGap = 2000
```

```
    )
    # Define regular expression that will gather number of bytes copied
    $RegexBytes = '(?<=\s+)\d+(?=\s+)';

#region Robocopy params
    # MIR = 镜像模式，原样复制文件结构树
    # NP  = 日志中不显示复制百分比
    # NC  = 不记录文件类型
    # BYTES = 显示文件字节数
    # NJH = 不显示 Robocopy 的任务表头
    # NJS = 不显示 Robocopy 的任务摘要
    # TEE = 输出到控制台窗口和日志文件
    $CommonRobocopyParams = '/MIR /NP /NDL /NC /BYTES /NJH /NJS'; #Robocopy
参数
#endregion Robocopy params
#region Robocopy Staging
    Write-Verbose -Message '分析目前复制任务';
$StagingLogPath = 'c:\log\{0}calculate.log' -f  (Get-Date -Format 'yyyy-MM-
dd HH-mm-ss');  # 定义获取复制列表数据路径
$StagingArgumentList = "{0} {1} /LOG:{2} /L {3}" -f $Source, $Destination,
$StagingLogPath, $CommonRobocopyParams;  # 设定统计时候的参数列表
Write-Verbose -Message ('Staging arguments: {0}' -f $StagingArgumen tList);

# 调用 Verbose 参数显示输出的详细信息
Start-Process -Wait -FilePath robocopy.exe -ArgumentList $StagingArgumen
tList -NoNewWindow;
# 以当前 PowerShell 窗口运行命令 Robocopy.exe，同时跟上运行参数
$StagingContent = Get-Content -Path $StagingLogPath;
# 获取生成的文件大小
    $TotalFileCount = $StagingContent.Count - 1;
    # 统计所有需要拷贝的文件数量
[RegEx]::Matches(($StagingContent -join "`n"), $RegexBytes) | % { $Bytes
Total = 0; } { $BytesTotal += $_.Value; };
# 统计所有拷贝的文件大小
Write-Verbose -Message ('Total bytes to be copied: {0}' -f $BytesTotal);
# 调用 Verbose 参数显示所有文件大小
    #endregion Robocopy Staging
# Begin the robocopy process
    $RobocopyLogPath = 'c:\log\'+(get-date).tostring("yyyy-MM-dd")+"log.log"
    $ArgumentList = '"{0}" "{1}" /LOG:"{2}" /ipg:{3} {4}' -f $Source, $Des
tination, $RobocopyLogPath, $Gap, $CommonRobocopyParams # 参数设置
    Write-Verbose -Message ('Beginning the robocopy process with arguments:
{0}' -f $ArgumentList);  # 输出详细操作信息
    $Robocopy = Start-Process -FilePath robocopy.exe -ArgumentList $Argu
mentList -Verbose -PassThru -NoNewWindow;  # 开启 RoboCopy 进程
    Start-Sleep -Milliseconds 100;  # 休息 0.1 秒
#endregion Start Robocopy
#region Progress bar loop
    while (!$Robocopy.HasExited) {            # 确定进程是否退出
        Start-Sleep -Milliseconds $ReportGap;      # 暂停参数设定的时间
        $BytesCopied = 0;                     # 定义拷贝的字节大小
        $LogContent = Get-Content -Path $RobocopyLogPath;      # 获取日志路径
        $BytesCopied = [Regex]::Matches($LogContent, $RegexBytes) |
ForEach-Object -Process { $BytesCopied += $_.Value; } -End { $BytesCopied;
}; # 进行数值匹配
        $CopiedFileCount = $LogContent.Count - 1;
# 获取日志中的行数，用来统计正在复制的文件
        Write-Verbose -Message ('Bytes copied: {0}' -f $BytesCopied);
# 获取已经拷贝了数据大小
```

```
        Write-Verbose -Message ('Files copied: {0}' -f $LogContent. Count);
      # 获取已经拷贝文件的数量
        $Percentage = 0;
      # 定义当前百分比
        if ($BytesCopied -gt 0) {   # 判断已拷贝的数据是否大于 0，大于零则执行以下命令
           $Percentage = (($BytesCopied/$BytesTotal)*100)
      # 获取已经拷贝的数据的百分比
        }
        Write-Progress -Activity Robocopy -Status (" 正在拷贝 {1} 中的 {0} 个 文
件 ; 复制总字节 {3} 的 {2} 字节 " -f $CopiedFileCount, $TotalFileCount, $Bytes
Copied,
$BytesTotal) -PercentComplete $Percentage
      # 以进度条的方式显示当前复制的状态和复制的进度
    }
#endregion Progress loop
#region 程序输出到日志
Write-EventLog -LogName robocopy -Source robcopy -EntryType Information
-EventId 10001 -Message " 一共输出了 $CopiedFileCount 个文件，一共拷贝了 $Bytes
Copied 字节数据 "
 #endregion 程序输出到日志
}
```

为了让函数能够顺利地引用，建议将整个函数放到 PowerShell 的环境配置文件中。需要注意的是，这里只有大量的文件拷贝才可以显示出效果，少量的文件显示不出实际进度条。函数执行完毕后会在日志中记录本次拷贝的数据情况，附图 1.4 所示为脚本执行情况。

```
PS C:\WINDOWS\system32> Copy-WithProgress -Source E:\数据\dataGenerate -Destination d:\ps -Verbose
详细信息: 分析目前复制任务
详细信息: Staging arguments: E:\数据\dataGenerate d:\ps /LOG:c:\log\2021-03-1310-02-57calculate.log /L /MIR /NP /NDL
/NC /BYTES /NJH /NJS

  日志文件: c:\log\2021-03-1310-02-57calculate.log
详细信息: Total bytes to be copied: 1168925928
详细信息: Beginning the robocopy process with arguments: E:\数据\dataGenerate  d:\ps  /LOG:c:\log\2021-03-13log.log
/ipg:200 /MIR /NP /NDL /NC /BYTES /NJH /NJS

  日志文件: c:\log\2021-03-13log.log
详细信息: Bytes copied: 1168925928
详细信息: Files copied: 91
```

附图1.4　脚本执行结果

脚本中将整体执行过程通过写入日志的方式写入系统日志中，附图 1.5 所示为日志中记录的结果。

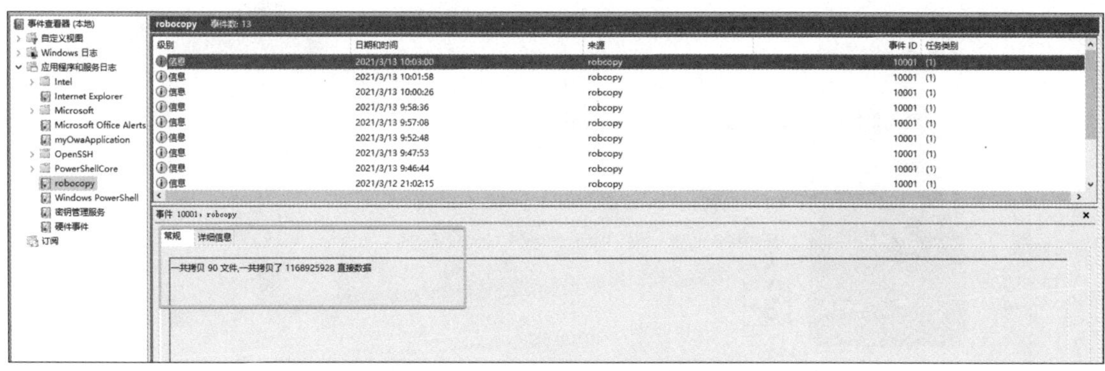

附图1.5　在日志中记录脚本执行的结果

附录2 PowerShell 扩展知识

扩展知识 1：Terminal 工具的安装

微软已经发布了 Windows Terminal 的 Preview 版本，提供各个命令操作工具的集成环境，在 Windows Terminal 中，我们可以集中实现多标签的各个命令方式，相比传统的命令执行分离，确实方便了不少。附图 2.1 所示为 Terminal 标准界面。

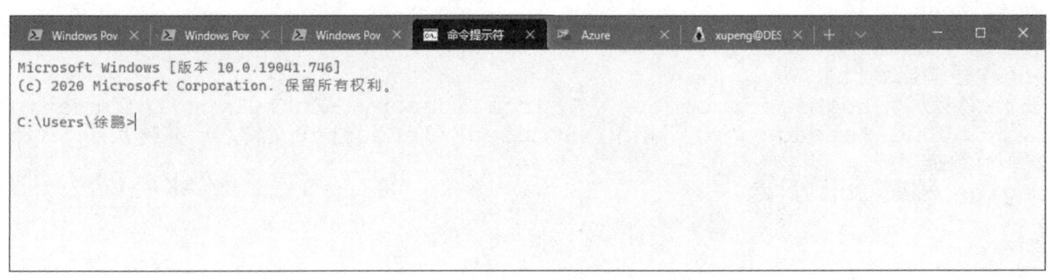

附图2.1　Windows Terminal 界面

如何安装 Windows Terminal 呢？有以下几种方式可以实现，大家可以根据需要选择一个方法进行安装。

1. 通过Windows Store 安装

在 Windows Store 中输入 Windows Terminal，然后单击获取下载 Windows Terminal。使用这种方式，我们必须使用微软账户登录到 Microsoft Store，才可以完成 Terminal 的安装，安装完成后可以通过开始菜单找到 Terminal 开启。附图 2.2 所示为 Terminal 安装后开始启动。

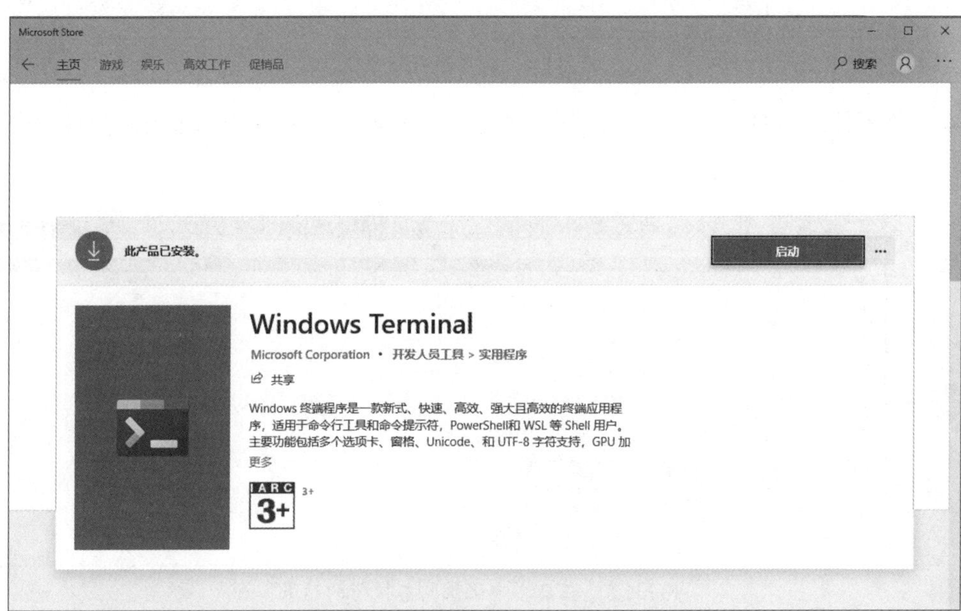

附图2.2　Terminal安装后开始启动

2. 通过GitHub安装

在 GitHub 网站中有 Windows Terminal 的开源项目，直接在 GitHub 中安装相应的安装包，就可以进行 Windows Terminal 的安装，项目网址如附图 2.3 所示。

```
https://github.com/microsoft/terminal/releases/tag/v1.6.10272.0
```

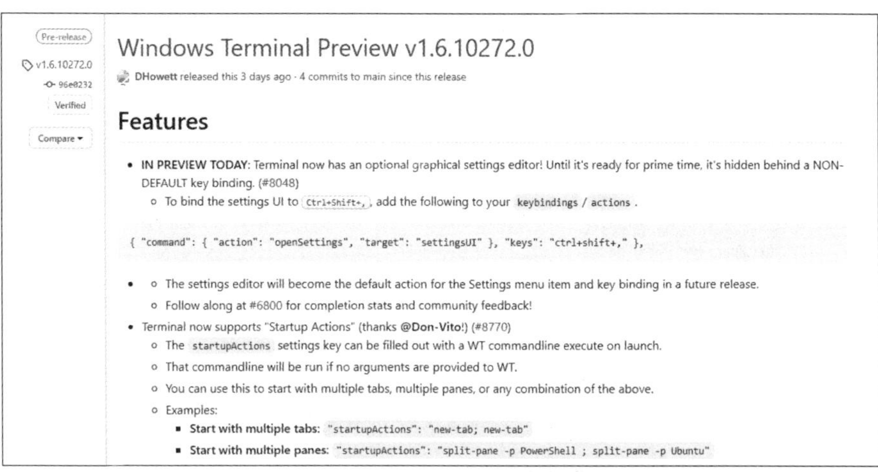

附图2.3　Terminal的GitHub网站

3. 通过Windows 包管理器进行安装

可以通过 Windows Package 进行 Windows Terminal 的安装，命令行执行如附图 2.4 所示。

```
winget install --id=Microsoft.WindowsTerminal -e
```

```
PS C:\Users\徐鹏> winget install --id=Microsoft.WindowsTerminal -e
已找到 Windows Terminal [Microsoft.WindowsTerminal]
此应用程序由其所有者授权给你。
Microsoft 对第三方程序包概不负责，也不向第三方程序包授予任何许可证。
已成功验证安装程序哈希
正在启动程序包安装...
                                         100%
已成功安装
PS C:\Users\徐鹏>
```

附图2.4　利用包管理器进行安装

这几种方式都可以实现 Terminal 的安装。安装完成后，就可以通过开始菜单打开 Terminal 进行安装了。但相信很多朋友会碰到和我一样的问题，如果希望打开的不是本地的 PowerShell，而是直接开启一个界面打开一台远程机器的 PowerShell 集成开发环境，是否可以呢？这个就需要我们来编写 Terminal 的配置文件了。

扩展知识 2：定制 PowerShell 执行环境

PowerShell 的执行环境通常包含如下的定义。

- 系统别名定义。
- 调用函数定义。
- 交互环境样式定义。

进行 PowerShell 环境的别名定义和基本函数定义，都是将相应的命令和函数直接写在 PowerShell 的配置文件中，需要注意的是有两个不同的配置文件。

- 当前用户的配置文件：$Profile 所指的路径。
- 当前机器的配置文件：$PROFILE.AllUsersCurrentHost 所指的路径。

下面将函数和模块定义直接放置在当前用户配置文件中，附图 2.5 所示为配置文件具体内容。

```
set-alias jincheng get-process  #定义Get-Process 别名为jincheng

function new-file
{
param
(
            $directory,
            $file
)
$filefullpath=$directory+$file
if(evaluate-File $filefullpath )
{
            write-host "文件已经存在，不能再创建"
}
else
{
            New-Item $filefullpath
            Write-Host "文件创建完成"
```

附图2.5　配置文件具体内容

在实际应用过程中，也会有一些极客们喜欢为 PowerShell 环境做一些极致化定义，如果问哪个最有名，毫无疑问就是我们的 Posh-Git 模块，接下来我们带大家一起安装和使用这个模块。

① Install-Module -Name 'posh-git'：安装 Posh-Git 模块，作为后续模块的先决条件，附图 2.6 所示为安装 Posh-Git 模块。

```
PS C:\Users\xupeng> Install-Module -Name posh-git

Untrusted repository
You are installing the modules from an untrusted repository. If you trust this repository, change its
InstallationPolicy value by running the Set-PSRepository cmdlet. Are you sure you want to install the modules from
'PSGallery'?
[Y] Yes  [A] Yes to All  [N] No  [L] No to All  [S] Suspend  [?] Help (default is "N"): y
PS C:\Users\xupeng> _
```

附图2.6　安装Posh-Git模块

② Install-Module -Name 'oh-my-posh'：安装 Oh-My-Posh 模块，附图 2.7 所示为模块安装步骤。

```
PS C:\Users\xupeng> Install-Module -Name 'oh-my-posh'

Untrusted repository
You are installing the modules from an untrusted repository. If you trust this repository, change its
InstallationPolicy value by running the Set-PSRepository cmdlet. Are you sure you want to install the modules from
'PSGallery'?
[Y] Yes  [A] Yes to All  [N] No  [L] No to All  [S] Suspend  [?] Help (default is "N"): y
PS C:\Users\xupeng> _
```

附图2.7　安装Oh-My-Posh模块

③ 执行如附图 2.8 所示的命令 Import-Module Oh-My-Posh 导入 Oh-My-Posh 模块。

```
PS C:\> Import-Module oh-my-posh
PS C:\> _
```

附图2.8　导入Oh-My-Posh模块

④ 接下来进行 PowerShell 的主题设置，这里一共有十几种主题，可以根据自己的喜好选择相应的主题。附图 2.9 所示为设置 PowerShell 主题。

```
PS C:\Users\徐鹏> Set-PoshPrompt -Theme emodipt
[17:30:19] ` on □ get-help Set-PoshPrompt -Parameter theme
```

附图2.9　设置 PowerShell 主题

⑤ 目前的设定仅仅针对当前的 PowerShell Session 生效，关闭窗口后配置都会失效，如果希望长久保留，则可以将当前的主题和模块放到 PowerShell 配置文件中，附图 2.10 所示为设置模块和主题的具体操作。

```
*Microsoft.PowerShell_profile.ps1 - 记事本
文件(F) 编辑(E) 格式(O) 查看(V) 帮助(H)
Import-Module Oh-My-posh
Set-PoshPrompt -Theme avit
set-alias jincheng get-process  #定义Get-Process 别名为jincheng

function new-file
```

附图2.10　配置文件中加载主题和模块

扩展知识 3：定制 PowerShell ISE 集成开发环境

前面我们分享了有关 PowerShell ISE 集成开发环境的定制和相应模块的启动功能，在 PowerShell ISE 中定制的环境希望永久保存的话也需要使用到配置文件，PowerShell 的 ISE 配置文件和 PowerShell 环境配置文件位于同一目录下，可以在 PowerShell ISE 的运行环境中执行 $Profile 获取如附图 2.11 所示的配置文件路径。

```
PS C:\> $profile
C:\Users\徐鹏\Documents\WindowsPowerShell\Microsoft.PowerShellISE_profile.ps1
```

附图2.11　PowerShell ISE 执行环境定制

在配置文件中可以设定修改的配置内容包含界面、菜单定制和附加组件的加载。针对当前的 ISE 集成开发环境定义好了之后，可以通过如附图 2.12 所示的命令获取当前 ISE 的环境配置选项。

```
PS C:\> $psISE.Options

SelectedScriptPaneState       : Top
ShowDefaultSnippets           : True
ShowToolBar                   : True
ShowOutlining                 : True
ShowLineNumbers               : True
TokenColors                   : {[Attribute, #FF00BFFF], [Command, #FF0000FF], [CommandArgument, #FF
                                8A2BE2], [CommandParameter, #FF000080]...}
ConsoleTokenColors            : {[Attribute, #FFB0C4DE], [Command, #FFE0FFFF], [CommandArgument, #FF
                                EE82EE], [CommandParameter, #FFFFE4B5]...}
XmlTokenColors                : {[Comment, #FF006400], [CommentDelimiter, #FF008000], [ElementName,
                                #FF8B0000], [MarkupExtension, #FFFF8C00]...}
DefaultOptions                : Microsoft.PowerShell.Host.ISE.ISEOptions
FontSize                      : 9
Zoom                          : 225
FontName                      : Lucida Console
```

附图2.12　获取当前ISE环境配置选项

如果希望配置信息能够长久保存并且在每一次打开 ISE 环境都生效，就需要将配置的内容放到如附图 2.13 所示的 ISE 环境配置文件当中。

```
$psISE.Options.IntellisenseTimeoutInSeconds=5
$psISE.Options.ShowLineNumbers=$True
$psISE.Options.FontName='Lucida Console'
```

附图2.13　ISE 环境配置

如果希望添加一个或多个自定义菜单项并且长久保持生效，可以在 ISE 集成开发环境的配置文件中添加如附图 2.14 所示的环境配置信息。

```
$psise.CurrentPowerShellTab.AddOnsMenu.Submenus.Add(" 计算器 ",{calc.exe},
$null)
$psise.CurrentPowerShellTab.AddOnsMenu.Submenus.Add(" 记事本 ",{notepad.exe},
$null)
```

```
$psise.CurrentPowerShellTab.AddOnsMenu.Submenus.Add("计算器",{calc.exe},$null)
$psise.CurrentPowerShellTab.AddOnsMenu.Submenus.Add("记事本",{notepad.exe},$null)
```

附图2.14　为ISE 添加自定义菜单与按钮

在 PowerShell ISE 集成开发环境中存在非常多的插件，这些插件在默认情况下不会加载，如果希望在启动的时候就加载，则需要把加载的配件加载到 PowerShell ISE 中。在配置文件中添加相应的自定义内容并保存后，重新开启 PowerShell ISE 界面，样式、菜单和 ISE 加载项都顺利地加载。附图 2.15 所示为自定义内容配置完成后菜单的引用。

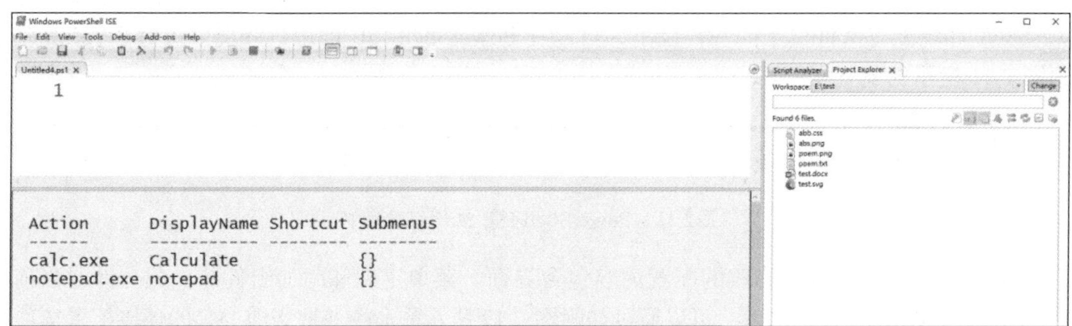

附图2.15　自定义内容配置完成后菜单的引用

接下来我们验证 PowerShell ISE 菜单中计算器的按钮是否可用，在这里单击 Calculate 菜单启用计算器功能。附图 2.16 所示为启用计算器功能。

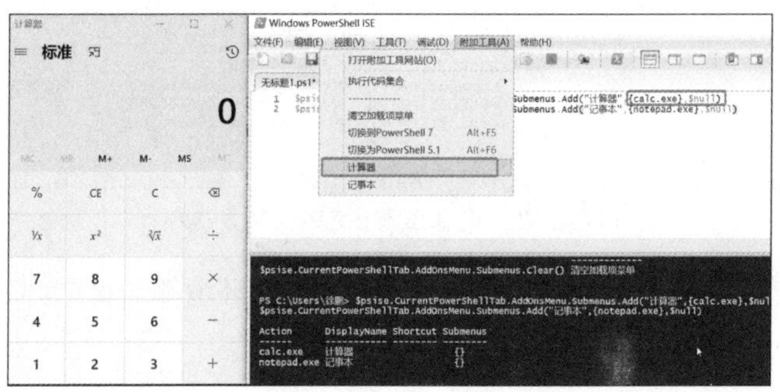

附图2.16　启用计算器功能

我们接下来验证 PowerShell ISE 菜单中的记事本按钮是否可用，这里单击 Notepad 开启记事本，说明当前的设置是有效的，附图 2.17 所示为启用记事本功能。

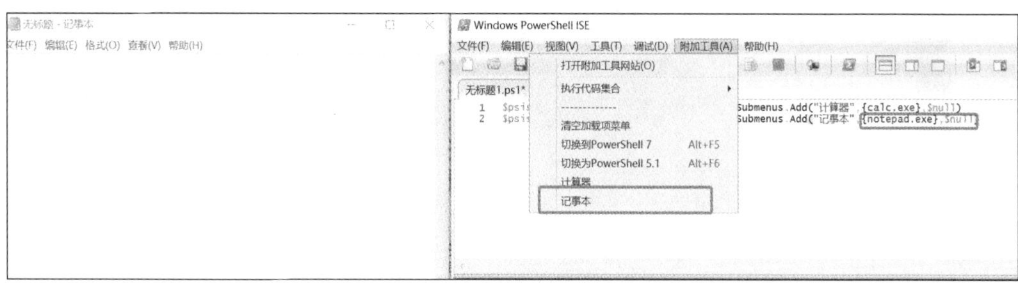

附图2.17　ISE启用记事本菜单

扩展知识 4：定制 VSCode PowerShell 和 Python 环境

VSCode 是一个全球拥有 1500 万用户的脚本语言编写和编译工具，当然 VSCode 支持各类不同的语言解释平台，各类不同的用户拥有不同的个性，如果 VSCode 不能实现最大程度的自定义，则不会吸引到这么多用户。接下来我们给大家分享下如何定义 VSCode 中的环境设置，包含并不限于以下配置。

- 主题配置
- 脚本解释配置
- VSCode 环境配置
- Launch.json 文件配置

先来分享下如何进行 VSCode 的主题设置，通过快捷键 Shift+Ctrl+P 输入主题，然后选择特定的颜色主题来设置特定的主题。附图 2.18 所示为主题的设置。

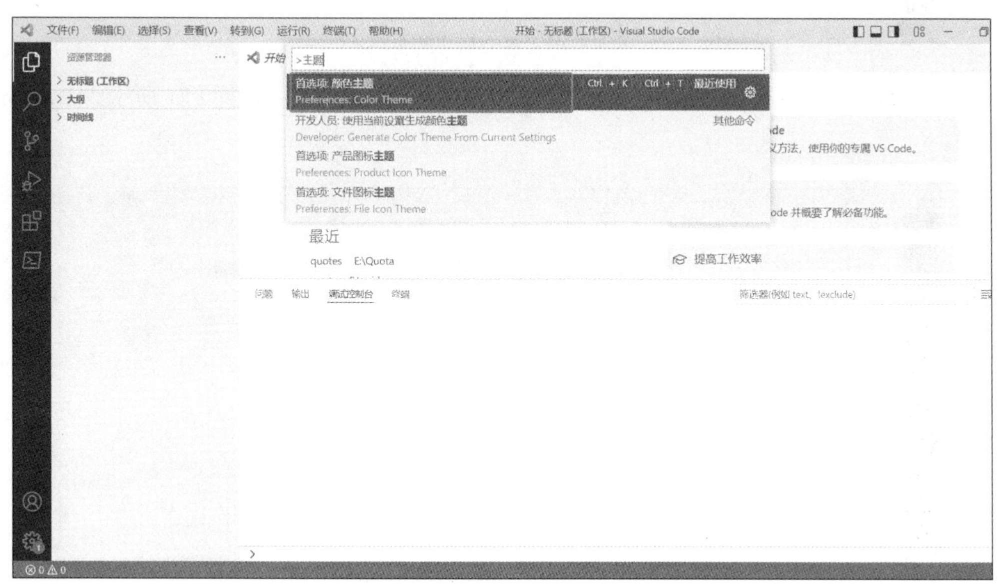

附图2.18　VSCode 颜色主题设置

在颜色主题中选择相关的颜色主题，即可实现相应的主题选择，附图 2.19 所示为选择颜色主题。

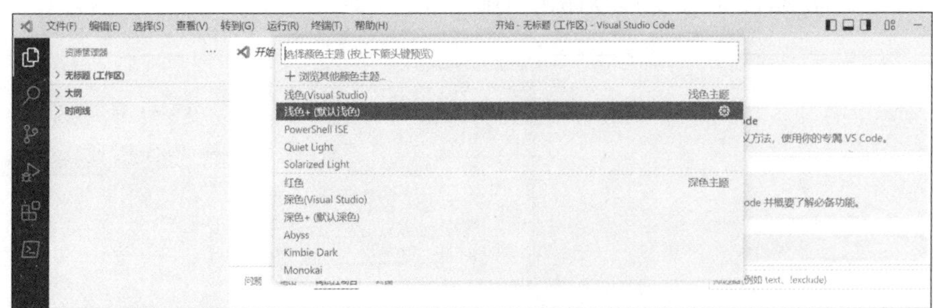

附图2.19　选择主题颜色

在 VSCode 设置语言执行环境时，首先需要确定本地安装有相应的解释环境，前面已经和大家分享了 PowerShell 的解释环境设置。针对有些小伙伴希望在 VSCode 编辑 Python 脚本的需求，我们给出配置方法。

①首先需要在 VSCode 上安装 Python 扩展，安装扩展操作如附图 2.20 所示。

附图2.20　安装Python扩展

②扩展安装完成后就可以进行 Python 代码的编辑和解释执行了，附图 2.21 所示为 Python 执行环境配置。

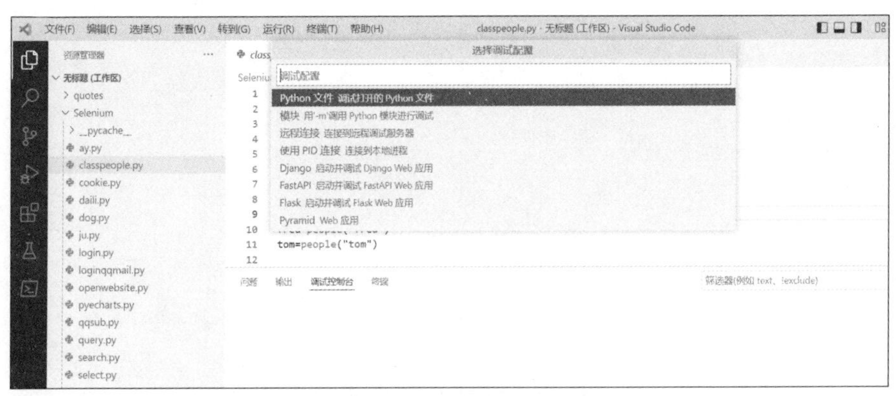

附图2.21　Python环境配置与选择

在 VSCode 中进行代码的编写相比 ISE 集成开发环境，更倾向于以项目的方式进行脚本的开发，在进行开发之前必须为文件添加文件夹项目。附图 2.22 所示为添加项目文件夹。

附图2.22　添加项目文件夹

如果希望配置 VSCode，可以使用 Ctrl+Shift+P 组合键调出命令窗口，输入 Setting 选择需要配置的项目。这里支持两种不同的设置方法，可以通过界面设置这些参数，或者直接编辑 Json 文件，都可以实现标准环境定制。

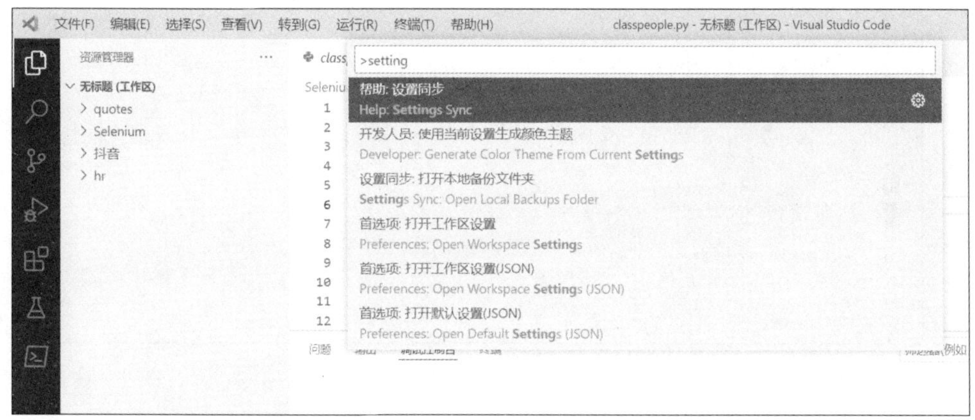

附图2.23　定义VSCode 配置项

在进行实际的 VSCode 配置过程中包含了两种配置选项，用于不同使用场景下的配置。

- 针对用户配置
- 针对工作区配置

如果用户配置和工作区配置冲突，则工作区配置会覆盖用户配置，附图 2.24 所示为工作区场景的配置。

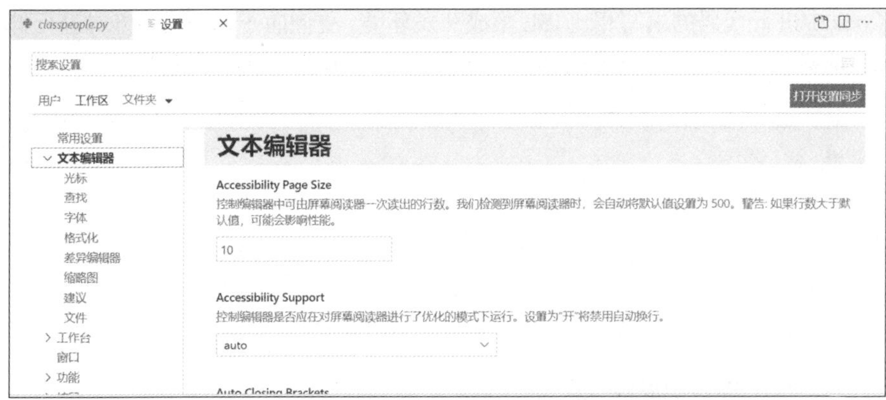

附图2.24　工作区场景的配置

另外，定义 Launch.json 文件作为文件夹内启动脚本的解释定义，通常有三个需要进行定义的参数。当前目录下的所有文件都会基于当前 Json 配置文件进行程序调用，附图 2.25 所示为 Launch. Json 文件配置。

- Name：启动参数名字。
- Type：文件类型。
- Request：指定调试模式，Launch 是执行模式。

```
{
    // 控制是否在编辑器中显示 CodeLens。
    "diffEditor.codeLens": false,

    // 启用后，差异编辑器将忽略前导空格或尾随空格中的更改。
    "diffEditor.ignoreTrimWhitespace": true,

    // 超时(以毫秒为单位)，之后将取消差异计算。使用0表示没有超时。
    "diffEditor.maxComputationTime": 5000,

    // 要为其计算差异的最大文件大小(MB)。使用 0 表示无限制。
    "diffEditor.maxFileSize": 50,

    // 控制差异编辑器是否为添加/删除的更改显示 +/- 指示符号。
    "diffEditor.renderIndicators": true,

    // 控制差异编辑器的显示方式是并排还是内联。
    "diffEditor.renderSideBySide": true,

    //
```

附图2.25　Launch.Json 配置文件

扩展知识 5：PowerShell Web Access 的环境定制

在前面分享了有关标准的 PowerShell Web Access 配置方案，但是在实际的应用场景中，需要针对多个不同的用户提供不同的访问规则。这里分享几类特殊的 PSWA 的环境定制方案。

- 针对单个用户设定相应的访问规则，这里设定的规则限定了三个用户访问一台服务器的 PowerShell 的内置命令方案。

```
Add-PswaAuthorizationRule -UserName docsop\user1, docsop\user2, docsop\
user3 -ComputerName srv2.docsop.com -ConfigurationName Microsoft.PowerShell
```

- 支持单个用户设定的访问规则，设定的规则通过 Pipeline 管道符进行规则定义，这里通过管道符进行用户访问规则的定义。

```
"docsop\user1","docsop\user2" | Add-pswaAuthorizationRule -ComputerName
srv2.docsop.com -ConfigurationName Microsoft.PowerShell
```

- 我们还可以通过创建自定义对象的方式来进行规则的设定，下面的案例通过添加规则的方式进行访问规则定义。

```
$o = New-Object -TypeName PSObject | Add-Member -Type NoteProperty -Name
"UserName" -Value "docsop\user1" -PassThru | Add-Member -Type NoteProperty
-Name "ComputerName" -Value "srv2.docsop.com" -PassThru | Add-Member -Type
NoteProperty -Name "ConfigurationName" -Value "Microsoft.PowerShell" -PassThru
$o | Add-PswaAuthorizationRule
```

- 如果计算机加入域之后，我们不想通过域账户进行命令执行，而是想通过本地账户执行，就需要为本地账户设定访问规则。

```
Add-PswaAuthorizationRule -UserName PswaServer\ChrisLocal -ComputerName
srv1.contoso.com -ConfigurationName Microsoft.PowerShell
```

扩展知识 6：PowerShell 如何将凭证保存在文件中

在很多场景下，PowerShell 需要使用凭证进行用户的验证。如果每次执行都需要输入凭证，不太符合常规任务的执行，有没有办法将凭证保存为文件，需要的时候去调用呢？目前看来有两种不同的方法可以实现凭证的保存。

- 仅保存密码加密字段。
- 保存用户名和密码加密字段。

两种方法当然各有优缺点，仅将密码字段保存可以降低获取用户名的风险，而将用户名和密码都保存，则降低了脚本的复杂度。接下来我们和大家分享两种凭证保存方式。

a. 仅保存加密字符串，将输入的字符串保存为文件。需要使用的时候读入，最后创建 PowerShell Credential 对象实现应用。

```
Read-Host "Enter Password" -AsSecureString |  ConvertFrom-SecureString |
Out-File c:\log\password.txt  # 通过命令行输入的字符串转换成为加密字符串
$secpasswd = (Get-Content $passwordfile | ConvertTo-SecureString) # 调用的时候
直接转换成为加密字符串
$credential = New-Object System.Management.Automation.PSCredential($user,
$secpasswd) # 创建 Credential 对象，用户名在脚本内定义，密码为读入的加密字符串
```

b. 保存用户名和密码键值对方式采用的方法比较简单，直接导出为 XML 文件保存用户名和密码键值对。

```
$credential = Get-Credential # 弹框中输入用户名和密码键值对
$credential | Export-CliXml -Path 'C:\log\cred.xml'  # 导出密码键值对
$credential = Import-CliXml -Path 'C:\log\cred.xml'  # 如果需要密码键值对使用命
令行导入
```

附图 2.26 所示为将凭证导出为 TXT 文本文件格式，数据为加密后的字符串。

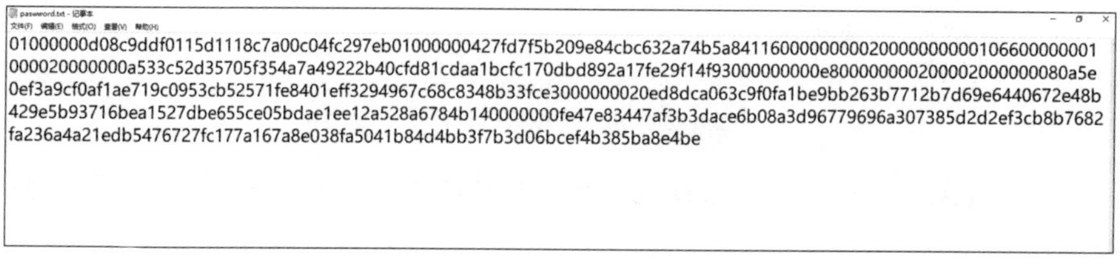

```
01000000d08c9ddf0115d1118c7a00c04fc297eb01000000427fd7f5b209e84cbc632a74b5a84116000000000200000000001066000000001
000020000000a533c52d35705f354a7a49222b40cfd81cdaa1bcfc170dbd892a17fe29f14f93000000000e8000000002000020000000080a5e
0ef3a9cf0af1ae719c0953cb52571fe8401eff3294967c68c8348b33fce3000000020ed8dca063c9f0fa1be9bb263b7712b7d69e6440672e48b
429e5b93716bea1527dbe655ce05bdae1ee12a528a6784b140000000fe47e83447af3b3dace6b08a3d96779696a307385d2d2ef3cb8b7682
fa236a4a21edb5476727fc177a167a8e038fa5041b84d4bb3f7b3d06bcef4b385ba8e4be
```


附图2.26　凭证导出后的结果

附图 2.27 所示为将凭证导出为 XML 文件格式，数据也是加密后的字符串格式。

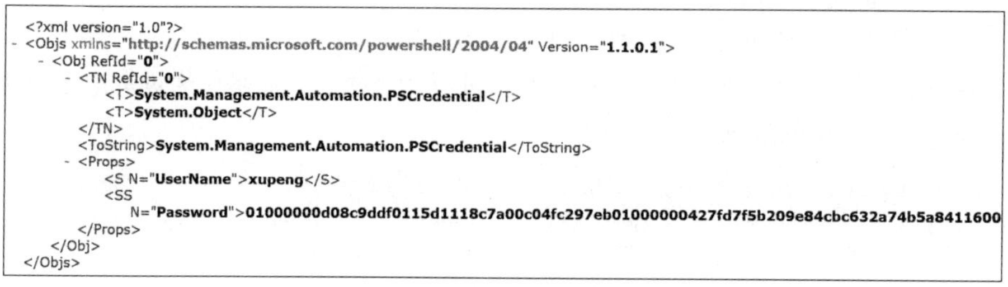

```
<?xml version="1.0"?>
- <Objs xmlns="http://schemas.microsoft.com/powershell/2004/04" Version="1.1.0.1">
  - <Obj RefId="0">
    - <TN RefId="0">
        <T>System.Management.Automation.PSCredential</T>
        <T>System.Object</T>
      </TN>
      <ToString>System.Management.Automation.PSCredential</ToString>
    - <Props>
        <S N="UserName">xupeng</S>
        <SS
          N="Password">01000000d08c9ddf0115d1118c7a00c04fc297eb01000000427fd7f5b209e84cbc632a74b5a8411600
      </Props>
    </Obj>
</Objs>
```


附图2.27　将凭证导出为XML数据格式

扩展知识 7：PowerShell 中的 Using 修饰符

在 PowerShell 脚本环境中，有时候会出现 Using 修饰符。Using 修饰符用来传递本地变量到脚本块中进行应用，在脚本中如果不进行脚本块参数传递，使用 Using 修饰符会出现错误。附图 2.28 所示为错误地使用 Using 修饰符结果。

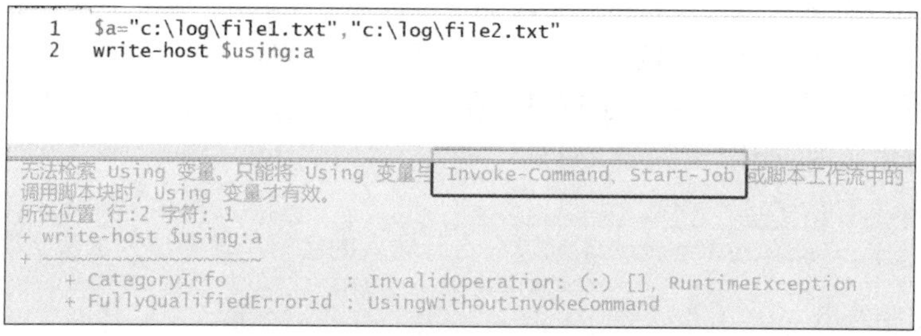

```
$a="c:\log\file1.txt","c:\log\file2.txt"
write-host $using:a
```

```
无法检索 Using 变量。只能将 Using 变量与 Invoke-Command、Start-Job 或脚本工作流中的
调用脚本块时，Using 变量才有效。
所在位置 行:2 字符: 1
+ write-host $using:a
+ ~~~~~~~~~~~~~~~~~~~
    + CategoryInfo          : InvalidOperation: (:) [], RuntimeException
    + FullyQualifiedErrorId : UsingWithoutInvokeCommand
```

附图2.28　错误地使用Using修饰符结果

在实际的应用场景中，如果 PowerShell 脚本希望传递当前计算机参数，或者希望在 Job 中使用本地计算机参数，就必须使用 Using 修饰符进行变量修饰。下面以一个实际的案例分享下 Using 的应用，附图 2.29 所示为未正确设定 Using 修饰符。

```
$file="c:\log"
Start-job -name getFile -scriptblock {Get-ChildItem $file}
Wait-job -name getFile
$filelist=receive-job getFile
```

```
$file="c:\log"
Start-job -name getFile -scriptblock {get-childitem $file}
wait-job -Name getFile
$filelist=receive-job getFile

PS C:\Users\徐鹏> $filelist

    目录: C:\Users\徐鹏\Documents

Mode                LastWriteTime         Length Name
----                -------------         ------ ----
d-----        2020/11/26     14:53                AirDroid
d-----          2021/1/2     20:32                ControlCenter4
d-----          2021/3/5     11:30                Fiddler2
d-----         2020/12/7     18:04                OneNote 笔记本
```

附图2.29　未正确使用Using 修饰符结果

执行的结果不是我们希望看到的，而是当前的系统默认路径。如果需要在 Job 中调用，必须使用 Using 修饰符传递本地参数，修改后参数最终被传递到脚本内部，附图 2.30 所示为使用 Using 正常传参操作。

```
$file="c:\log"
Start-job -name getFile -scriptblock {Get-ChildItem $using:file}
Wait-job -name getFile
$filelist=receive-job getFile
```

```
$file="c:\log"
Start-job -name getFile -scriptblock {get-childitem $using:file}
wait-job -Name getFile
$filelist=receive-job getFile

PS C:\Users\徐鹏> $filelist

    目录: C:\log

Mode                LastWriteTime         Length Name
----                -------------         ------ ----
d-----          2021/3/9     12:02                file
-a----          2021/3/1     16:15             76 computer.csv
```

附图2.30　使用Using进行参数传递

除上面提到的 Job 参数的传递之外，我们使用 Invoke-Command 进行脚本的远程执行时，也是需要使用 Using 修饰符传递本地参数。这里分享以 Using 修饰符传递本地参数到远程为案例，附图 2.31 所示为未使用 Using 修饰符进行远程执行。

```
$cred=Get-Credential
$dir="C:\log"
Invoke-Command -ComputerName 119.3.138.213 -Credential $cred -ScriptBlock
{Get-ChildItem $dir}
```

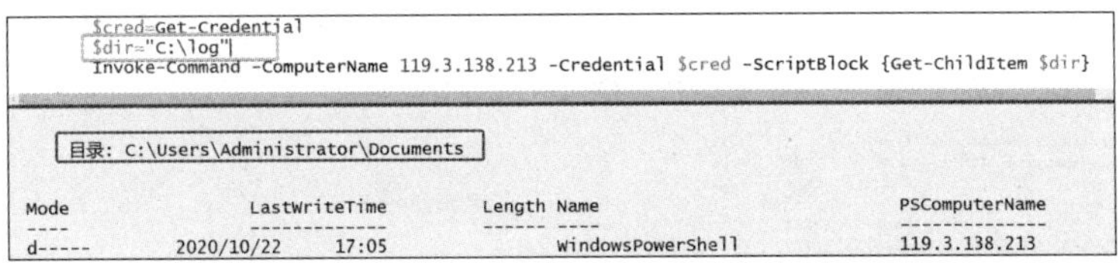

附图2.31　未使用Using修饰符数据不会传递

在执行代码后会发现本地变量没有传递过去，这时候需要使用 Using 修饰符将本地变量传递到远端，附图 2.32 所示为使用 Using 修饰符后的变量传递成功。

```
$cred=Get-Credential
```

```
$dir="C:\log"
Invoke-Command -ComputerName 119.3.138.213 -Credential $cred -ScriptBlock
{Get-ChildItem $using:dir}
```

```
$cred=Get-Credential
$dir="C:\log"
Invoke-Command -ComputerName 119.3.138.213 -Credential $cred -ScriptBlock {Get-ChildItem $using:dir}

    目录: C:\log

Mode                LastWriteTime         Length Name                 PSComputerName
----                -------------         ------ ----                 --------------
-a----        2021/2/22     10:22              0 file1.txt            119.3.138.213
-a----        2021/2/22     10:22              0 file2.txt            119.3.138.213
-a----        2021/2/22     10:22              0 file3.txt            119.3.138.213
-a----        2021/2/22     10:22              0 file4.txt            119.3.138.213
```

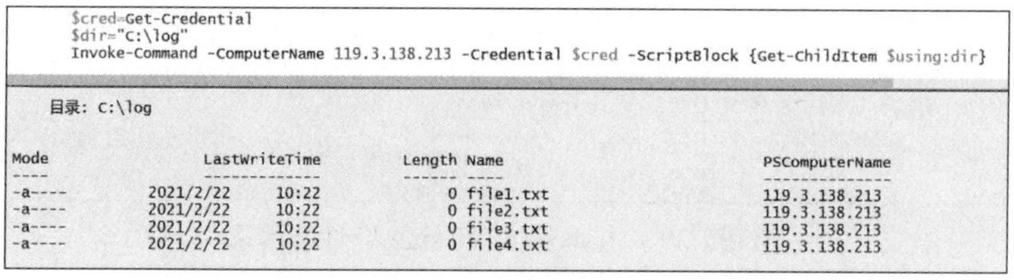

附图2.32　使用Using修饰符后变量传递成功

扩展知识 8：如何解决 PowerShell 无法安装模块的问题

在 PowerShell 5.0 以后的版本，可以通过 Install-Module 命令安装来自 PowerShell Gallery 中的 PowerShell 模块，而 Module 模块是通过 Nuget 进行本地的部署与安装。在安装模块的时候可能会碰到如附图 2.33 所示的问题。

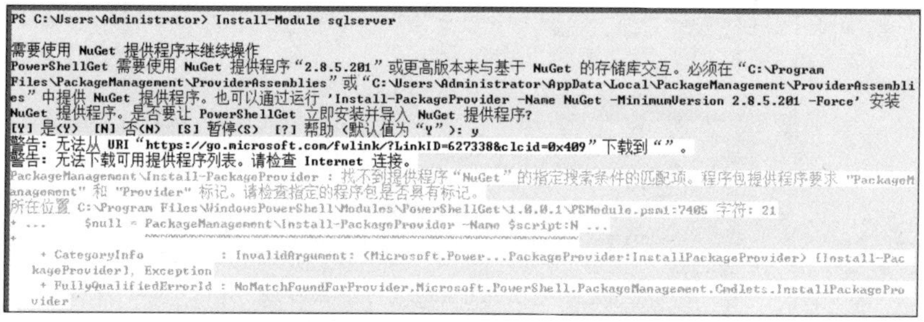

```
PS C:\Users\Administrator> Install-Module sqlserver

需要使用 NuGet 提供程序来继续操作
PowerShellGet 需要使用 NuGet 提供程序“2.8.5.201”或更高版本来与基于 NuGet 的存储库交互。必须在“C:\Program
Files\PackageManagement\ProviderAssemblies”或“C:\Users\Administrator\AppData\Local\PackageManagement\ProviderAssembli
es”中提供 NuGet 提供程序。也可以通过运行 'Install-PackageProvider -Name NuGet -MinimumVersion 2.8.5.201 -Force' 安装
NuGet 提供程序。是否要让 PowerShellGet 立即安装并导入 NuGet 提供程序?
[Y] 是(Y)  [N] 否(N)  [S] 暂停(S)  [?] 帮助 (默认值为“Y”): y
警告: 无法从 URI“https://go.microsoft.com/fwlink/?LinkID=627338&clcid=0x409”下载到“”。
警告: 无法下载可用提供程序列表。请检查 Internet 连接。
PackageManagement\Install-PackageProvider : 找不到提供程序“NuGet”的指定搜索条件的匹配项。程序包提供程序要求 "PackageM
anagement" 和 "Provider" 标记。请检查指定的程序包是否具有标记。
所在位置 C:\Program Files\WindowsPowerShell\Modules\PowerShellGet\1.0.0.1\PSModule.psm1:7405 字符: 21
+ ...     $null = PackageManagement\Install-PackageProvider -Name $script:N ...
+
    + CategoryInfo          : InvalidArgument: (Microsoft.Power...PackageProvider:InstallPackageProvider) [Install-Pac
   kageProvider], Exception
    + FullyQualifiedErrorId : NoMatchFoundForProvider,Microsoft.PowerShell.PackageManagement.Cmdlets.InstallPackagePro
   vider
```

附图2.33　PowerShell 模块无法下载

提示出现网络问题或代理服务器问题，但是我们会发现，其实这个问题与网络连接并没有关系。问题根源是 PowerShell 当前下载协议默认情况是 TLS 1.0，而如果对方的网站不支持 TLS 1.0，则无法通过 PowerShell 下载相关的软件或模块。我们需要修改 PowerShell 的下载协议，让 PowerShell 支持 TLS 1.2，需要执行如附图 2.34 所示的命令完成 TLS 1.2 的设置。

```
[Net.ServicePointManager]::SecurityProtocol = [Net.SecurityProto
colType]::Tls12
```

```
PS C:\> [Net.ServicePointManager]::SecurityProtocol = [Net.SecurityProtocolType]::Tls12
PS C:\> Install-Module sqlserver

 Installing package 'SqlServer'
    Downloaded 0.00 MB out of 23.77 MB.
    [                                                                          ]

NuGet 提供程序。是否要让 PowerShellGet 立即安装并导入 NuGet 提供程序?
[Y] 是(Y)  [N] 否(N)  [S] 暂停(S)  [?] 帮助 (默认值为“Y”): y

不受信任的存储库
你正在从不受信任的存储库安装模块。如果你信任该存储库，请通过运行 Set-PSRepository cmdlet 更改其 InstallationPolicy
值。是否确实要从“PSGallery”安装模块?
[Y] 是(Y)  [A] 全是(A)  [N] 否(N)  [L] 全否(L)  [S] 暂停(S)  [?] 帮助 (默认值为“N”): y
```

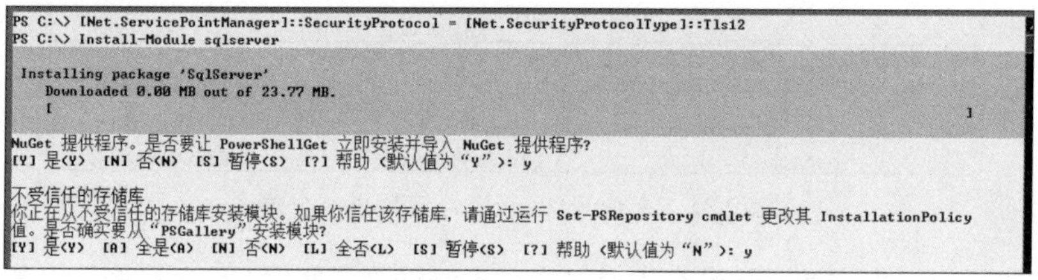

附图2.34　设置连接协议为TLS 1.2

修改 PowerShell 数据下载的 1.2 的协议来获取网站的内容，设置完成后可以完成相应模块的下载和安装。

扩展知识 9：PowerShell 脚本的 Digital Sign 数字签名

在很多场景下，执行一个没有经过数字签名的脚本是比较危险的。经过数字签名后脚本的安全性得到了保证，管理员在分发经过验证的脚本时也会比较安心。对于企业来说，运行经过本公司的数字签名脚本也更加安全可靠。那么如何实现脚本的数字签名呢？这里通过两个不同的场景来进行脚本的数字签名。

- 利用自生成证书进行脚本的数字签名。
- 利用公网证书进行脚本的数字签名。

公网的证书在申请的时候需要申请代码签名的证书，如果没有计划申请公网代码签名证书，也可以通过 PowerShell 脚本生成基于代码的自签名证书。如何申请自签名证书呢？如附图 2.35 所示。

```
New-SelfSignedCertificate -DnsName xupeng@booming.one -CertStoreLocation
Cert:\CurrentUser\My\ -Type CodeSigningCert
```

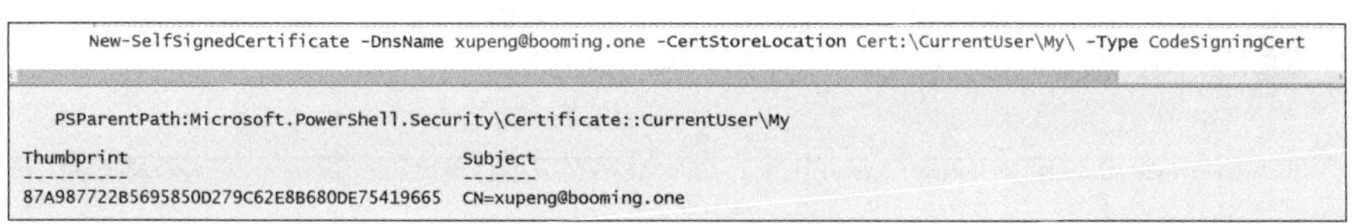

附图2.35　生成代码签名证书

生成证书之后需要将证书导入根证书颁发机构，如果根证书不受到信任，则无法完成代码的签名。我们需要将现有的证书导出后再导入受信任的根证书颁布结构，附图 2.36 所示为证书的导出。

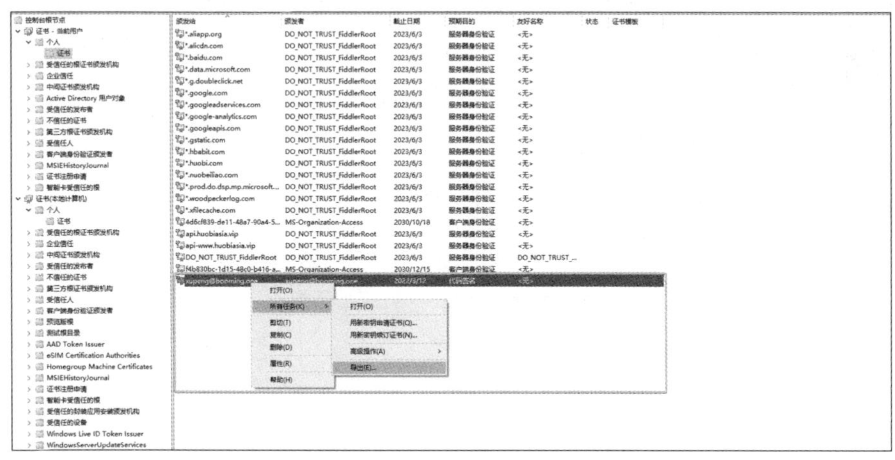

附图2.36　自签名证书的导出

接下来必须完成根证书的导入，操作如附图 2.37 所示。

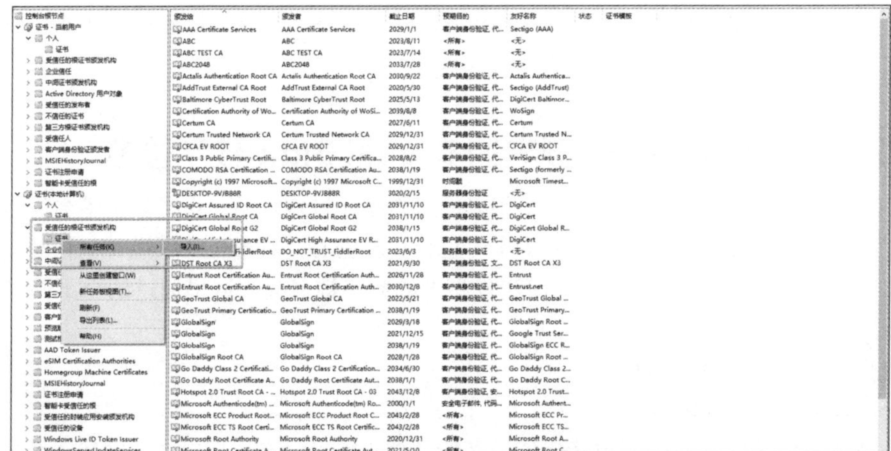

附图2.37　导入根证书操作

完成根证书导入和证书生成之后，就可以通过 PowerShell 进行代码的签名，代码签名步骤如附图 2.38 所示。

```
Set-AuthenticodeSignature -FilePath D:\InsertDb.ps1 -Certificate (Get-ChildItem Cert:\CurrentUser\My -CodeSigningCert)
```

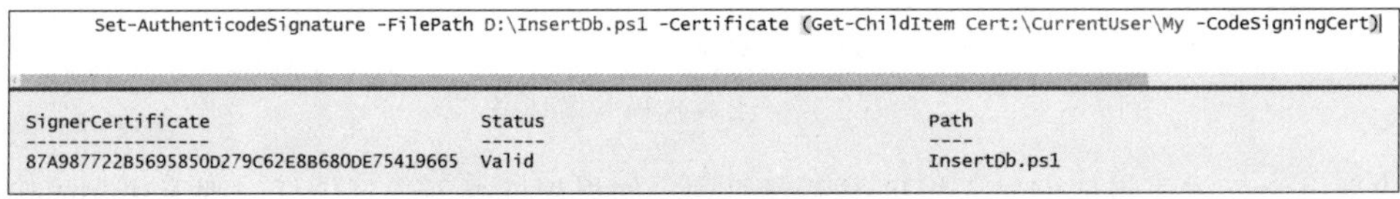

附图2.38　利用证书对代码进行签名

完成证书签名后的 PowerShell 脚本，可以在数字签名标签中看到数字签名的信息。完成数字签名后，可以将脚本策略设置为在 Signed 和 RemoteSigned 的环境下执行，附图 2.39 所示为相关签名后的脚本。

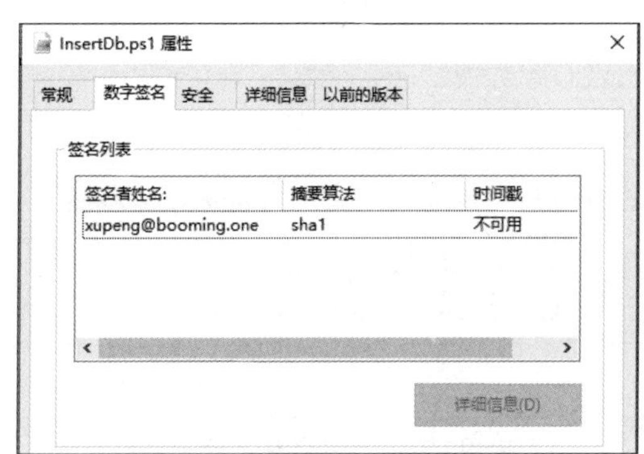

附图2.39　经过证书签名后的脚本

扩展知识 10：PowerShell 显示中文乱码问题如何解决

曾经有朋友问过我，他在 PowerShell 场景下执行中文编码的脚本，发现会出现如附图 2.40 所示的乱码情况。乱码执行后看不出当前的用户或对象状态，这种问题如何解决？相信这个问题也是使用过 PowerShell 进行代码开发的朋友经常碰到的问题。

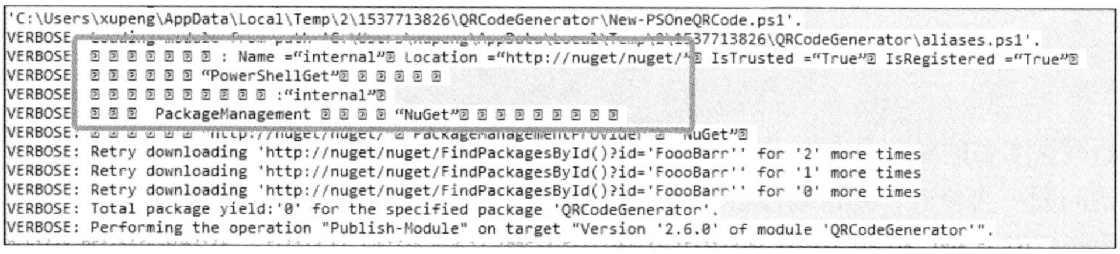

```
'C:\Users\xupeng\AppData\Local\Temp\2\1537713826\QRCodeGenerator\New-PSOneQRCode.ps1'.
VERBOSE: Loading module from path 'C:\Users\xupeng\AppData\Local\Temp\2\1537713826\QRCodeGenerator\aliases.ps1'.
VERBOSE: ▯ ▯ ▯ ▯ ▯ ▯ ▯ : Name ="internal"▯ Location ="http://nuget/nuget/"▯ IsTrusted ="True"▯ IsRegistered ="True"▯
VERBOSE: ▯ ▯ ▯ ▯ ▯ ▯ "PowerShellGet"▯ ▯ ▯ ▯ ▯ ▯
VERBOSE: ▯ ▯ ▯ ▯ ▯ ▯ ▯ ▯ ▯ ▯ :"internal"▯
VERBOSE: ▯ ▯ ▯  PackageManagement ▯ ▯ ▯ ▯ "NuGet"▯ ▯ ▯ ▯ ▯ ▯ ▯ ▯ ▯
VERBOSE: ▯ ▯ ▯ ▯ ▯ ▯ "http://nuget/nuget/" ▯ PackageManagementProvider ▯ "NuGet"▯
VERBOSE: Retry downloading 'http://nuget/nuget/FindPackagesById()?id='FoooBarr'' for '2' more times
VERBOSE: Retry downloading 'http://nuget/nuget/FindPackagesById()?id='FoooBarr'' for '1' more times
VERBOSE: Retry downloading 'http://nuget/nuget/FindPackagesById()?id='FoooBarr'' for '0' more times
VERBOSE: Total package yield:'0' for the specified package 'QRCodeGenerator'.
VERBOSE: Performing the operation "Publish-Module" on target "Version '2.6.0' of module 'QRCodeGenerator'".
```

附图2.40　中文代码乱码问题

这个问题产生的原因主要是当前的非 Unicode 语言设置错误，如果我们本身是中文系统，可以在控制面板→区域来设置非 Unicode 语言。附图 2.41 所示为设置具体非 Unicode 的路径。

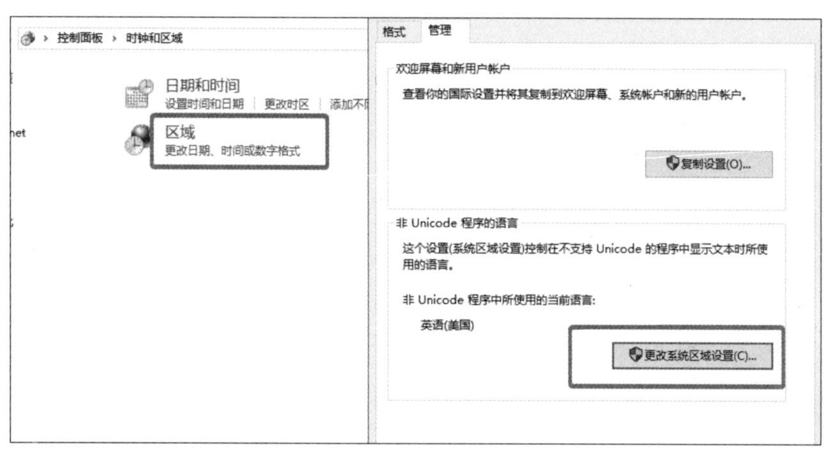

附图2.41　设置非Unicode语言路径

单击更改系统区域之后，我们设置当前系统区域为中文系统。附图 2.42 所示为系统区域设置。

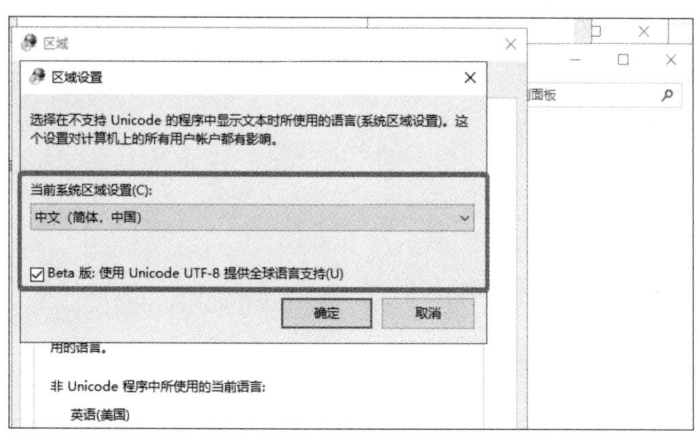

附图2.42　系统区域设置

后　记

开始写这本书的时间是 2020 年 7 月，到最后完成初稿写作是 2021 年 3 月 1 日。后来由于内容及版式的问题一直修改，到最终修改完成是 2023 年 2 月。这是我写作的第一本书，写书所耗费的时间比我想象的时间多了两倍，不过也感谢这次写作的经历，让我能够在 PowerShell 的研究领域更加深入了一层。同时了解了写书的整个流程和步骤，从而让我在后续写作的过程中能够更加顺利。

我通过这一年多的深入研究，也让之前浮躁的心可以静下来很多。没有积累就没有结果，现在我也比较相信这句话。也希望大家在阅读本书的过程中能够遵循阅读→练习→确认结果的方法来进行整本书的阅读，也欢迎大家指出本书的不足之处，你们的建议和意见是我后续出版的动力。